제3판

기초통계학

R을 이용한 통계분석

노맹석 · 박동준 · 박인호
이성백 · 장대흥 · 하일도 지음

자유아카데미

머리말

지금 우리는 빅데이터 시대에 살고 있다. 사물인터넷 (IoT, Internet of Things) 이 우리의 일상생활에 침투하면 빅데이터에 대한 수요는 폭발적으로 증가할 것이다. 그렇게 되면 빅데이터 처리를 위하여 데이터사이언스의 역할이 점점 중요해지고, 이러한 데이터사이언스의 핵심이 되는 통계학의 역할도 더욱 커질 것이다.

오늘날 우리는 자료의 홍수 속에 살고 있다. 이렇게 많은 자료로부터 우리들에게 필요한 정보를 어떻게 추출해 내고 이를 의사결정에 어떻게 적용할 것인가? 이에 대한 학자들의 끊임없는 노력으로 통계학이 탄생하였으며, 지금도 여전히 발전하고 있다.

통계학은 자료를 수집하고 유용한 정보를 추출하여 합리적인 의사결정에 필요한 통계기법들을 배우는 학문으로, 다양한 통계기법에 대한 정확한 이해와 적용 및 통계분석 결과를 해석하는 능력을 배운다.

효율적인 의사결정을 위해서는 무엇보다 통계학의 기본개념과 통계분석기법의 기본원리에 대한 이해 및 실제 자료에 대한 응용능력이 함께 보유되어야 한다. 또한 방대한 자료와 통계기법의 신속한 수행을 위해 통계학 수업에는 반드시 통계패키지의 사용이 병행되어야 한다. 현재 사용되고 있는 통계패키지에는 다양한 종류들이 있으나, 본 교재에서는 일반인들이 무료로 사용할 수 있는 통계용 언어인 R을 사용하였다.

본 교재는 지필 위주의 통계교육으로 인하여 제기되었던 문제점을 개선하기 위해 각 장의 마지막에 그 장에서 언급된 통계 기법들을 통계패키지 R을 이용하여 실습할 수 있는 실습문제들을 실었다. 본 교재는 대학 1학년 과정에서 두 학기에 걸쳐 다룰 수 있도록 편집되었으나, 전공분야에 따라 필요한 내용을 중심으로 한 학기용 맞춤형 교재로도 사용할 수 있다.

본 제3판은 2016년에 출간된 제2판에 대한 수정판이다. 1장에서 1개의 절(1.3 통계학의 세 가지 주제)을 첨가하였고 2장에서 두 개의 절(2.1 데이터 시각화, 2.5 좋은 그림과 나쁜 그림)을 첨가하였고 이에 따라 찾아보기를 수정하였다.

좋은 책을 위해 최선을 다했지만 부족하거나 잘못된 부분이 있을 수 있다. 이 점은 양해를 바라며 출간 후 나올 수 있는 수정사항 등은 자유아카데미 홈페이지(www.freeaca.com)

자료실에 제공할 예정이니 참고하기를 바란다.

본 교재의 집필에는 원고를 작성한 부경대학교 통계학과 여섯 분의 교수님 외에도 원고를 읽고 수정하는 데에 부경대학교 통계학과 학생들의 수고가 있었다. 도움을 준 학생들에게 고맙다는 말을 전한다. 또한 추가 교정을 봐주신 한밭대학교 오진호 교수님께도 특별히 감사의 말씀을 드린다. 마지막으로 출판을 위해 애써주신 자유아카데미 사장님과 임직원 여러분들께 진심 어린 감사를 드린다.

2019년 2월

광안대교를 바라보며 이기대에서

차례

1장 서론

2장 자료의 정리

3장 자료의 중심과 산포를 나타내는 수치적 측도

4장 확률

5장 이산확률변수와 그 분포

6장 연속확률변수와 정규분포

7장 표본추출방법과 표본추출분포

8장 모평균과 모비율의 추정

9장 모평균과 모비율에 관한 가설검정

10장 추정과 가설검정: 두 모집단의 비교

11장 분산분석

12장 회귀분석

13장 범주형 자료의 분석

14장 비모수적 추론

부록A R 사용법

부록B 통계분포표

1장 서론

1.1 통계학이란 무엇인가?

우리는 일상생활에서 여러 가지 다양한 통계자료를 접하게 된다. 예를 들면, 일일 최고·최저기온, 코스피지수, 주식거래량, 경제성장률, 인구증가율, 실업률, 쌀 생산량, 국민총생산액 (Gross National Product) 등 일일이 열거할 수 없을 정도로 많다. **통계학** (statistics) 의 어원은 라틴어에서 국가라는 의미를 갖는 'status'에서 유래되었다는 사실에서 알 수 있듯이, 오랜 시간 동안 통계라는 것은 한 국가의 지표로써 경제, 인구, 정치 상황을 자료나 도표로 나타내는 것과 동일시되어 왔다.

하지만 통계학은 단순한 자료의 정리만을 뜻하는 것은 아니다. 예를 들어 어느 제약회사에서 혈압을 내리는 고혈압치료제를 개발하였다고 하자. 이 회사에서는 새로 개발된 치료제의 효과를 조사하기 위하여 100명의 고혈압 환자들에게 일정기간 동안 새로운 약을 복용시킨 후 혈압을 측정한 결과, 새로 개발된 치료제가 과거의 치료제보다 혈압을 평균 10 mHg만큼 떨어뜨리는 효과가 있었다고 하자. 여기서 낮아진 평균 혈압의 수치가 10 mHg이라는 것은 새로 개발된 치료제의 효과가 과연 약효가 뛰어나서 나타난 결과인지, 아니면 약효가 없는 데도 불구하고 측정과정에서 발생한 오차인 측정오차에 의하여 나타난 우연한 결과인지에 대하여 명확한 결론을 이끌어 낼 필요가 있다. 이 경우 통계적 기법을 활용하여 합리적이고 과학적인 결론을 내릴 수 있다. 또 다른 예로서, 통계학에서는 수천 명을 대상으로 표본조사를 시행하여 각 정당의 지지도를 조사하는 경우나, 가구당 월평균 수입을 조사하는 경우에 각 정당의 지지도나 가구당 월평균 수입의 참값을 보다 정확하게 추정할 수 있는 방법들을 연구한다. 또한 과거의 여러 통계자료를 이용하여 앞으로의 경제 문제에 대한 예측을 할 때 여러 가지 통계적 기법이 이용되고 있으며, 산업체에서는 통계적 품질관리 기법을 실시하여 제품의 품질을 향상시키고 있고, 심리학에서는 적성검사의 결과를 통계적으로 처리하여 합리적인 결론을 유도할 수 있다.

이와 같이 통계학은 자료의 수집과정을 설계하고, 수집된 자료를 요약하고 해석하여 불확실한 사실에 대하여 합리적인 결론을 이끌어 내거나 일반화하는 과학적인 원리와 방법론을 제공해 준다.

통계학

통계학이란 불확실한 상황에서 효과적인 의사결정을 할 수 있도록 과학적으로 자료를 수집하고, 정리하여 해석하는 이론과 방법을 연구하는 학문이다.

오늘날 자료의 수집과 통계적 방법이 이용되는 분야는 일일이 열거할 수 없을 정도로 다양하다. 우리가 일상적으로 접하는 일기예보, 여론조사 등에서 중요한 역할을 담당하고 있을 뿐 아니라, 경영학, 경제학, 자연과학, 인문과학, 사회과학, 수산과학, 환경과학, 공학, 의학 등 거의 모든 학문 분야에서 통계학이 활발히 응용되고 있다. 특히 최근에는 컴퓨터의 발달로 인하여 대량 자료의 신속한 처리가 가능해짐에 따라 통계학의 응용분야와 그 역할이 점점 확대되고 있다.

1.2 통계학의 유형

이와 같이 현대 생활에 필수적으로 사용되는 통계학을 두 가지 유형으로 크게 나누면 기술통계학과 추측통계학으로 구분할 수 있고, 그 내용은 아래와 같다.

1.2.1 기술통계학

통계적으로 관심을 갖는 어떤 연구문제를 해결하기 위하여 많은 요소들의 값을 측정하였다고 가정하자. 이렇게 측정된 관측값들을 **자료** (data) 라고도 한다. 이러한 관측값들은 그 연구문제를 해결하려는 연구자에게 중요한 정보이지만, 그 자료의 양이 방대한 경우에는 관측값들의 전반적인 형태나 내용 등을 한 눈에 파악하기가 쉽지 않다. 따라서 이 방대한 양의 자료들의 특징을 쉽게 알아보기 위하여 자료들 전체를 대표할 수 있는 대푯값, 자료들의 흩어진 형태, 즉 분포의 형태, 자료들의 크고 작은 값들의 변동성 등으로 요약할 수 있다. 이와 같이 자료를 수집하고 정리하여 도표나 표를 만들거나 자료들의 수치값들을 요약한 대푯값이나 변동의 크기 등을 구하는 방법을 다루는 분야를 **기술통계학** (descriptive statistics) 이라고 한다.

기술통계학

기술통계학이란 자료들의 특징을 알아보기 위하여 자료들을 수집하고 정리하여 도표 또는 표를 만들고, 분포의 형태를 알기 위하여 대푯값 또는 변동의 크기 등과 같이 수치적인 값으로 요약하는 방법을 연구하는 분야이다.

1.2.2 추측통계학

추측통계학 (inferential statistics) 은 구해진 자료들의 관측값들을 분석하여 관심의 대상이 되는 전체 연구문제에 대한 불확실한 값의 추론을 다루는 분야이다. 즉, 추측통계학에서는 통계적 모형을 설정하고, 설정된 모형이 합리적인가를 평가하며, 자료로부터 얻어지는 정보를 근거로 하여 연구하려는 문제의 미지의 특성에 대한 결론을 내리고, 미래에 일어날 현상에 대한 예측을 하게 된다. 이와 같이 통계학에서는 관심의 대상이 되는 연구문제에 속한 전체 자료의 집합을 **모집단** (population) 이라고 하고, 모집단으로부터 선택된 자료들의 부분집합을 **표본** (sample) 이라고 한다. 추측통계학은 모집단으로부터 구한 표본에 속한 자료들을 사용하여 모집단에 대한 특성을 추론하고 연구하는 분야로서, 현대통계학에서 핵심이 되는 분야이다.

> 추측통계학
> 추측통계학이란 모집단으로부터 추출한 일부 자료들을 이용하여 통계적 모형을 설정하고, 연구하려는 문제의 미지의 특성에 대한 결론을 유추하고 예측하는 방법을 연구하는 분야이다.

[그림 1.1]은 통계분석의 과정을 나타내는 그림으로서 이 그림을 통하여 우리는 기술통계학과 추측통계학의 관계를 알 수 있다.

통계자료분석에서 기술통계학과 추측통계학은 다음 [그림 1.2]와 같이 서로 보완적인 관계에 있고 자료분석의 사이클을 이룬다. 즉 자료분석의 초기 단계에서는 자료의 수집, 정리, 요약을 통하여 자료의 구조를 살펴보고 이를 통하여 적절한 통계적 모형을 설정하고 모수에 대한 추론 및 예측을 행하게 된다. 통계적 모형의 타당성을 검증하기 위하여 새로운 자료를 수집하게 되고 우리는 다시 자료분석의 사이클을 돌리게 된다.

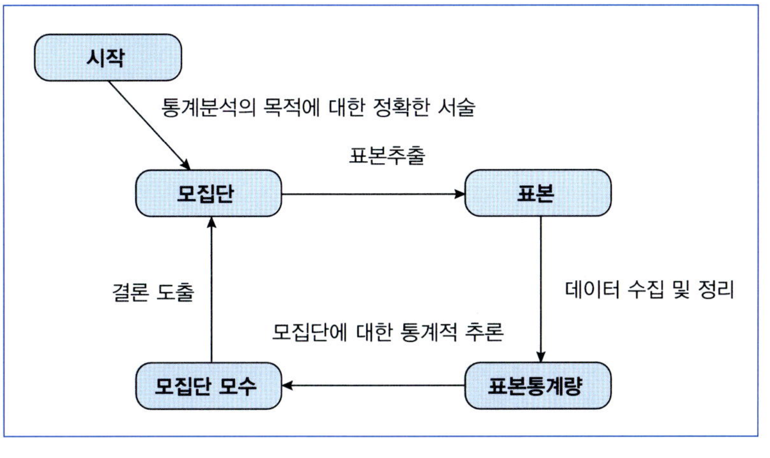

그림 1.1 통계분석 과정

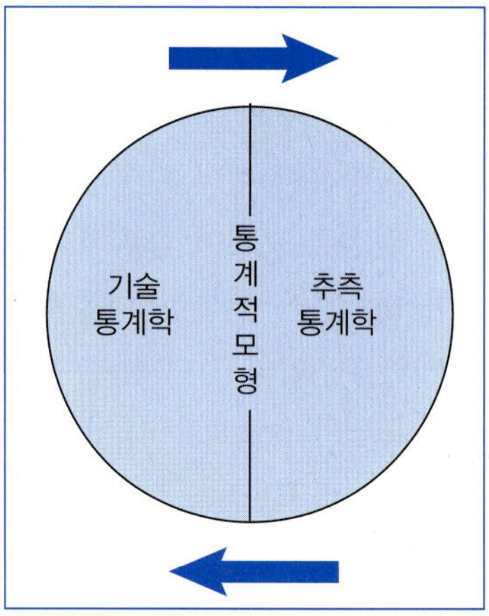

그림 1.2 기술통계학과 추측통계학의 관계

1.3 통계학의 세 가지 주제

통계학은 크게 보면 다음과 같은 3가지 주제를 연구하는 학문이라고 할 수 있다.

1. 모집단(population)과 표본(sample)
2. 자료의 축약 방법(methods of data reduction)
3. 변동(variation)

이 세 가지 주제는 모든 자료분석 시 동시에 발생하는 문제들이다. 모집단은 변동을 포함하고 있다. 즉 모집단을 구성하고 있는 개체는 모두 다르므로 변동을 품고 있다. 우리는 모집단을 총체적으로 확인할 수 없으므로 표본에 의지하게 된다. 모집단에 대한 정보를 요약하기 위하여 우리는 표본을 축약하여야 한다. 이 세 가지 주제를 하나의 그림으로 표현하면 [그림 1.3]과 같다.

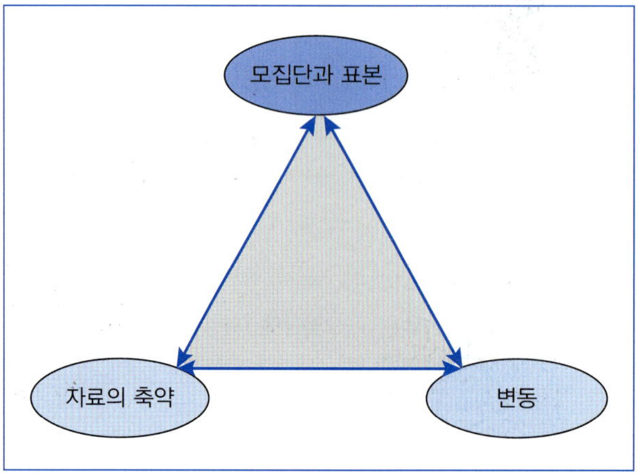

그림 1.3 통계학의 3가지 주제

이 세 가지 주제에 대하여 좀 더 자세히 생각해 보자.

1.3.1 모집단과 표본

이 책을 통하여 앞으로 통계학을 공부하면서 모집단과 표본이라는 말을 자주 접하게 되는데, 통계학 전반에 관한 정확한 이해를 위해서는 이들에 대한 정의를 올바로 이해하고 이들의 차이를 명확하게 파악하는 것이 중요하다.

많은 현실적인 문제에서 관심의 대상이 되는 연구문제에 속한 모든 자료를 수집한다는 것은 실제로 불가능하거나 불합리한 경우가 많다. 따라서 대부분의 경우, 관심의 대상이 되는 모든 자료를 수집하는 대신 관심의 대상이 되는 이들을 가장 잘 대표한다고 판단되는 일부만을 추출하여 조사하게 되는 경우가 많다. 예를 들어 대선에서 특정후보에 대한 지지율을 조사하고자 하는 경우, 정확한 지지율을 파악하기 위해서는 전국의 유권자들을 한 사람도 빠짐없이 모두 조사해야만 한다. 그러나 현실적으로 그렇게 하는 것은 거의 불가능할 뿐만 아니라 시간이나 비용면에서 현실성이 없는 조사 방법이라고 할 수 있다. 따라서 이 경우 전국에 있는 유권자들을 모두 조사하는 대신에 전국의 유권자를 대표한다고 생각되는 그 일부만을 추출하여 지지율을 추측하는 것이 일반적이다. 또한 어떤 전구를 생산하는 회사에서는 자기 회사에서 생산하는 전구의 평균 수명을 조사하여 이를 소비자에게 공개함으로써 타 회사에 비해서 자기 회사 전구의 품질이 뛰어남을 홍보하고 싶다고 하자. 이 경우 전구의 정확한 평균 수명을 알기 위해서는 생산되는 모든 전구들이 고장 날 때까지의 시간을 측정하여 이들의 평균을 산출해야겠지만, 그렇게 하는 것이 현실적으로 불가능하므로 생산된 전구 전체를 잘 대표한다고 판단되는 일부 전구를 추출하여 이들의 평균 수명을 조사함으로써 전체 전구의 평균 수명을 추측하게 된다. 이들 예에서 보듯이, 연구대상이 되는 모든 관측값이나 측정값의 집합을 **모집단** (population) 이라고 하며, 통계적 처리를 위하여 모집단에서 실제로 추출한 일부 자료들의 관측값이나 측정값의 집합을 **표본** (sample) 이라고 한다.

> **모집단**
> 모집단이란 연구의 대상이 되는 모든 관측값 또는 측정값들의 집합을 의미한다.

> **표본**
> 표본이란 모집단의 부분집합으로, 과학적인 방법에 의해 모집단으로부터 추출한 관측값이나 측정값들의 집합을 의미한다.

앞의 예에서는 특정후보에 대한 전국의 유권자들의 전체 지지율 자료가 모집단이 되며, 전국의 유권자를 잘 대표할 수 있도록 추출된 일부 유권자들의 특정후보에 대한 지지율 자료가 표본이 된다. 뒤의 예에서는 생산되는 모든 전구들의 수명 전체 자료의 집합이 모집단이 되며, 전구 전체를 잘 대표하도록 추출된 일부 전구들의 수명 자료들의 집합이 표본이 된다.

모집단 전체를 조사하는 것을 전수조사(census)라고 하는 데 시간이나 비용 같은 문제들 때문에 주로 국가기관에서 실시한다. 성경 민수기(Numbers)에 보면 B.C. 15000년경 이스라엘민족이 이집트를 탈출(Exodus)하여 나라를 세우기 위하여 팔레스타인으로 들어가기 전에 두 번에 걸쳐 인구조사를 행하는 장면이 나오고 성경 누가복음(Luke)에 보면 예수의 탄생 이야기를 통하여 B.C. 5년 로마황제 아우구스투스에 의한 인구조사가 언급되어 있다. 그러나 세계적으로 보면 우리가 알고 있는 정규적인 인구조사는 17세기에나 가서야 비로소 시작되었다. 우리나라 통계청에서는 현재 인구 및 주택센서스를 5년마다 한 번씩 시행하고 있다. 2015년에 시행된 바 있다. 반면에 표본을 이용하여 모집단의 모습을 살피는 조사를 표본조사(sampling survey)라고 한다. 대중매체가 많이 실시하는 여론조사(opinion survey)나 기업체에서 많이 행하는 시장조사(market research, marketing survey)가 표본조사의 대표적인 예이다.

그러면 표본조사가 왜 타당성이 있을까? 즉 모집단의 일부분인 표본을 이용하여 표본의 정보를 얻은 후 이를 확대하여 모집단의 정보로 여기는 것이 타당성이 있느냐는 것이다. 이 의문에 답하는 것이 아래와 같은 Glinko-Cantelli 정리이다. 이 정리를 혹자는 통계학에서의 근본정리(fundamental theorem in statistics)라고 하여 7.3절에서 언급된 중심극한정리(central limit theorem) 만큼 중요하게 언급하기도 한다.

'모집단에서 iid(independent and identically distributed) 성질을 만족하게 표본을 뽑으면 경험적 누적분포함수(empirical cumulative distribution function)는 표본의 수가 커짐에 따라 점점 이론적 누적분포함수(theoretical cumulative distribution function)에 다가간다.'

이 정리를 쉽게 풀어 쓰면 다음과 같다.

'모집단에서 표본을 골고루 섞어 잘 뽑으면 표본의 수가 커짐에 따라 점점 표본은 모집단을 닮아간다.'

예제 1.1

2002년 대통령 선거 개표를 앞두고 방송 3사(KBS, MBC, SBS)가 실시한 출구조사 결과 노무현 후보의 당선을 다음과 같이 정확히 예측하였다. 표본만 잘 뽑으면 모집단에 대한 예측이 정확함을 확인하는 한 예가 될 수 있다.

방송사	출구조사		개표결과	
	노무현	이회창	노무현	이회창
KBS	49.1%	46.8%		
MBC	48.4%	46.8%	48.92%	46.59%
SBS	48.2%	46.7%		

2007년에도 대통령 선거 개표를 앞두고 방송 3사(KBS, MBC, SBS)가 실시한 출구조사 결과 이명박 후보의 당선을 다음과 같이 비교적 정확히 예측하였다. MBC(코리아 리서치)와 KBS(미디어 리서치)는 전국 250개 투표구에서 유권자 7만 명에게 출구조사를 했고 SBS는 여론조사 회사인 TNS 코리아와 합동으로 19일 오전 6시부터 오후 6시까지 전국 233개 투표소에서 투표를 마친 유권자 10만여 명을 대상으로 단독 출구조사를 했다. 총투표자수는 23,732,854명이었으니 KBS와 MBC 공동출구조사는 총투표자수의 0.3%, SBS 출구조사는 총투표자수의 0.4%를 표본조사한 셈이다. ■

방송사	출구조사		개표결과	
	이명박	정동영	이명박	정동영
KBS & MBC	50.3%	26.0%	48.42%	26.02%
SBS	51.3%	25.0%		

1.3.2 자료의 축약

통계학에서 하는 큰 작업 중의 하나가 '자료의 축약'이다. 통계학에서의 많은 방법들이 '자료를 어떻게 줄이느냐?'하는 문제와 관련이 있다. 한 예로 히스토그램을 그리는 경우를 살펴보자. 100개의 자료가 얻어졌다고 하자. 이 자료가 갖고 있는 구조(분포)를 어떻게 볼 수 있을까? 우리는 이 100개의 자료를 이용하여 10개의 계급구간을 갖는 도수분포표(frequency table)를 계산할 수 있고 이를 이용하여 10개의 기둥을 갖는 히스토그램을 그릴 수 있다. 이 히스토그램을 보면서 우리는 자료의 구조를 보게 된다. 이 자료의 구조를 보게 되는 과정이 바로 '자료의 축약'이라는 과정인 것이다. 100개의 자료라는 정보에서 10개의 기둥이라는 정보로 자료가 축약되었다. 이때 우리가 명심해야 할 것은 우리가 단순히 100개의 자료에서 90개를 버리고 나머지 10개의 자료를 선택한 것이 아니고 100개의 자료를 대상으로 최소의 비용(정보유실)으로 최대효과(자료의 구조를 알아냄)를 얻기 위하여 100개의 정보를 축약시키는 것이다. 이 과정에서 당연히 정보가 유실되게 된다. 즉 우리는 도수분포표나 히스토그램만을 보고 거꾸로 원자료를 복구할 수는 없다. 그러나 우리는 히스토그램을 그리는 과정을 통하여 정보가 유실되는 비용을 치르더라도 자료의 구조를 알아내는 목적을 달성할 수 있다. 더 나아가 우리는 히스토그램을 이용하여 산술평균과 분산(또는 표준편차)을 구하게 되는데 이 두 개의 값은 자료의 중심경향과 자료의 흩어진 정도를 나타내는 수치적 측도들이다. 100개의 자료에서 10개의 기둥으로, 다시 2개의 수치값으로 자료의 축약이 이루어지는 것이다. 여러 집단을 비교할 때 히스토그램을 서로 비교하는 것도 좋지만 각 집단에 대한 산술평균과 분산을 비교하는 것이 더 용이할 때가 많다.

예제 1.2

다음 사진은 미국 국립공원인 Yellow Stone Park 내에 있는 간헐온천(Old Faithful

geyser) 을 보여주고 있다. 이러한 간헐천에서 과학자들의 관심을 끈 것은 온천물이 나오는 지속시간 (duration) 과 온천물이 분출한 후 다음 온천물이 쏟아질 때까지의 간격시간 (interval) 이다.

다음 자료는 온천물의 지속시간을 분 단위로 잰 자료 (107개) 이다.

4.37, 3.87, 4.00, 4.03, 3.50, 4.08, 2.25, 4.70, 1.73, 4.93, 1.73, 4.62, 3.43, 4.25, 1.68, 3.92, 3.68, 3.10, 4.03, 1.77, 4.08, 1.75, 3.20, 1.85, 4.62, 1.97, 4.50, 3.92, 4.35, 2.33, 3.83, 1.88, 4.60, 1.80, 4.73, 1.77, 4.57, 1.85, 3.52, 4.00, 3.70, 3.72, 4.25, 3.58, 3.80, 3.77, 3.75, 2.50, 4.50, 4.10, 3.70, 3.80, 3.43, 4.00, 2.27, 4.40, 4.05, 4.25, 3.33, 2.00, 4.33, 2.93, 4.58, 1.90, 3.58, 3.73, 3.73, 1.82, 4.63, 3.50, 4.00, 3.67, 1.67, 4.60, 1.67, 4.00, 1.80, 4.42, 1.90, 4.63, 2.93, 3.50, 1.97, 4.28, 1.83, 4.13, 1.83, 4.65, 4.20, 3.93, 4.33, 1.83, 4.53, 2.03, 4.18, 4.43, 4.07, 4.13, 3.95, 4.10, 2.72, 4.58, 1.90, 4.50, 1.95, 4.83, 4.12

이 자료를 다음과 같이 크기순으로 정렬해 보자. 아직 이 자료의 분포를 알기가 어렵다.

1.67 1.67 1.68 1.73 1.73 1.75 1.77 1.77 1.80 1.80 1.82 1.83 1.83 1.83 1.85 1.85 1.88 1.90 1.90 1.90 1.95 1.97 1.97 2.00 2.03 2.25 2.27 2.33 2.50 2.72 2.93 2.93 3.10 3.20 3.33 3.43 3.43 3.50 3.50 3.50 3.52 3.58 3.58 3.67 3.68 3.70 3.70 3.72 3.73 3.73 3.75 3.77 3.80 3.80 3.83 3.87 3.92 3.92 3.93 3.95 4.00 4.00 4.00 4.00 4.00 4.03 4.03 4.05 4.07 4.08 4.08 4.10 4.10 4.12 4.13 4.13 4.18 4.20 4.25 4.25 4.25 4.28 4.33 4.33 4.35 4.37 4.40 4.42 4.43 4.50 4.50 4.50 4.53 4.57 4.58 4.58 4.60 4.60 4.62 4.62 4.63 4.63 4.65 4.70 4.73 4.83 4.93

위의 자료를 이용하여 도수분포표를 작성한 후 히스토그램을 그리면 [그림 1.4]와 같다. 이 히스토그램을 보면 자료의 분포가 쌍봉분포임을 알 수 있다. 107개의 자료를 축약하여 7개의 기둥을 만드니 자료의 구조가 보이는 것이다. 더 나아가 이 히스토그램을 이용하여 산술평균과 분산을 구하면 각각 3.432와 1.151이다. 이 두 개의 수치적 측도 중 산술평균은 자료의 중심경향을 알 수 있는 수치적 측도로 쓰이고 분산은 자료의 흩어진 정도를 알 수 있는 수치적 측도로 쓰인다. 위의 자료에서는 자료의 중심경향을 알 수 있는 수치적 측도로서 최빈값 (4.25) 도 동시에 제시하는 것이 좋다. 요약하자면, 107개의 자료를 축약하여 7개의 기둥을 만들어 자료의 구조를 파악하고 다시 2개의 수치적 측도 (산술평균과 분산) 로 자료를 축약하여 다른 집단 간의 비교 (comparison) 에 이 수치들을 이용하게 되는 것이다. ■

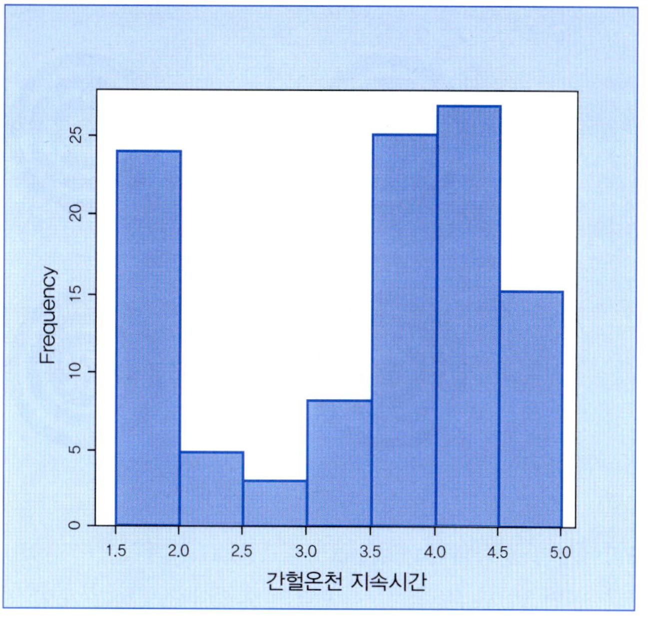

그림 1.4 간헐온천 지속시간에 대한 히스토그램

1.3.3 변동

어느 통계학자는 통계학을 다른 학문과 비교하며 비유하기를 다음과 같이 '통계학이란 한 마디로 변동에 대하여 연구하는 학문이다.'라고 하였다.

Economics is about...Money (and why it is good).

Psychology: Why we think what we think (we think).

Biology: Life.

Anthropology: Who?

History: What, where, and when?

Philosophy: Why?

Engineering: How?

Accounting: How much?

In such a caricature, Statistics is about...Variation.

'변동'이라는 문제는 현대생활에서 아주 중요한 통계학의 주제가 되고 있다. 기업체들이 자주 언급하는 식스시그마 (6σ) 운동도 변동에 초점을 맞춘 개념이다. 예로 키가 모두 큰 부모하에서 주로 키 큰 자녀들이 나오지만 키가 작은 자녀도 나타나고 키가 모두 작은 부모 밑에서 주로 키가 작은 자녀들이 나오지만 키가 큰 자녀도 나타나는 현상도 변동의 문제인 것이다. 다음 [그림 1.5]는 사격장에서 6발 사격을 한 후 총알의 흔적을 나타내는 그림이다. 2번과 4번을 보면 총알의 흔적의 중심과 동심원들의 중심이 일치한다. 이러한 경우를

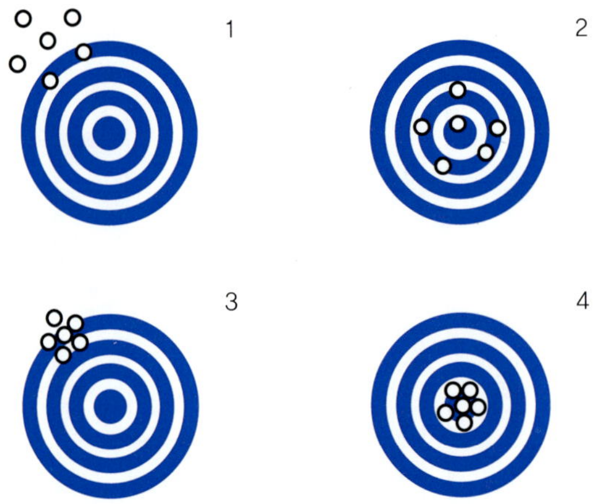

그림 1.5 정확성과 정밀성

품질공학에서는 정확하다 (accurate) 라고 하고 통계학에서는 비편향하다 (unbiased) 라고 표현한다. 반면 3번과 4번을 보면 총알의 흔적이 조밀하게 모여 있음을 알 수 있다. 이러한 경우를 품질공학에서는 정밀하다 (precise) 라고 하고 통계학에서는 유효하다 (efficient) 라고, 또는 변동이 적다고 표현한다. 그러면 2번과 3번 중 4번으로 개선하기가 수월한 것은 어느 것인가? 2번에서 4번으로 바꾸는 것보다 3번에서 4번으로 바꾸는 것이 훨씬 수월함을 경험상 알 수 있다. 이러한 현상을 제품의 품질에 적용하여 보면 제품 품질의 변동이 크면 설혹 제품품질의 중심이 목표값과 같더라도 제품 품질의 변동을 줄이기가 어려우나 제품 품질의 변동이 적으면 제품품질의 중심을 목표값으로 이동하기가 훨씬 수월하다는 것이다. 제조업체 중심으로 많이 거론되는 식스시그마 운동의 핵심도 제품의 '변동'에 있다고 할 수 있다.

다음 [그림 1.6]에서는 마치 주둥이가 큰 병에 담겨 있는 물을 주둥이가 작은 병으로 옮길 때 깔때기 (funnel) 를 이용하면 전혀 물을 흘리지 않고 옮길 수 있다는 비유를 나타내고 있다. 이와 같이 제조업체에서 원료를 이용하여 제품을 만들 때 통계적 공정관리 (statistical process control) 를 통하여 제품의 변동을 줄임으로써 제품의 품질을 보장하여 생산성을 높일 수 있음을 알 수 있다.

예제 1.3

다음 [그림 1.7]은 어느 텔레비전 제조회사의 두 개의 공장 (A, B) 에서 생산하는 텔레비전 색상밀도 (color density) 품질의 분포곡선을 비교한 그림이다. m은 색상밀도에 대한 목표값이다. 색상밀도가 $m-5$보다 작거나 $m+5$보다 크면 불량품이 된다. A공장은 평균이 m이고 표준편차가 $\frac{5}{3}$인 정규분포를 이루고 B공장은 평균이 m이고 표준편차가 $\frac{5}{\sqrt{3}}$인 균등분포를 이룬다. A공장은 불량률이 0.25%임에 반해 B공장은 불량률이 0%이다. 어느 공장이 더 좋은 공장이라 할 수 있을까? 제품의 품질을 정의할 때 제품이 소비자에 끼치는 총이익이 많을수록 품질이 좋다는 서양인들의 시각과 달리 일본인들은 제품의 품질을 '제품이 출

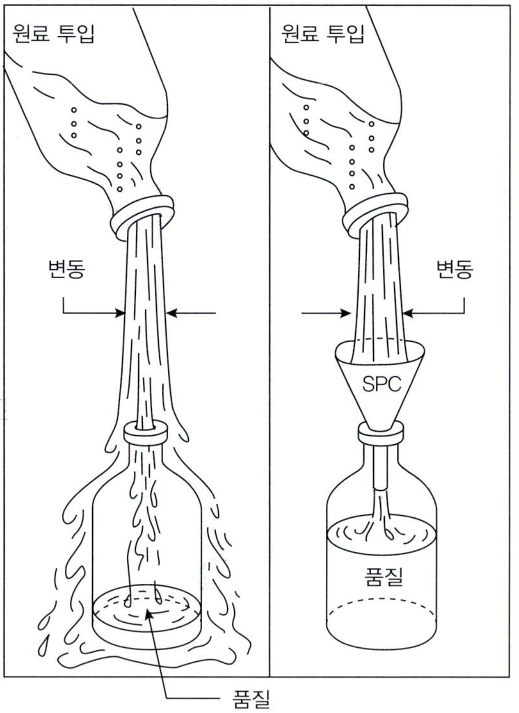

그림 1.6 변동의 의미

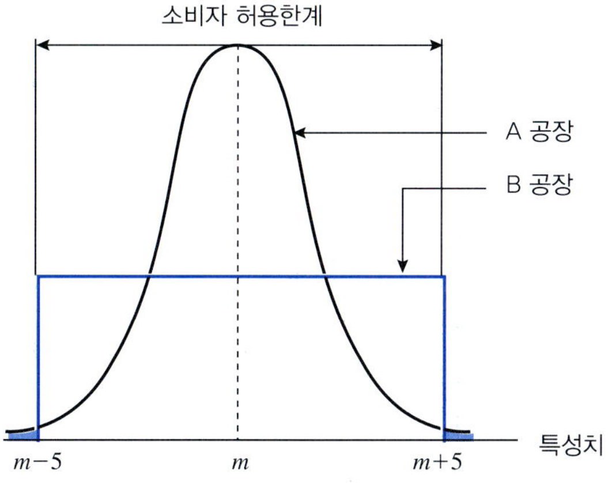

그림 1.7 텔레비전 색상밀도 분포

하된 시점으로부터 성능특성치의 변동과 부작용 등으로 인하여 사회에 끼친 총손실(total loss)'로 정의하였다. 제품이 소비자에게 끼치는 총손실이 적은 제품일수록 좋은 제품이라는 것이다. 손실함수를 2차식으로 정의하고 이 손실을 계산해 보면 A공장의 기대손실이 1.11인 반면 B공장의 기대손실은 3.33이 된다. A공장은 불량률이 0.25%이나 소비자에게 끼치는 손실의 측면에서는 B공장보다 1/3배가 된다는 것이다. 이러한 결과가 나오는 것은 A공장의 변동이 B공장의 변동보다 작기 때문이다. ■

1.4 자료의 유형

우리가 얻게 되는 자료를 유형별로 구분하는 방법은 여러 가지가 있겠지만, 자료의 유형은 크게 양적 자료와 질적 자료로 나눌 수 있다. 자료가 어떤 종류이냐에 따라 자료에 대한 통계분석 방법이 다르게 됨으로 우리는 자료의 성격을 잘 파악해야 한다.

1.4.1 양적 자료

양적 자료 (quantitative data) 는 수치로서 측정되는 관측값들을 의미하는데, **수치형 자료** (numerical data), **정량 자료**라고도 한다. 키, 몸무게, 시험성적, 전화통화의 횟수, 자동차 사고건수 등이 여기에 속한다. 이러한 양적 자료는 관측되는 값의 성질에 따라 다시 두 가지로 구분된다. 키, 몸무게, 시험성적과 같이 관측되는 값들이 셀 수 없는 연속적인 구간의 값을 취하는 경우 그 자료를 **연속형 자료** (continuous data) 라고 하고, 전화통화의 횟수, 자동차 사고건수와 같이 관측되는 값들이 셀 수 있는 값들을 취하는 경우 그 자료를 **이산형 자료** (discrete data) 라고 한다.

예제 1.4

다음 기사는 어느 경제 TV 기사 내용이다.

> **"소설"인 오늘 전국 곳곳 흐리고 눈비**
>
> 오늘 아침 어제보다 기온이 크게 올랐습니다. 포근하다고 느껴질 정도로 며칠 동안 이어진 영하권 추위를 무색하게 하는 날씨인데요. 또 오늘은 절기상 "소설"입니다. 보통 겨울의 첫 추위가 나타나는 때라고 하는데요. 그런데 오늘 추위는 없고 대신 소설을 알리는 비가 내리겠습니다. 지금도 중부지역에 약하게 비가 내리고 있는데요. 오늘 흐리고 곳곳에 오락가락 약하게 비가 이어지겠습니다. 내리는 비의 양은 많지 않겠지만 우산 챙기셔야겠습니다.
>
> 구름 모습입니다. 중부지역에 비구름이 들어와 있습니다. 밤에는 이 구름이 남부지역까지 내려오겠습니다.
>
> 지역별 오늘 날씨입니다. 오늘 중부지역은 흐리고 비가 내리겠습니다. 호남과 경북지역은 흐려져서 밤 한 때 비가 내리겠습니다.
>
> 현재기온 서울이 5도, 전주와 광주가 6도로 어제보다 기온이 5도 이상 크게 올랐습니다.
>
> 낮 기온은 서울이 8도, 강릉 11도, 부산 16도로 어제와 비슷하거나 조금 더 높겠습니다.
>
> 내일 차차 날씨가 맑아지겠습니다. 이번 주말에도 포근한 날씨는 계속 되겠고요. 월요일에는 중북부지역에 비가 예상됩니다.
>
> 날씨였습니다.

기온에 해당되는 자료는 다음에 언급할 순위형 자료에 '차이 (difference)'라는 정보가 부여된 자료이다. 이러한 자료는 자료의 중심을 나타내는 수치적 측도들과 자료의 흩어진 정도를 나타내는 수치적 측도들 대부분을 계산할 수 있다. 그러나 절대영점 (absolute zero point) 이 없기 때문에 비율 (ratio) 이 지켜지지 않는다.

섭씨 (centigrade) 온도 5도와 10도는 5도의 차이 (d) 는 있으나 섭씨온도 10도가 5도보다 2배 더 온도가 높다고 할 수 없다. 화씨온도 (Fahrenheit) 로 바꾸면 당장 알 수 있다. 그러나 섭씨온도와 화씨온도 사이의 차이는 유지가 된다. 온도에서 비율을 비교하려면 절대온도 (Kevin 온도) 를 사용하여야 한다.

$$5°C,\ 10°C\ (d=5°C) \longleftrightarrow 41°F,\ 50°F\ (d=9°F)$$

$$20°C,\ 25°C\ (d=5°C) \longleftrightarrow 68°F,\ 77°F\ (d=9°F)$$

앞에서 언급한 날씨 기사에서 "부산의 낮기온은 16°C로 서울의 낮기온인 8°C보다 온도가 8°C 높다"고 표현할 수 있으나 "부산의 낮기온은 16°C로 서울의 낮기온인 8°C보다 온도가 2배 높다"고 표현할 수는 없다. ■

예제 1.5

다음 기사는 어느 종합일간지 기사 내용이다.

> **"CEO 가족 사망하면 실적 떨어져"**
>
> 최고경영자(CEO)의 사생활과 경영을 연결짓는 연구가 잇따라 외신에 공개되고 있다. 속설에 가까운 이런 연구는 CEO의 역할을 과대평가한다는 지적을 낳고 있다.
>
> 먼저 CEO 가족의 애사는 회사 실적을 악화시킨 것으로 나타났다. 뉴욕대 다니엘 올펜존 교수 등 3명은 덴마크 7만5,000개 기업실적과 CEO 가족사망의 관련성을 추적했다.
>
> 그 결과 CEO의 자녀가 숨진 회사는 2년 뒤 총자산이익률(ROA)이 21.4% 하락했다. 숨진 자녀가 어릴수록 하락 폭은 더 컸다. 배우자가 사망하면 14.7%, 부모가 숨지면 7.7% 가량 이익률이 떨어졌다. 여성이 CEO인 회사에서 그 정도는 더욱 심했다. 특이한 것은 장모가 숨지면 반대로 이익률이 올라간다는 점이다.
>
> 1997년 아들이 살해되는 슬픔을 겪은 타임워너의 CEO 제럴드 레빈은 "나는 이에 영향 받지 않고 25시간 일한다"라고 강조했다. 하지만 이후 3년간 상승하는 주식시장에서 타임워너 주가는 하락했다.
>
> 다른 연구에선 CEO가 대저택에 살면 회사 주가가 시장평균 이하로 하락했다. 미 애리조나주립대의 예르맥, 크로커 류 교수가 2004년 S&P500 기업의 CEO들이 소유한 집 크기를 조사한 결과 중간치는 520 m²였다.
>
> 그런데 집이 929 m²를 넘거나 대지가 4만 m² 이상이면 회사 주가는 하락하기 시작했고, 3년 뒤 그 폭은 25%에 이르렀다. 이는 CEO가 현재 자리에 만족해 부를 만들기보다 즐기려 한다고 시장이 믿기 때문이라고 해석됐다. 대저택에선 정원, 인테리어 등에 많은 시간을 쏟아야 해 회사에 대한 관심이 전보다 줄어든다는 점도 지적된다.
>
> 그래선지 97년 힐튼호텔 CEO 스테판 볼렌바흐가 1,194 m²의 대저택을 산 뒤 S&P500 지수가 75% 오르는 동안 회사 주가는 70%나 빠졌다. 테넷 헬스케어의 경우 2005년 CEO가 929 m² 저택을 구매한 이후 주가는 60% 이상 하락했다.

외부에서 CEO가 '베스트'로 평가 받거나 수상을 해도 회사 실적과 주가가 떨어지는 사례가 나타났다. 역시 스타 CEO는 경영보다 바깥일에 신경을 더 쓰기 때문으로 분석됐다. 언론을 좋아하고 자기애가 강한 CEO는 리스크를 감수하는 경향도 높아 회사 실적의 변동성이 큰 것으로 조사됐다.

또 세계 최대 CEO 조직체인 비스타지 회원을 대상으로 한 조사에서 CEO 1,582명 중 43%는 맏이였다. 맏이가 장악력이나 책임감 등에서 다른 형제보다 뛰어나 조직의 수장이 되는 경향이 높다는 것이다. 막내는 23%, 중간에 낀 형제는 33%에 불과했다.

이 기사에서 집크기 929 m^2은 520 m^2보다 409 m^2 더 크다(차이)고 할 수도 있고 1.79배 더 크다(비율) 고도 할 수도 있다. 몸무게가 80 kg인 사람은 몸무게가 40 kg인 사람보다 몸무게가 40 kg 더 나간다(차이) 고 할 수도 있고 2배 더 나간다(비율) 고도 할 수도 있다. ■

1.4.2 질적 자료

양적 자료에 대응되는 **질적 자료**(qualitative data)는 관측 결과가 몇 개의 범주(category) 또는 항목의 형태로 나타나는 자료로서, 관측값의 크기가 아니라 내용이 관심의 대상이 되는 자료를 말한다. 예를 들어 성별(남, 여), 선호도(좋다, 그저 그렇다, 싫다), 혈액형(A, B, AB, O), 지역(서울, 부산, 대구, 광주 등) 등에 관한 자료가 질적자료에 해당된다. 이러한 질적 자료는 **정성 자료**, **범주형 자료**(categorical data) 라고도 하며, 순위형 자료와 명목형 자료로 구분한다. 만일 어떤 대상에 대한 선호도를 '매우 좋다', '좋다', '그저 그렇다', '싫다', '매우 싫다'라는 다섯 가지 범주 가운데 하나로 답한다면 그 다섯 가지 범주에 순위(order)가 주어지게 되며 범주들 사이에 순서의 의미가 있으므로 **순위형 자료**(ordinal data) 라고 하고, 혈액형, 성별, 지역, 직업 등과 같이 범주들 사이에 순서의 의미가 없으면 **명목형 자료**(nominal data) 라고 한다.

명목형 자료는 가장 원시적인 자료(변수)로서 자료의 정보가 가장 적은 자료이다. 서열을 알 수 없는 각 범주(category)에 대응되는 도수(frequency)만 주어지는 자료이다. 명목형 자료에서는 자료의 중심경향을 측정하는 측도로서 최빈값(mode)만 가능하고 중앙값(median)이나 산술평균(arithmetic mean)은 구할 수 없다. 자료의 흩어진 정도를 측정하는 측도로서 다양성지수(diversity index)만 가능하고 분산(variance), 표준편차(standard deviation), 범위(range) 등은 계산할 수 없다.

다양성지수는 다음과 같이 정의되는 수치이다. 이 다양성지수 값은 제일 작은 값이 0이고 제일 큰 값이 1이 된다. 즉 다양성지수 값이 0이면 각 범주에 속하는 도수가 한 범주에 몰리게 되고 다양성지수 값이 1이면 각 범주에 속하는 도수가 모든 범주에 똑같게 된다.

$$j=\frac{H}{H_{\max}}=\frac{\dfrac{n\log n-\sum_{i=1}^{k} f_i \log f_i}{n}}{\log k}$$

여기서 n: 표본의 크기, k: 범주의 개수, f_i: i번째 범주에서의 도수

순위형 자료란 명목형 자료에 순위라는 정보를 더 갖는 자료이며, 범주 사이의 서열이 존재하는 자료이다. 순위형 자료는 자료의 중심경향을 측정하는 측도로서 최빈값 외에 중앙값도 계산할 수 있다. 그러나 산술평균은 구할 수 없다. 순위형 자료에서는 자료의 흩어진 정도를 측정하는 측도로서 다양성지수 외에 사분위수간 범위(IQR, inter-quartile range)가 가능하다. 그러나 분산, 표준편차, 범위 등은 계산할 수 없다.

자료의 분류

- 자료
  - 양적 자료
    - 연속형 자료
    - 이산형 자료
  - 질적 자료
    - 순위형 자료
    - 명목형 자료

예제 1.6

2007년 10월 28일 오후 3시경 경남 하동군 화개면 부춘리 검두마을 앞 국도 19호선 도로상에서 화개 방면에서 하동읍 방향으로 달리던 관광버스가 마주오던 승합차 등 차량 4대와 잇따라 충돌, 모두 6명이 숨지는 사고가 일어났다. 이 사고는 관광버스가 마주오던 야생동물을 피하려다 일어난 것임으로 밝혀졌다. 이 사건을 통하여 야생동물이 도로에 나타나 피하는 과정에서 일어나는 사고와 야생 동물과 직접 부딪히는 사고(이를 통상 '로드킬' 이라 한다.)의 위험성이 부각되고 있다. 이러한 사고는 도로가 늘어남에 따라 전국 고속도로와 국도에서 점차 늘고 있다. 다음 기사는 2007년 1월 29일 조선일보에 실린 로드킬 현황(2004년 7월에서 2006년 12월까지 지리산 4개 도로 현장에서 수행한 로드킬 조사)에 대한 기사이다. 기사 밑에 있는 자료들(종별 로드킬 현황, 법정보호종 로드킬 현황, 도로별 로드킬 현황)을 명목형 자료라고 한다.

'길 위의 죽음' 아생동물 로드킬 30개월 현장기록

지리산 주변 4개도로서 5769마리 희생

삵·소쩍새 등 법정보호동물도 311마리

종(種)별 로드킬 현황

법정보호종 로드킬 현황

종	마리	종	마리
삵	103	수리부엉이	5
소쩍새	102	황조롱이	4
큰소쩍새	49	쇠족제비	3
하늘다람쥐	13	조롱이	3
남생이	11	기타(올빼미 등 5종)	5
솔부엉이	8	합계	311
수달	5		

도로별 로드킬 현황

앞에서 언급한 로드킬 자료 중 법정보호종 로드킬 현황을 [표 1.1]로 작성해 보자. 최빈값은 '삵'이고 다양성지수는 0.689가 된다. ■

표 1.1 법정보호종 로드킬 현황

법정보호종	마리수
삵	103
소쩍새	102
큰소쩍새	49
하늘다람쥐	13
남생이	11
솔부엉이	8
수달	5
수리부엉이	5
황조롱이	4
쇠족제비	3
조롱이	3
기타	5
합계	311

예제 1.7

다음은 어느 경제 기사 내용이다.

대학생 2명 중 1명 "난 유행에 관한한 캔비족"

대학생 2명 중 1명은 스스로 유행에 관한 한 '캔비족'이라고 생각하는 것으로 나타났다.

아르바이트 구인·구직 포털 아르바이트천국(www.alba.co.kr)이 대학생 380명을 대상으로 '유행 민감 정도'에 대한 설문조사에서 대학생 2명 중 1명은 자신이 유행에 민감하다고 생각하는 것으로 나타났다.

민감하다는 의견이 36%로 가장 많았고 보통(29%), 매우 민감(19%) 순이었다. 민감하지 않다는 의견은 전체의 16%에 불과했다.

유행에 민감한 이유로는 '예쁘고 멋져보여서'가 49%로 가장 많았고 '남에게 뒤쳐지기 싫어서' 20%, '연예인처럼 되고 싶어서'라는 의견이 17%였다.

이런 최신 유행 스타일들은 외국 패션 잡지나 연예인을 통해 먼저 접할 수 있기 때문에 자신도 유행스타일을 따라가면 연예인들처럼 예쁘고 멋져 보일 것이라는 환상을 갖고 있는 것으로 나타났다.

이런 이들을 '캔비족'(can be·될 수 있다)이라고 부르는데 유명 연예인의 옷과 액세서리 등 패션을 모방하며 스스로의 가치를 연예인과 동격화하려는 사람들을 말한다.

패션·헤어스타일이 대표적이며 심지어는 다이어트 방법이나 성형까지 그 영역이 확대되고 있다.

'유행에 민감한가?'에 대한 답변을 표로 정리하면 다음과 같다. 이 자료는 순위형 자료가 된다.

민감하지 않다	보통	민감하다	매우 민감하다	합계
16%	29%	36%	19%	100%

이 표에서 '유행에 민감한가?'에 대한 답변은 '민감하지 않다' < '보통' < '민감하다' < '매우 민감하다'라는 서열이 매겨진다. '민감하다'라는 범주가 최빈값이면서 중앙값이 된다.

예제 1.8

다음 표는 100명의 panelist에게 식품을 맛보게 한 후 3개의 관능점수(sensory score)를 매기는 3점 판별법을 시행한 결과를 나타낸 표이다.

범주	나쁘다	그저 그렇다	좋다
도수	20	25	55

'관능점수'에 대한 답변은 '나쁘다' < '그저 그렇다' < '좋다'라는 서열이 매겨진다. '좋다'라는 범주가 최빈값이 된다. ■

1.5 연습문제

1.1 통계학의 기본 정의는 무엇인가?

1.2 통계학의 목적은 무엇인가?

1.3 기술통계학과 추측통계학을 비교하여 설명하여라.

1.4 경제분야에서 활용 가능한 기술통계학의 예를 두 가지 제시하여라.

1.5 기상분야에서 활용 가능한 추측통계학의 예를 두 가지 제시하여라.

1.6 모집단과 표본의 정의는 무엇인가?

1.7 모집단과 표본의 특성을 나타내는 수치에 대해 설명하고, 각각에 대한 예를 설명하여라.

1.8 어느 대학교에서 학부 재학생들의 학교생활 만족도를 조사하기 위하여 전체 재학생들 중 100명을 뽑아서 이들을 조사한 다음, 이를 바탕으로 전체 재학생들의 만족도를 알아보고자 한다. 이 경우 모집단과 표본은 무엇인가?

1.9 어느 도시에서 실업률을 알아보고자 그 도시의 전체 노동 인구 중 500명을 추출하여 이들의 실업률을 조사함으로써, 그 도시의 전체 실업률을 알아보고자 한다. 이 경우 모집단과 표본은 무엇인가?

1.10 문제 1.9에서 갑과 을 두 사람이 각각 500명씩을 추출하여 실업률을 조사한 결과, 갑

의 표본으로부터 얻어진 실업률은 8.0%였고, 을의 표본으로부터 얻어진 실업률은 12.0%였다. 두 표본으로부터 구한 실업률이 서로 다른 이유는 무엇인가?

1.11 정당의 지지율을 조사하기 위하여 여론조사기관에서 전화통화를 이용하여 몇 가지 설문에 대한 응답을 받았다. 이렇게 전화통화를 이용하여 수집한 자료들을 얼마나 신뢰할 수 있는지, 여러 가지 측면에서 의논하여라.

1.12 다음 자료들을 양적 자료와 질적 자료로 분류하여라.

(1) 마라톤 선수들이 매일 달리는 거리
(2) 박사학위 취득자의 첫 연봉
(3) 기업체 직원들이 선호하는 휴양지
(4) 통계학 과목을 수강한 학생들이 받은 최종 평점

1.13 어느 식당을 이용하는 손님들의 수를 기록한 후에 고객의 수가 200명 이상은 '실적양호', 200명 미만은 '실적저조'로 자료를 변환시켰다. 변환하기 전과 후의 자료 형태는 각각 무엇인가?

1.14 연속형 자료와 이산형 자료의 의미를 설명하고, 각 자료에 대한 예를 두 가지씩 들고, 예를 든 자료들을 구분한 기준은 무엇인지 자세히 설명하여라.

1.15 다음의 자료를 연속형 자료, 이산형 자료, 순위형 자료, 명목형 자료로 분류하여라.

(1) 주유할 때 선택하는 휘발유의 특정상호
(2) 서울에서 지방으로 출장을 갈 때 사용하는 교통수단
(3) 일일 최고기온
(4) A 대학교의 특정학과에 1학기 등록금
(5) 지난 밤 발생한 사건사고의 수
(6) 신체검사 때 측정한 혈압
(7) 특정회사의 커피 향을 5등급으로 결정할 때의 결과 값
(8) 완성된 제품의 품질 검사 결과

1.16 명목형 자료와 순위형 자료의 의미를 설명하고, 각 자료에 대한 예를 두 가지씩 들어라. 예를 든 자료들을 구분한 기준은 무엇인지 자세히 설명하여라.

1.17 한 대학에서 졸업 후 1년이 지난 졸업생들에게 다음의 내용들을 설문조사하였다. 각 질문으로부터 구한 정보의 자료 형태를 연속형 자료, 이산형 자료, 순위형 자료, 명목형 자료로 분류하여라.

(1) 당신의 월 소득은 얼마인가?
(2) 당신의 직업 형태는 무엇인가?
(3) 당신이 소지한 학위는 무엇인가?
(4) 재학 당시 받았던 대출금 총액은 얼마인가?

(5) 대학에서 받은 교육의 질을 '탁월', '양호', '보통', '부실', '불량' 가운데서 선택하여라.

1.18 한 TV 프로그램에서 국민들의 지대한 관심사 중 하나에 사회자가 시청자들에게 질문을 던지고 ARS로 응답해 줄 것을 부탁하였다. 이에 100,000명이 전화로 응답하였고 그 중 '찬성'이 65%이었다. 같은 질문에 대하여 전국에서 임의로 추출한 성인 1,000명에게 물으니 '찬성'이 75%이었다. 100,000명의 전화응답자의 의견보다 임의로 선택된 1,000명의 의견이 국민들의 의견을 더 잘 반영하는 이유는 무엇인지 설명하여라.

2장 자료의 정리

1장에서 통계학은 기술통계학과 추측통계학으로 분류된다고 하였다. 2장에서는 일상생활에서 만나게 되는 많은 양의 자료들을 보다 효율적으로 정리하고 요약하는 방법을 다루는 기술통계학에 관하여 배운다. 즉, 수집된 자료들을 근거로 어떤 의사결정을 하기 전에 그 자료들을 이용하여 도수분포표, 막대그래프, 원그래프, 꺾은선그래프, 히스토그램, 도수분포다각형, 줄기-잎 그림 등을 작성하는 방법에 관하여 알아본다.

2.1 데이터 시각화

데이터 시각화는 빅데이터 시대에 점점 더 중요해지고 있는 분야이다. 방대한 빅데이터에 대한 분석도 중요하지만 이러한 분석 전이나 후의 시각화도 매우 중요한 영역이 되고 있다. 데이터 시각화는 데이터 분석 결과를 쉽게 이해할 수 있도록 시각적으로 표현하고 전달되는 과정을 말한다. 데이터 시각화의 목적은 도표(graph)라는 수단을 통해 정보를 명확하고 효과적으로 전달하는 것이다. 디지털 시대의 학습자는 영상, 디지털 매체를 비롯해 SNS, 클라우드 서비스 등을 통한 무한정의 데이터에 노출되어 있으며 이와 같은 환경의 변화에 따라 데이터 표현과 수용방식의 변화가 요구되고 있다. 다시 말하여 수많은 정보들을 시각적으로 묘사하고 필요한 정보를 효율적이고 명확하게 제공하는 데이터 시각화의 필요성이 증가하고 있다. 최근 빅데이터 기술시장의 성장과 함께 시각화 기술도 중요한 기술요소로 자리 잡고 있다.

전통적인 시각화 기술은 주로 시스템 로그나 실험 분석 결과 등에 대한 통계정보를 그래프로 보여 주는 방식이다. 이에 비하여, 빅데이터의 시각화 측면에서는 모든 데이터를 살펴보기가 어렵기 때문에 시각화의 기술적인 요소와 더불어 데이터를 요약하고, 한 눈에 살펴볼 수 있도록 돕는 시각화 방법론적 요소의 중요성이 커지고 있다. 데이터 시각화에서는 미적 형태와 기능성 두 가지를 모두 가져가는 것으로 대개 데이터들의 연결과 그룹화를 표현하는 데 초점을 둔다. 그러므로 데이터시각화는 과학인 측면과 예술적인 측면이 혼합되어 있는 학제간 연구의 성격이 강하다. 학문영역 혼합시대에 발맞추어 빅데이터를 연구하는 데이터사이언스에서 데이터 시각화(Data Visualization)는 매우 중요한 학문 영역이 되고 있다.

통계학 대가였던 John Tukey는 'The greatest value of a picture is when it forces us to notice what we never expected to see.'라고 데이터시각화의 중요성에 대하여 언급하였다.

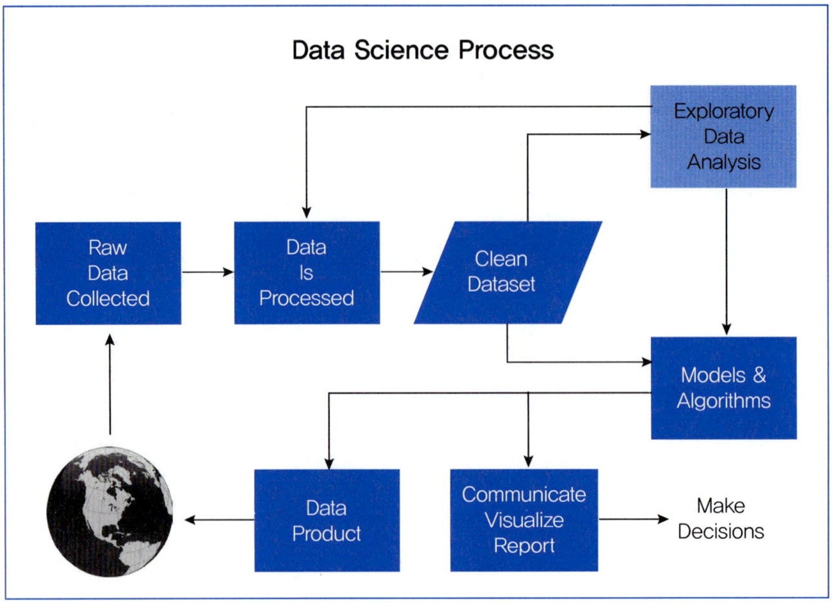

그림 2.1 데이터 시각화의 기능

이 외에도 여러 학자들이 데이터 시각화의 중요성에 대하여 다음과 같은 말들을 남겼다.

- A Pictore is worth a thousans words.
  – Frederic R. Barnard (1927)
- Every picture tells a story.
  – Rod Stewart (1971)
- Graphs are essential to good statistical analysis.
  – F.J. Anscombe (1973)
- Visualization is critical to data analysis
  – W. Cleveland (1993)

[그림 2.1]은 데이터사이언스 처리과정에서 데이터 시각화의 기능을 나타내는 그림이다(https://en.wikipedia.org/wiki/Data_visualization에서 발췌함). 이 그림에서 볼 수 있듯이 데이터 시각화는 탐색적 자료분석 단계에서나 의사결정 전의 리포트를 통한 커뮤니케이션 단계에서 필수적인 수단이다.

2.2 자료의 도표화

이 절에서는 자료들이 양적 자료와 질적 자료의 형태로 주어질 때, 간단히 표로 정리하는 방법에 관하여 알아본다.

2.2.1 원자료

관심의 대상이 되는 어떤 연구문제를 해결하기 위해서는 우선 자료를 수집해야 하고, 이들 자료로부터 의미있는 본질적 요소를 발견하기 위해서 자료를 표나 그래프 또는 수치값으로 요약할 필요가 있다. 이를 수행하기 위하여 모집단이나 표본에 속한 각 요소들로부터 관측값들을 측정한다. 이렇게 측정된 관측값들은 어떤 특정한 순서나 법칙에 따라 정리되는 것이 아니라, 구해지는 순서대로 기록되기 마련이다. 이와 같이 어떤 특별한 순서대로 정리되지 않고, 어떤 집단으로도 분류도 되지 않은, 구해진 순서대로 기록된 자료들을 **원자료** (raw data) 또는 **원시자료**라고 한다.

예를 들어, 어느 회사에는 전국의 각 지사에서 외국으로 발신한 국제통화 가운데 40 통화를 랜덤으로 추출하여 전화통화 시간을 작성하였다고 가정하자. 그 자료를 [표 2.1]에 분단위로 기록하였다. 이와 같이 분단위로 작성된 통화시간을 원자료 또는 원시자료라 하고, 유형별로 나누면 양적 자료가 된다.

표 2.1 분단위로 기록된 40개의 국제통화 시간

12	10	5	25	20	19	16	27	9	13
8	20	19	12	2	9	25	23	51	30
5	15	33	14	23	18	24	15	1	12
25	23	18	37	27	23	21	20	2	4

2.2.2 도수분포표

[표 2.1]의 원자료를 살펴보면 가장 짧은 통화시간은 1분이고, 가장 긴 통화시간은 51분임을 알 수 있다. 그러면 우리들은 1분과 51분 사이에 있는 나머지 통화시간들은 어떻게 분포되어 있는가를 살펴볼 필요가 있다. 뿐만 아니라 전체 국제통화 중 20분 이상 국제통화 시간은 몇 %를 차지하는지 또는 30분 이내의 국제통화 시간은 몇 %를 차지하는지 살펴볼 필요가 있다. 이에 대한 해답을 구하기 위하여 원자료를 적절한 시간간격으로 나누어 전체 통화시간을 다시 정리할 수 있다. 예를 들어 5분을 적절한 시간간격으로 결정했다면 이것을 **계급** (class) 이라고 한다. 그러면 5분 간격으로 통화시간대를 표에 작성한 다음, 각 시간간격에 따라 해당되는 통화시간의 도수 (frequency) 또는 빈도를 표시하여 표를 구성할 수 있을 것이다. 이와 같이 서로 중첩되지 않는 계급구간에 따라 원자료를 그룹화 또는 집단화한 표를 **도수분포표** (frequency distribution table) 라고 한다. [표 2.1]의 원자료를 5분 간격으로 나누어 도수분포를 작성하면 [표 2.2]와 같다.

어느 대학교에 재학 중인 4학년 학생 50명에게 졸업 후의 진로에 대하여 질문을 하였다. 공무원을 희망하는 학생 12명, 기업체 25명, 대학원진학 5명, 해외연수 7명, 어학 및 자격증준비 1명으로 나타났다. 이 경우 졸업 후 진로에 관한 질문의 응답으로 공무원, 기업체, 대학원진학, 해외연수, 어학 및 자격증준비로 나타났기 때문에 졸업 후 진로에 관한 자료의 유형은 질적 자료, 즉 범주형 자료라고 할 수 있다. 그리고 각 진출하고자 하는 분야에 응답한 학생 수를 나타내면 [표 2.3]과 같이 도수분포표가 완성된다.

표 2.2 국제통화시간의 도수분포표

통화시간 (계급)		도수	백분율 (%)
	5분 미만	4	10.0
5분 이상	10분 미만	5	12.5
10분 이상	15분 미만	6	15.0
15분 이상	20분 미만	7	17.5
20분 이상	25분 미만	9	22.5
25분 이상	30분 미만	5	12.5
30분 이상	35분 미만	2	5.0
35분 이상	40분 미만	1	2.5
40분 이상		1	2.5
합계		40	100.0

표 2.3 졸업 후 진로의 도수분포표

진로 (범주)	학생 수 (도수)
공무원	12
기업체	25
대학원진학	5
해외연수	7
어학 및 자격증준비	1
합계	50

도수분포표

도수분포표란 모집단 또는 표본에서 구한 원자료를 대상으로 적절한 계급 또는 범주로 나누고 해당되는 계급 (또는 범주) 에 속하는 원자료의 도수 또는 빈도를 기록하여 주어진 원자료를 집단화 또는 그룹화한 표이다.

예제 2.1

한 학과에서 졸업을 앞두고 있는 30명의 4학년 2학기 학생들에게 취업에 대하여 현재 얼마나 많은 부담감을 갖고 있는지 설문을 조사하였다. 응답은 '매우 많다', '많은 편이다', '보통이다', '거의 없다', '전혀 없다'로 대답을 요구하였다. 응답의 결과가 다음의 표와 같을 때, 도수분포표를 작성하여라.

보통이다	매우 많다	많은 편이다	보통이다	매우 많다
매우 많다	많은 편이다	거의 없다	많은 편이다	보통이다
매우 많다	매우 많다	많은 편이다	보통이다	전혀 없다
매우 많다	많은 편이다	많은 편이다	매우 많다	보통이다
많은 편이다	많은 편이다	보통이다	보통이다	매우 많다
거의 없다	많은 편이다	많은 편이다	매우 많다	거의 없다

풀이 응답의 결과가 질적 자료이므로 도수분포표의 범주 칸에 부담감의 정도를 적는다. 그리고 원자료로부터 다섯 가지 응답의 결과에 해당되는 도수를 기록하여 적으면 도수분포표가 완성된다.

표 2.4 취업에 대한 학생들의 부담감

부담감의 정도	학생 수
매우 많다	9
많은 편이다	10
보통이다	7
거의 없다	3
전혀 없다	1
합계	30

■

2.3 질적 자료의 정리

원자료가 질적 자료라면 앞 절에서 언급한 도수분포표를 사용하여 자료의 분포의 형태 또는 특정 계급이 차지하는 비율 등에 관하여 설명할 수 있다. 이 절에서는 질적 자료를 그래프화하는 방법 가운데 가장 흔하게 사용되는 막대그래프, 원그래프, 꺾은선그래프 등을 작성하는 방법에 대하여 구체적으로 살펴본다.

2.3.1 막대그래프

막대그래프(bar chart)는 일반적으로 수평축에 자료로부터 구한 각 범주를 표시하고, 수직축에는 각 범주의 높이를 표시하는데, 이때 각각의 범주에 해당되는 도수, 상대도수 또는 도수와 비례하는 값들을 수직축에 표시하여 완성할 수 있다. 여기서 한 가지 유의해야 할 사항은 앞으로 2.4절에서 배우게 될 양적 자료를 그래프로 표현하는 데 사용하는 히스토그램(도수분포도)과 막대그래프를 혼동해서는 안 된다. 즉, 히스토그램의 수평축에 양적 자료의 값들을 표시하는 계급의 폭과는 달리, 막대그래프에서는 수평축에 단순히 각 범주들을 나타내기 때문에 각 범주들의 폭의 크기는 의미를 갖지 않으므로 폭의 크기를 동일하게 나타낸다. 그리고 막대그래프를 작성할 때 수평축에 각 범주의 도수, 수직축에 각 범주를 표시해서 나타내기도 한다.

> 막대그래프
> 막대그래프란 질적 자료를 나타내는 그래프로서, 일반적으로 수평축에 범주를 표시하고, 수직축에 각 범주에 해당하는 도수 또는 상대도수를 표시한 그래프를 의미한다.

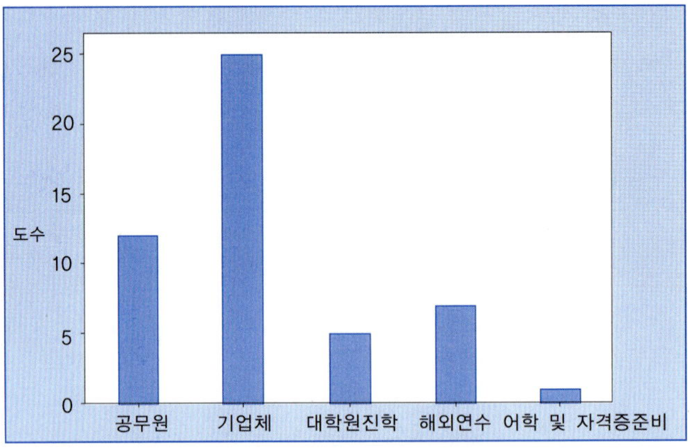

그림 2.2 졸업 후 진로에 대한 막대그래프

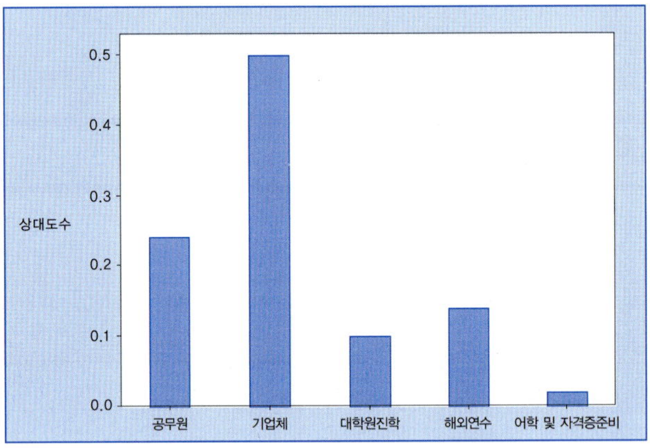

그림 2.3 졸업 후 진로에 대한 막대그래프

2.2절에서 대학교에 재학 중인 4학년 학생 50명으로부터 응답받은 졸업 후의 진로에 대한 [표 2.3]의 졸업 후 진로의 도수분포표를 이용하여 막대그래프를 그리면 [그림 2.2]와 같다. 또한 수직축에 도수 대신 상대도수를 나타내어 [그림 2.3]과 같이 막대그래프를 그릴 수도 있다.

2.3.2 원그래프

질적 자료를 표현하는 막대그래프의 한 대안으로서 **원그래프** (pie chart) 를 사용할 수 있다. 원그래프는 질적 자료의 여러 가지 범주를 한 원 안에서 여러 조각으로 표현하기 때문에 각 부채꼴 모양의 크기는 해당 범주의 도수와 비례하여야 하고, 모든 조각들의 각도의 합은 360°가 되어야 한다.

> **원그래프**
> 질적 자료 안의 각 범주를 원 안에 여러 조각으로 나타낸 그래프이다.

표 2.5 졸업 후 진로의 도수분포표

진로 (범주)	학생 수 (도수)	백분율 (%)	원그래프 안의 범주들의 각도
공무원	12	24.0	86.4
기업체	25	50.0	180.0
대학원진학	5	10.0	36.0
해외연수	7	14.0	50.4
어학 및 자격증준비	1	2.0	7.2
합 계	50	100.0	360.0

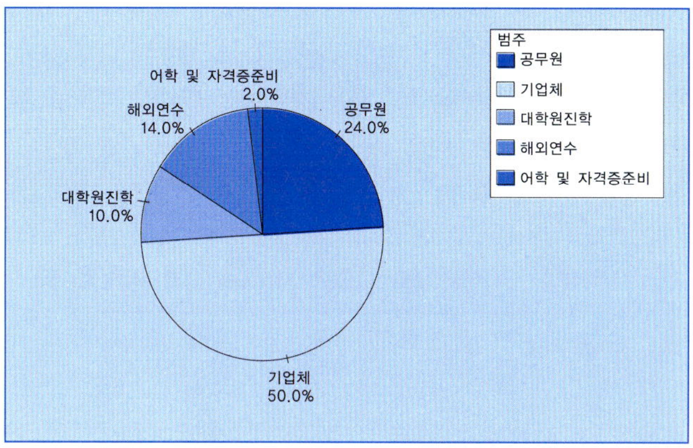

그림 2.4 졸업 후 진로에 대한 원그래프

예를 들어, 2.2절의 4학년 학생 50명의 졸업 후의 진로에서 공무원을 희망하는 학생들의 수는 모두 12명으로, 전체의 24%에 해당된다. 따라서 원그래프 안에 표시될 공무원에 해당되는 부채꼴의 중심각은 $0.24 \times 360° = 86.4°$가 되어야 한다. [표 2.5]에 각 범주에 해당되는 백분율과 원그래프 안에서 각 범주가 차지하는 각도를 계산하였다. [표 2.5]의 각도에 따라 원그래프를 작성하면 [그림 2.4]와 같다.

[그림 2.2] 또는 [그림 2.3]의 막대그래프와 [그림 2.4]의 원그래프를 비교할 때, 원그래프는 각 진로의 유형들이 한 원 안에 표시되어 있어서 각 범주들의 상대적인 크기를 한 눈에 알아볼 수 있는 장점이 있다.

2.3.3 꺾은선그래프

질적 자료를 그래프로 나타내는 또 다른 방법으로서 **꺾은선그래프** (line chart)를 활용할 수 있다. 꺾은선그래프는 수평축에 범주를 표시하고, 수직축 방향으로 각 범주들의 도수 또는 상대도수에 해당하는 값에 점을 표시한 후, 이 점들을 서로 연결함으로써 꺾은선그래프를 완성할 수 있다. 일반적으로 꺾은선그래프는 범주들이 연도, 반기, 분기 등과 같이 시간상의 어떤 점들을 표시하기 때문에, 꺾은선그래프를 **시계열그래프** (time-series chart)라고도 한다.

> **꺾은선그래프**
> 꺾은그래프란 수평축에 범주를 표시하고, 수직축에 각 범주에 해당하는 도수 또는 상대도수를 점으로 표시한 후, 이 점들을 서로 연결하여 나타낸 그래프를 의미한다.

예를 들어, 한 자동차 부품회사의 각 분기별 매출실적이 [표 2.6]과 같다고 하자. [표 2.6]에서 분기를 범주로 하고, 매출을 도수로 고려하여 매출실적의 막대그래프를 [그림 2.5]에 작성하였다.

같은 방법으로 [표 2.6]의 자료를 근거로 하여 분기를 범주로 하고 매출을 도수로 하여 매출실적에 대한 꺾은선그래프를 [그림 2.6]에 작성하였다. 이와 같이 각 분기별 매출실적의 상대적인 비교보다도 시간의 진행에 따라 각 분기의 매출실적이 어떻게 변화하는가에 대한 경향이나 추세 (trend) 를 알려고 하는 경우에는 막대그래프나 원그래프보다 꺾은선그래프가 시각적으로 훨씬 효과적임을 알 수 있다.

지금까지 원자료가 질적 자료로 주어질 때 표현하는 세 가지 그래프인 막대그래프, 원그

표 2.6 자동차 부품회사의 분기별 매출실적(단위: 억 원)

분기	매출
작년 1/4	12.0
2/4	10.5
3/4	16.0
4/4	13.5
금년 1/4	23.0
2/4	20.5
3/4	25.0
4/4	26.5
합 계	147.0

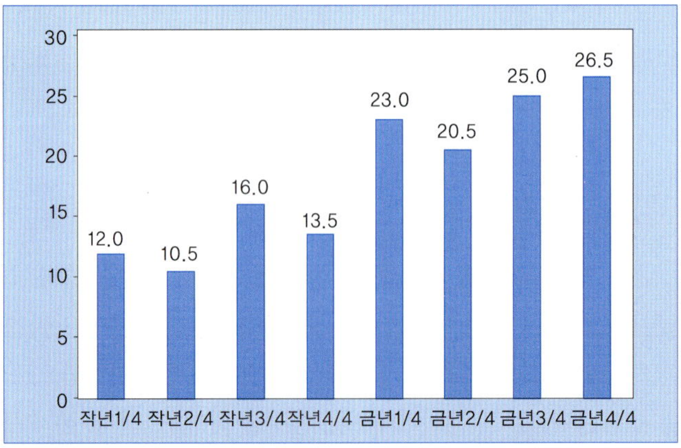

그림 2.5 자동차 부품회사의 분기별 매출실적의 막대그래프

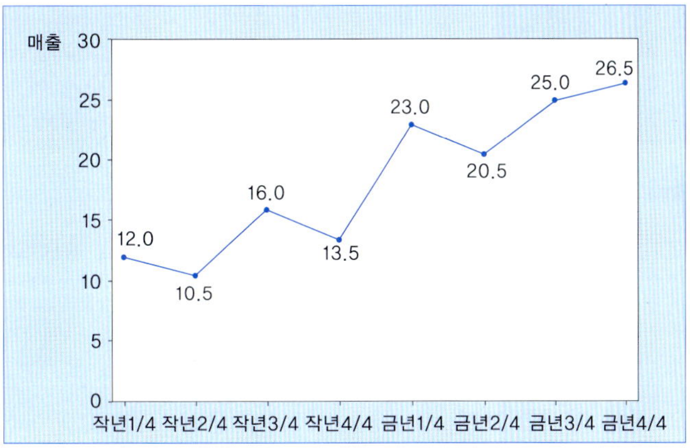

그림 2.6 자동차 부품회사의 분기별 매출실적의 꺾은선그래프

래프, 꺾은선그래프를 작성하는 방법에 대하여 살펴보았다. 원자료가 컴퓨터에 입력되어 있다면 통계분석용 소프트웨어 또는 사무용 소프트웨어를 사용하여 2차원, 3차원 또는 여러 가지 색깔과 무늬를 사용하여 원자료 또는 작성된 도수분포표를 손쉽게 그래프로 작성할 수 있어서 시각적으로 훨씬 더 효과 있게 자료가 의미하는 바를 강조하여 표현할 수 있다. 따라서 원자료들이 주어질 때 어떻게 자료를 요약할 것인가를 잘 판단한 후, 각 그래프의 특징을 잘 살펴서 그래프들을 효과적으로 사용해야 할 것이다.

2.4 양적 자료의 정리

원자료가 양적 자료로 주어질 때 그룹화하여 나타낼 수 있는 히스토그램, 도수분포다각형, 누적도수분포도, 줄기-잎 그림 등을 작성하는 방법에 관하여 알아본다.

2.4.1 도수분포표

2.2절에서 도수분포표를 이미 만들었지만, 여기서는 히스토그램, 도수분포다각형, 누적도수분포도 등을 만들기 위하여 조금 더 구체적으로 양적 자료를 그룹화시키는 방법에 대해서 살펴본다.

가. 계급의 수 결정

도수분포표를 만들기 위해서는 먼저 적절한 계급의 크기와 수를 결정해야 한다. 여러 문헌에서 적절한 계급의 개수는 5에서 20이라고 알려져 있으나, 문헌마다 다소 차이가 있다. 계급의 개수가 너무 많을 경우 각 계급에 속한 도수들이 지나치게 적어져 히스토그램을 작성한 후 자료의 특징을 알아볼 수 없게 되며, 반대로 계급의 개수가 너무 적으면 각 계급에 속한 도수들이 지나치게 많아져 히스토그램으로부터 자료의 특징을 알아볼 수 없게 된다.

그러므로 적절한 계급의 수를 몇 가지 선택하여 각 계급의 수에 따른 도수분포표를 작성한 후 분포의 형태를 가장 잘 설명하는 계급의 수를 최적 계급의 수로 결정해야 한다. 따라서 계급의 수를 결정하는 문제는 다소 주관적인 판단에 따를 수밖에 없다.

나. 계급의 폭 결정

만약 계급의 수를 결정하였다면 다음 식에 의하여 **계급의 폭** (class width) 을 결정한다.

$$\text{계급의 폭} = \frac{\text{최댓값} - \text{최솟값}}{\text{계급의 수}}$$

계급의 폭은 **계급의 크기** (class size) 또는 **계급의 구간** (class interval) 이라고도 하며, 위 식에서 계산한 결과를 반올림하여 계급의 폭으로 결정한다. 여기서 각 계급의 폭은 나중에 각 계급에 해당되는 도수를 표시할 때 같은 관측값이 중복되어 계산되지 않도록 서로 중첩되어서는 안 된다.

다. 계급의 도수 계산

계급의 폭이 결정이 되면 도수분포표를 작성하기 위한 기본적인 작업은 완성되었으므로 원자료를 보고 도수분포표의 해당되는 계급구간에 한자의 '바를 정 (正)'자 등으로 표시하여 각 계급의 도수 (frequency) 를 완성시킨 후 각 계급도수의 합이 주어진 원자료의 합과 일치하는지 확인한다.

> **(양적 자료의) 도수분포표**
>
> 도수분포표란 주어진 자료들을 대상으로 대략 5에서 20까지 적절한 계급의 수를 결정하고, 다음 식에 따라 계급의 폭을 결정한 후,
>
> $$\text{계급의 폭} = \frac{\text{최댓값} - \text{최솟값}}{\text{계급의 수}}$$
>
> 주어진 자료들로부터 각 해당 계급의 폭에 속하는 관측값들을 합하여 도수를 기록한 표로서, 자료들을 집단화시킨 표를 의미한다.

[표 2.7]은 통계학 수업을 수강하고 있는 한 학급에서 남학생 50명의 체중을 측정한 결과이다. 예를 들어 계급의 수를 7로 결정하였다면, 계급의 폭은 다음과 같이 대략 3이 된다.

$$\text{계급의 폭} = \frac{86-66}{7} = 2.857143 \approx 3$$

모든 자료들을 도수분포표에 포함하기 위하여 각 계급의 폭은 주어진 자료들의 단위보다 한 단위 낮은 소수 첫째 자리인 0.5를 가장 작은 값인 66에서 뺀 65.5부터 폭을 3으로 하여 68.5까지를 첫 번째 계급구간으로 하고, 68.5부터 71.5까지를 두 번째 계급구간으로 정하고, 계속하여 83.5부터 86.5까지를 마지막 계급구간으로 정할 수 있다. [표 2.7]에 대하여 계급의 수를 각각 5, 7, 9, 21로 했을 때 도수분포표를 완성한 결과를 [표 2.8]에 정리하였다.

표 2.7 남학생 50명의 체중

72	74	73	76	66	86	70	71	77	71
70	72	71	72	70	72	79	74	70	74
72	77	78	72	69	68	76	67	69	73
72	73	66	67	72	68	68	67	71	67
69	75	70	68	73	70	68	69	70	71

표 2.8 서로 다른 계급의 수를 갖는 도수분포표

계급의 수가 5인 경우	
계급	도수
65.5 ~ 70.5	22
70.5 ~ 75.5	21
75.5 ~ 80.5	6
80.5 ~ 85.5	0
85.5 ~ 90.5	1
합 계	50

계급의 수가 7인 경우	
계급	도수
65.5 ~ 68.5	11
68.5 ~ 71.5	16
71.5 ~ 74.5	15
74.5 ~ 77.5	5
77.5 ~ 80.5	2
80.5 ~ 83.5	0
83.5 ~ 86.5	1
합 계	50

계급의 수가 9인 경우	
계급	도수
63.75 ~ 66.25	2
66.25 ~ 68.75	9
68.75 ~ 71.25	16
71.25 ~ 73.75	12
73.75 ~ 76.25	6
76.25 ~ 78.75	3
78.75 ~ 81.25	1
81.25 ~ 83.75	0
83.75 ~ 86.25	1
합 계	50

계급의 수가 21인 경우	
계급	도수
65.5 ~ 66.5	2
66.5 ~ 67.5	4
67.5 ~ 68.5	5
68.5 ~ 69.5	4
69.5 ~ 70.5	7
70.5 ~ 71.5	5
71.5 ~ 72.5	8
72.5 ~ 73.5	4
73.5 ~ 74.5	3
74.5 ~ 75.5	1
75.5 ~ 76.5	2
76.5 ~ 77.5	2
77.5 ~ 78.5	1
78.5 ~ 79.5	1
79.5 ~ 80.5	0
80.5 ~ 81.5	0
81.5 ~ 82.5	0
82.5 ~ 83.5	0
83.5 ~ 84.5	0
84.5 ~ 85.5	0
85.5 ~ 86.5	1
합 계	50

2.4.2 히스토그램

도수분포표가 완성되면 수평축에 계급의 구간을 표시하고 해당되는 각 계급의 구간에 계급의 도수를 수직으로 표시하여 그래프를 그리면 **히스토그램**(histogram)이 완성된다. 주어진 자료를 이용하여 도수분포표를 완성한 후 히스토그램을 그리면 자료들의 분포를 훨씬 잘 이해할 수 있다. 그러나 히스토그램은 전적으로 도수분포표에 따라 완성되므로, 원자료의 분포의 형태를 잘 이해하기 위해서는 계급의 수와 폭을 기록하는 도수분포표를 잘 작성하는 것이 중요하다.

> **히스토그램**
> 히스토그램이란 수평축에 계급구간을 표시하고, 수직축에는 각 계급구간에 해당되는 계급의 도수를 나타낸 그래프를 의미한다.

[표 2.8]의 도수분포표에 따라 히스토그램을 그리면 [그림 2.7]과 같다. 계급의 수가 5인 경우는 계급의 폭이 너무 넓어 한 계급에 지나치게 많은 학생들의 체중이 포함되어 전체 학생들의 체중분포를 이해하는 데 어려움이 있다. 계급의 수가 21인 경우에는 계급이 너무 세분화되어 있어서 체중분포의 형태를 요약하여 설명하기가 곤란하다. 따라서 계급의 수

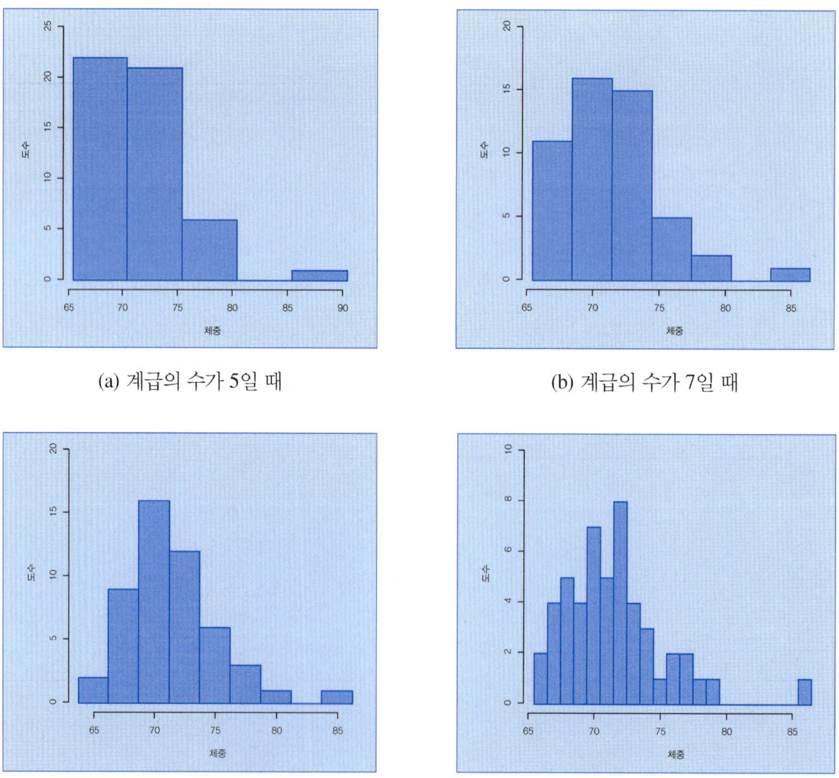

(a) 계급의 수가 5일 때

(b) 계급의 수가 7일 때

(c) 계급의 수가 9일 때

(d) 계급의 수가 21일 때

그림 2.7 각 계급의 수에 따른 히스토그램

가 7 또는 9인 경우가 체중분포를 설명하기에 적절한 히스토그램이라고 생각할 수 있다.

2.4.3 상대도수분포표와 상대도수분포도

도수분포표를 완성하면 각 계급구간에 해당되는 도수 대신 주어진 자료의 총합에 대한 각 계급구간의 비율을 표시할 수 있는데, 이를 **상대도수** (relative frequency) 라고 한다.

$$\text{계급의 상대도수} = \frac{\text{계급의 도수}}{\text{관측 개수의 총합}}$$

이와 같이 도수분포표에 각 계급구간과 계급의 상대도수를 기록하여 작성한 표를 **상대도수분포표** (relative frequency distribution table) 라고 하고, 수평축에 각 계급구간을 나타내고, 수직축에 각 계급구간에 해당되는 상대도수를 나타낸 그림을 **상대도수분포도** (relative frequency histogram, **상대도수히스토그램**) 라고 한다.

> 상대도수분포표
>
> 상대도수분포표란 각 계급구간과 다음과 같이 계산된 각 계급구간의 상대도수를 기록하여 자료들을 집단화시킨 표를 의미한다.
>
> $$\text{계급의 상대도수} = \frac{\text{계급의 도수}}{\text{관측 개수의 총합}}$$

> 상대도수분포도
>
> 상대도수분포도란 수평축에 계급구간을 표시하고, 수직축에는 각 계급의 상대도수를 나타낸 그래프를 의미한다.

예를 들어, [표 2.7]의 남학생 50명의 체중에 대하여 계급의 수가 9일 때 상대도수분포표를 작성하면 [표 2.9]와 같다. 그리고 [표 2.9]에 따라 상대도수분포도를 작성하면 [그림 2.8]

표 2.9 상대도수분포표

계 급	상대도수
63.75 ~ 66.25	2/50 = 0.04
66.25 ~ 68.75	9/50 = 0.18
68.75 ~ 71.25	16/50 = 0.32
71.25 ~ 73.75	12/50 = 0.24
73.75 ~ 76.25	6/50 = 0.12
76.25 ~ 78.75	3/50 = 0.06
78.75 ~ 81.25	1/50 = 0.02
81.25 ~ 83.75	0/50 = 0.00
83.75 ~ 86.25	1/50 = 0.02
합 계	1.00

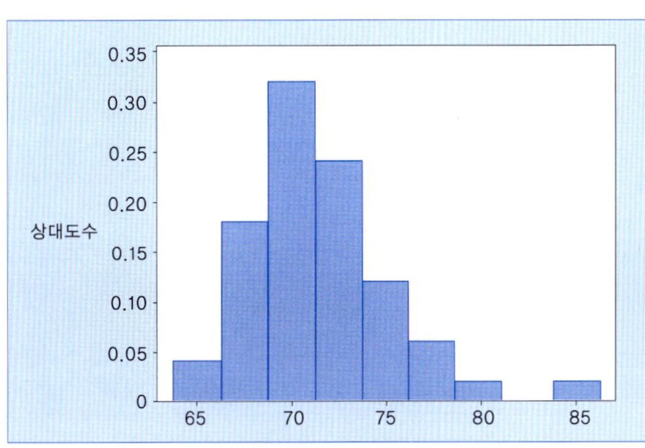

그림 2.8 상대도수분포도

과 같다. 계급의 수가 9인 상대도수분포표와 상대도수분포도를 종합해 보면 체중이 69 kg에서 71 kg에 해당되는 학생들이 전체의 32%(16/50)로서 가장 큰 비율을 차지하고 있다. 최저체중은 66 kg으로서 전체의 4%, 최대체중은 86 kg로서 전체의 2%를 차지하고 있으며, 대략 67 kg에서 76 kg에 해당되는 학생들이 전체의 86%((9+16+12+6)/50)를 차지하는 것을 알 수 있다.

2.4.4 도수다각형

자료들의 분포의 형태를 나타내는 또 다른 방법으로서 **도수다각형**(frequency polygon)을 이용할 수 있다. 도수다각형은 히스토그램의 수평축의 각 계급의 중간값(midpoint)을 수직축 방향으로 도수의 위치에 표시한 후, 이 점들을 서로 연결한 그래프이다. 일반적으로 양쪽 끝에 있는 각 계급의 중간값을 수평축 방향으로 연장하여 연결함으로써 다각형의 모양을 취하도록 한다. 수평축에 각 계급을 표시한 후, 수직축 방향으로 도수 대신 상대도수의 위치에 중간값을 점으로 표시하여 연결한 그래프를 **상대도수다각형**(relative frequency polygon)이라고 한다.

> **(상대) 도수다각형**
>
> (상대)도수다각형이란 수평축에 각 계급구간을 표시하고, 수직축의 방향으로 각 계급의 중간값을 (상대)도수의 위치에 표시한 후, 이들 중간값을 서로 연결하고, 가장 끝에 있는 계급의 중간값을 수평축 방향으로 연장한 다각형을 의미한다.

예를 들어, [표 2.7]의 남학생 50명의 체중에 대하여 계급의 수가 9일 때 도수다각형과 상대도수다각형을 작성하면 각각 [그림 2.9], [그림 2.10]와 같다.

2.4.5 누적상대도수분포표와 누적상대도수분포도

상대도수분포도나 상대도수다각형은 각 계급구간에 속하는 비율을 알아보는 데 효과적이

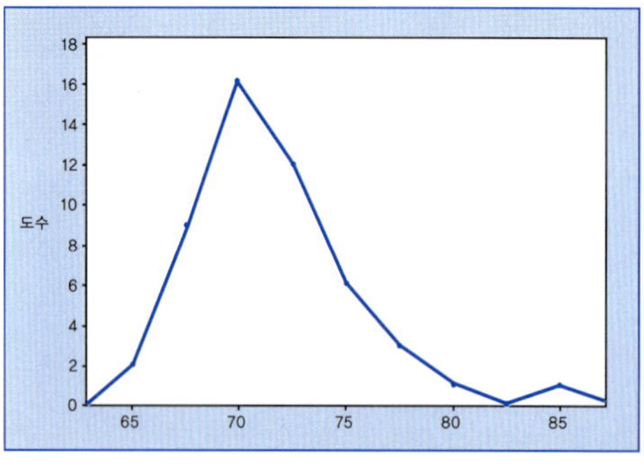

그림 2.9 도수다각형

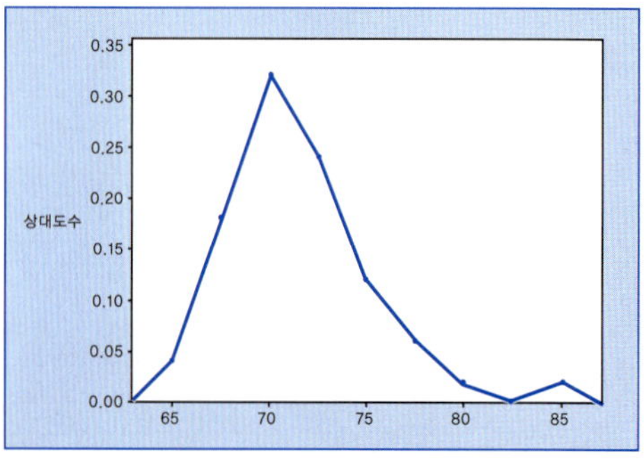

그림 2.10 상대도수다각형

다. 그러나 때로는 어떤 계급구간까지 속하는 전체에 대한 누적비율을 알고자 하는 경우가 발생한다. 이러한 경우에는 **누적상대도수**(cumulative relative frequency)를 계산하여 전체에 대한 상대적 누적비율을 계산할 수 있다. 즉, 어느 한 계급에서의 누적상대도수는 현재 계급구간까지 그 이전의 모든 계급구간들의 상대도수를 모두 더함으로써 계산된다. 그리고 수평축의 각 계급구간의 중간점을 수직축 방향으로 누적상대도수의 위치에 점으로 표시한 후, 이 점들을 서로 연결하면 누적상대도수분포도 또는 누적상대도수분포곡선이 완성된다.

누적(상대) 도수분포표

누적(상대) 도수분포표란 도수분포표의 각 계급구간에 해당되는 도수 대신 해당 계급구간을 포함하여 이전 계급구간에 있는 (상대) 도수들을 모두 합한 도수분포표를 의미한다.

누적(상대) 도수분포도

누적(상대) 도수분포도란 수평축의 각 계급구간의 중간점을 수직축 방향으로 누적상대도수의 위치에 점으로 표시하여 서로 연결한 그래프를 의미한다.

예를 들어, [표 2.7]의 남학생 50명의 체중에 대하여 계급의 수가 9일 때 누적도수분포표는 [표 2.10]과 같다. 누적도수분포표와 누적도수분포도로부터 50명 학생 전체의 78%는 체중이 73 kg 이하임을 알 수 있다. 따라서 전체 학생의 22%는 체중이 73 kg을 초과하고 있음을 의미한다.

2.4.6 히스토그램의 모양

2.4.3에서 상대도수분포표와 상대도수분포도를 보고 특정 계급구간의 자료가 차지하는 비율에 대하여 설명하였다. 히스토그램 또는 상대도수분포도는 주어진 원자료에 따라 다양한 형태를 취할 수 있고, 분포도를 보고 원자료의 분포의 특징을 설명할 수 있다.

표 2.10 누적상대도수분포표

계급	상대도수	누적상대도수
63.75 ~ 66.25	2/50 = 0.04	2/50 = 0.04
66.25 ~ 68.75	9/50 = 0.18	11/50 = 0.22
68.75 ~ 71.25	16/50 = 0.32	27/50 = 0.54
71.25 ~ 73.75	12/50 = 0.24	39/50 = 0.78
73.75 ~ 76.25	6/50 = 0.12	45/50 = 0.90
76.25 ~ 78.75	3/50 = 0.06	48/50 = 0.96
78.75 ~ 81.25	1/50 = 0.02	49/50 = 0.98
81.25 ~ 83.75	0/50 = 0.00	49/50 = 0.98
83.75 ~ 86.25	1/50 = 0.02	50/50 = 1.00
합 계	1.00	

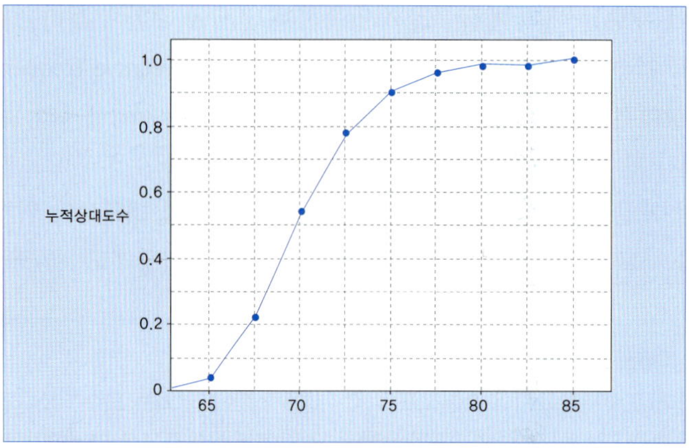

그림 2.11 누적상대도수분포도

원자료에 따라 작성된 여러 가지 가능한 모양의 히스토그램을 크게 네 가지로 분류하면 [그림 2.12]와 같이 나눌 수 있다. 그리고 히스토그램이 완성되고 나면 역으로 히스토그램을 보고 원자료들이 다음의 특징들을 갖고 있는지 설명할 수가 있다. 첫째, 대칭인가? 둘째, 어느 쪽으로 치우쳤는가? 셋째, 봉우리가 있는가? 아니면 균일한 모양을 취하는가? [그림 2.12]의 (a)는 대부분의 자료들이 작은 값들을 갖는 반면 소수의 큰 값들이 존재하는 분포임을 알 수 있다. 즉 오른쪽으로 꼬리가 있는 분포임을 알 수 있다. (b)는 대부분의 자료

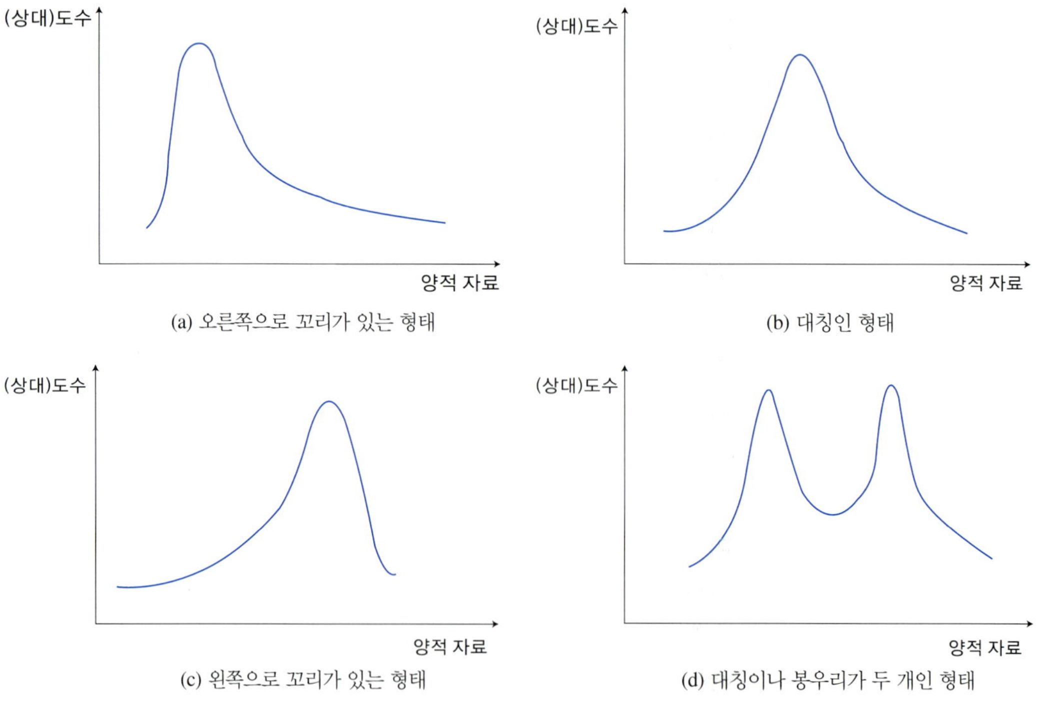

그림 2.12 히스토그램의 여러 가지 모양

들의 중앙에 몰려 있어서 하나의 봉우리를 형성하고, 소수의 작은 값들과 큰 값들이 균형을 이루는 분포임을 알 수 있다. (c)는 대부분의 자료들이 큰 값들이며, 소수의 작은 값들로 이루어진 분포임을 알 수 있다. 즉 왼쪽으로 꼬리가 있는 분포임을 알 수 있다. (d)는 봉우리가 두 개인 분포를 갖고 있는데, 이것은 두 개의 봉우리를 형성하는 작은 값과 큰 값을 중심으로 자료들이 몰려 있고, 나머지 자료들은 대칭을 이루는 형태의 분포로 볼 수 있다. 또는 왼쪽의 봉우리를 중심으로 자료들이 모여 있는 분포와 오른쪽의 봉우리를 중심으로 자료들이 모여 있는 두 개의 분포가 서로 결합되어 결과적으로 두 개의 봉우리를 갖는 분포라고도 볼 수 있다. 예를 들어, 통계학 과목을 수강하는 남녀 학생들의 숫자가 서로 비슷한 경우, 남녀 학생들의 키를 측정하여 히스토그램을 작성하면 왼쪽 봉우리는 대부분 여학생들의 키가 몰려 있는 위치를 나타내고, 오른쪽 봉우리는 대부분 남학생들의 키가 몰려 있는 위치를 나타낸다.

2.4.7 줄기-잎 그림

양적 자료를 그래프 형태로 표현하는 또 하나의 방법으로서 **줄기-잎 그림** (stem and leaf plot) 이 있다. 줄기-잎 그림은 이름 그대로 원자료를 바탕으로 줄기와 잎으로 작성한 그림이다. 이 그림은 구체적인 히스토그램을 작성하기 전, 원자료에 대한 예비적인 분석에 많이 활용된다. 그리고 히스토그램과 달리 원자료에 있는 모든 값들이 줄기-잎 그림에 표현되므로, 각각의 관찰값에 대한 정보를 잃지 않는다는 장점이 있다.

> 줄기-잎 그림
>
> 줄기-잎 그림이란 히스토그램과 같은 공식적인 그래프로 표현하기 이전에 예비적 분석에 사용하는 그래프로서, 원자료로부터 공통적인 큰 값들을 줄기로 정하고, 각 관측값들의 구체적인 값들을 잎으로 정하여, 각 줄기에 잎을 붙인 모양을 갖춘 그래프를 의미한다.

예제 2.2

[표 2.7]에 있는 남학생 50명의 체중에 대한 줄기와 잎 그림을 작성하여라.

풀이 체중들은 모두 두 자리 숫자이므로 십의 자리 숫자를 줄기로 하고, 일의 자리 숫자를 잎으로 정의한다. 다음으로 줄기에 가장 작은 값인 6부터 가장 큰 값인 8까지 적은 후, [표 2.7]에 있는 모든 관측값에 대해서 줄기인 십의 자리 숫자 옆에 잎인 일의 자리 숫자들을 하나씩 기록하여 줄기-잎 그림을 완성한다. 다음 [그림 2.13]은 줄기를 6, 7, 8로 하였을 때 50명 전체에 대한 줄기-잎 그림을 나타낸 것이다. 여기서 각 줄기의 잎들은 알아보기 쉽도록 일의 자리 숫자를 증가하는 순서대로 정리하였다. [그림 2.13]은 너무나 많은 잎들이 줄기에 있으므로 전체 자료에 대한 분포를 이해하기가 어렵다. 그러므로 각각의 줄기를 이등분하여 처음 줄기에는 일의 자리 숫자가 0~4인 값들을 붙이고, 두 번째 줄기에는 일의 자리 숫자가 5~9인 값들을 잎으로 붙이면 [그림 2.14]와 같은 줄기-잎 그림이 완성된다. [그림 2.14]도 전체 자료의 분포를 이해하기가 곤란하다면 각각의 줄기를 오등분하여 0~1, 2~3, 4~5, 6~7, 8~9로 나누어 각각의 줄기에 잎을 붙이면 [그림 2.15]와 같이 완성된다. [그림 2.15]가 [그림 2.13], [그림 2.14]와 비교해 볼 때 전체의 자료의 분포를 이해하기 훨씬 쉽고, [그림 2.7]의 (b) 또는 (c)의 히스토그램과 유사한 분포의 모양을 갖는 것을 알 수 있다. 줄기-잎 그림은 히스토그램과는 달리 전체 자료의 값을 줄기-잎 그림에서 하나하나 모두 확인할 수 있다. [그림 2.15]의 첫 번째 줄기 6의 옆에 잎으로 붙은 첫 번째 값 6은 체중이 66 kg임을 의미한다. 때로는 줄기의 값을 6부터 8까지 오름차순으로 하는 대신 8부터 6까지 내림차순으로 정리하여 줄기-잎 그림을 제시하는 경우도 있다.

줄기	잎
6	6 6 7 7 7 7 8 8 8 8 8 9 9 9 9
7	0 0 0 0 0 0 0 1 1 1 1 1 2 2 2 2 2 2 2 2 2 3 3 3 3 4 4 4 5 6 6 7 7 8 9
8	6

그림 2.13 남학생 50명의 체중에 대한 줄기-잎 그림

줄기	잎
6	6 6 7 7 7 7 8 8 8 8 8 9 9 9 9
7	0 0 0 0 0 0 0 1 1 1 1 1 2 2 2 2 2 2 2 2 2 3 3 3 3 4 4 4
7	5 6 6 7 7 8 9
8	
8	6

그림 2.14 각 줄기를 이등분하였을 때, 남학생 50명의 체중에 대한 줄기-잎 그림

줄기	잎
6	6 6 7 7 7 7
6	8 8 8 8 8 9 9 9 9
7	0 0 0 0 0 0 0 1 1 1 1 1
7	2 2 2 2 2 2 2 2 2 3 3 3 3
7	4 4 4 5
7	6 6 7 7
7	8 9
8	
8	
8	
8	6

그림 2.15 각 줄기를 오등분하였을 때, 남학생 50명의 체중에 대한 줄기-잎 그림

2.5 좋은 그림과 나쁜 그림

요즈음 우리나라 매스컴에서 정보전달의 목적으로 통계 그래픽스(statistical graphics)를 활용하는 작업이 부쩍 많아지고 있다. 단순한 정보전달이나 자료분석의 결과를 통계 그래픽스로 처리하여 시각화하는 작업에서 어려운 부분이 있다면, 그래프를 통하여 일반 시청자나 독자가 흥미를 갖고 단순 명료하게 보도록 하는 작업일 것이다. 이 작업의 실패로 인하여 그래프 작성 담당자의 실력에 관계없이 정보나 자료분석에 대한 불신이나, 더 나아가서는 매스컴 자체에 대한 불신을 가지고 올 가능성이 높다. 통계적 정보전달은 말(words), 표(table), 그래픽스(graphics)라는 수단을 통하여 효과적으로 전달되는데 이 중 그래픽스는 통계적 정보에서의 관계나 경향을 간단한 시각 형태로 전달하는 데 필수적이다. Mahon(1977)은 이러한 말, 표, 그래픽스를 각각 재래식 군대의 보병, 포병, 기병에 비유하였다. 상호 보완적인 이 세 가지 수단 중 그래픽스가 갖는 특성을 재래식 군대에서 제일 기동력이 있는 기병에 비유하였던 것이다. 이처럼 통계 그래픽스는 컴퓨터 그래픽스의 발전과 더불어 통계적 정보전달의 강력한 도구로서 점점 더 중요해지고 있다. 그러나 그 중요성에 비하여 매스컴에서는 통계 그래픽스를 잘못 적용, 강요하고 매스컴을 보는 일반 대중은 잘못 인식, 해독하는 악순환의 고리가 끊어지지 않고 되풀이되고 있다. 시각화 작업이 강한 인상을 주는 만큼 그로 인한 피해도 클 수밖에 없다. 강하지만 잘못된 메시지를 남기는 통계 그래픽스로 인하여 현실에 대한 편견이 생기는 것이다.

자료분석은 탐색의 단계와 확증의 단계로 구분하는 데 탐색적 자료분석으로 자료의 구조와 특징 등을 파악한다. 이 탐색적 자료분석 시 특히 유용한 것이 통계 그래픽스이다. 매스컴에 나타나는 그래프는 자료분석의 결과를 전달하거나 전시하는 데 쓰이는 정보그래픽스(informational graphics) 위주로 구성되어 있고 정보그래픽스에서도 막대그래프(bar chart와 column chart), 원형그래프(pie chart), 꺾은선그래프(line chart), 그림그래프(pictogram), 통계지도(statistical map) 5개의 그래프 위주로 구성되어 있다.

그래프를 평가하는 수치적 측도들 중에서 인식왜곡지수와 모양모수에 대하여 알아보자.

2.5.1 인식왜곡지수

그림은 절대로 자료를 왜곡해서는 안 된다. 왜곡은 우발적이거나 의도적으로 발생이 되는데 의도적으로 진실을 부각하거나 은폐하기 위해 쓰이는 경우가 많다. 우리가 그림그래프를 사용할 때 제일 주의할 사항은 자료의 크기와 그래프의 크기가 비례해야 한다는 사실이다. 자료의 크기와 그래프의 크기가 비례하지 않을 때 인식왜곡지수 PDI(perceptual distortion index, 또는 lie factor라고도 함)는 다음과 같이 정의하고 이 값이 100이 아니면 자료의 왜곡이 생긴다.

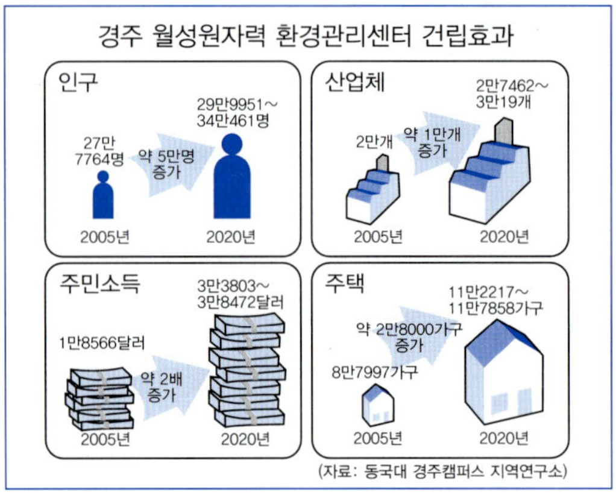

그림 2.16 환경관리센터 건립효과를 나타내는 그림그래프

$$PDI = \frac{\text{그래픽에서 나타나는 효과의 크기}}{\text{자료의 효과 크기}} \times 100$$

[그림 2.16]은 2007년에 국정홍보처에서 발행한 코리아플러스에 삽입된 그림그래프들이다. 이 그래프들은 2005년 방사성폐기물 처리장이 경주 월성으로 결정된 이후 동국대 경주캠퍼스 지역연구소에서 방폐장 유치 이후 경주지역사회 발전적 변화에 대한 연구발표를 인용하여 그린 그래프들이다. 주민소득 항목에서는 돈다발그림의 높이로 증가효과를 느끼게 되나 인구, 산업체, 주택 항목에서는 각각 사람그림, 공장그림, 주택그림의 면적이나 체적으로 느끼게 되어 자료의 크기와 그래프의 크기가 비례하지 않는다.

다음 [표 2.11]는 각 항목에 대하여 실제 증가비율, 그림그래프에서의 증가비율, PDI 값을 비교한 표이다. 주택 항목에서 왜곡이 제일 크고 주민소득 항목에서는 왜곡이 적다.

표 2.11 환경관리센터 건립효과를 나타내는 그림그래프에 대한 평가

항목	자료에서의 증가비율		그래프에서의 증가비율		PDI 값	
	최소	최대	면적	체적	최소	최대
인구	1.08	1.23	$1.53^2=2.33$	$1.53^3=3.56$	189.4	329.6
산업체	1.37	1.50	$1.63^2=2.64$	$1.63^3=4.29$	176.0	313.1
주민소득	1.82	2.07	1.73	1.73	83.6	95.1
주택	1.27	1.33	$2.40^2=5.76$	$2.40^3=13.82$	433.1	1088.2

2.5.2 모양모수

우리가 꺾은선그래프를 그릴 때 특히 주의할 사항은 다음과 같다.

(1) 꺾은선그래프에서 시간축(가로축)의 눈금 간격이 일정한가?

(2) 세로축에 물결선이 꼭 필요한가?

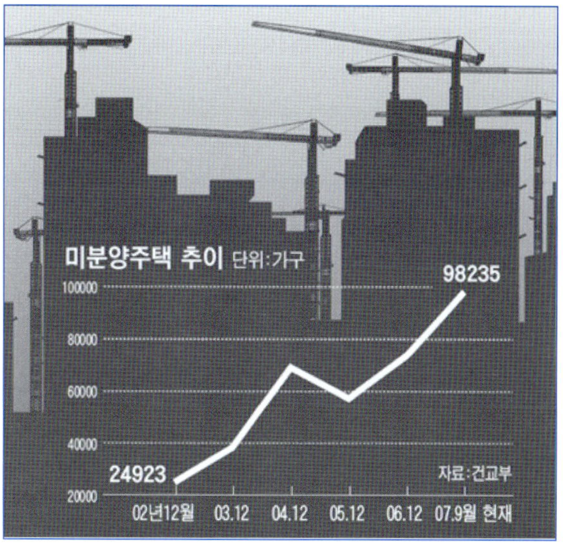

그림 2.17 미분양주택 추이를 나타내는 꺾은선그래프

다음 [그림 2.17]은 2007.11.21 조선일보에 나타난 미분양주택 추이를 나타내는 꺾은선그래프이다. 데이터가 2002년 12월부터 2006년 12월까지는 1년 단위 간격이나 마지막 데이터는 9개월 간격인 데도 1년 단위 간격을 유지하고 있다. 즉 시계열그래프에서 시간축의 눈금 간격이 일정하지 않다. 마지막 데이터에 9개월 간격을 지키면 꺾은선의 기울기가 더 가파르게 된다.

다음 [그림 2.18]은 원그림(점선)과 수정한 그림(실선)을 겹쳐 그린 그림이다. 심각한 차이는

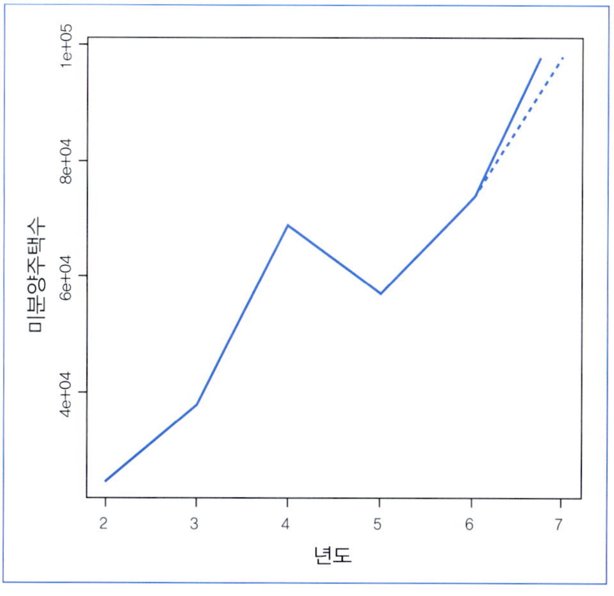

그림 2.18 미분양주택 추이를 나타내는 꺾은선그래프(정상과 왜곡)

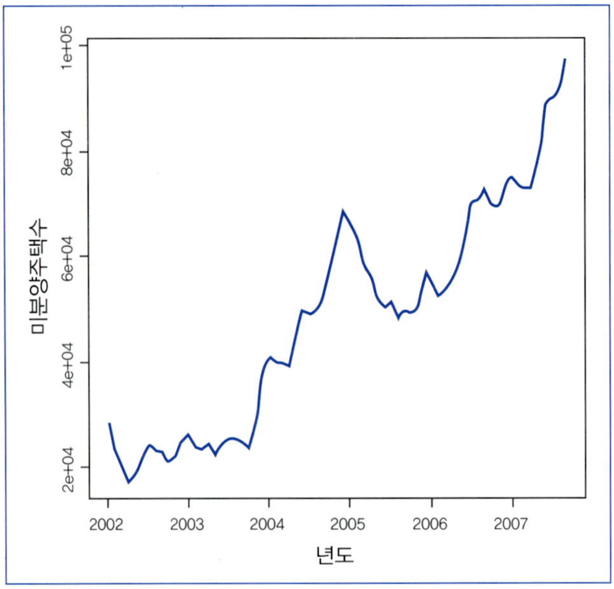

그림 2.19 미분양주택 추이를 나타내는 시계열그림

아니나 수정한 그림(실선)이 원그림(점선)보다 기울기가 더 가파르다는 것을 알 수 있다.

[그림 2.19]는 건설교통부 홈페이지(www.moct.go.kr) 법령자료 메뉴/통계부메뉴에서 2000년 1월부터 2007년 9월까지의 미분양주택 현황 자료를 이용하여 그린 시계열 그림이다.

미분양주택 추이가 2002년 12월부터 2007년 9월까지 지수적 증가추세를 보이고 있고 2005년도의 피크점이 특이하다.

꺾은선그래프에서 물결선을 쓸 때 우리는 특히 주의해야 한다. 물결선을 사용여부는 전적으로 자료의 특성과 꺾은선그래프의 작성목적에 달려 있다. 즉 '자료가 어떤 자료이냐?'와 '무엇을 꺾은선그래프에서 나타내고자 하느냐?'에 따라 물결선을 사용할 수도 있고 물결선을 사용해서는 안 되는 경우도 있다.

꺾은선그래프는 다른 정보그래픽스인 막대그래프나 원그래프와는 달리 이차원 직각좌표계를 쓴다. 즉 수평축에 시간이라는 변수를 사용하고 수직축에 관심의 대상이 되는 변수를 사용하여 각 시계열 자료를 이차원 직각좌표계 안의 한 점으로 표시하게 된다. 그러므로 꺾은선그래프를 작성하고 분석할 때는 꺾은선그래프의 패턴(특히 점들 사이의 기울기)이 중요하고 수평축과 수직축을 동시에 중요하게 다루어야 한다.

통계그래픽스, 특히 꺾은선그래프에서 모양모수의 영향은 매우 중요하다. 그래프의 전체적인 인상을 좌우할 뿐만 아니라 자료에 대한 시각적인 평가에도 영향을 미치기 때문이다. 그래프에서 모양모수(shape parameter)는 다음과 같이 정의된다.

$$sp = w/h$$

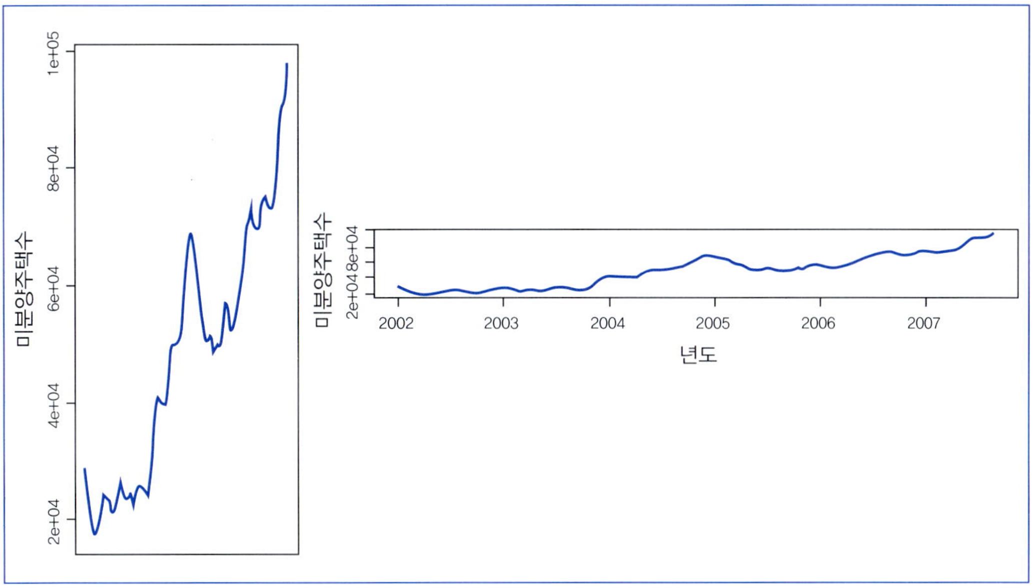

그림 2.20 미분양주택 현황 자료를 이용하여 그린 시계열 그림

여기서, sp는 모양모수, h는 그래프의 높이 (그래프에서 세로의 길이), w는 그래프의 폭 (너비, 그래프에서 가로의 길이, 이 폭을 그래프의 길이라고도 함.) 이다. 이 모양모수의 크기에 따라 꺾은선그래프 상의 점들 사이의 기울기가 다르게 나타나고 전체적인 패턴도 다르게 느껴질 수 있다. 우리들은 하나의 시계열 자료를 이용하여 다양한 모양모수를 적용하여 꺾은선그래프들을 그려보고 어떤 모양모수가 적당한지를 결정하는 훈련이 필요하다. 통계 그래픽스에서 모양모수의 영향은 매우 중요하다. 그래프의 전체적인 인상을 좌우할 뿐만 아니라 자료에 대한 시각적인 평가에도 영향을 미치기 때문이다.

다음 [그림 2.20]은 앞에서 2000년 1월부터 2007년 9월까지의 미분양주택 현황 자료를 이용하여 그린 시계열 그림 (모양모수 = 1.1) 을 모양모수가 각각 0.4와 9.5로 만든 그림들이다. 모양모수가 0.4인 그림은 원 그림보다 기울기의 변화가 더 심하게 느껴지나 모양모수가 9.5인 그림은 원 그림보다 기울기의 변화가 많이 약화되어 있음을 알 수 있다.

2.6 R 실습

1. 동양계 어느 민족의 지문을 조사해 보았더니 조사대상 1,000명 중 궁상문 (arch) 이 27명, 제상문 (loop) 이 480명, 와상문 (whorl) 이 493명이었다. 이 자료를 막대그래프와 원그래프로 그려라.

풀이

- 우선 도수분포표와 상대도수분포표를 각각 작성해 보자.

```
> # 도수분포표
> 지문=c(27, 480, 493)
> names(지문)=c("궁상문", "제상문", "와상문")
> 지문
궁상문 제상문 와상문
   27    480    493
> # 상대도수분포표
> prop.table(지문)
궁상문 제상문 와상문
 0.027  0.480  0.493
```

- 막대그래프를 그려 보자.

```
> # 수직막대그래프
> barplot(지문, col="cyan", main="막대그래프")
> # 수평막대그래프
> barplot(지문, horiz=T, col="cyan", main="막대그래프")
```

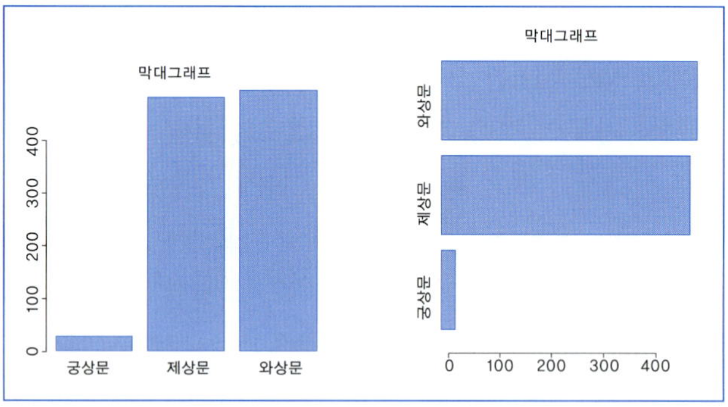

- 원(형) 그래프를 그려 보자.

```
> # 원형그래프
> pie(지문, main="원형그래프")
> # 원형그래프(색깔 지정)
> slices=c("white","grey50","black")
> pie(지문, col=slices, main="원형그래프")
```

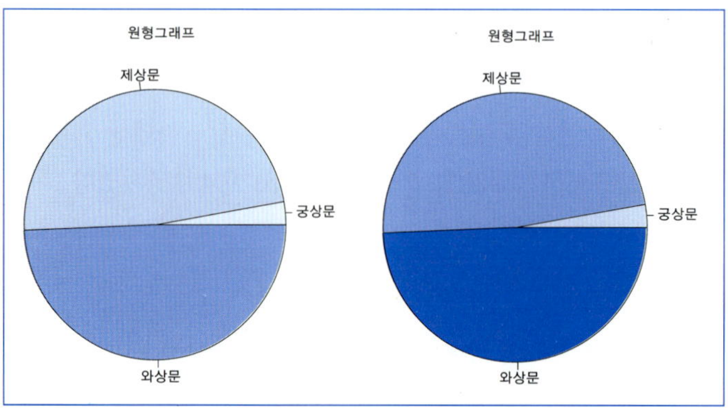

2. 한국고용정보원이 발표한 2006년 직업지도에 보면 보건, 의료관련 직업에서 여성 비율을 보면 다음과 같다. (단위: %)

18, 7, 24, 8, 59, 99, 74, 51, 66, 17, 99, 12, 20, 42, 98, 100, 33, 97, 97, 53

(a) 도수분포표를 만들고, 이를 이용하여 히스토그램을 그려라.

(b) 줄기-잎 그림을 그려라.

풀이

(a) 우선 도수분포표와 그에 대응하는 히스토그램을 그려 보면 다음과 같다.

```
> # (도수분포표)
> # 자료의 입력
> prop.woman=c(18, 7, 24, 8, 59, 99, 74, 51, 66, 17, 99, 12, 20, 42, 98, 100, 33, 97, 97, 53)
> prop.woman
 [1]  18   7  24   8  59  99  74  51  66  17  99  12  20  42  98 100  33  97  97
[20]  53
> # 자료의 개수
> n=length(prop.woman)
> n
[1] 20
> # 5개의 계급으로 나누기
> cat.job=cut(prop.woman, breaks=c(0, 20, 40, 60, 80, 100))
> cat.job
 [1] (0,20]   (0,20]   (20,40]  (0,20]   (40,60]  (80,100] (60,80]  (40,60]
 [9] (60,80]  (0,20]   (80,100] (0,20]   (0,20]   (40,60]  (80,100] (80,100]
[17] (20,40]  (80,100] (80,100] (40,60]
Levels: (0,20] (20,40] (40,60] (60,80] (80,100]
> # 도수분포표
> table(cat.job)
cat.job
  (0,20]  (20,40]  (40,60]  (60,80] (80,100]
       6        2        4        2        6
> levels(cat.job) =c("0-20%", "20-40%", "40-60%", "60-80%", "80-100%")
> table(cat.job)
cat.job
  0-20%  20-40%  40-60%  60-80% 80-100%
      6       2       4       2       6
> # x축에 자료가 표시되는 히스토그램
> hist(prop.woman, breaks=c(0, 20, 40, 60, 80, 100),
+ main="여성의 비율에 대한 히스토그램", xlab="여성의 비율")
> rug(jitter(prop.woman))
```

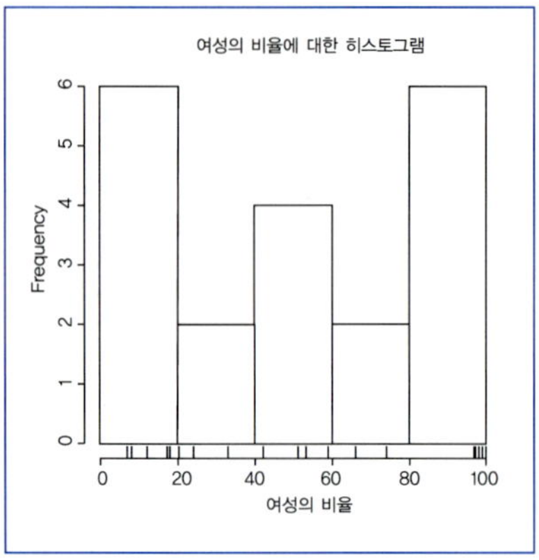

상대도수분포도를 그려 보면 다음과 같다.

```
> # 상대도수분포도
> hist(prop.woman, breaks=c(0, 20, 40, 60, 80, 100), probability=T,
+ main="여성의 비율에 대한 상대도수분포도", xlab="여성의 비율")
```

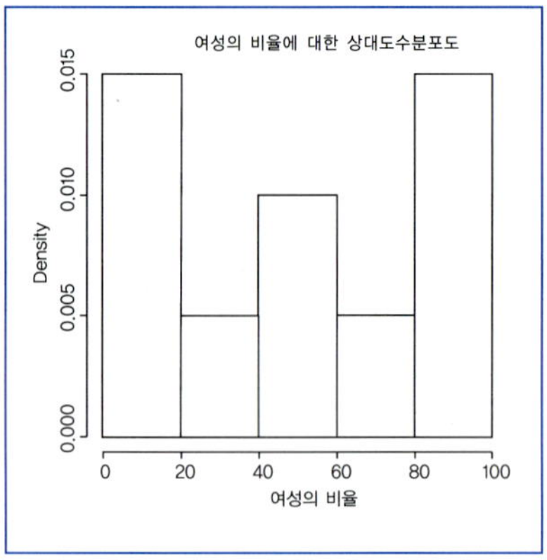

(b) 줄기-잎 그림을 그리면 다음과 같다.

```
> # 줄기-잎 그림
> stem(prop.woman)
  The decimal point is 1 digit(s) to the right of the |

   0 | 78278
   2 | 043
   4 | 2139
   6 | 64
   8 | 77899
  10 | 0
```

2.7 연습문제

2.1 어떤 잡지의 독자들에 대한 정보는 출판사와 잡지 광고주 모두의 관심이 된다. 독자들을 대상으로 다음과 같은 사항에 대하여 설문조사가 실시되었다면 각 항목에 해당되는 자료의 형태는 무엇인가?

(1) 연령 (2) 성별 (3) 결혼상태 (4) 구독잡지 수
(5) 연간 소득 (6) 잡지의 질에 대한 평가

2.2 다음은 어느 대학 통계학과 학생 40명의 중간, 기말고사 시험성적의 합계이다.

180	119	115	176	135	177	155	162
147	192	126	145	160	154	106	157
131	182	155	133	164	161	95	114
185	166	115	144	163	145	137	170
98	142	134	168	137	157	190	122

(1) 계급의 수를 8로 하여 도수분포표를 작성하여라.
(2) 계급의 수를 12로 하여 도수분포표를 작성하여라.
(3) 줄기-잎 그림을 그려라.
(4) (1), (2)의 히스토그램을 그리고, (3)의 줄기-잎 그림과 비교하여라.

2.3 다음은 A 학교의 학생들을 대상으로 각자 좋아하는 과목에 대한 설문조사 결과이다.
(1) 위의 자료를 그래프로 나타낼 때, 가장 적당하다고 생각되는 그래프는 무엇인가?
(2) (1)의 그래프를 이용하여 위의 자료를 그래프로 나타내고 해석하여라.

과목	학생 수
국어	55
수학	32
영어	23
사회	45
과학	15
예체능	11
기타	9

2.4 다음은 어느 공장에서 만들어지는 전구의 평균수명을 나타낸 자료이다. (단위: 시간)

27	31	33	37	40	41	41	43	47	48
51	53	54	55	57	58	59	60	60	61
63	63	64	65	67	68	69	69	71	72
74	77	87	88	93					

(1) 이 자료는 질적 자료인가, 양적 자료인가? 그렇게 생각하는 이유는 무엇인가?
(2) 도수분포표를 작성하여라.
(3) 수명이 80시간 이상인 전구의 상대도수는 얼마인가?
(4) 상대도수분포도와 상대도수다각형을 그려라.

2.5 위의 2.4번 문제의 자료를 이용하여 줄기의 크기를 4단위와 8단위로 하여 각각 줄기-잎 그림을 그리고 비교하여라.

2.6 다음 자료는 A 대학의 통계학 과목을 수강하는 학생들의 중간시험 성적이다.

71	83	66	74	90	95	62	78	80	99	57	78	72	86	51
61	65	77	64	59	74	88	93	92	86	61	89	73	71	68

(1) 도수분포표를 작성하기 위한 적절한 계급의 수는 얼마인가?
(2) 도수분포표를 작성하여라.
(3) 상대도수분포표를 작성하고 상대도수다각형을 그려라.
(4) 누적도수분포표를 작성하고 누적상대도수분포도를 그려라.

2.7 다음은 통계학과 학생들의 하루 평균공부시간을 나타낸 자료이다. (단위: 시간)

0.3	0.6	1.1	1.3	1.5	2.0	2.1	2.2	2.3	2.3
2.4	2.7	3.0	3.1	3.2	4.2	4.5	4.6	5.1	5.2
5.3	5.3	6.1	6.2	6.3	6.3	6.4	6.5	6.6	6.7
7.3	7.6	8.5	9.1						

(1) 히스토그램과 줄기-잎 그림을 그려라.
(2) 자료의 형태에 대해 설명하여라.

2.8 다음은 학생 30명의 혈액형을 조사한 결과이다.

A	B	B	B	A	A	O	A	B	AB
B	A	B	B	O	O	AB	O	AB	A
O	O	B	A	AB	B	O	A	A	B

(1) 이 자료는 질적 자료인가, 양적 자료인가? 그렇게 생각하는 이유는 무엇인가?
(2) 도수분표표를 작성하고, 자료에 알맞은 그래프를 그려라.

2.9 다음은 부산의 어느 중학교 5학년 학생 60명의 앉은키를 조사한 결과이다.

75	73	80	80	83	81	69	75	83	75
80	72	76	76	71	74	75	76	80	78

74	70	77	74	81	69	76	70	79	80
80	79	74	81	71	84	83	81	71	71
69	76	79	70	84	85	79	77	77	72
80	81	77	82	80	76	74	73	83	79

(1) 도수분포표를 작성하기 위한 적절한 계급의 수는 얼마인가?

(2) 도수분포표를 작성하기 위한 각 계급의 간격은 얼마로 하여야 하는가?

(3) 도수분포표, 상대도수분포표, 누적도수분포표를 작성하여라.

2.10 위의 2.9번 문제의 자료를 이용하여 히스토그램과 줄기-잎 그림을 그리고, 분포의 특징에 대해서 설명하여라.

2.11 다음은 대학생 50명을 대상으로 가고 싶은 여행지를 설문조사한 결과이다. 주어진 자료를 사용하여 원그래프를 그려라.

여행지	빈도	상대도수
아시아	10	0.2
유럽	20	0.4
아메리카	15	0.3
기타	5	0.1

2.12 다음은 2001년 한 해 동안 미국에 이민 온 이민자수(단위: 1,000명)를 나타낸다. 막대그래프와 원그래프를 사용하여 그래프로 나타내어라.

대륙명	이민자수
유럽	175.4
아시아	349.8
북중미	407.9
남미	68.9
아프리카	53.9

2.13 일반적으로 사람들은 사망 시에 발생되는 어려움으로부터 자기 가족들을 보호하기 위해 생명보험에 가입한다. 이때 가입하는 보험의 종류는 개인보험과 단체보험으로 구분된다. 만일 어느 나라의 연간 개인보험 가입자 수와 단체보험 가입자 수가 다음과 같다면, 이 자료를 표현하기 위한 그래프를 그려 보고, 이 그래프로부터 알게 된 사실을 말하여라.

연도	개인보험 가입자 수(단위: 100만)	단체보험 가입자 수(단위: 100만)
1993	13.6	17.6
1994	13.7	18.4

1995	12.5	19.4
1996	11.9	18.8
1997	11.7	20.0
1998	11.5	20.3
1999	11.7	26.9
2000	13.3	21.5
2001	14.2	26.0

2.14 다음은 방송위원회 홈페이지에 게시된 2007 방송산업실태조사 보고서에서 발췌한 2004~2006년의 방송채널사용사업서비스 매출액 (단위: 억 원) 구성내역이다. 원그래프와 막대그래프를 사용하여 구성내역을 설명하여라.

항목	2004	2005	2006
수신료	1,770	1,573	2,006
광고	4,129	5,710	7,181
프로그램판매	92	195	319
상품판매	9,543	12,632	13,163
비영리	279	468	251
기타사업	10,071	10,686	13,183

2.15 다음 자료는 2008년과 2009년 10월 현재 국적별 한국주식의 순매수 현황을 나타낸 것이다.

2008년 현재		2009년 10월 현재	
국가	순매수금액 (단위: 억 원)	국가	순매수금액 (단위: 억 원)
네덜란드	1800	네덜란드	9009
노르웨이	1조 309	룩셈부르크	3조 2458
덴마크	36	미국	6조 8604
사우디아라비아	2조 1059	사우디아라비아	2조 7333
싱가폴	2조 6223	아일랜드	1조 6534
아랍에미리트	9357	영국	3조 4955
중국	3689	일본	5801
프랑스	1조 6893	중국	7498

(1) 위 자료를 이용하여 2008년 자료에 대한 막대그래프를 완성하여라.

(2) 위 자료를 이용하여 2008년 자료에 대한 원그래프를 완성하여라.

(3) 2008년과 2009년 두 개 자료의 국가를 하나의 수평축에 표시하여 막대그래프를 완성하여라.

(4) (3)의 그래프를 보고 2008년과 2009년에 대한 각국의 한국주식 순매수 현황을 비교하여 설명하여라.

2.16 다음은 한 대학교의 단과 대학별 올해 졸업생의 취업학생 수를 정리한 것이다.

단과대학	취업학생 수 (단위: 명)
자연과학대학	75
인문사회대학	67
경영과학대학	53
수산과학대학	98
환경해양대학	68
공과대학	185

(1) 위의 자료에 대하여 막대그래프를 완성하여라.

(2) 위의 자료에 대하여 원그래프를 완성하여라.

(3) 위의 자료에 대하여 꺽은선그래프를 완성하여라.

(4) 위의 세 개 그래프를 보고 장단점을 비교하여라.

2.17 370명을 대상으로 8개의 맥주브랜드를 시음하도록 한 후, 가장 선호하는 한 브랜드를 선택한 결과를 다음과 같이 정리하였다.

맥주브랜드	도수
A	34
B	71
C	30
D	31
E	64
F	15
G	34
H	91

(1) 위와 같이 정리된 표를 무엇이라고 하는가?

(2) 위의 자료를 그래프로 나타낸다면 어떤 그래프로 나타낼 수 있는가?

(3) (2)에서 가장 적절한 그래프를 선택하여 그래프를 완성하고, 그 그래프를 선택한 이유를 써라.

(4) (3)에서 완성한 그래프를 보고 370명의 자료의 결과를 간단히 요약하여라.

2.18 어떤 자료가 39와 190 사이의 값을 가지는 125개의 관측값으로 구성되어 있다. 히스토그램이 가져야 하는 적정한 계급의 수는 몇 개인가?

2.19 자료를 수집한 결과 모든 관측값의 수는 150개였고, 그중에서 가장 작은 값은 35, 가장 큰 값은 170이었다.

(1) 히스토그램을 그리기 위한 적절한 계급의 수는 얼마인가?

(2) 히스토그램을 그리기 위한 각 계급의 간격은 얼마로 하여야 하는가?

(3) 문제로부터 전체의 관측값의 개수와 가장 작은 값과 큰 값만을 아는 상태에서 (1)과 (2)를 답하였는데, 적절한 답이라고 할 수 있는가? 이유를 설명하여라.

2.20 표본으로 추출된 30명의 텔레마케터가 거는 주간 판매전화 수가 다음과 같다.

14	8	6	12	21	4	9	3	25	17
9	5	8	18	16	3	17	19	10	15
5	20	17	14	19	7	10	15	10	8

(1) 줄기-잎 그림을 그려라.

(2) 히스토그램을 그려라.

(3) 누적백분율곡선을 그려라.

2.21 한 여론조사기관에서 임의로 40명의 주식관련 종사자들의 연령분포를 조사한 결과가 다음 표와 같다.

36	48	50	44	29	40	38	53
40	52	53	40	43	33	36	41
29	38	37	41	46	26	31	45
39	49	46	33	51	48	32	28
40	49	41	37	26	39	35	40

(1) 도수분포표를 그려라.

(2) 히스토그램을 그려라.

(3) 상대도수분포도를 그려라.

(4) 누적도수분포도를 그려라.

(5) 위 문제들의 그래프와 표를 종합하여 자료의 분포를 요약하여라.

(6) 줄기-잎 그림을 그려라.

2.22 다음은 지난 10일 간의 코스피 지수를 나타낸다.

일자	1	2	3	4	5	6	7	8	9	10
코스피 지수	1587	1599	1624	1610	1647	1632	1589	1563	1590	1610

(1) 위의 자료의 형태를 분류하여라.

(2) 위의 자료를 적절한 그래프들로 나타내어라.

(3) 위의 그래프들을 보고 결과를 요약하여 정리하여라.

2.23 다음은 한 국가의 박사학위와 성별의 자료를 정리한 표이다.

박사학위	남성	여성
공학	2250	269
물리학	927	374
지구과학	321	216
수학	883	194
컴퓨터과학	1366	557
생물학	871	1924
농업	358	234
사회과학	1220	1693
인문학	981	1098
심리학	650	876
경영학	1456	256

(1) 각 박사학위에 따른 성별 대비를 나타내는 적절한 그래프를 그려라.

(2) 각 성별에 따른 박사학위를 나타내는 적절한 그래프를 그려라.

(3) (1)과 (2)의 그래프를 보고 결과를 간략히 정리하여라.

3장 자료의 중심과 산포를 나타내는 수치적 측도

원자료에 있는 자료의 분포나 구조를 알기 위하여 2장에서는 도수분포표나 막대그래프, 원그래프, 꺽은선그래프, 히스토그램, 상대도수분포도, 누적상대도수분포도, 줄기-잎 그림을 작성하는 방법을 배웠다. 그러나 양적 자료가 주어진 경우에는 표나 그래프 이외에도 양적 자료들을 요약하는 더 구체적인 수치값들을 제시함으로써 여러 집단의 양적 자료들이나 표본들의 특성을 이해하거나 비교할 때 편리하게 이용할 수 있다.

3.1 자료의 중심을 나타내는 수치적 측도

이 절에서는 다음 내용에 대하여 살펴본다. 자료들의 특성을 수치로 나타낼 때는 자료들이 어떤 값을 중심으로 몰려 있는가? 자료들의 중심을 나타내는 수치적인 측도는 어떤 것들이 있는가? 이와 같이 자료들의 중심을 나타내는 값을 **대푯값** (representative value) 이라고 하는데, 가장 많이 사용되는 대푯값으로는 (산술) 평균, 중앙값, 최빈값이 있다.

3.1.1 (산술) 평균

주어진 원자료나 표본에 속한 모든 관측값들의 개수를 n이라 하고, 각각의 자료들을 x_1, x_2, $\cdots$, x_n으로 나타낸다면 자료의 **산술평균** (arithmetic mean 또는 average) 은 다음과 같이 정의한다.

$$\text{산술평균} = \frac{\text{관측값들의 합}}{\text{관측값들의 개수}}$$

이 식을 수식으로 표현하면 표본의 경우 평균은 다음과 같이 쓸 수 있다.

$$\bar{x} = \frac{\sum_{i=1}^{n} x_i}{n}$$

산술평균을 간단히 **평균** (mean) 이라고도 하는데, 산술평균은 통계량의 성질 중 '불편성' (통계적 추론에서 다루게 됨) 이라는 좋은 성질을 갖고 있으나 [예제 3.1]처럼 특이값 또는 이상값 (outlier) 에 영향을 매우 많이 받는 (sensitive) 단점이 있다. 이러한 단점을 다른 말로 '평균은 특이값에 저항하지 못하는(irresistant) 성격을 가지고 있다'라고 표현한다.

(산술) 평균

(산술) 평균이란 자료에 속한 모든 관측값들의 합한 값을 관측값들의 개수로 나눈 것을 의미하는데, 자료가 표본인가, 모집단인가에 따라 다음과 같이 정의한다.

표본평균

표본에 속한 관측값들이 $x_1, x_2, \cdots, x_n$으로 주어질 때, 표본평균은 다음과 같다.

$$\bar{x} = \frac{\sum_{i=1}^{n} x_i}{n}$$

모(집단) 평균

모집단에 속한 관측값들이 $x_1, x_2, \cdots, x_N$으로 주어질 때, 모평균은 다음과 같다.

$$\mu = \frac{\sum_{i=1}^{N} x_i}{N}$$

예제 3.1

다음 두 자료에 대하여 각각의 (산술) 평균을 계산하고, 그 값들을 서로 비교하여라.

자료 1: 1, 2, 3, 4, 5
자료 2: 1, 2, 3, 4, 500

풀이 자료 1의 경우 평균은 다음과 같이 3이 된다.

$$\bar{x}_1 = \frac{\sum_{i=1}^{n} x_i}{n} = \frac{1+2+3+4+5}{5} = 3$$

반면, 자료 2의 경우 평균은 다음 계산에 의해 무려 102가 된다.

$$\bar{x}_2 = \frac{\sum_{i=1}^{n} x_i}{n} = \frac{1+2+3+4+500}{5} = 102$$

두 평균 $\bar{x}_1 = 3$과 $\bar{x}_2 = 102$를 비교해 볼 때 자료 2의 평균이 자료 1의 평균보다 34배나 크게 나타났다. 그 이유는 자료 2에서 1, 2, 3, 4의 네 개의 값들과 500을 비교해 볼 때 500이 다른 값들에 비하여 매우 큰 값이므로 평균값이 102가 되는 데 큰 영향을 미쳤기 때문이다. 즉, 이와 같이 자료에 속한 다른 관측값들과 비교해서 지나치게 큰 관측값을 특이값 또는 이상값이라고 한다. ■

산술평균의 이러한 단점을 보완하기 위하여 **절사평균**(trimmed mean)을 사용할 수 있다. 절사평균은 관측값들을 크기순으로 정렬한 후, 왼쪽 끝과 오른쪽 끝에 위치한 특이값들을 같은 개수로 제거한 후 남아 있는 관측값들의 산술평균을 의미한다. 예를 들어, 10% 절사평균은 왼쪽 끝과 오른쪽 끝에 위치한 값들 가운데서 전체 자료의 10%에 해당하는 관측값들을 각각 제거한 후 남은 80%의 관측값들로부터 계산된 산술평균을 말한다.

> **절사평균**
> 절사평균이란 자료에 속한 모든 관측값들을 크기순으로 정렬한 후, 왼쪽 끝과 오른쪽 끝에 위치한 값들을 같은 개수로 제거한 후, 남은 관측값들을 이용하여 계산한 평균값을 의미한다.

예제 3.2

12개의 관측값들이 다음과 같을 때, 산술평균과 10% 절사평균과 20% 절사평균을 구하고, 그 값들을 비교하여 설명하여라.

7, 1110, 7, 5, 8, 12, 0, 5, 2, 2, 46, 7

풀이 위의 12개의 관측값의 산술평균은 대략 100.92가 된다. 절사평균을 계산하기 위하여 우선 크기순으로 정렬하면 다음과 같다.

0, 2, 2, 5, 5, 7, 7, 7, 8, 12, 46, 1110

12개 가운데 10%의 자료 (1.2개), 즉 양쪽에서 각 한 개씩을 제거한 후 평균을 계산하면

$$\bar{x}_{tr\,(10)} = \frac{2+2+5+5+7+7+7+8+12+46}{10} = 10.1$$

이 되므로, 10% 절사평균값은 10.1이 된다. 12개 가운데 20%의 자료 (2.4개), 즉 양쪽에서 각 두 개씩을 제거한 후 평균을 계산하면

$$\bar{x}_{tr\,(20)} = \frac{2+5+5+7+7+7+8+12}{8} \approx 6.63$$

이 되므로, 20% 절사평균값은 6.63이 된다. 산술평균 100.92와 10% 절사평균 10.1과 20% 절사평균 6.63을 서로 비교하면 20% 절사평균이 가장 작은 값을 갖는다. 그 이유는 10% 절사평균을 계산할 때는 양쪽 끝의 0과 특이값인 1110을 제거하였으나, 20% 절사평균을 계산할 때는 양쪽 끝의 0, 2와 특이값인 46, 1110이 모두 제거되었으므로 서로 차이가 크지 않은 남아 있는 값들로부터 계산된 20% 절사평균값이 6.63으로 가장 작은 값을 갖는다. 이와 같이 절사평균은 관측값들의 크기를 세밀히 살펴본 후, 특이값이 있는 경우에는 절사평균을 이용하면 대부분의 관측값을 대표할 만한 적절한 대푯값으로 사용할 수 있다. ■

대푯값으로 산술평균 외에 다른 대안으로서 **가중산술평균**(weighted arithmetic mean)을 정의할 수 있다. 각 관측값들을 $x_1, x_2, \cdots, x_n$이라고 하고, 각각의 관측값에 부여한 가중치를 $w_1, w_2, \cdots, w_n$이라고 하면 가중산술평균은 다음과 같이 정의한다.

$$\bar{x}_w = \frac{\sum_{i=1}^{n} w_i x_i}{\sum_{i=1}^{n} w_i}$$

가중산술평균은 각 관측값들에 대한 가중치를 서로 다르게 적용할 필요가 있을 경우에 사용할 수 있다. 만약, 가중산술평균에서 모든 관측값의 가중치 w_i가 1인 경우에는 앞에서 언급한 산술평균 $\bar{x}$가 된다.

산술평균을 계산한 후, 그 값을 제시할 때는 자료의 성격에 맞도록 유효숫자를 결정해야 한다. 예를 들어 인구조사를 시행한 후, 한 국가의 1가구당 가족 수를 3.612명이라고 발표한다면 이 산술평균값은 불필요하게 많은 유효숫자를 사용한 경우에 해당된다. 즉, 가구당 가족의 수에 대한 평균값을 제시하는 경우에는 소수 둘째 또는 소수 셋째 자리의 값을 제시하는 것보다는 소수 첫째 자리만으로 평균값을 제시하는 것이 훨씬 의미있는 표현이 된다[이와 같이 불필요하게 과도한 값들을 제시하는 경우를 **가짜의 정확성**(spurious accuracy)이라고 한다].

3.1.2 중앙값

자료들의 중심을 나타내는 대푯값의 대안으로 중앙값을 사용할 수 있다. **중앙값**(median)은 **중위수**라고도 하며, 자료를 크기순으로 정렬하였을 때 가장 가운데 위치한 관측값이다. 예를 들어, 자료에 있는 n개의 관측값들을

$$x_1,\ x_2,\ x_3,\ \cdots,\ x_{n-1},\ x_n$$

이라고 한다면 이들을 관측값들의 크기를 증가하는 순서로 정렬하였을 때 그 결과를

$$x_{[1]},\ x_{[2]},\ x_{[3]},\ \cdots,\ x_{[n-1]},\ x_{[n]}$$

이라고 하자. 여기서 $x_{[i]}$는 i번째로 작은 관측값을 의미한다. 그러면 중앙값은 자료의 개수 n이 홀수인가, 짝수인가에 따라 다음과 같이 정의된다.

$$n\text{이 홀수인 경우: } x_{[(n+1)/2]},$$
$$n\text{이 짝수인 경우: } \frac{x_{[n/2]}+x_{[n/2+1]}}{2}$$

예를 들어, 자료의 개수 n이 9이고, 관측값들이 증가하는 순서로 정렬되어 있다면 가장 가운데 있는 값인 5번째 값이 중앙값이 된다. 그러나 자료의 개수 n이 10이고, 관측값들이 증가순으로 정렬되어 있을 때 가장 가운데 있는 값은 두 개가 되므로 5번째와 6번째 값의 평균값이 중앙값이 된다.

> **중앙값**
> 중앙값은 n개의 관측값들이 크기 순서로 정렬되어 있을 때 n이 홀수인 경우에는 가운데 위치한 값이 되고, n이 짝수인 경우에는 가운데 위치한 두 값의 평균값이 된다. 즉, $x_{[i]}$가 i번째로 작은 관측값을 의미할 때 중앙값은 다음과 같다.
>
> $$\text{중앙값} \begin{cases} x_{[(n+1)/2]} & : n \text{ 이 홀수일 때} \\ \dfrac{x_{[n/2]}+x_{[n/2+1]}}{2} & : n \text{ 이 짝수일 때} \end{cases}$$

중앙값은 평균에 비하여 특이값에 민감하지 않은(insensitive) 장점이 있으며, Tukey (1977)는 중앙값을 자료의 **깊이**(depth)로 정의하여 구하였다. 여기서 깊이란 관측값들을 크기 순서로 정렬한 후 양쪽 끝에서부터 1을 시작으로 번호를 붙였을 때 각 번호를 해당 관측값의 깊이라고 한다. 따라서 최댓값과 최솟값의 깊이는 모두 1이 되고, 중앙값의 깊이는 다음과 같이 정의한다.

$$\text{중앙값의 깊이: } d(M_e) = \frac{n+1}{2}$$

n이 홀수일 때 중앙값의 깊이는 정수가 되어 중앙값은 $x_{[(n+1)/2]}$이 되고, n이 짝수일 때 중앙값의 깊이는 0.5를 포함하게 되어 중앙값은 $\frac{x_{[n/2]}+x_{[n/2+1]}}{2}$이 된다.

예제 3.3

(1) 다음의 자료에 대하여 각각의 중앙값을 계산하고 그 값들을 [예제 3.1]과 비교하여 설명하여라.

자료 1 : 2, 4, 1, 3, 5
자료 2 : 2, 3, 500, 4, 1

(2) 자료의 크기 $n=6$인 관측값들 5, 1, 4, 6, 2, 3의 중앙값을 구하여라.

풀이 (1) 자료 1을 증가순으로 정리하면 1, 2, 3, 4, 5가 되고, 중앙값은 세 번째 값인 $x_{[3]}=3$이 된다. 그리고 자료 2를 증가순으로 정리하면 1, 2, 3, 4, 500이 되므로 중앙값은 $x_{[3]}=3$이 된다. 자료 1과 2를 살펴보면 자료 2에는 5 대신 이상값 500이 있으나, 자료 1과 2의 중앙값은 3으로서 이상값의 영향을 전혀 받지 않은 것을 알 수 있다. [예제 3.1]과 비교해 볼 때, 평균은 자료 2의 경우 이상값 500의 영향으로 평균이 102로 크게 변화한 것을 알 수 있다.
(2) 자료를 크기순으로 정리하면 1, 2, 3, 4, 5, 6이 되고, 중앙값의 깊이가 3.5가 되어 세 번째 값과 네 번째 값의 평균인 $\frac{x_{[3]}+x_{[4]}}{2}=3.5$가 된다. ■

3.1.3 최빈값

자료들의 중심을 나타내는 또 다른 수치적인 측도로서 **최빈값**(mode)이 있다. 자료들이 가장 많이 몰려 있는 위치의 값을 의미하는데, 수치적으로 말하자면 자료들 가운데서 가장 많은 도수를 나타내는 관측값을 의미한다.

> 최빈값
> 최빈값이란 자료들 가운데서 가장 많은 도수를 나타내는 관측값을 의미한다.

예제 3.4

크기 $n=20$인 다음의 자료가 주어졌다.

1, 2, 3, 3, 3, 4, 4, 4, 4, 4, 5, 6, 7, 8, 9, 9, 9, 9, 9, 10

위의 자료에 대하여 최빈값을 구하여라.

풀이 위의 자료가 주어졌을 때 [그림 3.1]과 같이 수직선상의 숫자 위에 관측값 대신 공깃돌을 쌓은 것과 같은 그래프를 **점도표** (dot plot) 라고 한다. 점도표로부터 가장 큰 도수를 나타내는 값은 4와 9가 된다. 따라서 위 자료의 경우 최빈값은 4와 9가 된다.

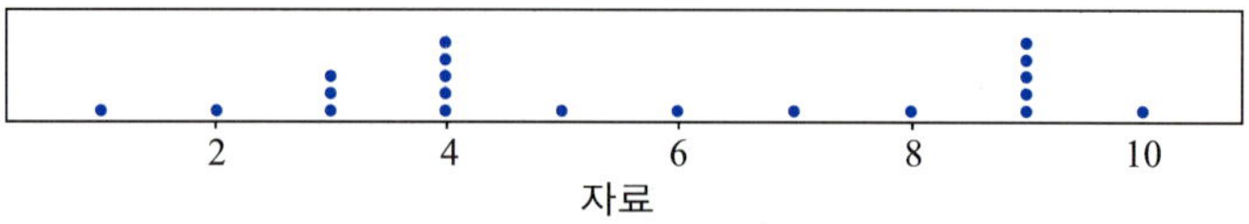

그림 3.1 [예제 3.4] 자료의 점도표

이와 같이 최빈값이 두 개가 나타나는 경우를 **쌍봉형** (**이봉형**, bimodal) 의 분포를 갖는다고 한다. 2장의 히스토그램 형태에서도 살펴보았듯이 남녀가 같은 수로 집단을 형성하는 경우 키의 분포를 구하면 대략 쌍봉분포를 이루는 것을 알 수 있다. ■

예제 3.5

다음 표는 어느 중소기업의 각 직위별 월급 현황이다. 이 회사의 전체 직원에 대한 월급의 대푯값은 어떤 값을 사용해야 하는가? 비교하여 설명하여라.

직책	인원 (단위: 명)	월급 (단위: 만 원)
사장	1	4,500
전무	1	1,500
이사	2	1,000
실장	1	570
부장	3	500
과장	4	370
대리	1	300
사원	12	200
총 원	25	

풀이 대푯값을 찾기 위하여 위의 표로부터 월급에 대한 평균, 중앙값, 최빈값을 구하자. 월급은 200만 원부터 4,500만 원까지 모두 25개의 관측값을 가지므로, 최빈값은 가장 많은 도수를 차지하는 사원의 월급인 200만 원이 된다.

중앙값은 200만 원부터 4,500만 원까지 25개의 관측값을 크기순으로 정렬할 때 가운데 위치한 값은 13번째 값으로서, 대리의 월급인 300만 원이 된다. 평균값은 다음과 같이 계산한다.

$$\frac{200 \times 12 + 300 \times 1 + 370 \times 4 + 500 \times 3 + 570 \times 1 + 1000 \times 2 + 1500 \times 1 + 4500 \times 1}{25} = 570$$

따라서 25개의 관측값에 대한 평균값은 570만 원이 되고, 위의 결과를 표에 정리하면 다음 표와 같이 된다. 그러므로 만약 노사간에 월급인상에 대한 협상을 벌인다면 회사측에서는 월급의 대푯값으로 평균인 570만 원을 결정할 것이고, 노조측에서는 최빈값인 200만 원을 대푯값으로 선택할 것이다. 따라서 일반적인 자료 분석에서는 자료의 중심을 나타내는 수치적 측도로서 산술평균, 중앙값, 최빈값을 모두 제시하고 서로 비교해 보는 것이 바람직하다.

직책	인원 (단위: 명)	월급 (단위: 만 원)	비고
사장	1	4,500	
전무	1	1,500	
이사	2	1,000	
실장	1	570	산술평균
부장	3	500	
과장	4	370	
대리	1	300	중앙값
사원	12	200	최빈값
총 원	25		

■

3.1.4 산술평균, 중앙값, 최빈값 사이의 관계

자료들의 분포로부터 자료의 중심적 위치에 관하여 언급할 때 양적 자료인 경우에는 지금까지 평균, 중앙값, 최빈값을 사용하였다. 양적 자료인 경우 2.3.6절의 히스토그램의 모양과 같이 크게 네 가지로 나눌 수 있으나, 여기에서는 봉우리가 하나인 경우로서 좌우로 치우친 경우, 대칭인 경우에 한해서 평균값, 중앙값, 최빈값의 크기와의 관련성에 대하여 살펴보고자 한다.

[그림 3.2]의 (a)는 자료의 형태가 대칭인 모양을 보인다. 이 경우에 가장 높은 도수를 보이는 봉우리 정상에서부터 수직선을 그으면 수평축과 만나는 지점이 최빈값이 된다. 그리고 중앙값은 전체 자료의 50%가 중앙값을 포함하여 왼쪽에 있어야 하고, 전체 자료의 50%가 중앙값을 포함하여 오른쪽에 있어야 하므로 최빈값과 일치한다. 산술평균값은 물리적인 의미에서 볼 때 무게중심을 나타내므로, 역시 최빈값과 일치하는 곳에 나타난다.

[그림 3.2]의 (b)의 경우에는 자료가 오른쪽으로 꼬리가 있는 분포로서, 대부분의 관측값들이 작은 값들을 취하는 반면 소수의 관측값들이 매우 큰 값을 취하는 분포라고 볼 수 있다. 따라서 이러한 경우에는 자료의 중심의 위치를 나타내는 중앙값과 평균을 비교한다면 [예제 3.1]과 [예제 3.3]에서 살펴본 바와 같이 중앙값보다는 평균이 소수의 매우 큰 관측값에 영향을 훨씬 많이 받으므로 중앙값보다는 평균값이 더 크게 된다. 그리고 봉우리에서 수직선을 그은 선과 수평축이 만나는 곳이 최빈값이 된다. 그러므로 오른쪽으로 꼬리가 있는 분포의 형태일 때는 최빈값 < 중앙값 < 평균값의 순으로 나타난다.

[그림 3.2]의 (c)의 경우에는 자료가 왼쪽으로 꼬리가 있는 분포로서, [그림 3.2]의 (b)와

정반대의 현상이 나타나므로 양적 자료로부터 수치값을 계산하면 평균값 < 중앙값 < 최빈값의 순으로 나타난다.

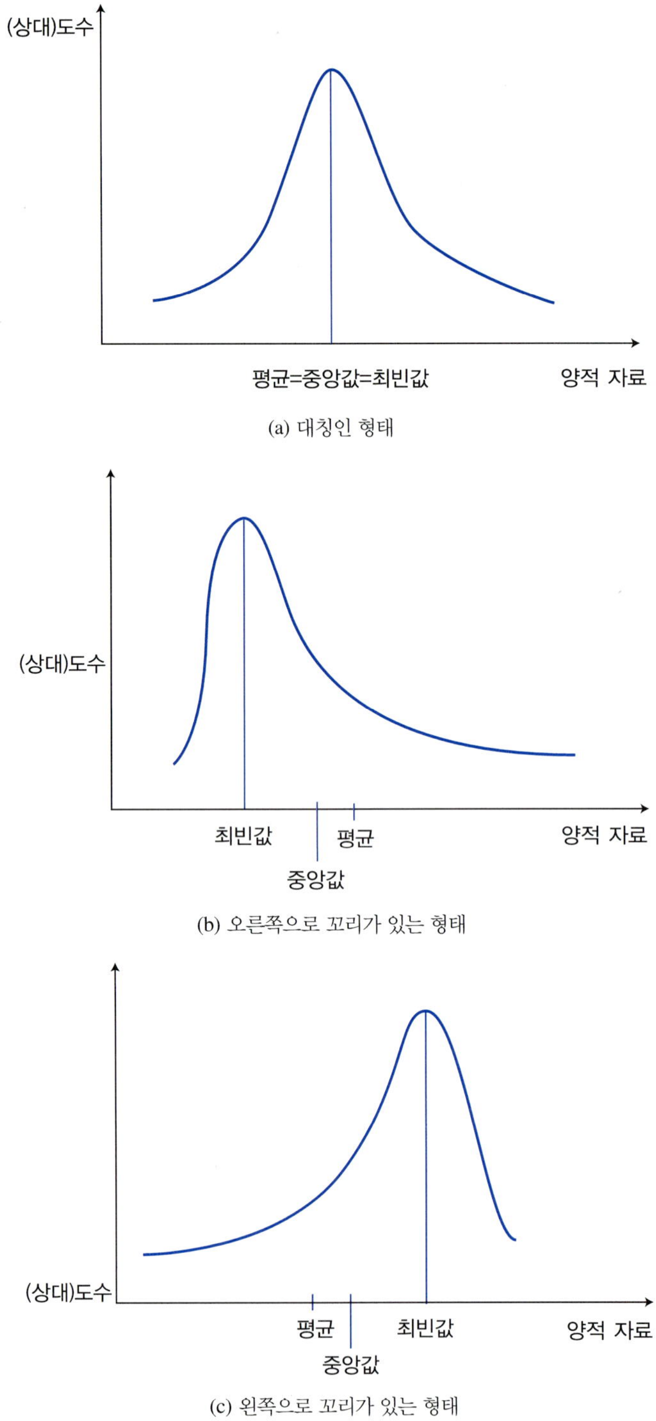

그림 3.2 평균값, 중앙값, 최빈값의 관련성

예제 3.6

[예제 3.2]의 자료 7, 1110, 7, 5, 8, 12, 0, 5, 2, 2, 46, 7로부터 산술평균값, 중앙값, 최빈값을 구하고, 서로 비교하여라.

풀이 12개의 자료에 대한 산술평균값을 계산하면 다음과 같이 대략 100.92가 된다.

$$\text{산술평균: } \bar{x} = \frac{7+1110+7+5+8+12+0+5+2+2+46+7}{12} \approx 100.92$$

위의 자료를 증가하는 순서로 정리하면

$$0, 2, 2, 5, 5, 7, 7, 7, 8, 12, 46, 1110$$

이 되므로, 중앙값은 $x_{[6]}=7$과 $x_{[7]}=7$의 평균값인

$$\text{중앙값: } M_e = \frac{x_{[6]}+x_{[7]}}{2} = \frac{7+7}{2} = 7$$

이 된다. 최빈값은 7이 가장 많이 나타나므로

$$\text{최빈값: } M_o = 7$$

이 된다. 특이값인 1110의 영향으로 산술평균 100.92가 중앙값인 7과 최빈값인 7을 비교해 볼 때 매우 큰 것을 알 수 있다. 여기서 산술평균값인 100.92와 [예제 3.2]에서 구한 10% 절사평균 10.1과 20% 절사평균 6.63을 비교해 볼 때 특이값의 제거로 인하여 중앙값과 최빈값은 7과 크게 다르지 않다는 것을 확인할 수 있다. ■

3.2 자료의 산포 (퍼진 정도)를 나타내는 수치적 측도

3.1절에서는 자료들이 주어질 때 전체 자료를 대표할 만한 자료의 중심적 위치를 계산해 보았다. 그러나 자료의 중심적 위치만으로는 자료 안의 다른 관측값들이 어느 정도로 흩어져 있는지 파악하기가 곤란하다. 예를 들어, 어느 강의 평균수심이 1 m라고 하자. 이 값은 이 강의 수심이 다른 여러 곳의 측정값들을 평균한 결과가 1 m임을 의미하는 것이다. 따라서 평균수심이 1 m라는 값만 믿고 안심하고 건너다가는 빠져 죽기 십상이다. 즉, 이 강의 수심이 여러 지점에 따라 변동이 심한 경우에는 수심이 가장 깊다고 생각되는 강의 중앙은 수심이 2 m를 넘을 수도 있으므로 수영을 못하면 강을 건너다가 빠져 죽을 수도 있다. 그러므로 자료의 전체적인 구조를 알기 위해서는 자료의 중심적 위치뿐만 아니라 자료의 **흩어짐의 정도** (**산포**, dispersion) 를 나타내는 수치적 측도도 필요하게 된다.

자료의 개수가 n이고 자료들을 $x_1, x_2, \cdots, x_n$으로 나타낼 때 자료의 **편차** (deviation) 는 다음과 같이 각각의 자료와 자료의 무게 중심 사이의 거리로 정의하는데, 자료의 무게중심으

로서 주로 산술평균을 이용한다.

$$d_i = x_i - \bar{x}$$

그런데 이 편차의 합은 다음과 같이 항상 0이 된다.

$$\sum_{i=1}^{n} d_i = \sum_{i=1}^{n}(x_i - \bar{x}) = \sum_{i=1}^{n} x_i - \sum_{i=1}^{n}\bar{x} = \sum_{i=1}^{n} x_i - n\bar{x} = n\bar{x} - n\bar{x} = 0$$

따라서 편차의 합을 자료의 산포를 나타내는 측도로 이용할 수 없다. 그러므로 산포를 나타내는 수치적 측도로서 분산, 표준편차, 범위, 사분위수범위 등을 이용한다.

3.2.1 분산과 표준편차

자료가 주어진다면 그 측정값들이 얼마나 흩어져 있는가? 즉, 변동성을 알아보기 위한 측도로서 흔히 **분산**(variance)을 사용하는데, 표본이 주어졌을 때 표본의 분산 s^2과 모집단의 분산, 간단히 줄여서 모분산 σ^2은 각각 다음과 같이 정의한다.

$$\text{표본분산: } s^2 = \frac{\sum_{i=1}^{n}(x_i - \bar{x})^2}{n-1}$$

$$\text{모분산: } \sigma^2 = \frac{\sum_{i=1}^{N}(x_i - \mu)^2}{N}$$

표본분산 s^2과 모분산 σ^2은 다음과 같은 간편 공식을 이용하여 구할 수도 있다.

$$\text{표본분산: } s^2 = \frac{\sum_{i=1}^{n} x_i^2 - n\bar{x}^2}{n-1} = \frac{\sum_{i=1}^{n} x_i^2 - \left(\sum_{i=1}^{n} x_i\right)^2 \Big/ n}{n-1}$$

$$\text{모분산: } \sigma^2 = \frac{\sum_{i=1}^{N} x_i^2 - N\mu^2}{N} = \frac{\sum_{i=1}^{N} x_i^2 - \left(\sum_{i=1}^{N} x_i\right)^2 \Big/ N}{N}$$

그리고 표준편차(standard deviation)는 분산의 양의 제곱근으로 정의한다. 그러므로 표본표준편차 s와 모집단표준편차, 간단히 줄여서 모표준편차 σ는 각각 다음과 같이 정의한다.

$$\text{표본표준편차: } s = \sqrt{s^2}$$

$$\text{모표준편차: } \sigma = \sqrt{\sigma^2}$$

표본분산 s^2은 앞으로 배우게 될 통계적 추론에서 언급되는 '불편성'이라는 좋은 통계적 성질을 갖고 있으나, [예제 3.7]에서 보는 바와 같이 특이값에 민감하다는 단점이 있다.

분산과 표준편차

분산이란 자료 안에 있는 측정값들의 흩어짐을 나타내는 척도로서, 편차의 제곱에 대한 평균값이다. 표본분산은 편차의 제곱의 합을 $n-1$로 나누고, 모분산은 편차의 제곱의 합을 N으로 나눈다. 표준편차는 분산의 양의 제곱근값이다. 표본분산과 모분산을 수식으로 표현하면 다음과 같다.

표본분산

표본에 속한 관측값들이 $x_1, x_2, \cdots, x_n$으로 주어질 때, 표본분산은 다음과 같다.

$$\text{표본분산: } s^2 = \frac{\sum_{i=1}^{n}(x_i-\bar{x})^2}{n-1} = \frac{\sum_{i=1}^{n}x_i^2 - \left(\sum_{i=1}^{n}x_i\right)^2 / n}{n-1}$$

모(집단)분산

모집단에 속한 관측값들이 $x_1, x_2, \cdots, x_N$으로 주어질 때, 모(집단) 분산은 다음과 같다.

$$\text{모분산: } \sigma^2 = \frac{\sum_{i=1}^{N}(x_i-\mu)^2}{N} = \frac{\sum_{i=1}^{N}x_i^2 - \left(\sum_{i=1}^{N}x_i\right)^2 / N}{N}$$

예제 3.7

[예제 3.1]에 있는 다음의 두 자료를 모집단에서 추출한 표본으로 간주하여 각각의 분산과 표준편차를 계산하고, 서로 비교하여라.

자료 1 : 1, 2, 3, 4, 5
자료 2 : 1, 2, 3, 4, 500

풀이 자료 1의 경우 표본분산은 다음과 같다.

$$s_1^2 = \frac{\sum_{i=1}^{n}x_i^2 - n\bar{x}^2}{n-1} = \frac{(1^2+2^2+3^2+4^2+5^2)-5(3)^2}{4} = 2.5$$

따라서 표준편차는 $s_1 = 1.58$이 되고, 자료 2의 경우의 표본분산은 다음과 같다.

$$s_2^2 = \frac{\sum_{i=1}^{n}x_i^2 - n\bar{x}^2}{n-1} = \frac{(1^2+2^2+3^2+4^2+500^2)-5(102)^2}{4} = 49502.5$$

따라서 표준편차는 $s_2 = 222.49$가 된다. s_1과 s_2를 비교할 때 s_2의 값이 지나치게 큰 이유는 자료 2에 있는 특이값 500의 영향을 받았기 때문이다. ■

3.2.2 평균편차

자료에 속한 측정값들의 산포를 알아보기 위한 또 다른 측도로서 **평균편차** (mean deviation)를 사용할 수 있다. 평균편차는 분산의 계산에 사용한 편차의 제곱의 평균 대신, 다음과 같이 편차의 절댓값의 평균으로 정의하는데, 평균편차도 분산이나 표준편차처럼 특이값에 민감하다.

$$MD = \frac{\sum_{i=1}^{n} |x_i - \bar{x}|}{n}$$

3.2.3 범위

범위 (range)는 산포의 측도 가운데 가장 간단히 계산할 수 있는데, 다음과 같이 자료의 최댓값에서 최솟값을 뺀 값으로 정의한다.

$$R = x_{\max} - x_{\min} = x_{[n]} - x_{[1]}$$

범위는 위의 식에서 보는 바와 같이 최댓값과 최솟값만 확인되면 매우 쉽게 계산할 수 있는 장점이 있다. 그러나 최댓값과 최솟값 사이의 나머지 관측값들이 균일하게 분포되어 있는지 아니면 평균값을 중심으로 대칭의 분포를 갖는지 또는 한쪽 방향으로 꼬리가 있는 분포인지 등, 흩어져 있는 분포를 전혀 알 수 없는 단점이 있다. 그리고 범위의 값은 특이값에 매우 민감하게 반응하는 특징이 있다.

> 범위
>
> 범위란 최댓값과 최솟값의 차이로서, 다음 식으로 정의한다.
>
> $$R = x_{\max} - x_{\min} = x_{[n]} - x_{[1]}$$

이러한 범위의 특성과 장단점에도 불구하고, 자료의 산포를 나타내는 다른 측도들에 비하여 계산하기 쉬운 이유 때문에 특이값의 발견을 중요하게 여기는 **통계적 공정관리** (statistical process control)에서는 자료의 퍼진 정도를 나타내는 수치적 측도로서 범위를 중요하게 사용된다. 실제로 산업현장에서 3개 또는 5개 제품의 묶음을 나타내는 하나의 로트 (lot)에서 제품들에 이상이 생기면 해당 로트의 관측값의 범위가 갑자기 커지게 되어 공정관리 상태의 이상유무 (out of control)를 즉시 발견할 수 있게 된다.

예제 3.8

[예제 3.1]에 있는 다음 두 자료에 대하여 범위를 계산하고, 서로 비교하여라.

자료 1 : 1, 2, 3, 4, 5
자료 2 : 1, 2, 3, 4, 500

풀이 자료 1의 경우 범위는 다음과 같이

$$R_1 = x_{\max} - x_{\min} = 5 - 1 = 4$$

가 되고, 자료 2의 경우 범위는

$$R_2 = x_{\max} - x_{\min} = 500 - 1 = 499$$

가 된다. 이것은 자료 2의 관측값 가운데 특이값 500이 존재하기 때문에 자료 1과 비교해 볼 때 산포가 매우 큰 것을 알 수 있다. ■

3.2.4 백분위수와 사분위수

자료의 흩어짐의 정도를 나타내는 또 다른 수치적 측도로서 **사분위수범위** (IQR; inter quartile range) 가 있다. 이를 이해하기 위해서는 우선 **백분위수** (percentile) 의 정의가 필요하다. p가 0에서 1 사이 값을 취할 때, 제 $100 \times p$ 백분위수란 관측값들을 증가하는 순서대로 정렬한 후, 그 값보다 작거나 같은 값의 개수가 np개 이상이어야 하고, 그 값보다 크거나 같은 값의 개수가 $n(1-p)$개 이상이 되도록 하는 곳에 위치한 값이다.

> 백분위수
>
> p가 $0 < p < 1$에서 값을 취할 때, 제 $100 \times p$ 백분위수란 n개의 관측값들을 증가하는 순서대로 정렬한 후, 그 값보다 작거나 같은 값의 개수가 np개 이상이어야 하고, 그 값보다 크거나 같은 값의 개수가 $n(1-p)$개 이상이 되도록 하는 곳에 위치한 관측값을 의미한다.

p가 0.25, 0.5, 0.75인 경우에 제 $100 \times p$ 백분위수는제25백분위수, 제50백분위수, 제75백분위수가 되고 각각 P_{25}, P_{50}, P_{75}로 나타낸다. 그리고 자료를 크기순으로 정렬하였을 때 자료 전체를 4등분하는 위치에 있는 값들을 **사분위수** (quartile) 라고 하며, 첫 번째 4등분한 곳에 위치한 값을 제1사분위수, 두 번째 4등분한 곳에 위치한 값, 즉 전체를 2등분한 곳에 위치한 값을 제2사분위수, 세 번째 4등분한 곳에 위치한 값을 제3사분위수라고 하고 각각 Q_1, Q_2, Q_3로 나타낸다. 사분위수와 백분위수와의 관계를 정리하면 다음과 같다.

Q_1 = 제1사분위수 = P_{25} = 제25백분위수
(first quartile) (25th percentile)
Q_2 = 제2사분위수 = P_{50} = 제50백분위수 = 중앙값 (median)
(second quartile) (50th percentile)
Q_3 = 제3사분위수 = P_{75} = 제75백분위수
(third quartile) (75th percentile)

사분위수범위란 제3사분위수에서 제1사분위수를 뺀 값으로서, 수식으로 다음과 같이 적는다.

$$IQR = Q_3 - Q_1$$

사분위수범위는 Q_1과 Q_3의 차이이므로 특이값이 포함되지 않는 자료의 50%를 이용한 범위이고, Q_1과 Q_3가 모두 특이값에 민감하지 않은 수치적 측도이므로 IQR도 특이값에 민감하지 않게 된다. 즉, 사분위수범위란 전체 자료를 크기순으로 정렬하였을 때 전체의 50%를 차지하는 중앙에 위치한 자료들을 의미한다.

> **사분위수범위**
> 사분위수범위란 제3사분위수와 제1사분위수의 차이로서, 다음 식으로 정의한다.
>
> $$IQR = Q_3 - Q_1$$

예제 3.9

자료의 크기 n이 10일 때와 11일 때의 사분위수를 백분위수의 정의를 이용하여 구하여라.

풀이 중앙값은 제50백분위수이므로 $n=10$일 때는 $np = 10\times 0.5 = 5$, $n(1-p) = 5$가 되어 중앙값은 $\frac{x_{[5]}+x_{[6]}}{2}$가 되고, $n=11$일 때는 $np = 11\times 0.5 = 5.5$, $n(1-p) = 5.5$가 되어 중앙값은 $x_{[6]}$이 된다. 제1사분위수는 제25백분위수이므로 $n=10$일 때는 $np = 10\times 0.25 = 2.5$, $n(1-p) = 7.5$가 되어 제1사분위수는 $Q_1 = x_{[3]}$이 되고, 제3사분위수는 반대로 생각하면 $Q_3 = x_{[8]}$이 된다. $n=11$일 때는 제1사분위수는 $np = 11\times 0.25 = 2.75$, $n(1-p) = 8.25$가 되어 제1사분위수는 $Q_1 = x_{[3]}$이 되고, 제3사분위수는 반대로 생각하면 $Q_3 = x_{[9]}$가 된다. 이를 그림으로 표시하면 다음과 같다.

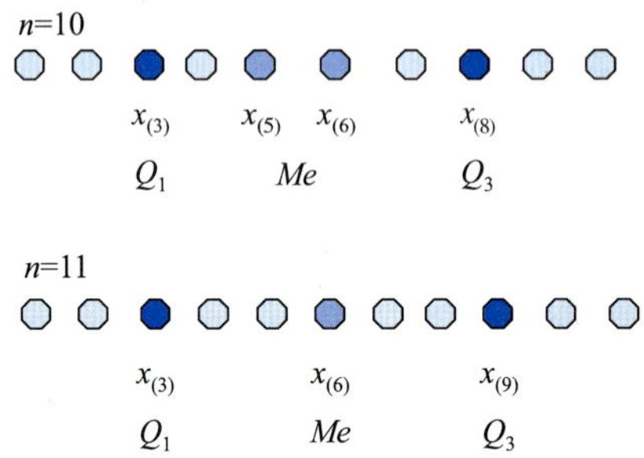

■

사분위수는 Tukey (1977) 가 제안한 자료의 깊이 (depth) 로 정의하여 구할 수 있다. 즉, 사분위수의 깊이는 다음과 같이 정의한다.

$$Q\,(i=1,\,3) \text{ 의 깊이} = \frac{|\,d\,(M_e)\,|+1}{2}$$

위 식에서 $|\,d\,(M_e)\,|$의 의미는 중앙값의 깊이에서 소수점 이하를 잘라내라는 기호이다. 즉, 제1사분위수는 중앙값 아래에 위치한 관측값들 가운데서 중앙값이 되고, 제3사분위수는 중앙값 위에 위치한 관측값들 가운데서 중앙값이 된다.

예제 3.10

자료의 크기 n이 10일 때와 11일 때의 사분위수를 사분위수의 깊이를 이용하여 구하여라.

풀이 $n=10$일 때는 중앙값의 깊이는 5.5이다. 그러므로 중앙값은 $(x_{[5]}+x_{[6]})/2$가 된다. 제1사분위수의 깊이는 $(5+1)/2=3$이 되어 제1사분위수는 $Q_1=x_{(3)}$이 되고, 제3사분위수는 반대로 생각하면 $Q_3=x_{(8)}$이 된다. 반면, $n=11$일 때는 중앙값의 깊이는 6이다. 그러므로 중앙값은 $x_{[6]}$이 된다. 제1사분위수의 깊이는 $(6+1)/2=3.5$가 되어 제1사분위수는 $Q_1=(x_{[3]}+x_{[4]})/2$가 되고, 제3사분위수는 반대로 생각하면 $Q_3=(x_{[8]}+x_{[9]})/2$가 된다. 이를 그림으로 표시하면 아래와 같다.

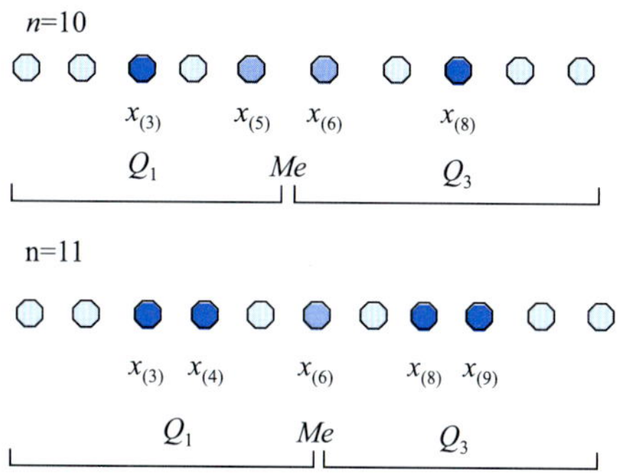

■

예제 3.11

[예제 3.2]의 자료 $n=12$는 다음과 같다.

$$7,\ 1110,\ 7,\ 5,\ 8,\ 12,\ 0,\ 5,\ 2,\ 2,\ 46,\ 7$$

(1) 자료의 중심과 산포를 나타내는 수치적 측도들을 구하여라.

(2) 특이값 1110을 제외한 나머지 값들에 대하여 자료의 중심과 산포를 나타내는 수치적 측도들을 구하고, (1)에서 구한 값과 비교하여라.

풀이 (1) 앞에서 주어진 공식들을 이용하여 12개의 자료의 평균을 계산하면 100.92가 된다. 그리고 관측값들을 증가하는 순서로 정렬하면

$$0,\ 2,\ 2,\ 5,\ 5,\ 7,\ 7,\ 7,\ 8,\ 12,\ 46,\ 1110$$

이 되므로 6번째 값인 7과 7번째 값인 7의 평균값인 7이 중앙값이 되고 최빈값도 7이 된다. 그리고 분산은 101129, 표준편차는 318, 범위는 1110, $Q_1=3.5$, $Q_3=10$, $IQR=6.5$가 된다.

(2) 특이값 1110을 제외한 나머지 11개의 자료

$$0,\ 2,\ 2,\ 5,\ 5,\ 7,\ 7,\ 7,\ 8,\ 12,\ 46$$

을 대상으로 계산하면, 평균은 9.18, 중앙값은 7, 최빈값은 7, 분산은 160.16, 표준편차는 12.66, 범위는 46, $Q_1=2$, $Q_3=8$, $IQR=6$이 되고, 사분위수의 깊이로 계산하면 $Q_1=3.5$, $Q_3=7.5$, $IQR=4$가 된다.

	평균	중앙값	최빈값	분산	표준편차	범위	Q_1	Q_3	IQR
$n=12$	100.92	7	7	101129	318.0	1110	3.5	10	6.5
$n=11$	9.18	7	7	160	12.7	46	2.0	8	6.0

평균, 분산, 표준편차, 범위들은 특이값의 유무에 따라 매우 민감하게 변하지만, 중앙값, 최빈값, 사분위수, 사분위수범위는 특이값에 민감하지 않음을 알 수 있다. 그러므로 주어진 자료를 이용하여 분석을 할 때 자료의 산포를 나타내는 가능한 모든 수치적 측도들을 제시하여 서로 비교하여 보는 것이 바람직하다. ■

3.2.5 변동계수

변동계수(coefficient of variation)는 측정단위가 다른 자료들의 산포를 서로 비교할 때 사용한다. 예를 들어, 사람들의 몸무게와 키의 자료를 이용하여 몸무게의 분산과 키의 분산을 구하면 몸무게의 분산은 $(\text{kg})^2$ 단위이고 키의 분산은 $(\text{cm})^2$ 단위이므로, 이 두 개의 분산을 측정단위를 무시하고 서로 비교할 수 없다. 이때 몸무게의 변동계수와 키의 변동계수를 이용하면 산포의 차이를 서로 비교할 수 있게 된다. 변동계수는 상대적인 산포를 나타내는데, 다음과 같이 표준편차를 평균값으로 나눈 값으로 정의하고, 100을 곱하여 백분율로 나타내기도 한다.

$$\text{표본변동계수: } CV = \frac{s}{\bar{x}} \times 100\,(\%)$$

$$\text{모(집단) 변동계수: } CV = \frac{\sigma}{\mu} \times 100\,(\%)$$

> **변동계수**
> 변동계수란 측정단위가 서로 다른 두 집단의 자료들에 대한 산포를 비교할 때 사용되고, 다음과 같이 표준편차를 평균으로 나눈 값으로 정의한다.
>
> $$\text{표본변동계수: } CV = \frac{s}{\bar{x}} \times 100\,(\%)$$
>
> $$\text{모(집단) 변동계수: } CV = \frac{\sigma}{\mu} \times 100\,(\%)$$

예제 3.12

다음 [표 3.1]은 대학생 52명에 대한 성별(1 : 여자, 2 : 남자), 키, 몸무게, 나이, 통학시간을 조사한 자료이다. 성별 구분없이 52명 전체 자료에 대하여 키와 몸무게의 산포를 계산하고 비교하여라.

풀이 분산의 공식을 이용하여 계산한 결과, 키의 분산과 표준편차는 각각 55.74 cm^2, 7.47cm이다. 그리고 몸무게의 분산과 표준편차는 각각 88.72 kg^2, 9.42 kg이다. 표준편차들만 비교해서는 몸무게의 산포가 약간 크게 느껴진다. 그러나 키와 몸무게의 측정단위가 서로 다르므로 변동계수를 이용하여 키와 몸무게를 비교하는 것이 더 정확하다. 그러므로 평균의 공식을 이용하여 키와 몸무게를 계산하면, 각각의 평균값은 169.44 cm, 60.85 kg이 된다. 그러므로 각각의 변동계수를 계산하면 다음과 같다.

키의 변동계수: $CV = \dfrac{7.47}{169.44} \times 100 \approx 4.41\,(\%)$

몸무게의 변동계수: $CV = \dfrac{9.42}{60.85} \times 100 \approx 15.48\,(\%)$

그러므로 몸무게의 산포가 키의 산포보다 약 3.5배 정도 더 큰 것을 알 수 있다. ■

표 3.1 52명의 성별, 키, 몸무게, 나이, 통학시간 자료

성별	키	몸무게	나이	통학시간	성별	키	몸무게	나이	통학시간
1	153	48	23	15	2	180	64	20	30
1	167	51	23	20	2	178	71	17	50
1	155	50	26	50	2	174	71	20	40
1	160	55	20	20	2	175	69	20	40
1	170	58	20	60	2	170	65	20	90
1	165	49	20	60	2	168	64	20	10
1	162	46	20	60	2	172	59	20	50
1	163	70	19	50	2	168	50	20	5
1	158	40	20	90	2	170	61	20	30
1	163	55	20	60	2	168	56	20	10
1	160	50	20	50	2	167	60	20	110
1	168	51	20	90	2	174	73	20	60
1	160	52	20	90	2	173	63	20	10
1	152	50	19	90	2	170	55	20	15
1	160	48	20	40	2	173	65	20	10
1	166	50	20	10	2	171	64	20	90
2	169	59	28	5	2	175	74	19	90
2	180	71	20	40	2	172	75	20	90
2	165	55	20	60	2	170	67	20	90
2	173	79	19	50	2	170	58	20	20
2	180	66	20	50	2	170	63	20	50
2	175	80	19	30	2	167	55	20	60
2	180	66	19	40	2	168	70	20	45
2	165	58	20	10	2	184	72	21	40
2	180	75	20	90	2	172	67	19	50
2	183	64	20	10	2	180	57	20	10

3.3 상자그림

자료들의 중심의 위치와 산포를 한 눈에 파악할 수 있도록 요약한 것으로 **상자그림**(box and whisker plot, 또는 간단히 box plot)이 있다. 이것은 다음의 수치적 측도를 이용하여 상자와 수염과 특이값을 표시한 그림이다. 즉, 제1사분위수, 중앙값, 제3사분위수를 이용하여 상자를 그리고, **아래쪽 인접값**(lower adjacent value)과 **위쪽 인접값**(upper adjacent value)을 이용하여 수염을 그리고, 수염 바깥에 특이값들을 그려서 완성한다. 상자그림을 완성하기 위해서는 다음의 수치값들을 계산해야 한다.

아래쪽 안(쪽) 울타리 (lower inner fence) : $f_L = Q_1 - (1.5 \times IQR)$
위쪽 안(쪽) 울타리 (upper inner fence) : $f_U = Q_3 + (1.5 \times IQR)$
아래쪽 바깥(쪽) 울타리 (lower outer fence) : $F_L = Q_1 - (3 \times IQR)$
위쪽 바깥(쪽) 울타리 (upper outer fence) : $F_U = Q_3 + (3 \times IQR)$
인접값 (adjacent value) : 사분위수와 안울타리 사이에 있는 관측값 중 안울타리에 가장 가까운 관측값. 만약 관측값이 안울타리와 일치하면 안 울타리가 인접값이 된다.

상자그림

상자그림이란 자료들의 중심의 위치와 산포를 요약한 그림으로서, 제1사분위수, 중앙값, 제3사분위수로 상자를 그리고, 상자로부터 아래쪽 인접값과 위쪽 인접값까지 수염을 그린다. 그리고 울타리를 벗어나는 값들을 특이값으로 표시하여 상자그림을 완성한다.

[그림 3.3]은 수직선과 함께 아래쪽 안울타리, 위쪽 안울타리, 아래쪽 바깥울타리, 위쪽 바깥울타리, 특이값 등을 포함하여 상자와 수염을 그린 일반적인 상자그림의 형태를 보여준다.

안울타리와 바깥울타리 사이에 있는 특이값은 **바깥값**[outside value, **적당한 특이값**(mild outlier)]으로, 바깥울타리를 벗어나는 특이값은 **먼바깥값**[farout value, **극심한 특이값**(extreme outlier)]으로 구분하기도 한다. 이러한 특이값들은 점이나 별표로 하나하나 표시해야 한다.

전체 자료를 크기순으로 배열했을 때 중앙에 위치한 전체 자료들의 50%가 사분위수로 그려진 상자로 나타나고, 이 상자의 크기가 *IQR*이 된다. 중앙값을 중심으로 상자의 왼쪽과 오른쪽의 크기를 통하여 자료 분포의 대칭성을 짐작할 수 있다. 전체 자료들에서 바깥쪽으로 위치한 나머지 50%의 자료들은 수염과 특이값으로 그려진다. 그리고 수염의 길이와 특이값의 존재를 통해서도 분포의 대칭성을 짐작할 수 있다.

이러한 상자그림의 장점은 여러 집단의 자료를 비교할 때, 각 집단자료들의 대푯값, 산포도, 특이값 등으로 비교할 수 있고, 대칭성의 여부도 파악할 수 있으나 단봉(unimodal) 분포가 아닌 쌍봉(bimodal) 분포와 같은 복잡한 분포를 갖는 경우에는 상자그림을 이용해서 충분히 파악할 수 없다. 그러므로 여러 집단자료를 분석할 경우에는 상자그림과 함께 히스토그램이나 줄기-잎 그림 등을 같이 제시하여 각 집단자료들의 분포를 효과적으로 비교해야 한다.

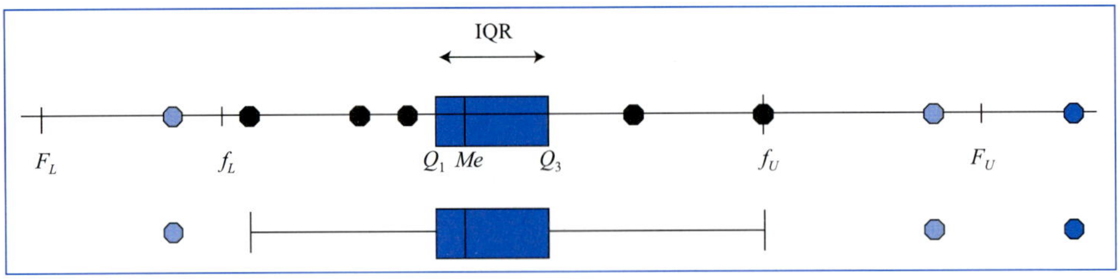

그림 3.3 일반적인 상자그림의 형태

예제 3.13

다음 표는 두 가지 다이어트 방법을 실험용 쥐에게 적용한 후, 쥐의 몸무게를 측정한 결과이다. 줄기-잎 그림과 상자그림을 그리고, 두 가지 다이어트 방법을 비교하여라.

다이어트 방법	체중 (단위: g)
1	56 67 42 48 55 61 52 39 47 58 50 40 59 62 44 57
2	78 34 37 72 58 68 27 55 65 40 75 33 66

풀이 위의 두 가지 다이어트 방법을 실험하고 체중을 측정한 결과, 체중의 공통된 단위가 십의 단위이므로 십의 단위를 줄기로 놓고, 일의 단위를 잎으로 하여 줄기-잎 그림을 그리면 [그림 3.4]와 같이 완성된다. 여기서 줄기의 왼쪽에 있는 숫자들은 각 줄기의 양쪽 끝부터 현재 줄기 위치까지 잎의 개수들의 누적합계를 나타낸다.

```
줄기-잎 그림: weight  diet = 1    N  = 16
잎 단위 = 1.0

 1  3  9
 4  4  024
 6  4  78
 8  5  02
 8  5  56789
 3  6  12
 1  6  7

줄기-잎 그림: weight  diet = 2    N  = 13
잎 단위 = 1.0

 1   2  7
 3   3  34
 4   3  7
 5   4  0
 5   4
 5   5
(2)  5  58
 6   6
 6   6  568
 3   7  2
 2   7  58
```

그림 3.4 다이어트 방법 1과 2의 줄기-잎 그림

다이어트 방법 1과 2에 대한 상자그림을 그리기 위하여 필요한 수치값을 계산하면 다음과 같다.

다이어트 방법	Q_1	M_e	Q_3	IQR	f_L	f_U
1	45.5	53.5	58.5	13	26	78
2	37.0	58.0	68.0	31	−9.5	−104.5

Q_1, M_e, Q_3를 이용하여 상자를 완성하고, Q_1과 Q_3에서 인접값까지 수염을 연결하여 그린다. 두 다이어트 방법에 대한 체중들 가운데 울타리를 벗어나는 특이값이 없으므로 상자그림과 줄기-잎 그림에 특이값을 표시하지 않는다. [그림 3.5]는 다이어트 방법 1과 2의 상자그림을 한 그래프에 나란히 그린 **병렬상자그림** (side-by-side box plot) 이다.

상자그림에서 십자표시는 산술평균을 의미한다. 상자그림을 보면 다이어트 방법 1의 대푯값 (중앙값, 산술평균) 이 모두 약간씩 작으므로 방법 1이 다이어트에 조금 효과적인 방법 같이 보인다. 그러나 방법 2의 몸무게가 작은 값들이 방법 1보다 훨씬 작으므로 일괄적으로 어느 방법이 다이어트 방법으로서 더 효과적인지를 결정하기가 쉽지 않다. 이러한 경우에는 앞으로 배우게 될 통계적 검정을 통하여 어느 방법이 더 효과적인지를 확인할 수 있다.

방법 2의 줄기-잎 그림을 자세히 살펴보면 방법 2가 두 개의 집단으로 구분되어 있는 것을 알

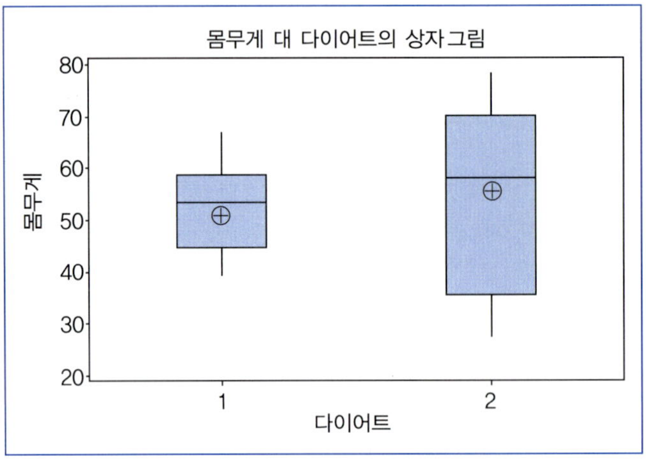

그림 3.5 다이어트 방법 1과 2의 병렬상자그림

수 있다. 그러므로 방법 2는 다이어트에 일관성 있는 결과를 주지 못하고 다이어트 효과가 큰 집단과 효과가 없는 집단으로 구분되어 나타남을 알 수 있다. ■

예제 3.14

[예제 3.12]의 대학생 52명의 자료를 이용하여 다음에 답하여라.

(1) 52명 전체에 대한 키와 몸무게의 줄기-잎 그림과 상자그림을 그리고, 자료의 중심과 산포를 나타내는 수치적 측도들을 구하여라. 그리고 그 특징을 서술하여라.

(2) 남녀 두 개의 집단에 대하여 키와 몸무게의 등과 등을 맞댄 줄기-잎 그림과 병렬상자 그림을 그리고, 자료의 중심과 산포를 나타내는 수치적 측도들을 구하여라. 그리고 그 특징을 서술하여라.

(3) 52명 전체에 대하여 나이와 통학시간에 대한 줄기-잎 그림과 상자그림을 그리고, 자료의 중심과 산포를 나타내는 수치적 측도들을 구하여라. 그리고 그 특징을 서술하여라.

풀이 (1) 52명 전체에 대하여 그린 키와 몸무게의 줄기-잎 그림과 상자그림은 [그림 3.6]과 [그

```
줄기-잎 그림: 키  N  = 52
잎 단위 = 1.0

  2   15  23
  3   15  5
  3   15
  4   15  8
  8   16  0000
 11   16  233
 14   16  555
 18   16  6777
 24   16  888889
(8)   17  00000001
 20   17  222333
 14   17  44555
  9   17
  9   17  8
  8   18  000000
  2   18  3
  1   18  4
```

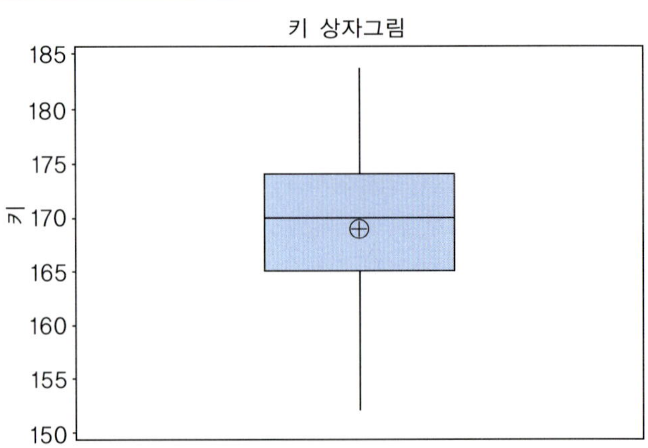

그림 3.6 키의 줄기-잎 그림과 상자그림

```
줄기-잎 그림: 몸무게  N  = 52
잎 단위 = 1.0

  1   4  0
  5   4  6889
 13   5  00000112
 25   5  555556788899
 (8)  6  01334444
 19   6  5566779
| 12  7  00111234
  4   7  559
  1   8  0
```

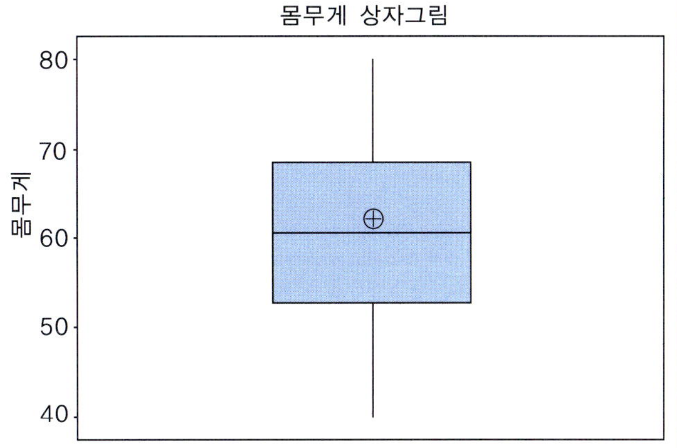

그림 3.7 몸무게의 줄기-잎 그림과 상자그림

림 3.7]에 나타난다.

[그림 3.6]과 [그림 3.7]의 줄기-잎 그림으로부터 키와 몸무게가 모두 대략적으로 두 개의 집단으로 형성되어 있음을 볼 수 있다. 그러나 키와 몸무게의 상자그림에서는 이것을 확인할 수가 없고, 그 대신 상자그림을 통하여 키와 몸무게 모두 대략적으로 대칭의 분포를 이루고 있음 알 수 있다.

[그림 3.8]에는 통계분석 소프트웨어를 이용하여 계산한 키와 몸무게에 대한 각종 수치적 측도값들을 제시한다. 키의 평균은 169.44 cm, 몸무게의 평균은 60.85 kg으로 계산되었다.

기술통계량: 키, 몸무게

변수	전체 카운트	평균	TrMean	표준 편차	분산	CoefVar	최소값	Q1	중위수
키	52	169.44	169.65	7.47	55.74	4.41	152.00	165.00	170.00
몸무게	52	60.85	60.78	9.42	88.72	15.48	40.00	52.75	60.50

변수	Q3	최대값	범위	IQR
키	174.00	184.00	32.00	9.00
몸무게	68.50	80.00	40.00	15.75

그림 3.8 키와 몸무게의 수치적 측도

(2) 통계분석 소프트웨어를 이용하여 병렬상자그림과 남녀를 구분하여 그린 등과 등을 맞댄 줄기-잎 그림 (back-to-back stem and leaf plot) 을 그리면 [그림 3.9]와 같다.

[그림 3.9]로부터 키와 몸무게 모두 남자와 여자가 확실히 구별됨을 볼 수 있다. 키에 대한 등과 등을 맞댄 줄기-잎 그림을 통하여 남자에서 두 개의 그룹이 나타남을 확인할 수 있다. 그리고 몸무게에 대한 줄기-잎 그림에서 여성에게 특이값이 하나 존재함을 알 수 있다. [그림 3.10]은 남녀 두 집단에서 키와 몸무게에 대한 각종 수치적 측도들을 나타낸다.

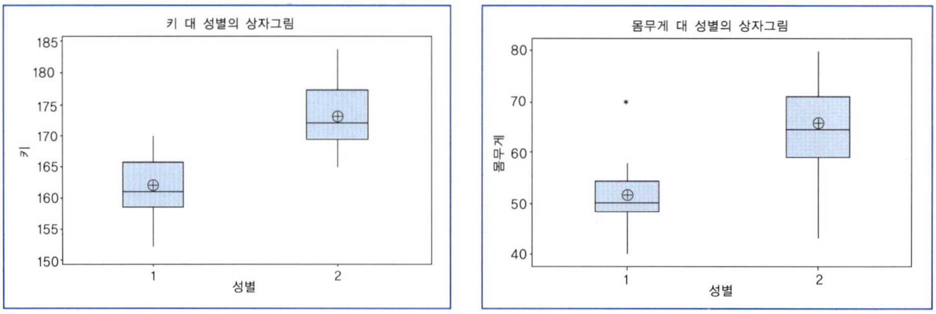

〈키〉

여자	줄기	남자
32	15	
5	15	
8	15	
0000	15	
332	16	
5	16	
76	16	55
8	16	77
0	16	88889
	17	0000001
	17	222333
	17	44555
	17	
	17	8
	18	000000
	18	3
	18	4

〈몸무게〉

여자	줄기	남자
0	4	
9886	4	
2110000	5	0
855	5	555678899
	6	01334444
	6	5566779
1	7	0111234
	7	559
	8	0

그림 3.9 남녀를 구분한 키와 몸무게의 병렬상자그림과 줄기-잎 그림

기술통계량: 키, 몸무게

변수	성별	전체 카운트	평균	TrMean	표준편차	분산	CoefVar	최소값	Q1
키	1	16	161.38	161.43	5.21	27.18	3.23	152.00	158.50
	2	36	173.03	172.88	5.16	26.60	2.98	165.00	169.25
몸무게	1	16	51.44	50.93	6.39	40.80	12.42	40.00	48.25
	2	36	65.03	64.91	7.30	53.34	11.23	50.00	59.00

변수	성별	중위수	Q3	최대값	범위	IQR
키	1	161.00	165.75	170.00	18.00	7.25
	2	172.00	177.25	184.00	19.00	8.00
몸무게	1	50.00	54.25	70.00	30.00	6.00
	2	64.50	71.00	80.00	30.00	12.00

그림 3.10 키와 몸무게의 수치적 측도

(3) 52명 전체에 대한 나이와 통학시간의 줄기-잎 그림과 상자그림은 [그림 3.11]과 같다.

[그림 3.11]로부터 대부분의 나이는 20세이고, 소수의 학생들이 20대 중·후반대에 있어서 오른쪽으로 꼬리가 있는 비대칭분포의 형태를 보인다. [그림 3.12]로부터 제1사분위수, 중앙값, 제3사분위수가 모두 같은 20세이어서 상자그림에서 상자의 모양이 하나의 직선으로 나타나는 특이한 모양을 이루고 있다. 또한 특이값이 6개가 있고 20세에 무려 39명이 몰려 있어서 평균과 중앙

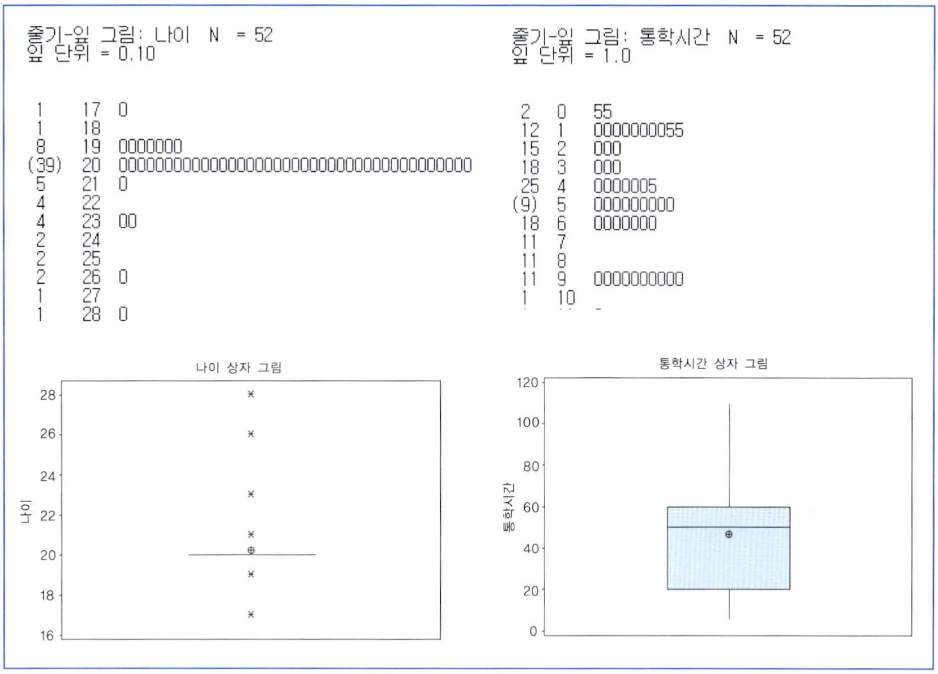

그림 3.11 나이와 통학시간의 줄기-잎 그림과 상자그림

값이 거의 비슷하지만, 평균이 약간 크게 나타나서 전체적인 분포의 모양을 보면 왼쪽으로 치우친 분포임을 알 수 있다. 통학시간은 [그림 3.11]의 줄기-잎 그림에서 대략 삼봉분포(tri-modal distribution)를 이루고 있음을 알 수 있다. 즉, 근거리(10분대), 중거리(50분대), 장거리(90분대)의 3가지 통학시간대로 구분됨을 알 수 있다. [그림 3.12]에서 통학시간의 변동계수가 62.44이고, 나이의 변동계수가 7.98로서 통학시간의 산포가 상대적으로 약 7.8배 정도 크게 나타남을 알 수 있다. [그림 3.12]는 나이와 통학시간에 대한 각종 수치적 측도들을 나타낸 것이다.

기술 통계량: 나이, 통학시간

변수	전체 카운트	평균	TrMean	표준 편차	분산	CoefVar	최소값	Q1
나이	52	20.212	19.978	1.613	2.601	7.98	17.000	20.000
통학시간	52	46.83	46.20	29.24	854.93	62.44	5.00	20.00

변수	중위수	Q3	최대값	범위	IQR
나이	20.000	20.000	28.000	11.000	0.000
통학시간	50.00	60.00	110.00	105.00	40.00

그림 3.12 나이와 통학시간의 수치적 측도 ■

3.4 그룹화 자료에서의 평균과 분산

자료가 도수분포표의 형태로 주어져 있으면 원자료에 속한 각각의 자료를 알 수가 없으므로 앞 절에서 제시한 평균과 분산을 구하는 공식을 이용할 수 없다. 그러나 도수분포표로부터 각 계급의 계급값과 도수를 알 수 있으므로 다음의 공식을 이용하여 그룹화된 자료의 평균과 분산을 구할 수 있다. 그리고 그룹화 자료의 평균과 분산은 각각 가중평균과 가중분산이다.

$$\text{그룹화 자료의 평균: } \bar{x} = \frac{\sum_{i=1}^{k} m_i f_i}{n}$$

$$\text{그룹화 자료의 분산: } s^2 = \frac{\sum_{i=1}^{k} (m_i - \bar{x})^2 f_i}{n-1}$$

여기서 k는 계급의 개수이고, m_i는 i번째 계급의 대푯값으로서 계급값이고, f_i는 i번째 계급의 도수이고, $n = \sum_{i=1}^{k} f_i$는 원자료에 속한 모든 관측값들의 합으로서 총도수를 나타낸다.

그룹화 자료의 평균과 분산의 공식

도수분포표로 정리된 자료로부터 평균과 분산을 구하기 위해서는 다음의 그룹화 자료의 평균과 분산의 공식을 사용한다.

$$\text{그룹화 자료의 평균: } \bar{x} = \frac{\sum_{i=1}^{k} m_i f_i}{n}$$

$$\text{그룹화 자료의 분산: } s^2 = \frac{\sum_{i=1}^{k} (m_i - \bar{x})^2 f_i}{n-1}$$

여기서 k : 계급의 개수,
m_i : i 번째 계급의 대푯값,
f_i : i 번째 계급의 도수,
$n = \sum_{i=1}^{k} f_i$: 총도수.

s^2은 다음과 같은 간편 공식을 이용하여 구할 수도 있다. s^2의 공식에서 n의 값이 통상 30보다 크므로 분모를 n으로 하여 구해도 무방하다.

$$s^2 = \frac{\sum_{i=1}^{k} m_i^2 f_i - \frac{\left(\sum_{i=1}^{k} m_i f_i\right)^2}{n}}{n-1}$$

예제 3.15

다음 표는 어느 산부인과에서 출생한 100명의 신생아의 몸무게에 대한 도수분포표이다. 이 도수분포표를 이용하여 신생아의 몸무게에 대한 평균과 분산을 구하여라.

신생아의 몸무게	도수(명)
1.2 kg 이상 – 2.0 kg 미만	8
2.0 kg 이상 – 2.8 kg 미만	30
2.8 kg 이상 – 3.6 kg 미만	40
3.6 kg 이상 – 4.4 kg 미만	20
4.4 kg 이상 – 5.2 kg 미만	2

풀이 위의 표와 같이 그룹화된 자료로의 평균과 분산을 구하기 위하여 5개 계급의 중간값을 계산하여 계급값 m_i로 취한다. 그리고 이들을 계산하기 위하여 필요한 도수 f_i를 적고, $m_i f_i$와 $m_i^2 f_i$를 계산한다.

신생아의 몸무게	m_i	f_i	$m_i f_i$	$m_i^2 f_i$
1.2 kg 이상 – 2.0 kg 미만	1.6	8	12.8	20.48
2.0 kg 이상 – 2.8 kg 미만	2.4	30	72.0	172.80
2.8 kg 이상 – 3.6 kg 미만	3.2	40	128.0	409.60
3.6 kg 이상 – 4.4 kg 미만	4.0	20	80.0	320.00
4.4 kg 이상 – 5.2 kg 미만	4.8	2	9.6	46.08
합 계		100	302.4	968.96

평균과 분산의 공식에 대입하여 다음과 같이 계산하면 신생아의 몸무게의 평균은 3.02 (kg) 이 되고, 표준편차는 $\sqrt{0.55} = 0.74$ (kg) 이 된다.

$$\bar{x} = \frac{\sum_{i=1}^{k} m_i f_i}{n} = \frac{1.6 \times 8 + 2.4 \times 30 + 3.2 \times 40 + 4.0 \times 20 + 4.8 \times 2}{100} = \frac{302.4}{100} \approx 3.02$$

$$s^2 = \frac{\sum_{i=1}^{k} m_i^2 f_i - \dfrac{\left(\sum_{i=1}^{k} m_i f_i\right)^2}{n}}{n-1} = \frac{968.96 - \dfrac{(302.4)^2}{100}}{100-1} = \frac{54.5024}{99} \approx 0.55$$ ■

3.5 일변량 자료에서 특이값의 영향을 평가하기 위한 그래픽 방법

일변량 자료에 특이값이 존재하게 되면 대푯값과 산포도와 관련한 수치적 측도들이 영향을 받게 된다. 대푯값에서는 산술평균이 대표적으로 특이값에 민감한 수치적 측도이고, 산포도에서는 분산, 표준편차, 평균편차, 범위 등이 대표적으로 특이값에 민감한 수치적 측도들이다.

일변량 자료에 대하여 특이값의 영향을 평가하기 위하여 우리는 상자그림을 이용할 수 있다. 전체 n개의 자료에 대한 상자그림과 전체 n개의 자료에서 하나씩의 자료를 차례로 뺀 후 남은 $(n-1)$ 개의 자료들에 대한 상자그림들을 병렬상자그림으로 그려 보면 일변량 자료에 대하여 특이값의 영향을 평가하여 볼 수 있다. 이때 상자그림들은 산술평균을 같이 나타내는 상자그림이어야 한다.

[표 3.2]는 일본 내 어느 지진 관측소에서 1961년에서 1981년까지 측정한 연간 몸으로 느낄 수 있는 지진발생횟수를 나타낸 표이다(1988, 渡部洋외 3인, 탐색적 데이터 해석입문, 조창서점).

이 자료에 대하여 특이값의 영향을 평가하기 위하여 전체 21개의 자료에 대한 상자그림과 전체 21개의 자료에서 하나씩의 자료를 차례로 뺀 후, 남은 20개의 자료들에 대한 상자그림들을 상자와 수염만 그린 병렬상자그림으로 그려 보면 [그림 3.13]과 같다. 그림에서 십자표시가 산술평균을 나타내고, 가장 오른쪽 상자그림은 12번째(272, 제일 큰 특이값)와 13번째(103, 두 번째 큰 특이값) 두 개의 자료를 동시에 뺀 후, 남은 19개 자료에 대한 상자그림이다. 산술평균의 변화를 통하여 12번째 자료가 가장 큰 영향을 주는 특이값임을 알 수 있다.

전체 21개의 자료에 대한 상자그림, 전체 21개의 자료에서 12번째의 자료를 뺀 후 남은

표 3.2 일본 내의 어느 지진 관측소에서 측정한 연간유감지진발생횟수

년	61	62	63	64	65	66	67	68	69	70	71	72	73	74	75	76	77	78	79	80	81
순서	1	2	3	4	5	6	7	8	9	10	11	12	13	14	15	16	17	18	19	20	21
지진 횟수	8	11	5	7	2	3	8	8	4	3	8	272	103	48	26	8	10	16	7	34	6

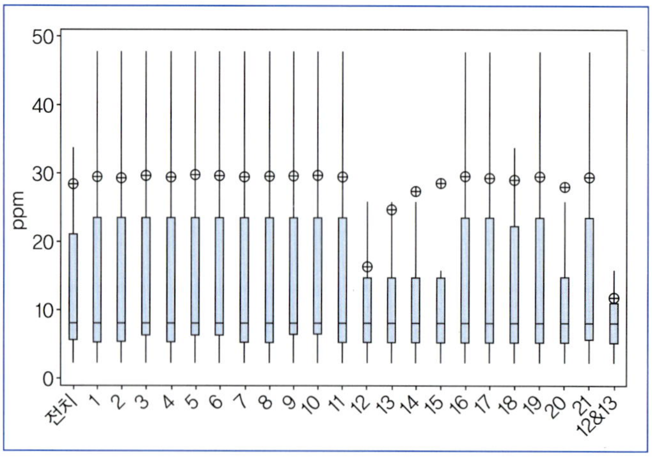

그림 3.13 병렬상자그림 1

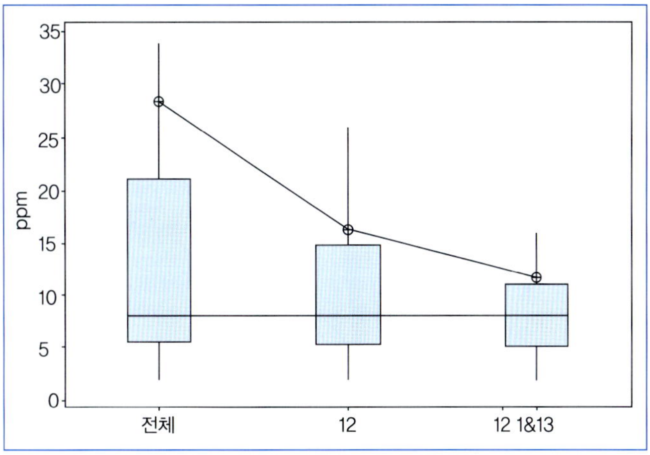

그림 3.14 병렬상자그림 2

20개 자료에 대한 상자그림, 그리고 12번째와 13번째 두 개의 자료를 동시에 뺀 후 남은 19개 자료에 대한 상자그림을 병렬상자그림으로 그려 보면 [그림 3.14]와 같다. 중앙값은 변화가 없으나 산술평균에는 많은 변화가 있음을 알 수 있다.

원래의 자료를 $x_1, x_2, \cdots, x_n$이라 할 때, 가중산술평균과 가중분산을 다음과 같이 정의할 수 있다.

$$\bar{x}_w = \frac{\sum_{i=1}^{n} w_i x_i}{\sum_{i=1}^{n} w_i}, \quad s_{x_w}^2 = \frac{\sum_{i=1}^{n} w_i (x_i - \bar{x}_w)^2}{\sum_{i=1}^{n} w_i}$$

n개의 자료 각각에 대하여 가중치 $w_i\,(i=1, 2, \cdots, n)$를 1에서 0으로 변화시켜 가며 가중산술평균과 가중분산을 구한 후, 이렇게 구한 가중산술평균과 가중분산들을 연결하면 하나의 그림이 완성되는데, 이 그림을 평균–분산 **민들레꽃씨 그림** (dandelion seed plot) 이라고 한다. [그림 3.15]는 [표 3.2]의 자료에 대하여 그린 평균–분산 민들레꽃씨 그림이다. 이 그림은 21개의 자료 각각에 대하여 가중치 $w_i\,(i=1, 2, \cdots, n)$를 1에서 0으로 0.01씩 감소시키며 가중산술평균과 가중분산을 구한 후, 이들을 연결한 것이다. 가중산술평균과 가중분산은 12번째 자료에서 극적인 변화를 겪고 있음을 알 수 있다. 그러므로 12번째 자료가 가장 큰 영향을 주는 특이값임을 알 수 있다.

[표 3.3]은 일본 내 21개 지진 관측소(A-U)에서 1961년에서 1981년까지 측정한 연간 몸으로 느낄 수 있는 지진발생횟수를 나타낸 표이다(1988, 渡部洋외 3인, 탐색적 데이터 해석 입문, 조창서점). 이 자료에 대한 민들레꽃씨 그림은 [그림 3.16]과 같다. 이 그림을 통하여 G, N, S 세 지진관측소들이 영향이 큰 특이값들(G는 272, N은 217, S는 227)을 갖고 있음을 알 수 있다.

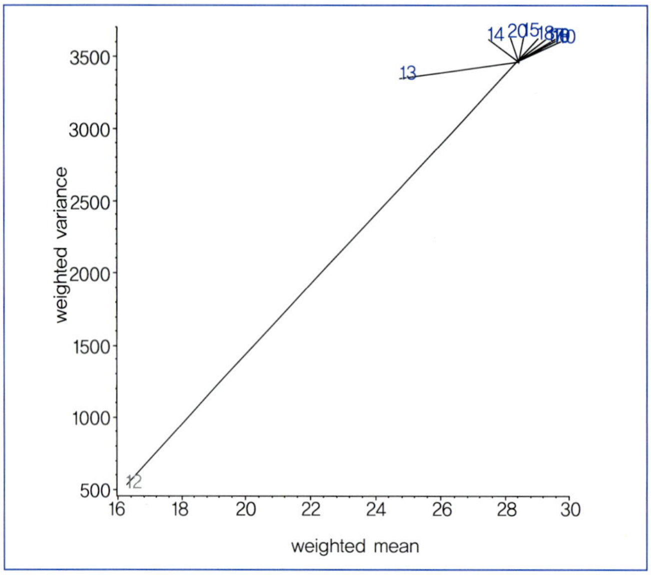

그림 3.15 평균–분산 민들레꽃씨 그림

표 3.3 일본 내의 21개 지진 관측소에서 측정한 연간유감지진발생횟수

A	B	C	D	E	F	G	H	I	J	K	L	M	N	O	P	Q	R	S	T	U
3	2	5	4	9	7	8	14	18	17	20	33	48	39	69	61	72	71	72	61	70
1	2	4	3	11	10	11	12	22	17	17	31	43	52	43	52	52	74	54	48	63
3	6	5	1	10	14	5	10	14	15	10	15	26	24	30	40	45	77	45	43	41
1	3	2	4	6	9	7	7	15	24	10	28	33	43	39	23	40	67	51	65	69
2	12	3	4	5	9	2	11	9	10	2	28	21	35	50	30	40	71	37	68	70
2	106	8	1	3	15	3	15	12	6	37	25	20	26	39	30	33	52	31	64	69
1	36	2	0	4	8	8	12	16	7	10	24	26	24	48	29	50	67	33	56	64
6	14	10	10	11	7	8	33	47	124	75	27	29	217	44	85	93	71	59	52	59
1	14	1	6	4	15	4	9	23	24	82	22	32	44	26	37	86	50	105	54	78
1	3	2	10	7	5	3	8	26	19	112	22	23	46	31	99	32	21	51	52	53
0	4	3	8	8	9	8	11	19	23	65	28	34	36	39	51	38	32	29	61	57
3	4	4	3	4	6	272	8	17	22	72	35	41	38	40	44	44	20	28	74	60
3	1	5	4	4	7	103	11	52	24	48	31	41	36	52	55	130	37	227	81	61
1	2	6	6	3	6	48	8	28	21	61	31	32	36	50	59	49	32	42	66	68
1	1	5	9	90	2	26	4	20	15	18	27	32	32	49	45	49	25	60	53	56
0	0	1	5	8	4	8	5	8	12	18	28	28	22	29	39	36	33	45	54	56
1	2	0	4	4	2	10	4	13	9	37	24	30	19	32	21	38	97	42	67	49
6	7	4	2	6	7	16	9	25	26	21	38	38	54	45	42	49	44	66	69	72
3	10	5	6	5	3	7	6	15	12	13	16	22	25	29	30	50	39	51	57	54
2	2	2	3	1	6	34	2	10	8	25	38	31	26	32	24	43	54	63	53	73
0	1	2	5	1	9	6	3	16	18	13	23	26	40	27	30	35	37	61	47	47

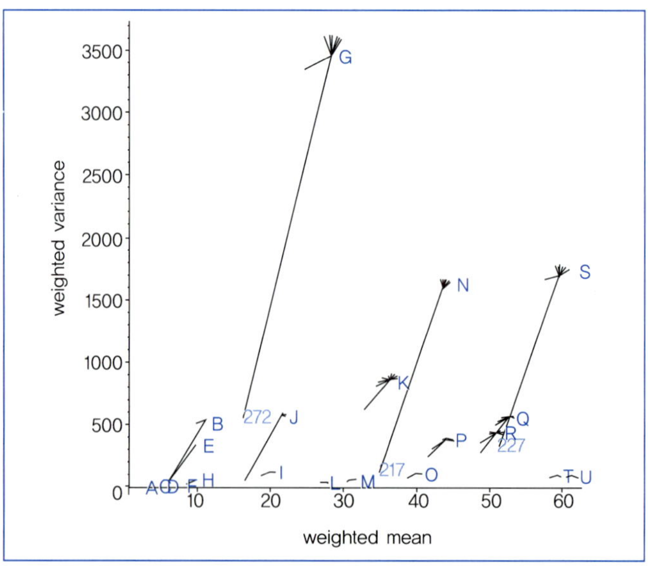

그림 3.16 21개 지진관측소자료에 대한 평균–분산 민들레꽃씨 그림

3.6 R 실습

1. [예제 3.12 (계속)] 대학생 52명에 대한 키, 몸무게, 성별 (1: 여자, 2: 남자), 나이, 통학시간을 조사한 자료에서 다음 물음에 답하시오.
   (1) 52명 전체에 대하여 키와 몸무게에 대한 줄기-잎 그림과 상자그림을 그리고, 자료의 중심과 산포를 나타내는 수치적 측도들을 구하여라.
   (2) 남녀 두 개의 집단에 대하여 키와 몸무게에 대한 줄기-잎 그림과 상자그림을 그리고, 자료의 중심과 산포를 나타내는 수치적 측도들을 구하여라.
   (3) 52명 전체에 대하여 나이와 통학시간에 대한 줄기-잎 그림과 상자그림을 그리고, 자료의 중심과 산포를 나타내는 수치적 측도들을 구하여라.

풀이

우선 메모장을 이용하여 70쪽의 [예제 3.12]에 있는 52명의 학생자료 (5개의 변수명을 포함) 를 c:/work/student-all.txt로 저장한다.

```
# 전체학생파일 읽기
X=read.table("c:\\work/student-all.txt",header=T)
X
# 전체학생의 키 자료
X[,2]
X$키     # X[,2]와 동일함
# 전체학생의 몸무게 자료
X[,3]
X$몸무게
# 전체학생의 나이 자료
X[,4]
X$나이
# 전체학생의 통학시간 자료
X[,5]
X$통학시간
# (전체학생의 키 자료에 대한 수치적 측도)
# 산술평균
mean(X[,2])
# 중앙값
median(X[,2])
# 10% 절사평균
mean(X[,2],trim=1/10)
# 분산
var(X[,2])
# 표준편차
sd(X[,2])
# 다섯숫자 요약 (사분위수, 최댓값, 최솟값)
fivenum(X[,2])
# 다섯숫자 요약과 같음= (사분위수, 최댓값, 최솟값)
quantile(X[,2])
# 수치적측도 요약(다섯숫자 요약+산술평균)
summary(X[,2])
# 사분위수간범위
IQR(X[,2])
# MAD(Median Absolute Deviation)
mad(X[,2])
median(abs(X[,2]-median(X[,2])))*1.4826
# 최댓값
max(X[,2])
# 최솟값
min(X[,2])
# 범위
```

```
range(X[,2])    # R에서는 범위를 호출하면 최솟값과 최댓값을 출력함
range=max(X[,2])-min(X[,2])
range
```

(1) 52명 전체를 대상으로 키에 대한 자료의 중심과 산포를 나타내는 수치적 측도들을 구하고, 줄기-잎 그림, 도수분포표, 히스토그램, 커널밀도함수곡선과 히스토그램, 상자그림을 그리는 R 프로그램은 다음과 같다.

```
# (전체학생의 키 자료에 대한 줄기-잎 그림)
stem(X[,2])
stem(X[,2],scale=2)     # 줄기의 마디수를 늘임
stem(X[,2],scale=5)
# (전체학생의 키 자료에 대한 도수분포표)
# 7개의 계급으로 나누어 각 데이터를 대응되는 계급에 할당하기
cats.X2=cut(X[,2],breaks=c(150,155,160,165,170,175,180,185))
cats.X2
# 도수분포표
table(cats.X2)
levels(cats.X2)=c("1st","2nd","3rd","4th","5th","6th","7th")
table(cats.X2)
# (전체학생의 키 자료에 대한 히스토그램)
hist(X[,2],main="키의 분포", xlab="키")
# 상대도수 히스토그램
hist(X[,2],probability=TRUE,main="키의 분포", xlab="키")
# X축에 자료가 표시되는 상대도수 히스토그램
hist(X[,2],probability=T,main="키의 분포", xlab="키")
rug(jitter(X[,2]))
# 계급의 갯수가 4개인 히스토그램
hist(X[,2],probability=TRUE,breaks=3,main="키의 분포", xlab="키")
hist(X[,2],breaks=3,main="키의 분포", xlab="키")
hist(X[,2],breaks=c(150,160,170,180,190),main="키의 분포", xlab="키")
# (전체학생의 키 자료에 대한 커널밀도함수곡선과 히스토그램)
hist(X[,2],probability=TRUE,main="키의 분포", xlab="키")
lines(density(X[,2]),col="red")
# 띠폭(bandwidth)를 1, 5, 10으로 하는 커널밀도함수곡선과 히스토그램
par(mfrow=c(1,3))     # 한 화면에 옆으로 3개의 그래프를 그림
hist(X[,2],probability=TRUE,main="키의 분포", xlab="키")
lines(density(X[,2],bw=2),col="red")
hist(X[,2],probability=TRUE,main="키의 분포", xlab="키")
lines(density(X[,2],bw=5),col="red")
hist(X[,2],probability=TRUE,main="키의 분포", xlab="키")
lines(density(X[,2],bw=10),col="red")
# (전체학생의 키 자료에 대한 상자그림)
par(mfrow=c(1,1))     # 한 화면에 1개의 그래프를 그림
boxplot(X[,2],main="키에 대한 상자그림",ylab="키")
boxplot(X[,2],horizontal=TRUE,main="키에 대한 상자그림",xlab="키")
```

52명 전체를 대상으로 키에 대한 줄기-잎 그림을 그리면 다음과 같다.

```
> stem(X[,2])

  The decimal point is 1 digit(s) to the right of the |

  15 | 23
  15 | 58
  16 | 0000233
  16 | 5556777888889
  17 | 0000000122233344
  17 | 5558
  18 | 00000034

> stem(X[,2],scale=2)      # 줄기의 마디수를 늘임

  The decimal point is at the |

  152 | 00
```

```
154 | 0
156 |
158 | 0
160 | 0000
162 | 000
164 | 000
166 | 0000
168 | 000000
170 | 00000000
172 | 000000
174 | 00000
176 |
178 | 0
180 | 000000
182 | 0
184 | 0
```

52명 전체를 대상으로 키에 대한 도수분포표를 작성하면 다음과 같다.

```
> table(cats.X2)
cats.X2
(150,155] (155,160] (160,165] (165,170] (170,175] (175,180] (180,185]
        3         5         6        17        12         7         2
```

52명 전체를 대상으로 X축에 자료가 표시되는 상대도수히스토그램을 그리면 다음 그림과 같다.

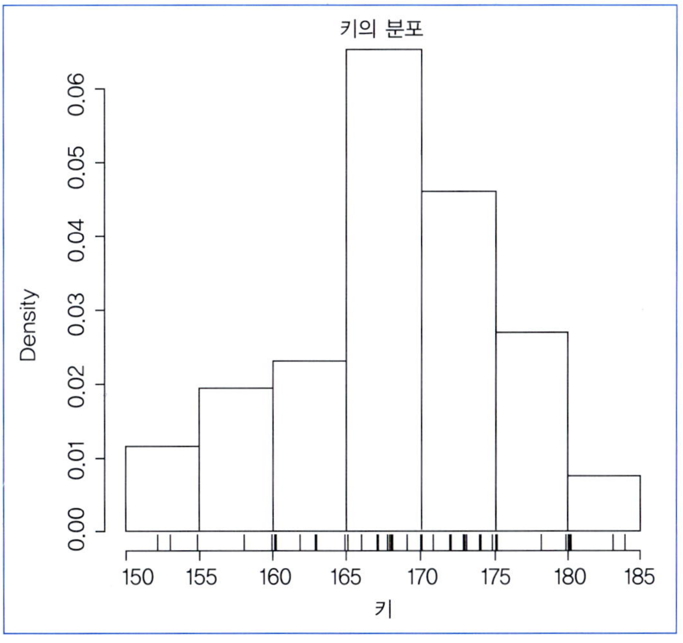

52명 전체를 대상으로 키에 대한 히스토그램 위에 커널밀도함수곡선을 그리면 다음 그림과 같다.

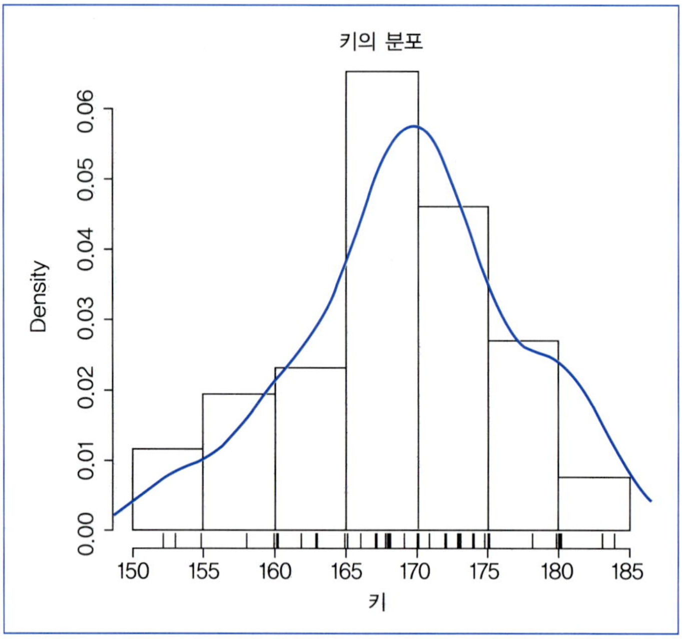

52명 전체를 대상으로 키에 대한 상자그림을 그리면 다음 그림과 같다.

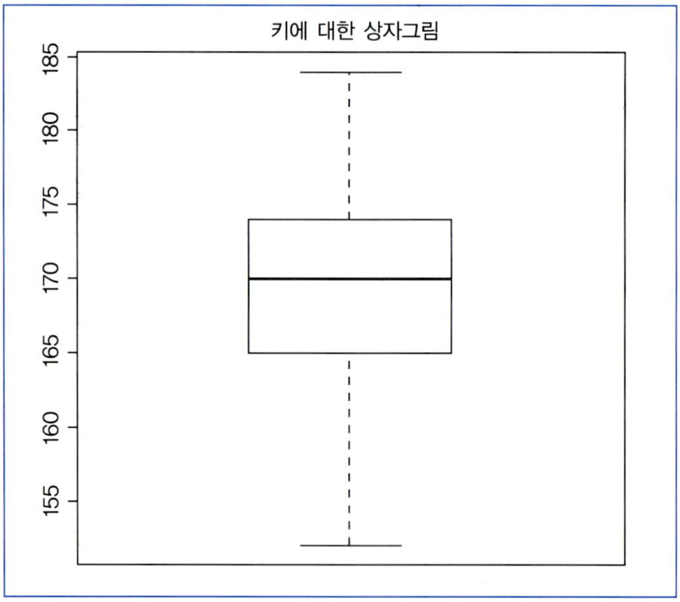

위와 같은 방법으로 R을 이용하면 몸무게에 대한 자료의 중심과 산포를 나타내는 수치적 측도들을 구하고 줄기-잎 그림, 도수분포표, 히스토그램, 커널밀도 함수곡선과 히스토그램, 상자그림을 그릴 수 있다.

(2) 남녀를 구분하여 키에 대한 병렬상자그림과 몸무게에 대한 병렬상자그림을 그리기 위한 R 프로그램은 다음과 같다.

```
# (키 자료에 대한 병렬상자그림)
# 전체학생파일에서 키와 성별만 추출하기
height=X[,2:1]
height
# unstack을 이용하여 남녀별로 키를 나누기
unstack(height)
boxplot(unstack(height),main="키에 대한 병렬상자그림",ylab="키")
# (몸무게 자료에 대한 병렬상자그림)
# 전체학생파일에서 몸무게와 성별만 추출하기
weight=X[,c(3,1)]
weight
# unstack을 이용하여 남녀별로 몸무게를 나누기
unstack(weight)
boxplot(unstack(weight),main="몸무게에 대한 병렬상자그림",ylab="몸무게")
# (쐐기(중앙값의 신뢰구간)를 표시하고 상자의 폭을 표본의 크기의 제곱근에 비례하게 그린
# 몸무게 자료에 대한 병렬상자그림)
boxplot(unstack(weight),varwidth=T,notch=T,col="yellow",main="몸무게에 대한 병렬상자그림",
ylab="몸무게")
```

남녀를 구분하여 키와 몸무게에 대한 병렬상자그림을 그리면 각각 다음 그림과 같다.

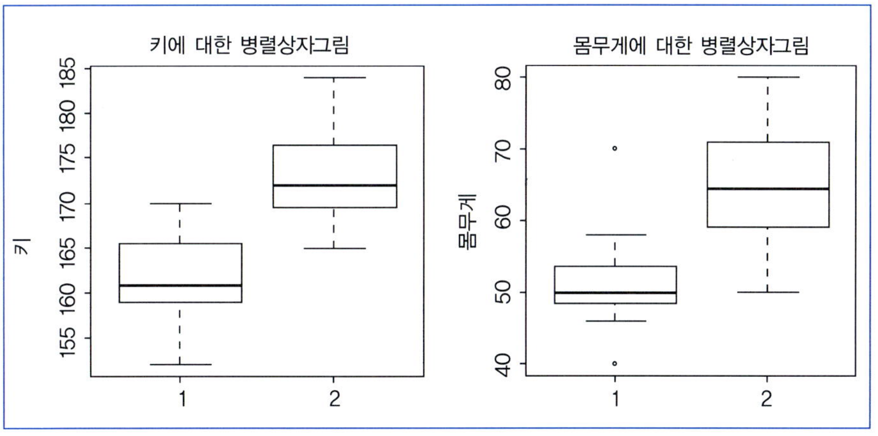

남녀를 구분하여 몸무게에 대한 병렬상자그림에서 쐐기(중앙값의 신뢰구간)를 표시하고 상자의 폭이 표본의 크기의 제곱근에 비례하는 변형된 병렬상자그림을 그리면 다음 그림과 같다.

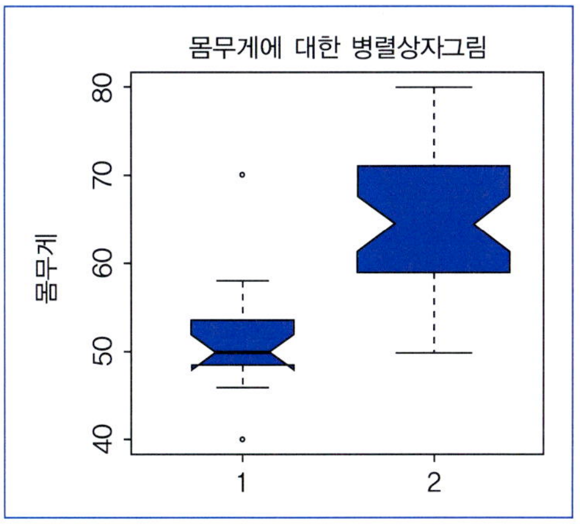

(3) (1) 에서와 같은 방법으로 R을 이용하면 나이와 통학시간에 대한 자료의 중심과 산포를 나타내는 수치적 측도들을 구하고 줄기-잎 그림, 도수분포표, 히스토그램, 커널밀도함수 곡선과 히스토그램, 상자그림을 그릴 수 있다.

2. [표 3.2]의 자료에 대하여 평균-분산 민들레꽃씨 그림을 그려라.

풀이

평균-분산 민들레꽃씨 그림을 그리는 R 프로그램은 아래와 같다.

```
# 데이터의 입력
list1=c(8,11,5,7,2,3,8,8,4,3,8,272,103,48,26,8,10,16,7,34,6)
n=length(list1)
m=101
mat1=c(rep(0,n*m))
wmean=matrix(mat1,nrow=n)
wvariance=matrix(mat1,nrow=n)
# 가중평균과 가중분산의 계산
k=1
for(i in 1:n)
{
for(j in seq(1,0,by=-0.01))
{
w=c(rep(1,n))
w[i]=j
wmean[i,k]=sum(w*list1)/sum(w)
wvariance[i,k]=sum(w*(list1-wmean[i,k])^2)/sum(w)
k=k+1
}
k=1
}
x.min=min(wmean)
x.max=max(wmean)
y.min=min(wvariance)
y.max=max(wvariance)
# 평균-분산 민들레꽃씨 그림(자료의 인덱스를 표시함.)
for(i in 1:n)
{
plot(wmean[i,],wvariance[i,],type="l",xlim=c(x.min,x.max),ylim=c(y.min,y.max),
xlab="가중평균",ylab="가중분산",main="평균-분산 민들레꽃씨 그림(자료의 인덱스를 표시함.)")
text(wmean[i,m],wvariance[i,m],i)
par(new=T)
}
par(new=F)
# 평균-분산 민들레꽃씨 그림(자료의 값을 표시함.)
for(i in 1:n)
{
plot(wmean[i,],wvariance[i,],type="l",xlim=c(x.min,x.max),ylim=c(y.min,y.max),
xlab="가중평균",ylab="가중분산",main="평균-분산 민들레꽃씨 그림(자료의 값을 표시함.)")
text(wmean[i,m],wvariance[i,m],list1[i])
par(new=T)
}
par(new=F)
```

자료의 인덱스를 나타낸 평균-분산 민들레꽃씨 그림은 다음과 같다.

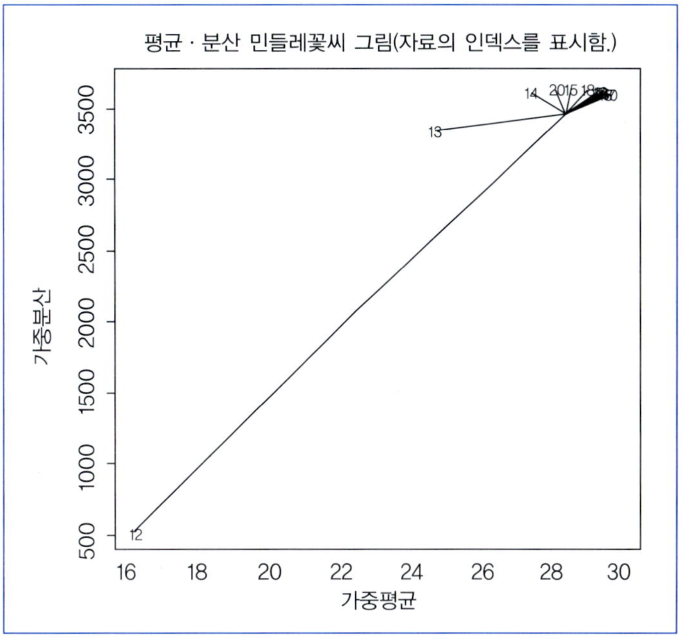

자료값을 나타낸 평균-분산 민들레꽃씨 그림은 다음과 같다.

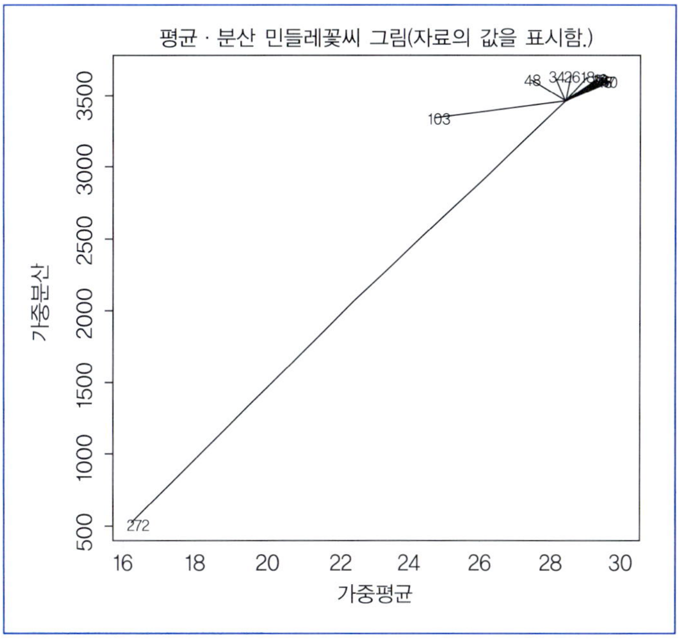

3. 다음은 밀가루에 있는 구리 (copper) 성분 함량의 측정값 (단위 : ppm) 24개를 나타낸 자료이다.

2.20	2.20	2.40	2.40	2.50	2.70	2.80	2.90	3.03	3.03	3.10	3.37
3.40	3.40	3.40	3.50	3.60	3.70	3.70	3.70	3.70	3.77	5.28	28.95

이 자료에 대하여 입력을 행하고 다양한 기술통계량들을 구하여라.

풀이

R에서 취급하는 자료를 R에서는 자료객체 (data object) 라고 한다. 자료객체에는 벡터 (vector), 행렬 (matrix), 배열 (array), 리스트 (list), 데이터프레임 (data frame), 범주형 자료 (factor), 시계열 자료 (time series) 등 총 7종류가 있다. R에서 취급하는 자료객체의 기본은 벡터이다.

```
> # 데이터의 입력
> copper=c(2.20, 2.20, 2.40, 2.40, 2.50, 2.70, 2.80, 2.90, 3.03, 3.03, 3.10, 3.37,
+  3.40, 3.40, 3.40, 3.50, 3.60, 3.70, 3.70, 3.70, 3.70, 3.77, 5.28, 28.95)
> copper
 [1]  2.20  2.20  2.40  2.40  2.50  2.70  2.80  2.90  3.03  3.03  3.10   3.37
[13]  3.40  3.40  3.40  3.50  3.60  3.70  3.70  3.70  3.70  3.77  5.28  28.95
> # 데이터의 개수
> length(copper)
[1] 24
> # copper의 정렬(sort)
> sort(copper)
 [1]  2.20  2.20  2.40  2.40  2.50  2.70  2.80  2.90  3.03  3.03  3.10   3.37
[13]  3.40  3.40  3.40  3.50  3.60  3.70  3.70  3.70  3.70  3.77  5.28  28.95
> sort(copper, decreasing=T)
 [1] 28.95  5.28  3.77  3.70  3.70  3.70  3.70  3.60  3.50  3.40  3.40  3.40
[13]  3.37  3.10  3.03  3.03  2.90  2.80  2.70  2.50  2.40  2.40  2.20  2.20
> # table
> table(copper)
copper
  2.2  2.4  2.5  2.7  2.8  2.9  3.03  3.1  3.37  3.4  3.5  3.6  3.7  3.77
  5.28  28.95
   2   2   1   1   1   1   2   1   1   3   1   1   4   1   1   1
> # (copper에 대한 수치적 측도)
> # 합
> sum(copper)
[1] 102.73
> # 누적합(cumulative sum)
> cumsum(copper)
 [1]   2.20   4.40   6.80   9.20  11.70  14.40  17.20  20.10  23.13  26.16
[11]  29.26  32.63  36.03  39.43  42.83  46.33  49.93  53.63  57.33  61.03
[21]  64.73  68.50  73.78 102.73

> # 산술평균
> mean(copper)
[1] 4.280417
> sum(copper)/length(copper)
[1] 4.280417
> # 중앙값
> median(copper)
[1] 3.385
```

```
> # 10% 절사평균
> mean(copper,trim=1/10)
[1] 3.205
> # 분산
> var(copper)
[1] 28.06240
> sum((copper-mean(copper))^2)/(length(copper)-1)
[1] 28.06240
> # 표준편차
> sd(copper)
[1] 5.297396
> sqrt(var(copper))
[1] 5.297396
> # 다섯숫자 요약
> # (최솟값, 제1사분위수, 중앙값, 제3사분위수, 최댓값)
> fivenum(copper)
[1]  2.200  2.750  3.385  3.700 28.950
> # 다섯숫자 요약과 같음
> quantile(copper)
    0%     25%     50%     75%    100%
  2.200   2.775   3.385   3.700  28.950
> # 수치적측도 요약(다섯숫자 요약+산술평균)
> summary(copper)
   Min. 1st Qu.  Median    Mean 3rd Qu.    Max.
  2.200   2.775   3.385   4.280   3.700  28.950
> # 사분위수간범위=제3사분위수 - 제1사분위수
> IQR(copper)
[1] 0.925
> # MAD(Median Absolute Deviation):
> # 각 데이터에서 중앙값을 뺀 후 절댓값을
> # 취한 값들의 중앙값
> mad(copper)
[1] 0.526323
> median(abs(copper-median(copper)))*1.4826
[1] 0.526323
> # 최댓값
> max(copper)
[1] 28.95
> # 최솟값
> min(copper)
[1] 2.2
> # 범위
# R에서는 범위를 호출하면 최솟값과 최댓값을 출력함
> range(copper)
[1]  2.20 28.95
> RANGE=max(copper)-min(copper)
> RANGE
[1] 26.75
```

3.7 연습문제

3.1 다음 자료들에 대하여 평균 $\bar{x}$, 분산 s^2, 표준편차 s, 편차의 합 $d = \sum_{i=1}(x_i - \bar{x})$를 계산하여라.

(1) −5, −3, −1, 1, 3, 5

(2) −3, −2, −1, 0, 1, 2, 3

(3) 10, 10, 10, 10, 10

(4) 1, 1, 2, 2, 3, 3

3.2 도수분포표가 다음과 같은 그룹화 자료의 평균, 분산 및 표준편차를 구하여라.

X		빈도
0 이상	4 미만	17
4 이상	8 미만	23
8 이상	12 미만	15
12 이상	16 미만	1
16 이상	20 미만	8
20 이상	24 미만	6

3.3 다음은 한 직장에 출근하는 직장인들의 승용차의 연비(km/L)를 조사한 결과이다. 각 계급의 계급값 m_i, 도수 f_i, $m_i f_i$, $m_i^2 f_i$를 적고, 연비의 평균과 표준편차를 계산하여라.

연비 (단위: km/L)		승용차 대수
4 이상	6 미만	4
6 이상	8 미만	16
8 이상	10 미만	35
10 이상	12 미만	24
12 이상	14 미만	14
14 이상	16 미만	6
16 이상	18 미만	1

3.4 다음은 랜덤으로 추출한 100명의 대학생들에 대하여 아르바이트에서 받는 시간당 급료를 조사한 결과이다. 아르바이트 시간당 급료의 평균과 분산을 계산하여라.

시간당 급료 (단위: 원)		학생 수
3000 이상	4000 미만	5
4000 이상	5000 미만	13
5000 이상	6000 미만	18
6000 이상	7000 미만	24
7000 이상	8000 미만	20
8000 이상	9000 미만	12
9000 이상	10000 미만	8

3.5 다음은 한 아파트에 거주하는 가정을 대상으로, 소유하고 있는 텔레비전의 수를 조사한 결과이다. 각 가구당 소유하고 있는 텔레비전 수의 평균과 표준편차를 구하여라.

텔레비전 수	가구 수
0	5
1	25
2	12
3	5
4	3

3.6 어떤 금융자산에 5년 동안 투자하여 실현된, 연도별 투자수익률들이 다음과 같다.

연도	1	2	3	4	5
수익률	0.10	0.22	0.06	−0.05	0.20

(1) 수익률들의 평균과 중앙값을 계산하여라.

(2) 수익률들의 기하평균을 계산하여라.

(3) (1)과 (2)에서 계산된 3개의 통계량 중에서 어느 것이 5년 기간 동안의 수익률을 가장 잘 나타내는가?

3.7 다음은 어느 자동차 딜러 가게에서 20일 동안 판매된 차량의 대수이다.

8	5	12	3	9	10	6	12	8	8
4	16	10	11	7	7	3	5	9	11

(1) 사분위수범위를 계산하여라.

(2) 사분위수들을 사용하여 관측값 4의 위치를 설명하여라.

(3) 제25백분위수를 계산하고, 이 값이 갖는 의미를 설명하여라.

3.8 다음은 통계학 중간고사의 성적이다.

72, 84, 69, 67, 32, 92, 83, 79, 99, 87,
69, 53, 74, 89, 81, 94, 80, 85, 80, 74,
81, 79, 92, 83, 75, 88, 70, 86, 90, 75,
76, 84, 69, 75, 70, 91, 84, 80, 88, 90.

(1) 줄기를 십의 단위로 하였을 때, 줄기−잎 그림을 그려라.

(2) 줄기의 십의 단위를 2등분하여 줄기−잎 그림을 그려라.

(3) 줄기의 십의 단위를 5등분하여 줄기−잎 그림을 그려라.

(4) 산술평균, 10% 절사평균, 20% 절사평균, 중앙값, 최빈값을 구하라.

(5) 줄기−잎 그림과 (4)의 대푯값을 보고 적절한 대푯값이 무엇인지 토의하여라.

3.9 문제 3.8의 자료를 이용하여 적절한 히스토그램을 그린 후, 평균, 중앙값, 최빈값을 계산하고, 그들 크기의 관련성과 분포의 치우침의 형태가 일치하는지 확인하여라.

3.10 문제 3.8의 통계학 성적을 이용하여 다음을 구하여라.

(1) 범위

(2) 표준편차

(3) 사분위수

(4) 30백분위수

(5) 90백분위수

3.11 다음은 한 패스트푸드 가게에서 일하는 직원들의 나이이다. 이 자료를 표본으로 간주하고 다음을 구하여라.

22	24	19	38	22	22	23	29	27	57
69	23	24	29	31	24	20	25	30	34

(1) 직원연령의 평균, 중앙값, 최빈값을 구하여라.

(2) 직원연령의 분산과 표준편차를 구하여라.

(3) 직원연령의 범위와 평균편차를 구하여라.

(4) 최고령자가 더 이상 근무를 하지 않을 때 직원연령의 평균, 중앙값, 최빈값을 구하여라.

3.12 문제 3.11의 자료를 이용하여 다음을 구하여라.

(1) 직원 연령의 줄기-잎 그림을 그려라.

(2) 직원 연령의 사분위수, 사분위수범위를 구하여라.

(3) 직원 연령의 상자그림을 그려라.

(4) (1)과 (3)을 비교하여 직원 연령의 분포를 설명하여라.

3.13 3교대로 가동하는 한 공장에서 지난 6일간 발견한 불량품의 개수는 다음과 같다.

	월	화	수	목	금	토
오전반	15	9	11	8	9	13
오후반	16	8	10	5	8	13
야간반	19	10	14	10	9	12

(1) 각 근무시간대별로 일주일 간 발생한 불량품의 대푯값을 제시하여라.

(2) 각 근무시간대별로 변동계수를 계산하고 비교하여라.

(3) 각 근무시간대별로 상자그림을 그려라.

(4) (1), (2), (3)을 종합하여 각 근무시간대별 특성을 비교하여라.

3.14 다음은 표본으로 뽑은 12가구의 소득이다. (단위 : 백만 원)

35	29	44	72	34	64	41	50	54	104	39	58

(1) 자료의 평균, 중앙값, 최빈값을 계산하여라.

(2) 분산, 표준편차, 및 사분위수범위를 계산하여라.

3.15 문제 3.14의 자료에 대하여 상자그림을 그리고 다음 물음에 답하여라.

(1) 안쪽 울타리들과 바깥쪽 울타리 사이에 있는 자료들을 식별하여라.

(2) 바깥쪽 울타리 밖에 있는 자료를 식별하여라.

(3) 상자그림을 통해 자료의 분포에 대해 설명하여라.

3.16 문제 3.14의 자료에 대하여 다음 질문에 답하여라.

(1) 10% 절삭평균 (trimmed mean) 을 계산하여라.

(2) 자료의 모든 값에 3을 더한다면 평균, 중앙값, 최빈값은 어떻게 될까?

(3) 자료의 모든 값에 3을 더한다면, 분산, 표준편차, 사분위수범위는 어떻게 될까?

(4) 최댓값의 기록이 잘못되어서 10을 더해야 한다면, 이때 평균, 표준편차, 중앙값, 사분위수범위는 어떻게 될까?

(5) (1) ~ (4)를 풀고 발견한 점을 설명하여라.

3.17 다음은 어느 중학교 2학년 남학생의 수학 특별수업을 실시하기 전과 실시한 후 학업흥미도를 나타낸 점수들이다.

남	**사전**	28	29	27	27	28	29	25	26	30	28	28	26	29	30	31	27	27	29	32	27
	사후	31	27	26	29	26	28	23	23	30	28	30	25	26	29	31	25	29	27	31	27

(1) 사전, 사후의 각각에 대한 평균, 표준편차를 계산하여라.

(2) 사전, 사후의 각각에 대한 변동계수를 구하여라.

3.18 문제 3.17의 동일 중학교 2학년 여학생의 수학 특별수업 실시 전과 실시 후 학업흥미도를 나타낸 점수가 다음과 같다.

여	**사전**	29	29	29	30	26	27	27	34	29	30	27	25	30	25	30	27
	사후	26	27	27	32	25	26	30	31	29	31	27	25	29	24	35	28

(1) 사전, 사후 각각 평균과 표준편차를 계산하여라.

(2) 사전, 사후의 변동계수를 비교하여라.

3.19 문제 3.17과 3.18에서 구한 통계량들과 병렬상자그림을 이용하여 두 집단의 자료들을 비교하여 설명하여라.

3.20 어느 회사의 마케팅 부서의 직원들의 나이를 조사해 보니 다음과 같았다. 새로운 신입사원의 나이가 40세인 경우, 백분위수를 구하여라.

45	34	44	31	36	29	42
33	39	28	38	25	41	46

3.21 어느 회사의 영업직 사원 10명에 대한 월급여를 조사해 보니 다음과 같았다. (단위 : 만원)

310	220	190	300	205
250	350	270	285	1000

(1) 평균과 중앙값은 각각 얼마인가?

(2) 평균과 중앙값 중 어느 것이 중심위치를 나타내는 데 바람직한가?

(3) (2)번 답의 이유는 무엇인가?

3.22 다음은 신생아와 성인 각각 5명에 대한 키를 측정한 결과이다. 각 집단의 평균과 표준편차를 구하고, 어느 집단의 변화 정도가 더 심한가를 설명하여라.

신생아	51	54	50	52	53
성인	177	170	180	173	178

3.23 다음은 임의로 추출된 30개 기업의 당일 주가를 조사한 자료이다. (단위 : 백 원)

684	390	331	471	260	279	252	68	2055	1145
879	93	119	1124	553	327	652	954	590	620
3200	594	450	515	890	452	680	480	740	715

(1) 평균, 중앙값, 표준편차, 분산, 사분위수범위를 구하여라.

(2) 상자그림을 그리고, 대략적인 분포의 특징을 말하여라.

(3) 2055, 3200의 자료를 제외하고 상자그림을 다시 그리고, (2)번 상자그림과 비교하여라.

3.24 다음은 A초등학교 B반 학생들의 수학점수를 이용하여 그린 줄기-잎 그림이다.

2	17
3	2
4	1123445
5	22346678999
6	1222333333444557889
7	1566789
8	4789
9	28

(1) 학생들의 점수에 대한 대략적인 분포에 대해 설명하여라.

(2) 최빈값, 중앙값에 해당하는 점수는 각각 몇 점인가?

(3) 사분위수 Q_1, Q_3를 구하여라.

(4) 40점 이하의 점수를 받은 학생의 비율은 얼마인가? 70점 이상은 얼마인가?

3.25 표본의 자료를 요약한 결과는 다음과 같다.

$$\sum_{n=1}^{30} x_n^2 = 200 \qquad \sum_{n=1}^{30} x_n = 60$$

(1) 평균과 표준편차를 계산하여라.

(2) 변동계수를 계산하여라.

3.26 다음은 A회사의 부서별 업무능력 평가점수의 평균이다. 전체 직원의 업무능력 평가점수의 평균을 구하시오.

부서	직원 수	부서별 평균점수
인사부	20	79
영업부	45	80
마케팅부	30	75
생산부	50	85
회계부	15	90

3.27 다음은 어느 공장에서 생산되는 전구의 수명을 조사한 자료이다.

15	20	17	79	25	29	35	42	37	33

(1) 범위(range)를 구하여라.

(2) 10% 절사평균과 평균을 각각 구한 후 비교하여라.

3.28 다음은 초등학생과 대학생 각각 6명의 키를 조사한 결과이다.

초등학생	137.0	140.3	127.8	144.4	137.3	132.4
대학생	179.3	168.0	152.5	164.7	172.8	161.9

(1) 평균과 표준편차를 구하여라.

(2) 변동계수를 구하고, 산포의 정도를 비교하여라.

3.29 다음은 두 학급 학생들의 수학점수의 평균과 중앙값을 나타낸 자료이다. 전학생이 있을 경우 어느 반을 선택할지는 자의적이고, 학생들의 전반적인 수학적 능력은 두 반이 비슷하다고 할 때, 다음 물음에 답하여라.

	A반	B반
평균	75	72
중앙값	73	74

(1) 수학능력이 뛰어난 전학생의 경우, 어느 반을 택하는 것이 상대적으로 유리하겠는가? 그 이유를 설명하여라.

(2) 수학능력이 저조한 전학생의 경우, 어느 반을 택하는 것이 상대적으로 유리하겠는가? 그 이유를 설명하여라.

3.30 다음은 어떤 햄버거 업소에서 일하고 있는 근로자들의 나이이다.

19, 19, 65, 20, 21, 18, 20, 25, 28, 23, 20, 22

(1) 위의 근로자 나이의 평균, 중앙값, 최빈값을 계산하여라.

(2) 위의 근로자 나이 가운데서 가장 연장자를 제외한 나머지 근로자 나이의 평균, 중앙값, 최빈값을 계산하여라.

(3) (1)번과 (2)번의 계산값들을 비교할 때 어떤 중심의 측도가 가장 많이 변하였는가? 그리고 그 중심의 측도가 가장 많이 변하는 이유를 설명하여라.

3.31 위 문제에서 근로자의 나이를 이용하여 다음 물음에 답하여라.

(1) 위의 근로자들을 모두 포함했을 때 나이의 4분위수 값들을 계산하여라.

(2) 위의 근로자 나이 가운데서 가장 연장자를 제외한 나머지 근로자 나이의 4분위수 값들을 계산하여라.

(3) (1)번과 (2)번의 계산값들을 비교할 때 4분위수 값들은 많이 변화하는가? 그렇지 않은가? 그리고 그 이유를 설명하여라.

3.32 위 문제에서 근로자의 나이를 모두 포함한 12명의 나이에 대하여 다음 물음에 답하여라.

(1) 하위 5%의 값을 계산하여라.

(2) 상위 10%의 값을 계산하여라.

4장 확률

우리는 일상생활에서 확률이라는 용어를 자주 접하게 된다. **확률**(probability)의 한자는 확실할 확(確), 비율 률(率)로 구성되어 있다. 로또 당첨 확률, 야구 한국시리즈에서 특정 팀이 우승할 확률, 흡연자가 폐암에 걸릴 확률, 집값이 오를 확률 등 수없이 많은 확률들이 현대생활에서 사용되고 있다. 대부분의 일간신문에는 기상예보 면에서 비나 눈이 올 확률을 볼 수 있다. '내일 비가 올 확률이 60%'라는 정보가 주어질 때 우리가 어떻게 이 정보를 유용하게 쓸 것인지, 그리고 60%의 의미가 정확히 무엇인지 안다면 현대생활을 영위하는 데 많은 도움이 될 것이다. 이 장에서는 이러한 확률과 관련된 중요한 개념에 관하여 알아보기로 한다.

4.1 생활 속에서 만나는 확률 이야기

확률은 불확실성을 이해하는 데 중요한 개념이 된다. 몇 가지 실제 예를 구체적으로 들어보자.

1) 감정 노동이란 원래 감정을 숨긴 채 배우가 연기를 하듯, 직업상 다른 얼굴 표정과 몸짓을 해야 하는 상황을 말합니다. 실제로 한 TV 프로그램에서 보듯이 서비스 업종에서 근무하는 직원들은 고객 만족 차원에서 무례히 행동하는 고객에게도 웃는 얼굴로 대해야 합니다. 그러다 보니 서비스업 근로자들의 정신적 스트레스가 날로 심해져서 결국엔 우울증이나 대인 기피증으로 발전합니다. 그러나 감정노동은 결코 서비스 종사자에 국한되지 않습니다. 일반 직장인도 흔히 겪는 현상입니다. 감정 노동이 심해지게 되면, 구성원들은 심리적으로 탈진하게 되고, 조직전체의 성과도 하락하게 된다는 데 문제의 심각성이 있습니다. 우선 구성원들은 업무 의욕이나 조직에 대한 충성심을 잃기 쉽습니다. 특히 우수 인재들은 쓸데없는 감정에 체력을 소진하게 되고, 그 결과 자신의 역량을 제대로 발휘하지 못하고 조직을 떠나게 될 확률도 높아집니다(송명석, 중앙일보 미디어마케팅연구소). 이 단락의 마지막 문장에서 구체적으로 몇 %라는 표현은 없어도 '확률'이라는 용어를 사용하였다.
2) 우리나라에서도 인기 만화를 원작으로 하는 드라마가 인기를 끈 적이 있었다. 다모,

궁, 어느 멋진 날, 다세포소녀 등. 외국순정만화 제목을 보면 흥미로운 제목이 많은데, '햇살가득 120%', '비올 확률 60%'와 같이 '확률'과 관련이 있는 만화제목이 눈에 띈다. '햇살가득 120%'라는 표현은 문학적인 입장에서는 성립될 수 있으나 통계학의 관점에서 확률(확률은 0%보다 작을 수 없고 100%보다 클 수 없다)은 문제가 있다고 볼 수 있다. 이와 유사한 예가 객석 2003년 8월호 편집장의 글 '어떤 추모'에서 보면 '120% 동의하면서'라는 표현이 나온다. 만화 '이키가미'(2006, 마제 모토로 저, 서현아 옮김, 학산출판사 출간)는 사람들이 어릴 때 1000분의 1의 확률로 사람을 죽이는 바이러스를 투입해 성년이 되었을 때 죽어 가는 청년들의 죽음을 통하여 살아 있는 사람들에게 경각심(앞으로 살 수 있는 시간은 24시간−당신은 무엇을 하고 싶으십니까?)을 준다는 내용으로 구성되어 있는데, 여기서 '1000분의 1의 확률'이라는 표현이 나온다.

3) 중세에는 오른손잡이 전사가 칼싸움에서 상당히 유리했다. 이들은 왼손으로 방패를 잡았기에 심장을 보호할 수 있었으므로 살아 남아 후일 다시 싸울 수 있었다. 설사 칼에 찔리더라도 자손을 남길 수는 있었다. 19세기의 영국 작가 토마스 칼라일은 많은 사람들이 오른손잡이인 까닭은 바로 이 때문이라고 주장했다. 즉, 왼손잡이들은 살아남아 자손을 번식할 기회가 적었다는 것이다. 그러나 이는 터무니없는 이론이다. 재치 있는 에세이 작가로 왼손잡이인 칼라일은 그가 못마땅해 하던 동시대의 인물 찰스 다윈을 비꼬기 위해 농담조로 이런 이야기를 한 것 같다. 그러나 아직까지도 사람들이 오른손잡이 또는 왼손잡이가 되는 이유는 1871년 칼라일이 이 문제를 언급했을 당시와 마찬가지로 여전히 수수께끼로 남아 있다(2000, 잉글리쉬 네티즌, 시사영어사).

4) 우리나라에서 왼손잡이는 전 인구의 몇 %일까? 지난 25년간 미국대통령 6명 중 4명[제럴드 포드, 레널드 레이건, 조지 H. 부시(아버지 부시), 빌 클린턴]이 왼손잡이이다. 지미카터와 조지 W. 부시(아들 부시)만이 오른손잡이이다. 미국인 남성 중 15%, 여성 중 9%가 왼손잡이라고 한다. 왜 남성이 여성보다 왼손잡이가 많을까?

앞에서 언급한 예들 외에도 확률이 사용되는 실제 예를 현재 우리들의 생활 속에서 얼마든지 찾아볼 수 있다. 우리가 습득한 지식들 가운데 불확실성을 내포하는 지식들이 많으므로 이러한 불확실성을 계량화할 수 있다면 불확실성을 내포하는 지식들을 사용가능한 지식들로 바꿀 수 있게 된다(2003, Rao, 혼돈과 질서의 만남, 이재창 옮김, 나남출판사 출간). 앞에서 언급한 '내일 비가 올 확률이 60%'라는 일기예보를 예로 들어보자. 내일 우산을 가지고 외출해서 겪게 될 불편 때문에 m원의 비용이 든다고 하고, 내일 우산을 집에 두고 외출해서 비에 젖게 됨으로 발생되는 손실이 r원이라고 가정하자. 그러면 우리는 현재 '내일 비가 올 확률이 60%'라는 정보를 알기 때문에 [표 4.1]과 같은 예상손실표를 작성할 수 있다. 손실을 최소화해야 하므로 우리는 다음과 같은 의사결정을 할 수 있다.

$m<0.6r$이면 내일 우산을 가져간다.

표 4.1 의사결정과 예상손실

의사결정	예상손실
우산을 가져간다	m
우산을 가져가지 않는다	$0.6\times r+0.4\times 0=0.6r$

$m>0.6r$이면 내일 우산을 가져가지 않는다.

$m=0.6r$이면 내일 우산을 가져가도 되고, 가져가지 않아도 된다.

이러한 선택이 가능한 이유는 '내일 비가 올 확률이 60%'라는 정보를 얻었기 때문이다. '내일 비가 올 확률'이 달라지면 우리의 선택도 바뀌게 된다. 이렇듯이 확률은 불확실성을 계량화하는 수단으로서 유용하게 쓰이게 된다.

4.2 표본공간

통계적 **시행**(trial) 또는 통계적 **실험**(experiment)이란, 어떠한 간단한 시행이 수행될 때 일어날 수 있는 모든 가능한 결과들(outcomes) 중 오직 한 가지 결과가 나타나며, 그 시행을 수행하기 전에는 어떤 결과가 나올지 확실히 알 수 없는 경우를 의미한다. 이와 같이 통계적 시행을 통해서 일어날 수 있는 모든 가능한 결과들의 집합을 **표본공간**(sample space)이라고 하며, 여기서는 S로 표현하기로 한다.

예제 4.1

앞면과 뒷면이 있는 정상적인 한 개의 동전을 고려해 보자. 그리고 이 동전을 던지는 통계적 실험에서 던진 결과가 앞면으로 나타났을 때 H, 뒷면으로 나타났을 때 T로 표기하자.

[참고] 동전에서 그림과 액면 문자(십 원, 백 원 등...)가 있는 쪽이 '앞면'이고 발행년도, 한국은행, 액면숫자(10, 100 등...)가 나온 면이 '뒷면'이다.

(1) 이 동전을 한 번 던질 때 표본공간을 적어라.

(2) 이 동전을 앞면이 나올 때까지 던질 때 표본공간을 적어라.

풀이 (1) 한 번 던지는 경우에는 앞면(Head) 또는 뒷면(Tail) 두 가지 경우만 나타날 수 있으므로, 표본공간 S는 다음과 같다.

$$S=\{H, T\}$$

(2) 앞면이 나올 때까지 던지는 경우는, 예를 들어 처음 던져서 앞면이 나타나면 실험이 끝이 나지만, 만약 처음 던져서 앞면이 나타나지 않으면 앞면이 나타날 때까지 계속해야 하므로 표본공간 S는 다음과 같다.

$$S=\{H, TH, TTH, \cdots\}$$

■

위의 예제에서 동전을 던지는 실험은 던진 결과의 개수의 많고 적음에 관계없이 셀 수 있는 (countable) 경우에 해당되므로 [예제 4.1]의 표본공간을 **이산표본공간** (discrete sample space) 이라고 한다.

예제 4.2

암환자가 치료를 받은 후 생존시간을 t라고 할 때, 생존시간에 대한 표본공간을 적어라.

풀이 치료를 받은 암환자의 생존시간은 이론적으로 볼 때 치료를 받자마자 매우 짧은 시간인 t 이후 바로 사망할 수도 있고, 기적적으로 치료가 잘 되어 정상인과 같은 수명을 유지할 수 있으므로, 표본공간은 다음과 같다.

$$S=\{t \mid t>0\}$$ ■

위의 예제에서 생존시간 t는 [예제 4.1]과 달리 셀 수 없는 (uncountable) 연속적인 값을 갖는다. 이러한 표본공간을 **연속표본공간** (continuous sample space) 이라고 한다.

> **표본공간**
> 표본공간이란 어떤 통계적 실험에서 발생 가능한 모든 결과들의 집합을 의미한다.

> **이산표본공간**
> 표본공간을 구성하는 원소들을 셀 수 있는 경우를 이산표본공간이라고 한다.

> **연속표본공간**
> 표본공간을 구성하는 원소들을 셀 수 없는 경우를 연속표본공간이라고 한다.

표본공간 안의 하나 또는 여러 개의 결과들이 모인 집합, 즉 표본공간의 부분집합을 **사건** (event) 이라고 한다. 그리고 표본공간 안에서 단 하나만의 결과를 갖는 사건을 **단순사건** (elementary event) 이라고 한다. 두 개의 사건 A와 B가 공통인 원소들이 없는 경우, 즉 $A \cap B = \phi$일 때 사건 A와 B를 **서로 배반** (mutually exclusive) 인 사건이라고 한다.

> **사건**
> 사건이란 표본공간의 부분집합을 의미한다.

> **단순사건**
> 단순사건이란 표본공간에서 단 하나만의 결과를 갖는 사건을 의미한다.

예제 4.3

다음의 통계실험에 대한 사건을 고려해 보자.

(1) 정육면체 주사위를 한 번 던졌을 때 눈금이 짝수가 나오는 사건 A를 적어라.

(2) 정육면체 주사위를 한 번 던졌을 때 눈금이 홀수가 나오는 사건 B를 적어라.

(3) 서로 다른 두 개의 정육면체 주사위를 던졌을 때 눈금의 수의 합이 7이 되는 사건 C를 적어라.

(4) 한 벌의 트럼프카드에서 랜덤하게 한 장을 꺼낼 때 에이스가 나오는 사건 D를 적어라.

[참고] 한 벌의 트럼프카드는 4종류의 무늬(♠, ♥, ♣, ◆)가 있고 각 무늬당 숫자 1(에이스라고도 함)에서 10까지, Jack, Queen, King 모두 13장의 카드가 있어서 모두 합하여 52장으로 구성되어 있다.

(5) 하나의 정상적인 동전을 한 번 던질 때 앞면이 나오는 사건 E를 적어라.

풀이 (1) 주사위를 던지면 모두 1에서 6까지 나타날 수 있으므로 그 가운데서 짝수가 나오는 사건 A는 다음과 같다.

$$A = \{2, 4, 6\}$$

(2) (1)으로부터 주사위를 던질 때 홀수가 나오는 사건 B는 $B = \{1, 3, 5\}$가 된다. 참고로 사건 A와 B는 서로 공통인 원소가 없으므로 A와 B를 서로 배반사건이라고 한다.

(3) 두 개의 주사위를 던지면 모두 36가지의 결과가 나오는데, 첫 번째 주사위에 나오는 눈금을 괄호 안의 앞에 적고, 두 번째 주사위에서 나오는 눈금을 괄호 안의 뒤에 적으면 합이 7이 나오는 사건 C는 다음과 같다.

$$C = \{(1, 6), (2, 5), (3, 4), (4, 3), (5, 2), (6, 1)\}$$

(4) 한 벌의 카드 안에서 각 무늬마다 1이 나타날 수 있으므로 사건 D는 다음과 같다.

$$D = \{♠1, ♥1, ♣1, ◆1\}$$

(5) 동전을 던져서 앞면이 나타나는 사건은 단 한 가지만 해당되므로 이 사건은 단순사건이 되며, 사건 E는 다음과 같다.

$$E = \{H\}$$

■

4.3 확률

어떤 사건이 일어날 가능성(likelihood) 또는 개연성으로서 확률의 개념을 사용한다. 다시 말하면 확률이란 통계적 시행에서 어떤 특정한 사건이 일어날 가능성을 측정하는 수치적인 측도이다. 이러한 확률을 정의하기 위하여 크게 세 가지 접근방법을 사용한다.

4.3.1 고전적 접근방법 (classical approach)

라플라스 (Laplace) 는 확률에 대한 고전적 접근방법을 제창하였다. 이것은 불확실성을 측정하기 위하여 표본공간 안에 있는 모든 원소는 일어날 가능성이 같다 (equally likely) 고 가정한다. 즉, 사건 A의 확률은, 표본공간 안에 있는 n개의 원소들 가운데 반드시 한 개는 일어나고 n개의 원소들이 일어날 가능성이 모두 같을 때, 사건 A에 속한 모든 원소들의 개수를 표본공간 안에 있는 원소의 개수 n으로 나눈 값으로서, 다음과 같이 정의한다.

$$P(A) = \frac{\text{사건 } A\text{에 속하는 모든 원소의 개수}}{\text{표본공간 안의 모든 원소의 개수}}$$

고전적 확률의 정의

사건 A의 확률의 고전적 정의는 표본공간 안의 n개의 원소들이 일어날 가능성은 모두 같고, 그 가운데 반드시 한 개는 일어날 때, 사건 A에 속한 모든 원소들의 개수를 표본공간 안의 원소의 개수 n으로 나눈 값이 된다.

$$P(A) = \frac{\text{사건 } A\text{에 속하는 모든 원소의 개수}}{\text{표본공간 안의 모든 원소의 개수}}$$

예제 4.4

(1) 사건 A를 정상적인 정육면체 주사위를 한 번 던졌을 때 짝수의 눈금이 나오는 것이라고 할 때, 사건 A의 확률을 구하여라.

(2) 사건 B를 45개의 숫자 가운데서 임의의 6개의 숫자를 골라내는 것이라고 할 때, 사건 B의 확률을 구하여라.

풀이 (1) 정육면체 주사위를 던지면 6개의 눈금 가운데 반드시 하나가 나타나고, 각각의 눈금이 나타날 가능성은 모두 같고, 짝수는 6가지 가운데 3가지가 있으므로, 사건 A의 확률은 다음과 같이 1/2이 된다.

$$P(A) = \frac{\text{사건 } A\text{에 속하는 모든 원소의 개수}}{\text{표본공간 안의 모든 원소의 개수}} = \frac{3}{6} = \frac{1}{2}$$

(2) 모두 45개의 숫자가 있으며, 각각이 나타날 가능성은 모두 같으며, 그 가운데서 임의의 6개의 숫자가 나타나면 되므로, 사건 B의 확률은 다음과 같이 1/8,145,060이 된다.

$$P(B) = \frac{1}{{}_{45}C_6} = \frac{1}{8,145,060}$$

이것은 45개의 숫자 가운데서 임의의 6개 숫자를 알아맞히면 복권 1등에 당첨되는 확률이 된다. ■

이와 같이 고전적 접근방법에 의해 정의된 확률을 고등학교 수학과 교과과정에서는 **수학적 확률** (mathematical probability) 이라고 한다. 그런데 이러한 고전적 정의의 단점은 표본공간의 모든 원소의 일어날 가능성이 같다고 가정하는 데 있다.

4.3.2 상대도수의 극한적인 개념의 접근방법 (relative frequency approach)

확률을 정의하는 다른 접근방법으로서 극한의 개념을 사용할 수 있다. 예를 들어, 다음과 같은 확률들을 알고 싶다고 하자.

- 임의로 선택한 한 학부생이 학자금 대출을 신청했을 확률
- 임의로 선택한 한 학부생이 승용차를 소유하고 있을 확률
- 시내의 한 거리에서 임의로 선택한 한 젊은 여성이 결혼했을 확률
- 한 공장에서 생산되는 컴퓨터의 특정부품의 불량률

이러한 확률은 표본공간의 모든 가능한 원소를 열거하기가 곤란하고 일어날 결과들의 가능성을 모두 같다고 볼 수 없기 때문에 고전적인 접근방법으로 확률을 계산할 수 없게 된다. 그러므로 이러한 경우에는 상대도수 (relative frequency) 의 극한적 개념을 이용하여 확률을 정의한다. 이러한 상대도수의 극한 개념에 의해 정의된 확률을 고등학교 수학과 교과과정에서는 **통계적 확률** (statistical probability) 이라고 한다.

사건 A의 확률은 어떤 통계적 실험을 무한히 계속하였을 때, 사건 A가 n번 일어났다면 상대도수의 극한적 개념의 확률은 다음과 같이 정의한다.

$$P(A) = \lim_{n \to \infty} \frac{\#(A)}{n}$$

여기서 n은 시행횟수, $\#(A)$는 n번의 시행 중 사건 A가 일어나는 횟수를 나타낸다. 이러한 상대도수의 극한적인 개념으로 확률을 정의할 때 두 가지 사실을 주의해야 한다.

(1) 상대도수에서 n을 크게 하면 수렴값에 수렴하는가? (존재성, existence)

(2) 이 수렴값이 여러 개가 아니고 단 하나인가? (일의성, uniqueness)

> **상대도수의 극한적 확률의 정의**
>
> 사건 A의 확률의 상대도수의 극한적 정의는 어떤 통계적 실험을 무한히 반복하였을 때, 사건 A가 일어난 상대도수를 의미하고 다음과 정의한다.
>
> $$P(A) = \lim_{n \to \infty} \frac{\#(A)}{n}$$
>
> 여기서 n은 시행횟수, $\#(A)$는 n번의 시행 중 사건 A가 일어나는 횟수를 나타낸다.

예제 4.5

앞면과 뒷면이 있는 정상적인 동전 한 개를 던질 때, 동전의 앞면이 나타날 확률을 상대도수의 극한적인 개념을 사용하여 구하여라.

풀이 동전을 충분히 많이 던진 결과, 그 가운데서 앞면이 나온 개수를 분자에 두고, 던진 횟수를 분모로 두어, 그 비율을 계산한 결과를 동전의 앞면이 나타날 확률로 구한다. 손으로 던지는 실험에는 한계가 있으므로 컴퓨터를 이용하여 동전을 10,000번 던지는 모의실험 (simulation) 을 한 결과, 던진 횟수를 수평축에, 앞면이 나타난 횟수를 던진 횟수로 나눈 결과의 확률을 수직축에 표시한 결과를 [그림 4.1]에 나타냈다. 시행횟수 n이 작을 때는 동전의 앞면이 나올 확률이 매우 불안정하게 0에서 1 사이를 왔다 갔다 하지만 n이 커지면서 0.5에 수렴함을 알 수 있다.

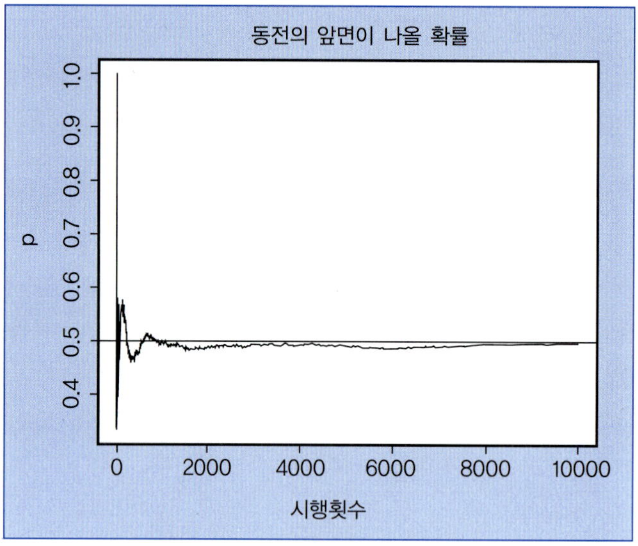

그림 4.1 동전을 10,000번 던졌을 때 앞면이 나타날 확률 ■

4.3.3 주관적 접근방법 (subjective approach)

확률을 정의할 때 고전적 접근방법이나 상대도수의 극한적인 개념을 사용할 수 없는 경우가 있다. 예를 들면, 어떤 유명 가수가 전국투어 공연에서 일정액의 흥행수익을 올릴 확률이나 어떤 주식에 일정기간 투자하여 원하는 수익을 달성할 확률 등은 표본공간상의 원소들이 나타날 가능성을 같게 할 수도 없고, 무한히 반복한 결과에 대한 상대도수의 극한적인 개념을 활용할 수도 없다. 이러한 경우에는 개인적인 경험이나 지식에 근거한 추측 (educated guess) 이나 간접적인 증거 등으로 확률을 정의할 수밖에 없다. 이러한 방법으로 확률을 정의하는 것을 주관적인 접근방법이라고 한다.

> **주관적 확률**
> 사건 A가 발생할 확률을 개인적인 경험이나 지식에 근거한 추측 또는 간접적인 증거에 의하여 의사 결정자가 주관적으로 정의하는 것을 주관적 확률이라고 한다.

4.4 확률의 법칙

콜모고로프 (Kolmogorov) 는 확률의 고전적인 정의와 상대도수의 극한적인 개념을 모두 고려하여 다음과 같은 공리적인 정의를 제창하였다. $P(A)$를 사건 A가 일어날 확률이라고 하자. 그러면 앞에서 정의한 표본공간 S와 사건 A는 확률에 관한 다음 세 가지 공리를 만족해야 한다.

> **확률의 공리**
>
> (1) 표본공간 S 안의 임의의 사건 A는 $0 \le P(A) \le 1$를 만족해야 한다.
>
> (2) 표본공간 S의 확률은 $P(S) = 1$이다.
>
> (3) 서로 배반인 사건 $A_1, A_2, \cdots$에 대하여 다음 식이 성립한다.
>
> $$P\left(\bigcup_{i=1}^{\infty} A_i\right) = \sum_{i=1}^{\infty} P(A_i)$$

4.4.1 여사건의 확률

사건 A를 표본공간 S 안에 있는 임의의 사건이라고 하면, 표본공간 S 안에 있으면서 사건 A에 속하지 않는 원소들의 집합을 A^c로 표기하고, 사건 A의 **여사건** (complementary event) 이라고 한다. 또한 A의 여사건 A^c의 확률 $P(A^c)$는 다음과 같다.

$$P(A^c) = 1 - P(A)$$

> **여사건 A^c의 확률**
>
> 여사건 A^c는 표본공간 S 안에 있으며, A에 속하지 않는 원소들의 집합을 의미하고, 다음 식이 성립한다.
>
> $$P(A^c) = 1 - P(A)$$

예제 4.6

1912년 4월 14일 밤 호화여객선 타이타닉호는 할리팩스 부근 북대서양에서 빙하와 부딪쳐 침몰하였다. 이 타이타닉호 참사는 워낙 유명한 사건이라, 영화로도 여러 번 만들어졌다. 1997년 제임스 카메론 감독은 타이타닉이라는 영화에서 레오나르도 디카프리오를 하류계층 (3등석) 의 남자주인공으로, 케이트 윈슬렛을 상류계층 (1등석) 의 여자주인공으로 선정하여 이루어질 수 없는 사랑이야기를 중심으로 타이타닉 참사사건을 전개하였다. 이 타이타닉호 참사에 대한 분할표 (contingency table) 를 [표 4.2]에 작성하였다.

표 4.2 타이타닉호의 참사현황

생존 여부	계층				합계
	1등석	2등석	3등석	승무원	
생존	202	118	178	212	710
사망	123	167	528	673	1,491
합계	325	285	706	885	2,201

(1) 총 2,201명의 사람들 중 임의로 선택한 사람이 생존할 확률을 구하여라.

(2) 총 2,201명의 사람들 중 임의로 선택한 사람이 사망할 확률을 구하여라.

풀이 (1) 총 2,201명의 사람들 중 생존한 사람은 710명이므로, 임의로 선택한 사람이 생존할 사건을 A라고 한다면, 확률 A는 다음과 같이 약 0.3226이다.

$$P(A) = \frac{710}{2201} \approx 0.3226$$

(2) 같은 방법으로 총 2,201명의 사람들 중 임의로 선택한 사람이 사망할 사건을 D라고 하면, 사건 D의 확률은 다음과 같다.

$$P(D) = \frac{1491}{2201} \approx 0.6774$$

또한 사건 D가 사건 A의 여사건이므로 여사건에 대한 확률공식을 이용하면 다음과 같이 동일한 값을 얻을 수 있다.

$$P(D) = P(A^c) = 1 - P(A) \approx 1 - 0.3226 = 0.6774$$ ■

4.4.2 확률의 덧셈정리

표본공간 S 안에서 정의되는 두 개의 사건 A와 B에 대하여 **합사건**(union of event)은 $A \cup B$로 나타내고, 사건 A에 속하거나 사건 B에 속하거나 사건 A와 B 모두에 속하는 원소들로 구성된 사건을 의미한다. 그리고 합사건 $A \cup B$의 확률에 대해서는 다음이 성립한다.

$$P(A \cup B) = P(A) + \mathrm{P}(B) - P(A \cap B)$$

두 사건 A와 B의 덧셈정리

두 사건 A와 B의 합사건은 $A \cup B$로 적고, 표본공간 S 안에서 사건 A에 속하거나 사건 B에 속하거나 사건 A와 B 모두에 속하는 원소들로 구성된 사건을 의미하고, 합사건의 확률에 대해서는 다음 식이 성립한다.

$$P(A \cup B) = P(A) + P(B) - P(A \cap B)$$

예제 4.7

[예제 4.6]에서 총 2,201명의 사람들 중 임의로 선택한 사람이 생존하거나 승무원일 확률을 구하여라.

풀이 총 2,201명의 사람들 중 임의로 선택한 사람이 생존할 사건은 A이고, 승무원일 사건을 C라고 한다면 임의로 선택한 사람이 생존하거나 승무원일 사건은 $A \cup C$로 나타내고, 합사건 $A \cup C$의 확률은 덧셈정리에 의하여 다음과 같다.

$$P(A \cup C) = P(A) + P(C) - P(A \cap C) = \frac{710}{2201} + \frac{885}{2201} - \frac{212}{2201} = \frac{1383}{2201} \approx 0.6284$$ ■

4.5 조건부확률

앞에서 언급한 사건 A의 확률이란 그 사건이 속한 표본공간 S 안에서 일어나는 사건을 의미하기 때문에 엄밀히 말한다면 사건 A의 확률은 표본공간 S가 주어질 때 발생하는 사건 A의 확률이므로 $P(A|S)$ 라고 쓸 수 있다. 그러나 우리는 $P(A|S)$ 라고 쓰지 않고, 간단히 $P(A)$ 라고 쓴다. 때로는 표본공간 S 전체를 대상으로 하는 것이 아니라 축소된 새로운 표본공간 T로 제한하여 사건 A의 확률을 고려할 때가 있다. 이 경우의 확률을 $P(A|T)$ 라고 쓰고, 사건 T가 주어질 때 사건 A의 확률을 의미하며, 조건부확률이라고 한다.

4.5.1 조건부확률

사건 B가 발생하는 경우, 사건 B가 주어질 때 사건 A가 일어날 확률을 **조건부확률** (conditional probability) 이라고 하며, $P(A|B)$ 로 표기하고, 다음 식으로 정의한다.

$$P(A \mid B) = \frac{P(A \cap B)}{P(B)}$$

단, 여기서 $P(B) > 0$이어야 한다.

위의 정의를 그림으로 이해하기 위하여 벤다이어그램을 그려서 나타내면 [그림 4.2]와

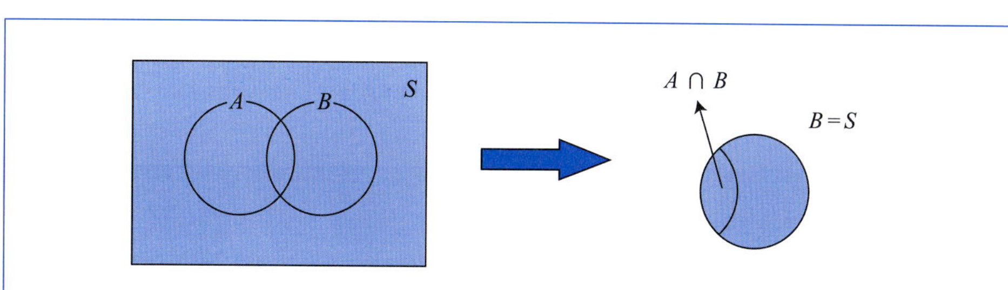

그림 4.2 조건부확률 $P(A|B)$의 개념도

같다.

[그림 4.2]에서 보듯이 조건부확률 $P(A|B)$를 찾기 위해서는 우선 사건 B가 발생해야 하고, B가 주어진 상태하에서 사건 A가 일어나야 하므로 표본공간 S는 B로 축소된다고 생각할 수 있다. 따라서 조건부확률 $P(A|B)$는 축소된 표본공간 B 중에서 $A \cap B$가 차지하는 비율이라 볼 수 있다.

> **조건부확률**
>
> 두 사건 A와 B가 있다면 사건 B가 주어질 때 사건 A가 일어날 조건부확률은 $P(A|B)$라고 적고, 다음 식으로 정의한다.
>
> $$P(A \mid B) = \frac{P(A \cap B)}{P(B)}$$
>
> 단, 여기서 $P(B) > 0$이어야 한다.

예제 4.8

[예제 4.6]의 분할표를 보고 다음을 구하여라.

(1) 총 2,201명 가운데서 임의로 선택한 사람이 1등석 승객이면서 생존할 확률
(2) 1등석 승객 중 임의로 선택한 사람이 생존할 확률
(3) 생존한 사람 중 임의로 선택한 사람이 1등석 승객일 확률
(4) 총 2,201명 가운데서 임의로 선택한 사람이 3등석 승객이면서 생존할 확률
(5) 3등석 승객 중 임의로 선택한 사람이 생존할 확률
(6) 생존한 사람 중 임의로 선택한 사람이 3등석 승객일 확률
(7) (1)번부터 (6)번까지를 통하여 알 수 있는 사실은 무엇인가?

풀이 (1) 총 2,201명의 사람들 중 임의로 선택한 사람이 1등석 승객인 사건을 A_1이라 하고, 임의로 선택한 사람이 생존하는 사건을 B라고 하자. 그 사람이 1등석 승객이면서 생존한 사건은 **교사건**(intersection of events)으로서 $A_1 \cap B$라고 적을 수 있다. 그러면 그 확률 $P(A_1 \cap B)$는 다음과 같다.

$$P(A_1 \cap B) = \frac{202}{2201} \approx 0.0918$$

(2) 1등석 승객 가운데 생존한 사건은 $B|A_1$으로 적을 수 있고, 조건부확률 $P(B|A_1)$은 다음과 같다.

$$P(B \mid A_1) = \frac{P(B \cap A_1)}{P(A_1)} = \frac{202/2201}{325/2201} \approx 0.6215$$

(3) 생존한 사람 중 1등석 승객인 사건은 $A_1|B$으로 적을 수 있고, 조건부확률 $P(A_1|B)$은 다음과 같다.

$$P(A_1 \mid B) = \frac{P(A_1 \cap B)}{P(B)} = \frac{202/2201}{710/2201} \approx 0.2845$$

(4) 총 2,201명의 사람들 중 임의로 선택한 사람이 3등석 승객인 사건을 A_3이라 하면 임의로 선택한 사람이 3등석 승객이면서 생존한 사건은 $A_3 \cap B$이므로 그 확률 $P(A_3 \cap B)$은 다음과 같다.

$$P(A_3 \cap B) = \frac{178}{2201} \approx 0.0809$$

(5) 3등석 승객 가운데서 생존한 사건은 $B|A_3$으로 적을 수 있으므로, 조건부확률 $P(B|A_3)$는 다음과 같다.

$$P(B \mid A_3) = \frac{P(B \cap A_3)}{P(A_3)} = \frac{178/2201}{706/2201} \approx 0.2521$$

(6) 생존한 사람 중 3등석 승객인 사건은 $A_3|B$으로 적을 수 있고, 조건부확률 $P(A_3|B)$는 다음과 같다.

$$P(A_3 \mid B) = \frac{P(A_3 \cap B)}{P(B)} = \frac{178/2201}{710/2201} \approx 0.2507$$

(7) 우리가 제일 알고 싶은 정보는 '모든 계층의 사망비율 (또는 생존비율) 이 공평하게 같은가?' 하는 것이다. 위의 (2)번과 (5)번의 답을 이용하여 이 질문에 답할 수 있는데, 1등석, 즉 상류계층의 생존비율이 62.15%로서 3등석, 즉 하류계층의 생존비율 25.07%에 비하여 약 2.48배나 높아서 공평하지 않았음을 알 수 있다. ■

4.5.2 확률의 곱셈정리

조건부확률 $P(A|B) = P(A \cap B)/P(B)$의 정의로부터 표본공간 S 안의 두 사건 A와 B가 동시에 일어나는 교사건의 확률은 $P(A \cap B) = P(B)P(A|B)$라고 적을 수 있다. 그리고 조건부확률 $P(B|A) = P(A \cap B)/P(A)$이므로 교사건의 확률을 $P(A \cap B) = P(A)P(B|A)$라고도 적을 수 있다. 그러므로 표본공간 S 안에서 정의되는 두 사건 A와 B가 발생할 때, 즉, $P(A) > 0$과 $P(B) > 0$일 때, 교사건의 확률 $P(A \cap B)$에 대하여 다음 식이 성립하고, 이를 확률의 **곱셈정리**라고 한다.

$$P(A \cap B) = P(B)P(A \mid B) = P(A)P(B \mid A)$$

이를 확장하여 곱셈정리를 다음과 같이 일반화할 수 있다. 표본공간 S에서 정의되는 사건들 $A_1, A_2, A_3, \cdots, A_n$에 대하여 다음이 성립한다.

$$P(A_1 A_2 A_3 \cdots A_n) = P(A_1)P(A_2 \mid A_1)P(A_3 \mid A_1 A_2) \cdots P(A_n \mid A_1 A_2 A_3 \cdots A_{n-1})$$

단, 여기서 $A_1 A_2 A_3 \cdots A_k = A_1 \cap A_2 \cap A_3 \cap \cdots \cap A_k$을 의미한다.

> **확률의 곱셈정리**
> 표본공간 S 안의 두 사건 A와 B가 일어난다면 교사건의 확률 $P(A \cap B)$에 대하여 다음이 성립한다.
>
> $$P(A \cap B) = \begin{cases} P(A)P(B \mid A): \ P(A) > 0\text{일 때} \\ P(B)P(A \mid B): \ P(B) > 0\text{일 때} \end{cases}$$

예제 4.9

한 방에 모여 있는 사람의 수를 N이라 하자. 한 방의 사람들 중 서로 같은 생일을 갖게 될 확률을 구하여라 (1년은 365일로 가정한다).

풀이 서로 같은 생일을 갖게 될 확률을 계산하려면 우선 N명의 생일이 서로 다른 확률을 계산한 다음, 1에서 이 계산된 확률을 빼면 된다. 먼저 N명의 생일이 서로 다른 확률을 구해 보자. 첫 번째 사람이 365일 중 하루를 생일로 선택할 확률은 365/365, 첫 번째 사람이 365일 중 하루를 생일로 선택하면 두 번째 사람은 나머지 364일 중 하나를 생일로 선택해야 하므로, 두 번째 사람이 하루를 생일로 선택할 확률은 364/365, 이런 식으로 생각해 나가면 앞에서 언급한 일반화된 곱셈정리를 이용하여

$$P(N\text{명의 생일이 서로 다른 사건}) = \frac{365 \times 364 \times 363 \times \cdots \times (365-N+1)}{365^N}$$

이 된다. 그러므로 서로 같은 생일을 갖게 될 확률은 여사건의 확률 공식을 이용하면 다음과 같다.

$$\begin{aligned} &P(N\text{명 가운데 최소한 두 명이 같은 생일을 갖는다.}) \\ &= 1 - P(N\text{명의 생일이 서로 다르다.}) = 1 - \frac{365 \times 364 \times 363 \times \cdots \times (365-N+1)}{365^N} \end{aligned}$$

이 된다. 사람 수 N명의 변화에 따라 서로 같은 생일을 갖게 될 확률 P를 [표 4.3]에 계산하였다.

표 4.3 N명이 있을 때 서로 같은 생일을 갖게 될 확률

N	5	10	15	20	25	30	35	40	45	50	55	60	65	70	75
P	0.027	0.117	0.253	0.411	0.569	0.706	0.814	0.891	0.941	0.970	0.986	0.994	0.998	0.999	0.9997

[표 4.3]의 사람 수 N을 수평축에, 서로 같은 생일을 갖게 될 확률을 수직축에 표시하면 [그림 4.3]과 같다.

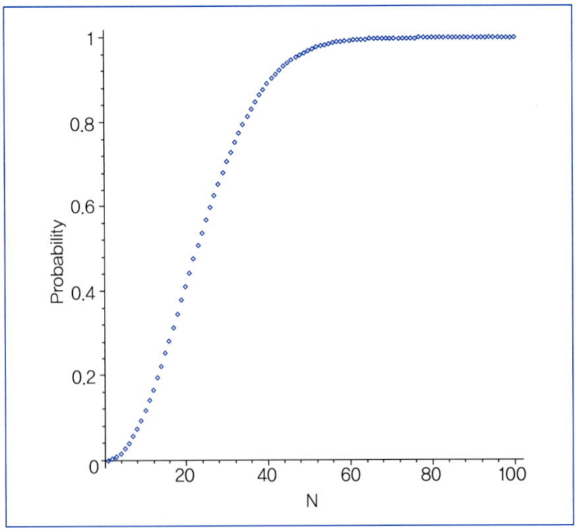

그림 4.3 N명이 있을 때 서로 같은 생일을 갖게 될 확률

예를 들어, 한 방에 23명이 모여 있으면 최소한 두 명이 같은 생일을 갖게 될 확률이 0.507로 0.5를 넘게 되고, 한 방에 40명이 모여 있으면 최소한 두 명이 같은 생일을 갖게 될 확률이 0.891로 매우 큼을 알 수 있다. ■

4.6 독립사건

조건부 확률 $P(A|B)$는 사건 B가 주어졌을 때 사건 A가 일어날 확률로서, 확률을 계산할 때 분모를 $P(B)$로 제한하였다. 즉, 사건 B가 일어날 확률은 사건 A가 일어날 확률에 변화를 줄 수 있으며, 이러한 경우 사건 A와 B는 서로 **종속**(dependent) 되었다고 한다. 그러나 이와는 반대로 하나의 사건이 발생했다는 사실이 다른 사건의 발생 확률을 변화시키지 않으면, 즉 조건부확률과 비조건부확률이 같을 경우 두 사건은 서로 **독립**(independent)이라고 한다. 그런데 $P(A|B) = P(A\cap B)/P(B)$이므로 두 사건 A와 B가 독립이면 다음 식이 성립한다.

$$P(A\cap B) = P(A)P(B)$$

이 식은 A와 B에 대하여 대칭이므로, A와 B가 서로 독립이면 B와 A도 독립이다.

> 독립사건
>
> 표본공간 S 안의 두 사건 A와 B가 $P(A)>0$, $P(B)>0$이며, 다음 식이 성립하면 두 사건 A와 B는 서로 독립이라고 한다.
>
> $$P(A\cap B) = P(A)P(B)$$

|참고| '서로 배반'과 '서로 독립'은 다른 개념이다. $P(A)>0$이고 $P(B)>0$일 때, 즉 두 사건 A와 B가 발생할 때 '서로 배반'이면 $P(A|B)=0$이 되어야 하므로, 두 사건 A와 B는 '서로 독립'이 아닌 '서로 종속'이 된다.

예제 4.10

[예제 4.6]에서 총 2,201명의 사람들 중 임의로 선택한 사람이 생존하는 사건을 B라고 하고, 승무원일 사건을 C라고 할 때 사건 B와 사건 C는 독립인가? 종속인가? 그 과정을 보여라.

풀이 두 사건이 독립인지 아닌지를 보이려면 두 사건 B와 C에 대하여 $P(B\cap C) = P(B)P(C)$가 성립하는가를 보이면 된다. 임의로 선택한 사람이 생존할 확률은 $P(B) = 710/2201$, 임의로 선택한 사람이 승무원일 확률은 $P(C) = 885/2201$, 임의로 선택한 사람이 승무원이면서 생존할 확률은 $P(B\cap C)=212/2201\approx 0.0963$이다. 다음의 관계에 의해 $P(B\cap C) \neq P(B)P(C)$이므로, 사건 B와 사건 C는 종속이다.

$$P(B)P(C) = (710/2201)\times(885/2201) \approx 0.1297 \neq P(B\cap C) = 212/2201 \approx 0.0963$$ ■

4.7 베이즈 정리

어떤 실험의 결과들이 여러 단계의 결과를 걸쳐서 나타나는 경우에는 4.5절에서 언급한 확률의 곱셈정리를 활용하여 필요한 확률을 구할 수 있다. 이 절에서는 각 단계별 결과와 최종 결과에 대한 확률들을 계산하는 데 필요한 개념들인 분할, 전확률, 베이즈 정리를 살펴본다.

4.7.1 분할과 전확률

표본공간 S 안에 있는 n개의 사건 $B_1, B_2, \cdots, B_n$을 고려해 보자. 이 n개의 사건들이 서로 배반이고, n개 사건들의 합사건이 표본공간 S가 되는 경우에 n개의 사건 $B_1, B_2, \cdots, B_n$은 표본공간 S를 **분할**(partition) 한다고 한다. [그림 4.4]는 분할의 한 예를 그림으로 나타낸 것이다.

분할

표본공간 S 안의 n개의 배반사건 $B_1, B_2, \cdots, B_n$에 대하여 다음이 성립할 때 n개의 사건 $B_1, B_2, \cdots, B_n$은 표본공간 S를 분할한다고 말한다.

(1) 임의의 i와 j에 대하여 $P(B_i \cap B_j)=0$

(2) $\bigcup_{i=1}^{n} B_i = S$

[그림 4.4]의 표본공간 S 안의 사건 A는 B_i와의 교사건과 합사건을 이용하여 다음과 같이 쓸 수 있다.

$$A = (A \cap B_1) \cup (A \cap B_2) \cup \cdots \cup (A \cap B_n)$$

그리고 사건 A의 확률은 확률의 곱셈정리를 이용하여 다음과 같이 쓸 수 있다.

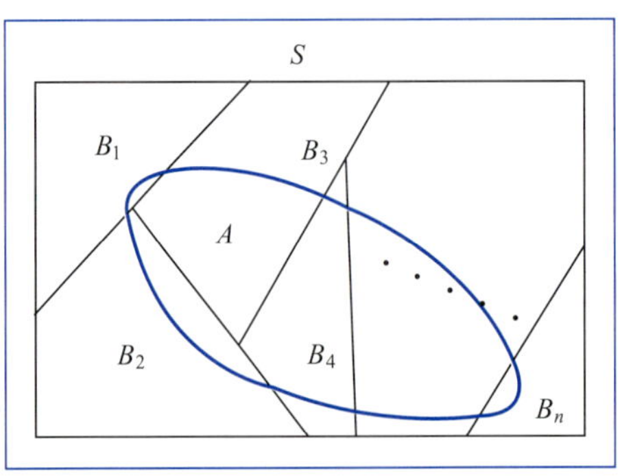

그림 4.4 표본공간 S의 분할

$$
\begin{aligned}
P(A) &= P[(A \cap B_1) \cup (A \cap B_2) \cup \cdots \cup (A \cap B_n)] \\
&= P(A \cap B_1) + P(A \cap B_2) + \cdots + P(A \cap B_n) \\
&= P(B_1)P(A \mid B_1) + P(B_2)P(A \mid B_2) + \cdots + P(B_n)P(A \mid B_n) \\
&= \sum_{i=1}^{n} P(B_i)P(A \mid B_i)
\end{aligned}
$$

이와 같이 표현한 식을 사건 A의 **전확률** (total probability) 공식 또는 전확률의 법칙이라고 한다.

> **전확률 공식**
>
> n개의 배반사건 $B_1, B_2, \cdots, B_n$이 표본공간 S를 분할할 때, 임의의 사건 A의 전확률은 다음과 같이 표현할 수 있다.
>
> $$P(A) = \sum_{i=1}^{n} P(B_i)P(A \mid B_i)$$

4.7.2 베이즈 정리

전확률 공식은 임의의 사건 A에 대한 확률을 구하기 위해서 표본공간을 분할하는 사건들인 B_i의 확률과 그 분할하는 사건들이 주어졌을 때 사건 A의 조건부확률을 곱한 결과들을 합하여 계산하였다.

이제는 순서를 바꾸어서 임의의 사건 A가 주어졌을 때 특정한 분할 사건 B_j로부터 나왔을 확률 $P(B_j|A)$ 을 계산해 보자. 우선 임의의 사건 A가 나타날 수 있는 가능성은 전확률 공식에 의하여 모두 n가지 경우의 확률을 더하여 계산할 수 있으므로, 그 확률을 분모에 적는다. 그리고 특정한 분할 사건 B_j가 원인이 될 수 있는 확률은 B_j가 나타날 확률과 B_j가 주어졌을 때 임의의 사건 A가 나타날 조건부확률을 곱하여 계산될 수 있으므로, 그 확률을 분자로 두면, 이 비율의 값이 구하고자 하는 $P(B_j|A)$ 의 확률이 되므로, 다음과 같이 적을 수 있다.

$$
\begin{aligned}
P(B_j \mid A) &= \frac{P(B_j)P(A \mid B_j)}{P(A)} \\
&= \frac{P(B_j)P(A \mid B_j)}{\sum_{i=1}^{n} P(B_i)P(A \mid B_i)} \\
&= \frac{P(B_j)P(A \mid B_j)}{P(B_1)P(A \mid B_1) + P(B_2)P(A \mid B_2) + \cdots + P(B_n)P(A \mid B_n)}
\end{aligned}
$$

이와 같이 확률 $P(B_j|A)$ 를 구하는 과정을 **베이즈 정리** (Bayes' theorem) 라고 한다. 최초의 표본공간을 분할하는 특정한 사건 B_j의 확률 $P(B_j)$ 를 **사전확률** (prior probability) 이라고 한다. 그리고 나서 어떤 새로운 정보, 즉 임의의 사건 A가 주어졌을 때 특정한 분할 사건 B_j

로부터 나왔을 확률 $P(B_j|A)$을 **사후확률**(posterior probability)이라고 한다. 이와 같이 새로운 정보를 바탕으로 사전확률을 최신의 것으로 갱신하여 사후확률을 구하는 경우에 베이즈 정리를 사용한다.

> **베이즈 정리**
>
> n개의 배반사건 $B_1, B_2, \cdots, B_n$이 표본공간 S를 분할할 때, 표본공간에 임의의 사건 A가 주어진다면, 특정한 분할사건 B_j로부터 나왔을 확률 $P(B_j|A)$를 구하는 다음의 절차를 베이즈 정리라고 한다.
>
> $$P(B_j|A) = \frac{P(B_j)P(A|B_j)}{\sum_{i=1}^{n} P(B_i)P(A|B_i)}, \qquad j = 1, 2, \cdots, n$$

예제 4.11

세 개의 상자에 반도체들이 들어 있다. 첫 번째 상자에 있는 20개의 반도체 가운데 5개가 불량품이고, 두 번째 상자에 있는 30개의 반도체 가운데 3개가 불량품이며, 세 번째 상자에 있는 50개의 반도체 가운데 12개가 불량품이다.

(1) 상자 중 임의로 하나의 반도체를 택하였을 때, 반도체 하나를 골라내어 검사한 결과 불량품일 확률을 계산하여라.

(2) (1)에서 검사한 반도체가 불량품일 때, 첫 번째 상자에서 나왔을 확률을 계산하여라.

풀이 (1) i번째 상자를 고르는 사건을 B_i라 하고, 검사한 반도체가 불량품인 사건을 A라고 하자. 각 상자를 택할 확률은 $P(B_1)=\frac{20}{100}$, $P(B_2)=\frac{30}{100}$, $P(B_3)=\frac{50}{100}$이 된다. 또한 각 상자에서 골라낸 반도체를 검사하여 불량품이 될 확률은 조건부확률을 이용하면 다음과 같이 계산된다.

$$P(A|B_1) = \frac{5}{20}, \quad P(A|B_2) = \frac{3}{30}, \quad P(A|B_3) = \frac{12}{50}$$

따라서 임의로 택한 반도체가 불량품일 확률 $P(A)$는 전확률 공식에 의하여 다음과 같다.

$$\begin{aligned} P(A) &= P(B_1)P(A|B_1) + P(B_2)P(A|B_2) + P(B_3)P(A|B_3) \\ &= \left(\frac{20}{100}\times\frac{5}{20}\right) + \left(\frac{30}{100}\times\frac{3}{30}\right) + \left(\frac{50}{100}\times\frac{12}{50}\right) \\ &= 0.2 \end{aligned}$$

(2) 반도체가 불량품이 나왔을 때 이 반도체가 첫 번째 상자에서 나왔을 확률은 $P(B_1|A)$로 표시할 수 있으며, 베이즈 정리에 의하여 다음과 같다.

$$\begin{aligned} P(B^1|A) &= \frac{P(B_1)P(A|B_1)}{P(B_1)P(A|B_1) + P(B_2)P(A|B_2) + P(B_3)P(A|B_3)} \\ &= \frac{\frac{20}{100}\times\frac{5}{20}}{\left(\frac{20}{100}\times\frac{5}{20}\right) + \left(\frac{30}{100}\times\frac{3}{30}\right) + \left(\frac{50}{100}\times\frac{12}{50}\right)} \\ &= 0.25 \end{aligned}$$

■

4.8 R 실습

1. R에서 난수를 이용하여 동전의 앞면이 나올 확률을 구하여라.

풀이

동전의 앞면이 나오는 확률을 구하기 위한 R 프로그램은 다음과 같다(시행횟수를 10,000번으로 하였으나, 조정이 가능함).

```
law.large.number=
function(n)
{
win.graph()
par(oma=c(0,0,5,0))
par(mfrow=c(1,1))
# 베르누이분포에서의 난수
x1=rbinom(n,1,0.5)
# 상대도수
xbar1=cumsum(x1)/1:n
plot(xbar1,ylab="p",xlab="시행횟수",type="l")
abline(0.5, 0)
mtext("동전의 앞면이 나올 확률",side=3,outer=T,cex=1.5)
par(mfrow=c(1,1))
}
law.large.number(10000)
```

동전을 10,000번 던져 동전의 앞면이 나오는 확률을 다섯 차례 구해보니 다음과 같이 다섯 가지 그림이 나왔다. 그림 (a) ~ (c) 에서는 0.5에 수렴하는 것이 보이나, 네 번째와 다섯 번째 그림에서는 동전을 10,000번 던졌음에도 불구하고 0.5에 수렴하는지 알기가 쉽지 않다. 그만큼 동전의 앞면이 나오는 확률과 같은 간단한 확률도 컴퓨터로 구현하여 보는 것이 쉬울 때도 있으나 간단하지 않을 때도 있다. 즉, 컴퓨터를 이용한 난수(random number)는 완전한 난수가 아니라 의사난수(pseudorandom number)이기 때문에 이러한 문제점이 발생하게 되는 것이다.

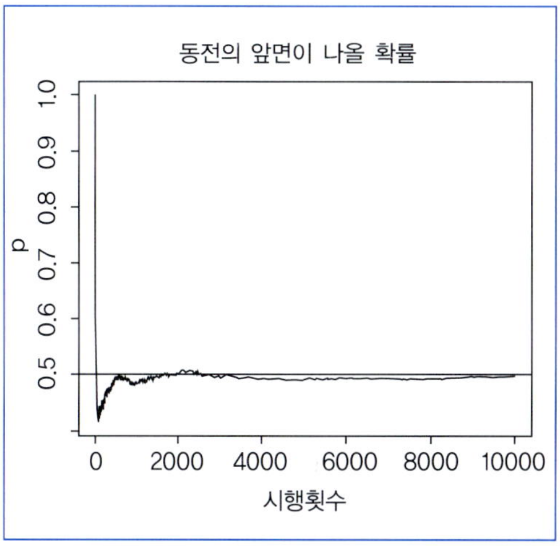

(a)

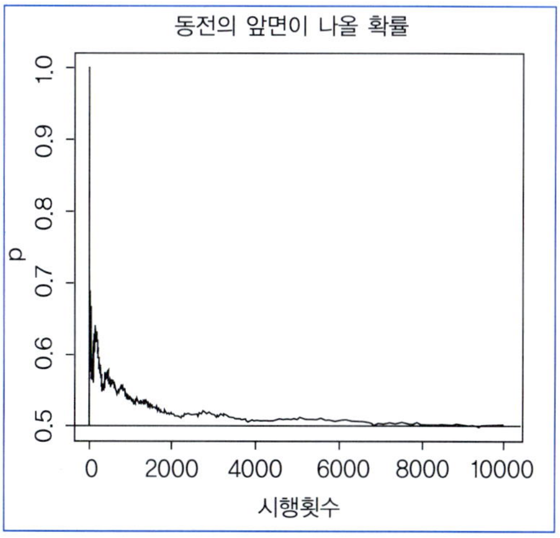

(b)

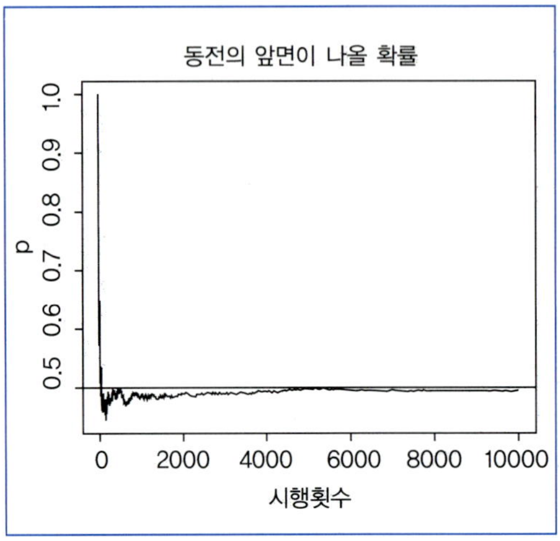

(c)

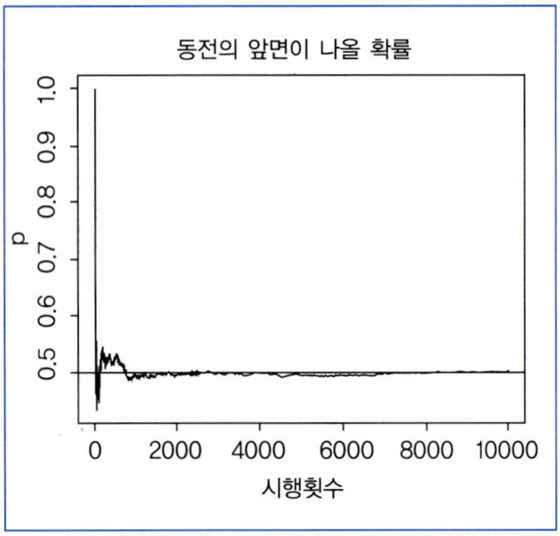

(d)

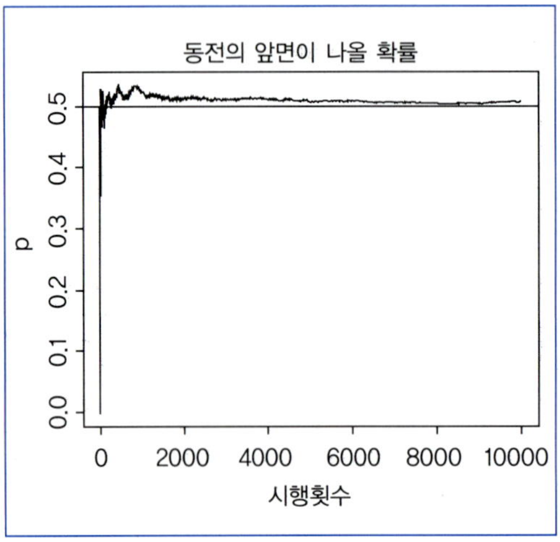

(e)

4.9 연습문제

4.1 확률을 결정하는 데는 고전적 접근방법, 상대도수의 극한적 접근방법, 주관적 접근방법이 있다고 하였다. 다음의 확률을 결정할 때는 어떤 방법이 적절하다고 생각하는가?

(1) 내일 비가 올 확률

(2) 주사위를 던져서 홀수가 나올 확률

(3) 새로운 승용차를 구입했을 때 10,000 km 무사고 운전할 확률

(4) 45개의 숫자에서 6개 숫자를 뽑아서 3개의 숫자만 맞히면 3등이라고 할 때, 3등할 확률

(5) 이번 채용공고에서 원서를 내어 채용확정이 될 확률

4.2 한 대학교의 학생회관의 자판기에는 5종류의 음료수와 4종류의 샌드위치가 있다. 음료수 1종류와 샌드위치 1종류를 택하여 점심을 먹는다고 할 때, 표본공간 S를 적어라.

4.3 두 개의 정상적인 정육면체 주사위를 던지는 실험을 한다.

(1) 표본공간 S를 적어라.

(2) 두 주사위의 눈금의 합이 짝수가 되는 사건을 적어라.

(3) 두 주사위의 눈금의 합이 5 이하가 되는 사건을 적어라.

4.4 정상적인 정사면체 주사위를 2번 던지는 실험을 하였다.

(1) 두 주사위의 눈금의 합이 정확히 3이 나타날 확률을 구하여라.

(2) 두 주사위의 눈금의 합이 2 이하가 나타날 확률을 구하여라.

(3) 적어도 두 주사위의 눈금의 합이 2가 될 확률을 구하여라.

4.5 쇼핑객들은 물건 구입에 대한 지불수단으로 현금, 신용카드 또는 직불카드를 사용한다. 어떤 가게의 주인이 자기 고객의 50%는 신용카드를 사용하고, 30%는 현금을 지불하며, 나머지는 직불카드를 사용한다는 정보를 가지고 있다.

(1) 표본공간을 구하여라.

(2) 단순사건들에 대하여 확률을 부여하여라.

(3) 어떤 고객이 신용카드를 사용하지 않을 확률은 얼마인가?

(4) 어떤 고객이 현금이나 신용카드로 지불할 확률은 얼마인가?

4.6 사건 A와 B는 서로 독립이라고 하자. 그리고 $P(A)=0.2$, $P(B)=0.4$일 때, 다음의 확률을 계산하여라.

(1) $P(A|B)$ (2) $P(B|A)$ (3) $P(A^c \cup B)$

4.7 $P(A)=0.4$, $P(B)=0.4$, $P(A \cap B)=0.1$을 가정하고 다음의 확률을 계산하여라.

(1) $P(A^c)$ (2) $P(A|B)$ (3) $P(A|B^c)$ (4) $P(B|A)$

4.8 다음의 확률이 주어졌다면 사건 A와 B는 서로 독립인지 아닌지 보여라.

$$P(A)=0.9,\ P(B)=0.4,\ P(A \cap B)=0.3$$

4.9 확률 $P(A)=0.5$, $P(A \cap B)=0.1$일 때, 사건 A와 B가 독립이려면 사건 B의 확률은 얼마여야 하는가?

4.10 한 개의 동전을 세 번 던진다고 할 때, A를 앞면이 적어도 한 번 나오는 사건, B를 두 번째 동전이 앞면이 나오는 사건, C를 세 번째 동전이 뒷면이 나오는 사건, D를 모두 뒷면이 나오는 사건이라 정의한다. 이때 다음 사상의 구성원을 구하여라.

(1) B^c

(2) C^c

(3) $A^c \cap C$

(4) $A \cap C^c$

(5) $(B \cup C)^c$

4.11 다음은 어느 대학교 통계학과 1학년 학생 50명에 대하여 성별과 분반을 조사한 결과이다. 한 명을 임의로 선택할 때 A를 여자가 뽑히는 사건, B를 102분반 학생이 뽑히는 사건이라 할 때, 사건 A와 사건 B의 독립성 여부를 판단하여라.

	101분반	102분반	계
남자	10	15	25
여자	15	10	25
계	25	25	50

4.12 $a_1, a_2, \cdots, a_9$로 이루어진 표본공간에 두 사상 $A=\{a_1, a_3, a_4, a_5, a_8\}$와 $B=\{a_2, a_3, a_5, a_9\}$가 있다. 다음 물음에 답하여라.

(1) 두 사상을 나타내는 벤다이어그램을 그려라.

(2) 다음 각 사상의 구성원을 구하여라.

(i) A^c (ii) B^c (iii) $A \cap B$ (iv) $A \cap B^c$ (v) $A \cup B$

4.13 어느 병원에서는 환자를 어떤 실험을 위해 암환자, 백혈병환자, 뇌질환환자의 3가지 유형으로 분류하였다. 환자들 중 50%가 암환자이고, 30%가 백혈병환자, 20%가 뇌질환환자에 해당한다. 어떤 한 환자가 1년에 적어도 한 번 수술을 할 확률이 암환자는 0.25, 백혈병환자는 0.16, 뇌질환환자는 0.10이라고 하자.

(1) 병원의 환자들 중 임의로 어느 한 환자를 선택하였을 때, 그 환자가 1년에 적어도 한 번 수술을 할 확률은 얼마인가?

(2) 어떤 한 사람이 1년에 적어도 한 번 수술을 한 환자라면, 그 환자가 암환자에 해당될 조건부확률은 얼마인가?

4.14 어떤 2개의 회사가 30년 후까지 계속 운영할 확률은 A회사는 0.3이고, B회사는 0.14라고 한다. 두 회사 중 한 회사만이 30년 후까지 계속 운영할 확률을 구하시오.

4.15 7개의 근원사상의 확률이 다음과 같은 표본공간이 있다고 하자.

$$P(\{w_1\})=0.2,\ P(\{w_2\})=0.15,\ P(\{w_3\})=0.05,\ P(\{w_4\})=0.15$$
$$P(\{w_5\})=0.1,\ P(\{w_6\})=0.3,\ \ P(\{w_7\})=0.05$$

사상 $A=\{w_1, w_2, w_3, w_4\}$, $B=\{w_2, w_3, w_5, w_6\}$, $C=\{w_3, w_4, w_6, w_7\}$에 대하여 다음 물음에 답하여라.

(1) 각 사상을 나타내는 벤다이어그램을 그려라.

(2) 다음 각 사상에 대응하는 확률은 얼마인가?

(i) A^c (ii) B^c (iii) $A \cap B$ (iv) $A \cap C^c$ (iv) $A \cup B$ (v) $A \cap B \cap C$

4.16 어느 학생이 공부를 해야 할 과목이 A, B 두 과목이 있다고 하자. A 과목을 공부하면 a,

b, c의 세 단원 중 한 단원을 공부하고 B 과목을 공부하면 d, e, f의 세 단원 중 한 단원을 공부한다고 하자. A, B 과목 중 어느 과목을 공부해야 할 것인가는 주사위를 던져서 결정하기로 하고, 홀수가 나오면 A 과목을, 짝수가 나오면 B 과목을 공부한다고 한다. 이 학생이 결국 B 과목의 e단원을 공부할 확률을 구하여라.

4.17 두 개의 주사위를 던져서 나오는 수의 합 W를 짝수라고 할 때, W가 7보다 작을 확률을 구하여라.

4.18 어느 학생이 거짓말을 하는지 알아보기 위해 거짓말 탐지기를 사용하기로 했다. 이 학생이 거짓말을 할 확률이 0.3이고, 거짓말을 하지 않을 확률이 0.7이다. 그리고 경험적으로 거짓말 탐지기의 작동이 맞을 확률은 0.8이고, 틀릴 확률은 0.2이다. 거짓말 탐지기가 거짓말이라고 응답했을 때, 실제로 이 학생이 진실을 말했을 확률은 얼마인가?

4.19 다음은 A대학교 학생 100명을 대상으로 그들의 단과대학 종류에 따라 분류한 결과이다. 각 물음에 답하여라.

	인문대학	자연대학	계
남	40	10	50
여	35	15	50
계	75	25	100

(1) 한 명을 임의로 뽑았을 때 그 학생이 남자, 여자일 확률은 각각 얼마인가?
(2) 임의로 추출된 학생이 자연대학 학생이라고 할 때, 그 학생이 여자일 확률은 얼마인가?
(3) 한 명을 임의로 뽑았을 때 그가 여자일 사상을 F라 하고, 자연대학 학생일 사상을 S라 할 때, 사상 F와 S가 서로 독립인지 알아보아라.

4.20 전구를 만드는 공장이 있다. 이 공장에서는 3개의 팀을 운영하여 전구를 생산한다. 전체 생산 중 1팀에서 20%, 2팀에서 40%, 3팀에서 40%를 생산한다. 또한 각 팀에서 생산된 전구의 불량률이 1팀은 5%, 2팀은 30%, 3팀은 25%라고 한다. 이 공장에서 나온 제품 중 우연히 구매한 전구가 불량이라고 할 때, 그것이 1팀에서 생산된 전구일 확률을 구하여라.

4.21 다음과 같은 결합확률표가 주어져 있다.

	A_1	A_2
B_1	0.4	0.3
B_2	0.2	0.1

(1) 주변확률을 계산하여라.
(2) $P(A_1 | B_1)$ 을 계산하여라.
(3) $P(A_2 | B_1)$ 을 계산하여라.

(4) $P(A_1|B_1)+P(A_2|B_1)$을 구하여라.

(5) (4)의 값이 다른 값을 가질 수 있는가? 그 이유는 무엇인가?

4.22 문제 4.21의 주어진 사건들이 독립인지를 설명하여라.

4.23 남성 운전자와 여성 운전자는 길을 잃었을 때 어떻게 행동하는지에 대한 심층 분석 결과 다음과 같은 결합확률표가 나왔다.

행동	남자	여자
지도를 본다	0.25	0.14
타인에게 물어 본다.	0.12	0.18
길이 나올 때까지 계속 운전한다.	0.13	0.18

(1) 운전자가 남성일 때 방향을 타인에게 물어볼 확률은 얼마인가?

(2) 지도를 참조하는 운전자의 비율은 얼마인가?

(3) 성별과 지도를 보는 것은 독립인가? 그 이유를 설명하여라.

4.24 어떤 자격증은 세 차례의 시험을 치른 후에 자격증을 부여한다. 수준 1, 2, 3의 합격률은 각각 0.57, 0.73, 0.85이다. 3000명의 지원자가 수준 1의 시험을 치르고, 2500명이 수준 2의 시험을 치르며, 수준 3의 시험은 2000명이 치른다고 한다. 한 학생이 임의로 선택된다고 할 때, 이 학생이 시험에 합격할 확률은 얼마나 될까?

4.25 문제 4.24에서 임의로 선택된 한 명의 응시자가 자신이 시험에 합격하였다고 말했다고 하자. 이 사람이 수준 1의 시험에 합격했을 확률은 얼마인가?

4.26 항우울증에 사용되는 약의 효과는 사람마다 다르다. 어떤 항우울제 약이 여성의 80%와 남성의 65%에 효과가 있다고 한다. 이 약을 복용한 사람의 66%가 여성이라는 사실이 알려져 있다면, 이 약이 효과가 있을 확률은 얼마인가?

4.27 문제 4.26에서 만일 어떤 사람이 이 약이 효과가 있다는 말을 들었다고 한다. 이 약을 복용한 사람이 남성일 확률은 얼마인가?

4.28 어떤 과목의 시험 점수와 학생들의 결석 횟수 사이에 다음과 같은 결합확률분포를 얻었다.

	시험 불합격	시험 합격
4회 미만의 결석	0.01	0.85
4회 이상의 결석	0.10	0.04

(1) 시험의 합격률을 구하여라.

(2) 4회 이상 결석한 학생들 중에 시험에 합격하는 비율은 얼마인가?

(3) 4회 미만 결석한 학생들 중에 시험에 합격하는 비율은 얼마인가?

(4) 사건들은 독립인가?

4.29 한 대학교 재학생의 40%는 여학생이다. 이 학교 남학생의 70%가 흡연을 하고, 이 학교 여학생의 10%가 흡연을 한다. 이 학교의 학생 한 명을 임의로 선발하였을 때 흡연자라면 여학생일 확률을 구하여라.

4.30 한 신발회사는 오전, 오후, 야간 모두 3개 조를 가동하여 스포츠화를 생산하여 수출하고 있다. 오전과 오후조는 각각 7시간 근무를 하고, 야간조는 6시간 근무하고, 나머지 4시간은 생산기계를 점검하면서 공장을 가동하고 있다. 일반적으로 오전, 오후, 야간조에는 각각 5%, 4%, 10%의 불량품이 나타난다.

(1) 회사의 품질관리팀에서는 무작위로 스포츠화를 철저히 검사하여 불량품인지를 조사하였다. 이 스포츠화가 불량품일 확률을 구하여라.

(2) (1)에서 구한 스포츠화가 불량품이라면 야간조에서 그 스포츠화를 생산하였을 확률을 구하여라.

4.31 정상인 동전을 두 번 던지는 실험을 하였다. 사건을 다음과 같이 정의하자.

사건 A : 하나의 앞면이 나타난 사건

사건 B : 적어도 하나의 앞면이 나타난 사건

사건 C : 두 번 모두 뒷면이 나타난 사건

앞면을 H, 뒷면을 T라고 나타내자.

(1) 사건 A, B, C를 H, T로 나타내어라.

(2) $A \cap B$를 H, T로 나타내어라.

(3) A의 여사건을 H, T로 나타내어라.

(4) A와 C는 독립인가?

4.32 한 회사 직원의 30%는 여성이라고 한다. 그리고 그 회사 직원의 6%는 결혼한 여성이라고 한다. 그 회사에서 랜덤으로 한 여성 직원을 뽑았을 때 그 여성이 결혼했을 확률을 계산하여라.

4.33 사건 A와 B는 서로 배반이라고 한다. 사건 A와 B는 독립인가? 그 이유를 설명하여라.

5장 이산확률변수와 그 분포

이 장에서는 확률변수의 개념을 소개하고, 확률변수의 성격에 따라서 나누어지는 이산확률변수와 연속확률변수를 설명한다. 그리고 이산확률변수들의 대표적인 확률분포인 이항분포, 초기하분포, 포아송분포를 살펴본다.

5.1 확률변수

한 아파트 단지의 1000세대의 각 가정에 있는 TV의 수를 조사한 뒤 상대도수분포를 [표 5.1]과 같이 구하였다.

만약 한 가정이 이 모집단으로부터 임의로 선택되었다고 가정해 보자. 이렇게 모집단으로부터 한 가정을 임의로 선택하는 과정을 **확률실험**(random experiment)이라고 한다. X를 그 선택된 가정에 있는 TV의 수라고 하자. 그러면 X는 0, 1, 2, 3 네 개의 값 가운데 하나가 되고, 그 값은 어느 가정이 선택되는가에 따라 달라진다. 즉, X의 값은 확률실험의 결과에 따르기 때문에 이러한 X를 **확률변수**(random variable)라고 한다. 그리고 이러한 확률변수는 확률변수의 성격에 따라 이산확률변수와 연속확률변수로 나누어진다.

> **확률변수**
> 확률실험의 결과에 따라 변수의 값이 결정될 때 이 변수를 확률변수라고 한다.

표 5.1 각 가정의 TV 수와 상대도수분포

보유 TV의 수	도수	상대도수
0	10	10/1000 = 0.010
1	840	840/1000 = 0.840
2	145	145/1000 = 0.145
3	5	5/1000 = 0.005
합계	N = 1000	1.000

5.1.1 이산확률변수

확률변수의 값이 셀 수 있는 값을 취하는 경우에 이를 **이산확률변수**(discrete random variable)라고 한다.

> **이산확률변수**
> 이산확률변수란 셀 수 있는 값을 취하는 확률변수를 말한다.

[표 5.1]과 같이 각 가정에 있는 TV의 수는 0, 1, 2, 3처럼 셀 수 있는 값을 취하기 때문에 이산확률변수에 해당한다. 이산확률변수의 다른 예들로 다음의 경우를 생각할 수 있다.

- 일정기간에 한 대리점에서 판매된 휴대폰의 수
- 한 아파트 단지 내에 있는 세대의 수
- 시장의 한 가게에서 팔리는 물고기의 수
- 일정기간 동안 대형할인매장에서 접수한 고객들의 불만 건수
- 일정시간 동안 어떤 건물에 있는 자판기를 이용한 고객의 수
- 한 제조과정의 검사과정에서 불합격된 부품의 수

5.1.2 연속확률변수

확률변수의 값이 셀 수 없는 연속적인 구간의 값을 취하는 경우 이를 **연속확률변수**(continuous random variable)라고 한다. 즉, 어떤 구간 사이에 나타나는 임의의 값들은 연속확률변수가 된다.

> **연속확률변수**
> 연속확률변수란 어떤 구간 사이에 나타나는 임의의 값들을 취하는 확률변수를 말한다.

어떤 구간 사이에 나타나는 값의 개수는 무한히 많기 때문에 연속확률변수가 취할 수 있는 가능한 값들도 무한 개가 될 뿐만 아니라 그 값들을 일일이 셀 수 없게 된다. 예를 들어, 어떤 전구의 수명을 측정한다고 가정해 보자. 그러면 측정하려는 정밀도에 따라 그 수명은 1420시간이 될 수도 있고, 1420.25시간이 될 수도 있고, 1420.251시간이 될 수도 있다. 그러한 종류의 전구의 최대수명을 2000시간이라고 가정하고, 확률변수 X를 이 전구들 가운데서 임의로 선택한 전구의 수명이라고 하자. 그러면 X는 0에서 2000 사이의 구간 안에 어떤 값이 되므로 X는 연속확률변수이다. 0에서 2000까지 구간 안에 나타나는 모든 점들은 연속확률변수 X의 가능한 값이 된다.

연속확률변수들의 예를 들면 다음과 같다.

- 사람들의 체중

- 전화 한 통화를 하는 데 소요되는 시간
- 1.5리터 안에 들어 있는 음료수의 양
- 성인의 혈압
- 100 m 달리기의 기록

5.2 이산확률변수의 확률분포

X를 이산확률변수라고 할 때, X가 취할 수 있는 가능한 값들과 그 값들의 확률들의 분포를 나타낸 것을 X의 확률분포라고 한다.

> **이산확률변수의 확률분포**
> 이산확률변수의 확률분포는 확률변수가 취할 수 있는 모든 가능한 값들과 그 값들의 확률들을 나열한 것을 말한다.

다음의 [예제 5.1]은 이산확률변수의 확률분포에 대한 개념을 설명한다.

예제 5.1

[표 5.1]의 각 가정에서 소유하고 있는 TV의 수와 상대도수분포를 [표 5.2]와 같이 다시 적어 보자. X를 임의로 선택된 가정에서 소유하고 있는 TV의 수라고 할 때, X의 확률분포를 적어라.

표 5.2 각 가정의 TV 수와 상대도수분포

보유 TV의 수(X)	도수	상대도수
0	10	0.010
1	840	0.840
2	145	0.145
3	5	0.005
합계	N = 1000	1.000

풀이 4장에서 표본으로부터 구한 상대도수분포는 근사확률로서 사용될 수 있다고 배웠다. 그러나 상대도수가 모집단을 나타낼 때 [표 5.2]에서 보듯이 실제 결과들에 대한 확률을 나타낸다. [표 5.2]의 보유 TV의 수를 확률변수 X라 하고, 확률변수 X의 확률분포를 $P(X=x)=p(x)$로 적으면 [표 5.3]과 같이 적을 수 있다.

표 5.3 각 가정의 TV 수와 확률분포

보유 TV의 수(X)	$P(X=x)$
0	0.010
1	0.840
2	0.145
3	0.005
합계	1.000

이산확률변수의 확률분포는 다음의 두 가지 성질을 갖는다.

1. 확률변수 X의 각 값에 대한 확률은 0 이상 1 이하의 값을 취한다. 즉, X의 각 값에 대한 확률 $P(X=x)$는 $0 \leq P(X=x) \leq 1$이어야 한다.
2. 확률변수 X의 모든 가능한 값들에 대한 확률의 합은 1과 같아야 한다.

이산확률분포의 성질(조건)

이산확률변수의 확률분포는 다음의 두 가지 특성을 갖는다.

1. 확률변수 X의 각 값에 대한 확률 $P(X=x)$는 $0 \leq P(X=x) \leq 1$이어야 한다.
2. 그 확률들의 합은 1이다. 즉, $\sum p(x) = 1$.

또한 이 두 성질은 이산확률분포가 반드시 만족해야 하는 두 가지 조건이다. [표 5.3]으로부터 $P(X=x)$의 확률은 모두 0과 1 사이에 있으며, 그 확률들의 합 $\sum p(x) = 1$이 만족된다. 이 두 성질이 만족되므로 [표 5.3]은 확률변수 X의 확률분포가 된다. [표 5.3]으로부터 X의 값들에 대한 확률을 계산할 수 있다. 예를 들면, 임의로 선택된 어느 가구가 2대의 TV를 소유할 확률은 0.145이다. 그리고 이 확률은 다음과 같이 적는다.

$$P(X=2) = p(2) = 0.145$$

또한 선택된 가구가 1대 이상 3대 미만의 TV를 소유할 확률은 TV 1대를 소유할 확률과 2대를 소유할 확률의 합으로 다음과 같이 계산된다.

$$P(1 \leq X < 3) = P(X=1) + P(X=2) = 0.840 + 0.145 = 0.985$$

이산확률변수의 확률분포는 표, 그래프, 공식 등의 형태로 나타낼 수 있다. [표 5.3]은 표의 형태로 나타낸 것이다. [그림 5.1]은 [표 5.3]의 확률분포를 그래프로 나타낸 것이다. 이 그림에서 확률변수 X의 각 값은 수평축인 X축에 나타나고, X값의 확률 $p(x)$는 막대의 높이로 나타난다.

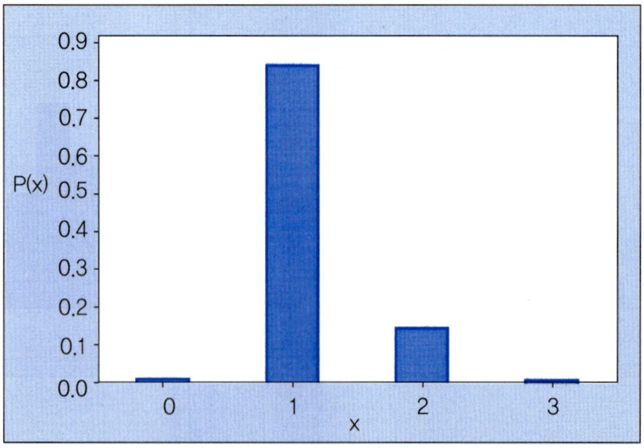

그림 5.1 그래프로 나타낸 [표 5.3]의 확률분포

예제 5.2

다음의 표들은 X의 값과 그 확률을 나타낸다. 다음의 표들이 확률분포가 되는지, 되지 않는지 결정하여라.

(1)

X	$P(X=x)$
-1	0.19
1	0.10
2	0.38
3	0.26

(2)

X	$P(X=x)$
2	0.34
3	0.25
4	0.14
5	0.27

(3)

X	$P(X=x)$
6	0.01
7	0.79
8	0.50
9	-0.30

풀이 (1) 이 표에 나타난 각 확률들은 모두 0과 1 사이의 값을 취하므로 확률분포의 첫 번째 성질을 만족한다. 그러나 모든 확률의 합은 $\sum p(x)=0.19+0.10+0.38+0.26=0.93$으로서 1이 되지 않으므로 두 번째 성질이 만족되지 않는다. 그러므로 이 표는 확률분포를 나타낸다고 할 수 없다.

(2) 이 표에 나타난 각 확률들은 모두 0과 1 사이의 값을 취하고 각 확률들의 합인 $\sum p(x)=0.34+0.25+0.14+0.27=1.0$이 되므로 확률분포라고 말할 수 있다.

(3) 이 표는 각 확률들의 합이 1.0은 되지만 확률 가운데 하나는 음의 값을 취한다. 확률분포의 첫 번째 성질을 위반하므로 이 표는 확률분포가 되지 못한다.

예제 5.3

다음 표는 어떤 기계의 주당 고장횟수에 대한 확률분포를 나타낸다.

주당 고장횟수(X)	0	1	2	3	4	5
$P(X=x)$	0.05	0.10	0.30	0.25	0.20	0.10

(1) 이 확률분포를 그래프로 나타내어라.

(2) 주당 이 기계의 고장횟수가 다음이 될 확률을 계산하여라.

(i) 정확히 2회 (ii) 0회에서 2회까지 (iii) 2회 이상 (iv) 적어도 1회

풀이 X를 주당 이 기계의 고장횟수라고 하면 [표 5.4]는 X의 확률분포를 나타낸다.

표 5.4 고장횟수의 확률분포

X	$P(X=x)$
0	0.05
1	0.10
2	0.30
3	0.25
4	0.20
5	0.10
합 계	1.00

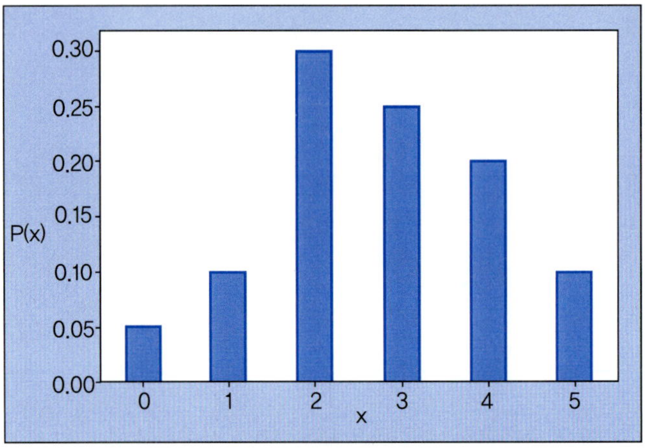

그림 5.2 그래프로 표현된 [표 5.4]의 확률분포

(1) [그림 5.2]는 [표 5.4]의 확률분포에 대한 막대그래프를 나타낸다.

(2) [표 5.4]를 사용하여 각각의 확률을 다음과 같이 계산할 수 있다.

(i) 정확히 2회 고장 날 확률은 $P(\text{정확히 2회 고장}) = P(X=2) = 0.30$.

(ii) 0회에서 2회까지 고장 날 확률은 0회, 1회, 2회 고장 날 확률의 합으로 계산한다.

$$
\begin{aligned}
P(\text{0회에서 2회 고장}) &= P(0 \le X \le 2) \\
&= P(X=0) + P(X=1) + P(X=2) \\
&= 0.05 + 0.10 + 0.30 = 0.45
\end{aligned}
$$

(iii) 2회 이상 고장 날 확률은 2회, 3회, 4회, 5회 고장 날 확률을 합하여 계산한다.

$$
\begin{aligned}
P(\text{2회 이상 고정}) &= P(X \ge 2) = P(X=2) + P(X=3) + P(X=4) + P(X=5) \\
&= 0.30 + 0.25 + 0.20 + 0.10 = 0.85
\end{aligned}
$$

(iv) 적어도 1회 고장 날 확률은

$$P(X \ge 1) = 1 - P(X=0) = 1 - 0.05 = 0.95$$

■

예제 5.4

한 설문조사에 따르면 어느 대학의 학생들 가운데 70%는 통계학 수강문제로 고민한다고 한다. 그 대학에 재학 중인 2명의 학생을 임의로 선발하였다. X를 임의로 선발한 2명의 표본 가운데 통계학 수강문제로 고민하는 학생의 수라면, X의 확률분포를 구하여라.

풀이 확률분포를 구하기 위하여 우선 다음의 두 사건을 정의하자.

N = 선발된 학생이 통계학 수강문제로 고민하지 않는 사건

M = 선발된 학생이 통계학 수강문제로 고민하는 사건

[그림 5.3]의 수형도(Tree Diagram)로부터 이 문제는 4가지의 경우가 있음을 알 수 있다.

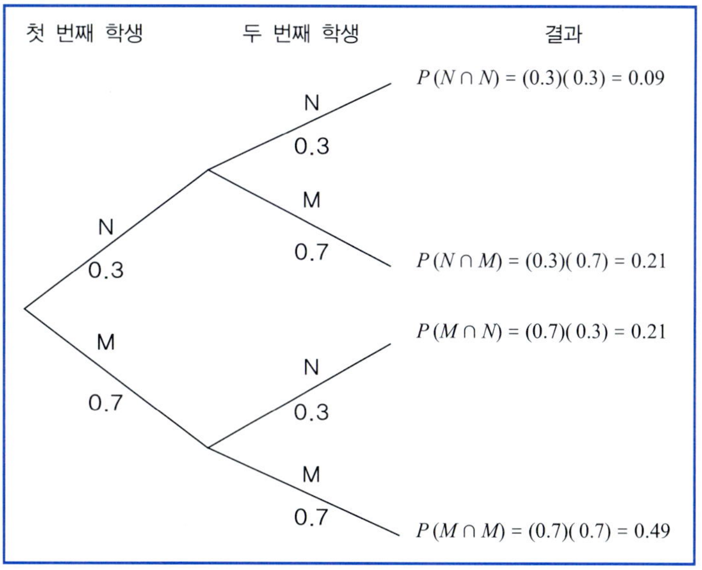

그림 5.3 수형도

$N \cap N$: 2명 모두 통계학 수강문제로 고민하지 않는 사건
$N \cap M$: 첫 번째 학생은 고민하지 않으나 두 번째 학생은 고민하는 사건
$M \cap N$: 첫 번째 학생은 고민하나 두 번째 학생은 고민하지 않는 사건
$M \cap M$: 2명 모두 통계학 수강문제로 고민하는 사건

이 수형도에 대한 확률은 통계학 수강문제로 고민하는 학생들이 전체의 70%가 되므로, 이 표본에 포함된 어느 학생이 통계학 수강문제로 고민하는 확률은 0.7이라고 할 수 있다. 같은 방법으로 통계학 수강문제로 고민하지 않을 확률은 0.3이라고 할 수 있다.

이 표본으로부터 통계학 수강문제로 고민하는 학생의 수는 0($N \cap N$), 1($N \cap M$ 또는 $M \cap N$), 2($M \cap M$)가 된다. 그러므로 X는 0, 1, 2의 세 가지 값 중 하나의 값을 취할 수 있고, 그 확률은 다음과 같이 계산된다.

$$P(X = 0) = P(N \cap N) = 0.09$$
$$P(X = 1) = P(N \cap M \text{ 또는 } M \cap N) = P(N \cap M) + P(M \cap N) = 0.21 + 0.21 = 0.42$$
$$P(X = 2) = P(M \cap M) = 0.49$$

이 확률들을 사용하여 [표 5.5]와 같이 X의 확률분포를 구할 수 있다.

표 5.5 2명 가운데 통계학 수강으로 고민하는 학생 수의 확률분포

X	$P(X=x)$
0	0.09
1	0.42
2	0.49
합계	1.00

5.3 이산확률변수의 평균

이산확률변수 X의 평균은 **기댓값** (expected value) 이라고도 하며, $E(X)$ 또는 μ_X로 표현한다. 이산확률변수의 평균 (또는 기댓값) 은 우리가 어떤 실험을 수많이 반복할 때 평균적으로 관찰될 것으로 기대되는 값이다. 예를 들면, 어떤 휴대폰 대리점의 영업사원이 평균 하루에 3.6대의 휴대폰을 판매한다고 하자. 이것은 이 영업사원이 매일 정확하게 3.6대의 휴대폰을 판매한다는 의미가 아니다. 이것은 여러 날을 관찰한다면 이 영업사원은 경우에 따라 매일 판매하는 휴대폰의 수가 다르겠지만, 여러 날을 평균하여 계산하면 매일 3.6대를 판매한다는 의미이다. 이산확률변수 X의 평균은 X의 각 값에 그 대응되는 확률을 가중치로 한 다음 그 결과를 합하여 계산한다. 이 가중합을 이산확률변수 X의 평균(또는 기댓값)이라고 한다.

> **이산확률변수의 평균**
>
> 이산확률변수 X의 평균은 어떤 실험을 수많이 실행할 때 평균적으로 관찰될 것으로 기대되는 값을 의미하며, μ_X 또는 $E(X)$로 표현하고 기댓값이라고도 한다.
>
> $$\mu_X = E(X) = \sum xp(x)$$

예제 5.5

[예제 5.3]의 [표 5.4]로부터 X는 주당 기계의 고장횟수를 나타내고 $p(x)$는 X에 대응되는 확률이다.

X	$P(X=x)$
0	0.05
1	0.10
2	0.30
3	0.25
4	0.20
5	0.10

이 기계에 대한 주당 평균고장횟수를 구하여라.

풀이 이 기계의 주당 평균고장횟수를 구하기 위하여 X의 각 값과 그 대응되는 확률을 곱하고 그 결과를 합한다. [표 5.6]에 $xp(x)$와 X의 평균인 이들의 합 $\sum xp(x)$가 계산되어 있다. 평균값은

$$\mu = E(X) = \sum xp(x) = 2.75$$

가 된다. 그러므로 이 기계는 주당 2.75회 고장날 것으로 기대된다. 즉, 이 기계를 여러 주 사용하게 되면 어떤 주는 고장이 한 번도 발생하지 않는 반면에 어떤 주는 1번, 2번, 3번, 4번, 5번 발

표 5.6 고장횟수의 확률분포에 대한 평균값의 계산

X	$p(x)$	$xp(x)$
0	0.05	$0(0.05) = 0.00$
1	0.10	$1(0.10) = 0.10$
2	0.30	$2(0.30) = 0.60$
3	0.25	$3(0.25) = 0.75$
4	0.20	$4(0.20) = 0.80$
5	0.10	$5(0.10) = 0.50$
		$\sum xp(x) = 2.75$

생하게 된다. 그러므로 이 기계를 사용하는 전체 기간 동안 이 기계의 평균고장횟수는 2.75회로 기대된다. ■

5.4 이산확률변수의 표준편차

σ로 표현되는 이산확률변수의 표준편차는 이산확률분포의 퍼짐에 대한 측도이다. 이산확률변수의 표준편차가 큰 값을 갖게 되면 확률변수 X가 취하는 값들이 평균을 주위로 넓게 퍼져 있음을 의미한다. 이와 반대로 표준편차가 작은 값을 가지면 X의 값들이 평균 주위에 가깝게 몰려 있음을 의미한다. 이산확률변수의 표준편차를 계산하는 기본공식은 다음과 같다.

$$\sigma = \sqrt{\sum (x-\mu)^2 p(x)}$$

그러나 이산확률변수의 표준편차를 계산하기 위하여 다음의 공식을 이용하면 간편하게 계산할 수 있다.

이산확률변수의 표준편차

이산확률변수 X의 표준편차는 확률분포가 얼마나 퍼져 있는가를 측정하기 위하여 사용되며, 다음 공식으로 계산할 수 있다.

$$\sigma = \sqrt{\sum x^2 p(x) - \mu^2}$$

이산확률변수의 분산인 σ^2은 표준편차를 제곱함으로써 구할 수 있다. [예제 5.6]은 이산확률변수의 표준편차를 계산하는 방법을 보여 준다.

예제 5.6

어떤 전자회사는 TV에서 사용되는 반도체 부품을 생산하고 있다. 그 전자회사의 품질검사관이

TV회사에 부품을 보내기 전 각 부품들의 불량여부를 검사하는 데도 불구하고 몇 개의 불량품들이 발견되지 않은 채 검사대를 통과한다. X를 반도체 부품들이 500개씩 포장된 상자에 포함된 불량품들의 숫자라고 하자. 다음 표는 X의 확률분포를 나타낸 것이다.

X	0	1	2	3
$p(x)$	0.25	0.40	0.25	0.10

X의 표준편차를 계산하여라.

풀이 [표 5.7]은 X의 표준편차를 계산하는 데 필요한 모든 계산을 보여 준다.

표 5.7 표준편차를 찾기 위한 계산

X	$p(x)$	$xp(x)$	x^2	$x^2p(x)$
0	0.25	0.00	0	0.00
1	0.40	0.40	1	0.40
2	0.25	0.50	4	1.00
3	0.10	0.30	9	0.90
		$\sum xp(x)=1.2$		$\sum x^2p(x)=2.3$

다음의 단계를 통하여 X의 표준편차를 계산할 수 있다.

단계 1. 이산확률변수의 평균을 계산한다.
[표 5.7]의 세 번째 열에 있는 $xp(x)$의 합을 계산하여 X의 평균값을 구한다.

$$\mu = E(X) = \sum xp(x) = 1.2$$

즉, 부품들이 500개씩 포장된 상자 가운데 평균 1.2개의 불량품이 포함되리라고 예상할 수 있다.

단계 2. $\sum x^2p(x)$의 값을 계산한다.
[표 5.7]에서 X의 값을 제곱하여 네 번째 열에 적은 다음, x^2의 값과 $p(x)$의 값을 곱하여 다섯 번째 열에 적는다. 그 계산 결과는

$$\sum x^2 p(x) = 2.3$$

이다.

단계 3. X의 표준편차를 구하는 공식에 μ와 $\sum x^2p(x)$의 값을 대입한다. 표준편차는

$$\sigma = \sqrt{\sum x^2 p(x) - \mu^2} = \sqrt{2.3 - 1.2^2} = \sqrt{0.86} \approx 0.93$$

을 얻는다. 그러므로 부품들이 500개씩 포장된 상자에 평균 1.2개의 불량품이 포함되어 있고, 그 표준편차는 대략 0.93개이다.
이산확률변수의 표준편차는 양의 제곱근값을 사용하므로 절대로 음이 될 수 없다. ■

예제 5.7

어떤 음료수 회사는 새 제품에 대한 시장성 조사를 하고 있다. 그 회사의 기획부서의 분석에 의하면 새 제품이 아주 많이 팔리는 경우에는 매년 5억 원의 수익을 예상하고, 그 제품이 다른 제품처럼 보통으로 팔린다면 매년 2억 원의 수익을 예상하며, 만약 그 제품의 판매가 저조한 경우에는 매년 1억 원의 손실이 예상된다. 이 세 가지 경우가 발생할 확률은 각각 0.3, 0.5, 0.2이다.

(1) X를 그 제품으로 얻는 연간 수익 (단위: 억 원) 이라고 하자. X의 확률분포를 적어라.

(2) X의 평균과 표준편차를 계산하여라.

풀이 (1) 다음 표는 X의 확률분포를 나타낸 것이다. X는 그 제품으로부터의 수익을 나타내므로 손실은 음으로 표시되어 있다.

X	$P(X=x)$
5	0.3
2	0.5
−1	0.2

(2) [표 5.8]은 X의 평균과 표준편차 계산에 필요한 계산과정을 나타낸 것이다.

표 5.8 평균과 표준편차를 구하기 위한 계산

X	$p(x)$	$xp(x)$	x^2	$x^2p(x)$
5	0.3	1.5	25	7.5
2	0.5	1.0	4	2.0
−1	0.2	−0.2	1	−0.2
		$\sum xp(x)=2.3$		$\sum x^2p(x)=9.7$

그러므로 X의 평균 μ와 표준편차 σ는 다음과 같다.

$$\mu = E(X) = \sum xp(x) = 2.3$$

$$\sigma = \sqrt{\sum x^2 p(x) - \mu^2} = \sqrt{9.7 - 2.3^2} \approx 2.1$$

그러므로 그 회사는 새 제품으로부터 평균 연간 2.3억 원의 수입을 예상하고, 그 표준편차는 대략 2억 원으로 예상한다. ■

표준편차의 해석

이산확률변수의 표준편차는 3장에서 구한 표준편차와 같은 방법으로 해석할 수도 있다. **체비셰프 (Chebyshev) 의 정리**에 의하면 확률분포를 나타내는 곡선 아래 총면적의 적어도 $[1-(1/k^2)]\times 100\,(\%)$는 평균의 k 표준편차 이내에 해당된다. 여기서 k는 1보다 큰 임의의 수가 될 수 있다. 그러므로 $k=3$이라면 어떤 곡선 아래 면적의 적어도 89%는 $\mu-3\sigma$와 $\mu+3\sigma$ 사이에 있게 된다. 또한 [예제 5.6]으로부터 평균과 표준편차는 각각 $\mu=1.2$,

$\sigma \approx 0.93$이다.

또한 평균 μ를 중심으로 $\pm 3\sigma$에 해당되는 값은 다음과 같다.

$$\mu - 3\sigma = 1.2 - 3(0.93) = -1.59$$
$$\mu + 3\sigma = 1.2 + 3(0.93) = 3.99$$

따라서 체비셰프의 정리를 적용하면 (500개의 부품이 들어 있는) 상자들의 적어도 89%는 각 상자 안에 대략 0개에서 4개의 불량품이 들어 있을 것이라고 기대한다.

5.5 팩토리얼과 조합

여기서는 5.6절에서 소개되는 이항분포 공식에서 나오는 팩토리얼과 조합에 대하여 설명한다.

5.5.1 팩토리얼

부호 !는 **팩토리얼** (factorial) 을 표현한다. 어떤 숫자의 팩토리얼의 값은 그 숫자부터 1까지 모든 정수를 내림차순으로 곱함으로써 구해진다. 예를 들면 7!은 7팩토리얼로 읽고, 7부터 1까지 모든 정수를 내림차순으로 곱함으로써 계산된다.

> **팩토리얼**
> n!은 n부터 1까지 모든 정수를 내림차순으로 곱함으로써 계산된다. 즉,
> $$n! = n(n-1)(n-2)\cdots(2)(1)$$
> 이다. 그리고 $0! = 1$로 정의한다.

예제 5.8

5!의 값을 계산하여라.

풀이 5!의 값을 계산하기 위하여 5부터 1까지 모든 정수를 곱한다.

$$5! = 5 \times 4 \times 3 \times 2 \times 1 = 120$$ ■

예제 5.9

8!의 값을 계산하여라.

풀이 8!의 값은 8부터 1까지 모든 정수를 곱함으로써 계산할 수 있다.

$$8! = 8 \times 7 \times 6 \times 5 \times 4 \times 3 \times 2 \times 1 = 40320$$ ■

5.5.2 조합

우리는 흔히 서로 구별이 되는 많은 사물들로부터 몇 개를 골라내는 문제를 만나게 된다. 예를 들면, 어떤 학생이 편의점에 가서 서로 다른 10종류의 컵라면으로부터 두 개의 컵라면을 선택해야 하는 경우가 있다. 또 다른 예로서 6명의 교수들로 구성된 어떤 학과에서 입시를 위한 위원회 구성을 위하여 3명을 선택해야 하는 일이 발생할 수 있다. 또는 어떤 사람이 복권을 사기 위하여 45개의 숫자 가운데 4개의 숫자를 골라야 되는 경우가 있다. 이러한 경우에는 얼마나 많은 경우의 수가 있는지 계산할 수 있다. 예를 들면, 네 개의 문항 a, b, c, d가 있는 시험을 치는 학생은 네 개의 문항 가운데 두 개의 문항을 선택하는 방법은 모두 몇 가지나 있는지 생각할 수 있다. 정답은 아래와 같이 모두 여섯 가지 경우가 있을 수 있다.

(a와 b), (a와 c), (a와 d), (b와 c), (b와 d), (c와 d)

이와 같이 서로 구별되는 물체들로부터 몇 가지를 선택하는 가능한 경우의 수들을 **조합**(combination)이라고 한다. 위의 여섯 가지의 경우들은 서로 다른 값들로 구성되어 구별이 된다. 여섯 가지 각각의 경우에 대해서 두 문제들의 순서는 중요하지 않다. 즉, (c와 b), (b와 c) 의 경우처럼 배열의 순서가 바뀐 경우는 한 가지의 조합으로 간주한다.

서로 구별되는 n개로부터 x개를 골라내는 조합의 수를 팩토리얼을 이용하여 다음 공식으로 표현할 수 있다.

$${}_nC_x = \frac{n!}{x!(n-x)!}$$

여기서 $(n-x)!$은 다음과 같다.

$$(n-x)! = (n-x) \times (n-x-1) \times (n-x-2) \times \cdots \times 3 \times 2 \times 1$$

그리고 $n \geq x$이어야 한다.

> **조합의 표현방법**
>
> 조합이란 서로 구별이 되는 n개의 물체로부터 x개를 골라내는 경우의 수를 말하고, 다음과 같이 나타내며 n choose x로 읽는다.
>
> $${}_nC_x = \frac{n!}{x!(n-x)!}$$

예제 5.10

어떤 커피매장에는 다섯 종류의 다른 향을 갖는 커피를 판매하고 있다. 이 커피 매장에서 두 종류의 서로 다른 향을 갖는 커피를 맛보려고 한다면 얼마나 많은 경우의 수가 있을 수 있는가?

풀이 이 예제에서

n= 커피향의 종류의 수=5

x= 택하려는 커피의 종류의 수=2

그러므로 다섯 종류의 향을 갖는 커피 가운데서 두 종류의 향을 선택하려는 경우의 수는

$$_5C_2 = \frac{5!}{2!3!} = 10$$

이다. 그러므로 모두 10가지가 된다. ■

예제 5.11

네 명의 교수들로 구성된 학과에서 세 명의 교수를 선발하여 위원회를 구성하려고 한다. 얼마나 많은 경우의 수가 있는가?

풀이 모두 네 명이 있고 그들 가운데서 세 명을 선택해야 하므로 $n=4$, $x=3$이 된다. 따라서 조합의 수는 다음과 같다.

$$_4C_3 = \frac{4!}{3!1!} = 4$$

만약 네 명의 교수들을 A, B, C, D로 나타낸다고 한다면, 세 명의 교수들로 구성된 위원회의 네 가지 가능한 결합은 다음과 같다.

ABC, ABD, ACD, BCD ■

5.6 이항확률분포

이산확률분포에는 여러 가지 분포가 있으나 가장 먼저 소개되고 많이 사용되는 분포는 **이항확률분포**(binomial probability distribution)이다. 이항확률분포는 어떤 통계적 실험에서 n번을 실행했을 때 우리의 관심의 대상이 되는 어떤 결과가 x번 일어나는 확률을 찾을 때 사용된다. 예를 들어 어느 회사에서 생산한 휴대전화기가 불량일 확률을 0.01이라고 한다면, 이 회사에서 생산된 수많은 휴대전화기 가운데 임의로 선택한 다섯 대의 휴대 전화기 중 정확히 한 개가 불량일 확률을 찾을 때 이항확률분포를 이용하여 그 확률을 찾을 수 있다. 또 다른 예로서 평균 타율이 3할인 한 야구 선수가 20번 타석에 나타나서 한 번도 안타를 칠 수 없는 경우의 확률을 구할 때 이항확률분포를 사용할 수 있다.

이항확률분포를 구성하는 확률변수 X의 값은 연속적인 값이 아닌 이산값을 취해야 하고, 매번의 실험결과는 반드시 두 가지 결과 가운데 하나의 결과를 취해야 한다. 이항확률분포는 지금부터 구체적으로 설명되는 이항실험의 네 가지 조건을 모두 만족해야만 한다. 이항실험에서 매번 반복하는 실험을 **베르누이 시행**(Bernoulli trial)이라고 한다. 예를 들면, 앞에서 언급한 휴대전화기를 검사하는 것 또는 야구 선수가 타석에 들어서는 시행을 베르누

이 시행이라 하고, 다섯 대의 전화기를 검사한다면 5회의 시행을 한 것이고, 20번 타석에 들어서면 20회 시행을 한 것이 된다.

5.6.1 이항실험

이항실험은 다음의 네 가지 조건을 모두 만족해야 한다.

1. 횟수가 미리 정해진 번의 실험, 즉 n번의 동일한 시행을 한다. 즉, 실험이 n번 반복될 때 각 실험은 모두 동일한 조건에서 시행되어야 한다.
2. 각각의 시행결과는 반드시 두 가지 결과만 나타난다. 즉, 동전을 던지면 앞면 또는 뒷면이 나타나고, 전화기를 검사하면 정상 또는 불량으로 판정을 내리고, 어떤 실험을 하면 성공 또는 실패의 결과가 나타난다.
3. 성공의 확률은 p, 실패의 확률은 q로 나타낸다. 여기서 $q=1-p$이다. 즉, 실험결과는 반드시 두 가지로 나타나므로 $p+q=1$이 되어야 한다. 그리고 p와 q의 확률은 매번 시행을 할 때마다 변해서는 안 되고 항상 일정해야 한다.
4. 각각의 시행은 서로 독립이다. 즉, 어떤 시행의 결과는 다른 시행의 결과에 영향을 주지도 않고 받지도 않는다.

> **이항실험의 조건**
> 이항실험은 다음의 네 가지 조건을 만족해야 한다.
> 1. 유한 번, 즉 n번의 동일한 시행을 한다.
> 2. 각각의 시행의 결과는 반드시 두 가지만 나타난다.
> 3. 그 두 가지 결과에 대한 확률은 항상 일정하다.
> 4. 각각의 시행은 서로 독립이다.

어떤 시행의 결과로 나타나는 가능한 결과들을 성공과 실패라고 한다. 여기서 성공이란 그 시행에서 관심의 대상이 되는 결과를 의미하는 것이지, 그 결과가 바람직한 결과라는 것을 의미하지는 않는다.

예제 5.12

앞면과 뒷면이 있는 정상적인 동전을 5번 던지는 실험을 한다고 하자. 이 실험이 위의 이항실험의 조건을 만족하는 이항실험이 되는지, 아닌지를 결정하여라.

풀이 동전을 5번 던지는 실험은 이항실험의 네 가지 조건을 모두 만족한다. 왜냐하면

1. 전체 5번을 던지는 실험은 유한 번의 동일한 실험을 5회 시행하므로 n번의 동일한 시행이 된다.
2. 5번 던지는 실험에서 매번 시행의 결과는 앞면 아니면 뒷면만 나타나므로 두 가지 결과만 갖게 된다.
3. 정상적인 동전이라면 앞면(성공)을 얻게 될 확률은 1/2이고, 뒷면(실패)을 얻게 될 확률도

1/2이 된다. 즉,

$$p = P(H) = 1/2,\ q = P(T) = 1/2.$$

이 두 결과의 확률의 합은 1.0이다. 그리고 5번 동전을 던질 때 이들의 확률은 변하지 않고 항상 일정하다.

4. 매번의 시행(던지는 실험)은 서로 독립이다. 즉, 이전에 동전을 던진 결과는 다음에 동전을 던지는 결과에 영향을 주지 않는다.

따라서 5번의 동전을 던지는 실험은 이항실험이 된다. ■

예제 5.13

반도체를 생산하는 어떤 전자회사에서 생산되는 부품의 2%는 불량품이다. 다섯 개의 부품이 회사의 생산라인에서 임의로 선택되고 난 뒤, 각 제품이 불량품인지 양품인지가 검사된다. 이 실험은 이항실험인가?

풀이 1. 이 예제는 유한 번의 실험으로서, 다섯 번의 동일한 시행을 하여 부품을 선택하였다.

2. 각 시행의 결과는 두 가지로서, 부품이 불량품인 경우와 양품인 경우가 있다. 불량품인 부품을 성공이라고 하면 양품인 부품은 실패가 된다.
3. 모든 부품의 2%는 불량품이므로, 어떤 부품이 불량일 확률 p는 0.02이다. 그리고 어떤 부품이 양품일 확률은 0.98이다. 이 두 확률의 합은 1이다.
4. 각각의 선택된 부품은 서로 독립이다. 만약 어떤 부품이 불량이라면 이 결과는 다음의 부품이 불량품인지 양품인지의 결과에 영향을 미치지 않는다. 왜냐하면 각 부품은 임의로 선택되었기 때문이다.

위와 같이 이항실험의 네 가지 결과를 모두 만족하므로 이항실험이 된다. ■

5.6.2 이항분포와 이항공식

n번의 시행으로 이루어진 이항실험에서 성공의 횟수를 확률변수 X로서 **이항확률변수**라고 하고, X의 확률분포를 **이항확률분포** 또는 간단히 줄여서 **이항분포**라고도 한다. 그러므로 이항확률분포는 n번의 이항실험에서 x번의 성공의 확률을 찾는 데 사용될 수 있다. 실험에서 x번의 성공의 횟수는 이산확률변수이다. [예제 5.13]의 다섯 개의 부품 가운데서 불량품의 수를 X라고 하자. 이때 부품 가운데 나타날 수 있는 가능한 불량품의 수는 0, 1, 2, 3, 4, 5가 된다. X의 값들은 셀 수 있기 때문에 이산확률변수가 된다.

이항확률분포의 공식

이항실험에서 n번의 시행 가운데서 정확히 x번의 성공을 얻을 확률은 다음의 이항확률분포의 공식으로부터 구할 수 있다.

$$P(X = x) = {}_nC_x\, p^x (1-p)^{n-x}, \quad x = 0,\ 1,\ 2, \cdots, n; \quad 0 \le p \le 1$$

여기서 n = 전체 시행의 횟수
p = 성공의 확률
x = n번의 시행 가운데 성공의 횟수

이항확률분포의 공식에서 n은 전체 시행의 횟수이고, x는 성공의 횟수를 의미하므로 $n-x$는 실패의 횟수가 된다. ${}_nC_x$는 n번의 시행 가운데서 x번의 성공을 얻는 모든 가능한 경우의 수, 즉 조합의 값을 의미하고, p와 $q=1-p$는 각각 성공과 실패의 확률을 의미한다. 두 가지 결과 가운데서 어느 것을 성공으로 할 것인지 실패로 할 것인지는 문제가 되지 않는다. 이항문제를 풀기 위하여 n, x, p의 값들을 결정한 다음 이항공식에 그 값들을 대입하여 계산한다. 이항실험에서 n번의 시행 가운데 x번의 성공을 얻을 확률을 찾기 위해서는 n과 p만의 값만 필요하므로 이 값들을 이항확률분포의 모수 또는 **이항모수**라고 한다.

예제 5.14

어떤 전자회사에서 생산되는 전자부품의 2%는 불량품이라고 한다. 품질관리 검사관은 생산라인에서 다섯 개의 부품을 임의로 선택하였다. 다섯 개의 부품 가운데 정확히 한 개만 불량품일 확률은 얼마인가?

풀이 확률을 계산하기 위하여 사건 B와 G를 다음과 같이 정의하자.

B : 선택된 부품이 불량품인 사건
G : 선택된 부품이 양품인 사건

다섯 개의 부품 각각이 불량품이거나 양품이 될 수 있으므로 모두 가능한 결과는 2^5인 32가지의 결과가 나타난다. 그 가운데서 다섯 가지는 정확히 하나의 부품이 불량품이다. 그 다섯 가지 결과는 $BGGGG$, $GBGGG$, $GGBGG$, $GGGBG$, $GGGGB$가 된다.
이 회사에서 생산되는 부품의 2%가 불량품이므로 부품의 98%는 양품이다. 그러므로 임의로 선택된 부품이 불량품일 확률은 0.02이고, 양품일 확률은 0.98이 된다.

$$P(B)=0.02,\ P(G)=0.98$$

다섯 개의 부품을 임의로 선택한 경우 서로 서로 독립으로 볼 수 있으므로 정확히 하나의 불량품을 갖는 다섯 가지 결과의 확률은 다음과 같이 계산된다.

$$P(BGGGG)=P(B)\,P(G)\,P(G)\,P(G)\,P(G)=0.02)(0.98)^4\approx 0.0184$$
$$P(GBGGG)=P(G)\,P(\mathrm{B})\,P(G)\,P(G)\,P(G)=(0.02)(0.98)^4\approx 0.0184$$
$$P(GGBGG)=P(G)\,P(G)\,P(B)\,P(G)\,P(G)=(0.02)(0.98)^4\approx 0.0184$$
$$P(GGGBG)=P(G)\,P(G)\,P(G)\,P(B)\,P(G)=(0.02)(0.98)^4\approx 0.0184$$
$$P(GGGGB)=P(G)\,P(G)\,P(G)\,P(G)\,P(B)=(0.02)(0.98)^4\approx 0.0184$$

$P(BGGGG)$는 다섯 사건의 결합 확률로서, 첫 번째 부품이 불량품이고 두 번째부터 다섯 번째

부품이 모두 양품인 사건의 결합 확률을 의미한다. 이 확률을 계산하기 위하여 4장에서 배운 독립사건의 곱셈법칙을 이용하였다.
만약 *BGGGG* 또는 *GBGGG* 또는 *GGBGG* 또는 *GGGBG* 또는 *GGGGB*의 결과가 일어난 다면 정확히 하나의 부품이 불량품인 사건을 의미한다. 그러므로 4장의 덧셈법칙으로부터 이 다섯 가지 결과의 합사건에 대한 확률은 세 개의 확률을 합함으로써 계산될 수 있다.

$$\begin{aligned}&P(\text{다섯 개 가운데 한 개가 불량품})\\&=P(BGGGG \text{ 또는 } GBGGG \text{ 또는 } GGBGG \text{ 또는 } GGGBG \text{ 또는 } GGGGB)\\&=P(BGGGG)+P(GBGGG)+P(GGBGG)+P(GGGBG)+P(GGGGB)\\&\approx 0.0184+0.0184+0.0184+0.0184+0.0184\\&=0.0920\end{aligned}$$

이 확률을 계산하기 위하여 이항확률분포의 공식을 사용하자. 불량품인 부품을 선택하는 것을 성공이라고 하고, 양품인 부품을 선택하는 것을 실패라고 하면

$$\begin{aligned}&n=\text{총 시행의 수}=5\\&x=\text{성공의 수}=\text{불량품인 부품의 수}=1\\&n-x=\text{실패의 수}=\text{정상품인 부품의 수}=4\\&p=P(\text{성공})=0.02\\&q=P(\text{실패})=0.98.\end{aligned}$$

그러므로 이항공식을 사용하면

$$P(X=1)={}_5C_1(0.02)^1(0.98)^4\approx 0.0922$$

이다. 여기서 ${}_5C_1=5$는 다섯 개의 부품 가운데 한 개의 부품이 불량품이 나오는 모든 가능한 경우의 수를 말한다. ■

예제 5.15

H 택배회사에서는 고객으로부터 주문받은 물건을 목적지까지 약속한 시간에 배달하지 못하면 모든 운반요금을 환불하는 정책을 사용하고 있다. 그러나 이 회사의 과거의 자료로부터 배달하려는 물건의 4%는 목적지까지 약속시간에 배달하지 못하는 것으로 알려져 있다. 어느 날 이 회사가 8개의 물건을 배달한다고 가정하자.

(1) 8개의 물건 가운데 정확히 1개를 목적지까지 약속시간에 배달하지 못할 확률은 얼마인가?

(2) 8개의 물건 가운데 적어도 1개를 목적지까지 약속시간에 배달하지 못할 확률은 얼마인가?

풀이 물건을 목적지까지 약속시간에 배달하지 못한 경우를 성공이라고 하고 배달하는 경우를 실패라고 하자. 그러면

$$\begin{aligned}&n=\text{전달하려는 총 물건의 수}=8\\&p=P(\text{성공})=0.04\end{aligned}$$

$q = P(\text{실패}) = 0.96$

이 된다.

(1) 8개의 물건 가운데 1개를 배달하지 못하므로 x와 $n-x$는 다음과 같다.

$x = \text{성공의 수} = 1$
$n-x = \text{실패의 수} = 7$

이 되므로, 이항확률분포의 공식에 대입하면

$$P(X=1) = {}_8C_1(0.04)^1(0.96)^7 \approx 0.2405$$

가 된다. 그러므로 8개의 물건 가운데 정확히 1개를 목적지까지 약속시간에 배달하지 못할 확률은 0.2405가 된다.

(2) 8개의 물건 가운데 적어도 1개를 목적지까지 약속시간에 배달하지 못할 확률은

$$\begin{aligned} P(X \geq 1) &= 1 - P(x=0) \\ &= 1 - {}_8C_0(0.04)^0(0.96)^8 \\ &= 1 - 0.7214 = 0.2786 \end{aligned}$$

■

예제 5.16

어느 여론조사의 결과에 따르면 현재 도시 근로자의 70%는 승용차를 구입할 때 할부로 구입한다고 알려졌다. 그 도시의 근로자들 가운데서 임의로 선발한 3명 중 승용차를 할부로 구입한 사람의 수를 X라고 하자. X의 확률분포를 표로 작성한 다음, 막대그래프로 그려라.

풀이 X는 임의로 선발한 도시 근로자 3명 가운데 차를 할부로 구입한 사람의 수이므로, $n-x$는 할부로 구입하지 않은 사람의 수가 된다. 그러므로

$n = \text{표본에 포함된 총 도시 근로자의 수} = 3$
$p = P(\text{어떤 사람이 할부로 차를 구입하는 것}) = 0.7$
$q = P(\text{어떤 사람이 할부로 차를 구입하지 않는 것}) = 0.3$

X가 취할 수 있는 가능한 숫자는 0, 1, 2, 3이므로, 이 값들에 대한 확률의 계산은 이항확률분포의 공식을 사용하여 다음과 같이 계산할 수 있다.

$$\begin{aligned} X=0\text{일 경우: } & P(X=0) = {}_3C_0(0.7)^0(0.3)^3 = 0.027 \\ X=1\text{일 경우: } & P(X=1) = {}_3C_1(0.7)^1(0.3)^2 = 0.189 \\ X=2\text{일 경우: } & P(X=2) = {}_3C_2(0.7)^2(0.3)^1 = 0.441 \\ X=3\text{일 경우: } & P(X=3) = {}_3C_3(0.7)^3(0.3)^0 = 0.343 \end{aligned}$$

이 확률을 [표 5.9]에 정리하였고, [그림 5.4]는 [표 5.9]의 확률분포를 막대그래프로 그린 것이다.

표 5.9 X의 확률분포

X	$P(X=x)$
0	0.027
1	0.189
2	0.441
3	0.343

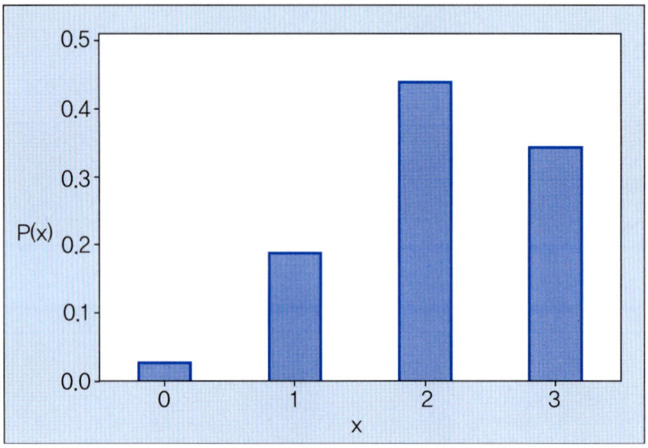

그림 5.4 X의 확률분포에 대한 막대그래프

■

5.6.3 성공의 확률과 이항분포의 모양

이항확률분포에서 확률 p는 0에서 1까지의 값을 취하므로, p의 값에 따라 확률분포의 모양을 알 수 있다. 이항확률분포에서 임의의 값 n에 대하여

1. $p=0.5$이면 이항확률분포는 대칭이다.
2. $p<0.5$이면 이항확률분포는 왼쪽으로 치우치고, 오른쪽으로 긴 꼬리 모양을 갖는다.
3. $p>0.5$이면 이항확률분포는 오른쪽으로 치우치고, 왼쪽으로 긴 꼬리 모양을 갖는다.

위의 세 경우는 다음의 예와 그래프를 통하여 확인할 수 있다.

1. $n=10$, $p=0.5$라고 하자. 그러면 X의 확률분포는 [표 5.10]과 같이 작성되고, 그래프를 그리면 [그림 5.5]와 같이 대칭인 모양을 갖는다.

표 5.10 $n = 10, p = 0.5$일 때 확률분포

X	$P(X=x)$
0	0.00098
1	0.00977
2	0.04395
3	0.11719
4	0.20508
5	0.24609
6	0.20508
7	0.11719
8	0.04395
9	0.00977
10	0.00098

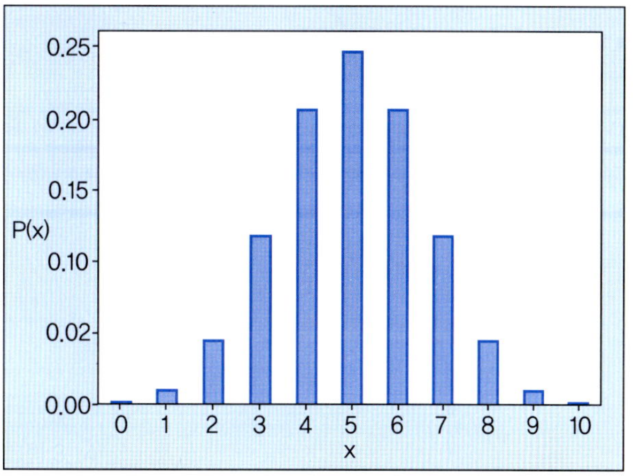

그림 5.5 [표 5.10]의 이항분포의 막대그래프

2. $n=10$, $p=0.3$일 때 X의 확률분포는 [표 5.11]과 같이 작성되고, 그래프를 그리면 [그림 5.6]과 같이 왼쪽으로 치우치고, 오른쪽으로 긴 꼬리의 모양을 갖는다.

표 5.11 $n = 10, p = 0.3$일 때 확률분포

X	$P(X=x)$
0	0.02825
1	0.12106
2	0.23347
3	0.26683
4	0.20012
5	0.10292
6	0.03676
7	0.00900
8	0.00145
9	0.00014
10	0.00001

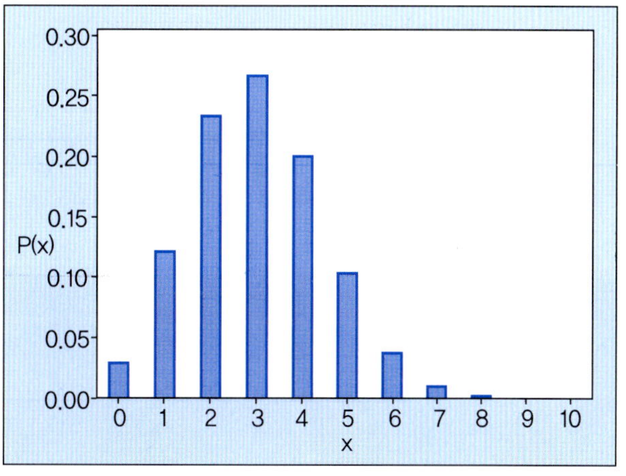

그림 5.6 [표 5.11]의 이항분포의 막대그래프

3. $n=10$, $p=$ 0.7일 때 X의 확률분포는 [표 5.12]와 같이 작성되고, 그래프를 그리면 [그림 5.7]과 같이 오른쪽으로 치우치고, 왼쪽으로 긴 꼬리의 모양을 갖는다.

표 5.12 $n = 10, p = 0.7$일 때 확률분포

X	$P(X=x)$
0	0.00001
1	0.00014
2	0.00145
3	0.00900
4	0.03676
5	0.10292
6	0.20012
7	0.26683
8	0.23347
9	0.12106
10	0.02825

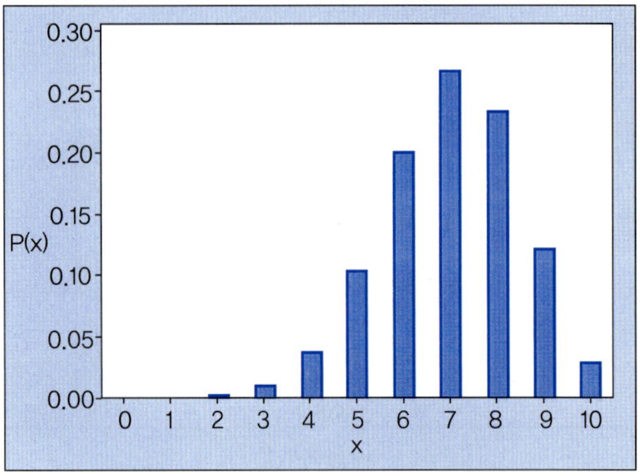

그림 5.7 [표 5.12]의 이항분포의 막대그래프

5.6.4 이항확률분포의 평균과 표준편차

이항확률분포를 하는 확률변수의 평균과 표준편차는 다음과 같이 계산할 수 있다.

> **이항확률분포의 평균과 표준편차**
> 이항분포의 평균과 표준편차는 다음과 같다.
>
> $$\mu = np, \ \sigma = \sqrt{npq}$$
>
> 여기서, n = 전체 시행의 횟수, p = 성공의 확률, q = 실패의 확률

예제 5.17

최근 시행된 건강검진에서 영업용 택시기사의 25%는 척추관련 질환으로 고통을 당하고 있는 것으로 나타났다. 이 결과가 현재 영업용 택시기사의 모집단에 그대로 적용된다고 가정해 보자. 50명의 운전자를 표본으로 선택하였을 때, X를 이 표본에 있는 척추관련 질환이 있는 운전자의 숫자라고 하자. X의 확률분포에 대한 평균과 표준편차를 구하여라.

풀이 이 문제에서 표본에 있는 각 운전자는 척추관련 질환이 있는 자이거나 없는 자인 두 가지 결과만 갖기 때문에 이를 전체 시행의 숫자가 50인 이항확률실험으로 볼 수 있고, 이 두 결과에 대한 확률은 각각 0.25와 0.75가 된다. 즉,

$$n = 50, \ p = 0.25, \ q = 0.75$$

이항분포의 평균과 표준편차에 대한 공식을 이용하여 다음과 같이 계산된다.

$$\mu = np = 50\,(0.25) = 12.5$$
$$\sigma = \sqrt{npq} = \sqrt{(50)(0.25)(0.75)} \approx 3.06$$

그러므로 X의 평균은 12.5이고, 표준편차는 대략 3.06이다. 평균값은 실험을 반복할 때마다 평균적으로 기대되는 값이다. 만약에 우리가 50명의 운전자로 구성된 표본을 많이 구해 본다면 각 표본마다 표준편차는 3.06을 가지고, 평균적으로 12명 또는 13명의 운전자는 척추관련 질환이 있는 자라고 기대된다. ■

5.7 초기하확률분포

5.6절에서 이항분포를 적용하기 위해 필요한 조건들을 배웠다. 즉, 각 시행에는 두 가지 결과가 있고, 그 확률은 항상 일정해야 하며, 각 시행은 서로 독립이어야 한다. 만약 그 시행이 독립이 아니라면 n번의 시행에서 x번의 성공의 확률을 찾기 위하여 이항확률분포를 적용할 수 없다. 이러한 조건이 성립하지 않는 경우, 즉 유한모집단으로부터 표본을 비복원추출을 하는 경우에는 **초기하분포** (hypergeometric distribution) 를 적용한다.

예를 들면, 어떤 회사에서 생산되는 자동차 부품 중 2%가 불량품이라고 하자. 4개의 자동차 부품이 임의로 선택될 때, 4개의 부품 가운데 3개가 양품일 확률은 얼마인가? 이 경우 모집단이 매우 크다면 첫 번째, 두 번째, 세 번째, 네 번째 부품이 불량품일 확률은 0.02로서 같다고 볼 수 있다. 양품일 확률도 0.98로서 항상 일정하다고 가정할 수 있어서, 4개의 부품 가운데 3개의 양품이 있을 확률은 이항분포를 이용하여 구할 수 있다.

그러나 이 회사 어느 대리점으로 50개의 부품을 운반했는데, 나중에 그 가운데 5개가 불량품이었다는 것을 알았다고 하자. 그 회사에서 대리점으로 연락을 취했을 때는 벌써 4개의 부품을 팔았다고 가정하자. 이 경우 4개의 부품 가운데 3개는 양품이고 1개는 불량품일 확률은 얼마인가? 여기서 4개의 부품이 대리점에 운반된 50개의 부품 가운데서 비복원추출로 선택되었다면 1개의 부품이 불량품일 확률은 첫 번째 부품이 선택될 때, 두 번째 부품이 선택될 때, 세 번째 부품이 선택될 때, 네 번째 부품이 선택될 때마다 바뀌게 된다. 즉, 부품이 선택될 때마다 불량품이 나타날 확률이 이항분포일 때처럼 일정하게 유지되지 못하고 바뀌는 경우에는 초기하분포를 적용하여 필요한 확률을 계산한다.

초기하확률분포

n번의 시행 가운데 x번의 성공이 일어날 확률은 다음과 같이 계산된다.

$$P(X=x)=\frac{{}_{r}C_{x}\,{}_{N-r}C_{n-x}}{{}_{N}C_{n}}; \quad \max\{0,\ n-(N-r)\}\le x\le \min\{n,\ r\}$$

여기서 N = 모집단에 있는 모든 원소의 수 (모집단의 크기)

r = 모집단에 있는 성공의 수

$N-r$ = 모집단에 있는 실패의 수

n = 시행의 수 (표본의 크기)

$x = n$ 번의 시행(표본) 가운데 성공의 수
$n - x = n$ 번의 시행(표본) 가운데 실패의 수

예제 5.18

어느 가전제품회사는 지난 주 한 대리점에 50개의 최신형 TV를 운반하였다. 나중에 그 회사는 그중에 1개가 불량품이라는 것을 알고 대리점에 연락을 하였더니 4개가 벌써 팔렸다고 한다. 4개 가운데서 3개가 양품이고 1개가 불량품일 확률은 얼마인가?

풀이 양품을 성공이라 하고 불량품을 실패라고 하자. 그러면 공식으로부터

N = 모집단에 있는 모든 TV의 수 = 50
r = 모집단에 있는 양품인 TV의 수 = 49
$N - r$ = 모집단에 있는 불량품인 TV의 수 = 1
n = 시행의 수(표본의 크기) = 4
x = 4번의 시행(표본) 가운데 성공(양품)의 수 = 3
$n - x$ = 4번의 시행(표본) 가운데 실패(불량품)의 수 = 1

초기하확률분포의 공식을 사용하여 필요한 확률은 다음과 같이 계산된다.

$$P(X=3) = \frac{{}_rC_x \, {}_{N-r}C_{n-x}}{{}_NC_n} = \frac{{}_{49}C_3 \, {}_1C_1}{{}_{50}C_4} = 0.08$$

그러므로 팔린 4개의 최신형 TV 가운데서 3개가 양품이고 1개가 불량품일 확률은 0.08이다. ■

예제 5.19

한 대학교의 통계학과는 10명의 교수들로 구성되어 있다. 그들 가운데 6명은 여성이고, 4명은 남성이다. 이 학과에서 10명 가운데 3명을 선발하여 신입생 선발을 위한 위원회를 구성하려고 한다.

(1) 10명 가운데 선발된 3명 모두가 여성일 확률을 구하여라.
(2) 10명 가운데 선발된 3명 중에서 적어도 1명이 여성일 확률을 구하여라.

풀이 여성을 선발한 경우를 성공이라 하고, 남성을 선발한 경우를 실패라고 하자.

(1) 공식을 이용하기 위하여 다음 값을 정한다.

N = 모집단에 있는 교수의 수 = 10
r = 모집단에 있는 성공(여성)의 수 = 6
$N - r$ = 모집단에 있는 실패(남성)의 수 = 4
n = 선발되는 교수의 수(표본의 크기) = 3
x = 3명(표본)을 선발할 때 성공(여성)의 수 = 3
$n - x$ = 3명(표본)을 선발할 때 실패(남성)의 수 = 0

초기하확률분포의 식을 사용하면 다음과 같이 확률을 계산할 수 있다.

$$P(X=3)=\frac{{}_rC_x\,{}_{N-r}C_{n-x}}{{}_NC_n}=\frac{{}_6C_3\,{}_4C_0}{{}_{10}C_3}\approx 0.1667$$

그러므로 10명의 교수 가운데 선발된 3명 모두가 여성일 확률은 대략 0.1667이다.

(2) 10명 가운데 선발된 3명 중에서 적어도 1명이 여성일 확률은 여성이 1명도 없거나 여성이 단 1명 포함된 확률의 합하여 구할 수 있다.

우선 선발된 3명 중에서 여성이 1명도 없을 확률은 초기하확률분포의 식을 사용하여 확률을 계산하면 다음과 같다.

$$P(X=0)=\frac{{}_rC_x\,{}_{N-r}C_{n-x}}{{}_NC_n}=\frac{{}_6C_0\,{}_4C_3}{{}_{10}C_3}\approx 0.0333$$

같은 방법으로 초기하확률분포의 식을 사용하여 선발된 3명 중에서 여성이 1명 포함될 확률은 다음과 같다.

$$P(X=1)=\frac{{}_rC_x\,{}_{N-r}C_{n-x}}{{}_NC_n}=\frac{{}_6C_1\,{}_4C_2}{{}_{10}C_3}=0.3$$

그러므로 10명 가운데 선발된 3명 중에서 적어도 1명이 여성일 확률은

$$P(X\geq 1)=1-P(X=0)\approx 1-0.0333=0.9667$$

이 된다. ■

5.8 음이항분포

통계적 실험에서 성공의 확률이 p인 베르누이 시행을 독립적으로 반복 시행할 때 처음으로 r번 성공할 때까지의 시행횟수를 확률변수 X라 하고, 처음으로 r번 성공할 때까지의 실패횟수를 확률변수 Y라 하자. 이때 확률변수 X와 Y는 r, p를 모수로 갖는 **음이항분포**(negative binominal distribution)를 따른다고 한다. 연구자가 무엇에 관심을 갖느냐에 따라 X와 Y 중 하나를 선택하여 사용하며, 일반적으로 실패횟수를 나타내는 Y에 관심을 갖는 경우가 더 많다. X와 Y의 확률질량함수는 각각 아래와 같이 표현할 수 있다.

음이항 확률분포의 두 가지 표현 방법

① $X=r$번째 성공이 일어날 때까지의 총 시행횟수

- $\{X=n\}=\{n$번째 시행에서 r번째 성공이 일어남$\}$
  $=\{$처음 $n-1$번의 시행에서 $r-1$번의 성공, n번째 시행은 반드시 성공$\}$
- 확률질량함수:

$$P(X=n)=\binom{n-1}{r-1}p^r(1-p)^{n-r}, \qquad n=r, r+1, ...$$

② $Y=r$번째 성공을 얻을 때까지의 실패의 총 횟수

- $\{Y=y\}=\{$처음 $y+r-1$회에서 $r-1$회의 성공, $y+r$번째 시행에서 성공$\}$

  $\because$ $Y+r=$정확히 r회 성공하는 데 필요한 시행의 횟수.

- 확률질량함수:

$$P(Y=y)=\begin{cases}\binom{r+y-1}{y}p^r(1-p)^y & y=0, 1, 2, ... \\ 0 & \text{그 외에}\end{cases}$$

참고: $\binom{r+y-1}{y}=\dfrac{(r+y-1)!}{(r-1)!y!}=\dfrac{\Gamma(r+y)!}{\Gamma(r)\Gamma(y+1)}$

음이항분포의 평균과 분산

- $E[X]=\dfrac{r}{p}$, $V[X]=\dfrac{r(1-p)}{p^2}$
- $E[Y]=E[X-r]=\dfrac{r(1-p)}{p}$, $\qquad V[Y]=V[X-r]=\dfrac{r(1-p)}{p^2}$

5.9 포아송확률분포

이산확률분포 가운데 이항분포 다음으로 많이 활용되는 분포 가운데 하나는 프랑스의 수학자 포아송(Simeon D. Poisson)의 이름을 따서 지어진 **포아송확률분포**(Poisson probability distribution)이다. 컴퓨터와 같은 가전제품의 고장이 6개월 평균 두 번 일어난다고 가정하자. 우리는 다음 6개월 동안 정확히 한 번 고장날 확률을 구하는 문제는 포아송확률분포를 이용하여 해결할 수 있다. 이와 같이 컴퓨터에서 일어나는 고장을 포아송확률분포에서는 사건의 발생(occurrence)이라고 한다. 포아송확률분포는 사건들이 랜덤하게 독립적으로 발생하는 실험에 적용된다. 여기서 **랜덤**(random, **임의**)이란 사건의 발생에 어떤 패턴이 없기 때문에 예측할 수 없다는 의미이다. 그리고 발생된 사건은 다음 사건의 발생에 영향을 미치지 않는다는 의미에서 **독립**(independent)이라고 한다. 사건의 발생은 항상 주어진 기간 동안에 발생된 사건의 수를 고려한다. 컴퓨터의 예에서, 주어진 기간이란 6개월을 의미한다. 만약 주어진 기간 동안 사건들의 평균 발생 수를 안다면 포아송확률분포를 사용하여 그 기간 동안에 발생하는 사건들의 확률을 계산할 수 있다.

포아송확률분포를 적용하기 위한 조건

포아송확률분포를 적용하기 위해서는 다음 세 가지 조건들이 만족되어야 한다.

1. X는 이산확률변수이어야 한다.

2. 사건들의 발생은 랜덤이어야 한다.
3. 사건들의 발생은 독립이어야 한다.

어떤 기간 내에서 실제로 발생하는 사건들의 수를 X라고 하자. 어떤 사건의 발생이 랜덤이면서 독립인 이산확률변수라고 할 때, 다음 예들은 포아송분포를 적용할 수 있다.

1. 하루 동안 한 가정에 외부로부터 걸려오는 전화통화의 수를 고려해 보자. 이 예는 한 가정에 걸려오는 전화통화는 사건의 발생이 되고, 기간은 1일 (시간적 구간) 이 된다. 그리고 전화가 걸려오는 것은 랜덤하게 발생한다 (즉, 그러한 전화가 걸려오는 특정한 시간은 없다). 어느 주어진 하루 동안 한 가정에 외부로부터 걸려올 수 있는 전화 통화의 총 숫자는 0, 1, 2, ⋯ 가 될 것이다. 이 예제에서 사건의 발생이 독립이라는 것은 전화 통화가 개별적으로 걸려오고, 그 전화 통화들은 서로 관련이 없다는 것을 의미한다.
2. 새로 발간된 어떤 신간서적에 있는 오타의 숫자를 고려해 보자. 이 경우 페이지당 오타의 수는 0, 1, 2, ⋯ 개가 될 것이다. 이 예에서 한 페이지 (양적인 구간) 가 주어진 기간이 된다. 페이지당 발생 가능한 오타의 수는 이론적으로 0, 1, 2, ⋯ 개가 될 수 있기 때문에 사건의 발생 (오타의 수) 은 랜덤이 된다. 오타의 발생은 서로 독립이라고 가정한다.
3. 한 방직공장에서 생산되는 어떤 섬유의 1 m 길이마다 나타나는 결점의 수를 고려해 보자. 이 섬유의 1 m (거리적 구간) 는 주어진 기간에 해당된다. 이 섬유에서 나타나는 결점의 수는 0, 1, 2, ⋯ 개가 가능하므로 사건의 발생 (결점의 수) 은 랜덤이 된다. 이러한 결점의 수는 서로 독립이라고 가정한다.

다음의 예들도 포아송분포를 적용할 수 있다.

1. 일주일 동안 서울의 한 교차로에서 발생되는 교통사고의 수
2. 한 시간 동안 은행의 한 지점에 방문하는 고객의 수
3. 일주일 동안 대형할인매장의 고객서비스센터에 걸려오는 전화통화의 수

이와는 반대로 어느 치과에 도착하는 환자의 수를 고려해 보자. 치료를 받기 위해 약속을 해야 한다면 환자의 도착은 랜덤이 아니다. 그리고 어느 철도역을 통과하는 특정방향의 기차의 도착은 랜덤이 아니다. 왜냐하면 특정방향의 기차는 도착시간이 예정되어 있기 때문이다 (물론 예정시간보다 빨리 도착하거나 늦게 도착하는 경우에는 약간의 차이가 있을 수 있다). 포아송분포는 이러한 예에는 적용할 수 없다.

포아송분포의 용어 가운데 어느 기간 내에 발생하는 사건의 평균발생 횟수를 λ라고 하고, 그 기간 동안에 실제로 발생하는 사건의 횟수를 X로 나타내면, 주어진 기간 동안 평균 발생의 수가 λ이고, 그 기간 동안에 x개의 사건이 발생할 확률은 포아송분포를 이용하여

구할 수 있다.

> **포아송확률분포의 공식**
>
> 이산확률변수 X가 포아송확률분포에 따를 때, 어느 기간 동안 x개의 사건이 발생할 확률은
>
> $$P(X=x)=\frac{e^{-\lambda}\lambda^{x}}{x!},\quad x=0,1,2,\cdots;\quad \lambda>0$$
>
> 이다. 여기서 λ는 그 기간 동안 평균발생의 수이고, e의 값은 약 2.718280이 된다.

어느 기간 동안 사건의 평균발생횟수인 람다를 λ로 나타내고 **포아송확률분포의 모수**라고 한다. 주어진 x의 값에 대한 확률을 계산하기 위해서 λ의 값만 알면 된다.

예제 5.20

평균적으로 어느 가정에서는 한 주 동안 8번의 전화가 잘못 걸려온다고 가정해 보자. 포아송분포를 이용하여 그 가정에서 한 주 동안 잘못 걸려온 전화를 5번 받을 확률을 계산하여라.

풀이 λ를 그 가정에서 한 주 동안 평균적으로 잘못 걸려오는 전화통화의 수라고 하자. 그러면 $\lambda=8$이 된다. X를 한 주 동안 그 가정에서 잘못 걸려오는 전화통화의 수라고 한다면 $X=5$가 되는 확률을 포아송확률분포의 공식을 이용하여 다음과 같이 구할 수 있다.

$$P(X=5)=\frac{e^{-\lambda}\lambda^{x}}{x!}=\frac{e^{-8}8^{5}}{5!}\approx 0.0916$$ ■

예제 5.21

대형할인매장의 고객서비스센터에는 제품과 관련된 불만전화가 하루 평균 네 통화가 걸려온다고 한다.

(1) 내일 이 센터에 제품관련 불만전화가 정확히 두 통화가 올 확률은 얼마인가?

(2) 내일 이 센터에 제품관련 불만전화가 적어도 한 통화가 올 확률은 얼마인가?

풀이 하루에 평균적으로 걸려오는 불만전화의 수를 λ라 하고 이 센터에 내일 걸려올 불만전화의 수를 X라고 하자. 그러면 $\lambda=4$가 된다.

(1) 내일 정확히 두 통화가 올 확률은 다음과 같다.

$$P(X=2)=\frac{e^{-\lambda}\lambda^{x}}{x!}=\frac{e^{-4}4^{2}}{2!}\approx 0.1465$$

(2) 내일 적어도 한 통화가 올 확률은

$$P(X\geq 1)=1-P(X=0)=1-\frac{e^{-4}4^{0}}{0!}\approx 0.9817$$

포아송확률분포에서 한 가지 중요한 점은 λ의 기간과 X의 기간은 서로 같아야 한다. 만약 서로

같지 않다면 평균 λ의 값은 서로 같도록 다시 정의하여 확률을 계산한다. ■

예제 5.22

어느 TV 홈쇼핑회사는 판매한 제품을 소비자가 일주일 동안 자유롭게 사용할 수 있도록 하였다. 만약 제품이 만족스럽지 않을 때는 고객이 그 기간 내에 상품을 반송해 준다면 제품값을 환불해 준다고 약속하였다. 그 회사의 과거 기록에 의하면 회사에서 판매한 20개의 제품 가운데 평균 2개가 기간 내에 반송되어 환불하였다고 한다. 포아송분포를 사용하여 주어진 날 이 회사에서 판매한 100개의 제품 가운데 정확히 8개가 반송되어 환불될 확률을 구하여라.

풀이 100개의 제품 가운데서 환불을 위하여 반송될 제품의 수를 X개라고 한다면 $P(X=8)$이 될 확률을 찾으려고 한다. 주어진 평균은 20개의 제품에 대하여 정의되었으나 x는 100개의 제품에 대하여 정의되었다. 그러므로 100개의 제품에 대한 평균을 먼저 찾아야 한다. 20개의 제품 가운데 2개가 반송되므로 100개의 제품에 대해서는 10개가 반송된다. 그러므로 $\lambda=10$, $x=8$을 포아송확률분포의 공식에 대입하여 다음과 같이 확률을 계산한다.

$$P(X=8)=\frac{e^{-\lambda}\lambda^{x}}{x!}=\frac{e^{-10}10^{8}}{8!}\approx 0.1126$$

그러므로 주어진 날 이 회사에서 판매한 100개의 제품 가운데 정확히 8개가 반송되어 환불될 확률은 대략 0.1126이 된다. ■

[예제 5.22]는 실제로 $p=2/20=0.1$, $n=100$, $x=8$인 이항분포 문제로 생각할 수 있다. 즉, 성공의 확률(판매된 제품이 반송될 확률)은 0.1이고, 시행의 횟수(판매된 제품)는 100이다. 이 경우에 8개의 성공이 일어날 확률을 계산하는 것과 같다. 그러나 이 예제에서는 포아송 분포를 사용하여 이항분포의 문제를 근삿값으로 계산하였다. 이항분포를 사용하여 확률을 계산하면 다음과 같다.

$$P(X=8)={}_{100}C_{8}(0.1)^{8}(0.9)^{92}\approx 0.1148$$

그러므로 $P(X=8)$일 확률은 이항분포를 사용하여 풀면 대략 0.1148이 된다.

여기서 보는 바와 같이 n이 클 때는 이항확률분포의 공식을 이용하여 계산하는 것보다 포아송분포를 사용하는 것이 더 간편하다. 일반적으로 $n\geq 20$, $p\leq 0.05$의 값을 갖는 이항분포의 문제를 해결하기 위하여 이항분포에 대한 근삿값을 찾을 수 있는 포아송분포를 사용한다. 나중에 6장에서 이항분포에 대한 근사로서 정규분포를 사용하는 것에 대해서 배운다.

5.9.1 포아송확률표의 사용

포아송분포에 대한 확률은 부록의 표를 이용하여 계산할 수 있다. 다음 예제를 이용하여 포아송확률분포표를 작성하고, 그래프를 그려보자.

예제 5.23

어느 자동차 영업사원은 하루 평균 0.6대의 차를 판다. X를 어느 주어진 날 이 영업사원에 의하여 판매된 차량의 수라고 하자. 포아송확률분포표를 이용하여 X의 확률분포표를 적고, 그래프를 그려라.

풀이 이 영업사원에 의해 하루에 판매되는 평균차량의 수를 λ라고 하면 $\lambda=0.6$이 된다. 부록의 표 또는 포아송확률분포의 공식으로부터 $\lambda=0.6$일 때, X의 확률분포표를 [표 5.13]과 같이 작성할 수 있다. 그리고 작성된 표를 이용하여 [그림 5.8]과 같이 확률분포를 막대그래프로 그릴 수 있다.

표 5.13 $\lambda=0.6$에 대한 X의 확률분포표

X	$P(X=x)$
0	0.5488
1	0.3293
2	0.0988
3	0.0198
4	0.0030
5	0.0004

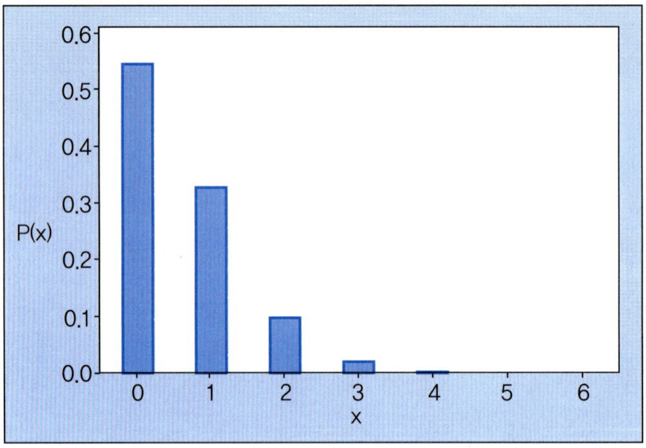

그림 5.8 [표 5.13]의 확률분포에 대한 막대그래프

[표 5.13]에서 $\lambda=0.6$에 대한 X의 확률변수들의 값 가운데 가장 큰 X의 값은 5이다. 그러나 이것은 이 영업사원이 어느 주어진 날 차를 5대보다 더 많이 팔 수 없다는 것을 의미하지는 않는다. 단지 6대 이상의 차를 팔 확률이 매우 작다는 의미이다. 실제로 $\lambda=0.6$일 때, $x=6$이 되는 확률은 포아송분포의 공식을 사용하여 계산하면 0.0000356이 된다. 이 값을 소수 넷째 자리로 반올림하면 0.0000이 되므로 [표 5.13]에 기록하지 않았다. ■

5.9.2 포아송분포의 평균과 표준편차

포아송확률분포의 평균과 분산은 모두 λ와 같다. 즉, 포아송확률분포는 다음 특성을 갖는다.

$$\mu = \lambda,\ \sigma^2 = \lambda,\ \sigma = \sqrt{\lambda}$$

그러므로 [예제 5.23]에서 확률변수 X의 평균과 분산 및 표준편차는 다음과 같이 계산된다.

$$\mu = 0.6,\ \sigma^2 = 0.6,\ \sigma = \sqrt{0.6}$$

5.10 R 실습

R에서는 특정 확률분포에 해당하는 이름이 있고, 그 이름에 따른 인자(argument)가 있다. 또한 각 확률분포의 이름 앞에 다음과 같은 첫 글자가 나타나면 특정 함수를 실행하게 된다.

첫 글자	함수의 기능
d	확률(density) 계산
p	누적확률(cummulative probability) 계산
q	백분위수(quantile) 계산
r	확률난수(random) 생성

시행횟수가 n이고 성공확률이 p인 이항확률분포에 대한 각 함수들에 대한 형식과 실행결과는 다음과 같다.

형식	실행결과
dbinom(x, size=n, prob=p)	bin(n,p)로부터 $P(X=x)$를 계산함
pbinom(x, size=n, prob=p)	bin(n,p)로부터 $P(X\le x)$를 계산함
qbinom(p, size=n, prob=p)	bin(n,p)로부터 $p\times100$분위수를 계산함
rbinom(m, size=n, prob=p)	bin(n,p)로부터 m개의 이항확률변수를 생성함

5.7절에서 언급한 초기하확률변수와 포아송확률변수에 대해서는 각각 hyper와 pois라는 이름을 사용한다. 특히 초기하분포의 경우 dhyper(x, m, n, k)에서 인자 m, n, k는 5.7절의 기호로 표시하면 $m=r$, $n=N-r$, $k=n$이 된다.

1. 교통 사망사고 중 60%가 음주운전 때문이라고 하자. 3건의 교통 사망사고를 조사하였을 때 확률변수 X를 음주운전으로 인한 사망사건의 수라 하면 X는 이항분포 $B(3, 0.6)$을 이룬다.

   ① 우선 팩토리얼과 조합을 구해 보자. 3!, 100!, ${}_3C_1$을 각각 구해 보면 다음과 같다.

```
> # 팩토리얼
> factorial(3)
[1] 6
> factorial(100)
[1] 9.332622e+157
> # 조합
> choose(3,1)
[1] 3
> factorial(3)/(factorial(2)*factorial(1))
[1] 3
```

② 이항분포 $B(3, 0.6)$에서 확률분포표, 누적확률, 확률난수(확률난수값은 시행할 때마다 달라진다) 등을 다음과 같이 구해 보자.

```
> # 이항분포 B(3,0.6)에서의 확률질량함수
> x=c(0,1,2,3)
> p.x=dbinom(0:3,size=3,prob=0.6)
> x
[1] 0 1 2 3
> p.x
[1] 0.064 0.288 0.432 0.216
> dbinom(0:3,3,0.6)
[1] 0.064 0.288 0.432 0.216
> # 이항분포표 B(3,0.6)
> names(p.x)=c("0","1","2","3")
> p.x
0     1     2     3
0.064 0.288 0.432 0.216
> # 이항분포 B(3,0.6)에서의 이항계수
> choose(3,0:3)
[1] 1 3 3 1
> # 이항분포 B(3,0.6)에서의 확률질량함수
> choose(3,0:3)*(0.6)^(0:3)*(1-0.6)^(3:0)
[1] 0.064 0.288 0.432 0.216
> dbinom(0:3,3,0.6)
[1] 0.064 0.288 0.432 0.216
> # 이항분포 B(3,0.6)에서의 Pr[X<=2]
> pbinom(2,3,0.6)
[1] 0.784
> sum(dbinom(0:2,3,0.6))
[1] 0.784
> # 이항분포 B(3,0.6)에서의 Pr[X=2]
> dbinom(2,3,0.6)
[1] 0.432
> pbinom(2,3,0.6)-pbinom(1,3,0.6)
[1] 0.432
> # 이항분포 B(3,0.6)에서의 누적분포함수
```

```
> # (cumulative distribution function) Pr[X<=x]
> cdf.x=pbinom(x,3,0.6)
> names(cdf.x)=c("0","1","2","3")
> cdf.x
0     1     2     3
0.064 0.352 0.784 1.000
> # 이항분포 B(3,0.6)에서의 난수 5개
> sample1=rbinom(5,3,0.6)
> sample1
[1] 2 1 2 1 2
```

③ 이항분포 $B(3,\ 0.6)$ 에서의 평균과 분산을 구해 보자. 또한 이항분포 $B(3,\ 0.6)$ 에서 확률난수 10,000개를 뽑아 (확률난수값은 시행할 때마다 달라진다) 이 10,000개로 이루는 분포가 이항분포 $B(3,\ 0.6)$ 를 따르는지 확인해 보자. 이 10,000개로 이루는 분포의 평균과 분산이 이항분포 $B(3,\ 0.6)$ 에서의 평균과 분산과 아주 유사함을 알 수 있다. 이 10,000개로 이루는 분포를 막대그래프로 그려 볼 수 있다. 이항분포 $B(3,\ 0.6)$에서의 확률질량함수와 비교하면 유사하게 따라감을 알 수 있다.

```
> # 이항분포 B(3, 0.6)에서의 평균 3*0.6=1.8,
> # 분산 3*0.6*0.4=0.72
> e.x=sum(x*px)
> e.x
[1] 1.8
> var.x=sum((x-e.x)^2*px)
> var.x
[1] 0.72
> sample2=rbinom(10000,3,0.6)
> mean(sample2)
[1] 1.7996
> var(sample2)
[1] 0.7187117
> table(sample2)
sample2
0    1    2    3
628 2912 4296 2164
> barplot(table(sample2), main="10,000개의 확률난수에 의한 막대그래프")
```

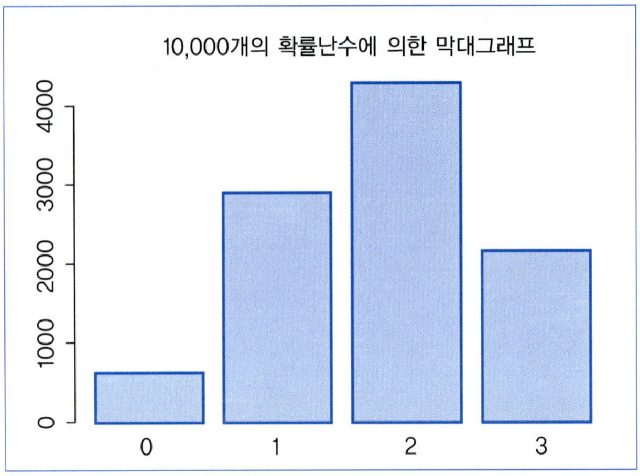

이항분포 $B(3, 0.6)$ 와 누적분포함수 $P(X \le x)$ 를 그려보면 다음과 같다. plot 함수에서 type="h"란 수직으로 그리라는 것이고, type="s"란 값을 만날 때마다 수평으로 간 후 그 다음에 수직으로 가라는 것이다.

```
> # 이항분포 B(3, 0.6)와 누적분포함수 Pr[X<=x]
> par(mfrow=c(1,2))
> x=-1:4
> y=dbinom(x,3,0.6)
> plot(x,y,type="h",xlab="x",ylab="f(x)",ylim=c(0,1.0))
> title("Binomial density")
> z=pbinom(x,3,0.6)
> plot(x,z,type="s",xlab="x",ylab="F(x)",ylim=c(0,1.0))
> title("Binomial CDF")
```

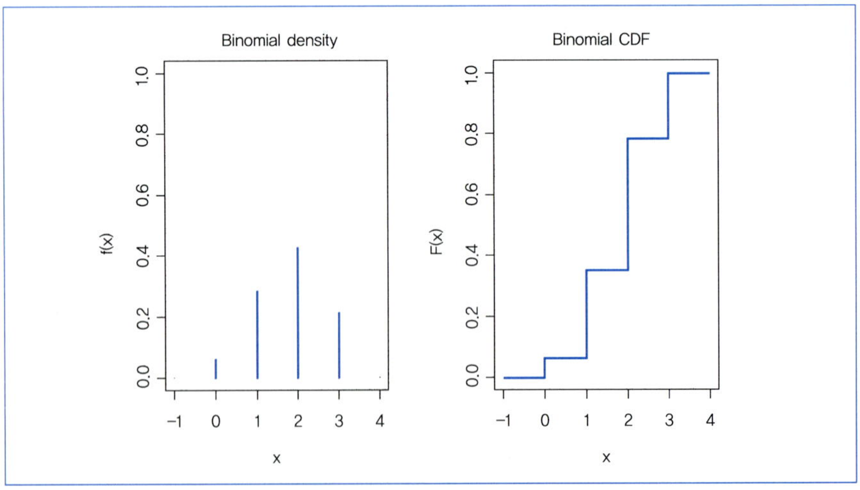

2. 동전을 100번 던지는 시행을 이항분포를 이용하여 시행해 보자. '1'이면 앞면, '0'이면 뒷면이다. 동전의 앞면이 나올 확률을 구해 보면 시행순서가 커지면서 0.5에 다가감을 알 수 있다.

```
> # 동전던지기
> rbinom(100,1,0.5)
[1]  0 1 0 0 0 0 1 1 1 1 1 1 0 0 1 0 0 1 1 0 1 0 0 1 1 0 1 0 1 0 1 0 1 1 1 0 1
[38] 1 1 1 0 1 1 0 0 0 1 0 1 1 1 1 0 1 1 1 1 1 0 0 1 0 0 0 1 0 0 0 1 0 1 0 1 0
[75] 0 1 0 0 1 0 1 1 1 0 1 0 1 1 1 0 1 1 0 1 0 1 0 1 0 0
> # 동전의 앞면이 나올 확률
> rcoin=rbinom(100,1,0.5)
> rcoin
[1]  0 1 1 1 1 0 1 1 1 1 1 0 0 1 0 0 0 1 1 1 1 0 1 1 1 1 1 0 1 1 0 0 0 1 1 1 1
[38] 1 1 0 0 1 1 1 0 1 0 0 0 1 0 1 1 1 1 1 0 0 1 0 0 1 1 1 0 1 1 1 1 0 1 0 1 0
[75] 1 0 1 1 0 0 0 0 1 1 0 0 1 0 1 1 0 1 0 1 1 1 0 0 1 1
> cumsum(rcoin)
[1]   0  1  2  3  4  4  5  6  7  8  9  9  9 10 10 10 10 11 12 13 14 14 15 16 17
[26] 18 19 19 20 21 21 21 21 22 23 24 25 26 27 27 27 28 29 30 30 31 31 31 31 32
[51] 32 33 34 35 36 37 37 37 38 38 38 39 40 41 41 42 43 44 45 45 46 46 47 47 48
[76] 48 49 50 50 50 50 50 51 52 52 52 53 53 54 55 55 56 56 57 58 59 59 59 60 61
> n=length(rcoin)
> cumsum(rcoin)/1:n
[1]  0.0000000 0.5000000 0.6666667 0.7500000 0.8000000 0.6666667 0.7142857
[8]  0.7500000 0.7777778 0.8000000 0.8181818 0.7500000 0.6923077 0.7142857
[15] 0.6666667 0.6250000 0.5882353 0.6111111 0.6315789 0.6500000 0.6666667
[22] 0.6363636 0.6521739 0.6666667 0.6800000 0.6923077 0.7037037 0.6785714
[29] 0.6896552 0.7000000 0.6774194 0.6562500 0.6363636 0.6470588 0.6571429
[36] 0.6666667 0.6756757 0.6842105 0.6923077 0.6750000 0.6585366 0.6666667
[43] 0.6744186 0.6818182 0.6666667 0.6739130 0.6595745 0.6458333 0.6326531
[50] 0.6400000 0.6274510 0.6346154 0.6415094 0.6481481 0.6545455 0.6607143
[57] 0.6491228 0.6379310 0.6440678 0.6333333 0.6229508 0.6290323 0.6349206
[64] 0.6406250 0.6307692 0.6363636 0.6417910 0.6470588 0.6521739 0.6428571
[71] 0.6478873 0.6388889 0.6438356 0.6351351 0.6400000 0.6315789 0.6363636
[78] 0.6410256 0.6329114 0.6250000 0.6172840 0.6097561 0.6144578 0.6190476
[85] 0.6117647 0.6046512 0.6091954 0.6022727 0.6067416 0.6111111 0.6043956
[92] 0.6086957 0.6021505 0.6063830 0.6105263 0.6145833 0.6082474 0.6020408
[99] 0.6060606 0.6100000
```

3. 시행횟수가 10이고 성공률 $p=0.3$, 0.5, 0.7일 때의 이항분포의 변화에 대하여 알아보자.

```
> # 성공률의 변화에 따른 이항분포의 변화
> par(mfrow=c(1,3))
> x=c(0:10)
> y1=dbinom(x,10,0.3)
> plot(x,y1,type="h",xlab="x",ylab="f(x)",ylim=c(0,0.3))
> title("p=0.3")
> y2=dbinom(x,10,0.5)
> plot(x,y2,type="h",xlab="x",ylab="f(x)",ylim=c(0,0.3))
> title("p=0.5")
> y3=dbinom(x,10,0.7)
> plot(x,y3,type="h",xlab="x",ylab="f(x)",ylim=c(0,0.3))
> title("p=0.7")
```

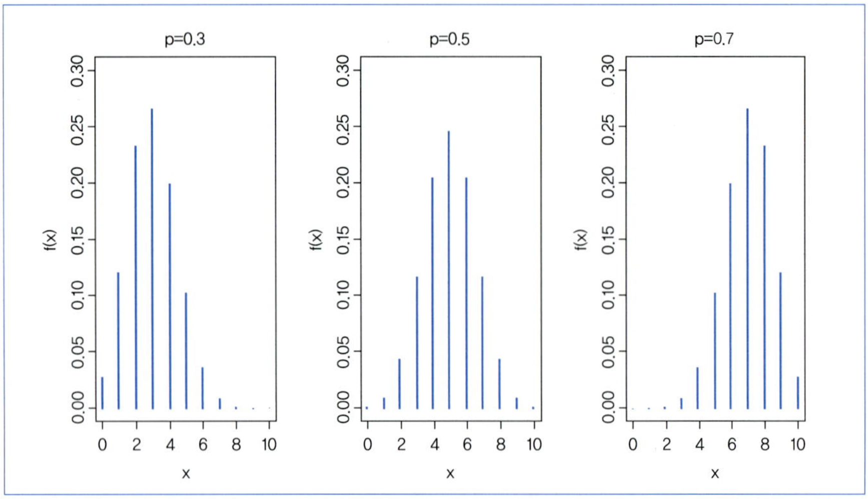

4. 어떤 제조업체에서는 한 상자에 25개의 제품을 집어넣는다. 상자별로 검사를 시행하는데, 상자에서 4개를 랜덤하게 뽑아 제품을 검사한 후 불량품의 개수가 없을 때 이 상자를 합격시킨다고 한다.

(1) 원래 불량품의 개수가 25개 중 5개일 때 상자가 합격할 확률을 구하여라.

(2) 원래 불량품의 개수가 25개 중 $r(0 \le r \le 25)$개일 때 합격할 확률을 그림으로 그려 보아라.

풀이

(1)

```
> # 초기하분포(불량품개수=5,양품개수=20,검사개수=4)
> accept.box=dhyper(0,5,20,4)
> accept.box
[1] 0.3830040
```

(2)

```
> # 초기하분포(불량품개수=r,양품개수=25-r,검사개수=4)
> par(mfrow=c(1,1))
> r=c(0:25)
> accept.box.r=dhyper(0,r,25-r,4)
> accept=cbind(r,accept.box.r)
> accept
r accept.box.r
[1,] 0 1.000000e+00
[2,] 1 8.400000e-01
[3,] 2 7.000000e-01
[4,] 3 5.782609e-01
[5,] 4 4.731225e-01
[6,] 5 3.830040e-01
[7,] 6 3.064032e-01
[8,] 7 2.418972e-01
```

```
[9,] 8 1.881423e-01
[10,] 9 1.438735e-01
[11,] 10 1.079051e-01
[12,] 11 7.913043e-02
[13,] 12 5.652174e-02
[14,] 13 3.913043e-02
[15,] 14 2.608696e-02
[16,] 15 1.660079e-02
[17,] 16 9.960474e-03
[18,] 17 5.533597e-03
[19,] 18 2.766798e-03
[20,] 19 1.185771e-03
[21,] 20 3.952569e-04
[22,] 21 7.905138e-05
[23,] 22 0.000000e+00
[24,] 23 0.000000e+00
[25,] 24 0.000000e+00
[26,] 25 0.000000e+00
> plot(r,accept.box.r,xlab="불량품개수",ylab="합격할 확률")
```

5. 한 달(4주)에 4건의 사고가 나는 교차로가 있다.

(1) 어떤 주에 교통사고가 전혀 없을 확률을 구하여라.

(2) 어떤 주에 교통사고가 2건 이상 날 확률을 구하여라.

(3) 이 교차로에서 교통사고 건수를 $X(0 \le X \le 10)$이라고 할 때 확률질량함수를 구하고, 확률분포를 그려라.

풀이

(1) 한 주에 1건의 사고가 나므로 $\lambda = 1$이다. 그러므로 $P(X=0) = e^{-1} \approx 0.3679$이다.

```
> # 포아송분포(lambda=1)에서 P[X=0]
> dpois(0,1)
[1] 0.3678794
```

(2) $P(X \ge 2) = 1 - P(X \le 1) \approx 0.2642$

```
> # 포아송분포(lambda=1)에서 Pr[X>=2]
> 1-ppois(1,1)
[1] 0.2642411
```

(3)

```
> # 포아송분포(lambda=1,0<=X<=10)
> x=c(0:10)
> dpois(x,1)
[1] 3.678794e-01 3.678794e-01 1.839397e-01 6.131324e-02 1.532831e-02
[6] 3.065662e-03 5.109437e-04 7.299195e-05 9.123994e-06 1.013777e-06
```

```
[11] 1.013777e-07
> poi.x=cbind(x,dpois(x,1))
> poi.x
x
[1,] 0 3.678794e-01
[2,] 1 3.678794e-01
[3,] 2 1.839397e-01
[4,] 3 6.131324e-02
[5,] 4 1.532831e-02
[6,] 5 3.065662e-03
[7,] 6 5.109437e-04
[8,] 7 7.299195e-05
[9,] 8 9.123994e-06
[10,] 9 1.013777e-06
[11,] 10 1.013777e-07
plot(poi.x,type="h",xlab="x",ylab="f(x)",ylim=c(0,0.4),main="포아송분포(lambda=1)")
```

5.11 연습문제

5.1 다음 표에 주어진 확률분포를 이용하여 다음을 계산하여라.

X	0	1	2	3	4	5
$P(X=x)$	0.1	0.12	0.16	0.2	0.4	0.02

(1) $P(X \geq 4)$

(2) $P(X \leq 2)$

(3) $P(1 \leq X \leq 3)$

(4) 확률변수 X의 평균과 분산

5.2 한 개의 동전을 3번 던져 나오는 뒷면의 수를 X라고 할 때, 다음 물음에 답하여라.

(1) 확률변수 X의 확률분포를 구하여라.

(2) 확률변수 X의 평균과 분산을 각각 구하여라.

(3) $P(X<2)$을 구하여라.

5.3 어느 반에서 전체 30명의 학생 중에서 5명을 뽑아 학교 홍보팀을 구성하고자 한다. 선발과정은 무작위로 이루어지고, 그 반에 남학생은 10명 있다고 하자.

(1) 홍보팀이 전부 여학생들로 구성될 확률은 얼마인가?

(2) 홍보팀에 적어도 2명 이상이 남자일 확률은 얼마인가?

5.4 어느 유치원에서 지난 1년간 유치원생들의 비만결과를 조사한 결과 평균적으로 10%의 학생이 비만인 것으로 나타났다. 올해에도 비만인 학생의 비율이 작년과 같다고 한다. 이때 임의로 추출된 100명의 학생 중 비만인 학생이 5명 이하일 확률을 X라고 하자.

(1) 이항분포를 이용하여 X를 구하여라.

(2) 포아송분포를 이용하여 X를 구하여라.

(3) (1)과 (2)를 비교하여라.

5.5 어느 학생이 수학문제를 풀 때 오답률이 0.1이라고 한다. 이 학생이 임의로 추출된 20개의 수학문제를 푼다고 할 때 다음 물음에 답하여라.

(1) 수학문제를 2개 이하로 틀릴 확률

(2) 수학문제를 2개 이상 6개 이하로 틀릴 확률

(3) 오답 수에 대한 평균과 표준편차를 구하여라.

5.6 어떤 상자 안에 사과가 10개, 배가 5개 들어 있다고 하자. 이때 4개를 임의로 비복원추출할 때, 사과가 3개, 배가 1개 선택될 확률을 구하여라.

5.7 서울의 어느 지역에서 교통사고가 하루에 평균적으로 1.5회 발생한다고 할 때, 다음 물음에 답하여라.

(1) 이 지역에서 교통사고가 한 건도 일어나지 않을 확률

(2) 이 지역에서 교통사고가 2회 이상 발생할 확률

(3) 이 지역에서 일어날 교통사고의 발생횟수의 기댓값과 분산

5.8 확률변수 X가 $n=40$, $p=0.05$인 이항분포를 따른다고 할 때, 다음 물음에 답하여라.

(1) 이항분포를 이용하여 $P(X=0)$, $P(X=1)$를 구하여라.

(2) 포아송 근사를 이용하여 $P(X=0)$, $P(X=1)$를 구하여라.

(3) (1), (2)를 비교하고, 이항분포의 포아송 근사에 대하여 설명하여라.

5.9 어느 동아리의 회원 수가 20명이라 하자. 이 중 8명은 안경을 쓰고 있다. 회원들 중 4명을 임의로 추출한다고 했을 때, 4명 중 안경을 쓴 학생의 수를 X라 하자.

(1) 확률변수 X의 분포를 구하여라.

(2) 확률변수 X의 평균과 분산을 각각 구하여라.

5.10 확률변수 X가 포아송분포를 따른다고 할 때, $E(X)=\lambda$, $V(X)=\lambda$가 됨을 보여라.

5.11 학생들이 편의점 아르바이트로 버는 수입은 확률변수이다.

(1) 이 확률변수가 취할 수 있는 값들은 무엇인가?

(2) 이 값들은 셀 수 있는가? 설명하여라.

(3) 이 값들은 유한 개인가? 설명하여라.

(4) 이 확률변수는 이산확률변수인가 또는 연속확률변수인가? 설명하여라.

5.12 어떤 시험이 70개의 선다형 질문들로 구성되어 있다. 맞춘 개수를 확률변수라고 할 때, 다음 물음에 답하여라.

(1) 이 확률변수가 가질 수 있는 값들은 무엇인가?

(2) 이 값들은 셀 수 있는가? 설명하여라.

(3) 이 값들은 유한 개인가? 설명하여라.

(4) 이 확률변수는 이산확률변수인가 또는 연속확률변수인가? 설명하여라.

5.13 확률변수 X가 다음과 같은 확률분포를 가질 때, 다음 물음에 답하여라.

X	-3	2	6	7
$P(X=x)$	0.2	0.2	( )	0.1

(1) 괄호 안을 채워라.

(2) $P(X>0)$ 을 구하여라.

(3) $P(X\geq 1)$ 을 구하여라.

(4) $P(X\geq 2)$ 를 구하여라.

(5) $P(2\leq X\leq 5)$ 를 구하여라.

5.14 문제 5.13의 확률변수와 확률분포에 대하여 다음 물음에 답하여라.

(1) 확률변수의 평균과 표준편차를 구하여라.

(2) $Y=2X$라 정의하고 Y의 확률분포를 구하여라.

(3) Y의 확률분포를 사용하여 Y의 평균과 표준편차를 구하여라.

(4) X의 평균과 표준편차를 이용하여 Y의 평균과 표준편차를 구하여라.

(5) (3)과 (4)에서 구한 값이 같은지 확인하여라.

5.15 X가 $n=10$과 $p=0.2$인 이항확률변수일 때, 이항확률분포 공식을 사용하여 다음 확률을 구하여라.

(1) $P(X=2)$ (2) $P(X=5)$ (3) $P(X=8)$

5.16 문제 5.15의 확률을 R을 사용하여 구하여라.

5.17 다트게임을 즐겨 하는 한 사람의 경험에 의하면 과녁에 명중할 수 있는 확률은 0.75라고 한다. 만약 이 사람이 20회 다트를 던질 경우 과녁에 명중하는 다트횟수의 평균과 분산을 구하여라.

5.18 성형치과협회의 보고서에 의하면 성인의 70%는 매력적인 미소가 직업적 성공을 결정한다고 믿는다고 한다. 25명의 성인을 임의로 선택하였을 때, 이들 중 15명 이상이 이러한 주장에 동의할 확률은 얼마인가?

5.19 한 대학교 통계학과 1학년 학생의 40%가 여가활동으로 영화를 본다고 한다. 이 학과에서 학생 5명을 임의로 선발하였다.

(1) 정확히 3명이 여가활동으로 영화를 볼 확률을 구하여라.

(2) 적어도 2명이 여가활동으로 영화를 볼 확률을 구하여라.

5.20 한국인의 90%가 휴대폰을 가지고 있다고 가정하자. 임의로 8명을 선택하였을 때, 2명이 휴대폰을 가지고 있지 않을 확률을 계산하여라.

5.21 어떤 특별한 감기인플루엔자에 걸린 사람이 일주일 만에 완치될 확률이 95%라고 한다. 이 질병이 앓고 있는 16명의 환자가 있다고 가정하자.

(1) 14명의 환자가 일주일내에 완치될 확률을 계산하여라.

(2) 4명의 환자가 일주일내에 완치되지 못할 확률을 계산하여라.

5.22 어느 대학교 통계학과 4학년 재학생은 20명이라고 하자. 그들 가운데 12명은 안경을 쓰고, 8명은 안경을 쓰지 않는다고 할 때, 조별 프로젝트를 수행하기 위하여 5명을 1개 조로 하여 조를 구성하려고 한다.

(1) 20명 가운데 선발된 5명이 모두 안경 쓴 사람일 확률을 구하여라.

(2) 20명 가운데 선발된 5명 중에서 기껏해야 안경 쓴 사람이 2명일 확률을 구하여라.

5.23 어떤 선거의 여론조사 결과 유권자의 20%가 아직 후보를 결정하지 못하였다고 한다. 이 자료에 근거하여 30명에게 질문을 하였다.

(1) 어느 누구도 아직 후보를 결정하지 못한 확률은 얼마인가?

(2) 후보를 결정한 유권자의 수가 5명 이하일 확률을 구하여라.

(3) 후보를 결정한 유권자의 수가 3명 이상일 확률을 구하여라.

5.24 주머니에 빨간 공 6개와 흰 공 4개가 들어 있다. 주머니에서 임의로 3개의 공을 비복원추출한다고 하자. 추출한 3개의 공 가운데 빨간 공의 개수를 확률변수 X라고 할 때, X의 확률분포표를 작성하여라.

5.25 어느 소기업에서 전체 60명의 사원 중에서 6명을 뽑아 대리로 승진시키려고 한다. 선출과정은 무작위이다. 마케팅부서에 8명의 사원이 있다고 하자. 마케팅부서 사원이 한 사람도 대리로 승진되지 않을 확률을 구하여라.

5.26 어떤 교차로에서 발생하는 교통사고 건수 X는 일주일에 평균 3.5건인 포아송분포를 따른다고 한다. 다음 확률을 구하여라.

(1) $P(X=2)$

(2) 일주일에 사고가 한 건도 없다.

(3) 일주일에 4건 이상의 사고가 발생한다.

(4) 오늘 한 건의 사고가 발생한다.

5.27 어느 휴대폰회사 고객서비스센터에 불만관련 신청이 하루에 평균 5건이 들어온다.

(1) 내일 이 고객서비스센터에 불만관련 신청이 정확히 3건이 들어올 확률을 계산하여라.

(2) 내일 이 고객서비스센터에 불만관련 신청이 1건 이하가 될 확률을 계산하여라.

5.28 어느 신간 책의 초고를 읽는 과정에서 페이지당 평균 3개의 오타를 발견한다.

(1) 이 초고를 임의로 한 페이지를 골라서 읽을 때, 정확히 3개의 오타가 발견할 확률을 구하여라.

(2) 임의의 한 페이지에서 3개 이상의 오타가 발견될 확률을 구하여라.

5.29 대중화된 한 종류의 전산시스템이 고장을 일으킬 확률이 0.0001이라고 알려져 있다. 이 전산시스템이 보급되어 있는 전국의 전산실에서는 20,000개의 시스템이 운용되고 있다. 이 가운데서 8개 시스템이 고장을 일으킬 확률의 근삿값을 구하여라.

5.30 40세 이상의 여성들은 매년 유방 X선 사진촬영을 권고받는다. 최근 보고서에 따르면 어떤 여성이 10년 동안 매년 유방 X선 사진을 촬영한다면, 적어도 한 번의 잘못된 판단이 내려질 확률이 60%라고 한다. 매년의 검사들이 서로 독립이라면, 어느 특정 해에 유방 X선 사진이 잘못된 판단을 내릴 확률은 얼마인가? (힌트: $n=10$인 이항확률변수가 1 이상일 확률이 0.60일 때의 p값을 구한다.)

5.31 교통사고 발생건수와 관련하여 적절한 확률모형을 선택하고자 한다. 만일 주어진 자료로부터 분산이 평균보다 크다는 사실을 알게 되었다면 다음 중 가장 적절한 확률모형은 어떤 것인가?

① 이항확률분포 ② 기하확률분포 ③ 음이항확률분포 ④ 포아송확률분포

⑤ 베르누이분포

5.32 다음 각 확률변수의 분산을 평균을 사용하여 표현하고 평균과 분산의 대소관계를 밝혀라.

이항확률변수, 음이항확률변수, 포아송확률변수

6장 연속확률변수와 정규분포

5장에서는 이항분포, 초기하분포, 포아송분포 등의 이산형 확률분포를 살펴보았다. 연속확률변수는 확률변수가 취하는 값들이 무한(infinite)히 많아서 셀 수 없는(uncountable) 경우를 말하는데, 6장에서는 연속확률변수의 대표적인 분포인 정규분포에 관하여 알아본다.

6.1 연속확률분포

수직선상의 어떤 임의의 구간 내에 있는 점들을 어떤 통계적 실험의 결과들이라고 생각해 보자. 그러면 확률변수는 그 각각의 점들에 해당되고, 그 구간 내에서 확률변수가 취할 수 있는 점은 무한 개로 생각할 수 있다. 즉, 확률변수 X가 수직선상의 임의의 값인 a와 b 사이의 구간 내에서 어떠한 값을 취할 수 있는 경우를 생각할 수 있다. 예를들어, 젊고 건장한 20대 청년이 100 m를 달릴 때 걸리는 시간 x는 기록을 측정하는 시계의 정밀도에 따라 다를 수 있지만, 대략 10초부터 15초 구간 내의 100분의 1초 또는 1000분의 1초 등의 정밀도로 측정한 기록이므로, 그 구간 내에 어떠한 값도 취할 수 있다. 약간 이상하게 들릴지도 모르겠지만, 이 경우에 100 m를 달린 기록 x가 어떤 구체적인 시간이 될 확률은 0으로 가정한다. 다시 말한다면 x가 10초부터 15초 사이의 5초 간격 안에 있는 무수히 많은 하나하나의 값이 될 확률은 고려하지 않고, 그 대신 x가 그 5초 간격 안의 매우 짧은 구간 사이에 있을 확률, 예를 들면 10.30초에서 10.35초 사이에 있을 확률을 고려하기로 한다. 이와 같은 연속확률변수의 예로서, 배터리의 수명, 사람들의 체중, 육상선수들의 단거리 기록, 고속도로를 질주하고 있는 자동차의 속도, 어떤 용기 안에 들어 음료수의 양, 통조림 내의 음식물의 무게 등은 모두 연속확률변수의 예가 될 수 있다.

[표 6.1]은 한 대학교의 통계학 과목을 수강하고 있는 학생 38명의 키에 대한 도수분포표이다. 여기서 X는 학생들의 키를 나타내는 연속확률변수이다. 상대도수 f/n은 각 계급의 도수를 총인원 38로 나눈 값으로, 상대도수의 합은 1이 된다. 각 계급은 폭이 4 cm이므로 상대도수밀도를 구하기 위하여 각 계급의 상대도수를 계급의 폭으로 나누어 각 계급의 상대도수밀도 $f/(4n)$를 구한다. 즉, 상대도수밀도에 계급의 폭을 곱한 상대도수들의 합은 1이 된다.

표 6.1 학생들 키의 도수분포표

학생들의 키(cm) X	도수 f	상대도수 f/n	상대도수밀도 $f/(4n)$
154 이상 158 미만	1	0.026	0.00650
158 이상 162 미만	3	0.079	0.01975
162 이상 166 미만	5	0.132	0.03300
166 이상 170 미만	1	0.026	0.00650
170 이상 174 미만	10	0.263	0.06575
174 이상 178 미만	9	0.237	0.05925
178 이상 182 미만	8	0.211	0.05275
182 이상 186 미만	1	0.026	0.00650
합계	n=38	1.000	

[그림 6.1]은 [표 6.1]의 상대도수를 수직축에, 각 계급을 수평축에 표시하여 상대도수분포도를 그린 후, 각 계급의 상대도수들의 중점들을 연결하여 상대도수다각형을 작성하였다. 이 상대도수분포도로부터 38명의 키는 봉우리가 두 개인 이봉형의 분포를 갖는다는 것을 알 수 있다. 즉, 왼쪽 봉우리는 여학생들에 대한 키의 분포를 나타내고, 오른쪽 봉우리는 남학생들에 대한 키의 분포를 나타내고 있으며, 이들 두 봉우리가 서로 합쳐져서 이봉형의 분포를 갖추고 있다. [그림 6.2]는 [표 6.1]의 상대도수밀도를 수직축에, 각 계급을 수평축에 표시하여 상대도수밀도분포도로 그린 후, 각 상대도수밀도들의 중점들을 매끄럽게 연결한 것이다. 이와 같이 [그림 6.2]의 상대도수밀도분포도의 x축을 매우 잘게 나눈 후, 각 상대도수밀도들의 중점들을 부드럽게 연결시켜서 완성한 연속확률변수의 확률분포곡선을 **확률밀도함수**(probability density function, *pdf*) 라고 한다. [그림 6.2]로부터 수평축에 연속확률변수인 x, 수직축에 확률분포곡선인 확률밀도함수 $f(x)$를 그리면 [그림 6.3]과 같이 확률밀도함수가 완성된다.

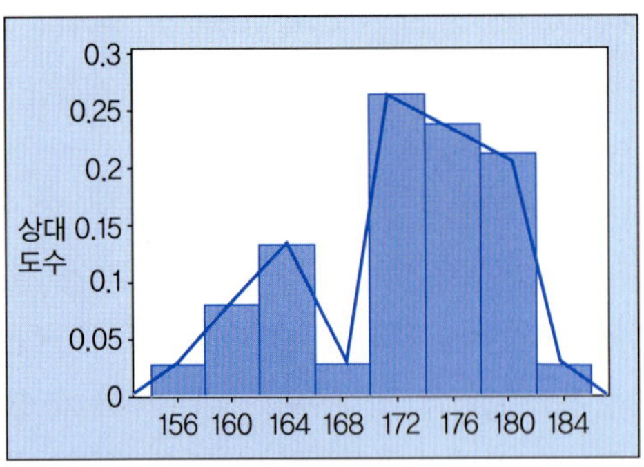

그림 6.1 [표 6.1]의 상대도수분포도와 대도수분포다각형

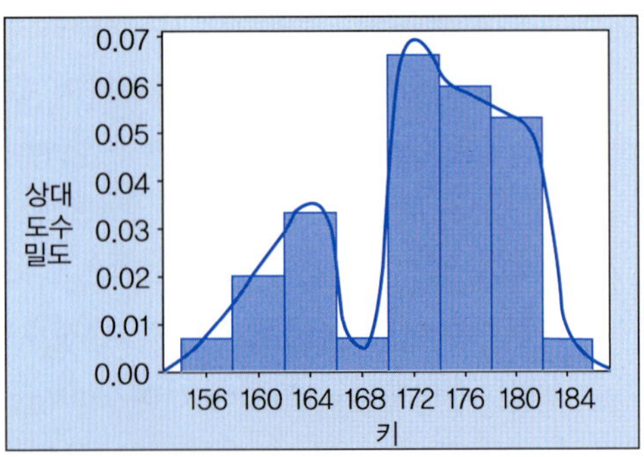

그림 6.2 [표 6.1]의 상대도수밀도분포도와 확률분포곡선

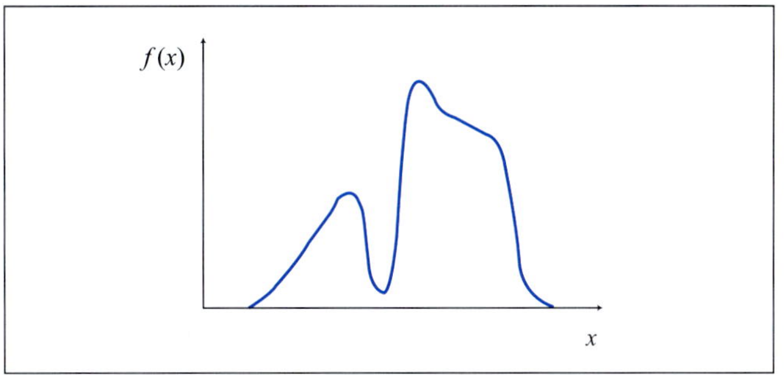

그림 6.3 확률밀도함수

이와 같은 연속확률변수의 확률분포 $f(x)$는 다음의 두 가지 조건을 만족해야 한다.

연속확률변수의 확률분포 $f(x)$가 만족해야 하는 조건

1. x의 모든 값에 대하여 $f(x)$는 0과 같거나 커야 한다. 즉, $f(x) \geq 0$.
2. $f(x)$ 곡선 아래의 총면적은 반드시 1이 되어야 한다.

$$\text{즉, } P(-\infty < X < \infty) = \int_{-\infty}^{\infty} f(x)\,dx = 1.$$

위의 1번에서 한 가지 유의해야 할 점은 $f(x)$는 확률이 아니라 확률밀도라는 것이고, 연속확률변수의 경우 확률을 구하기 위해서는 반드시 어떤 구간이 주어져야 한다. 예를 들어, 두 점 a와 b 사이의 구간에 대한 확률은

$$P(a < X < b) = \int_{a}^{b} f(x)\,dx$$

로 계산된다. 이 확률을 그림으로 나타내면 [그림 6.4]의 색으로 채워진 면적이 바로 두 점 a와 b 사이의 구간에 대한 확률이 된다.

그런데 연속확률변수 X가 어떤 구체적인 값 a를 취할 확률은 0으로 가정하였으므로 $P(X=a)=0$이 된다. 따라서 두 점 a와 b 사이의 구간에 대한 확률은 양 끝점 a와 b가 포함되든 포함되지 않든 확률에는 변화가 없으므로 다음은 항상 성립한다.

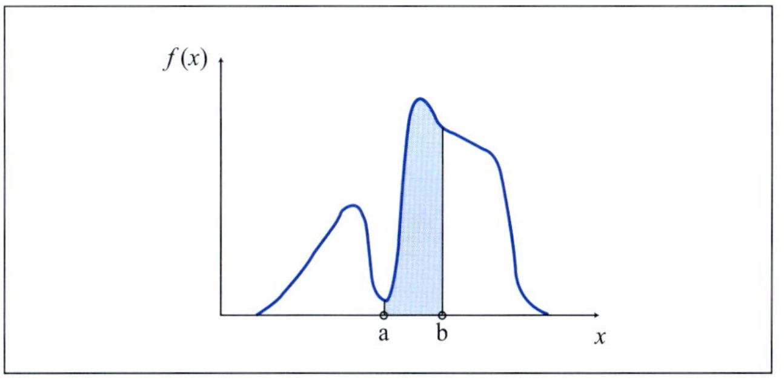

그림 6.4 두 점 a와 b 사이의 곡선 아래의 면적

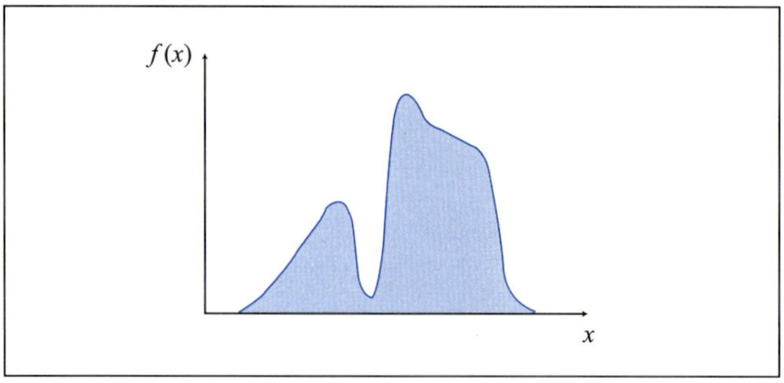

그림 6.5 확률분포곡선 아래의 총면적

$$P(a < X < b) = P(a \le X < b) = P(a < X \le b) = P(a \le X \le b) = \int_a^b f(x)\,dx$$

위의 2번에서 설명하는 내용은 [그림 6.5]에서 보는 바와 같이 연속확률변수에 대한 확률분포곡선 아래에 있는 총면적은 1.0, 즉 100%가 된다는 의미이다.

예제 6.1

[표 6.1]을 이용하여 학생들의 키가 174 cm 이상 178 cm 미만일 확률을 구하여라.

풀이 [그림 6.3]으로부터 x축에 174 cm 이상 178 cm 미만이 되는 구간에 대한 확률분포곡선 아래의 지역을 색으로 채워진 면적으로 표시하면 [그림 6.6]과 같다. [표 6.1]로부터 계급 174 cm 이상 178 cm 미만의 상대도수밀도가 0.05925이므로, 174 cm 이상 178 cm 미만일 확률은 (폭) × (상대도수밀도) 인 $4 \times 0.05925 = 0.237$이 된다. 이를 수식으로 표현하면 연속확률변수의 확률밀도함수를 $f(x)$라고 할 때 174 cm 이상 178 cm 미만일 확률은

$$P(174 \le X < 178) = \int_{174}^{178} f(x)\,dx = 0.237$$

이 된다.

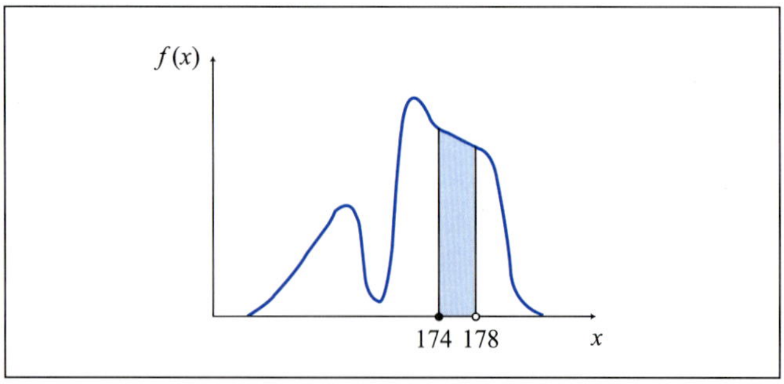

그림 6.6 174 cm 이상 178 cm 미만일 확률 ■

연속확률변수 X의 평균(기댓값)인 μ_X와 표준편차 σ는 다음 적분의 형태로, 분산은 표준편차의 제곱인 σ^2로 구할 수 있다.

연속확률변수의 평균과 표준편차

(1) 평균: $\mu_X = E(X) = \int xf(x)\,dx$

(2) 표준편차: $\sigma = \sqrt{E(X-\mu_X)^2} = \sqrt{\int (x-\mu_X)^2 f(x)\,dx}$

이때, 표준편차를 간편하게 계산하기 위해 다음 공식을 이용할 수 있다.

$$\sigma = \sqrt{\int x^2 f(x)\,dx - \mu_X^2}$$

6.2 정규확률분포

많이 사용되는 연속확률분포들로는 정규분포, t-분포, F-분포, 카이제곱(χ^2) 분포 등이 있으나, 가장 대표적인 연속확률분포는 **정규확률분포**(normal probability distribution)이다. 한 집단에 있는 많은 사람들의 키나 몸무게, 많은 학생들의 시험성적, 어떤 실험에서 측정된 오차 등은 정규분포를 따른다고 알려져 있다. 정규분포는 통계학의 여러 분야에서 많은 자료들을 모형화하는 데 많이 활용하고 있을 뿐만 아니라 다른 확률분포들을 근사화시킬 때 많이 사용하고 있다. 공학이나 물리학에서는 정규분포를 **가우스분포**(Gaussian distribution)라고도 한다.

정규확률분포를 따르는 확률변수를 정규확률변수라고 하는데, 정규분포의 일반적인 모양은 [그림 6.7]과 같다. 정규확률분푸를 그리기 위해서는 평균 μ와 표준편차 σ를 알아야

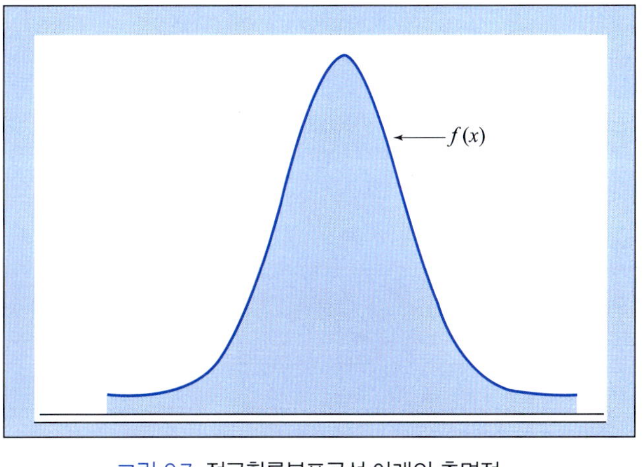

그림 6.7 정규확률분포곡선 아래의 총면적

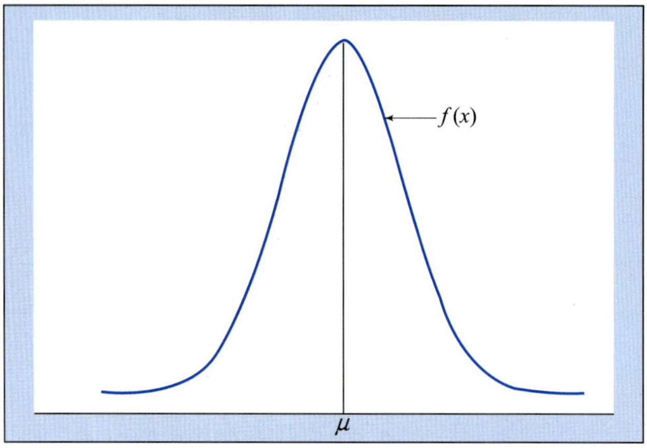

그림 6.8 평균 μ와 표준편차 σ를 갖는 정규분포

한다. 정규확률변수를 X라고 할 때 x값은 $-\infty$에서부터 ∞까지 값을 취하고, 정규확률분포는 평균 μ를 중심으로 대칭인 종모양을 하고 있다.

> **정규확률분포의 공식**
>
> 정규확률분포는 다음 식으로 표현된다.
>
> $$f(x) = \frac{1}{\sigma\sqrt{2\pi}} e^{-\frac{(x-\mu)^2}{2\sigma^2}}; \quad -\infty < x < \infty$$
>
> 여기서 μ는 평균, σ는 표준편차, $e \approx 2.718280$이고, $\pi \approx 3.141590$이다. 또한 $f(x)$를 정규확률밀도함수 또는 정규확률밀도곡선이라고 하고, x축과 이 곡선 사이의 수직거리를 의미한다. 확률변수 X의 분포가 위와 같을 때 간단히 $X \sim N(\mu, \sigma^2)$으로 표기한다.

위의 정규확률분포의 몇 가지 특징을 살펴보면 다음과 같다. 첫째, 정규확률밀도함수

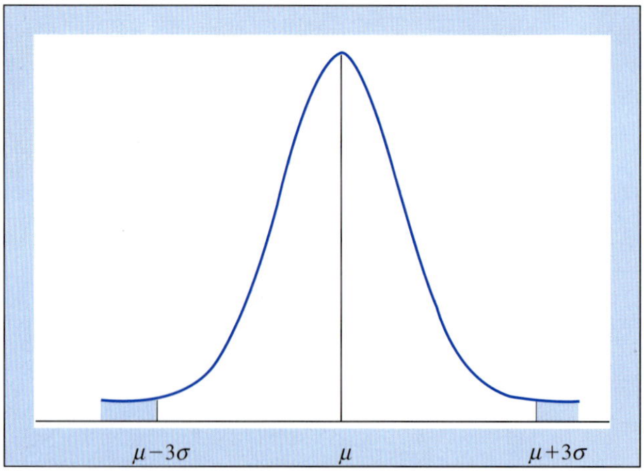

그림 6.9 $\mu \pm 3\sigma$를 넘어선 정규곡선 아래의 면적

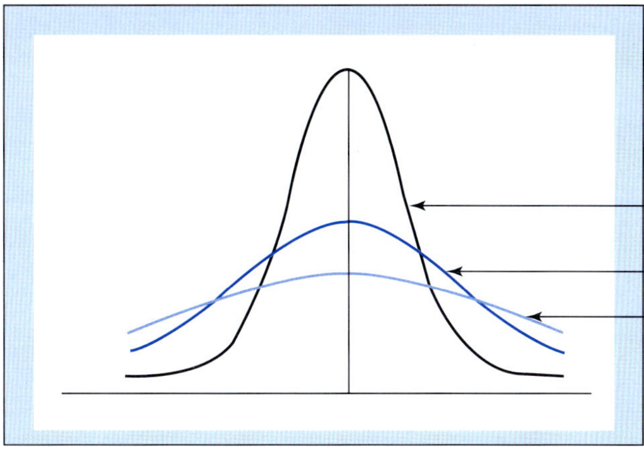

그림 6.10 평균은 같으나 표준편차가 서로 다른 세 개의 정규확률분포곡선

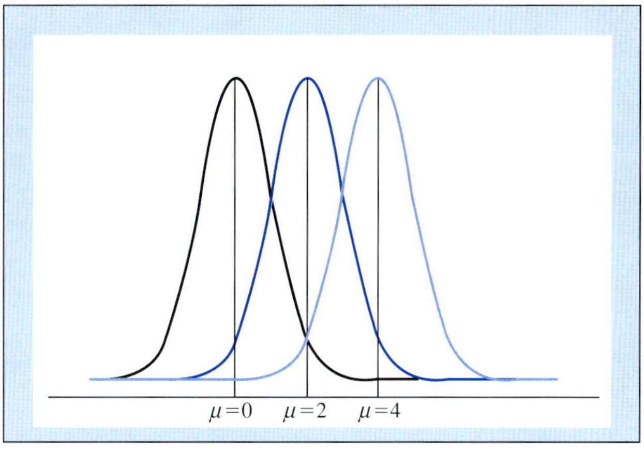

그림 6.11 표준편차는 같으나 평균이 서로 다른 세 개의 정규확률분포곡선

를 $-\infty$부터 ∞까지 적분하면 1이 된다. 즉, [그림 6.7]과 같이 정규확률분포곡선 아래의 총 면적은 1이다. 이것을 수식으로 표현하면 다음과 같다.

$$\int_{-\infty}^{\infty} f(x)\,dx = \int_{-\infty}^{\infty} \frac{1}{\sigma\sqrt{2\pi}}\, e^{-\frac{(x-\mu)^2}{2\sigma^2}}\,dx = 1$$

둘째, 정규확률분포곡선은 [그림 6.8]과 같이 평균 μ에 대하여 좌우가 대칭이다. 결과적으로 정규분포곡선 아래의 총면적의 1/2은 평균의 왼쪽에 있고, 나머지 1/2은 평균의 오른쪽에 있다. 셋째, 위의 정규확률분포의 공식에 나와 있는 바와 같이 x의 구간이 $-\infty$부터 ∞까지 가기 때문에 정규분포곡선의 양쪽 끝은 x축을 따라 무한히 계속된다. 그러므로 [그림 6.9]와 같이 $\mu-3\sigma$와 $\mu+3\sigma$를 넘어선 정규확률분포곡선 아래의 면적은 0에 매우 가까운 값을 갖는다.

정규확률분포는 평균 μ의 값과 표준편차 σ의 값에 따라 여러 가지 모양을 한다. 즉, 평균 μ는 정규확률분포의 평균이 있을 위치를 결정하고, 표준편차 σ는 정규확률분포가 펼쳐

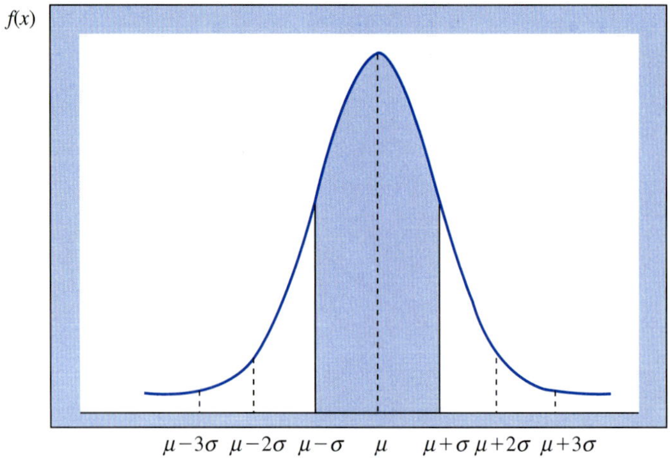

그림 6.12 평균으로부터 표준편차의 1배 이내에 있는 면적

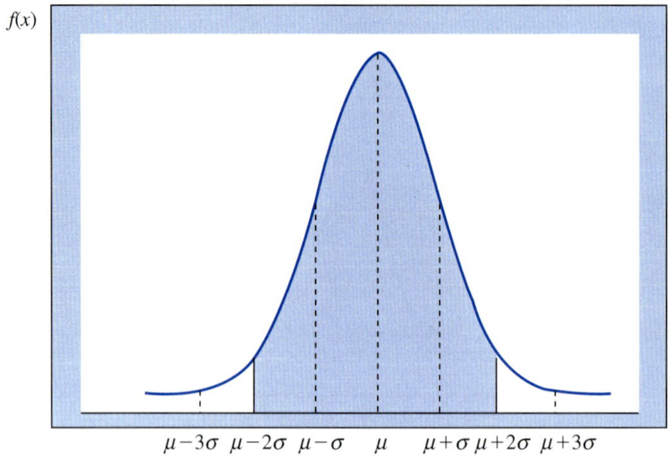

그림 6.13 평균으로부터 표준편차의 2배 이내에 있는 면적

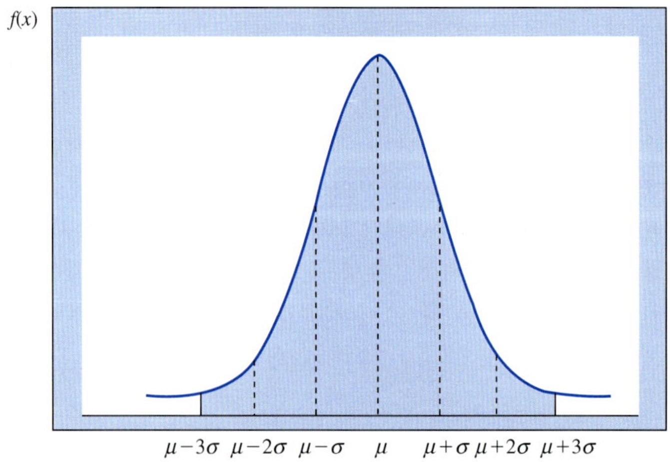

그림 6.14 평균으로부터 표준편차의 3배 이내에 있는 면적

진 크기의 정도를 결정한다. [그림 6.10]은 같은 값의 평균을 갖지만, 퍼진 정도가 서로 다른 세 개의 정규확률분포를 보여 준다. [그림 6.11]은 퍼진 정도는 같지만, 서로 다른 평균을 갖는 세 개의 정규확률분포를 보여 준다.

정규확률분포에서 평균을 중심으로 한 표준편차 사이의 확률은 다음과 같다.

정규확률분포에서 평균과 표준편차 사이의 확률

1. 평균으로부터 표준편차의 1배 이내에 있는 총면적은 68.27%이고, 확률로 적으면 다음과 같다.

$$P(|X-\mu| \le \sigma) = P(\mu-\sigma \le X \le \mu+\sigma) = 0.6827$$

2. 평균으로부터 표준편차의 2배 이내에 있는 총면적은 95.45%이고, 확률로 적으면 다음과 같다.

$$P(|X-\mu| \le 2\sigma) = P(\mu-2\sigma \le X \le \mu+2\sigma) = 0.9545$$

3. 평균으로부터 표준편차의 3배 이내에 있는 총면적은 99.73%이고, 확률로 적으면 다음과 같다.

$$P(|X-\mu| \le 3\sigma) = P(\mu-3\sigma \le X \le \mu+3\sigma) = 0.9973$$

위에서 정규확률분포를 따르는 확률변수 X가 평균으로부터 표준편차의 1배 이내에 있는 면적은 확률밀도함수를 이용하여 적분으로 표현하면 다음과 같이 약 68.27%가 되고, [그림 6.12]의 색으로 채워진 면적과 같다.

$$P(\mu-\sigma \le X \le \mu+\sigma) = \int_{\mu-\sigma}^{\mu+\sigma} \frac{1}{\sigma\sqrt{2\pi}} e^{-\frac{(x-\mu)^2}{2\sigma^2}} dx = 0.6827$$

이와 같은 방법으로 [그림 6.13], [그림 6.14]와 같이 확률변수 X가 평균으로부터 각각 표준편차의 2배, 3배 이내에 있는 면적은 약 95.45%, 99.73%가 된다.

$$P(\mu-2\sigma \le X \le \mu+2\sigma) = \int_{\mu-2\sigma}^{\mu+2\sigma} \frac{1}{\sigma\sqrt{2\pi}} e^{-\frac{(x-\mu)^2}{2\sigma^2}} dx = 0.9545$$
$$P(\mu-3\sigma \le X \le \mu+3\sigma) = \int_{\mu-3\sigma}^{\mu+3\sigma} \frac{1}{\sigma\sqrt{2\pi}} e^{-\frac{(x-\mu)^2}{2\sigma^2}} dx = 0.9973$$

6.3 표준정규확률분포

표준정규확률분포(standard normal probability distribution)는 정규확률분포의 한 종류로서, 평균이 0이고 표준편차가 1인 정규확률분포를 말한다. 여러 가지 값의 평균과 표준편차를 갖는 정규확률분포를 표준정규분포로 변환할 수 있는데, 이 과정을 **표준화**(standardization)라고 한다. 일반적으로 정규확률변수로 X, 표준정규확률변수로 Z를 사용한다. 정규확률변수 X와 표준정규확률변수 Z 사이에는 다음의 관계가 성립한다.

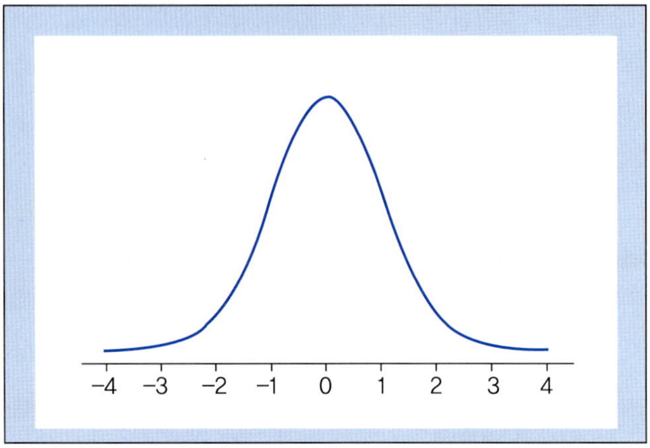

그림 6.15 평균이 0, 표준편차가 1인 표준정규확률분포곡선

표준정규확률변수 Z와 정규확률변수 X와의 관련성

정규확률변수 X가 평균 μ와 표준편차 σ를 가질 때, 다음의 표준정규확률변수 Z는

$$Z = \frac{X - \mu}{\sigma}$$

로 평균 0, 분산 1인 정규분포를 갖는다. 그리고 이렇게 X에서 Z로 변환된 값을 z값이라고 하고, z값은 표준편차의 단위로 표시된 평균과의 거리를 의미한다. 이렇게 X에서 Z로 변환하는 과정을 표준화라고 한다.

그러므로 $Z = \frac{X-\mu}{\sigma}$로 계산된 z값은 평균으로부터 몇 표준편차만큼 떨어져 있는가를 말해 준다. 만약 $z = -3$이라면 평균으로부터 왼쪽으로 3배의 표준편차만큼 떨어져 있는 곳에 위치한 값을 의미한다. 그리고 표준정규확률분포는 다음 식으로 적을 수 있다.

표준정규확률분포

평균 $\mu = 0$, 표준편차 $\sigma = 1$인 정규확률분포를 말하며, 이 분포를 식으로 표현하면 다음과 같다.

$$f(z) = \frac{1}{\sqrt{2\pi}} e^{-z^2/2} \quad ; \quad -\infty < z < \infty$$

이때, $f(z)$를 표준정규확률밀도함수 또는 표준정규확률밀도곡선이라고 한다.

[그림 6.15]는 수평축이 z, 수직축이 $f(z)$로 표시된 표준정규확률분포곡선, 즉 표준정규 확률밀도함수를 나타낸다. 표준정규확률분포도 평균 0을 중심으로 좌우대칭이므로 평균을 중심으로 왼쪽과 오른쪽의 표준정규확률분포곡선 아래의 면적은 각각 0.5가 된다.

예제 6.2

다음의 표준정규확률변수들이 취하는 확률을 계산하여라.

(1) $P(0 < Z < 1.91)$

(2) $P(-2.5<Z<0)$

(3) $P(Z>-0.55)$

풀이 (1) Z가 어떤 수치의 값을 취할 확률은 $P(Z=0)=0$, $P(Z=1.91)=0$이므로 다음의 확률은 서로 같다.

$$P(0<Z<1.91)=P(0\le Z\le 1.91)$$

그러므로 확률 $P(0\le Z\le 1.91)$은 z값이 0보다 크고 1.91보다 작으며, 표준정규확률분포곡선 아래의 면적을 나타내므로 [그림 6.16]의 색으로 채워진 부분과 같다.

이 면적을 표준정규확률밀도함수를 이용하여 수식으로 적으면

$$P(0\le Z\le 1.91)=\int_0^{1.91}\frac{1}{\sqrt{2\pi}}e^{-z^2/2}dx$$

와 같으나, 적분을 하는 대신 부록의 표준정규확률표로부터 확률은

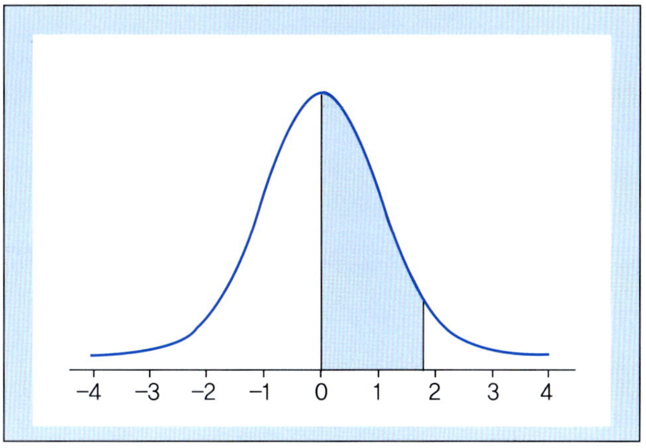

그림 6.16 $z=0$과 $z=1.91$ 사이의 면적으로서 $P(0<Z<1.91)$

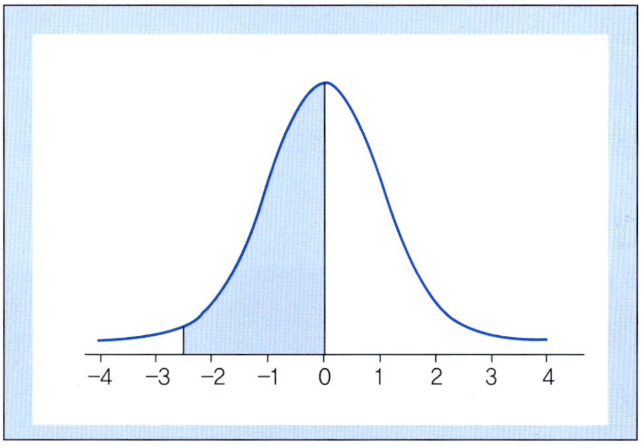

그림 6.17 $z=-2.5$과 $z=0$와 사이의 면적으로서 $P(-2.5<Z<0)$

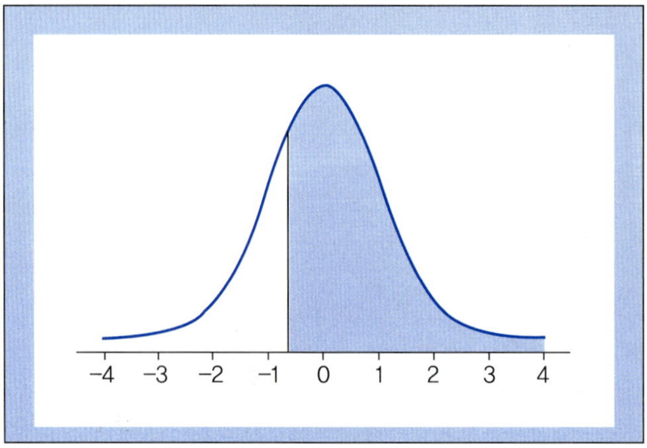

그림 6.18 z가 -0.55보다 큰 면적으로서 $P(Z>-0.55)$

$$P(0<Z<1.91) = P(0 \le Z \le 1.91) = P(Z \le 1.91) - 0.5 = 0.4719$$

가 된다.

(2) 확률 $P(-2.5<Z<0)$은 [그림 6.17]의 색으로 채워진 부분과 같다. 표준정규확률분포는 평균 0에 대하여 대칭이므로 $z=-2.5$와 $z=0$사이의 면적과 $z=0$과 $z=2.5$ 사이의 면적은 서로 같다. 즉,

$$P(-2.5<Z<0)=P(0<Z<2.5)=P(Z<2.5)-0.5=0.4938$$

이므로, 부록의 표준정규확률표로부터 $P(-2.5<Z<0)=0.4938$이 된다.

(3) 확률 $P(Z>-0.55)$는 [그림 6.18]의 색으로 채워진 부분과 같이 $Z=-0.55$의 오른쪽과 표준정규확률분포곡선 아래의 면적으로 구해진다.

하지만 표준정규확률분포의 평균 0에 대한 대칭성을 이용하여 다음과 같이 확률을 구하면

$$P(Z>-0.55)=P(Z<0.55)=0.7088$$

이 된다. ■

지금까지 우리는 표준정규확률변수 Z가 취하는 구간의 확률을 구하는 방법에 관하여 배웠다. 그러면 이제는 역으로 확률이 주어질 때 z값을 찾는 방법에 대하여 살펴본다.

예제 6.3

확률 $P(Z>z_0)=0.05$를 만족하는 z_0값을 찾아라.

풀이 표준정규확률분포의 오른쪽꼬리부분에서 곡선 아래의 면적이 0.05가 되는 z_0값을 찾는 문제이므로, 표준정규확률분포의 그림에서 z_0의 위치를 표시하면 [그림 6.19]와 같다. 부록의 표준정규확률분포표로부터 오른쪽 끝부분의 확률이 0.05가 되도록 하는 z값은 1.64와 1.65 사이 값인 1.645로 결정한다. 그러므로 $P(Z>z_0)=0.05$를 만족하는 z_0의 값은 약 1.645이다.

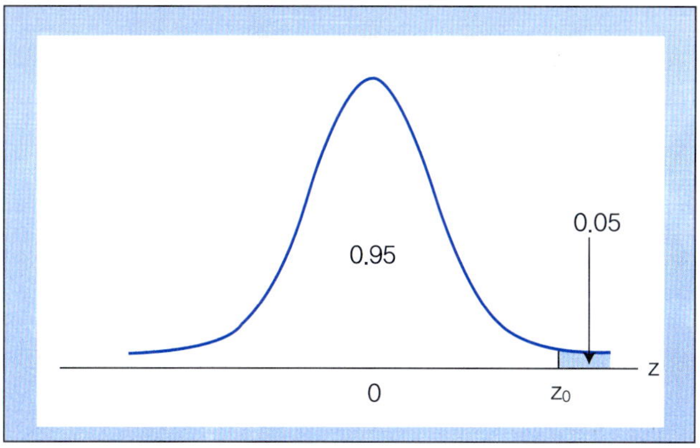

그림 6.19 오른쪽꼬리부분이 0.05가 되는 z_0값 ■

예제 6.4

확률 $P(Z<z_0)=0.1$을 만족하는 z_0값을 찾아라. (단, $z_0<0$)

풀이 표준정규확률분포의 왼쪽꼬리부분에서 곡선 아래의 면적이 0.1이 되는 z_0값을 찾는 문제이므로, 표준정규확률분포의 그림에서 z_0의 위치를 표시하면 [그림 6.20]과 같다. 부록의 표준정규확률분포표의 평균 0에 대한 대칭성을 이용하면 $-z_0$의 위치까지 누적된 확률 0.9가 되는 $-z_0$을 찾으면 된다. 이때 누적된 확률 0.9가 되는 $-z_0$는 대략 1.28이 되는데, z_0는 평균 0을 중심으로 왼쪽에 위치하므로 음이 되어야 한다. 따라서 $P(Z<z_0)=0.1$을 만족하는 z_0의 값은 대략 -1.28이 된다.

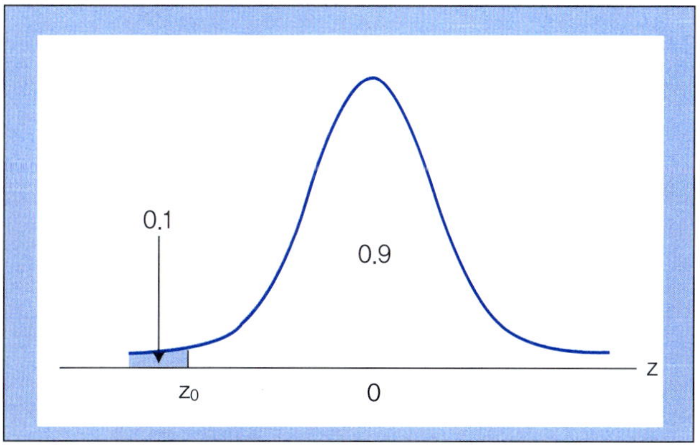

그림 6.20 왼쪽꼬리부분이 0.1이 되는 z_0값 ■

예제 6.5

확률변수 X는 평균이 20, 표준편차가 5인 정규확률분포를 따른다고 할 때, 다음의 확률을 각각 구하여라.

(1) $P(20<X<27)$

(2) $P(18<X<30)$

풀이 (1) 먼저 확률을 계산하기 위해서 다음 공식을 사용하여 $x=20$과 $x=27$을 z값으로 변환하여 주어진 정규분포를 표준화한다.

$$Z=\frac{X-\mu}{\sigma}$$

$x=20$에 대한 z값은 주어진 정규분포의 평균과 같으므로 0이 된다. $x=27$에 대한 z값은

$$Z=\frac{27-20}{5}=1.4$$

가 된다. [그림 6.21]과 같이 주어진 정규분포에서 $x=20$과 $x=27$ 사이의 면적은 표준정규분포에서 $z=0$과 $z=1.4$ 사이의 면적과 같다. 그러므로 구하고자 하는 확률은 표준정규분포표로부터

$$P(20<X<27)=P(0<Z<1.4)=P(Z<1.4)-0.5=0.4192$$

가 된다.

(2) 같은 방법으로 $x=18$과 $x=30$에 대한 z값을 계산하면 다음과 같다.

$$x=18\text{일 때 } Z=\frac{18-20}{5}=-0.4$$

$$x=30\text{일 때 } Z=\frac{30-20}{5}=2.0$$

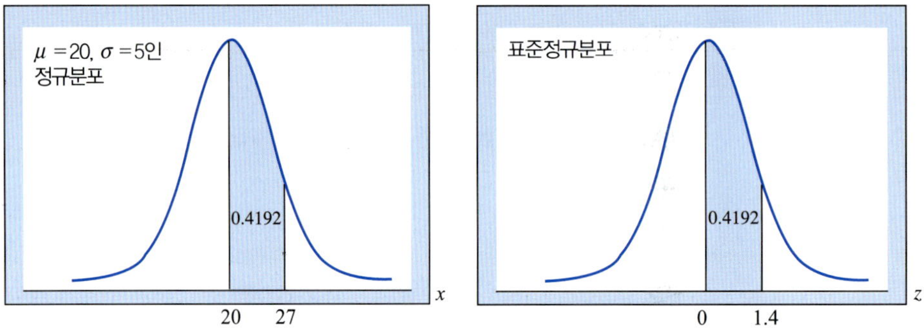

그림 6.21 $x=20$과 $x=27$ 사이의 면적

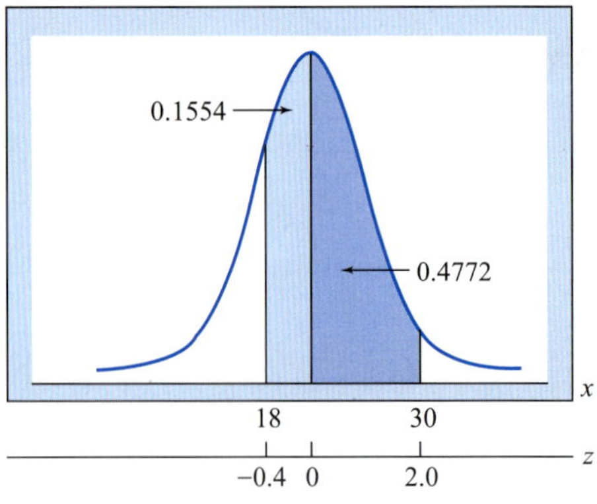

그림 6.22 $x=18$과 $x=30$ 사이의 면적

그러므로 [그림 6.22]와 같이 x를 z값으로 변환할 수 있고, 구하고자 하는 확률은

$$\begin{aligned} P(18 < X < 30) &= P(-0.4 < Z < 2.0) \\ &= P(Z < 2.0) - [1 - P(Z < 0.4)] = 0.6326 \end{aligned}$$

이 된다. ■

6.4 정규확률분포의 응용

지금까지는 표준정규확률변수가 임의의 구간에서 값을 취할 경우 확률을 구하는 방법과 표준화를 통하여 정규확률분포의 확률을 구하는 방법 등에 관하여 알아보았다. 이 절에서는 정규분포를 활용하는 실제 예제들을 살펴보기로 한다.

예제 6.6

시장에서 판매되는 가장 최신 기능을 갖춘 휴대폰의 판매가격은 평균이 65만 원이고 표준편차가 8만 원인 정규분포를 따른다고 가정하자. 한 상점에 들러서 최신 기능을 보유한 휴대폰 가운데 임의로 한 개를 골랐을 때, 그 휴대폰의 판매가격이 50만 원에서 70만 원 사이의 가격이 될 확률은 얼마인가?

풀이 X를 임의로 선택한 최신 기능을 갖춘 휴대폰의 가격이라고 하자. 그러면 X는 $\mu = 650{,}000$(원)이고, $\sigma = 80{,}000$(원)인 정규분포를 따른다. 이 휴대폰의 판매가격이 500,000원과 700,000원 사이가 될 확률은 $x = 500{,}000$(원)과 $x = 700{,}000$(원) 사이와 X의 정규분포곡선 아래의 면적으로 구할 수 있고, [그림 6.23]과 같이 나타낼 수 있다.

$$x = 500,000(\text{원})\text{일 때 } Z = \frac{500000 - 650000}{80000} \approx -1.88$$

$$x = 700,000(\text{원})\text{일 때 } Z = \frac{700000 - 650000}{80000} \approx 0.63$$

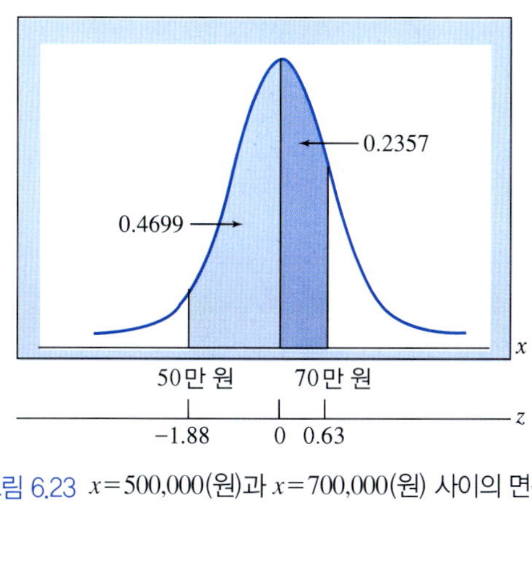

그림 6.23 $x = 500{,}000$(원)과 $x = 700{,}000$(원) 사이의 면적

그러므로 구하고자 하는 확률은 $z \approx -1.88$과 $z \approx 0.63$ 사이의 표준정규확률분포곡선 아래의 면적으로 구해진다. 그러므로 이 휴대폰의 판매가격이 500,000원과 700,000원 사이가 될 확률은

$$\begin{aligned} P(500000 < X < 700000) &\approx P(-1.88 < Z < 0.63) \\ &= P(Z < 0.63) - [1 - P(Z < 1.88)] \\ &= 0.7056 \end{aligned}$$

이 된다. 따라서 임의로 한 개를 골랐을 때 최신기능을 갖춘 휴대폰의 판매가격이 50만 원에서 70만 원 사이가 될 확률은 0.7056이 된다. ■

예제 6.7

전자부품을 생산하는 회사에서는 한 종류의 부품을 생산하는 데 걸리는 시간을 표준화하려고 한다. 일반 작업자들이 그 부품을 생산하는 데 걸리는 시간은 평균이 22분이고 표준편차가 3분인 정규분포를 따른다. 이 회사는 매일 오후 6시에 업무를 마친다. 만약 한 작업자가 오후 5시 30분에 그 부품 생산을 시작하였다면 그 날 업무를 모두 마치기 전에 부품 생산 작업을 완료할 확률은 얼마인가?

풀이 X를 이 작업자가 부품을 생산하는 데 걸리는 시간이라고 하자. 그러면 X는 $\mu = 22$(분), $\sigma = 3$(분)인 정규분포를 따른다. 이 작업자는 그 부품을 30분 이내에 조립을 마쳐야 하므로 구하고자 하는 확률은 $P(X < 30)$이다. 그리고 이 확률은 [그림 6.24]와 같이 $x = 30$ 왼쪽과 정규확률분포곡선 아래의 면적을 계산함으로써 구할 수 있다.

z값을 계산하기 위하여 표준화를 하면

$$x = 30\text{일 때 } Z = \frac{30 - 22}{3} \approx 2.67$$

이 되므로 구하고자 하는 확률은

$$P(X < 30) = P(Z < 2.67) = 0.9962$$

가 된다. 그러므로 이 작업자가 그 날 업무가 마감되기 전에 조립을 끝낼 확률은 0.9962이다.

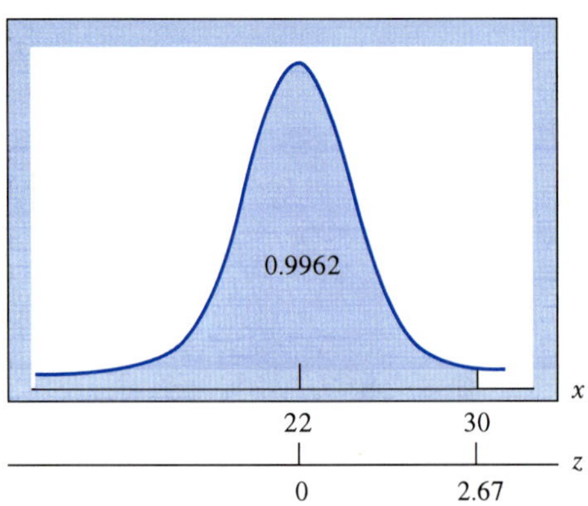

그림 6.24 x=30 왼쪽의 면적 ■

예제 6.8

음료수 회사에서는 한 종류의 음료수를 340 mL 용량의 캔으로 생산하고 있다. 그 회사의 음료수 생산기계는 340 mL의 음료수가 나오도록 조정되어 있다. 그러나 실제 각각의 캔에 채워지는 음료수의 양은 정확히 340 mL가 아니고 약간의 변동이 발생하고 있다. 생산된 음료수 캔들을 조사한 과거 자료에 따르면 캔에 채워진 음료수의 양은 평균이 340 mL이고 표준편차는 0.2 mL인 정규분포를 따르는 것으로 관찰되었다.

(1) 임의로 선택한 한 캔의 음료수의 양이 339.7 mL와 339.9 mL 사이에 있을 확률은 얼마인가?

(2) 이 회사에서 생산되는 음료수 캔들 가운데 전체의 몇 %가 340.2 mL와 340.6 mL 사이의 양을 채우고 있는가?

풀이 X를 한 캔에 들어 있는 그 음료수의 양이라고 하자. 그러면 X는 $\mu = 340$ (mL)이고 $\sigma = 0.2$(mL)인 정규분포를 따른다.

(1) 랜덤으로 선택한 한 캔에 339.7 mL와 339.9 mL 사이의 음료수가 채워져 있을 확률은 [그림 6.25]와 같이 $x=339.7$과 $x=339.9$ 사이와 정규확률분포곡선 아래의 면적과 같다. z값을 계산하기 위하여 표준화를 하면 다음과 같다.

$$x = 339.7\text{일 때 } Z = \frac{339.7 - 340}{0.2} = -1.5$$
$$x = 339.9\text{일 때 } Z = \frac{339.9 - 340}{0.2} = -0.5$$

그러므로 구하고자 하는 확률은 $z = -1.5$과 $z = -0.5$ 사이와 표준정규확률분포곡선 아래의 면적과 같으므로 339.7 mL와 339.9 mL 사이의 음료수가 채워져 있을 확률은

$$\begin{aligned} P(339.7 < X < 339.9) &= P(-1.5 < Z < -0.5) \\ &= P(Z < 1.5) - P(Z < 0.5) \\ &= 0.2417 \end{aligned}$$

이다. 그러므로 이 음료수 캔들 가운데 전체의 약 24.17%는 339.7 mL와 339.9 mL 사이의 양이 들어 있다고 말할 수 있다.

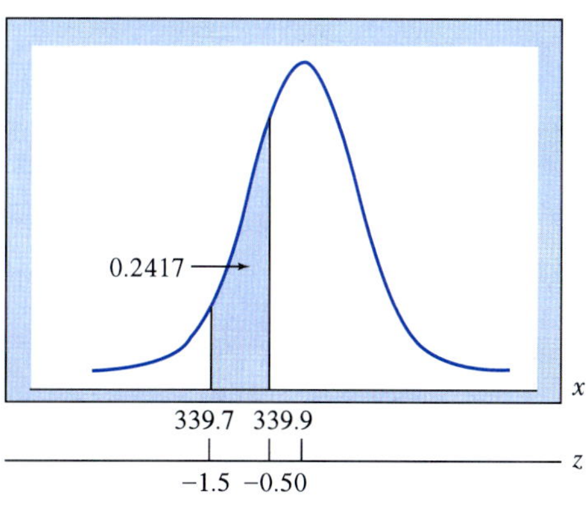

그림 6.25 $x=339.7$과 $x=339.9$ 사이의 면적

(2) 그 음료수 캔들 가운데 전체의 몇 %가 340.2 mL와 340.6 mL 사이의 양을 채우고 있는가 하는 문제는 [그림 6.26]과 같이 $x=340.2$부터 $x=340.6$까지 정규분포곡선 아래의 면적으로 구할 수 있다. z값을 계산하기 위하여 표준화를 하면 다음과 같다.

$$x = 340.2\text{일 때 } Z = \frac{340.2 - 340}{0.2} = 1.0$$

$$x = 340.6\text{일 때 } Z = \frac{340.6 - 340}{0.2} = 3.0$$

구하고자 하는 확률은 $z=1.0$부터 $z=3.0$까지와 표준정규확률분포곡선 아래의 면적으로 구할 수 있으므로, 음료수의 양이 340.2 mL와 340.6 mL 사이에 있을 확률은

$$P(340.2 < X < 340.6) = P(1.0 < Z < 3.0) = P(Z < 3.0) - P(Z < 1.0) = 0.1574$$

가 된다. 그러므로 이 회사에서 생산되는 음료수 캔들 가운데 약 15.74%는 340.2 mL에서 340.6 mL까지 양을 채우고 있을 것이라고 추측한다.

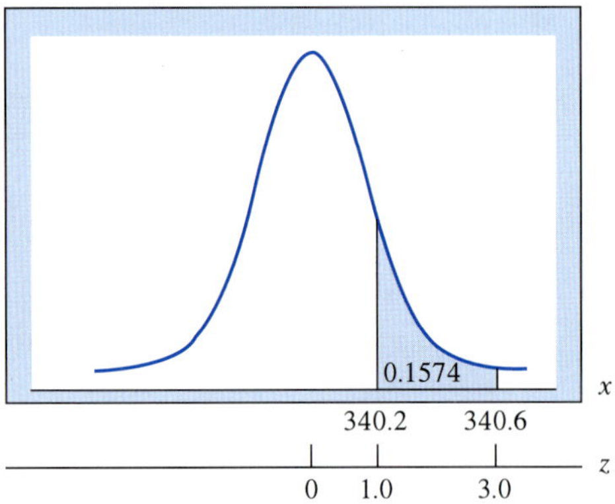

그림 6.26 $x=340.2$부터 $x=340.6$까지 면적 ■

예제 6.9

복사기의 수명은 평균이 48개월이고 표준편차가 5개월인 정규분포를 따른다. 만약 그 회사가 판매하는 복사기의 1% 이상을 교환해 주지 않으려면 고장난 복사기를 교환해 주는 보증기간을 얼마로 해야 하는가?

풀이 X를 그 복사기의 수명이라고 하자. 그러면 X는 $\mu=48$(개월)이고 $\sigma=5$(개월)인 정규분포를 한다. 회사의 방침은 기껏해야 판매된 모든 복사기의 1%만 교환해 주는 것이므로 [그림 6.27]과 같이 정규확률분포곡선 아래 x의 왼쪽 부분의 면적인 0.01을 교환해 줄 복사기의 비율로 표시할 수 있다.

표준정규분포표로부터 x의 왼쪽 부분의 면적이 0.01이 되는 지점을 구하면 z값은 평균의 왼쪽에 있어서 음의 값이 되므로 대략 $z=-2.33$이 된다. 다음의 표준화의 공식

$$Z = \frac{X - \mu}{\sigma}$$

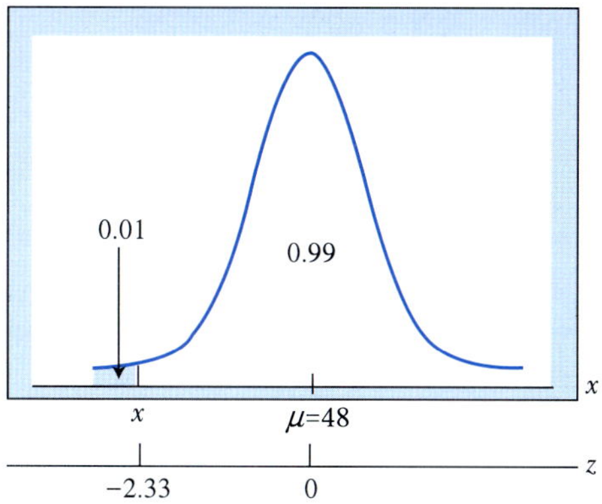

그림 6.27 x의 값을 찾는 방법

를 이용하여 이 식에 μ, σ, z의 값을 대입함으로써 다음과 같이 계산할 수 있다.

$$x = \mu + z \times \sigma = 48 + (-2.33)(5) = 36.35$$

그러므로 36.35개월 이내에 고장나는 모든 복사기를 교환해 준다고 방침을 세우면, 그 회사는 복사기의 1% 이상을 교환해 줄 필요가 없게 된다. ■

예제 6.10

어떤 영어자격시험의 점수는 평균이 220점이고 표준편차는 15점인 정규분포를 따른다고 한다. 한 학생이 이 영어자격시험을 치려고 하는데, 이 학생의 점수가 상위 10%가 되려면 몇 점을 받아야 하는가?

풀이 X를 응시자들의 영어자격시험의 점수라고 하면 X는 $\mu = 220$(점), $\sigma = 15$(점)을 갖는 정규분포를 따른다. 상위 10%가 되는 점수를 찾기 위하여 [그림 6.28]에 정규확률분포의 오른쪽 꼬리부분이 0.1이 되도록 표시한다.

표준정규분포표로부터 x의 오른쪽 부분의 면적이 0.1이 되는 지점을 구하면 z값은 대략 1.28

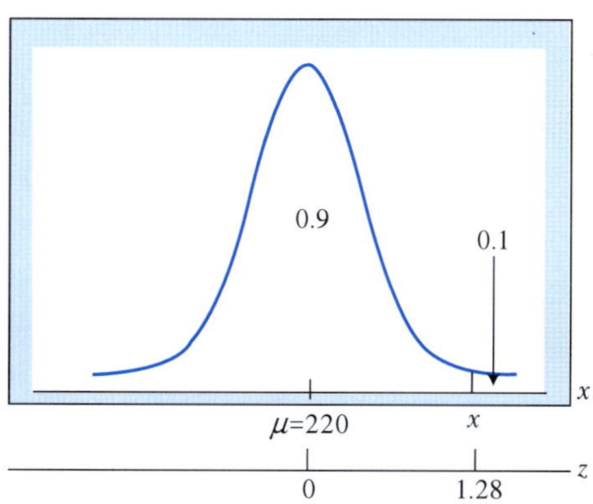

그림 6.28 x값을 찾는 방법

이 된다. 표준화의 공식을 이용하면 x값은 다음과 같다.

$$x = \mu + z \times \sigma = 220 + (1.28)(15) = 239.2$$

그러므로 만약 이 학생이 그 시험에서 대략 240점을 받는다면 상위 10%의 점수에 해당된다. ■

6.5 이항분포의 정규근사

5장에서 n번의 시행에서 x번을 성공할 확률은 다음의 이항확률분포 공식을 이용하여 계산할 수 있다.

$$P(X=x) = {}_nC_x\, p^x q^{n-x}\ ; \quad x = 0,\ 1,\ 2,\ \cdots,\ n$$

그러나 n이 매우 클 때는 이항확률분포의 공식을 사용하여 계산하기가 어려울 때가 있다. 이러한 경우에는 위의 이항확률분포의 공식을 사용하여 정확한 확률을 계산하는 대신, 정규확률분포를 사용하여 정확한 확률의 근삿값을 계산해 낼 수 있다. 특히, n이 크고 p가 0.5에 가까우면 정규분포를 사용하여 얻는 근삿값은 이항분포를 사용하여 구한 정확한 확률에 매우 가깝게 된다. 왜냐하면 이항확률분포에서 $p=0.5$일 때 정규분포처럼 대칭이 되기 때문이다.

또한 p가 0.5와 비록 가깝지 않을지라도 np와 nq가 5보다 충분히 크다면 이항확률분포의 정확한 확률의 대안으로서 정규확률분포를 사용하여 근사확률을 구할 수 있다. 위와 같

표 6.2 $n=15$이고 $p=0.5$일 때의 이항확률분포표

X	$P(X=x)$
0	0.000031
1	0.000458
2	0.003204
3	0.013885
4	0.041656
5	0.091644
6	0.152740
7	0.196381
8	0.196381
9	0.152740
10	0.091644
11	0.041656
12	0.013885
13	0.003204
14	0.000458
15	0.000031

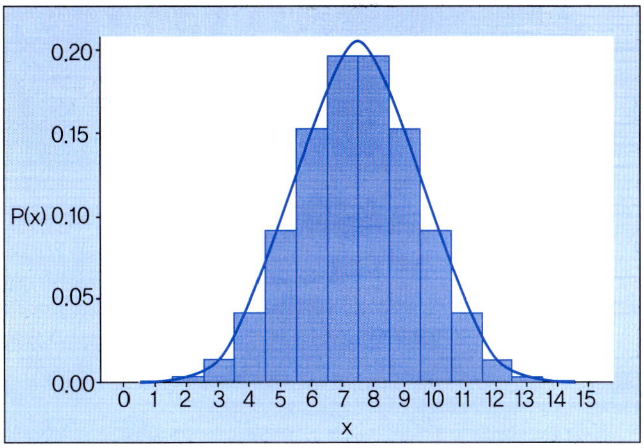

그림 6.29 [표 6.2]의 확률분포

이 정규확률분포로서 근사확률을 구하기 위해서는 정규확률분포를 구성하는 요소인 정규확률분포의 평균 μ와 분산 σ^2을 알아야 한다. 이때 이항분포의 평균과 분산을 이용하여 정규확률분포의 평균과 분산으로 사용한다. 즉, 정규확률분포의 평균은 $\mu = np$이고, 정규확률분포의 분산은 $\sigma^2 = npq$를 사용한다.

[표 6.2]는 $n = 15$이고 $p = 0.5$일 때 이항확률분포의 표이다. [그림 6.29]는 [표 6.2]의 확률분포와 도수다각형을 겹쳐서 그린 그림이다. [그림 6.29]의 확률분포는 대칭이므로 사각형들의 윗부분의 중앙에 위치한 값들을 서로 부드럽게 연결하면 정규확률분포의 종모양과 매우 유사한 모습으로 나타난다.

이항확률분포의 정확한 확률 대신 정규확률분포로서 근사확률을 사용

(1) 일반적으로 n이 크고 np와 nq가 5보다 클 때 이항확률분포의 근사확률로서 정규확률분포를 사용할 수 있다. 즉, $n > 30$, $np > 5$, $nq > 5$.
(2) 이 경우 이항확률분포의 평균값과 분산값을 정규확률분포의 평균값과 분산값으로 사용한다. 즉, $\mu = np$, $\sigma^2 = npq$.

뿐만 아니라 이산확률분포인 이항확률분포의 근삿값을 구하기 위하여 연속확률분포인 정규확률분포를 사용하므로 충분한 근사확률을 보상해 주기 위하여 이항확률변수 X 값에 0.5를 더하거나 뺀 값을 정규확률변수값으로 사용한다. 이와 같은 과정을 **연속성 수정**(continuity correction)이라고 한다. 예를 들어 [그림 6.30]은 $n = 10$, $p = 0.5$인 이항확률변수 X의 그림과 평균 $\mu = 5$, 분산 $\sigma^2 = 2.5$인 정규확률변수 Y 분포를 겹친 그림이다. 여기서 이항확률 $P(3 \le X \le 6)$에 가능하면 가까운 근사확률값을 구하기 위하여 다음과 같이 이항확률변수에 대한 연속성 수정을 하여 정규확률 $P(2.5 \le Y \le 6.5)$을 사용한다.

$$P(3 \le X \le 6) = P(3 - 0.5 \le Y \le 6 + 0.5) = P(2.5 \le Y \le 6.5)$$

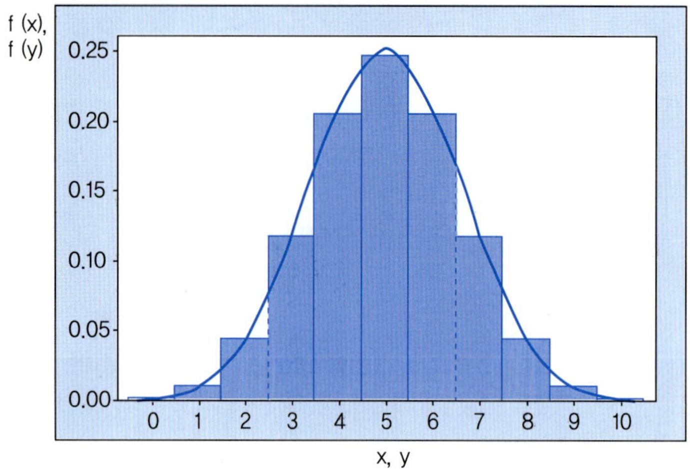

그림 6.30 이항확률분포 $f(x)$와 연속확률분포 $f(y)$의 겹친 그림

X가 이항확률분포를 하고 Y가 정규확률분포를 할 때 근삿값을 찾기 위해 연속성 수정

연속성 수정이란 n번의 시행에서 x번의 성공이 일어나는 이항분포에 대한 근사로서, 정규확률분포를 사용할 때 다음과 같이 x의 값에 0.5를 더하거나 0.5를 빼는 과정을 의미한다.

(1) $P(X \le x_i)$일 때 $P(Y \le x_i + 0.5)$

(2) $P(X < x_i)$일 때 $P(Y \le x_i - 0.5)$

(3) $P(X \ge x_i)$일 때 $P(Y \ge x_i - 0.5)$

(4) $P(X > x_i)$일 때 $P(Y \ge x_i + 0.5)$

예제 6.11

표본조사에 따르면 한 지역 주민의 40%는 적어도 하나 이상의 신용카드를 가지고 있다고 조사되었다. 만약 임의로 30명이 선발되었을 때, 그들 가운데 10명 이상이 적어도 한 개 이상의 신용카드를 가지고 있을 확률을 이항확률분포를 이용한 정확한 확률과 정규분포를 이용한 근사확률로 계산하여라.

풀이 n을 표본에 있는 사람의 수, x를 그 표본 가운데 적어도 한 개 이상의 신용카드를 가지고 있는 사람의 수, p를 한 사람이 적어도 한 개 이상의 신용카드를 가지고 있을 확률이라고 하자. 그러면 X는 $n=30$이고 $p=0.4$인 이항분포를 따르는 확률변수가 된다. 그러므로 이항확률분포를 이용한 정확한 확률은 다음과 같다.

$$\begin{aligned} P(10 \le X \le 30) &= 1 - P(X \le 9) \\ &= 1 - \sum_{x=0}^{9} {}_{30}C_x (0.4)^x (0.6)^{30-x} \\ &= 1 - 0.1763 \\ &= 0.8237 \end{aligned}$$

정규확률분포를 사용하는 것이 적절한가를 보기 위하여 $np = 30 \times 0.4 = 12$, $nq = 30 \times 0.6 = 18$로

서 모두 5보다 크기 때문에 정규확률분포로 근삿값을 구할 수 있다. 이제 정규확률분포를 이용하여 근사확률을 계산하려면 정규확률분포의 평균 μ와 분산 σ^2을 알아야 한다. 정규확률분포의 평균 μ와 분산 σ^2은 이항확률분포의 평균 np와 분산 npq를 사용하므로 다음과 같다.

$$\mu = np = 30 \times 0.4 = 12$$
$$\sigma^2 = npq = 30 \times 0.4 \times 0.6 = 7.2$$

그러므로 평균 $\mu = 12$와 분산 $\sigma^2 = 7.2$를 갖는 정규확률변수를 Y라고 하면 표준화를 통한 근사확률은 다음과 같이 계산된다.

$$\begin{aligned} P(10 \le X \le 30) &\cong P(9.5 \le Y \le 30.5) \\ &= P\left(\frac{9.5-12}{\sqrt{7.2}} \le Z \le \frac{30.5-12}{\sqrt{7.2}}\right) \\ &\approx P(-0.93 \le Z \le 6.89) \\ &= P(Z \le 6.89) + P(Z \le 0.93) - 1 \\ &= 0.8238 \end{aligned}$$

정규근사를 함으로써 표본에 있는 30명 가운데 적어도 10명이 한 개 이상의 신용카드를 가지고 있을 확률은 대략적으로 0.8238이 된다. 그리고 앞에서 이항확률분포 공식을 사용하여 구한 확률은 0.8237이었다. 정규근사를 사용함으로써 생긴 오차는 $0.8238 - 0.8237 = 0.0001$이 된다. 그러므로 정규근사를 사용한 경우 소수 넷째 자리에서 오차가 발생하였으며, 실제의 정확한 확률을 0.0001만큼 과대평가한 결과가 되었다. ■

예제 6.12

최근의 여론조사에 따르면 직장 근로자들 가운데 80%는 과거 10년 전에 투자에 관하여 알았던 것보다 현재 투자에 대하여 훨씬 더 많이 알고 있다고 한다. 400명의 직장근로자들을 임의로 선발하였을 때 300명에서 330명이 과거 10년 전보다 현재 투자에 관하여 훨씬 더 많이 알고 있다고 말할 확률은 얼마가 되겠는가?

풀이 직장근로자 $n = 400$명을 표본의 크기, x를 표본 가운데 과거 10년 전보다 현재 훨씬 투자에 관하여 많이 알고 있다고 말하는 직장근로자의 수, $p = 0.8$을 과거 5년 전보다 현재 훨씬 투자에 관하여 많이 알고 있다고 말하는 직장근로자의 확률이라고 하자. 그러면 X는 $n = 400$, $p = 0.8$인 이항확률분포를 따르는 확률변수가 된다. $np = 320$, $nq = 80$으로서 모두 5보다 크므로 이항분포에 대한 정규근사를 사용할 수 있다. 이항분포의 평균과 표준편차는 각각 다음과 같다.

$$\mu = np = 400(0.8) = 320$$
$$\sigma = \sqrt{npq} = \sqrt{400(0.8)(0.2)} = 8$$

300명에서 330명이 과거 10년 전보다 현재 투자에 관하여 훨씬 더 많이 알고 있다고 말할 확률은 [그림 6.31]과 같이 된다.

구하려는 확률을 연속성 수정을 하여 계산하면 다음과 같다.

$$\begin{aligned}P(300 \le X \le 330) &\simeq P(299.5 \le Y \le 330.5)\\&= P\left(\frac{299.5-320}{8} \le Z \le \frac{330.5-320}{8}\right)\\&\approx P(-2.56 \le Z \le 1.31)\\&= P(Z \le 1.31) + P(Z \le 2.56) - 1\\&= 0.8997\end{aligned}$$

따라서 400명의 직장근로자를 임의로 선발하였을 때 300명에서 330명이 과거 10년 전보다 현재 투자에 관하여 훨씬 더 많이 알고 있다고 말할 확률은 대략적으로 0.8997이 된다.

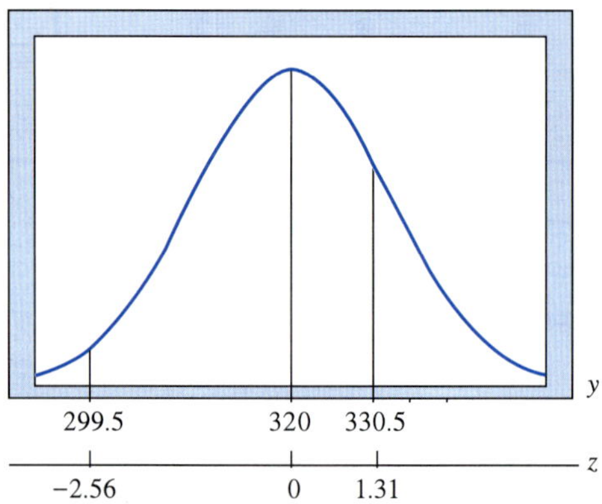

그림 6.31 확률 $P(299.5 \le Y \le 330.5)$는 $y=299.5$부터 $y=330.5$까지의 면적

6.6 감마분포

α번째 사건이 발생할 때까지의 대기시간의 분포는 감마분포이며, 다음과 같이 두 가지 방법으로 정의한다.

감마분포

① 형상모수 α와 척도모수 β를 이용하여 정의한 감마분포의 확률밀도함수:

$$f(x) = \frac{1}{\Gamma(\alpha)\beta^{\alpha}} x^{\alpha-1} e^{-x/\beta}, \qquad x>0,\ \alpha>0,\ \beta>0.$$

② 형상모수 α와 비율모수 β를 이용하여 정의한 감마분포의 확률밀도함수:

$$f(x) = \frac{\beta^{\alpha}}{\Gamma(\alpha)} x^{\alpha-1} e^{-x\beta}, \qquad x>0,\ \alpha>0,\ \beta>0.$$

감마분포의 평균과 분산

- $X \sim \gamma(\alpha, \beta)$이고 β가 척도모수일 때, $E[X] = \alpha\beta$, $V[X] = \alpha\beta^2$.
- $X \sim \gamma(\alpha, \beta)$이고 β가 비율모수일 때, $E[X] = \frac{\alpha}{\beta}$, $V[X] = \frac{\alpha}{\beta^2}$.

한편, 감마분포 확률밀도에서 $\alpha = r/2$, $\beta = 2$인 경우의 확률밀도함수를 자유도 r인 χ^2 분포(chi-square distribution)라 하며, 이때 카이제곱 확률변수의 평균과 분산은 각각 $E(X) = \alpha\beta = (r/2)2 = r$, $Var(X) = \alpha\beta^2 = (r/2)4 = 2r$이다. 특히 감마분포에서 $\alpha = 1$인 경우를 지수분포(exponential distribution)라 부른다.

6.7 R 실습

R에서는 특정 확률분포에 해당하는 이름이 있고, 그 이름에 따른 인자(argument)가 있다. 다음 표는 6장에서 언급한 정규분포에 대한 형식이다.

분포이름	형식
정규분포	norm(x, mean, sd)

정규분포의 이름 앞에 다음 표와 같은 첫 글자가 나타나면 특정 함수를 실행하게 된다.

첫 글자	함수의 기능	예
d	density(확률밀도함수)	dnorm(0,0,1)
p	probability(누적확률)	pnorm(0,0,1)
q	quantile(분위수)	qnorm(0.95,0,1)
r	random(확률난수)	rnorm(10,0,1)

1. 다음 물음에 답하여라.

(a) $Z \sim N(0, 1)$일 때 $P(-1 \le Z \le 1)$, $P(-2 \le Z \le 2)$, $P(-3 \le Z \le 3)$을 각각 구하여라.

(b) 평균이 3이고 표준편차가 2인 정규분포를 그려라.

풀이

(a) $P(-1 \le Z \le 1) = 0.6826$, $P(-2 \le Z \le 2) = 0.9544$, $P(-3 \le Z \le 3) = 0.9974$

```
> # 표준정규분포에서의 확률 구하기
> pnorm(1)-pnorm(-1)
[1] 0.6826895
> pnorm(2)-pnorm(-2)
[1] 0.9544997
> pnorm(3)-pnorm(-3)
[1] 0.9973002
```

(b) 평균이 3이고 표준편차가 2인 정규분포를 그리면 다음과 같다.

```
> # 평균이 3이고 표준편차가 2인 정규분포
> n.mean=3;n.sd=2
```

```
> x=seq(n.mean-6*n.sd,n.mean+6*n.sd,length=200)
> y=dnorm(x=x,mean=3,sd=2)
> plot(x,y,type="l",ylab="f(x)",main="Normal density N(3,2^2)")
```

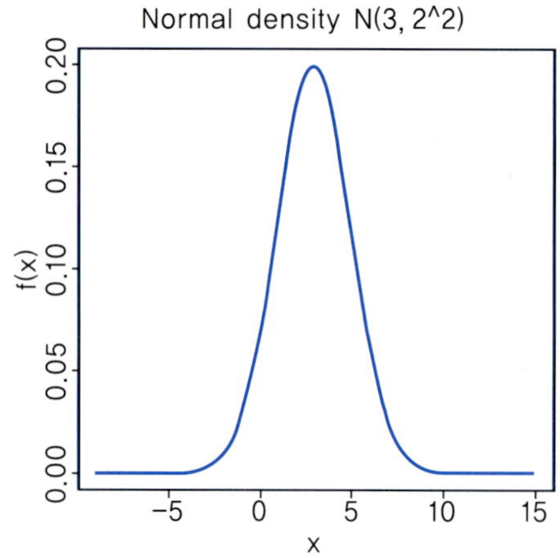

2. 다음 물음에 답하여라.

(a) $Z \sim N(0, 1)$일 때 $P(Z \le z) = 0.995, 0.975, 0.99, 0.95, 0.9$인 z를 각각 구하여라.

(b) 평균이 3이고 표준편차가 2인 정규분포 $Z \sim N(3, 2^2)$에서 $P(X \le x) = 0.975$인 x를 구하여라.

풀이

(a) z는 각각 2.575, 1.96, 2.33, 1.645, 1.28이 된다.

(b) $P(X \le x) = P\left(Z \le \frac{x-3}{2}\right) = 0.975 \quad \Rightarrow \quad \frac{x-3}{2} = 1.96 \quad \therefore x = 6.92$

```
> # 표준정규분포에서의 분위수(quantile)
> qnorm(0.995)
[1] 2.575829
> qnorm(0.975)
[1] 1.959964
> qnorm(0.99)
[1] 2.326348
> qnorm(0.95)
[1] 1.644854
> qnorm(0.9)
[1] 1.281552
> # 정규분포에서의 분위수
> qnorm(p=0.975,mean=3,sd=2)
[1] 6.919928
> qnorm(0.975,3,2)
[1] 6.919928
```

3. (이항분포의 정규근사) $X \sim B(15, 0.4)$에서

(a) $P(X=6)$을 구하여라. 이 확률을 이항분포의 정규근사를 이용하여 구하여라.

(b) $P(8 \le X \le 10)$을 구하여라. 이 확률을 이항분포의 정규근사를 이용하여 구하여라.

풀이

(a) $X \sim B(15, 0.4)$에서 $\mu = np = 6,\ \sigma^2 = npq = 3.6,\ \sigma = \sqrt{3.6} \approx 1.90$

$$\therefore P(X=6) = P(X \le 6) - P(X \le 5) = 0.610 - 0.403 = 0.207$$

이 확률을 이항분포의 정규근사를 이용하여 구하면

$$\begin{aligned} P(X=6) &= P(5.5 \le X \le 6.5) = P\left(\frac{5.5-6}{1.90} \le \frac{X-6}{1.90} \le \frac{6.5-6}{1.90}\right) \\ &\approx P(-0.26 \le Z \le 0.26) \\ &= 2P(Z \le 0.26) - 1 = 0.2052 \end{aligned}$$

(b) $P(8 \le X \le 10) = P(X \le 10) - P(X \le 7) = 0.991 - 0.787 = 0.204$

이 확률을 이항분포의 정규근사를 이용하여 구하면

$$\begin{aligned} P(8 \le X \le 10) &= P(7.5 \le X \le 10.5) = P\left(\frac{7.5-6}{1.90} \le \frac{X-6}{1.90} \le \frac{10.5-6}{1.90}\right) \\ &\approx P(0.79 \le Z \le 2.37) \\ &= P(Z \le 2.37) - P(Z \le 0.79) = 0.2059 \end{aligned}$$

```
> # 이항분포의 정규근사
> # Pr[X=6]
> pbinom(6,15,0.4)-pbinom(5,15,0.4)
[1] 0.2065976
> pnorm(0.26)-pnorm(-0.26)
[1] 0.2051362
> # Pr[8<=X<=10]
> pbinom(10,15,0.4)-pbinom(7,15,0.4)
[1] 0.2037555
> pnorm(2.37)-pnorm(0.79)
[1] 0.2058698
```

4. 다음 물음에 답하여라.

(a) 표준정규분포 $Z \approx N(0, 1)$에서 확률난수 5개를 뽑아라.

(b) 평균이 3이고 표준편차가 2인 정규분포 $Z \approx N(3, 2^2)$에서 확률난수 5개를 뽑아라.

풀이

의사난수발생기(pseudo-random number generator)를 이용할 때마다 확률난수는 달라진다.

```
> # 표준정규분포로부터 5개의 난수 추출
> rnorm(5)
[1] 2.5178708 0.7331323 0.8809315 0.3972354 0.5009881
> # 정규분포로부터 5개의 난수 추출
> rnorm(n=5,mean=3,sd=2)
[1] 2.734831 2.874476 4.425200 3.261234 4.933814
> rnorm(5,3,2)
[1] 2.210338 2.716910 2.367497 1.895204 3.279857
```

6.8 연습문제

6.1 연속확률변수 X에 대한 확률밀도함수가 $f(x)=ax^2$(단, $-1 \le x \le 2$)로 주어졌을 때, 다음을 계산하여라.

(1) a의 값을 구하여라.

(2) X의 평균 $E(X)$, X의 분산 $Var(X)$를 구하여라.

(3) X의 중앙값 Q_2, 제3사분위수 Q_3을 구하여라.

6.2 통계학 시험성적이 정규분포 $N(75,\ 8^2)$를 따른다고 할 때, 다음 물음에 답하여라.

(1) 성적이 60점인 학생은 하위 약 몇 %의 위치에 있는가?

(2) 상위 5% 이내에 들려면 적어도 몇 점 이상은 받아야 하는가?

(3) 어떤 학생의 점수가 91점이라면 이 학생은 상위 몇 %에 속하는가?

6.3 어느 학생의 등교시간은 평균 15분이고 표준편차는 3분이다. 이 학생의 등교시간이 정규분포를 따른다고 할 때, 다음 물음에 답하여라.

(1) 등교시간이 적어도 21분 이상 걸릴 확률은 얼마인가?

(2) 등교시간이 10분 이상 15분 이하로 걸릴 확률은 얼마인가?

(3) 수업이 9시에 시작하는데, 이 학생이 8시 50분에 집에서 출발했을 경우 수업에 지각할 확률은 얼마인가?

6.4 100점 만점인 어느 자격증시험에서 지원자 1000명의 득점분포는 평균이 65점, 표준편차가 12점인 정규분포를 따른다고 하자. 합격자가 100명인 경우, 합격자의 최저점수는 얼마인가?

6.5 어느 영양사에 의해 짜여진 식단표의 요리에 포함된 칼로리는 평균 210, 표준편차 20인 정규분포를 따른다고 할 때, 다음을 구하여라.

(1) 요리의 칼로리가 230칼로리를 초과할 확률

(2) 요리의 칼로리가 190칼로리와 230칼로리 사이에 있을 확률

6.6 A학교 B반 학생들의 수학 중간고사 성적은 평균이 70이고 분산이 64인 정규분포를 따른다고 하자. 다음의 물음에 답하여라.

(1) 60점 이하의 학생은 몇 퍼센트 정도 되겠는가?

(2) 상위 4%의 학생에게 A^+를 준다고 하면 몇 점 이상이 되어야 A^+를 받을 수 있겠는가?

6.7 어느 마트에서 제공하는 토마토의 무게는 평균이 130그램이고 표준편차가 28.5그램인 정규분포를 따른다고 한다. 한 손님이 임의로 토마토를 선택하였을 때, 그 토마토가 112그램보다 가벼울 확률은 얼마인가?

6.8 어느 학교 A반 학생들의 영어 성적의 분포가 $N(60, 8^2)$을 따른다고 하자. 70점에서 80점 사이의 학생들에게 '우' 성적을 준다고 할 때, '우' 성적을 받게 될 학생의 비율을 구하여라.

6.9 판지를 절단하는 데 드는 힘의 평균이 10.51 kg이고 표준편차가 2.1 kg이라고 할 때, 다음의 확률을 구하여라.

(1) 절단하는 데 9 kg 이하의 힘이 든다.

(2) 절단하는 데 14 kg 이상의 힘이 든다.

6.10 확률변수 X가 $n=150$, $p=0.6$인 이항분포를 따른다고 하자. 이때 확률 $P(82 \le X \le 101)$을 근사적으로 구하여라.

6.11 다음의 z_0값을 구하여라.

(1) $P(z \le z_0) = 0.4$

(2) $P(z > z_0) = 0.05$

(3) $P(|z| < z_0) = 0.9$

6.12 확률변수 X의 확률분포가 다음과 같다.

$$f(x) = \begin{cases} kx^2, & 0 \le x \le 2 \\ 0, & \end{cases}$$

(1) 상수 k의 값을 구하여라.

(2) $P(X > 1)$을 계산하여라.

(3) $P(-2 \le X \le 4)$을 계산하여라.

6.13 $X \sim N(4, 2^2)$인 분포를 따를 때, 다음 확률을 구하여라.

(1) $P(X \ge 8)$

(2) $P(2X + 2 \ge 4)$

(3) $P\left(\frac{X-3}{2} \le 3\right)$

6.14 $X \sim N(\mu, \sigma^2)$일 때 X가 평균보다 적을 때, 이에 상응한 표준화변수의 값은 얼마인가?

6.15 다음 확률들을 계산하고, 그 중 값이 다른 하나를 선택하여라.

(1) $P(Z \geq 1)$

(2) $1-P(Z \leq 1)$

(3) $0.5 \times P(Z \leq 2)$

(4) $P(Z \leq -1)$

(5) $0.5 \times \{1-P(-1 \leq Z \leq 1)\}$

(6) $0.5 \times P(|Z| \geq 1)$

6.16 어떤 투자의 수익률이 평균이 10%이고 리스크 (=표준편차) 가 5%인 정규분포를 따른다고 하자.

(1) 손실 (투자수익률이 음) 이 발생할 확률은 얼마인가?

(2) 리스크가 2배 증가할 때 손실이 발생할 확률은 얼마인가?

6.17 어떤 회사의 직원들이 하루 업무 중 가족과 전화로 통화하는 시간은 평균 6.3분 표준편차가 2.2분인 정규분포를 따른다고 하자.

(1) 한 번의 통화시간이 3분과 5분 사이에 있을 확률을 구하여라.

(2) 한 번의 통화시간이 7분 이상일 확률을 구하여라.

(3) 한 번의 통화시간이 3분 미만일 확률을 구하여라.

6.18 문제 6.17에서 한 번의 통화시간이 가장 긴 10%는 얼마나 오랫동안 통화하는가?

6.19 어떤 뮤추얼 펀드의 연간 수익률은 평균이 14%이고 표준편차가 18%인 정규분포를 따른다고 하자.

(1) 펀드의 수익률이 내년에 20% 이상 될 확률은 얼마인가?

(2) 이 펀드가 내년에 손실을 볼 확률은 얼마인가?

6.20 확률변수 x가 평균이 20, 표준편차가 8인 정규분포를 따른다고 한다. 다음은 평균의 어느 방향으로 몇 표준편차만큼 떨어져 있는가?

(1) $x=12$

(2) $x=36$

(3) $x=25$

(4) $x=1$

6.21 기업의 한 부서에서 한 달에 회의비로 지출하는 비용이 평균 100만 원이고 표준편차는 15만 원인 정규분포를 따른다고 알려져 있다. 한 해 동안 회의비로 120만 원 이상 지출한 달이 적어도 6개월 이상이 될 확률은 얼마인가?

6.22 한 학기 동안 통계학 점수를 집계한 결과, 평균이 80점, 표준편차가 3점인 정규분포를

따른다고 한다. 학교규정에 따르면 A는 25% 이하, B는 35% 이하, C는 30% 이하, D와 F는 10% 이상 부여하도록 되어 있다.

(1) A 학점을 주려면 적어도 몇 점이 되어야 하는가?

(2) A 또는 B 학점을 주려면 적어도 몇 점은 되어야 하는가?

(3) C 학점을 주려면 몇 점 구간 대에 들어가야 하는가?

6.23 한 전구의 수명은 평균이 750시간이고 표준편차가 80시간인 정규분포를 따른다고 한다.

(1) 전구들이 고장날 확률을 5% 미만으로 유지하려면 얼마나 자주 전구를 교환해야 하는가?

(2) 전구들이 고장날 확률을 2% 이하로 유지하려면 얼마나 자주 전구를 교환해야 하는가?

6.24 정밀기계에 사용되는 한 볼트의 지름은 평균이 10 mm, 표준편차가 0.01 mm인 정규분포를 한다.

(1) 이 볼트의 지름의 허용오차는 10 ~ 0.02 mm라고 한다. 생산되는 이 볼트가 검사에 합격되어 정밀기계 조립에 사용될 확률은 얼마인가?

(2) 만약 이 볼트의 지름의 허용오차를 10 ~ 0.015 mm로 줄인다면 몇 %의 볼트가 검사에 불합격하겠는가?

6.25 한 종류의 타이어의 수명은 평균이 약 50,000 km, 표준편차가 약 2,500 km인 정규분포를 한다고 알려져 있다. 이 타이어의 보증기간은 45,000 km이다.

(1) 이 타이어가 보증기간 전에 수명이 끝날 비율은 얼마인가?

(2) 이 타이어가 보증기간이 지나고 50,000 km 이전에 수명이 끝날 확률은 얼마인가?

6.26 확률변수 x가 $n=100$, $p=0.4$인 이항분포를 따른다고 한다. 정규분포를 이용하여 다음의 근사확률을 계산하여라.

(1) $P(X=55)$

(2) $P(X \geq 65)$

(3) $P(X < 45)$

6.27 $n=300$과 $p=0.5$인 이항실험에서 표본비율이 60%보다 클 확률을 구하여라.

6.28 이항실험의 한 시행에서 성공확률은 25%이다. $n=500$일 때 성공의 비율이 22%보다 작을 확률을 구하여라.

6.29 한 TV방송국의 인기 주말드라마를 즐겨보는 시청자의 80%는 여자라고 밝혀졌다. 어떤 특정 주말에 200명의 시청자에게 전화로 설문조사를 하였다.

(1) 200명 중 적어도 50명이 남자일 근사확률은 얼마인가?

(2) 200명 중 155명 이상이 여자일 근사확률은 얼마인가?

6.30 한 은행의 주택자금 대출자들의 신용도를 조사한 결과, 주택자금 대출자의 25%는 대출상환기간 내에 자금을 상환하지 못한다고 나타났다. 작년 4/4분기 동안 이 은행의 주택자금 대출자 100명을 임의로 추출하였다.

(1) 적어도 15명이 대출상환을 못할 근사확률을 계산하여라.

(2) 기껏해야 대출자의 반이 대출상환을 할 근사확률을 계산하여라.

6.31 형상(shape) 모수가 자연수 n인 감마분포 W_n은 n번째 사건이 발생할 때까지 소요된 시간 즉, 대기시간(waiting time)에 대한 확률분포로 널리 사용된다. 만일 구간 $[0, t]$에서 발생한 사건의 수 $N(t)$가 평균이 λt인 포아송(λt) 분포를 따른다고 한다면 사건 $\{W_n \leq t\}$을 $N(t)$를 사용하여 어떻게 표현할 수 있겠는가?

6.32 4개 중 하나의 정답을 가진 객관식 문제가 100문항인 어떤 시험이 있다. 각 문항에 대해 정답을 임의로 선택한다고 할 때, 정답의 수가 36개보다 많을 확률을 구하여라.

7장

표본추출방법과 표본추출분포

5장과 6장에서는 이산형 확률변수와 연속형 확률변수의 확률분포들에 대하여 각각 살펴보았다. 이는 관심 대상이 되는 모집단의 개체들이 갖는 특성 값에 대한 상대분포함수라고 할 수 있다. 이 장에서는 모집단의 특성을 연구하기 위해 모집단의 일부 개체들을 선택하는 표본추출방법과 표본조사를 통해 얻게 되는 표본평균과 표본비율과 같은 통계량이 갖게 되는 확률분포, 즉 표본추출분포에 대하여 살펴본다. 더불어 표본크기가 충분히 큰 경우에 표본평균이 근사적으로 갖는 확률분포를 정의하는 중심극한정리에 대해서도 살펴본다.

7.1 모수와 통계량

모집단 (population) 이란 연구 대상이 되는 모든 개체들로 이루어진 집합을 말하며, 모집단의 수량적 특성을 **모수** (parameter) 라고 한다. 예를 들어, 어느 회사의 생산라인에서 만드는 전구의 평균 수명시간에 대해 알고자 한다면, 생산라인에서 생산될 수 있는 무수히 많은 제품들이 모집단을 이루게 되며 이들의 평균 수명시간이 모수가 된다. 또한 우리나라 가구의 가구당 평균소득 및 1인 가구 비율을 알고자 한다면, 우리나라의 모든 가구들이 모집단이 되며 전체 가구들의 평균소득과 1인 가구 비율이 모수가 된다.

모집단은 구성하는 개체 수가 무한한지 아니면 유한한지에 따라 **무한모집단** (infinite population) 과 **유한모집단** (finite population) 으로 구분된다. 앞의 예에서 생산라인에서 생산될 수 있는 전구들은 무한모집단으로 구분되고, 우리나라 모든 가구들은 유한모집단으로 각각 분류될 수 있다.

모수를 파악하기 위해 모집단을 구성하고 있는 모든 개체를 조사하는 전수조사 (census) 를 통해 모수의 값을 계산할 수 있다. 무한모집단은 물론이고 유한모집단의 전체 개체들을 모두 조사한다면 엄청난 비용과 시간이 들게 되므로 현실적으로도 불가능하고 비실용적일 것이다. 물론 통계청의 인구주택총조사나 전국사업체조사 등과 같이 국가정책에 필요한 정보수집과 같은 특수한 경우에는 많은 시간과 비용이 소요되더라도 **전수조사** (census) 가 고려될 수도 있다. 하지만 일반적으로 모집단 전체가 아닌 일부만을 표본 (sample) 으로 선택하여 자료를 수집하는 표본추출 (sampling) 이 주로 고려된다.

모수를 추정하기 위해 표본개체들의 특성 값을 이용하여 계산하는 수량측도를 **통계**

량(statistics)이라고 한다. 또한 모수를 통계량으로 추정하기 때문에 발생되는 두 값 간의 차이를 **표본오차**(sampling error)라고 한다.

임의의 모집단 구성개체의 특성 값을 확률변수 X라고 정의한다면, 크기 n개의 표본 개체들이 갖는 특성 값은 각각 $X_1, X_2, ..., X_n$으로 표기될 수 있다. 따라서 모수는 확률변수 X의 평균 μ_X와 분산 σ_X^2 등과 같은 확률분포의 특성치가 된다. 또한 통계량은 표본개체들의 특성 값들의 함수로 정의되는데, 그 예로 표본평균 $\bar{X} = \sum_{i=1}^{n} X_i/n$이나 표본분산 $s^2 = \sum_{i=1}^{n} (X_i - \bar{X})^2/(n-1)$을 들 수 있다. 만약 확률변수 X가 관심대상인 특성의 관측여부에 따라 0과 1의 값이 부여되는 베르누이 시행을 나타낸다면 표본평균은 표본비율 $\hat{p}$이 된다.

앞의 5장과 6장에서 이산형과 연속형인 확률변수 X의 확률분포, 즉 모집단분포에 대해 살펴보았다면, 이 장에서는 $\bar{X}$나 $\hat{p}$과 같은 통계량의 확률분포인 표본추출분포(sampling distribution)에 대해 다룬다.

7.2 표본추출

표본추출의 목적은 표본조사를 통해 모집단의 특성을 잘 파악하는 데 있다. 따라서 표본추출은 궁극적으로 모집단을 잘 설명할 수 있는 대표성이 있는 표본(representative sample)을 효과적으로 추출하여야 할 것이다.

표본추출은 크게 비확률추출과 확률추출로 구분할 수 있다. **비확률추출**(nonrandom sampling)이란 추출단위가 표본으로 추출될 확률을 객관적으로 나타낼 수 없는 표본추출 방식으로, 추정결과에 대한 **정도**(precision)를 평가할 수 없다. 비확률추출은 확률추출에 비해 훨씬 간편하고 경제적일 수 있는 장점이 있지만 추정의 정확성을 평가할 수 없고 조사자에 따라 기준이 달라지는 조사자 **선택편향**(selection bias)이 발생하여 과학적인 조사 방법으로 활용될 수 없다는 한계를 지니고 있다.

대표적인 비확률추출로는 편의추출과 할당추출이 있다. **편의추출**(convenience sampling)이란 조사자가 손쉽게 접촉할 수 있는 대상들을 표본으로 추출하는 방법이다. 예를 들면, 상품선호도 조사를 위해 길거리 또는 쇼핑몰 앞을 지나가는 사람들을 대상으로 조사하는 방법이다.

할당추출(quota sampling)은 조사변수와 관련이 있다고 판단되는 특성에 대해 모집단 구성 비율에 따라 표본비율이 유지되도록 하는 표본추출이다. 이는 우리나라 여론조사에서 흔히 사용하는 방법인데, 조사에 응답한 표본의 구성비를 모집단의 지역·성별·연령별 구성비에 맞추어 조사를 수행하는 방법이다. 할당추출법은 표본과 모집단의 할당특성별 구성비를 맞춘다는 점에서 매우 그럴듯한 방법인 것처럼 보이지만, 표본을 추출할 때 조사원들이 조사에 협조적인 사람들을 주로 선택할 가능성이 많아 조사원에 의한 선택편의를 초래할 위험이 매우 크다. 또한 이러한 할당추출은 조사개체가 표본으로 추출될 확률을 알 수 없는 비확률추출이 되어 조사결과에 대한 정도를 객관적으로 평가할 수 없게 된다.

반면, **확률추출**(random sampling)은 모집단을 구성하고 있는 모든 추출단위가 표본으로 선택될 확률을 사전에 알 수 있는 추출방식을 말한다. 따라서 확률추출에서는 특정한 표본이 추출될 확률을 계산할 수 있으며 이러한 확률을 근거로 표본에서 얻어진 통계량에 의한 모수추정의 결과에서 발생하는 표본오차를 과학적으로 설명할 수 있게 된다.

대표적인 확률추출로는 단순확률추출과 층화확률추출이 있다. **단순확률추출**(simple random sampling)이란 모집단으로부터 n개의 표본개체를 뽑을 때 표본에 포함될 확률을 동일하게 만드는 표본추출을 말한다. 단순확률추출에 대한 상세한 내용은 이후에 다루기로 한다.

한편, **층화확률추출**(stratified random sampling)은 전체 모집단이 서로 겹치지 않는 층(strata)이라 부르는 몇 개의 부모집단으로 나누고, 각 층으로부터 서로 독립적인 확률표본을 추출하는 방법을 말한다. 예를 들어 학생회장 선거를 앞둔 학교신문사에서 후보자 선호도 조사를 수행할 때, 전교생을 단과대학별로 나누어 층을 구성하고 단과대학 내에서 서로 독립적으로 단순확률추출에 의해 표본대상을 선택하여 선호도조사를 수행할 수 있다.

7.3 표본평균의 표본추출분포와 중심극한정리

이 절에서는 모평균 μ에 대한 통계량인 표본평균 $\overline{X}$가 단순확률추출하에서 갖는 표본추출분포에 대해 살펴본다. 표본추출과 표본평균의 표본추출분포는 모집단이 무한한지 아니면 유한한지에 따라 결정되므로 이를 나누어 차례로 살펴보고자 한다.

무한모집단으로부터 단순확률추출에 의해 표본을 추출한다면 다음의 가정들을 만족해야 할 것이다. 첫째, 개별 개체는 모집단으로부터 동일한 확률로 추출된다. 둘째, 개별 개체들은 서로 독립적으로 추출된다. 예를 들면, 특정 생산라인에서 생산되는 전구의 수명시간을 추정하기 위해 생산라인을 가동 후 생산되는 매 100번째 전구들을 모아 총 200개를 선택한다면 앞에서의 두 가정들을 만족한다고 할 수 있다. 물론, 매 100번째 전구를 선택하는 간격이 생산라인의 제품수명과 관계가 없다는 독립성의 전제가 필요하다.

또한 유한모집단이라 하더라도 표본개체를 추출할 때 먼저 뽑힌 개체를 다시 모집단으로 복원하여 추출하는 복원추출(with-replacement sampling)인 경우, 추출된 표본개체가 다시 모집단으로 복원되어 개체들의 실질적 추출확률이 동일한 상황이 되며 또한 모집단의 개체들은 마치 무한히 존재하는 것으로 생각할 수 있게 됨으로써 무한모집단으로 간주할 수 있다.

예제 7.1

크기 $N=6$인 모집단의 개체들은 특성 값으로 $\{1,2,3,4,5,6\}$을 갖는다고 하자. 모집단으로부터 하나의 개체를 임의로 선택하고 해당 개체의 특성 값을 X로 표기한다고 가정하자. 특성 값 X의 확률분포, 평균 그리고 분산을 각각 구하여라.

풀이 확률변수 X는 1에서 6의 값을 각각 1/6의 확률로 갖는 다음의 분포로 정의된다.

X	1	2	3	4	5	6
$P(X=x)$	$\frac{1}{6}$	$\frac{1}{6}$	$\frac{1}{6}$	$\frac{1}{6}$	$\frac{1}{6}$	$\frac{1}{6}$

확률변수 X의 평균 μ_X과 분산 σ_X^2을 계산하면 각각 다음과 같다.

$$\mu_X = E(X) = \sum_{x=1}^{6} xP(x) = 1\times\frac{1}{6} + \cdots + 6\times\frac{1}{6} = 3.5$$

$$\sigma_X^2 = Var(X) = \sum_{x=1}^{6}[x - E(X)]^2 \times P(x) = (1-3.5)^2\times\frac{1}{6} + \cdots + (6-3.5)^2\times\frac{1}{6} \cong 2.92$$ ■

예제 7.2

[예제 7.1]의 모집단으로부터 크기 $n=2$인 확률표본을 복원에 의한 단순확률추출로 뽑는다면, 모든 가능한 표본들을 나열하고 표본평균 $\overline{X}$의 확률분포와 평균 및 분산을 각각 구하여라.

풀이 크기 $n=2$의 확률표본을 복원방식으로 추출한다면 (1,1)에서 (6,6)까지 총 36가지 경우가 가능하며 이를 정리하면 [표 7.1]과 같다.

표 7.1 크기 n=2의 복원방식의 단순확률표본의 평균 $\overline{X}$ 분포

번호	표본	평균	번호	표본	평균	번호	표본	평균
1	(1,1)	1.0	13	(3,1)	2.0	25	(5,1)	3.0
2	(1,2)	1.5	14	(3,2)	2.5	26	(5,2)	3.5
3	(1,3)	2.0	15	(3,3)	3.0	27	(5,3)	4.0
4	(1,4)	2.5	16	(3,4)	3.5	28	(5,4)	4.5
5	(1,5)	3.0	17	(3,5)	4.0	29	(5,5)	5.0
6	(1,6)	3.5	18	(3,6)	4.5	30	(5,6)	5.5
7	(2,1)	1.5	19	(4,1)	2.5	31	(6,1)	3.5
8	(2,2)	2.0	20	(4,2)	3.0	32	(6,2)	4.0
9	(2,3)	2.5	21	(4,3)	3.5	33	(6,3)	4.5
10	(2,4)	3.0	22	(4,4)	4.0	34	(6,4)	5.0
11	(2,5)	3.5	23	(4,5)	4.5	35	(6,5)	5.5
12	(2,6)	4.0	24	(4,6)	5.0	36	(6,6)	6.0

위의 결과를 $\overline{X}$의 확률분포로 정리하면 [표 7.2]와 같다.

표 7.2 크기 n=2의 복원방식의 단순확률표본의 평균 $\overline{X}$의 확률분포

$\overline{X}$	1.0	1.5	2.0	2.5	3.0	3.5	4.0	4.5	5.0	5.5	6.0
$P(\overline{X}=\overline{x})$	$\frac{1}{36}$	$\frac{2}{36}$	$\frac{3}{36}$	$\frac{4}{36}$	$\frac{5}{36}$	$\frac{6}{36}$	$\frac{5}{36}$	$\frac{4}{36}$	$\frac{3}{36}$	$\frac{2}{36}$	$\frac{1}{36}$

따라서 $\overline{X}$의 평균과 분산을 각각 계산하면 다음과 같다.

$$\mu_{\overline{X}} = E(\overline{X}) = 1 \times \frac{1}{36} + \cdots + 6 \times \frac{1}{36} = 3.5$$
$$\sigma^2_{\overline{X}} = Var(\overline{X}) = (1-3.5)^2 \times \frac{1}{36} + \cdots + (6-3.5)^2 \times \frac{1}{36} = 1.46$$

특히 [예제 7.1]와 비교해 보면, 두 경우의 평균값은 동일하고, 표본평균 $\overline{X}$의 분산은 모분산을 표본개수 $n=2$로 나눈 것과 같음을 알 수 있다. 즉,

$$E(\overline{X}) = E(X) = 3.5, Var(\overline{X}) = \frac{1}{n}Var(X) = \frac{2.92}{2} = 1.46$$ ■

[예제 7.2]에서 표본크기가 각각 $n=5$, $n=10$, $n=25$인 경우들을 고려하면, 표본평균의 평균은 각각 3.5로 모두 동일하게 된다. 하지만 표본크기가 증가할수록 표본평균 $\overline{X}$의 분산은 각각 0.584, 0.292, 0.1158로 점점 감소함을 알 수 있다. 다시 말해, 표본크기가 증가할수록 표본평균 $\overline{X}$의 평균은 모평균과 일치하지만 표본평균 $\overline{X}$의 분산은 표본크기에 비례하여 작아진다. 따라서 표본크기가 증가할수록 표본평균 $\overline{X}$의 분포는 모평균을 중심으로 점점 가까이 좁혀지는 경향을 보인다.

[예제 7.1]과 [예제 7.2]는 각각 하나의 주사위와 두 개의 주사위를 던지는 확률실험으로 고려할 수 있다. 다시 말해 주사위를 반복적으로 던지는 확률실험은 무한히 반복할 수 있고 또한 매 실험은 서로 독립적이므로 이는 무한모집단으로부터 표본추출을 하는 경우로 생각할 수 있다.

앞서의 두 예제로부터 평균 μ이고 분산 σ^2를 갖는 무한모집단으로부터 크기 n의 표본을 단순확률추출에 의해 추출한다면, 표본평균 $\overline{X} = \sum_{i=1}^{n} X_i/n$이 갖는 표본추출분포의 평균과 분산은 다음과 같이 정리될 수 있다.

표본평균 $\overline{X}$의 평균과 분산

평균 μ와 분산 σ^2을 갖는 무한모집단으로부터 단순확률추출에 의해 크기 n인 표본을 추출한다면, 표본평균 $\overline{X}$의 기댓값과 분산은 각각 다음과 같다.

$$E(\overline{X}) = \mu \text{ , } Var(\overline{X}) = \frac{\sigma^2}{n}$$

만일 모집단이 매우 크면 앞서 두 예제에서 살펴본 바와 같이 모든 가능한 표본들을 찾아서 표분평균의 분포를 찾기는 쉽지 않다. 하지만 모집단이 무한모집단이고 표본크기 n이 충분히 크다면 모집단의 분포형태에 상관없이 표본평균의 분포는 근사적으로 정규분포를 따른다는 사실이 알려져 있는데, 이를 **중심극한정리** (central limit theorem) 라고 한다.

중심극한정리

평균 μ와 분산 σ^2을 갖는 무한모집단으로부터 단순확률추출에 의해 크기 n의 표본을 추출한다면, 표본평균 $\bar{X}$는 표본크기 n이 커짐에 따라 근사적으로 평균이 μ이고 분산이 σ^2/n인 정규분포를 따른다. 따라서 표준화 확률변수 $Z=\dfrac{\bar{X}-\mu}{\sigma/\sqrt{n}}$의 분포는 표본크기 n이 커짐에 따라 근사적으로 표준정규분포 $N(0,1)$을 따른다.

위의 중심극한정리에서 표본평균 $\bar{X}$의 분포가 갖는 정규분포로의 근사 정도는 모집단의 분포형태가 정규분포에 얼마나 유사한가와 표본크기에 따라 다르다. 그러나 위의 중심극한정리를 실제 문제에 적용하는 경우, 표본크기가 통상적으로 $n\geq 30$이면 모집단분포의 형태에 관계없이 정규분포로의 근사 정도는 만족한다고 할 수 있다.

간단히 요약하면, 임의의 모집단으로부터 단순확률추출에 의해 확률표본을 얻는 경우에 표본평균 $\bar{X}$의 분포는 표본크기가 충분히 큰 경우에 정규분포에 근사하며, 표본크기가 커질수록 표본평균 $\bar{X}$의 분포형태가 정규분포에 더욱 가깝게 닮아간다고 할 수 있다.

물론, 모집단의 분포가 정규분포이라면 표본크기와 상관없이 표본평균 $\bar{X}$의 분포는 아래의 내용과 같이 정확히 정규분포를 따른다.

모집단이 정규분포인 경우, 표본평균 $\bar{X}$의 확률분포

평균 μ와 분산 σ^2을 갖는 정규모집단으로부터 단순확률추출에 의해 크기 n의 표본을 추출한다면, 표본평균 $\bar{X}$은 평균이 μ이고 분산이 σ^2/n인 정규분포를 따른다. 따라서 표준화 확률변수 $Z=\dfrac{\bar{X}-\mu}{\sigma/\sqrt{n}}$의 분포는 표준정규분포 $N(0,1)$을 따른다.

예제 7.3

한 생수회사에 의하면 생수병에 담긴 생수의 양이 평균 500 mL이고 표준편차는 20 mL인 정규분포를 따른다고 한다. 소비자 A가 해당 회사의 생수 한 병을 구입할 경우, 담겨져 있는 생수의 양이 520 mL 이하일 확률을 구하라.

풀이 확률변수 X를 병에 담겨져 있는 생수의 양이라고 하자. 임의의 생수 한 병을 구입하였을 때, 병 안에 담긴 생수의 양이 520 mL 이하일 확률은 X가 정규분포를 따르므로 다음과 같이 계산된다.

$$P(X\leq 520)=P\left(Z\leq\frac{520-500}{20}\right)=P(Z\leq 1)=0.8413$$

예제 7.4

[예제 7.3]에서 소비자 A가 10병들이 생수 한 상자를 구입한다고 하자. 생수의 양이 평균적으로 520 mL 이하로 담겨져 있을 확률을 구하여라.

풀이 확률변수 X를 병에 담겨져 있는 생수의 양이고 $\overline{X}$는 생수상자 안에 있는 10병의 생수들이 포함하고 있는 표본평균이라고 하자. X가 정규분포를 따르므로 표본평균 $\overline{X}$는 평균 500 mL이고 분산 $V(\overline{X}) = \sigma^2/n = 20^2/10 = 40$인 정규분포를 따른다. 따라서 생수의 양이 평균적으로 520 mL 이하로 담겨져 있을 확률은 다음과 같다.

$$P(\overline{X} \leq 520) = P\left(Z \leq \frac{520 - 500}{\sqrt{40}}\right) = P(Z \leq 3.1623) = 0.9992$$ ■

예제 7.5

한 전구회사에서 생산하는 전구의 수명시간은 평균이 800시간이고 표준편차는 40시간으로 알려져 있다. 이 전구회사의 품질관리팀에서는 64개의 전구를 표본으로 확률추출하여 전구수명을 조사한다고 할 때, 평균수명시간 $\overline{X}$가 791시간 미만이 될 확률을 구하여라.

풀이 모집단 분포의 형태는 알려져 있지 않으나 표본크기가 $n \geq 30$이므로 중심극한정리를 이용하면 $\overline{X}$의 분포는 근사적으로 평균 $\mu = 800$이고 분산이 $\sigma^2/n = 40^2/64 = 5^2$인 정규분포를 따름을 알 수 있다. 따라서 평균수명시간이 791시간 미만일 확률은 다음과 같다.

$$P(\overline{X} < 791\ ) = P\left(Z \leq \frac{791\ - 800}{5}\right) = P(Z < -1.80) = 1 - P(Z < 1.80) = 0.0359$$ ■

예제 7.6

미국 소재 한 대학의 총장은 대학교 졸업생들의 주당 평균수입이 \$600이라고 주장한다. 만약 졸업생들의 주당 수입에 대한 주장이 맞고 표준편차가 \$100일 때, 무작위로 추출한 32명의 졸업생들의 주당 평균수입이 \$550 이하일 확률을 구하여라.

풀이 모집단 분포의 형태는 알려져 있지 않으나 표본크기가 $n \geq 30$이므로 중심극한정리를 이용하면 $\overline{X}$의 분포는 근사적으로 평균 $\mu = 600$이고 분산이 $s^2/n = 100^2/32 = 312.5$인 정규분포로 취급할 수 있다. 따라서 주당 평균수입이 \$550 이하일 확률은 다음과 같다.

$$P(\overline{X} \leq 550) = P\left(Z \leq \frac{550 - 600}{\sqrt{312.5}}\right) = P(Z \leq -2.83) = 0.0023$$ ■

예제 7.7

[예제 7.6]에서 확률표본인 32명의 졸업생들의 주당 평균수입이 \$550으로 조사가 되었다면, 주당 평균수입이 \$600이라고 주장하는 이 대학의 총장 주장에 대하여 어떠한 결론은 내릴 수 있는가?

풀이 모평균 $\mu = 600$인 경우, 표본평균이 \$550 이하인 확률은 0.0023으로 매우 작다. 따라서 주당 평균수입이 \$600이라는 주장은 아마도 적절치 않다. 따라서 μ가 \$600보다 작다는 가정이 훨씬 타당할 것이다. 왜냐하면 이와 같은 경우에 표본평균이 \$550이라는 것이 더 가능성이 있기

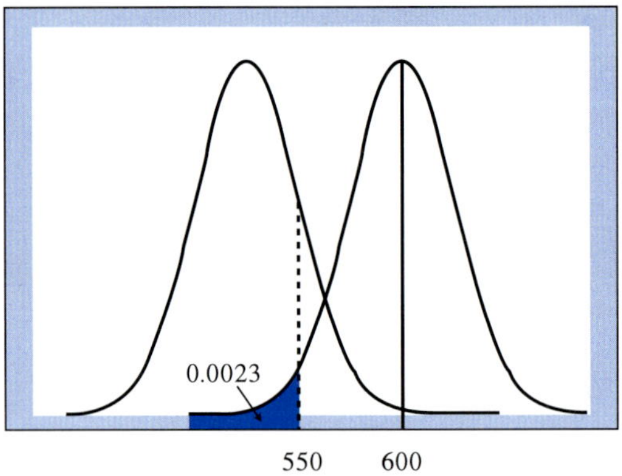

그림 7.1 표본평균 $\bar{X}$의 평균이 \$550과 \$600일 때의 확률분포

때문이다.
위의 그림은 다음 장에서 논의하게 될 통계적 가설에 대한 검정의 기본개념을 표현하고 있다. ■

유한모집단인 경우라도 복원추출에 의해 확률표본을 추출한다면 동일한 개체가 반복적으로 추출될 수 있어 무한모집단으로 간주할 수 있다고 하였다. 하지만 크기 N의 유한모집단에서 크기 n인 표본을 **비복원**(without replacement)으로 단순확률추출한다면 개체들의 추출 차례에 따라 추출확률이 달라져 서로 독립적이지 않게 된다.

유한모집단으로부터 비복원에 의해 단순확률추출을 수행한다면, 모든 가능한 크기 n인 표본들의 추출확률은 개체별 확률이 아닌 전체표본의 확률을 기준으로 동일한 확률로 추출되는 것으로 다음과 같이 정의된다.

> **유한모집단으로부터의 비복원방식의 단순확률추출**
> 크기 N인 유한모집단에서 비복원으로 크기 n인 표본을 추출하고자 한다면 ${}_NC_n$가지의 추출 가능한 표본들이 존재하며, 개별 표본의 추출확률을 모두 동일하게 하는 표본추출법은 단순확률추출이라고 한다. 이때 개별 표본의 추출확률은 $1/{}_NC_n$이 된다.

예제 7.8

[예제 7.1]의 모집단, 즉 크기 $N=6$인 특성값 $\{1,2,3,4,5,6\}$으로 이루어진 유한모집단으로부터 크기 $n=2$인 확률표본을 비복원의 단순확률에 의해 추출한다면, 모든 가능한 표본들을 나열하고 표본평균들의 분포와 평균과 분산을 구하여라.

풀이 모집단으로 추출 가능한 표본들은 총 ${}_6C_2=15$개이고 이들의 표본평균은 [표 7.3]과 같이 나열할 수 있다.

표 7.3 모집단에서 추출 가능한 n=2인 모든 표본들과 표본평균 $\overline{X}$

번호	특성값	평균	번호	특성값	평균	번호	특성값	평균
1	{1,2}	1.5	6	{2,3}	2.5	11	{3,5}	4.0
2	{1,3}	2.0	7	{2,4}	3.0	12	{3,6}	4.5
3	{1,4}	2.5	8	{2,5}	3.5	13	{4,5}	4.5
4	{1,5}	3.0	9	{2,6}	4.0	14	{4,6}	5.0
5	{1,6}	3.5	10	{3,4}	3.5	15	{5,6}	5.5

[예제 7.2]와는 달리 비복원 확률표본은 개체의 중복을 허용하지 않는다. 위의 결과를 $\overline{X}$의 확률분포로 정리하면 [표 7.4]와 같다.

표 7.4 크기 n=2의 비복원 확률표본의 평균 $\overline{X}$의 확률분포

$\overline{X}$	1.5	2.0	2.5	3.0	3.5	4.0	4.5	5.0	5.5
$P(\overline{X}=\bar{x})$	$\frac{1}{15}$	$\frac{1}{15}$	$\frac{2}{15}$	$\frac{2}{15}$	$\frac{3}{15}$	$\frac{2}{15}$	$\frac{2}{15}$	$\frac{1}{15}$	$\frac{1}{15}$

따라서 $\overline{X}$의 평균과 분산을 각각 계산하면 다음과 같다.

$$\mu_{\overline{X}} = E(\overline{X}) = 1.5\times\frac{1}{15} + \cdots + 5.5\times\frac{1}{15} = 3.5$$
$$\sigma^2_{\overline{X}} = Var(\overline{X}) = (1.5-3.5)^2\times\frac{1}{15} + \cdots + (5.5-3.5)^2\times\frac{1}{15} = 1.168$$

표본평균 $\overline{X}$의 평균은 모집단 평균과 같고 표본평균 $\overline{X}$의 분산은 모분산을 표본 개수 $n=2$로 나눈 값을 수정계수 $(N-n)/(N-1)=(6-2)/(6-1)=0.8$을 곱한 것과 같음을 알 수 있다. 즉,

$$Var(\overline{X}) = \frac{1}{n}\Big(\frac{N-n}{N-1}\Big)Var(X) = \frac{1}{2}\Big(\frac{6-2}{6-1}\Big)2.92 = 1.168$$ ■

[예제 7.8]을 [예제 7.2]와 비교하면, 무한모집단으로부터의 동일크기 표본에 대한 표본평균의 분산 $\sigma^2/n=1.46$에 비해 $4/5=0.8$만큼 작은 $\sigma^2/n\times(N-n)/(N-1)=1.168$임을 알 수 있다. 다시 말해, 동일한 크기의 표본일 때 복원추출에 비해 비복원추출에 의한 표본평균 $\overline{X}$의 평균은 모평균과 일치하지만 표본평균 $\overline{X}$의 분산은 작은 경향을 보인다.

평균 μ와 분산 σ^2을 갖는 크기 N개인 유한모집단으로부터 비복원 단순확률추출에 의해 크기 n의 표본을 추출한다면, 표본평균 $\overline{X}$의 기댓값과 분산은 다음과 같다.

표본평균 $\overline{X}$의 평균과 분산

평균 μ와 분산 σ^2을 갖는 N개의 개체로 이루어진 유한모집단으로부터 비복원 단순확률추출에 의해 크기 n의 표본을 추출한다면, 표본평균 $\overline{X}$의 기댓값과 분산은 각각 다음과 같다.

$$E(\overline{X}) = \mu \ , \quad Var(\overline{X}) = \frac{\sigma^2}{n}\frac{N-n}{N-1}$$

여기서, 표본평균 $\overline{X}$의 분산식에 있는 $(N-n)/(N-1)$을 **유한모집단 수정계수** (finite population correction factor) 라고 한다. 직관적으로 생각한다면, 유한모집단 수정계수는 모집단크기 N이 크지 않다면 표본추출률 n/N이 클수록 모집단에 대해 더욱 많이 알게 됨으로써 결과적으로 표본평균의 분산은 더욱 작아져야 함을 나타낸다. 만약 모집단 크기가 $N=10$이고 표본크기도 마찬가지로 $n=10$이라면, $\overline{X}$의 값은 바로 μ가 되어 결과적으로 $\overline{X}$ 분산이 0이 된다. 반면, 표본크기 n에 비해 모집단의 크기 N이 충분히 크다면 $(N-n)/(N-1)$은 1에 가깝게 되므로 유한모집단 수정계수는 무시할 수 있다.

표본크기 $n \geq 30$이고 모집단 크기 N이 충분히 커서 $n/N \leq 0.05$이면 유한모집단으로부터 비복원추출방법으로 추출된 표본평균의 분포는 모집단의 형태에 상관없이 근사적으로 정규분포를 따른다고 간주할 수 있다.

7.4 표본비율의 표본추출분포

모비율 (population proportion) 혹은 표본비율 (sample proportion) 이란 관심의 대상이 되는 특정한 성질을 갖는 개체들의 모집단 혹은 표본 전체에 대한 비율이다. 예를 들어 성공률, 불량률, 지지율, 사망률, 부도율 등이 있다.

한 지자체 유권자들이 갖는 특정후보에 대한 지지율 p를 생각해 보자. 개별 유권자의 특정후보에 대한 지지여부는 다음과 같이 정의되는 확률변수 X로 표기될 수 있다.

$$X = \begin{cases} 1, & \text{지지할 경우} \\ 0, & \text{지지하지 않을 경우} \end{cases}$$

모집단으로부터 크기 n의 확률표본 $X_1, X_2, \cdots, X_n$을 추출하였다면, 개별 확률변수 X_i는 베르누이분포를 따른다. 모비율 p의 추정량으로 표본으로부터 얻어지는 표본비율 $\hat{p}$은 다음과 같이 표현된다.

$$\hat{p} = \frac{X_1 + X_2 + \cdots + X_n}{n} = \frac{\text{지지자수}}{\text{표본크기}}$$

여기서 지지자 수인 $Y = X_1 + \cdots + X_n$은 총 n번의 독립된 베르누이 시행 중 얻는 성공 횟수로 생각할 수 있으며 이는 평균이 $\mu_Y = E(Y) = np$이고 분산이 $\sigma_y^2 = Var(Y) = np(1-p)$를 갖는 이항분포를 따른다. 따라서 표본비율 $\hat{p}$의 평균과 분산은 다음과 같다.

$$E(\hat{p}) = p\ , \ \ Var(\hat{p}) = \frac{p(1-p)}{n}$$

표본비율 $\hat{p}$도 표본평균의 개념이기 때문에 표본크기 n이 충분히 클 경우에 중심극한정리에 의해 다음과 같이 정규분포를 근사적으로 따른다.

$$\hat{p} \dot{\sim} N\left(p, \frac{p(1-p)}{n}\right)$$

표본비율 $\hat{p}$을 이용하여 실제 문제를 해결할 때는 이항분포를 정규분포에 근사시키는 경우와 마찬가지로 통상적으로 $np \geq 5$이고 $n(1-p) \geq 5$이면 정규분포에 잘 근사되므로 표준화하여 다음과 같이 쓸 수 있다.

표본비율 $\hat{p} = Y/n$의 근사분포

표본비율 $\hat{p}$의 분포는 $np \geq 5$이고 $n(1-p) \geq 5$를 만족하면 표본크기 n이 커짐에 따라 근사적으로 평균이 p이고 분산이 $p(1-p)/n$인 정규분포를 따른다. 따라서 확률변수 $Z = (\hat{p} - p)/\sqrt{p(1-p)/n}$의 분포는 표준정규분포 $N(0,1)$에 근사한다.

표본비율 $\hat{p}$의 분포는 베르누이분포를 따르는 자료에 대한 중심극한정리를 적용한 예이다. 가장 단순한 베르누이분포를 갖는 모집단으로부터 얻어지는 표본비율 $\hat{p}$도 표본크기가 충분히 크면 정규분포에 근사한다는 것이다. 물론 여기서 표본크기가 작다면 무의미하다. 왜냐하면 비율이란 표본크기가 작을 경우 안정적이지 못하여 그 용도에 한계가 있기 때문이다. 이에 대한 한 예로, 어느 야구선수의 타율이 10타석 중에 6할(0.6)이라면 그 타자의 타율에 큰 의미를 부여할 수 있겠는가? 단지 표본크기가 10인 작은 경우에 해당되므로, 이 타자의 타율이 안정적인 6할이라고 판단하기에 무리가 있다.

유한모집단에서 비복원으로 확률추출하는 경우, 표본비율의 분산은 표본평균 $\bar{X}$와 마찬가지로 유한모집단 수정계수가 추가된다. 하지만, 여론조사와 같이 표본크기 n에 비해 모집단크기 N이 충분히 크다면 (즉, 표본추출률 $f = n/N$이 충분히 작다면), 유한모집단 수정계수는 $(N-n)/(N-1) \approx 1$의 값을 갖게 되므로 무시해도 큰 문제를 초래하지 않을 수도 있게 된다. 즉,

$$Var(\bar{p}) = \frac{p(1-p)}{n}\left(\frac{N-n}{n-1}\right) \approx \frac{p(1-p)}{n}$$

예제 7.9

어느 감기약의 치유율은 90%라고 알려져 있다. 올해에 유행하고 있는 감기에 대해서도 90%의 치유율을 보장할 수 있는가를 알아보고자 100명의 감기환자에게 감기약을 투여하였다. 이들 중 감기로부터 완전히 회복된 사람들의 비율이 85~95% 내에 들어 있을 확률을 계산하여라.

풀이 $np = 100 \times 0.9 = 90 > 50$와 $n(1-p) = 100 \times 0.1 = 10 > 5$이므로 비율 90%에 대한 표본크기 $n = 100$은 충분히 크다고 할 수 있어, 표본비율에 대한 중심극한정리에 따라 $\hat{p}$의 분포는 다음과 같은 정규분포로 근사시킬 수 있다.

$$\hat{p} \dot{\sim} N\left(0.9, \frac{0.9(1-0.9)}{100}\right)$$

따라서 감기로부터 완전히 회복된 사람의 비율이 해당 구간에 있을 확률은 다음과 같다.

$$\begin{aligned} P(0.85 < \hat{p} < 0.95) &\simeq P\left(\frac{0.85 - 0.9}{\sqrt{0.9 \times 0.1/100}} < Z < \frac{0.95 - 0.9}{\sqrt{0.9 \times 0.1/100}}\right) \\ &\simeq P(-1.67 < Z < 1.67) \\ &= 2P(Z < 1.67) - 1 \\ &= 0.9050 \end{aligned}$$

■

예제 7.10

한 광역시의 시장은 1년 전 선거에서 52%의 득표율로 당선이 되었다. 1년이 지난 현재 시장은 자신의 지지도를 알고 싶어 한다. 현재 시장의 지지도가 변하지 않았다면, 표본으로 뽑혀진 300명 중 과반수 이상이 현 시장을 지지할 확률을 계산하여라.

풀이 표본크기 $n=300$은 지지율 $p=0.52$에 대해 $np=300\times0.52=156>5$과 $n(1-p)=300\times(1-0.52)=144>5$를 만족하는 대표본이므로, 표본지지율 $\hat{p}$의 분포는 평균 $p=0.52$와 분산 $p(1-p)/n=0.52\times0.48/300=0.000832$를 갖는 정규분포로 근사시킬 수 있다. 그러므로 표본비율 $\hat{p}$이 50%를 넘을 확률은 다음과 같이 계산된다.

$$P(\hat{p} > 0.5) = P\left(Z > \frac{0.5 - 0.52}{\sqrt{0.52 \times 0.48/300}}\right) \approx P(Z > -0.69) = P(Z < 0.69) = 0.7549$$

따라서 표본대상 300명 중에서 과반수 이상이 현 시장을 지지할 확률은 대략적으로 75%가 된다. ■

7.5 R 실습

1. 다음 물음에 답하여라.
   (1) 평균이 3이고 표준편차가 2인 정규분포 $X \sim N(3,2^2)$에서 확률난수를 4개를 뽑아 표본평균을 구하여라. 그리고 이런 과정을 500번 시행한 후 표본평균의 분포를 히스토그램으로 그려라. 결과를 통해 무엇을 알 수 있는가?
   (2) 평균이 3이고 표준편차가 2인 정규분포 $X \sim N(3,2^2)$에서 확률난수를 4개를 뽑아 표본분산을 구하여라. 그리고 이런 과정을 500번 시행한 후 표본분산의 분포를 히스토그램으로 그려라. 결과를 통해 무엇을 알 수 있는가?

풀이

(1) 평균이 3이고 표준편차가 2인 정규분포 $X \sim N(3,2^2)$에서 확률난수를 4개를 뽑아 표본평균을 구하는 과정을 500번 시행한 후 표본평균의 분포를 히스토그램으로 그리면 [그림 7.2]와 같다. 이론적으로는 표본평균의 기댓값이 $E(\bar{X})=\mu=3$이고 표본평균의 표준편차가 $sd(\bar{X})=\sigma/\sqrt{n}=2/\sqrt{4}=1$이 되어야 하지만, 500번의 확률추출만을 고려하였으므로 2.988과 1.002가 각각 나왔다. 히스토그램과 같이 그린 그림은 평균이 3이고 표준편차가 1인

정규분포이다. 표본평균의 분포가 평균이 3이고 표준편차가 1인 정규분포가 됨을 알수 있다.

```
> # (표본평균의 분포)
> # 평균이 3이고 표준편차가 2인 정규분포에서
> # 표본의 크기가 4인 확률표본을 500번 구하기
> r.mean=rep(0,500);r.var=rep(0,500)
> for(i in seq (500)) {
+ r=rnorm(n=4,mean=3,sd=2)
+ r.mean[i]=mean(r);r.var[i]=var(r)
+ }
>
> # 표본평균의 기댓값과 분산
> mean(r.mean)
[1] 2.987911
> var(r.mean)
[1] 1.004929
> sd(r.mean)
[1] 1.002013
>
> #표본평균의 분포
> hist(r.mean,prob=TRUE,main="표본평균의 분포",xlab="표본평균",ylab="상대도수")
> x1=seq(min(r.mean),max(r.mean),length=200)
> y1=dnorm(x=x1,mean=3,sd=1)
> lines(x1,y1)
```

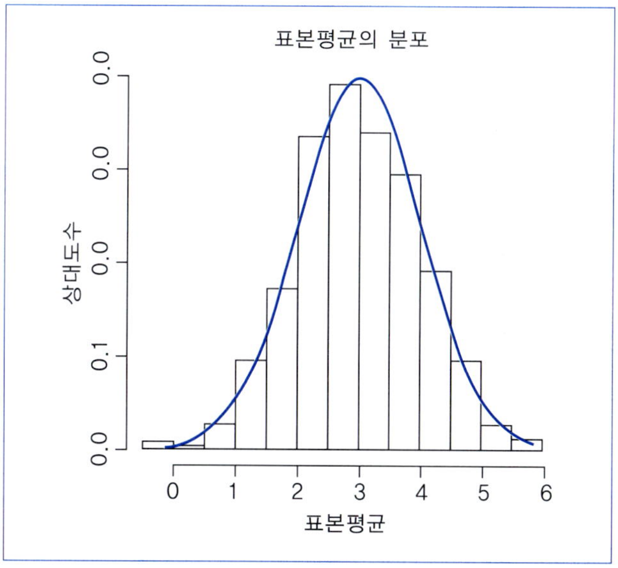

그림 7.2 500번 시행한 후 표본평균의 히스토그램

(2) 평균이 3이고 표준편차가 2인 정규분포 $X \sim N(3,2^2)$에서 확률난수 4개를 뽑아 표본분산 $s^2 = \sum_{i=1}^{n}(x_i - \bar{x})^2 / (n-1)$을 구하는 과정을 500번 시행한 후 표본분산의 분포를 히스

토그램으로 그리면 [그림 7.3]과 같다. 이론적으로는 표본분산의 기댓값이 $E(s^2) = \sigma^2 = 4$가 되어야 하지만, 500번의 확률추출만을 고려하였으므로 3.881이 나왔다. 표본분산의 분포가 오른쪽으로 꼬리가 있는 (skewed to the right) 분포가 됨을 알 수 있다.

```
> # 표본분산의 기댓값과 분산
> mean(r.var)
[1] 3.880796
> var(r.var)
[1] 10.43618
> # 표본분산의 분포
> hist(r.var,prob=TRUE, main="표본분산의 분포",xlab="표본분산",ylab="상대도수");
```

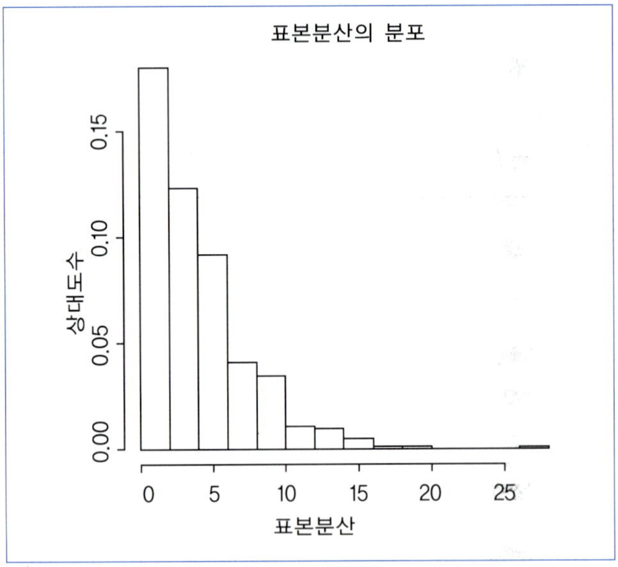

그림 7.3 500번 시행 후 표본분산의 히스토그램

2. (중심극한정리) 모집단이 각각 포아송분포, 지수분포, (연속적) 균등분포일 때, 중심극한정리가 성립함을 모의실험을 통해 보여라.

풀이

모집단이 포아송분포 ($\lambda = 0.5$)일 때 다음과 같이 중심극한정리가 성립함을 모의실험을 통하여 보일 수 있다. 표본의 크기가 커짐에 따라 점점 표본평균의 분포가 정규분포가 됨을 알 수 있고, 평균 0.5를 중심으로 점점 집중됨을 알 수 있다.

```
> # 중심극한정리-포아송분포
> par(oma=c(0,0,5,0))
> par(mfrow=c(2,2))
> central.Poisson<-function(lambda) {
+       nt <- c(5, 15, 30, 100)
+       xbar <- rep(0,500)
```

```
+       for(i in 1:4) {
+           for(j in 1:500) {
+               xbar[j] <- sum(rpois (nt[i], lambda))/nt[i]
+           }
+           hist(xbar,main=paste("표본크기=",nt[i]) ,xlim=c(0,2))
+       }
+       mtext("중심극한정리-포아송분포.",side=3,outer=T,cex=1.5)
+ }
> central.Poisson(0.5)
```

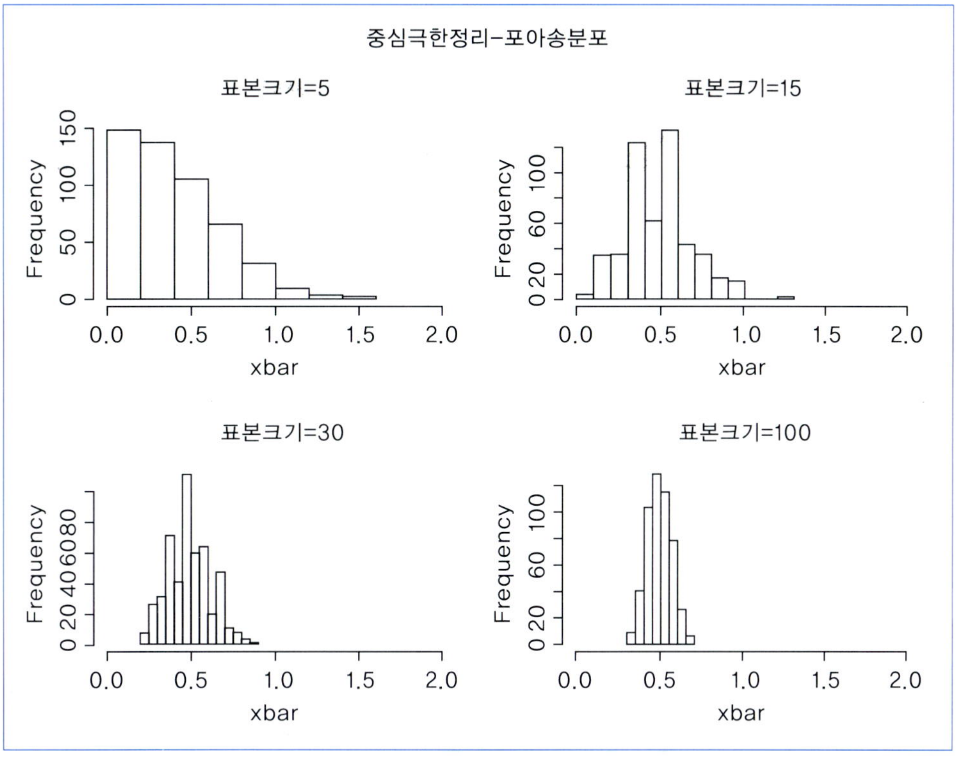

그림 7.4 포아송분포로부터 표본크기에 따른 표본평균의 분포

모집단이 지수분포 $f(x)=\lambda e^{-\lambda x}(\lambda=1,\ x\geq 0)$일 때 다음과 같이 중심극한정리가 성립함을 모의실험을 통하여 보일 수 있다. 표본의 크기가 커짐에 따라 점점 표본평균의 분포가 정규분포가 됨을 알 수 있고, 평균 1을 중심으로 점점 집중됨을 알 수 있다.

```
> # 중심극한정리-지수분포
> par(oma=c(0,0,5,0))
> par(mfrow=c(2,2))
> central.Exponential<-function(lambda) {
+   nt <- c(5, 15, 30, 100)
+   xbar <- rep(0,500)
+   for(i in 1:4) {
```

```
+     for(j in 1:500) xbar[j] <- sum (rexp(nt[i],lambda))/nt[i]
+     hist(xbar,main=paste("표본크기=",nt[i]),xlim=c(0,3))
+ }
+   mtext("중심극한정리-지수분포",side=3,outer=T,cex=1.5)
+ }
> central.Exponential(1)
```

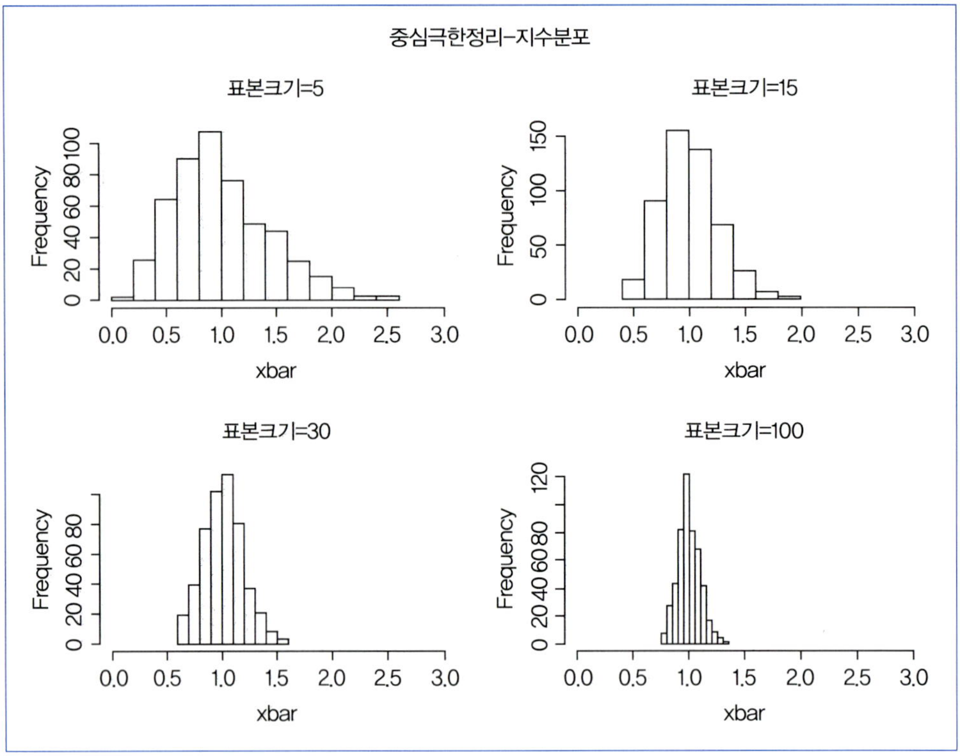

그림 7.5 지수분포로부터 표본크기에 따른 표본평균의 분포

모집단이 (연속적) 균등분포 $f(x)=1(0\leq x\leq 1)$일 때, 다음과 같이 중심극한정리가 성립함을 모의실험을 통하여 보일 수 있다. 표본의 크기가 커짐에 따라 점점 표본평균의 분포가 정규분포가 됨을 알 수 있고, 평균 0.5를 중심으로 점점 집중됨을 알 수 있다.

```
> # 중심극한정리-균등분포
> par(oma=c(0,0,5,0))
> par(mfrow=c(2,2))
> central.Uniform<-function(a,b) {
+ nt <- c(5, 15, 30, 100)
+ xbar <- rep(0,500)
+ for(i in 1:4) {
+ for(j in 1:500) {
+ xbar[j] <- sum(runif (nt[i],a,b))/nt[i]
+ }
```

```
+ hist(xbar,main=paste("표본크기=",nt[i]) ,xlim=c(0,1))
+ }
+ mtext("중심극한정리-균등분포",side=3,outer=T,cex=1.5)
+ }
> central.Uniform(0,1)
```

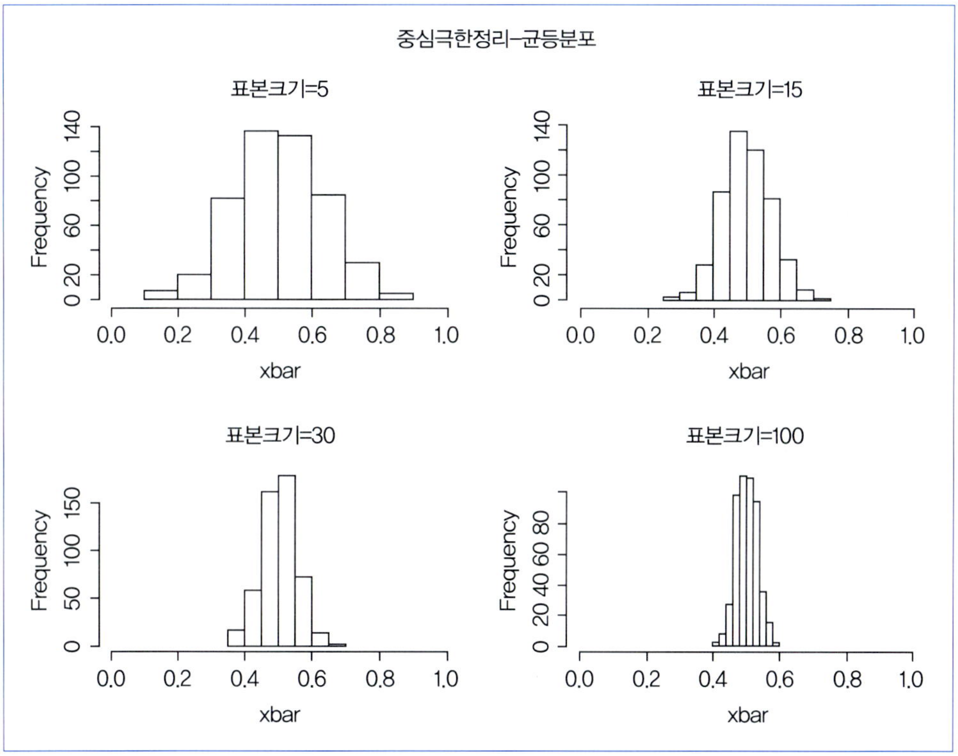

그림 7.6 균등분포로부터 표본크기에 따른 표본평균의 분포

3. 모비율이 $p=0.3$인 임의의 모집단에서 표본의 크기를 100개 뽑아 원하는 속성을 갖고 있는 것의 개수를 세고, 표본비율을 구하여라. 그리고 이런 과정을 500번 시행한 후 표본비율의 분포를 히스토그램으로 그려라. 무엇을 알 수 있는가?

풀이

모비율이 $p=0.3$인 임의의 모집단에서 표본의 크기를 100개 뽑아 원하는 속성을 갖고 있는 것의 개수를 세고, 표본비율을 구하는 과정을 500번 시행한 후 표본비율의 분포를 히스토그램으로 그리면 다음과 같다. 이론적으로는 표본비율의 기댓값이 $E(\hat{p})=p=0.3$이고, 표본비율의 표준편차가

$$sd(\hat{p}) = \sqrt{pq/n} = \sqrt{(0.3)(0.7)/100} \backsimeq 0.0458$$

이 되어야 하지만, 500번의 확률추출만을 고려하였으므로 0.2998과 0.0450이 나왔다. 히스토그램과 같이 그린 그림은 평균이 0.3이고 표준편차가 0.0450인 정규분포이다. 따라서 표본

비율의 분포가 평균이 0.3이고 표준편차가 0.0450인 정규분포가 됨을 알 수 있다.

```
> # (표본비율의 분포)
> # 성공률 p=0.3인 모집단에서
> # 표본의 크기가 100인 확률표본을 500번 구하기
> r.mean=rep(0,500);r.var=rep(0,500)
> for(i in seq(500)) {
+ r=rbinom(n=100,1,0.3)
+ r.mean[i]=mean(r)
+ }
> # 표본비율의 기댓값과 분산
> mean(r.mean)
[1] 0.29984
> var(r.mean)
[1] 0.002026427
> sd(r.mean)
[1] 0.04501586
> # 표본비율의 분포
> h=hist(r.mean,plot=F)
> ylim=range(0,h$density,dnorm(0.3,mean=0.3,sd=0.0458))
> hist(r.mean,prob=TRUE,ylim=ylim,main="표본비율의 분포", xlab="표본비율")
> x1=seq(min(r.mean) ,max(r.mean),length=200)
> y1=dnorm(x=x1,mean=0.3,sd=0.0458)
> lines(x1,y1)
```

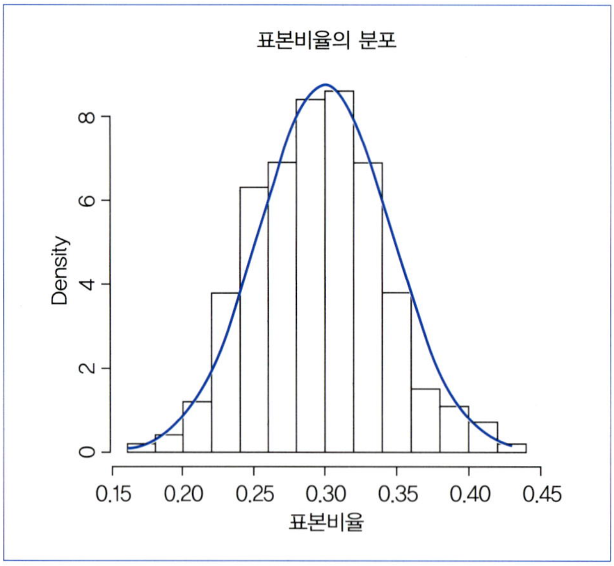

그림 7.7 표본비율의 분포

7.6 연습문제

7.1 {2, 3, 4}로 구성된 모집단을 자료로 하여 표본의 크기를 2로 복원추출하였을 때, 표본평균에 대한 표본분포 및 표본평균의 평균과 분산을 구하여라.

7.2 어떤 전구공장에서 생산되는 전구의 수명은 평균이 40이고 분산이 64인 정규분포를 따른다고 한다. 임의로 추출된 16개의 전구의 평균수명이 36시간 이하일 확률을 구하여라.

7.3 평균이 150이고 표준편차가 5인 정규분포를 따르는 모집단이 있다고 하자. 표본의 크기가 100인 표본을 추출할 때, 다음 물음에 답하여라.

(1) 표본평균 $\overline{X}$의 평균과 표준편차를 구하여라.

(2) 표본평균 $\overline{X}$는 어떤 분포를 따르는가?

(3) 표본평균 $\overline{X}$가 149와 151 사이에 있을 확률은 얼마인가?

7.4 모집단이 {2, 4, 6}으로 이루어져 있고, 여기서 크기가 2인 표본을 비복원추출하였다. 다음 물음에 답하여라.

(1) 모평균 μ와 $E(\overline{X})$를 각각 구하고 비교하여라.

(2) 모분산 σ^2와 $Var(\overline{X})$를 각각 구하여라.

7.5 모평균 $\mu=100$, 모표준편차 $\sigma=10$인 정규모집단에서 크기가 n인 표본을 임의로 추출하여, $Var(\overline{X})=0.694$를 얻었다고 한다. 표본의 크기 n을 구하여라.

7.6 어느 장난감 공장에서 장난감 1개를 만드는 데 걸리는 시간은 평균 20, 표준편차가 10인 정규분포를 따른다고 한다. 다음 물음에 답하여라.

(1) 임의로 추출한 1개의 장난감을 만드는 데 걸리는 시간이 18시간 이상 24시간 이하로 걸릴 확률을 구하여라.

(2) 임의로 추출한 9개의 장난감을 만드는 데 걸리는 평균 시간이 18시간 이상 24시간 이하로 걸릴 확률을 구하여라.

(3) (1)과 (2)를 비교하여라.

7.7 어느 초등학교 남학생들의 몸무게는 평균이 45 kg, 표준편차가 9 kg이라고 한다. 100명의 남학생들을 임의로 추출할 때, 표본평균 $\overline{X}$가 평균을 중심으로 ± 0.5 kg 이내에 있을 확률을 구하여라.

7.8 하나의 주사위를 300회 던질 때, 1 또는 2의 눈이 100회 이상 120회 이하로 나올 확률을 구하여라.

7.9 어느 지역에서 가구의 30%가 저녁 뉴스시간에 K방송을 시청한다고 하자. 만약 그 도시에서 64가구를 임의로 추출한다면, 그때 그 시간에 K방송을 시청하는 표본비율이

0.45보다 클 확률은 얼마인가?

7.10 어느 가구공장에서 생산되는 가구 중 2%가 불량품으로 알려져 있다. 이 공장으로부터 가구 81개를 임의로 추출하여 불량품의 비율을 조사하고자 한다. 표본비율이 1%보다 작을 확률을 구하여라.

7.11 확률변수 X가 공정한 주사위 1개를 던져 나온 눈의 수라고 할 때, 다음을 구하여라.

(1) $P(X=1)$ (2) $P(X=6)$ (3) 평균과 분산

7.12 $\bar{X}$는 두 개의 공정한 주사위를 던져 나온 두 눈의 평균이라고 하자.

(1) 표본공간을 구하여라.

(2) 각 표본에 대하여 $\bar{X}$를 계산하여라.

(3) $\bar{X}$의 표본분포를 구하여라.

(4) $P(\bar{X}=1)$과 $P(\bar{X}=6)$을 계산하여라.

(5) 평균과 분산을 구하여라.

7.13 문제 7.12의 (5)에서 구한 평균과 분산으로부터, 주사위가 5개가 된다면 $\bar{X}$의 평균과 분산은 어떻게 변하겠는지 추측해 보아라.

7.14 관측값들이 1, 2, 3, 4로 구성된 크기가 $N=4$인 유한모집단을 고려해 보자. 확률변수 X는 이 모집단의 관측값을 나타낸다고 할 때, X의 분포는 다음과 같은 이산형 질량함수를 따른다고 가정하자.

$$f(x)\begin{cases} \dfrac{1}{4}, x = 1,2,3,4 \\ 0, \end{cases}$$

위 모집단으로부터 복원추출의 방법으로 크기가 $n=3$인 모든 가능한 표본들을 추출한다고 하자.

(1) 위 모집단의 모평균 μ와 모분산 σ^2을 각각 구하여라.

(2) 표본공간 S를 설정하여라.

(3) 표본평균 $\bar{X}$의 평균 $E(\bar{X})$와 분산 $Var(\bar{X})$을 각각 구하고, $E(\bar{X})=\mu$이고 $Var(\bar{X})=\sigma^2/n$이 됨을 확인하여라.

7.15 위의 문제에서 크기가 n인 확률표본에 의해 정의되는 표본평균 $\bar{X}$의 분포는 표본크기 n이 커짐에 따라 어떤 분포에 접근하는가? 이를 무슨 정리라고 하는가?

7.16 변수 X의 모집단이 평균 10, 표준편차 3의 분포를 한다고 한다. 표본의 크기를 64로 할 경우, 다음 확률을 구하여라.

(1) $P(9<\bar{X}<11)$

(2) $P(\bar{X}>11)$

7.17 평균 50, 표준편차 10인 정규분포를 따르는 모집단으로부터 표본의 크기가 25인 표본을 얻었을 때, 표본평균이 53.9보다 클 확률을 구하여라.

7.18 최신 드라마에 등장하는 단역배우의 수입은 평균이 250만 원이고 표준편차는 50만 원이라고 한다. 이들로부터 100명을 표본으로 선택하였을 때, 다음 물음에 답하여라.

(1) 표본평균의 분포는 무엇인가?

(2) $P(\overline{X} > 260$만 원)은 얼마인가?

7.19 모집단이 어떠한 분포를 따르는지 알 수 없지만 평균이 20이고 표준편차가 5라고 알려져 있다고 하자. 이 모집단으로부터 표본의 크기가 100개인 표본을 뽑았을 때, 다음 물음에 답하여라.

(1) 표본평균 $\overline{X}$의 분포는 무엇인가?

(2) 표본평균 $\overline{X}$가 20.75 이상일 확률은 얼마인가?

7.20 한 저수지에 있는 어린 붕어의 크기는 평균이 8.6 cm이고 표준편차가 2.0 cm인 정규분포를 따른다고 한다.

(1) 어린 붕어 중에서 12마리를 잡아서 평균을 조사하였을 때, 평균값이 7.6 cm 보다 작을 확률은 얼마인가?

(2) 그물로 12마리의 어린 붕어를 잡는다면 임의추출이라고 할 수 있는가?

7.21 모대학 정문에 있는 모과나무의 모과 무게는 평균이 0.5 kg이고 표준편차가 0.15 kg인 정규분포를 따른다고 하자. 표본의 크기가 100인 표본을 임의로 선택하였을 때, 모과무게의 합이 48 kg에서 53 kg 사이일 확률은 얼마인가?

7.22 한 지자체 유권자들이 30,000명 있다. 사실은 이들 중 15,000명이 A 정당을 지지하고 있다. 그러나 이 지역 유권자들 중에서 100명을 무작위로 추출하여 A 정당에 대한 지지여부를 조사하였다. 이때 표본지지율 $\hat{p}$과 모집단 지지율 p에 대한 차이의 절댓값이 0.02보다 크게 될 확률의 근삿값을 계산하여라.

7.23 미국대통령 A가 어떤 강연회에서 자체적으로 실시한 여론조사에 의하면 A 자신에 대한 지지도가 40%라고 하였다. 이를 확인하기 위해 A와 관련이 없는 기관에서 1,000명의 유권자들을 대상으로 자체적으로 여론조사를 실시한 결과 410명이 A에게 투표를 하겠다고 하였다. 이 경우에 있어 표본이 제공한 정보가 A의 주장과 일치한다고 할 수 있겠는가?

7.24 어떤 부품의 길이가 평균이 117 cm이고 표준편차가 5.2 cm인 정규분포를 따른다고 하자.

(1) 임의로 선택된 한 개의 부품의 길이가 125 cm보다 길 확률을 구하여라.

(2) 6개의 부품이 임의로 선택되었을 때 평균 길이가 125 cm를 초과할 확률을 구하여라.

(3) 6개의 부품이 임의로 선택되었을 때 6개 부품 모두가 125 cm를 초과할 확률을 구하여라.

7.25 어떤 레스토랑에서 에스프레소 커피를 마시는 고객의 비율은 14%이다. 100명 중 적어도 10%가 에스프레소 커피를 마실 확률은 얼마인가?

7.26 어떤 심리학자는 남성운전자들이 길을 잃었을 때 80%는 타인에게 물어보지 않고 위치를 발견할 때까지 운전을 계속한다고 한다. 이 심리학자의 말을 검증하기 위해 임의로 선택된 350명의 남성운전자로 구성된 표본을 추출하여, 각자에게 길을 잃었을 때 어떻게 하였는지 물었다. 만일 이 심리학자의 주장이 옳다면, 75% 미만이 계속 운전한다고 말할 확률은 얼마인가?

7.27 한 시간 동안 H 마켓에 들어오는 고객의 수는 평균이 600명이고 표준편차가 200명인 정규분포를 따른다. 이 마켓은 하루에 16시간 동안 영업한다. 하루에 이 마켓에 들어오는 고객의 총 수가 10,000명 이상일 확률은 얼마인가?

7.28 어떤 사무실에서 하루에 팩시밀리 한 대가 수신하는 페이지 수는 평균 275장이고 표준편차가 75장인 정규분포를 한다. 일주일(주 5일 근무)에 1,500장 이상의 팩스를 받을 확률을 구하여라.

7.29 과학적인 조사에서 비확률추출법을 회피하는 이유를 설명하여라.

8장 모평균과 모비율의 추정

통계적 추론(statistical inference)이란 모집단으로부터 임의로 추출된 표본의 자료를 기초로 하여 모집단의 기술적 특성값인 모수에 관한 추정과 검정을 하는 것을 의미한다. 이 장에서는 모집단이 하나인 경우에 모집단의 평균과 모집단의 비율에 관한 추정에 대하여 배우고, 모평균과 모비율을 추정할 때 필요한 표본의 크기를 결정하는 방법에 관하여 살펴본다.

8.1 점추정과 구간추정

모수(parameter)란 모평균, 모분산, 모표준편차, 모비율과 같이 모집단에 관한 **기술적 특성값**(descriptive characteristics)을 의미한다. 만약 모집단을 구성하는 모든 원소, 즉 모든 자료들의 값을 조사하고 측정하는 **전수조사**(census)를 한다면 모수의 값들을 정확히 계산할 수 있을 것이다. 그리고 전수조사로써 모수의 값을 계산한다면 추정이나 검정과 같은 통계적 추론의 절차는 불필요할 것이다. 그러나 이러한 전수조사는 비용, 시간 등과 같이 여러 가지 현실적인 제약으로 인하여, 특히 모집단이 큰 경우에는 모든 자료들의 값을 정확히 조사하여 측정하는 것은 사실상 불가능하다.

예를 들면, 새로 개발된 엔진을 장착한 새 모델 자동차의 리터당 평균주행거리, 대학에 입학한 남녀 1학년 학부생들의 평균체중, 최근 1년간 결혼한 남녀의 평균연령 등은 모평균 μ를 추정하는 것이다. 그리고 새 모델의 자동차가 국내시장에서 차지하는 시장의 점유율, 대학의 학부 1학년 학생 가운데 병역의 의무를 마친 남학생들의 비율, 현재 한국의 80세 이상 노인의 비율 등은 모비율 p를 추정하는 예가 된다.

이와 같이 모수 μ나 p의 계산이 불가능한 경우에는 전수조사 대신 모수의 값을 가장 잘 반영하는 모집단에 속한 자료들을 임의로 추출하여 표본을 구성하고, 그 표본의 자료들의 값을 이용하여 모수들의 **추정량**(estimator)을 결정할 수 있다. 실제로 표본자료들의 값들을 이용하여 계산한 추정량의 수치값을 **추정값**(estimate)이라고 한다.

> **추정량**
>
> 추정량이란 모집단의 기술적 특성값인 모수를 추측하기 위하여 임의로 추출한 표본의 자료들을 근거로 계산되는 표본의 통계량을 의미한다.

> **추정값**
> 추정값이란 표본자료 값들을 연산하여 계산된 추정량의 실제 수치값을 의미한다.

예를 들어, 최근 1년간 결혼한 남녀의 평균연령의 모평균을 추정하려고 한다면, 최근 1년간 법적으로 혼인신고를 한 한국의 모든 부부를 조사하는 대신, 지역별로 최근 혼인신고를 한 일부의 부부들을 임의로 추출하여 표본을 구성할 수 있다. 그리고 기록된 부부들의 남자와 여자의 각각의 연령의 합을 구하여 표본에 속한 인원수로 나눈 평균값, 즉 결혼한 남자와 여자의 표본평균연령을 각각 $\overline{X}$와 $\overline{Y}$라고 하고, 결혼한 남자와 여자의 모집단의 평균연령을 각각 μ_x와 μ_y라고 한다면, 표본평균은 모평균에 대한 하나의 추정량이 될 수 있다. 그러므로 이 경우 $\overline{X}$와 $\overline{Y}$를 각각 μ_x와 μ_y의 추정량이라고 한다. 만약 표본의 남자 나이와 여자 나이의 평균값을 계산한 결과, 남자 나이의 표본 평균값이 32.8세, 여자 나이의 표본평균값이 30.3세가 나왔다고 가정한다면 결혼한 남자와 여자의 모집단의 평균연령 μ_x와 μ_y의 추정값은 각각 32.8세와 30.3세가 된다. 그리고 이를 다음과 같이 적는데, 여기서 μ 위의 ^은 햇(hat)으로 읽고 '추정'의 의미를 나타낸다.

$$\hat{\mu}_x = \overline{X} = 32.8\ (\text{세})$$
$$\hat{\mu}_y = \overline{Y} = 30.7\ (\text{세})$$

이와 같이 모수를 추정하기 위하여 하나의 추정량을 사용하는 것을 **점추정**(point estimation)이라고 한다. 앞에서는 모평균 μ의 점추정량으로써 표본평균 $\overline{X}$를 사용하였는데, 표본평균 이외에도 표본의 중앙값이나 표본의 최빈값도 μ의 점추정량이 될 수 있다. [표 8.1]에 모수들과 각 모수들의 점추정량의 예를 제시하였고, 앞으로 이 책에서는 다음과 같은 표기법을 사용하기로 한다.

점추정은 확률표본에 속한 자료들이 어떤 값들을 갖느냐에 따라 점추정값이 크게 달라질 수 있다. 예를 들어, 표본평균 $\overline{X}$를 계산한 점추정값은 모평균 μ의 참값보다 작을 수도 있고, 클 수도 있으며, 우연히도 꼭 같을 수도 있다. 즉, 점추정량 $\overline{X}$가 모수에 얼마나 가까이 있는지 알 수가 없다. 그러므로 모평균을 추정하기 위해서 점추정량으로 하나의 값을 제시하는 대신 모수의 참값이 있으리라고 추정되는 모수의 추정 하한값과 상한값을 제시할 수 있다. 이 추정 하한값과 상한값으로 구간을 나타내기 위하여 점추정값에 **오차의 한**

표 8.1 모수와 추정량

	모집단(모수 θ)	표본(추정량 $\hat{\theta}$)
평균	μ	$\overline{X}$
분산	σ^2	S^2
표준편차	σ	S
비율	p	$\hat{p}$

계 (margin of error)를 고려해야 한다. 이와 같이 모수를 추정하기 위하여 구간을 제시하는 것을 **구간추정** (interval estimation)이라고 한다. 예를 들어, 새로 개발한 자동차 모델의 리터당 평균주행거리를 추정하는 경우 리터당 평균주행거리의 모평균 μ가 있으리라고 추정되는 구간으로써, 점추정량인 표본평균 $\overline{X}$에 오차의 한계를 고려한 하한값이 16 (km/L)이고, 상한값이 24 (km/L)이었다면 μ의 구간추정값으로 [16 (km/L), 24 (km/L)]를 제시한다.

> **점추정**
> 점추정이란 미지의 모수 (unknown parameter)의 값을 추정하기 위하여 모수 대신 하나의 추정량을 제시하는 것을 의미한다.

> **구간추정(신뢰구간)**
> 구간추정이란 모수를 추정하기 위하여 점추정량에 오차의 한계를 고려하여 하한 (lower limit)과 상한 (upper limit)을 포함한 구간을 제시하는 것을 의미한다.

모수의 구간추정을 위하여 제시한 하한값과 상한값을 각각 L과 U라고 할 때 (L, U)를 모수의 **신뢰구간** (confidence interval)이라고 한다. 그리고 이 신뢰구간에 모수의 참값이 포함되는 것을 얼마나 신뢰할 수 있는가를 나타내는 정도를 **신뢰수준** (confidence level)이라고 한다. 이 신뢰수준은 $1-\alpha$로 나타내며, 일반적으로 0.90, 0.95, 0.99를 신뢰수준의 값으로 사용한다.

> **신뢰수준 $1-\alpha$**
> 신뢰수준 $1-\alpha$란 모수의 참값이 주어진 신뢰구간 (L, U) 내에 포함되는 것을 얼마나 신뢰할 수 있는가를 나타내는 정도를 의미하고, 자주 사용하는 신뢰수준의 값에는 0.90, 0.95, 0.99가 있다.

8.2 모평균의 구간추정: 표본의 크기가 큰 경우

모분산 σ^2을 알고 모평균 μ를 모르는 경우에 μ를 추정하는 방법을 살펴보자. 앞에서 표본의 크기 n이 30 이상이 된다면 모평균과 모분산이 각각 μ와 σ^2인 모집단으로부터 크기가 n인 표본들을 반복적으로 추출하는 경우에 모집단의 분포에 관계없이 표본평균 $\overline{X}$는 근사적으로 평균이 μ이고 분산이 σ^2/n인 정규분포를 한다는 중심극한정리를 배웠다. 그러므로 표본평균 $\overline{X}$의 분포는 다음과 같이 근사적으로 정규분포가 된다.

$$\overline{X} \stackrel{\bullet}{\sim} N\left(\mu, \frac{\sigma^2}{n}\right)$$

여기서 표본의 크기 n이 30 이상인 경우를 **대표본**이라고 한다. 만약, 모표준편차인 σ를 모르는 경우에는 점추정량으로서 표본표준편차인 S를 사용한다. 그리고 표본평균 $\overline{X}$를 표준화하면 다음과 같이 근사적으로 표준정규분포를 따르고 표준화된 통계량은 다음과 같이 표준정규분포가 된다.

$$Z = \frac{\overline{X} - \mu}{\sigma/\sqrt{n}} \overset{\bullet}{\sim} N(0, 1)$$

예를 들어, 모평균 μ에 대한 신뢰구간을 구하기 위하여 신뢰수준 $1-\alpha$를 0.95로 한다면 α는 0.05가 되므로 표준정규분포곡선 아래와 양쪽 꼬리 끝의 확률이 $\alpha/2$인 0.025가 되도록 한 다음, 표준정규확률변수인 $Z = \frac{\overline{X} - \mu}{\sigma/\sqrt{n}}$가 z값인 $\pm z_{0.025}$의 안쪽에 위치할 확률이 0.95가 되도록 식을 적으면 다음과 같다.

$$P\left(-z_{0.025} \le \frac{\overline{X} - \mu}{\sigma/\sqrt{n}} \le z_{0.025}\right) = 0.95$$

[그림 8.1]은 이 식을 그림으로 나타낸 것이다.

위의 확률 식에서 표본의 크기 n, 모표준편차 σ, 표본평균 $\overline{X}$, z값인 $z_{0.025}$는 모두 주어지거나 계산이 가능한 값이므로, 모평균 μ에 관하여 부등식을 풀면 다음과 같다.

$$P\left(\overline{X} - z_{0.025}\frac{\sigma}{\sqrt{n}} \le \mu \le \overline{X} + z_{0.025}\frac{\sigma}{\sqrt{n}}\right) = 0.95$$

[그림 8.2]에 이 식을 그림으로 나타내었다. 그러므로 모평균 μ에 대한 신뢰구간은 다음 식으로 구할 수 있다.

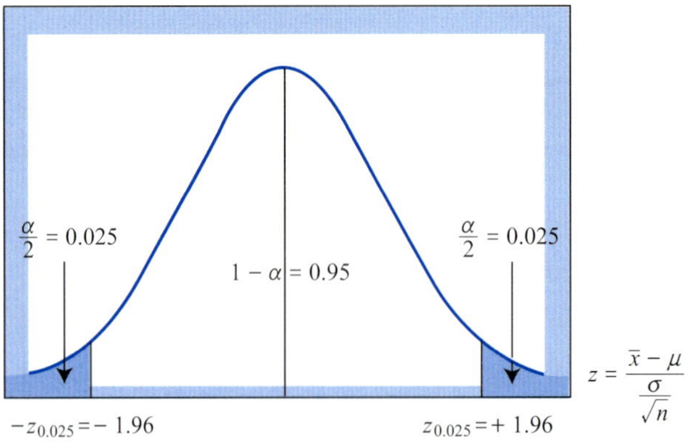

그림 8.1 신뢰수준 $1-\alpha$가 0.95일 때 Z의 분포에서 $\pm z_{0.025}$의 위치

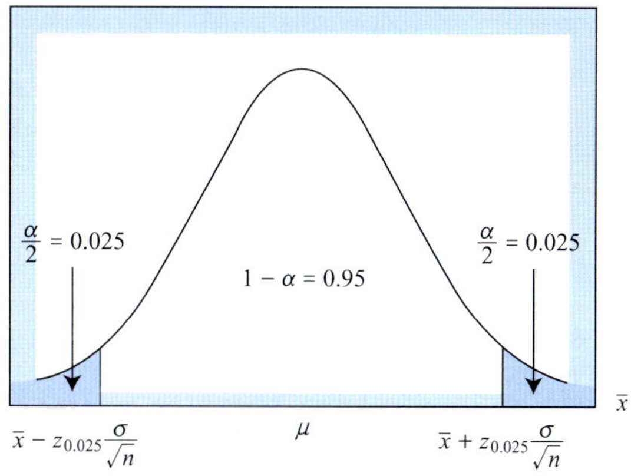

그림 8.2 신뢰수준 $1-\alpha$가 0.95일 때 $\bar{X}$의 분포에서 μ의 신뢰한계

모평균 μ의 신뢰구간: 대표본의 경우

모분산 σ^2을 알 때 모평균이 μ, 모분산이 σ^2인 모집단으로부터 크기 n이 30 이상인 표본을 추출한 경우 모평균 μ에 대한 $100(1-\alpha)$ 신뢰구간은 다음과 같다.

$$\left(\bar{X} - z_{\alpha/2}\frac{\sigma}{\sqrt{n}},\quad \bar{X} + z_{\alpha/2}\frac{\sigma}{\sqrt{n}}\right)$$

여기서 $1-\alpha$: 신뢰수준,

$\bar{X}$: 모평균 μ의 점추정량,

$\frac{\sigma}{\sqrt{n}}$: 점추정량 $\bar{X}$의 표준오차,

$z_{\alpha/2}\frac{\sigma}{\sqrt{n}}$: 신뢰수준 $1-\alpha$일 때 오차의 한계,

$\bar{X} - z_{\alpha/2}\frac{\sigma}{\sqrt{n}}$: 모평균 μ의 신뢰하한,

$\bar{X} + z_{\alpha/2}\frac{\sigma}{\sqrt{n}}$: 모평균 μ의 신뢰상한.

그리고 이 신뢰구간에서 모표준편차 σ를 모르는 경우에는 점추정량 S를 사용한다.

예제 8.1

한 화장품회사에서는 중년여성을 겨냥한 새로운 화장품의 텔레비전용 광고를 제작하기 위하여 중년여성들이 즐겨보는 아침의 주중과 주말 드라마 시청시간을 조사하였다. 900명의 설문조사에서 드라마 시청시간이 주당 평균 21시간으로 나타났다. 그리고 과거에 이 화장품회사의 축적된 자료로부터 중년여성들의 시청시간의 표준편차 σ는 12시간으로 이미 알고 있다.

(1) 중년여성들의 주당 평균 드라마 시청시간 μ에 대한 점추정값을 구하여라.

(2) 중년여성들의 주당 평균 드라마 시청시간 μ에 대한 90% 신뢰구간을 구하고 해석하여라.

풀이 (1) μ에 대한 점추정량으로는 표본평균인 $\bar{X}$를 사용하면

$$\hat{\mu} = \bar{x} = 21$$

이 된다. 따라서 중년여성들의 평균 드라마 시청시간 n에 대한 점추정값은 21시간이다.

(2) 신뢰수준 $1-\alpha=0.9$이므로 $z_{\alpha/2}=z_{0.05}=1.645$이다. 그러므로 신뢰구간의 공식에 필요한 값들을 대입하면 다음과 같다.

$$\bar{x} \pm z_{\alpha/2}\frac{\sigma}{\sqrt{n}} = 21 \pm \left(1.645 \times \frac{12}{\sqrt{900}}\right) = 21 \pm 0.658$$
$$= (20.342,\ 21.658)$$

즉, 중년여성들의 평균 드라마 시청시간 μ에 대한 90% 신뢰구간은 대략 [20.3 (시간), 21.7 (시간)]이 된다. 이 신뢰구간을 해석하면 다음과 같다. 신뢰수준 90%를 가질 때 중년여성들의 아침과 주중과 주말 드라마 평균시청시간은 약 20.3시간에서 약 21.7시간으로 추정된다. 따라서 중년여성들이 드라마를 시청하는 시간이 적어도 20.3시간이므로 드라마 시간대의 중년여성을 위한 새 화장품의 텔레비전 선전용 광고 제작은 적절하리라고 판단된다. ■

이제 [예제 8.1]의 풀이에 나온 신뢰수준 90% 의미를 살펴보자. 설문조사를 위하여 임의로 추출한 크기가 900명인 새로운 표본 1로부터 평균을 계산한 결과, 표본평균이 $\bar{x}_1$이었고, μ의 90% 신뢰구간을 계산하여 $\bar{x}_1 \pm (1.645\times 12/\sqrt{900})$이 되었다고 가정하자. 그리고 다시 설문조사를 위해서 크기가 900명인 새로운 표본 2로부터 평균을 계산한 결과, 표본평균이 $\bar{x}_2$이었고, μ의 90% 신뢰구간이 $\bar{x}_2 \pm (1.645\times 12/\sqrt{900})$이었다고 하자.

그리고 이 과정을 무수히 많이 반복하였다면 [그림 8.3]과 같이 수평축에 표본의 개수,

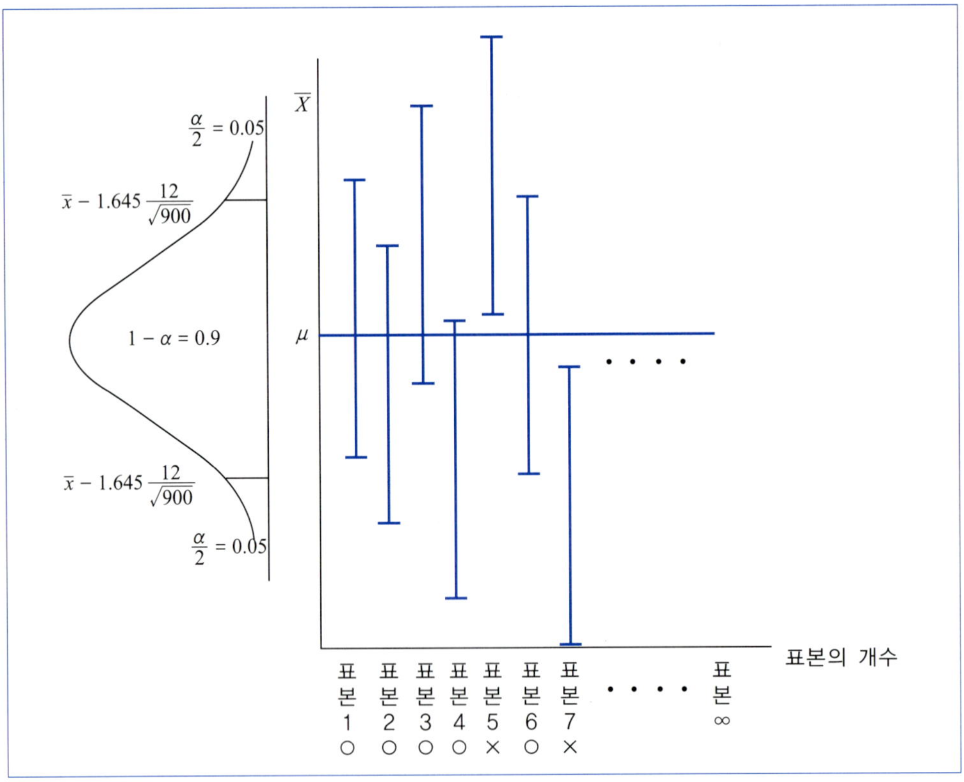

그림 8.3 표본들로부터 계산된 μ의 90% 신뢰구간들

수직축에 μ의 90% 신뢰구간을 나타낼 수 있다. 그리고 각 신뢰구간이 모수의 참값 μ를 포함하면 ○, 포함하지 않으면 ×로 수평축의 각 표본의 번호 아래에 표시하였다고 가정하자. [예제 8.1]의 풀이에 신뢰수준 90%라는 의미는 만약 1,000,000개의 표본을 추출하여 신뢰구간을 계산하였다면 1,000,000개의 신뢰구간 가운데 약 900,000개의 신뢰구간이 모수의 참값 μ를 포함한다는 의미이다. 즉, 신뢰구간들 가운데 대략 90% (약 90,000/1,000,000) 는 모수의 참값 μ를 포함하고, 나머지 대략 10%(약 90,000/1,000,000) 는 모수의 참값 μ를 포함하지 않는다는 의미이다. 즉, [예제 8.1]에서 계산된 μ의 90% 신뢰구간 [20.3 (시간), 21.7 (시간)] 안에 중년 여성들의 평균 드라마 시청시간 μ가 포함되었는지의 여부에 대하여 말하는 것이 아니고, 이 신뢰구간 안에는 중년 여성들의 평균 드라마 시청시간 μ가 포함되었거나 되지 않았거나 둘 중에 하나가 된다. 그러므로 이 신뢰구간이 모수 μ를 포함할 확률이 0.9라고 말하는 것은 틀린 말이다.

예제 8.2

한 은행에서는 고객에 대한 금융서비스를 개선하기 위하여 각 지점별로 고객들의 대기시간을 조사하였다. 각 지점별로 고객들의 대기시간을 종합한 결과, 고객 100명의 평균 대기시간은 9.5분이었고 표준편차는 2분이었다. 이 은행의 고객들의 평균 대기시간 μ의 95%와 99% 신뢰구간을 각각 구하여라.

풀이 문제에서 고객 대기시간의 표본평균은 $\bar{x}=9.5$ (분)이고, 모표준편차 σ 대신 표본표준편차는 $s=2$ (분)으로 계산되었다. 표본의 크기 n이 100으로서 30보다 큰 대표본이고, $z_{0.025}=1.96$, $z_{0.005}=2.575$이므로 신뢰구간의 공식을 이용하여 μ의 신뢰구간을 계산한다.

(1) 95% 신뢰구간은 공식에 필요한 값들을 대입한 결과 다음과 같다.

$$\begin{aligned}\bar{x} \pm z_{\alpha/2}\frac{s}{\sqrt{n}} &= 9.5 \pm \left(1.96 \times \frac{2}{\sqrt{100}}\right) = 9.5 \pm 0.392 \\ &= (9.108,\ 9.892)\end{aligned}$$

즉, 고객들의 평균 대기시간 μ의 95% 신뢰구간은 대략 [9.1 (분), 9.9 (분)]이다. 신뢰도 95%를 가질 때 고객들의 평균 대기시간 μ는 약 9.1 (분)에서 9.9 (분) 사이로 추정된다.

(2) 같은 방법으로 99% 신뢰구간은 다음과 같다.

$$\begin{aligned}\bar{x} \pm z_{\alpha/2}\frac{s}{\sqrt{n}} &= 9.5 \pm \left(2.575 \times \frac{2}{\sqrt{100}}\right) = 9.5 \pm 0.515 \\ &= (8.985,\ 10.015)\end{aligned}$$

즉, 고객들의 평균 대기시간 μ의 99% 신뢰구간은 대략 [9.0 (분), 10.0 (분)]이다. 그러므로 신뢰수준 99%를 가질 때 고객들의 평균 대기시간 μ는 약 9.0 (분)에서 10.0 (분) 사이일 것으로 추정된다.

따라서 이 은행의 고객들의 평균 대기시간은 최장 10분이나 되므로 은행의 금융서비스 개선의 책임자는 더 많은 행원을 채용하여 고객들의 대기시간을 줄여서 금융서비스를 개선하는 것이 바람직하다고 할 수 있다. ■

표 8.2 신뢰구간의 폭을 줄이기 위한 방법

방법	신뢰수준 $1-\alpha$	$z_{\alpha/2}$값	표본의 크기 n	표준오차 $\frac{\sigma}{\sqrt{n}}$	오차한계 $z_{\alpha/2}\frac{\sigma}{\sqrt{n}}$	신뢰구간 폭 $U-L$
1	감소	감소	고정	고정	감소	감소
2	고정	고정	증가	감소	감소	감소

[예제 8.2]에서 보는 바와 같이 신뢰수준 $1-\alpha$가 99%에서 95%로 감소하면 z값이 2.575에서 1.96으로 감소되어 오차의 한계가 감소되고, 따라서 신뢰구간의 폭 $U-L$이 감소되었다([표 8.2]의 방법 1). 그런데 만약 s 또는 σ가 고정된 경우에는 표본의 크기 n을 증가시키면 오차의 한계가 줄어들어 신뢰구간의 폭 $U-L$이 감소하게 된다. 따라서 신뢰구간의 폭을 줄여서 짧은 신뢰구간을 제시하려면 신뢰수준을 낮추거나, 표본의 크기를 증가시키면 된다. 그러나 신뢰수준을 낮추게 되면 믿을만한 결과를 얻지 못할 수도 있기 때문에 보다 짧고 간결한 신뢰구간을 구하기 위해서는 표본크기를 증가시킨다([표 8.2]의 방법 2).

8.3 모평균의 구간추정: 표본의 크기가 작은 경우

지금까지는 모분산 σ^2을 알고 모평균 μ를 모르는 경우에 μ를 추정하는 방법에 대하여 살펴보았다. 그러나 현실적인 문제에서 모평균 μ를 모를 때 모분산 σ^2도 모르는 경우가 많이 발생한다. 이런 경우 모평균 μ에 대한 신뢰구간을 찾아보자.

모분산 σ^2을 모를 때는 점추정량으로써 표본분산 S^2을 사용한다. 그리고 모집단이 정규분포를 하는 경우에는 모집단으로부터 랜덤으로 추출된 표본평균 $\overline{X}$의 확률분포는 더 이상 정규분포를 하지 않고 **자유도**(degrees of freedom) $n-1$을 갖는 t-분포를 하게 된다. 그리고 표본의 크기 n이 30보다 작을 때에도 이 분포는 성립한다. 실제로 모평균 μ를 추정할 때 표본의 크기가 작은 경우가 발생하게 되는데, 이것은 실험의 성격상 그럴 수도 있고, 아니면 표본을 구성할 때 많은 비용이 발생할 수도 있기 때문이다. 예를 들어, 새로 개발된 약품을 임상환자들에게 시험하는 경우에 임상환자의 표본이 작은 경우가 있다. 이 경우에 표본을 크게 하려면 다른 지역의 많은 임상환자를 참여시켜 표본의 크기를 크게 해야 하는데, 현실적으로 비용이 많이 발생할 때는 작은 표본으로 임상실험을 할 수도 있다.

> **자유도**
> 자유도란 표본 안에서 자유롭게 변할 수 있는 관측값의 개수를 의미한다.

자유도는 표본 안에서 변할 수 있는 관측값의 개수로서, 예를 들어 표본 안의 5개의 관측값의 평균이 10이라고 하자. 이제 다섯 개의 관측값의 평균이 10이 되려면 표본 안에서 자유롭게 변할 수 있는 관측값의 개수는 몇 개일까?

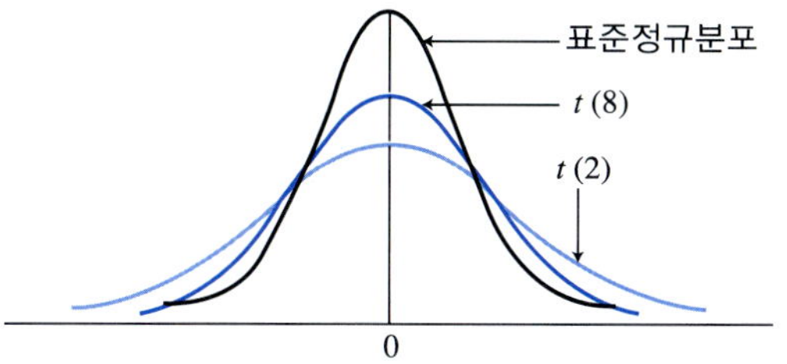

그림 8.4 표준정규분포와 자유도가 2와 8인 t-분포

답은 관측값의 개수인 5에서 1을 뺀 4이다. 즉, $df = n-1 = 5-1 = 4$이다. 왜냐하면 표본 안의 4개의 관측값을 임의로 10, 4, 6, 14를 결정했다고 가정해 보자. 이제 표본평균 $\bar{x}$의 값이 10이 되려면 마지막 다섯 번째 관측값은 반드시 16이 되어야 한다. 즉, 표본 안의 4개의 관측값을 결정하면 마지막 다섯 번째 관측값은 자동으로 결정된다. 그러므로 이 경우 자유도는 $n-1$인 4가 된다.

앞에서 언급한 t-분포는 자유도에 의해서 모양이 결정되는 연속확률분포로써, 다음의 성질을 갖는다.

> **t-분포**
>
> t-분포는 자유도 $n-1$에 의해서 모양이 결정되고, 봉우리가 한 개이며, 대칭인 분포로서, 평균은 0, 분산이 $\frac{n}{n-2}$를 갖는다. 표준정규분포와 비교할 때 훨씬 넓게 펴져 있고, 납작한 모양을 갖는다. 자유도 $n-1$은 1부터 무한대까지 양의 정수값을 갖고, 자유도가 점차 커질수록 표준정규분포에 가까워진다.

[그림 8.4]에 자유도가 2와 8인 t-분포와 표준정규분포를 겹쳐서 작성하였다. 부록에 각 자유도 $n-1$에 대하여 t-분포 곡선의 아래에 있고, 오른쪽 끝의 확률이 α인 $t_\alpha(n-1)$의 값이 나타나 있다.

예제 8.3

자유도가 각각 2, 8, 30, 무한대인 t-분포에서 t-분포 곡선의 아래에 있고, 오른쪽 끝의 확률이 0.025가 되는 t_α의 값을 찾아라. 그리고 자유도의 증가에 따른 $t_\alpha(n-1)$의 값의 변화를 설명하여라.

풀이 (1) 부록으로부터 자유도가 2인 t-분포 곡선의 아래와 오른쪽 끝의 확률이 0.025가 되는 t_α의 값은 $t_{0.025}(2) = 4.303$으로서 [그림 8.5]에 나타내었다. 같은 방법으로 다른 자유도에 대하여 t_α값을 부록으로부터 찾을 수 있다.

(2) 자유도가 8이고 오른쪽 끝의 확률이 0.025인 t_α값은 $t_{0.025}(8) = 2.306$이다.

(3) 자유도가 30이라면 오른쪽 끝의 확률이 0.025인 t_α값은 $t_{0.025}(30) = 2.042$이다.

(4) 자유도가 무한대가 되면 오른쪽 끝의 확률이 0.025인 t_α값은 $t_{0.025}(\infty) = 1.96$이 된다. 그러므로 자유도 n_1이 증가할수록 $t_\alpha(n-1)$값은 점점 감소하는 것을 알 수 있다. 마지막으로 자유도가

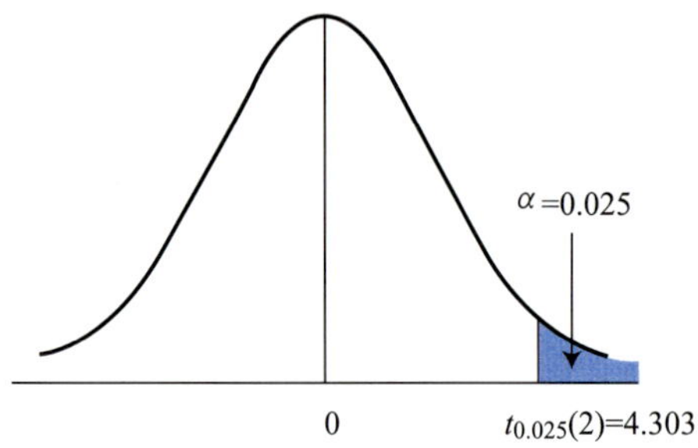

그림 8.5 자유도가 2인 t-분포에서 α=0.025일 때의 t_α 값

무한대인 경우에 $t_\alpha(n-1)$의 값이 $t_{0.025}(\infty) = 1.96$이 되어 $z_{0.025} = 1.96$과 동일한 값을 가지므로, 자유도가 무한대인 t-분포는 표준정규분포가 되는 것을 알 수 있다. ■

모집단은 정규분포를 하지만, 모표준편차 σ를 몰라서 표본표준편차 S를 사용하는 경우에는 표본평균 $\overline{X}$의 확률분포가 다음과 같이 자유도 $n-1$의 t-분포를 하므로, 이것을 이용하여 모평균 μ에 대한 신뢰구간을 구하자.

$$\frac{\overline{X}-\mu}{S/\sqrt{n}} \sim t(n-1)$$

모표준편차 σ를 아는 대표본의 경우에 모평균 μ의 신뢰구간을 구할 때와 같이 신뢰구간을 구할 수 있다. 즉, 신뢰수준을 $1-\alpha$로 하였다면 $t(n-1)$ 확률분포곡선 아래와 양쪽 꼬리 끝의 확률이 $\alpha/2$가 되도록 한 다음, 위의 통계량이 $\pm t_{\alpha/2}(n-1)$의 안쪽에 위치할 확률이 $1-\alpha$가 되도록 식을 적으면 다음과 같다.

$$P\left[-t_{\alpha/2}(n-1) \le \frac{\overline{X}-\mu}{S/\sqrt{n}} \le t_{\alpha/2}(n-1)\right] = 1-\alpha$$

위의 확률 식에서 표본의 크기 n, 표본표준편차 S, 표본평균 $\overline{X}$, $t_{\alpha/2}(n-1)$는 모두 주어지거나 계산이 가능한 값이므로, 모평균 μ에 관하여 부등식을 풀면 다음과 같다.

$$P\left[\overline{X}-t_{\alpha/2}(n-1)\frac{S}{\sqrt{n}} \le \mu \le \overline{X}+t_{\alpha/2}(n-1)\frac{S}{\sqrt{n}}\right] = 1-\alpha$$

그러므로 모평균 μ에 대한 신뢰구간은 다음 식으로 구할 수 있다.

모평균 μ의 신뢰구간: 소표본의 경우

모분산 σ^2을 모를 때 모평균이 μ, 모분산이 σ^2인 정규분포를 하는 모집단으로부터 크기 n이 30 미만인 표본을 추출한 경우 모평균 μ의 $100(1-\alpha)$ 신뢰구간은 다음과 같다.

$$\left[\overline{X}-t_{\alpha/2}(n-1)\frac{S}{\sqrt{n}},\ \overline{X}+t_{\alpha/2}(n-1)\frac{S}{\sqrt{n}}\right]$$

위와 같은 상황에서 만약 표본의 크기 n이 30 이상인 경우에는 $t_{\alpha/2}(n-1)$의 근삿값으로서 $z_{\alpha/2}$를 사용하여 모평균 μ의 $100(1-\alpha)$ 신뢰구간으로 다음 식을 사용한다.

$$\left(\overline{X} - z_{\alpha/2}\frac{S}{\sqrt{n}},\quad \overline{X} + z_{\alpha/2}\frac{S}{\sqrt{n}}\right)$$

예제 8.4

한 대학의 학생생활연구소에서는 재학 중인 학부생들을 대상으로 월 아르바이트 수입을 추정하려고 한다. 25명의 학부생을 임의로 선발하여 월 아르바이트 수입 금액을 조사하였더니 평균이 50만 원, 표준편차가 22만 원이었다. 이 대학에 재학 중인 학부생들의 월 아르바이트 수입 금액이 정규분포를 따른다고 가정하자. 이 대학 학부생들의 평균 월 아르바이트 수입 금액에 대한 90% 신뢰구간을 구하여라.

풀이 문제로부터 표본의 크기는 소표본으로서 $n=25$, $\bar{x}=50$, $s=22$, $t_{0.05}(24)=1.711$이다. 모집단은 정규분포를 따르고 모표준편차 σ를 모르므로 t값을 이용한 모평균 μ에 대한 신뢰구간을 구한다.

$$\begin{aligned}\bar{x} \pm t_{\alpha/2}(n-1)\frac{s}{\sqrt{n}} &= 50 \pm \left(1.711 \times \frac{22}{\sqrt{25}}\right) \approx 50 \pm 7.528 \\ &= (42.472,\ 57.528)\end{aligned}$$

그러므로 신뢰수준 90%를 가질 때, 이 대학의 학부생 월 평균 아르바이트 수입 금액은 대략 42만 원에서 58만 원 사이가 될 것으로 추정한다. ■

예제 8.5

사무실에서 근무하는 일반 직장인들이 한 달에 식비로 지출하는 비용을 조사하기 위하여 사무실들이 모여 있는 번화가의 교차로에서 무작위로 31명에게 설문을 조사한 결과, 평균은 14만 원, 표준편차는 2만 원이었다. 식비의 분포가 근사적으로 정규분포를 따른다고 할 때, 월 평균 식비의 95% 신뢰구간을 구하여라.

풀이 문제로부터 $n=31$, $\bar{x}=14$, $s=2$, $z_{0.025}=1.96$이다. 모집단은 정규분포를 하고, 모표준편차 σ를 모르므로 t값을 이용할 수 있으나, 표본의 크기가 31이므로 t값 대신 z값을 근삿값으로 이용한 모평균 μ에 대한 신뢰구간을 구할 수도 있다.

$$\begin{aligned}\bar{x} \pm z_{\alpha/2}\frac{s}{\sqrt{n}} &= 14 \pm \left(1.96 \times \frac{2}{\sqrt{31}}\right) \approx 14 \pm 0.704 \\ &= (13.296,\ 14.704)\end{aligned}$$

그러므로 신뢰수준 95%를 가질 때, 일반 직장인들의 한 달 평균 식비는 대략 132,960원에서 147,040원 사이로 추정된다. 만약 이 문제를 근삿값을 사용하지 않고 t값을 이용한다면 $t_{0.025}(30)=2.042$을 이용하여 신뢰구간을 계산하면 다음과 같다.

$$\bar{x} \pm t_{\alpha/2}(n-1)\frac{s}{\sqrt{n}} = 14 \pm \left(2.042 \times \frac{2}{\sqrt{31}}\right) \approx 14 \pm 0.734$$
$$= (13.266,\ 14.734)$$

t값을 이용하여 신뢰구간을 계산한 결과, 일반 직장인들의 한 달 평균 식비의 95% 신뢰구간은 대략 [132,660 (원), 147,340 (원)]이다. 계산 결과 t값을 이용한 신뢰구간이 대략 588 (원) 정도 더 넓어진 것으로 나타나며, 두 구간추정값 사이에 큰 차이가 없는 것으로 보인다. ■

8.4 모비율의 구간추정: 표본 크기가 큰 경우

앞에서 언급한 것처럼 관심을 갖는 자료가 범주형 자료인 경우에는 모평균 μ 대신 모비율 p에 대한 추정을 한다. 새 모델 자동차의 국내시장 점유율, 병역을 필한 학부 1학년 남학생들의 비율, 80세 이상 노인의 비율, 특정부품의 불량률, 보험서비스에 대한 고객만족의 비율 등은 모두 모비율 p를 추정하는 예가 된다. 그리고 앞에서 이러한 모비율 p의 점추정량으로써 표본비율 $\hat{p}$를 사용하기로 하였다. 즉, 확률변수 X를 크기가 n인 표본 가운데 관심의 대상이 되는 원소의 수라고 한다면, 모비율 p의 점추정량인 $\hat{p}$은 다음과 같다.

$$\hat{p} = \frac{X}{n}$$

모집단으로부터 반복적으로 추출된 표본비율 $\hat{p}$은 np와 $n(1-p)$가 모두 5 이상이면 다음과 같이 근사적으로 정규분포를 따른다.

$$\hat{p} \mathrel{\dot\sim} N\left(p,\ \frac{p(1-p)}{n}\right)$$

여기서 표본비율 $\hat{p}$의 평균인 모비율 p를 추정해야 하므로 분산에 있는 모비율 p 대신 점추정량 $\hat{p}$을 대입하고 표본비율 $\hat{p}$을 표준화하면, 다음과 같은 표준정규분포가 된다.

$$\frac{\hat{p}-p}{\sqrt{\dfrac{\hat{p}(1-\hat{p})}{n}}} \mathrel{\dot\sim} N(0,\ 1)$$

따라서 모비율 p의 신뢰구간은 다음과 같이 구한다.

모비율 p의 신뢰구간: 대표본의 경우

$n\hat{p}$와 $n(1-\hat{p})$가 모두 5 이상인 경우, 모비율 p에 대한 $100(1-\alpha)$ 신뢰구간은 다음과 같다.

$$\left[\hat{p} - z_{\alpha/2}\sqrt{\frac{\hat{p}(1-\hat{p})}{n}},\quad \hat{p} + z_{\alpha/2}\sqrt{\frac{\hat{p}(1-\hat{p})}{n}}\right]$$

예제 8.6

한 공장에서 생산되는 자동차 주요 부품의 불량률을 조사하려고 한다. 생산라인에서 생산되고 있는 부품을 임의로 500개 추출하여 불량품과 양품으로 분류한 결과, 불량품이 20개가 발견되었다. 이 부품의 모불량률 p의 99% 신뢰구간을 구하여라.

풀이 문제로부터 표본의 크기는 $n=500$, 불량품의 개수 $X=20$, 신뢰수준 $1-\alpha$는 0.99이므로, $z_{0.005}=2.575$가 된다. 그러므로 표본비율은

$$\hat{p} = \frac{20}{500} = 0.04$$

이다. $n\hat{p}=500\,(0.04)=20$, $n\,(1-\hat{p})=500\,(0.96)=480$으로 모두 5보다 크므로, 모비율 p의 신뢰구간 공식을 이용하여 계산하면 다음과 같다.

$$\begin{aligned}\hat{p} \pm z_{\alpha/2}\sqrt{\frac{\hat{p}\,(1-\hat{p})}{n}} &= 0.04 \pm \left(2.575 \times \sqrt{\frac{0.04\,(0.96)}{500}}\right) \approx 0.04 \pm 0.0226 \\ &= (0.0174,\ 0.0626)\end{aligned}$$

그러므로 이 부품의 모불량률 p의 99% 신뢰구간은 대략 [1.74(%), 6.26(%)]이다. 즉, 신뢰도 99%를 가질 때, 이 부품의 모불량률은 1.74%에서 6.26% 사이의 값으로 추정된다. ■

8.5 모평균의 추정에 필요한 표본크기 결정

모수들의 신뢰구간을 추정하는 경우에 신뢰수준 $1-\alpha$를 높인 결과, 지나치게 넓게 나타난 신뢰구간은 모수의 구간추정에 오히려 도움이 되지 않을 수 있다. 예를 들어, 한 공장에서 생산하는 200 g 정량의 통조림이 과연 정량을 채워서 생산되는지 알기 위하여 몇 개의 통조림을 임의추출하여 내용물의 무게를 측정한 후, 모평균 무게 μ에 대한 신뢰구간을 계산한 결과, 신뢰구간이 [168 (g), 283 (g)]이었다고 가정해 보자. 이 경우 신뢰구간은 구간의 폭이 너무 넓어서 이 공장의 품질을 담당하는 부서에서는 통조림의 정량을 추정할 때 어려움에 직면할지도 모른다. 다른 한편으로는 [표 8.2]에서 언급한 바와 같이 신뢰구간을 계산할 때 신뢰구간의 폭을 줄이기 위하여 무턱대고 표본의 크기 n을 크게 할 수도 없다. 예를 들어, 새로운 자동차 모델의 연비를 추정하기 위하여 과거에 축적된 경험에 따라 몇 대 또는 몇십 대의 표본으로 충분하다면 불필요하게 많은 시간과 비용을 들여가면서까지 몇백 대의 표본을 추출하여 표본평균이나 표본표준편차를 계산한 후 그 자동차의 연비에 대한 신뢰구간을 계산할 필요는 없다.

그러면 어떻게 적절한 표본의 크기를 정하여 모수들의 추론에 활용할 수 있는지 살펴보자. 우선 표본의 크기를 정하기 위하여 다음과 같이 몇 가지 필요한 값들을 명시해야 한다.

모수의 추정에서 표본의 크기 결정

(1) 추정해야 할 모수 (모평균 μ 또는 모비율 p)를 결정한다.

(2) 신뢰구간 계산에 필요한 신뢰수준 $1-\alpha$를 결정한다.

(3) 모수와 점추정값의 차이인 추정오차의 한계의 크기는 다음과 같이 결정한다.

$$\left(z_{\alpha/2}\frac{\sigma}{\sqrt{n}},\ z_{\alpha/2}\frac{S}{\sqrt{n}},\ z_{\alpha/2}\sqrt{\frac{\hat{p}(1-\hat{p})}{n}} \right)$$

이와 같이 필요한 값들이 결정되고 나면, 필요한 값들을 대입하여 식으로 정리한 다음 n에 관하여 풀어서 표본의 크기 n을 결정할 수 있다. 만약 추정오차의 한계를 B라고 한다면 σ를 아는 경우 모평균 μ를 추정하기 위한 표본의 크기 n은 다음 식으로 놓고

$$z_{\alpha/2}\frac{\sigma}{\sqrt{n}} \le B$$

n에 관하여 풀어서 표본의 크기를 구할 수 있다.

$$n \ge \left(z_{\alpha/2} \times \frac{\sigma}{B} \right)^2$$

이 식에서 σ를 모를 경우에는 S를 대입한다. 모평균 μ를 추정하기 위한 표본의 크기 n은 다음과 같다.

모평균 μ를 추정하기 위한 표본의 크기

모표준편차 σ, 신뢰수준 $1-\alpha$, 추정오차의 한계 B를 아는 경우, 표본의 크기 n은 다음 식을 이용한다.

$$n \ge \left(z_{\alpha/2} \times \frac{\sigma}{B} \right)^2$$

모표준편차 σ를 모르고, 신뢰수준 $1-\alpha$ 추정오차의 한계 B를 아는 경우, 표본의 크기 n은 다음 식을 이용한다.

$$n \ge \left(z_{\alpha/2} \times \frac{S}{B} \right)^2$$

예제 8.7

한 휴대폰 공장에서 작업자들이 휴대폰을 조립하는 데 걸리는 평균시간을 추정하려고 한다. 과거 숙련 작업자들의 휴대폰 조립시간의 편차는 3분 정도로 알려져 있다. 신뢰수준을 95%로 하고 평균조립시간의 오차의 한계를 1분 이내로 유지하려면, 생산관리팀에서는 작업자 몇 명을 표본으로 선택해야 하는가?

풀이 조립시간의 편차는 $\sigma=3$(분), 오차의 한계는 $B=1$(분), 신뢰수준은 $1-\alpha=0.95$이므로, $z_{0.025}=1.96$가 된다. 이 값들을 공식에 대입하면 다음과 같다.

$$n \geq \left(z_{\alpha/2} \times \frac{\sigma}{B}\right)^2 = \left(1.96 \times \frac{3}{1}\right)^2 \approx 34.6$$

따라서 최소한 표본의 크기는 $n = 35$(명) 이상이 되어야 한다. ■

8.6 모비율의 추정에 필요한 표본크기 결정

항공기의 주요 부품을 생산하는 한 공장에서 모집단의 불량률을 조사한 결과 불량률의 신뢰구간이 [1.2(%), 42.8(%)]로 계산되었다면 이 계산 결과를 직면한 생산 또는 품질담당부서에서는 모불량률의 구간추정의 폭이 너무 넓어서 모불량률 p의 추정에 매우 난감해 할는지 모른다. 이러한 경우 미리 적절한 표본의 크기 n을 정한 다음 모불량률 p에 대한 신뢰구간을 계산한다면 설득력이 있고, 폭이 좁은 신뢰구간을 계산할 수 있다.

모비율의 점추정값 $\hat{p}$을 미리 알고 있고, 신뢰순준이 $1-\alpha$일 때 추정오차의 한계를 B라고 한다면 다음 식으로 적을 수 있고,

$$z_{\alpha/2}\sqrt{\frac{\hat{p}(1-\hat{p})}{n}} \leq B$$

이 식을 n에 관하여 풀면, 다음과 같이 표본의 크기 n을 결정할 수 있다.

$$n \geq \hat{p}(1-\hat{p}) \times \left(\frac{z_{\alpha/2}}{B}\right)^2$$

만약 점추정값 $\hat{p}$을 미리 알지 못한다면 안전하게 가장 큰 n값을 주는 $\hat{p}$값으로서 0.5를 사용한다. 그러므로 모비율 p를 추정하기 위한 표본의 크기 n은 다음 식으로 구한다.

> **모비율 p를 추정하기 위한 표본의 크기**
> 모비율의 점추정값 $\hat{p}$, 신뢰수준 $1-\alpha$, 추정오차의 한계 B를 아는 경우, 표본의 크기 n은 다음식을 이용한다.
>
> $$n \geq \hat{p}(1-\hat{p}) \times \left(\frac{z_{\alpha/2}}{B}\right)^2$$
>
> 모비율의 점추정값 $\hat{p}$을 모르고, 신뢰수준 $1-\alpha$와 추정오차의 한계 B를 아는 경우, 표본의 크기 n은 다음 식을 이용한다.
>
> $$n \geq \frac{1}{4}\left(\frac{z_{\alpha/2}}{B}\right)^2$$

예제 8.8

한 전자회사에서는 차세대 텔레비전을 살 가능성이 있는 소비자들의 비율을 추정하기 위하여

표본의 크기 n을 결정하려고 한다. 신뢰수준 99%를 가지고 추정오차의 한계를 10% 이내로 모비율 p를 추정하려고 한다면, 표본의 크기는 얼마로 해야 하는가?

풀이 추정오차의 한계를 10% 이내로 정했다는 것은 모비율 p의 99% 신뢰구간이 $\hat{p} \pm 0.1$이라는 의미이다. 신뢰수준이 99%이므로 $z_{0.005} = 2.575$이고, 점추정값 $\hat{p}$를 모르기 때문에 0.5를 사용하여 표본의 크기를 결정하면 다음과 같다.

$$n \geq \frac{1}{4} \times \left(\frac{z_{\alpha/2}}{B} \right)^2 = \frac{1}{4} \times \left(\frac{2.575}{0.1} \right)^2 \approx 165.8$$

그러므로 차세대 텔레비전을 살 가능성이 높은 166명의 소비자를 선택하여 모비율을 추정하면 신뢰수준 99%를 유지하고 오차의 한계가 10% 되는 모비율 p의 신뢰구간을 계산할 수 있다. ■

8.7 R 실습

1. 다음 자료는 40명에 대하여 심장병을 줄이기 위한 한 주당 육체 훈련량을 분 단위로 조사한 값이다. 한 주당 평균적인 육체 훈련 양에 대한 95% 신뢰구간을 구하여라.

60 40 50 30 60 50 90 30 60 60 60 80 90 90 60 30 20 120 60 50
20 60 30 120 50 30 90 20 30 40 50 40 30 40 20 30 60 50 60 80

풀이

표본의 크기가 40개이므로 대표본이며, 다음과 같이 정규분포를 이용한 95% 신뢰구간을 구하면 (45.54, 61.46)이다.

```
> # 모평균에 대한 추정(대표본의 경우)
> one.sample.z.confidence.interval=function(x, confidence.level) {
+       n=length(x)
+       xbar=mean(x)
+       se=sd(x)/sqrt(n)
+       alpha.half=(1-confidence.level)/2
+       z.alpha.half=qnorm(1-alpha.half)
+       c(xbar-z.alpha.half*se,xbar+z.alpha.half*se)
+ }
> x=c(60,40,50,30,60,50,90,30,60,60,60,80,90,90,60,30,20,120,60,50,
+       20,60,30,120,50,30,90,20,30,40,50,40,30,40,20,30,60,50,60,80)
> one.sample.z.confidence.interval(x,0.95)
[1] 45.54323 61.45677
```

이 경우 t-분포를 이용한 95% 신뢰구간을 다음과 같이 구하면 (45.29, 61.71) 이다. 정규분포를 이용한 신뢰구간보다 폭이 조금 큰 것을 확인할 수 있다.

```
> t.test(x)
          One Sample t-test
data: x
t = 13.1785, df = 39, p-value = 6.035e-16
alternative hypothesis: true mean is not equal to 0
95 percent confidence interval:
 45.28858 61.71142
sample estimates:
mean of x
     53.5
```

모평균에 대한 95% 신뢰구간을 구한다는 것은 이러한 신뢰구간을 100개 구했을 때 95개의 신뢰구간이 모평균을 포함하고, 5개의 신뢰구간은 모평균을 포함하지 않는다는 의미이다. 우리는 다음과 같은 시뮬레이션을 통하여 정규분포를 이용한 모평균에 대한 95% 신뢰구간의 의미를 파악할 수 있다. 모집단이 평균이 0이고 표준편차가 1인 정규모집단이라 할 때 표본의 크기가 50개인 신뢰구간의 개수를 5,000개까지 만들어보며 신뢰구간이 모평균 0을 포함하는 비율을 계산해 보면 다음 그림과 같이 95%에 수렴함을 알 수 있다.

```
> confidence.normal <- function(n, nz, mu, std) {
+     win.graph()
+     trial <- rep(1,nz)
+     z.val <- qnorm(0.975)
+     x <-matrix(rnorm(n*nz, mu, std), nrow=nz)
+     xbar <- apply(x,1,mean)
+     xvar <- apply(x,1,var)
+     limit <- z.val * sqrt(xvar/n)
+     xbar <- xbar - mu
+     trial[abs(xbar) > limit] <- 0
+     trial <- cumsum(trial)/ 1:nz
+     plot(trial, ylim=c(0.9,1), type="l", xlab="신뢰구간의 개수", ylab="모평균을 포함하는 비율")
+     abline(0.95, 0)
+ }
> confidence.normal(50,5000,0,1)
```

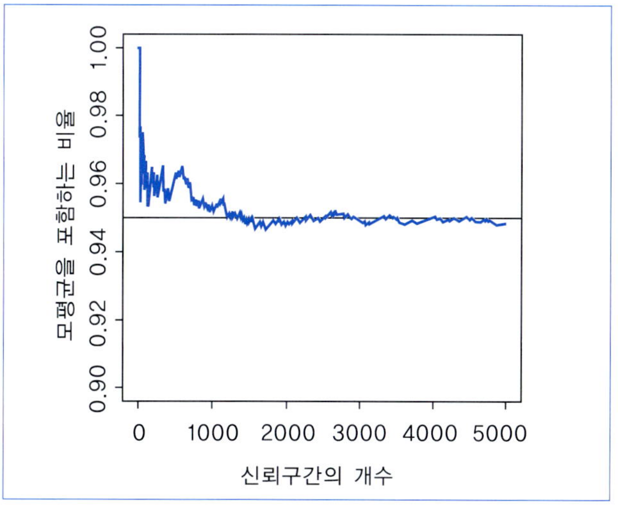

우리는 다음과 같은 시뮬레이션을 통하여 정규분포를 이용한 모평균에 대한 95% 신뢰구간의 의미를 다시 한 번 파악할 수 있다. 모집단이 평균이 0이고 표준편차가 1인 정규모집단이라 할 때, 신뢰구간의 개수를 100개까지 만들어보며 신뢰구간이 모평균 0을 포함하는지의 여부와 그 비율을 계산해 보면, 다음 그림과 같이 95%에 수렴함을 대략 알 수 있다.

```
> confidence.normal2 <- function(n, nz, mu, std) {
+     win.graph()
+     par(mfrow=c(2,1))
+     trial <- rep(1,nz)
+     z.val <- qnorm(0.975)
+     x <-matrix(rnorm(n*nz, mu, std), nrow=nz)
+     xbar <- apply(x,1,mean)
+     xvar <- apply(x,1,var)
+     limit <- z.val * sqrt(xvar/n)
+     ulimit=xbar+limit
+     llimit=xbar-limit
+     xbar <- xbar - mu
+     trial[abs(xbar) > limit] <- 0
+     trial <- cumsum(trial)/ 1:nz
+     plot(c(0,nz),c(-1.5,1.5),type="n",xlab="index",ylab="Confidence Interval")
+     for (k in 1:nz){
+         points(c(k,k),c(llimit[k],ulimit[k]),type="l")
+     }
+     abline(0, 0)
+     plot(trial,type="l")
+     abline(0.95, 0)
+     par(mfrow=c(1,1))
+ }
> confidence.normal2(50,100,0,1)
```

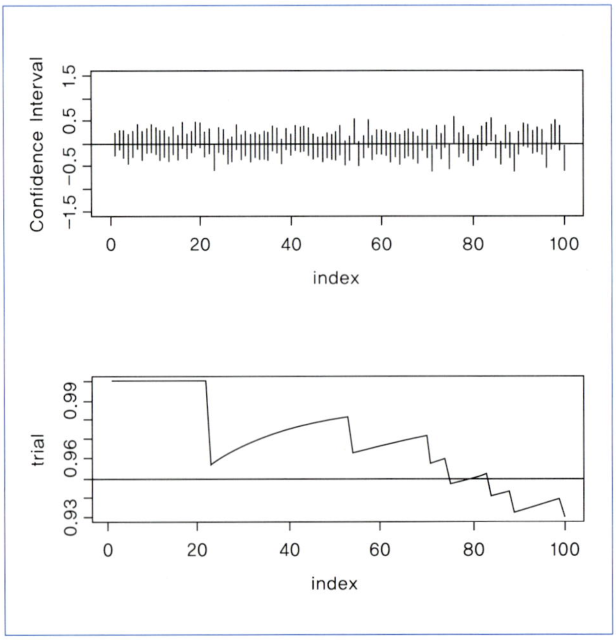

2. 휘발유의 옥탄가(정규분포로 가정함)를 13일 연속 조사하니 다음과 같았다.

88.6 86.4 87.2 88.4 87.2 87.6 86.8 86.1 87.4 87.3 86.4 86.6 87.1

옥탄가 모평균에 대한 95% 신뢰구간을 구하여라.

풀이

표본의 크기가 13개이므로 소표본이며, t-분포를 이용한 95% 신뢰구간을 다음과 같이 구하면 (86.71, 87.61)이다.

```
> # 모평균에 대한 구간추정(소표본의 경우)
> x=c(88.6,86.4,87.2,88.4,87.2,87.6,86.8,86.1,87.4,87.3,86.4,86.6,87.1)
> t.test(x)
            One Sample t-test
data: x
t = 423.4101, df = 12, p-value < 2.2e-16
alternative hypothesis: true mean is not equal to 0
95 percent confidence interval:
 86.71302 87.61006
sample estimates:
mean of x
 87.16154
```

3. 어느 지역의 실업률을 조사하기 위하여 1,000명을 조사하니 15명이 실업자였다. 모실업률에 대한 95% 신뢰구간을 구하여라.

풀이

표본의 크기가 1,000개이므로 대표본이며, 다음과 같이 정규분포를 이용한 95% 신뢰구간을 구하면 (0.0087, 0.0252)이다.

```
> # 모비율에 대한 구간추정
> prop.test(15,1000)
          1-sample proportions test with continuity correction
data: 15 out of 1000, null probability 0.5
X-squared = 938.961, df = 1, p-value < 2.2e-16
alternative hypothesis: true p is not equal to 0.5
95 percent confidence interval:
 0.008733248 0.025217456
sample estimates:
     p
0.015
```

8.8 연습문제

8.1 어느 과수원에서 재배되는 사과의 무게가 정규분포를 따르고 표준편차가 20이라 알려져 있을 때, 7개의 사과를 임의로 뽑아서 무게를 잰 결과가 다음과 같다. 다음 물음에 답하여라.

84	95	125	78	105	118	158

(1) 사과들의 평균무게의 점추정값을 구하여라.
(2) 사과들의 평균무게에 대한 95% 신뢰구간을 구하여라.

8.2 어느 대학교 4학년 학생 64명을 대상으로 토익점수의 평균과 표준편차가 각각 650과 50이다. 이 대학 4학년 학생 전체의 토익점수 평균에 대한 90%, 95%, 99% 신뢰구간을 각각 구하고 비교하여라.

8.3 모비율을 추정할 때, p에 대한 추정량의 오차가 0.05 이하가 될 확률이 최소한 96%가 되기를 원한다면 표본의 크기가 최소한 얼마가 되어야 하는가?

8.4 50명의 직장인으로 이루어진 표본에서 20명이 안경을 쓴 사람이라고 할 때, 다음 물음에 답하여라.
(1) 안경을 쓰고 있는 사람들의 모비율을 추정하여라.
(2) 표준오차를 추정하여라.
(3) 모비율에 대한 99% 신뢰구간을 구하여라.

8.5 초등학교 4학년 여자아이의 키의 표준편차가 8 cm라고 가정하자. 4학년 여자아이의 평균키를 추정하는데, 오차가 1.5 cm 이하가 될 확률이 최소한 95%가 되도록 한다면 표본의 크기를 얼마로 하여야 하는가?

8.6 어느 한 회사는 영업점 직원들의 친절도 실태를 파악하기 위해 직원들의 불평횟수를 조사하였다. 각 지점별로 직원들의 불평 횟수를 조사한 결과, 총 400명의 평균 불평 횟수는 4.7건이었고, 표준편차는 1.2건이었다.
(1) 직원들의 평균 불평 횟수 μ에 대한 점추정값을 구하여라.
(2) 직원들의 평균 불평 횟수 μ에 대한 99% 신뢰구간을 구하고 해석하여라.

8.7 어느 대학교 학생들의 한 달 용돈으로 쓰는 비용을 조사하기 위하여 캠퍼스 안에서 무작위로 24명에게 설문을 조사한 결과, 평균은 36만 원, 표준편차는 6만 원이었다. 용돈의 분포가 근사적으로 정규분포를 따를 때 월 평균 용돈의 95% 신뢰구간을 구하여라.

8.8 한 공장에서 생산되는 핸드폰 LED 부품의 불량률을 조사하려고 한다. 생산라인에서 생산되고 있는 부품을 임의로 740개 추출하여 불량품과 양품으로 분류한 결과, 불량품이 12개가 발견되었다. 이 부품의 모불량률 p의 90% 신뢰구간을 구하여라.

8.9 한 자동차 회사에서 작업자들이 자동차를 조립하는 데 걸리는 평균시간을 추정하려고 한다. 과거 숙련 작업자들의 휴대폰 조립시간의 편차는 2.4분으로 알려져 있다. 신뢰수준을 95%로 하고, 평균조립시간의 오차의 한계를 1.2분 이내로 유지하려면, 생산관리팀에서는 작업자 몇 명을 표본으로 선택해야 하는가?

8.10 한 화장품회사에서는 새로 나온 화장품을 살 가능성이 있는 소비자들의 비율을 추정하기 위하여 표본의 크기 n을 결정하려고 한다. 신뢰수준 99%를 가지고 추정오차의 한계를 15% 이내로 모비율 p를 추정하려고 한다면 표본의 크기는 얼마로 해야 하는가?

8.11 부록을 이용하여 t값 $t_{0.10}(15)$와 $t_{0.05}(33)$을 구하여라.

8.12 정규모집단으로부터 추출된 표본의 정보가 $\bar{X}=500$, $\sigma=12$, $n=50$일 때, 모평균에 대한 95% 신뢰구간 추정을 구하여라.

8.13 문제 8.12의 경우 표본크기가 2배 증가하면 구간추정은 어떻게 변하는가?

8.14 문제 8.12의 경우 표본평균이 1/2 줄어들 때 신뢰구간추정의 넓이는 어떻게 되는가?

8.15 문제 8.12 ~ 8.14를 통해 표본크기나 표본평균과 신뢰구간 추정치의 폭과의 관계를 설명하여라.

8.16 표본에 대하여 정보 $\bar{x}=175$, $s=30$, $n=5$가 주어졌다. 모집단은 정규분포를 따른다.

(1) 모평균에 대한 90% 신뢰구간을 추정하여라.

(2) 모집단의 표준편차가 $\sigma=30$이라는 것을 알고 있다고 가정하고 90% 신뢰구간을 구하여라.

(3) 위 두 경우의 구간추정값의 폭을 비교하고 왜 차이가 나는지를 설명하여라.

8.17 모집단으로부터 임의로 추출한 표본으로부터 다음의 결과를 구하였다.

$$n=25,\ \bar{x}=30,\ s=4$$

(1) 모평균 μ의 점추정값을 구하여라.

(2) 오차의 한계를 구하여라.

(3) 모평균 μ의 90% 신뢰구간을 구하여라.

(4) (3)번에서 구한 신뢰구간을 해석하여라.

8.18 은행의 한 지점에서는 주택자금 대출을 받은 고객들 가운데 50명을 임의로 추출하여 조사한 결과, 월평균 이자가 50만 원이고, 표준편차가 15만 원이었다.

(1) 현재 주택자금 대출을 받은 고객들의 99% 신뢰구간을 구하고 해석하여라.

(2) (1)번에서 구한 신뢰구간을 줄이기 위한 어떤 방법들이 있는지 적어라.

8.19 다음은 어느 평일 오전에 경부고속도로 하행선의 사고 다발지점 한 장소를 통과하는 승용차들의 속도 (km/h) 를 측정한 자료이다. 승용차들의 속도는 정규분포를 한다고 가

정하라.

125	132	89	95	102	124	121	99	103	110

평일 오전에 이 지점을 통과하는 승용차들의 모평균속도 μ에 대한 95% 신뢰구간을 구하여라.

8.20 모집단으로부터 추출한 확률표본의 비율이 0.25이다.

(1) 표본크기가 100일 때 모비율 p에 대한 95% 신뢰구간을 구하여라.

(2) 표본크기가 64일 때 모비율 p에 대한 95% 신뢰구간을 구하여라.

(3) 표본크기가 36일 때 모비율 p에 대한 95% 신뢰구간을 구하여라.

(4) (1)번부터 (3)번까지 신뢰구간의 변화에 대한 이유를 설명하여라.

8.21 다음과 같은 기사 (2018년 4월 9일자)를 보고

> 16~44세 여성 4명 중 3명가량이 낙태죄 폐지에 찬성한다는 설문조사 결과가 나왔다. 낙태를 경험한 여성은 10명 중 2명꼴이었는데, 임신경험자 중 낙태를 경험한 이들의 비율은 41.9%에 달했다. 한국여성정책연구원은 전국 만16~44세 성관계 경험이 있는 여성 2천6명을 대상으로 온라인 조사(표본오차 ±2.2%포인트, 95% 신뢰수준)를 실시한 결과, 현행 낙태죄를 폐지해야 한다는 응답이 전체의 77.3%, 유지해야 한다는 응답은 22.7%를 각각 차지했다고 9일 밝혔다. 연령대별로 보면 20대 이하의 낙태죄 폐지 찬성비율이 83.9%, 30대는 75.9%, 40대는 71.4% 등으로 연령대가 낮을수록 찬성비율이 높았고, 기혼(71.9%)보다 미혼(83.7%)의 찬성비율이 높았다. (https://www.dispatch.co.kr/1241105 참조)

(1) 낙태죄 폐지 찬성비율에 대한 95% 신뢰구간을 구하여라.

(2) 이 기사 내용 중 '표본오차 ±2.2%포인트, 95% 신뢰수준'이라는 표현에 대하여 설명하여라.

8.22 한 통계전문가는 표준편차가 28인 모집단으로부터 임의로 49개의 관측값을 추출한 결과 표본평균이 150이었다.

(1) 모평균에 대한 90% 신뢰구간을 구하여라.

(2) 모평균에 대한 95% 신뢰구간을 구하여라.

(3) 모평균에 대한 99% 신뢰구간을 구하여라.

(4) (1)번부터 (3)번까지 신뢰구간의 폭을 계산하고, 어떻게 변하는지 설명하여라.

8.23 한 다이어트 프로그램으로 지속적으로 체중을 조절하다가 중도에 그만 두는 경우 체중은 점차적으로 증가하게 된다. 이 다이어트 프로그램의 중도 탈락자 남녀 15명에 대하여 몸무게의 증가량(kg)을 기록한 결과는 다음과 같다. 체중의 증가량은 정규분포를 가정한다.

12	5	1	9	7	3	10	4	2	6	9	8	6	3	5

평균체중의 증가량 μ에 대한 95% 신뢰구간을 구하여라.

8.24 한 대학교의 학생회장 선거를 대비하여 임의로 250명의 유권자를 조사한 결과 35%가 A후보를 지지한다고 답하였다. A후보를 지지할 모비율의 90% 신뢰구간을 계산하고, 그 신뢰구간을 해석하여라.

8.25 다음은 임의로 추출한 10명의 디지털 카메라 보유자가 자신의 디지털카메라에 저장하고 있는 사진이 숫자이다. 이 자료에 근거하여 디지털 카메라에 저장된 평균 사진 수에 대한 95% 신뢰구간을 추정하여라(단, 사진 숫자는 정규분포를 따른다).

25	6	22	26	31	18	13	20	14	2

8.26 다음은 9회에 걸쳐 실시한 퀴즈 시험점수이다. 이 점수는 표준편차가 2인 정규분포를 따른다고 한다. 모평균에 대한 90%의 신뢰구간을 추정하여라.

7	9	7	5	4	8	3	10	9

8.27 문제 8.26의 경우 표준편차, 신뢰수준, 그리고 구간의 폭(또는 길이)과 표본크기는 각각 어떤 관계에 있는가?

8.28 모집단의 표준편차가 20인 경우 신뢰수준 95%에서 $\bar{X} \pm 10$ 단위 이내로 모평균을 추정하기 위해 필요한 표본크기를 결정하여라.

8.29 다음 경우에 대하여 모평균 μ를 추정하기 위한 표본크기를 결정하여라.

(1) $B = 3.0,\ \sigma = 15,\ 1 - \alpha = 0.9$

(2) $B = 40,\ s = 10,\ 1 - \alpha = 0.8$

8.30 다음 경우에 모비율 p을 추정하기 위한 표본크기를 결정하여라.

(1) 추정오차의 한계 $B = 0.05,\ \hat{p} = 0.1,\ 1 - \alpha = 0.95$

(2) 추정오차의 한계 $B = 0.10,\ \hat{p} = 0.2,\ 1 - \alpha = 0.99$

8.31 지난 달 여론조사에 따르면 유권자의 55%가 현재 대통령이 직무수행을 잘하고 있다고 느낀다고 추정하였다. 새롭게 기획하는 조사에서 직무수행을 잘한다고 느끼는 사람들의 비율을 추정할 때 유의수준 95% 하에서 오차한계를 5% 이내로 유지하려면 몇 명의 표본을 선택해야 하는가?

9장 모평균과 모비율에 관한 가설검정

통계적 추론 (statistical inference) 에서 모수추정 (parameter estimation) 과 더불어 중요하게 다루어지는 주제가 통계적 **가설검정** (test of hypothesis) 이다. 가설검정은 모집단의 모수에 대한 귀무가설과 대립가설을 설정한 다음, 표본의 자료를 기초로 한 검정통계량의 값을 근거로 하여 귀무가설을 채택할 것인지 기각할 것인지를 판정하고 결론을 내리는 과정이다. 9장에서는 모평균 μ와 모비율 p에 관한 가설검정에 대하여 살펴본다.

9.1 가설검정의 예

가설검정에 필요한 기본적인 개념을 이해하기 위하여 몇 가지 예를 살펴보도록 하자. 첫째, 일반적으로 소비자들은 값싸고 오래 사용할 수 있는 전구를 선택하기 때문에, 전구를 생산하는 회사에서는 전구판매를 통하여 매출을 증가시키기 위하여 수명을 길게 하는 것이 중요한 문제가 된다. 한 전구회사에서 지금까지 사용해 오던 공정방식으로 생산할 경우에 전구의 평균수명, 즉 모평균 μ_0는 75시간이라고 알려져 있다. 그런데 이 회사의 연구개발팀에서 전구의 수명을 길게 하기 위하여 새 공정방식을 개발하였다.

새 공정으로 생산된 전구수명의 모평균을 μ라고 한다면, 연구개발팀은 μ가 75시간보다 길다고($\mu > 75$) 주장한다. 그러므로 이 회사는 μ가 75시간보다 길다면 새 공정으로 전구를 생산하고, μ가 75시간과 같다면($\mu = 75$) 기존의 공정을 유지할 것이다. 따라서 다음과 같이 가설을 설정할 수 있다.

가설 I: 새로운 공정으로 생산한 전구들의 평균수명 μ가 기존 공정으로 생산한 전구들의 평균수명 75시간과 같다($\mu = 75$).

가설 II: 새로운 공정으로 생산한 전구들의 평균수명 μ가 기존 공정으로 생산한 전구들의 평균수명 75시간보다 길다($\mu > 75$).

두 가설 중 옳은 가설을 결정하기 위해 새 공정에 의해 생산된 모든 전구의 평균수명, 즉 모평균 μ를 측정하는 것은 현실적으로 불가능하다. 따라서 새 공정에 의해 생산된 제품들 가운데 일부인 표본 (예를 들어, 25개의 전구) 을 추출하여 표본평균 $\overline{X}$의 계산된 값에 근거하여 전구수명을 측정한 후, 위 두 가지 가설 중 어느 가설이 옳은지 결정할 수 있다.

둘째, 어떤 제약회사에서 특정 질병에 대한 새로운 약품을 개발했다고 하자. 지금까지 그 질병에 대하여 사용해 온 약품의 치료율 p_0는 30%로 알려져 있다고 가정하자. 새 약품의 치료율 p가 기존 약품의 치료율보다 크면($p>0.3$) 새 약품을 사용할 것이고, 그렇지 않으면($p=0.3$) 기존 약품이 계속 사용될 것이다. 그러므로 다음과 같이 가설을 설정한다.

가설 I: 새로운 약품의 치료율 p가 기존 약품의 치료율과 같다($p=0.3$).
가설 II: 새로운 약품의 치료율 p가 기존의 약품의 치료율보다 크다($p>0.3$).

특정 질병으로 고통받는 모든 환자들에게 새 약품을 투여한 후 치료율 p를 측정하는 것은 불가능하므로, 그 환자들의 일부분인 표본을 선발하여 투여한 후, 표본의 치료율 $\hat{p}$을 계산하고, 이 값에 근거하여 두 가지 가설 중 어느 가설이 옳은지 결정할 수 있다.

셋째, 위의 모평균 μ와 모비율 p에 대한 가설검정은 마치 법정에서 '피고인은 무죄다'라는 가설과 '피고인은 유죄다'라는 두 가설을 정한 후 법정에 제시된 증거에 근거하여 사건의 피고인이 범인이라고 판단되는 경우에는 피고인에게 유죄를 선고하고, 그렇지 않은 경우에는 피고인에게 무죄를 선고하는 재판과정과 흡사하다.

9.2 귀무가설과 대립가설

가설검정을 위해서는 **귀무가설**(null hypothesis)과 **대립가설**(alternative hypothesis)을 설정해야 한다. 이 가설들을 설정하고 나면, 표본의 관측값들을 기초로 하여 두 가지 가설 중 어느 가설이 옳은지 판정하게 된다. 귀무가설과 대립가설은 다음과 같이 요약할 수 있다.

> **대립가설(H_1 또는 H_a)**
> 연구자 또는 실험자가 표본의 자료를 통하여 입증하려고 하는 모수에 대한 주장으로, 연구가설이라고도 한다.

> **귀무가설(H_0)**
> 대립가설과 반대되는 모수에 대한 주장으로, 기존부터 유지되어 왔던 보수적인 주장을 의미한다.

앞에서 언급된 법정의 예에서 피고인이 제시된 증거에 의하여 유죄 판결을 받지 않으면 피고인은 무죄라고 판결받는다. 이것은 피고인이 죄가 없어서 무죄가 아니라, 죄를 지었다는 증거를 찾지 못하여 무죄라는 것이다. 따라서 앞에서 언급한 두 가설은 다음과 같이 정리할 수 있다.

귀무가설(H_0): 피고인은 무죄다.
대립가설(H_1): 피고인은 유죄다.

또한 새로운 공정으로 생산한 전구들의 평균수명 μ가 75시간보다 더 김 (H_0가 틀림)에도 불구하고 새로운 공정으로부터 생산한 전구수명의 표본평균 $\overline{X}$가 우연히 75시간과 얼마 차이가 나타나지 않아서 H_0를 채택하는 오류를 범할 수 있다. 이를 제2종 오류라고 한다.

법정의 예를 들면, 제1종 오류는 무죄인 피고인에게 유죄를 선고하는 오류이고, 제2종 오류는 유죄인 피고인에게 무죄를 선고하는 오류이다.

9.4 검정통계량과 기각역의 결정

가설을 설정했으면 귀무가설을 기각할 것인지, 채택할 것인지를 결정하는 기준이 필요하게 되는데, 연구자의 주장을 입증하기 위하여 임의추출한 표본의 자료들을 이용하여 귀무가설의 기각여부를 결정하게 된다. 이와 같이 귀무가설의 기각여부를 결정하기 위하여 표본자료로부터 계산한 모수의 점추정량을 근거로 하는 통계량을 **검정통계량** (test statistic) 이라고 한다. 검정통계량과 제1종 오류를 범할 확률인 유의수준 α를 결정하고 나면 귀무가설을 기각 또는 채택할 수 있는 영역을 결정하고 가설검정을 진행한다.

전구수명의 예에서 대립가설 (H_1) 은 새로운 공정에 의해 생산된 전구들의 평균수명 μ가 75시간보다 길다($\mu > 75$)였다. 새 공정에 의해 생산되는 전구들의 수명은 정규분포를 하고, 전구수명의 분산은 σ^2이라고 가정하자. 이 경우 가설검정을 위하여 새 공정에 의해 생산된 전구들로부터 크기가 n인 임의표본을 추출하였다면 다음 검정통계량을 사용한다.

$$Z = \frac{\overline{X} - \mu_0}{\sigma / \sqrt{n}}$$

특정 질병에 대한 새 약품 개발의 예에 대한 가설검정은 모비율 p에 관한 검정으로서, 나중에 다루기로 한다.

> **검정통계량**
> 귀무가설 (H_0) 을 기각할 것인지, 채택할 것인지를 결정하기 위하여 모수의 점추정량에 근거하여 표본자료로부터 계산된 통계량을 검정통계량이라고 한다.

> **모평균 μ를 검정하기 위한 검정통계량: 표본의 크기가 클 때**
> 귀무가설 (H_0) 의 기각여부를 검정하는 데 사용하는 검정통계량으로, 다음의 Z를 사용한다.
>
> $$Z = \frac{\overline{X} - \mu_0}{\sigma / \sqrt{n}}$$

검정통계량과 유의수준 α가 주어졌을 때 귀무가설(H_0)의 **기각역** (critical region, rejection region)을 찾아보자. 전구의 예에서 귀무가설 H_0: $\mu = 75$와 대립가설 H_1: $\mu > 75$

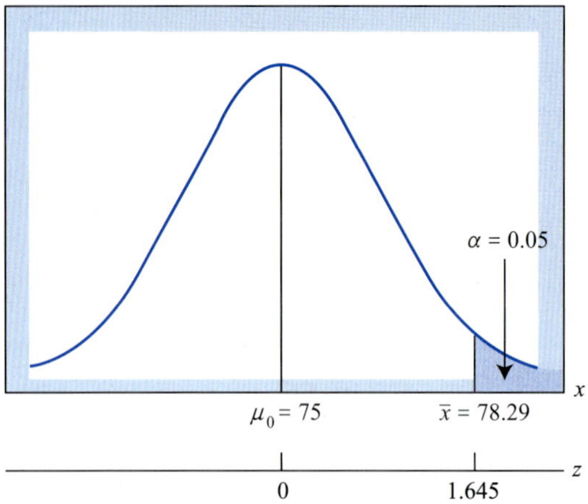

그림 9.1 H_0: $\mu = 75$와 H_1: $\mu > 75$에서 $\alpha = 0.05$일 때 기각역

를 검정하기 위한 유의수준 α로 0.05가 주어졌다고 가정하자. 그리고 새로운 공정으로 생산된 전구의 전구수명의 모집단은 $\sigma^2 = 100$인 정규분포를 따른다고 가정하자. 그러면 새 공정에 의해 생산된 전구들 가운데 임의로 추출한 25개 전구들의 표본평균의 표준오차는 $\sigma/\sqrt{n} = 10/\sqrt{25} = 2$가 된다. 유의수준이 0.05이므로 α의 정의에 따라 다음 식이 성립한다.

$$
\begin{aligned}
0.05 &= \alpha \\
&= P(\text{옳은 } H_0\text{을 기각한다.}) \\
&= P(Z > z^* \mid \mu_0 = 75) \\
&= P\left(Z > \frac{\overline{X} - \mu_0}{\sigma/\sqrt{n}} \mid \mu_0 = 75\right) \\
&= P\left(Z > \frac{\overline{X} - 75}{10/\sqrt{25}}\right)
\end{aligned}
$$

이 식은 실제로 새 공정에 의하여 생산된 전구들의 평균수명 μ가 75시간 근처의 값으로, 기존 공정에 의해 생산된 전구들의 평균수명과 크게 다를 바가 없음(H_0가 옳음)에도 불구하고 새 공정으로 생산된 25개의 전구수명들의 표본평균 $\overline{X}$가 우연히 75시간보다 현저히 크게 나타나서 H_0를 기각하는 오류를 범할 확률이 5%가 된다는 의미이다. [그림 9.1]에 $\alpha = 0.05$일 때 H_0의 기각역을 색으로 나타낸 부분으로 표시하였다.

새 공정으로 생산된 전구들의 수명이 충분히 증가되었다면 임의로 선택된 25개의 전구들의 평균수명도 현저히 크게 나타나서 수명이 증가되었다는 증거가 되고, 대립가설인 H_1: $\mu > 75$를 지지하게 된다. 그러므로 H_0의 기각역은 μ_0를 중심으로 오른쪽에 나타난다. 표준정규분포에서 오른쪽 꼬리부분의 확률이 0.05가 되는 Z값은 $z_{0.05} = 1.645$가 되므로, Z축에서 Z값이 1.645보다 큰 값의 구간을 귀무가설(H_0)의 기각역이라 하고, Z값이 1.645보다 작거나 같은 값의 구간을 귀무가설(H_0)의 **채택역**(acceptance region)이라고 한다. 그리고 기각역과 채택역을 구분하는 경계선의 Z값 $z_{0.05} = 1.645$를 임계값(critical value)이라고 한다. 검정통계량 Z를 $z_{0.05}=1.645$와 같게 놓고, 이 식에 μ_0와 $\sigma/\sqrt{n}$값을 대입하여 $\overline{X}$에 대하여 구하면 다음과 같다.

$$\bar{x}=\mu_0+z_{0.05}\frac{\sigma}{\sqrt{n}}=75+\left(1.645\times\frac{10}{\sqrt{25}}\right)=78.29$$

또한 이를 그림으로 표현하면 [그림 9.1]과 같다.

즉, H_0: $\mu=75$와 H_1: $\mu>75$의 검정은 Z와 $\overline{X}$를 사용하여 H_0: $\mu=75$의 기각여부를 결정할 수 있으며, 새 공정에 의해서 생산된 전구들 가운데 임의로 선택된 25개 전구들의 평균수명을 계산했다면, 다음 경우에 귀무가설 H_0: $\mu=75$를 기각한다.

(1) 검정통계량 Z의 값을 계산한 결과가 $z_{0.05}=1.645$보다 크게 나타났을 때
(2) 임의로 선택된 25개 전구들의 평균수명 $\overline{X}$가 78.29시간보다 크게 나타났을 때

이와 같이 표본평균이 큰 값을 가질 때 귀무가설 H_0: $\mu=75$를 기각하고 H_1: $\mu>75$를 지지하는 가설검정을 한쪽꼬리검정 또는 **단측검정**(one-tailed test, one-sided test), 또는 구체적으로 **오른쪽꼬리검정**(right-tailed test)이라고 한다.

이와 반대로 기각역이 왼쪽에 나타나는 단측검정을 살펴보자. 예를 들어, 기존의 공정으로 생산되는 전구들의 평균수명은 μ_0로, 적어도 75시간은 된다고 가정하자(H_0: $\mu=75$). 그런데 생산현장에서 작업자의 실수로 공정에 문제가 발생하여 이제부터 생산되는 전구들의 평균수명 μ는 75시간보다 짧다고 한다(H_1: $\mu<75$). 유의수준 α가 0.05로 주어졌고, 실수로 변경된 공정에서 생산되는 전구수명의 모집단은 분산이 σ^2인 정규분포를 따른다고 가정하자.

만약 변경된 공정에 의해서 생산된 전구들의 수명이 충분히 짧아졌다면, 임의로 추출된 25개의 전구들의 평균수명도 현저히 짧게 나타나서 수명이 감소되었다는 증거가 되고, 대립가설인 H_1: $\mu<75$를 지지하게 되므로 H_0의 기각역은 μ_0를 중심으로 왼쪽에 있게 된다. 표준정규분포에서 왼쪽꼬리부분의 확률이 0.05가 되는 Z값은 $-z_{0.05}=-1.645$이다. 검정통계량 Z를 다음과 같이 $-z_{0.05}=-1.645$로 놓는다.

$$\frac{\overline{X}-\mu_0}{\sigma/\sqrt{n}}=-z_{0.05}$$

이 식에 μ_0와 $\sigma/\sqrt{n}$값을 대입하여 $\overline{X}$에 관하여 풀면 [그림 9.2]와 같이 $\overline{X}$의 임계값 $\bar{x}=71.71$을 다음과 같이 계산할 수 있다.

$$\begin{aligned}\bar{x}&=\mu_0-z_{0.05}\frac{\sigma}{\sqrt{n}}\\&=75-\left(1.645\times\frac{10}{\sqrt{25}}\right)=71.71\end{aligned}$$

즉, H_0: $\mu=75$와 H_1: $\mu<75$의 검정은 변경된 공정에 의해서 생산된 전구들 가운데 임의로 선택된 25개 전구들의 평균수명을 계산한 후 다음의 경우에 귀무가설 H_0: $\mu=75$를 기각한다.

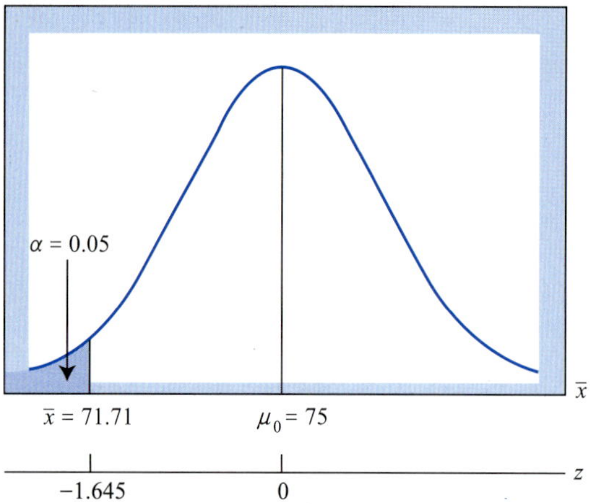

그림 9.2 H_0: $\mu=75$와 H_1: $\mu<75$에서 $\alpha=0.05$일 때 기각역

(1) 검정통계량 Z의 값을 계산한 결과가 $-z_{0.05}=-1.645$보다 작게 나타났을 때
(2) 임의로 선택된 25개 전구들의 평균수명 $\bar{X}$가 71.71시간보다 작게 나타났을 때

이와 같이 표본평균 $\bar{X}$의 작은 값에 대하여 귀무가설 H_0: $\mu=75$를 기각하고 H_1: $\mu<75$를 지지하는 가설검정을 앞과 같이 단측검정, 구체적으로 **왼쪽꼬리검정**(lefttailed test) 이라고 한다.

앞의 한쪽검정과는 달리 기각역이 양쪽에 나타나는 검정을 살펴보자. 예를 들어, 기존의 공정으로 생산되는 전구의 평균수명은 μ_0로, 75시간이라고 가정하자(H_0: $\mu=75$). 그런데 생산기계들의 부품마모가 심각하여 부품들을 교환한 결과, 생산되는 전구수명의 모평균 μ는 75시간과 차이가 있다고 한다(H_1: $\mu\neq75$). 유의수준이 0.05로 주어졌고, 부품교환으로 인하여 변경된 공정에서 생산되는 전구수명의 모집단은 분산이 σ^2인 정규분포를 따른다고 가정하자.

이렇게 부품교환으로 변경된 공정에 의해서 생산된 전구들의 수명이 기존의 전구들의 평균수명과 차이가 난다면 임의로 선택된 25개 전구들의 평균수명 $\bar{X}$도 과거 기존의 전구들의 평균수명 μ와 달리 충분히 작거나 또는 크게 나타나서 기존의 전구수명과는 차이가 있다는 증거가 되고, 대립가설인 H_1: $\mu\neq75$를 지지하게 된다. 따라서 H_0의 기각역은 μ_0를 중심으로 왼쪽이나 오른쪽에 있게 된다. 표준정규분포에서 왼쪽과 오른쪽 꼬리부분의 확률을 합한 값이 0.05가 되어야 하므로, 대칭인 표준정규분포의 양쪽 꼬리부분의 확률에 각각 0.025를 할당하여 Z값은 $\pm z_{0.025}=\pm1.96$이 된다. 검정통계량 Z를 다음과 같이 $\pm z_{0.025}=\pm1.96$으로 놓는다.

$$\frac{\bar{X}-\mu_0}{\sigma/\sqrt{n}}=\pm z_{0.025}$$

이 식에 μ_0와 $\sigma/\sqrt{n}$값을 대입하여 $\bar{X}$에 관하여 풀면 [그림 9.3]과 같이 $\bar{X}$의 임계값 71.08

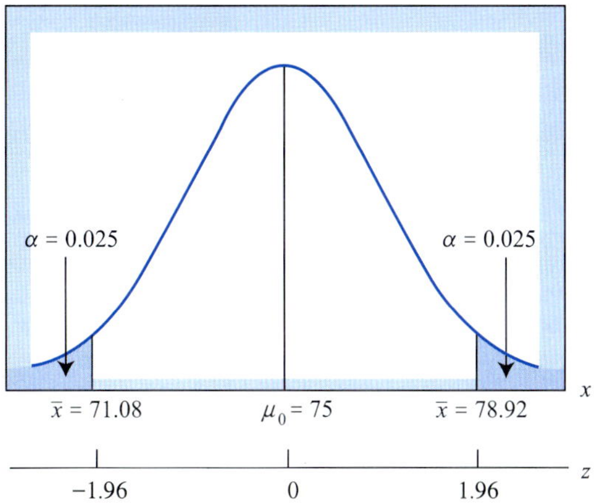

그림 9.3 H_0: $\mu=75$와 H_1: $\mu\neq75$에서 $\alpha=0.05$일 때 기각역

과 78.92를 다음과 같이 계산할 수 있다.

$$\bar{x} = \mu_0 \pm z_{0.025}\frac{\sigma}{\sqrt{n}}$$
$$= 75 \pm \left(1.96 \times \frac{10}{\sqrt{25}}\right)$$
$$\Rightarrow \therefore (71.08,\ 78.92)$$

즉, H_0: $\mu=75$와 H_1: $\mu\neq75$를 검정하기 위해서는 Z와 $\bar{X}$를 사용하여 두 가지 방법으로 H_0: $\mu=75$의 기각여부를 결정할 수 있다. 변경된 공정에 의해서 생산된 전구들 가운데 임의로 선택된 25개의 전구들의 평균수명을 계산했다면 다음 경우에 귀무가설 H_0: $\mu=75$를 기각한다.

(1) 검정통계량 Z의 값을 계산한 결과가 $|z_{0.025}|=1.96$보다 크게 나타났을 때

(2) 임의로 선택된 25개의 전구들의 평균수명 $\bar{X}$가 71.08보다 작게 나타나거나 78.92보다 크게 나타났을 때

이와 같이 표본평균 $\bar{X}$가 임계값보다 작거나 크게 나타난 값에 대하여 귀무가설 H_0: $\mu=75$를 기각하고 H_1: $\mu\neq75$를 지지하는 가설검정을 **양쪽꼬리검정** 또는 **양측검정**(two-tailed test, two-sided test) 이라고 한다.

지금까지 살펴본 내용을 기초로 가설검정을 보다 체계적으로 실행하기 위하여 다음의 여섯 단계로 가설검정을 실시한다.

가설검정절차

1. 귀무가설 (H_0) 과 대립가설 (H_1) 을 설정한다.
   연구자가 표본의 자료를 통하여 입증하고자 하는 모수에 대한 주장인 대립가설(H_1)을 먼저 세운 후, 이와 반대되는 귀무가설 (H_0) 을 세운다.

2. 검정통계량을 결정한다.
   주어진 검정의 상황에 따라 모수의 점추정량에 근거하여 검정통계량을 결정한다. 현재까지는 표본의 크기가 크고, 모표준편차를 아는 경우에 모평균 μ에 대한 검정통계량으로 Z만을 다루었다.

$$Z = \frac{\overline{X} - \mu_0}{\sigma / \sqrt{n}}$$

3. 유의수준 α를 결정한다.
   일반적으로 가장 많이 사용하는 α값은 0.01, 0.05, 0.1이다.
4. 판정기준을 결정한다.
   검정통계량의 값 (또는 표본평균 $\overline{X}$값) 을 기준으로 귀무가설 (H_0) 을 기각하는 기각역을 결정한다.
5. 검정통계량의 값을 계산하고, 귀무가설 (H_0) 의 기각여부를 판정한다.
   검정통계량 Z에 $\overline{X}$, μ_0, σ, n을 대입하여 검정통계량의 값을 계산하고, 이 값이 기각역에 포함되는지 확인한 후, 귀무가설 (H_0) 의 기각여부를 판정한다.
6. 연구자의 주장에 대한 결론을 적는다.

9.5 모평균 μ에 관한 가설검정: 표본의 크기가 큰 경우

지금까지 우리는 가설검정의 원리에 대하여 살펴보았다. 이제 실제로 가설검정의 예를 통하여 구체적으로 검정하는 방법을 살펴보자. 우선 모평균이 μ이고 분산이 σ^2인 임의의 모집단으로부터 μ에 관한 가설을 검정하기 위하여 표본의 크기가 큰($n \geq 30$) 확률표본을 추출한 경우를 중심으로 설명한다. 여기서 검정통계량은 모표준편차 σ를 아느냐 모르느냐에 따라 달라지며, 이를 정리하면 다음과 같다.

모평균 μ를 검정하기 위한 검정통계량: 표본의 크기가 $n \geq 30$일 때

(1) 검정통계량의 결정
   귀무가설 (H_0) 의 기각여부를 검정하는 데 사용하는 검정통계량으로 σ를 아는 경우와 모르는 경우에 다음의 검정통계량을 사용한다.

$$\sigma\text{를 아는 경우: } Z = \frac{\overline{X} - \mu_0}{\sigma / \sqrt{n}}, \quad \sigma\text{를 모르는 경우: } Z = \frac{\overline{X} - \mu_0}{S / \sqrt{n}}$$

(2) 다음의 대립가설에 대하여 유의수준이 α일 때, 기각역은 다음과 같다.
   H_0: $\mu = \mu_0$와 H_1: $\mu > \mu_0$일 때, H_0의 기각역 R: $Z > z_\alpha$ (오른쪽꼬리검정)
   H_0: $\mu = \mu_0$와 H_1: $\mu < \mu_0$일 때, H_0의 기각역 R: $Z < -z_\alpha$ (왼쪽꼬리검정)
   H_0: $\mu = \mu_0$와 H_1: $\mu \neq \mu_0$일 때, H_0의 기각역 R: $|Z| > z_{\alpha/2}$ (양측검정)

예제 9.1

어떤 타이어 제조회사에서 생산 중인 타이어의 평균수명이 37,000 km로 알려져 있다. 이 회사의 연구개발팀에서는 타이어수명을 연장시키기 위해서 새로운 공정을 개발하였다. 새 공정에 의해 생산된 타이어 시제품 $n=100$개의 수명을 측정한 결과, 평균수명이 $\bar{x}=37{,}500$(km)이고, 표준편차는 $s=5{,}000$(km)였다. 이 표본자료를 근거로 했을 때, 새로 개발된 공정이 성공적이라고 할 수 있는지를 유의수준 1%에서 검정하여라.

풀이 가설검정의 절차에 따라 단계별로 가설검정을 실시해 보자.

(1) 가설설정

새로 개발된 공정이 성공적이라는 것은 새 공정으로 생산된 타이어의 수명이 더 늘어났다는 것을 의미하므로, 대립가설은 $\mu>37{,}000$로 표현하고, 귀무가설은 $\mu=37{,}000$으로 표현한다. 따라서 가설은 다음과 같다.

$$H_0: \mu=37{,}000 \qquad vs. \qquad H_1: \mu>37{,}000$$

(2) 검정통계량의 결정

모평균 μ에 관한 가설검정이고 표본의 크기가 크며, 모표준편차 σ를 모르기 때문에 다음의 검정통계량을 사용한다.

$$Z=\frac{\overline{X}-\mu_0}{S/\sqrt{n}}$$

(3) 유의수준 결정

문제로부터 유의수준 1%가 주어져 있으므로 $\alpha=0.01$을 사용한다.

(4) 판정기준 설정

새 공정에 의해 생산된 타이어들의 수명이 크게 나타날수록 대립가설 H_1: $\mu>37{,}000$을 지지하는 증거가 되므로, H_0의 기각역은 μ_0를 중심으로 오른쪽에 있게 된다. 따라서 표준정규분포에서 오른쪽꼬리부분의 확률이 0.01이 되는 z값인 $z_{0.01}\approx2.33$이 임계값이 된다. 또한, Z축에서 z값이 2.33보다 큰 값의 구간이 H_0의 기각역이 되고, z값이 2.33보다 작거나 같은 값의 구간이 H_0의 채택역이 된다.

한편, 임계값을 Z가 아닌 $\overline{X}$로 표현하기 위해서 검정통계량 Z를 다음과 같이 $z_{0.01}\approx2.33$으로 놓는다.

$$\frac{\overline{X}-\mu_0}{S/\sqrt{n}}=z_{0.01}$$

이 식에 μ_0와 $s/\sqrt{n}$값을 대입하여 $\overline{X}$에 관하여 풀면 [그림 9.4]와 같이 $\overline{X}$의 임계값 $\bar{x}=38{,}165$를 다음과 같이 계산할 수 있다.

$$\bar{x}=\mu_0+z_{0.01}\frac{s}{\sqrt{n}}=37,000+\left(2.33\times\frac{5,000}{\sqrt{100}}\right)=38,165$$

이를 종합해 보면 귀무가설의 기각여부를 결정하는 판정기준은 다음과 같다.

$Z>z_{0.01}=2.33$이면 유의수준 1%에서 귀무가설 H_0를 기각

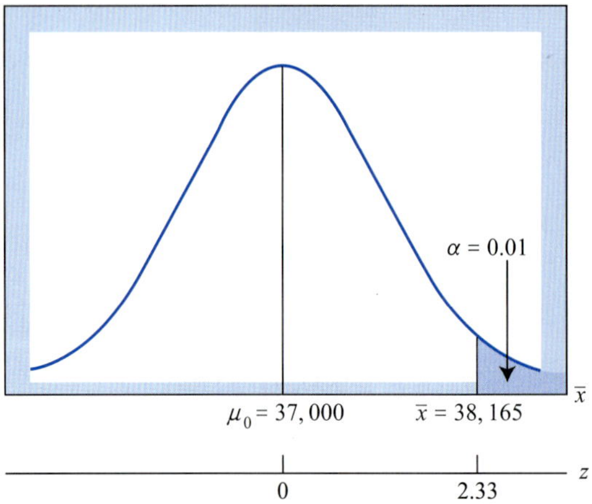

그림 9.4 $\mu = 37,000$과 H_1: $\mu > 37,000$에서 $\alpha = 0.01$일 때의 기각역

$Z \leq z_{0.01} = 2.33$이면 유의수준 1%에서 귀무가설 H_0를 채택

또는

$\bar{X} > 38,165$이면 유의수준 1%에서 귀무가설 H_0를 기각
$\bar{X} \leq 38,165$이면 유의수준 1%에서 귀무가설 H_0를 채택

(5) 검정통계량의 값을 계산하고, 귀무가설의 기각여부를 판정
위 (2)번의 검정통계량에 해당된 값들을 대입하여 다음의 검정통계량 값을 계산한다.

$$z = \frac{\bar{x} - \mu_0}{s/\sqrt{n}} = \frac{37,500 - 37,000}{5,000/\sqrt{100}} = 1.00$$

z값 1.00은 2.33보다 작으므로 유의수준 1%에서 귀무가설을 채택한다(즉, 귀무가설을 기각할 충분한 근거가 없다).

(6) 연구자의 주장에 대한 결론
주어진 표본자료에 근거했을 때, 새로 개발된 공정이 타이어의 수명을 증가시킨다는 충분한 통계적 증거가 없다고 결론을 내린다. 또는 간단히 이 표본자료를 근거로 했을 때, 새로 개발된 공정이 타이어의 수명을 증가시키지 못한다고 결론을 적을 수 있다.

그러나 여기서 주목해야 할 점은 귀무가설(H_0)이 채택되었다는 것은 귀무가설을 기각하지 못했다는 것을 의미하는 것으로, 9.2절의 끝부분에서도 강조했듯이, 귀무가설(H_0)을 기각하고 대립가설(H_1)을 채택할 수 없어서 귀무가설(H_0)을 채택한다는 것이지, 귀무가설(H_0)을 지지할 만한 충분한 증거가 있어서 귀무가설(H_0)을 적극적으로 채택한다는 것이 아니라는 점이다. ■

9.6 유의확률

전구의 예제에서 귀무가설 H_0: $\mu = 75$와 대립가설 H_1: $\mu > 75$에 대하여 유의수준 α가 5%이고, 모집단은 분산이 $\sigma^2 = 100$인 정규분포로 주어졌다. 만약 새 공정으로 생산된 25개 전구들을 임의로 추출하여 전구수명을 측정한 결과, 표본평균 $\bar{X}$가 79시간이라고 한다면, 이에 해당되는 검정통계량 Z의 값은 다음과 같다.

$$z = \frac{\bar{x} - \mu_0}{\sigma/\sqrt{n}} = \frac{79 - 75}{10/\sqrt{25}} = 2.00$$

유의수준 $\alpha = 0.05$에 해당되는 임계값이 $z_{0.05} = 1.645$이므로 계산된 z값 2.00은 기각역에 포함된다. 따라서 유의수준 5%에서는 귀무가설 H_0: $\mu = 75$가 기각된다. 그러나 유의수준 α가 1%로 주어진다면 $z_{0.01} \approx 2.33$으로 2.00은 채택역에 포함되어 귀무가설 H_0: $\mu = 75$는 기각되지 않는다. 이와 같이 검정의 결과는 동일한 자료라 할지라도 주어진 유의수준 α의 값에 따라 달라질 수 있다.

그러므로 번거롭게 가설검정 문제마다 유의수준 α값을 주는 대신 연구를 통하여 입증하려는 연구자가 자료로부터 계산된 검정통계량의 값을 기준으로 하여 α값을 제시한다면 가설검정문제를 읽는 독자가 유의수준 α값을 결정하여 귀무가설의 기각여부를 판단할 수 있게 된다.

예를 들어, 전구의 예제에서 귀무가설 H_0: $\mu = 75$와 대립가설 H_1: $\mu > 75$의 검정에서 검정통계량 Z의 값이 z_α값보다 크면 귀무가설 H_0가 기각되고, Z값이 z_α값과 같거나 작으면 H_0가 채택되었다. 따라서 H_0를 기각할 수 있는 가장 작은 α의 확률은 표준정규확률변수 Z가 자료로부터 계산된 검정통계량의 값 z보다 큰 값, 즉 $P(Z > z)$로 정의할 수 있으며, 이 확률을 ***p*-값** (p-value) 또는 **유의확률** (siginificance probability) 이라고 한다. 전구수명의 경우 표본평균 $\bar{X}$가 79시간일 때, p-값은 다음과 같이 계산된다.

$$\begin{aligned} p\text{-값}(p\text{-value}) &= H_0\text{를 기각할 수 있는 가장 작은 } \alpha \\ &= P(Z > z) \\ &= P(Z > 2.00) \\ &= 0.0228 \end{aligned}$$

또한 p-값은 임의로 선택될 표본의 결과들이 실제로 주어진 표본에서 관찰된 값보다 더 지나치게 나타날 확률이라고 볼 수도 있다. 즉, 이 가설검정을 위하여 임의로 추출한 표본에서 관찰된 평균값이 79시간이므로, 임의로 나타날 수 있는 표본평균 $\bar{X}$의 값들이 79시간보다 더 지나치게 나타난다는 의미는 표본평균 $\bar{X}$가 79시간보다 더 큰 것을 의미하므로 p-값은 $P(\bar{X} > 79)$의 확률이 된다. 그러므로 전구수명의 경우 p-값은 다음과 같이 계산된다.

$$\begin{aligned} p\text{-값}(p\text{-value}) &= \text{표본의 결과들이 실제로 주어진 표본에서} \\ &\quad \text{관찰된 값보다 더 지나치게 나타날 확률} \end{aligned}$$

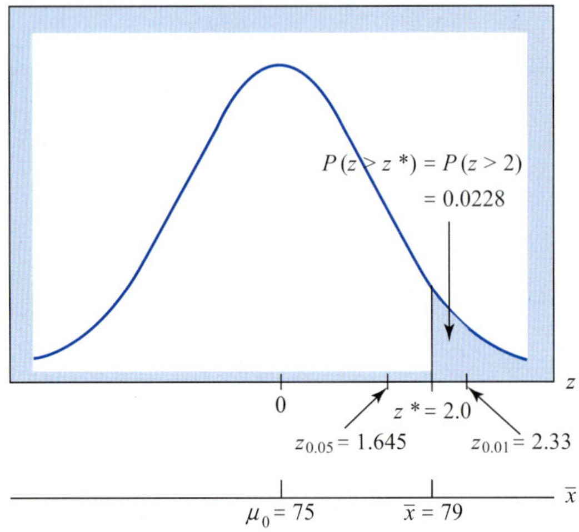

그림 9.5 H_0: $\mu=75$와 H_1: $\mu>75$에서 $\bar{x}=79$일 때 p-값(0.0228)

$$
\begin{aligned}
&= P(\bar{X} > 79) \\
&= P(Z > 2.00) \\
&= 0.0228
\end{aligned}
$$

> **유의확률 또는 p-값 (p-value)**
> p-값이란 다음을 의미한다.
> (1) 검정통계량의 주어진 관측값으로부터 계산된 값이 H_0를 기각하게 하는 최소의 유의수준 α의 값
> (2) 임의로 선택될 표본의 결과들이 실제로 주어진 표본에서 관찰된 값보다 더 지나치게 나타날 확률

가설검정에서는 표본의 자료들로부터 p-값을 구한 다음, 이 p-값을 주어진 유의수준 α값과 비교함으로써 귀무가설 H_0의 기각 여부를 판정할 수 있다. 즉, p-값이 유의수준 α값보다 같거나 크게 나타나는 경우는 주어진 검정통계량의 계산된 값이 H_0의 채택역에 속하므로 H_0를 채택한다(H_0를 기각할 수 없다). 반대로 p-값이 유의수준 α값보다 작게 나타나는 경우는 주어진 검정통계량의 계산된 값이 H_0의 기각역에 속한다는 의미가 되므로 H_0를 기각한다. 검정통계량의 계산된 값이 Z로 주어진 경우 대립가설의 형태, 즉 기각역의 형태에 따라 p-값을 구하는 공식은 다음과 같다.

> **유의확률 또는 p-값(p-value)을 구하는 식**
> (1) H_0: $\mu=\mu_0$와 H_1: $\mu>\mu_0$에서 R: $Z>z_\alpha$일 때, p-값$=P(Z>z)$
> (2) H_0: $\mu=\mu_0$와 H_1: $\mu<\mu_0$에서 R: $Z<-z_\alpha$일 때, p-값$=P(Z<z)$
> (3) H_0: $\mu=\mu_0$와 H_1: $\mu\neq\mu_0$에서 R:$|Z|>z_{\alpha/2}$일 때, p-값$=2P(Z>z)$ 또는 p-값$=2P(Z<z)$

예제 9.2

어느 도시에서 청소년기의 성장에 관한 연구를 하기 위해 중학교 3학년 학생 30명을 임의로 추출하여 키를 측정한 결과, 표본평균 $\bar{x}=160.2$(cm), 표본표준편차 $s=5.99$(cm)였다. 이 도시의 중학교 3학년 학생의 키가 다른 도시의 중학교 3학년 학생의 평균키인 159 (cm) 와 차이가 있다고 할 수 있는지를 판단하여라.

풀이 (1) 가설설정

다른 도시의 중학교 3학년 학생들의 평균키 $\mu_0=159$와 차이가 있는가를 검정하므로 대립가설로 $\mu\neq159$가 되고, 귀무가설은 $\mu=159$가 된다.

$$H_0: \mu=159 \qquad vs. \qquad H_1: \mu\neq159$$

(2) 검정통계량의 결정

모평균 μ에 관한 가설검정으로서 대표본이고, 모표준편차 σ를 모르기 때문에 다음 검정통계량을 사용한다.

$$Z=\frac{\overline{X}-\mu_0}{S/\sqrt{n}}$$

(3) 유의수준의 결정

문제로부터 유의수준 α값은 나와 있지 않으므로 여기서는 생략한다.

(4) 판정기준의 결정

유의수준이 나와 있지 않으므로 양쪽검정에 대한 p-값을 구해야 한다. 이 가설검정을 위하여 추출한 표본평균 $\overline{X}$의 값이 160.2이고 표본평균 $\overline{X}$ 분포의 평균인 $\mu_0=159$를 중심으로 오른쪽에 나타나 있으므로 p-값은 임의로 나타날 수 있는 표본평균 $\overline{X}$의 값들이 160.2보다 크게 나타날 확률을 구한 다음, 양쪽검정이므로 2를 곱하여 다음과 같이 계산한다.

$$\begin{aligned} p\text{-값} &= 2P(\overline{X}>160.2)=2P\left(Z>\frac{160.2-159}{5.99/\sqrt{30}}\right) \\ &\approx 2P(Z>1.10)=0.2714 \end{aligned}$$

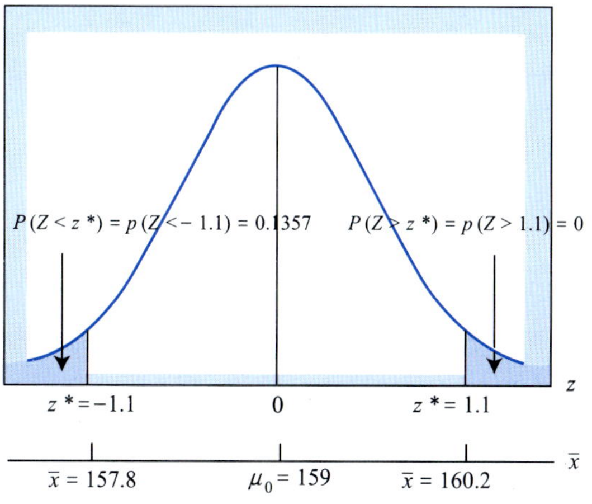

그림 9.6 H_0: $\mu=159$와 H_1: $\mu\neq159$ 검정에서 p-값

[그림 9.6]에 표본평균 $\bar{x}=160.2$가 주어질 때 p-값을 표시하였으며, 판정기준은 다음과 같다.

p-값$=0.2714<\alpha$이면 유의수준 α에서 귀무가설 H_0를 기각
p-값$=0.2714\geq\alpha$이면 유의수준 α에서 귀무가설 H_0를 채택

(5) 유의확률과 유의수준과의 비교로 귀무가설의 기각여부를 판정
p-값은 주어진 자료로부터 H_0를 기각하게 되는 최소한의 유의수준이므로, 이 p-값이 유의수준보다 작을 때 귀무가설인 H_0를 기각한다. 그러나 일반적으로 사용하는 유의수준은 1%, 5%, 10%인 점을 고려하면 주어진 자료로부터 귀무가설 H_0를 기각하지 못함을 할 수 있다.

(6) 연구자의 주장에 대한 결론
주어진 표본자료를 근거로 하였을 때, 이 도시의 중학교 3학년 학생의 평균키가 다른 도시의 평균키와 차이가 있다고 판단할 만한 충분한 근거가 없다고 결론을 내린다. 또는 간단히 주어진 표본자료에 근거하였을 때, 이 도시의 중학교 3학년 학생의 평균키가 다른 도시의 평균키와 차이가 없다고 결론을 적는다. ■

9.7 모평균 μ에 관한 가설검정: 표본의 크기가 작은 경우

지금까지는 표본의 크기가 $n\geq 30$인 경우에 모표준편차 σ를 알고 있는 경우와 모르는 경우에 대하여 모평균의 가설검정을 다루었다. 표본크기가 큰 경우에는 모집단의 분포와 무관하게 중심극한정리에 의하여 $\bar{X}$를 표준화한 통계량의 분포가 귀무가설하에서 근사적으로 표준정규분포를 따르기 때문에, 검정통계량 Z를 이용하여 모평균의 가설검정을 실시하였다. 그러나 모평균에 대한 가설을 검정할 때, 여러 가지 현실적인 문제로 인하여 표본의 크기 n이 30 미만인 경우가 발생한다. 예를 들어, 자동차를 생산하는 회사에서 새롭게 개발된 매우 비싼 자동차의 연료효율에 관한 가설검정을 실시하는 경우에는 표본의 크기를 30 이상으로 할 수 없는 현실적인 문제가 발생할 수 있다.

이와 같이 표본의 크기가 충분히 크지 않은 경우 모집단이 정규분포를 따른다는 가정하에서 모표준편차 σ를 모르더라도 다음의 검정통계량 T를 이용하여 모평균 μ에 대한 가설검정을 할 수 있다.

$$t=\frac{\bar{X}-\mu_0}{S/\sqrt{n}}$$

검정통계량 t는 귀무가설 H_0가 옳을 때 자유도가 $n-1$인 t-분포를 따른다. 이와 같이 검정통계량 t를 이용하여 모평균에 대한 가설을 검정하는 절차를 ***t*-검정**이라 하며, 다음과 같다.

모평균 μ를 검정하기 위한 검정통계량: 표본의 크기가 $n<30$일 때

(1) 검정통계량의 결정
귀무가설(H_0)의 기각여부를 검정하는 데 다음의 검정통계량을 사용한다.

$$t = \frac{\overline{X} - \mu_0}{S/\sqrt{n}}$$

(2) 다음의 대립가설에 대하여 유의수준이 α일 때의 기각역은 다음과 같다.

H_0: $\mu = \mu_0$와 H_1: $\mu > \mu_0$일 때, R: $t > t_\alpha(n-1)$ (오른쪽검정)

H_0: $\mu = \mu_0$와 H_1: $\mu < \mu_0$일 때, R: $t < -t_\alpha(n-1)$ (왼쪽검정)

H_0: $\mu = \mu_0$와 H_1: $\mu \neq \mu_0$일 때, R: $|t| > t_{\alpha/2}(n-1)$ (양측검정)

예제 9.3

어떤 전구를 생산하는 공장에서 새로운 방법으로 생산하는 전구의 수명은 정규분포를 한다고 알려져 있다. 여기서 임의로 $n = 9$개의 전구를 추출하여 표본을 구하고 수명시간을 측정한 결과, 표본평균과 표본표준편차가 각각 $\bar{x} = 5{,}200$(시간)과 $s = 150$(시간)이라고 한다. 이 결과를 근거로 생산자측에서는 새로운 방법에 의해 생산된 전구수명의 모평균 μ가 5,150시간보다 길다고 주장한다. 표본의 자료들이 이러한 주장을 뒷받침할 수 있는지 유의수준 5%로 검정하여라.

풀이 (1) 가설설정

생산자측에서는 새로운 방법에 의해 생산된 전구들의 평균수명 μ가 5,150시간보다 길다고 주장하므로, 대립가설은 $\mu > 5{,}150$이 되고, 귀무가설은 $\mu = 5{,}150$이 된다.

$$H_0: \mu = 5{,}150 \qquad vs. \qquad H_1: \mu > 5{,}150$$

(2) 검정통계량의 결정

모평균 μ에 관한 가설검정으로서 소표본($n < 30$)이고, 모표준편차 σ를 모르기 때문에 검정통계량은 다음과 같이 사용한다.

$$t = \frac{\overline{X} - \mu_0}{S/\sqrt{n}}$$

(3) 유의수준의 결정

문제로부터 유의수준 5%가 주어져 있으므로 $\alpha = 0.05$를 사용한다.

(4) 판정기준의 결정

새 방법으로 생산된 전구들의 수명이 크게 나타날수록 대립가설 H_1: $\mu > 5{,}150$를 지지하는 증거가 되므로, H_0의 기각역은 μ_0를 중심으로 오른쪽에 있게 된다. 그러므로 자유도 $n-1$을 따르는 t-분포에서 오른쪽꼬리부분의 확률이 0.05가 되는 값은 부록의 t-분포표로부터 $t_{0.05}(8) = 1.860$이 임계값이 된다. 그러므로 자유도가 8인 t-분포에서 t값이 1.860보다 큰 값의 지역이 H_0의 기각역이 되고, t 값이 1.860보다 작거나 같은 값의 지역은 H_0의 채택역이 된다. 그리고 검정통계량 t를 다음과 같이 놓는다.

$$\frac{\overline{X} - \mu_0}{S/\sqrt{n}} = t_\alpha(n-1)$$

이 식에 μ_0와 $s/\sqrt{n}$값을 대입하여 $\overline{X}$에 관하여 풀면 [그림 9.7]과 같이 $\overline{X}$의 임계값 $\bar{x} = 5{,}243$을

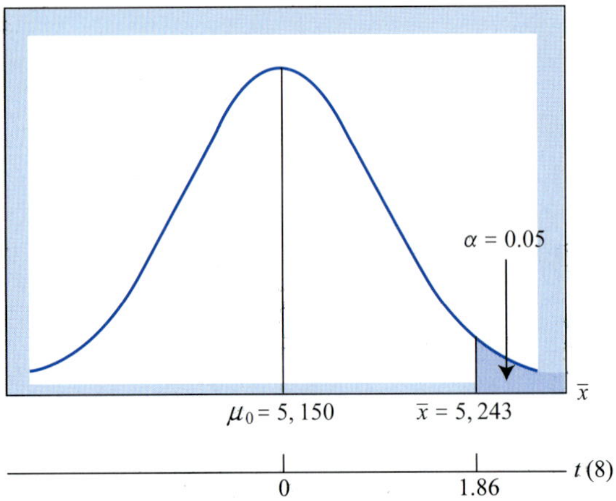

그림 9.7 H_0: $\mu=5{,}150$과 H_1: $\mu>5{,}150$에서 $\alpha=0.05$일 때의 기각역

다음과 같이 계산할 수 있다.

$$\bar{x} = \mu_0 + t_{0.05}(8)\frac{\sigma}{\sqrt{n}} = 5,150 + \left(1.860 \times \frac{150}{\sqrt{9}}\right) = 5,243$$

이를 종합해 보면, 귀무가설의 기각여부를 결정하는 판정기준은 다음과 같다.

$t>1.860$이면 유의수준 5%에서 귀무가설 H_0를 기각
$t\le 1.860$이면 유의수준 5%에서 귀무가설 H_0를 채택

또는

$\bar{X}>5{,}243$이면 유의수준 5%에서 귀무가설 H_0를 기각
$\bar{X}\le 5{,}243$이면 유의수준 5%에서 귀무가설 H_0를 채택

(5) 검정통계량의 값을 계산하고, 귀무가설의 기각여부를 판정
검정통계량에 값을 대입하고, 계산한 결과는 다음과 같다.

$$t = \frac{\bar{x}-\mu_0}{s/\sqrt{n}} = \frac{5,200-5,150}{150/\sqrt{9}} = 1.00$$

t 값이 1.00으로서 1.860보다 작으므로, 유의수준 5%에서 귀무가설을 채택한다(즉, 귀무가설을 기각하지 못한다).

(6) 연구자의 주장에 대한 결론
결론적으로 '새로운 방법에 의해 생산된 전구수명의 모평균 μ가 5,150시간보다 길다는 충분한 통계적 증거가 없다'라고 결론내린다. 또는 간단히 이 표본자료를 근거로 하였을 때 새로운 방법에 의해 생산된 전구들의 평균수명시간 μ가 5,150시간보다 길지 않다라고 결론을 적을 수 있다. ■

9.8 모비율 p에 관한 가설검정

지금까지는 모평균 μ에 관한 가설검정을 다루었다. 검정하려는 자료가 질적 자료인 경우에는 모평균을 계산할 수 없다. 그러나 모집단에서 관심의 대상이 되는 모수가 모비율 p인 경우 모집단으로부터 추출한 표본의 크기 n이 큰 경우($n \geq 30$)에 모비율의 점추정량인 $\hat{p}$이 근사적으로 정규분포를 따른다는 성질을 이용하여 모비율 p에 관한 가설을 검정할 수 있다.

앞에서 언급한 특정 질병에 대하여 새로 개발된 약품의 치료율에 관한 가설검정은 모비율검정의 예가 된다. 모비율 p에 관한 가설검정에는 크기가 n인 표본으로부터 계산한 표본비율 $\hat{p}=x/n$를 이용한다. 즉, 귀무가설 H_0: $p=p_0$의 기각여부를 검정할 때, 다음의 검정통계량 Z가 사용된다.

$$Z = \frac{\hat{p} - p_0}{\sqrt{\frac{p_0(1-p_0)}{n}}}$$

모비율 p에 대한 가설검정의 기각역은 다음과 같다.

모비율 p를 검정하기 위한 검정통계량: 표본의 크기가 $n \geq 30$일 때

(1) 검정통계량의 결정

귀무가설 (H_0) 의 기각여부를 검정하는 데 다음의 검정통계량을 사용한다.

$$Z = \frac{\hat{p} - p_0}{\sqrt{\frac{p_0(1-p_0)}{n}}}$$

(2) 다음의 대립가설에 대하여 유의수준이 α일 때, 기각역은 다음과 같다.

H_0: $p=p_0$와 H_1: $p>p_0$일 때, R: $Z>z_\alpha$ (오른쪽검정)

H_0: $p=p_0$와 H_1: $p<p_0$일 때, R: $Z<-z_\alpha$ (왼쪽검정)

H_0: $p=p_0$와 H_1: $p \neq p_0$일 때, R: $|Z|>z_{\alpha/2}$ (양측검정)

예제 9.4

어느 도시의 사회조사단체에서 취업적령기의 사람들을 대상으로 1,600명을 임의로 추출하여 조사한 결과 96명이 실업자였다. 조사된 자료에 의하면 이 도시의 실업률이 전국실업률 7.8%보다 낮다고 할 수 있는지를 유의수준 5%에서 검정하여라.

풀이 (1) 가설설정

가설검정을 통하여 이 도시의 실업률이 전국의 실업률인 7.8% 미만인가를 알아보려고 하므로, 대립가설로서 $p<0.078$을 쓰고, 귀무가설은 $p=0.078$이라고 쓴다.

$$H_0: p=0.078 \qquad vs. \qquad H_1: p<0.078$$

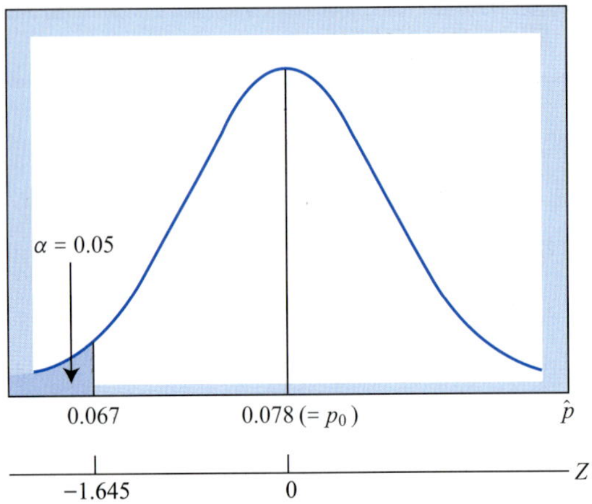

그림 9.8 H_0: $p=0.078$과 H_1: $p<0.078$에서 $\alpha=0.05$일 때의 기각역

(2) 검정통계량의 결정

모비율 p에 관한 가설검정이므로 다음의 검정통계량 Z를 사용한다.

$$Z=\frac{\hat{p}-p_0}{\sqrt{\frac{p_0(1-p_0)}{n}}}$$

(3) 유의수준의 결정

문제로부터 유의수준이 5%이므로 $\alpha=0.05$를 사용한다.

(4) 판정기준의 결정

이 도시의 실업자가 적으면 적을수록 대립가설 H_1: $p<0.078$을 지지하는 증거가 되므로, H_0의 기각역은 p_0를 중심으로 왼쪽에 있게 된다. 그러므로 표준정규분포에서 왼쪽꼬리부분의 확률이 0.05가 되는 Z값인 $-z_{0.05}=-1.645$가 임계값이 된다. 따라서, Z값이 -1.645보다 작은 값들의 구간이 H_0의 기각역이 되고, -1.645보다 크거나 같은 값의 구간은 H_0의 채택역이 된다. 기각역과 채택역을 $\hat{p}$으로 표현하기 위하여 검정통계량 Z를 다음과 같이 $-z_{0.05}=-1.645$로 놓는다.

$$\frac{\hat{p}-p_0}{\sqrt{\frac{p_0(1-p_0)}{n}}}=-1.645$$

이 식에 p_0와 n값을 대입하여 $\hat{p}$에 관하여 풀면 [그림 9.8]을 이용하여 다음과 같이 $\hat{p}$의 경계값 $\hat{p}=0.067$을 계산할 수 있다.

$$\hat{p}=p_0-z_{0.05}\sqrt{\frac{p_0(1-p_0)}{n}}=0.078-\left(1.645\times\sqrt{\frac{0.078(1-0.078)}{1600}}\right)\approx 0.067$$

이를 종합해 보면, 귀무가설의 기각여부를 결정하는 판정기준은 다음과 같다.

$$Z < -1.645 \text{이면 유의수준 5\%에서 귀무가설 } H_0 \text{를 기각}$$
$$Z \geq -1.645 \text{이면 유의수준 5\%에서 귀무가설 } H_0 \text{를 채택}$$

또는

$$\hat{p} < 0.067 \text{이면 유의수준 5\%에서 귀무가설 } H_0 \text{를 기각}$$
$$\hat{p} \geq 0.067 \text{이면 유의수준 5\%에서 귀무가설 } H_0 \text{를 채택}$$

(5) 검정통계량의 값을 계산하고, 귀무가설의 기각여부를 판정
위의 (2)번에서 결정한 검정통계량에 값을 대입하고, 계산한 결과는 다음과 같다.

$$Z = \frac{\hat{p} - p_0}{\sqrt{\frac{p_0(1-p_0)}{n}}} = \frac{0.060 - 0.078}{\sqrt{\frac{0.078(1-0.078)}{1600}}} \approx -2.68$$

Z값이 -2.68로 -1.645보다 작으므로 유의수준 5%에서 귀무가설을 기각한다.

(6) 연구자의 주장에 대한 결론
결론으로서 이 표본자료를 근거로 하였을 때, 이 도시의 실업률은 전국실업률 7.8%보다 낮다는 충분한 통계적 증거가 있다고 결론을 내린다. 또는 간단히 이 표본자료를 근거로 하였을 때, 이 도시의 실업률은 전국실업률 7.8%보다 낮다고 결론을 적는다. ■

9.9 R 실습

1. 35세에서 55세까지의 여성 100명에 대한 비만지수(BMI, body mass index)를 조사하였더니 표본평균이 25.12이고, 표본표준편차가 5.3이었다. 비만지수가 25보다 크다고 할 수 있는지 유의수준 5%에서 검정하여라.

풀이

가설은 다음과 같다.

$$H_0: \mu = 25 \qquad vs. \qquad H_1: \mu > 25$$

표본의 크기가 100개로 대표본이므로, 정규검정을 다음과 같이 행할 수 있다. p-값이 0.410으로 0.05보다 크므로, 귀무가설을 기각할 수 없다. 즉, 비만지수가 25보다 크다고 할 수 없다.

```
> # 모평균의 검정(대표본의 경우)
> one.sample.z.test=function(mu, mean.x, sd.x, n) {
+     se=sd.x/sqrt(n)
+     z=(mean.x-mu)/se
+     1-pnorm(z)
+ }
```

```
> one.sample.z.test(25, 25.12, 5.3, 100)
[1] 0.4104393
```

2. 다음 자료는 어느 체리농장에서 15개 지역의 수확량(단위: 에이커당 톤수)을 조사한 결과이다. 평균 수확량이 4.35 (t/acre) 보다 크다고 할 수 있는지 유의수준 5%에서 검정하여라(단, 수확량은 정규분포를 이룬다고 가정하자).

3.56, 5.00, 4.88, 4.93, 3.92, 4.25, 5.12, 5.13, 5.35, 4.81,
3.48, 4.45, 4.72, 4.79, 4.45

풀이

가설은 다음과 같다.

$$H_0: \mu = 4.35 \qquad vs. \qquad H_1: \mu > 4.35$$

표본의 크기가 15개로 소표본이므로, t-검정을 다음과 같이 행할 수 있다. p-값이 0.063으로서 0.05보다 크므로, 귀무가설을 기각할 수 없다. 즉, 평균 수확량이 4.35 (t/acre) 보다 크다고 할 수 없다.

```
> # 모평균의 검정(소표본의 경우)
> x=c(3.56,5.00,4.88,4.93,3.92,4.25,5.12,5.13,5.35,4.81,3.48,4.45,4.72,4.79,4.45)
> t.test(x,alt="greater",mu=4.35)

            One Sample t-test

data:    x
t=1.6314, df=14, p-value=0.06255
alternative hypothesis: true mean is greater than 4.35
95 percent confidence interval:
  4.330935     Inf
sample estimates:
mean of x
  4.589333
```

3. 인스턴트커피와 원두커피에 대한 선호도를 조사하기 위하여 100명을 대상으로 구별이 불가능한 두 개의 잔에 각각의 커피를 따른 후 좋아하는 커피를 선택하도록 하였더니 61명이 원두커피를 선호하였다. 원두커피에 대한 선호도가 65%보다 작다고 주장할 수 있는지를 유의수준 5%에서 검정하여라.

풀이

가설은 다음과 같다.

$$H_0: p = 0.65 \qquad vs. \qquad H_1: p < 0.65$$

표본의 크기가 100개로 대표본이므로, 정규검정을 다음과 같이 행할 수 있다. p-값이 0.232로 0.05보다 크므로, 귀무가설을 기각할 수 없다. 즉, 선호도가 65%보다 작다고 할 수 없다.

```
> # 모비율에 대한 검정
> prop.test(61,100,p=0.65,alt="less")

              1-sample proportions test with continuity correction

data:    61   out of 100, null probability 0.65
X-squared=0.5385, df=1, p-value=0.2315
alternative hypothesis: true p is less than 0.65
95 percent confidence interval:
 0.0000000 0.6910052
sample estimates:
          p
0.61
```

9.10 연습문제

9.1 정규분포 $N(\mu, 2)$로부터 확률표본 $X_1, X_2, \cdots, X_{20}$을 추출하였다. 귀무가설 H_0: $\mu = 6$을 유의수준 10%로 검정할 때, 대립가설이 H_1: $\mu \neq 6$일 때의 최적 기각역을 구하여라.

9.2 어느 라면의 상품표시에 1개당 나트륨의 함량이 110그램 미만이라고 적혀 있다. 나트륨 함량의 표준편차가 5그램이라고 할 때, 무작위로 뽑은 35개 라면의 나트륨 함량의 평균이 106.4그램이었다. 이러한 자료가 라면의 상품표시 내용과 부합하는지를 5% 유의수준으로 검정하여라.

9.3 어떤 약의 효능[기대 수치 대비 실제 측정된 수치(%)]을 구간추정하고 싶다. 실험자(크기 $N = 10$)를 조사하였더니 다음과 같다.

74.9	75.5	72.5	73.4	78.2	77.8	75.4	76.8	78.1	79.3

효능의 모평균에 대한 95% 신뢰구간을 구하여라. 약의 효능은 정규분포를 따른다고 가정한다.

9.4 어느 한 지역 주민들을 대상으로 혈중 카드뮴 농도를 측정하였다. 측정된 주민들의 수는 25명이고, 평균과 표준편차는 각각 2.5, 0.4로 나타났다. 이로부터 지역 주민의 평균 혈중 카드뮴 농도 μ에 대하여 다음을 구하여라. 혈중 카드뮴 농도는 정규분포를 따른다고 하자.

(1) 99% 신뢰구간을 구하여라.

(2) 가설검정 H_0: $\mu = 2.3$, H_1: $\mu \neq 2.3$를 1% 유의수준으로 가설을 검정하여라.

9.5 어느 회사의 컴퓨터는 보증기간이 1년이다. 무작위로 뽑은 이 회사 제품 100대 중에서 12대가 보증기간이 끝나기 전에 고장이 났다. 보증기간 동안의 고장비율 p에 대한 95% 신뢰구간을 구하여라.

9.6 어느 대학교에서는 대학생 100명을 무작위로 뽑아 기여입학제도에 관한 의견을 물었다. 그 결과 54명이 반대하였고, 나머지는 찬성하였다. 이 자료로 우리나라 대학생 중 기여입학제도를 반대하는 비율이 50%를 초과하는지를 판단하고자 할 때, 적절한 가설을 세우고, 유의수준 5%로 검정하여라.

9.7 어느 학교에 급식업체가 바뀐 후 급식 상태에 대한 학생들의 만족도를 조사하였다. 총 1,383명의 학생이 답한 설문조사에서 이전 업체에 비하여 좋아졌다고 응답한 학생이 41%, 비슷하다고 응답한 학생이 46%, 더 나빠졌다고 응답한 학생이 13%였다.
(1) 좋아졌다고 느끼는 학생들의 비율의 95% 신뢰구간을 구하여라.
(2) 비슷하다고 느끼는 학생들의 비율의 95% 신뢰구간을 구하여라.
(3) 나빠졌다고 느끼는 학생들의 비율의 95% 신뢰구간을 구하여라.

9.8 $X_1, X_2, \cdots, X_{10}$은 정규분포 $N(\mu, \sigma^2)$로부터 확률표본이다.
(1) σ를 알 때, $\sqrt{10}(\bar{X}-\mu)/\sigma$를 이용한 μ에 대한 95% 신뢰구간의 길이를 구하여라.
(2) σ를 모를 때, $\sqrt{9}(\bar{X}-\mu)/S$를 이용한 μ에 대한 95% 신뢰구간의 길이의 기댓값을 구하고, (1)의 결과와 비교하여라.

9.9 $\bar{X}$를 $N(\mu, 16)$에서 추출한 크기 n인 확률표본의 평균이라고 하자. 근사적으로 $P(\bar{X}-1<\mu<\bar{X}+1)=0.90$이 되는 n을 구하여라.

9.10 표본에 관하여 정보 $\bar{x}=145$, $s=50$, $n=100$이 주어져 있다. 가설 H_0: $\mu=150$ *vs* H_a: $\mu<150$을 검정하기 위한 검정통계량의 값과 p-값을 계산하여라.

9.11 문제 9.10의 경우 표본평균이 140과 135인 경우의 검정통계량의 값과 p-값을 각각 구하고, 표본평균이 감소할 때 검정통계량의 값과 p-값에 일어나는 변화를 설명하여라.

9.12 정규모집단으로부터 11개의 관측값을 표본추출한 후 표본평균과 표본표준편차를 계산하였더니 각각, $\bar{x}=74.5$와 $s=9$였다. 유의수준 5%에서 모평균이 70보다 크다고 할 충분한 근거가 있는가?

9.13 문제 9.12에서 모집단의 표준편차가 $\sigma=10$이라는 것이 알려져 있을 경우 동일한 검정을 실시하여라. 문제 9.12와 9.13의 결론의 왜 다른지를 설명하여라.

9.14 10개의 관측값으로 구성된 임의표본이 정규분포를 따르는 모집단으로부터 추출되었다. 표본평균과 표본표준편차가 각각 $\bar{x}=23$과 $s=9$로 계산되었다. 5%의 유의수준에서 모평균이 20보다 크다고 추론할 수 있는 충분한 근거가 존재하는지 결정하기 위해 필요한 검정통계량과 p-값을 구하여라(t-분포일 때).

9.15 $\hat{p}=0.63$, $n=100$인 경우 가설 H_0: $p=0.60$ *vs* H_a: $p>0.60$의 검정에 대한 p-값을 계산하여라.

9.16 문제 9.15에서 표본의 크기가 두 배($n=200$) 또는 네 배($n=400$) 증가하면 결과는 어떻게 되는가?

9.17 회사 경영최고책임자들의 교육배경에 대한 설문조사 결과이다. 조사에 참여한 344명의 최고경영자들 중 MBA학위를 가지고 있는 사람들의 수는 97명이었다. 모든 회사에서 최고경영자들 중에서 MBA학위를 가지고 있는 비율에 대한 95%의 신뢰구간을 추정하여라.

9.18 다음은 성공이 상대적으로 드물게 발생하는 사건에 대하여 모비율의 신뢰구간을 구할 때 발생하는 문제와 이를 해결하는 한 방법에 대한 설명이다. 예를 들어, 100개의 관측값으로 구성된 표본에서 성공이 한 번도 일어나지 않았다고 하자.

(1) 성공의 표본비율은 얼마인가?

(2) 성공의 모비율에 대한 95% 신뢰구간을 구하여라.

(3) 왜 (2)와 같은 상황이 발생하였는가?

(4) 표본비율의 추정량으로 표본의 성공 횟수에 2를 더하고 표본크기에 4를 더하여 표본비율을 구하여라(이를 윌슨추정량이라고 함).

(5) 윌슨추정량을 사용하여 모집단의 비율에 대한 95% 신뢰구간을 추정하여라.

9.19 의학계의 보고에 의하면 비만은 심장마비, 심장발작, 암과 같은 다양한 의료문제와 관련되어 있다고 한다. 최근 발표된 통계청의 조사(2009년 9월)에 따르면 대한민국의 인구는 약 4875만 명이라고 한다. 비만상태에 있는 국민의 수에 대한 95% 신뢰구간을 구하여라.

9.20 다음 각 주장을 검정하기 위한 귀무가설(H_0)과 대립가설(H_1)을 설정하여라.

(1) 어떤 제약회사에서 생산되는 알약 1정당 특정 성분 평균 함량 μ는 약 포장지에 표시된 함량 25 mg이 아니다.

(2) 어떤 도시의 노동인구의 실업률 p는 8% 미만이다.

(3) 어떤 전구회사에서 생산되는 전구의 평균수명 μ는 2000시간 이상이다.

9.21 다음과 같은 가설검정을 생각해 보자.

$$H_0: \mu=200 \quad vs \quad H_1: \mu>200$$

(1) 만약 실제로 $\mu=220$일 때 가설검정 결과 귀무가설을 기각하지 못하고 받아 들이게 되면, 이때는 어떠한 종류의 오류를 범하게 되는가?

(2) 만약 실제로 $\mu=200$일 때 가설검정 결과 귀무가설을 기각하고 대립가설을 채택하게 되면, 이때는 어떠한 종류의 오류를 범하게 되는가?

9.22 어떤 시멘트 회사에서 생산되는 시멘트 한 부대는 무게가 4 kg이라고 표시되어 있다. 이러한 표시가 사실인지를 확인하기 위하여 34개의 시멘트 부대를 조사하여 무게를 조사한 자료가 아래에 주어져 있다 (단위: kg).

3.87	3.62	4.11	4.32	4.01	3.98	3.86	4.32	4.12	3.90	3.78	4.08
4.06	3.67	3.78	3.89	4.13	4.04	4.34	4.21	3.79	3.75	4.21	4.07
4.03	3.98	3.66	3.83	4.21	4.24	4.21	4.06	3.89	3.83		

($\bar{x}=3.9956$, $s=0.2000$)

이 자료로부터 이 회사에서 생산되는 시멘트의 무게 표시가 잘못되었다고 할 수 있는지 유의수준 $\alpha=0.05$로 검정하여라.

9.23 어떤 자동차 회사에서 새로 출시한 자동차의 1리터당 시내 평균 주행 거리가 16 km라고 한다. 그런데 이 차를 구입하여 사용하고 있는 소비자 모임에서는 이러한 자동차 회사의 광고는 과장된 것이라 주장하며, 실제로 동일 차종 36대에 대하여 주행실험을 하여 리터당 주행거리를 조사하여 다음 결과를 얻었다 (단위: km).

14.8	15.6	16.3	13.6	13.2	14.8	16.6	15.2	14.2	14.9	13.8	16.8
17.1	13.7	14.4	15.8	13.2	12.8	13.9	16.2	14.2	13.8	12.6	14.8
14.6	12.4	16.9	17.4	15.2	14.2	13.6	12.5	16.3	12.8	13.2	13.9

($\bar{x}=14.592$, $s=1.426$)

이 자료에 의하여 판단했을 때, 실제로 자동차 회사의 광고가 과장되었다고 할 만한 근거가 있는지 유의수준 $\alpha=0.05$로 검정하여라.

9.24 어떤 제약회사에서 생산되는 알약 1정당 특정 성분의 평균 함량은 25 mg이라고 포장지에 표시되어 있다. 이러한 표시가 사실인지를 알아보기 위하여 이 회사에서 생산되는 알약 15개를 조사하여 각 알약당 특정 성분 함량을 조사한 결과가 다음과 같다 (단위: mg).

23.2	24.1	25.6	22.6	23.8	21.3	26.5	21.4	22.3	27.1	24.8	23.2	20.9	21.1	20.1

($\bar{x}=23.200$, $s=2.120$)

이 자료에 기초해서 판단했을 때, 포장지에 표기된 내용이 거짓이라고 할 만한 근거가 있는지 유의수준 $\alpha=0.05$로 검정하여라.

9.25 모평균에 관한 가설 H_0: $\mu=1{,}000$과 H_1: $\mu>1{,}000$에 대하여 $n=10$, $\bar{x}=1{,}150$, $s=300$, $\alpha=0.1$일 때, 귀무가설이 기각되는지 채택되는지 결정하여라.

9.26 정규모집단으로부터 $n=81$인 확률표본을 구하였다. 통계량 $\bar{x}=339.6$, $s^2=14{,}400$이 주어졌을 때, 가설 H_0: $\mu=300$과 H_1: $\mu\neq300$을 유의수준 1%로 검정하여라.

9.27 어떤 전구회사에서는 최근에 새로운 생산기법을 도입하여 새로 개발한 전구의 평균 수명이 기존의 평균 수명인 1000시간보다 증가되었다고 주장한다. 이러한 주장이 옳다고 할 수 있는지 알아보기 위하여 새로운 생산기법을 적용하여 생산한 전구 10개의 수명을 측정한 자료가 다음과 같다(단위: 시간). 전구의 수명은 정규분포를 따른다.

1090	1120	970	1210	1180	1250	960	1230	1310	1020

($\bar{x} = 1134.0,\ s = 121.9$)

이 자료에 기초했을 때, 새로운 생산기법을 적용하여 생산한 전구의 평균수명이 1000시간보다 증가되었다는 확실한 근거가 있는지 유의수준 $\alpha = 0.05$로 검정하여라. 또한 유의수준 $\alpha = 0.01$에서는 어떠한 결론을 내릴 수 있는가?

9.28 어떠한 생산 공정에서는 생산되는 제품의 불량률이 5%를 초과하면 공정에 이상이 있다고 판단하고, 이상 요인을 찾아내어 불량 요인을 제거하기 위한 조치를 취하기로 하였다. 이 공정에서 일정기간 동안 생산된 제품 1000개를 검사하였더니 이들 중 70개가 불량이었다. 이 결과가 조사된 기간 동안 공정에 이상이 있다고 판단하기에 충분한 근거가 되는지 유의수준 $\alpha = 0.05$로 검정하여라. 또한 유의수준 $\alpha = 0.01$에서는 어떠한 결론을 내릴 수 있는가?

9.29 어떠한 항공사의 예약 취소율은 10%라고 한다. 그런데 지난 추석연휴 기간 동안 예약 취소 상황을 조사하였더니 2,530건의 예약 가운데 취소된 예약건은 174건으로 나타났다. 이 자료에 기초했을 때, 추석연휴 기간 동안에는 예약취소율이 10%보다 현저히 낮다고 할 수 있는지 유의수준 $\alpha = 0.05$로 검정하여라. 또한 유의수준 $\alpha = 0.01$에서는 어떠한 결론을 내릴 수 있는가?

9.30 100개의 관측치로 이루어진 표본에서 계산한 평균과 표준편차가 각각 $\bar{x} = 182,\ s = 16$이었다. 정규분포표를 활용하여 다음 각 가설에 대한 p-값을 구하시오.

(1) $H_0: \mu = 184$ vs $H_1: \mu \neq 184$

(2) $H_0: \mu = 184$ vs $H_1: \mu < 184$

(3) $H_0: \mu = 184$ vs $H_1: \mu > 184$

10장 추정과 가설검정: 두 모집단의 비교

지금까지 하나의 모집단에 대한 모평균 μ나 모비율 p에 관한 추론을 살펴보았다. 그러나 한 도시의 두 동네에 있는 같은 면적의 아파트 평균가격에 서로 차이가 있는지 알려고 할 때는 두 곳의 아파트 가격의 모평균 차이에 대한 추론을 통하여 통계적으로 유의한 차이가 있는지 비교할 수 있다. 또한 자동차 엔진의 주요 부품을 국내 공장과 외국에 있는 공장 두 곳에서 생산하고 있다면 두 공장에서 생산되는 부품의 불량률의 차이에 대한 추론을 통하여 불량률의 차이가 의미있는 차이인지 알 수 있다. 이 장에서는 이와 같이 두 개의 모집단에 대한 추론을 다루고자 한다.

10.1 두 개의 독립표본: 표본의 크기가 큰 경우

두 모집단의 모평균의 차이에 대한 추론을 위하여 모평균의 차이에 대한 구간추정을 한 다음, 모평균의 차이에 대한 가설검정을 한다. 모평균이 μ_1, 표준편차가 σ_1인 모집단 1과 모평균이 μ_2, 표준편차가 σ_2인 모집단 2로부터 서로 독립이며 크기 n_1, n_2가 각각 30 이상인 표본들을 임의로 추출했다고 가정하자. 이때 확률표본들의 평균과 분산은 다음과 같이 계산된다.

모집단 1의 표본통계량

모평균이 μ_1, 모표준편차가 σ_1인 모집단으로부터 크기가 n_1인 확률표본의 평균 $\overline{X}$와 분산 S_1^2은 다음과 같다.

$$\overline{X} = \frac{1}{n_1}\sum_{i=1}^{n_1} X_i, \qquad S_1^2 = \frac{1}{n_1 - 1}\sum_{i=1}^{n_1}(X_i - \overline{X})^2$$

모집단 2의 표본통계량

모평균이 μ_2, 모표준편차가 σ_2인 모집단으로부터 크기가 n_2인 확률표본의 평균 $\overline{Y}$와 분산 S_2^2은 다음과 같다.

$$\overline{Y} = \frac{1}{n_2}\sum_{i=1}^{n_2} Y_i, \qquad S_2^2 = \frac{1}{n_2 - 1}\sum_{i=1}^{n_2}(Y_i - \overline{Y})^2$$

이제 모평균의 차이 $\mu_1 - \mu_2$에 대한 추정에 대하여 살펴보자. 모집단 1과 2의 분포는 알려져 있지 않으나 n_1, n_2의 크기가 각각 30 이상이므로 중심극한정리에 의하여 표본평균 $\overline{X}$와 $\overline{Y}$의 분포는 다음과 같이 근사적으로 정규분포를 따른다.

$$\overline{X} \sim N\left(\mu_1, \frac{\sigma_1^2}{n_1}\right), \ \overline{Y} \sim N\left(\mu_2, \frac{\sigma_2^2}{n_2}\right)$$

두 표본평균 $\overline{X}$와 $\overline{Y}$가 서로 독립이고 정규분포를 따르기 때문에, 표본평균 $\overline{X}$와 $\overline{Y}$의 선형결합인 평균의 차이 $\overline{X} - \overline{Y}$도 다음과 같이 근사적으로 정규분포를 따른다.

$$\overline{X} - \overline{Y} \sim N\left(\mu_1 - \mu_2, \frac{\sigma_1^2}{n_1} + \frac{\sigma_2^2}{n_2}\right)$$

그리고 $\overline{X} - \overline{Y}$를 표준화하면 다음과 같이 근사적으로 표준정규분포를 따른다.

$$Z = \frac{(\overline{X} - \overline{Y}) - (\mu_1 - \mu_2)}{\sqrt{\frac{\sigma_1^2}{n_1} + \frac{\sigma_2^2}{n_2}}} \sim N(0, 1)$$

만약 모분산 σ_1^2과 σ_2^2을 모르는 경우에는 각각의 추정량인 표본분산 S_1^2과 S_2^2을 사용할 수 있다. 그러므로 모평균 $\mu_1 - \mu_2$의 신뢰구간은 다음과 같이 구할 수 있다.

두 모평균 차이 $\mu_1 - \mu_2$에 대한 신뢰구간: 표본의 크기가 클 때

모평균이 μ_1, 표준편차가 σ_1인 모집단 1과 모평균이 μ_2, 표준편차가 σ_2인 모집단 2로부터 서로 독립이며, 크기 n_1, n_2가 각각 30 이상인 확률표본을 구했을 때 $\mu_1 - \mu_2$의 $100(1-\alpha)$ 신뢰구간은 다음과 같다.

$$(\overline{X} - \overline{Y}) \pm z_{\alpha/2}\sqrt{\frac{\sigma_1^2}{n_1} + \frac{\sigma_2^2}{n_2}}$$

모표준편차 σ_1과 σ_2를 모르는 경우에는 $\mu_1 - \mu_2$의 $100(1-\alpha)$ 신뢰구간은 다음과 같다.

$$(\overline{X} - \overline{Y}) \pm z_{\alpha/2}\sqrt{\frac{S_1^2}{n_1} + \frac{S_2^2}{n_2}}$$

예제 10.1

같은 종류의 전구를 생산하는 A회사와 B회사 제품의 수명을 비교하고자 한다. A회사와 B회사 전구수명의 모평균을 각각 μ_1과 μ_2라고 할 때, $\mu_1 - \mu_2$를 추정하기 위하여 A회사 전구 50개와 B회사 전구 100개를 임의로 추출하여 수명을 측정한 결과, A회사 전구수명의 표본평균은 453(시간), 표준편차는 80(시간)이었고, B회사 전구수명의 표본평균은 401(시간), 표준편차는 60(시간)이었다. A회사와 B회사 전구수명의 모평균의 차이인 $\mu_1 - \mu_2$의 95% 신뢰구간을 구하여라.

풀이 표본의 통계량은 다음과 같다.

$$\text{A회사 전구}: n_1 = 50, \bar{x} = 453, s_1 = 80$$
$$\text{B회사 전구}: n_2 = 100, \bar{y} = 401, s_2 = 60$$

z값인 $z_{0.025} = 1.96$이므로, 신뢰구간의 공식에 따라 $\mu_1 - \mu_2$의 95% 신뢰구간은 다음과 같이 계산된다.

$$\begin{aligned}(\bar{x} - \bar{y}) \pm z_{\alpha/2}\sqrt{\frac{s_1^2}{n_1} + \frac{s_2^2}{n_2}} &= (453 - 401) \pm 1.96\sqrt{\frac{80^2}{50} + \frac{60^2}{100}} \\ &\approx 52 \pm 25.10 \\ &= (26.90,\ 77.10)\end{aligned}$$

그러므로 신뢰도 95%를 가질 때 A회사의 전구수명이 B회사의 전구수명보다 대략 26.9시간에서 77.1시간 정도 더 긴 것으로 추정된다. ■

이제 두 모평균의 차이인 $\mu_1 - \mu_2$에 대한 가설검정을 위하여 $\mu_1 - \mu_2$를 δ_0로 놓자. 모평균이 μ_1, 표준편차가 σ_1인 모집단 1과 모평균이 μ_2, 표준편차가 σ_2인 모집단 2로부터 서로 독립이며, 크기 n_1, n_2가 각각 30 이상인 표본들을 임의로 추출했다고 가정해 보자. 그러면 귀무가설 $H_0 : \mu_1 - \mu_2 = \delta_0$하에서 $\bar{X} - \bar{Y}$를 표준화한 다음의 통계량이 근사적으로 표준정규분포를 따른다는 성질을 이용하여 가설검정을 할 수 있다.

$$Z = \frac{(\bar{X} - \bar{Y}) - \delta_0}{\sqrt{\frac{\sigma_1^2}{n_1} + \frac{\sigma_2^2}{n_2}}} \sim N(0,\ 1)$$

여기서 모표준편차 σ_1과 σ_2를 모르는 경우에는 추정량으로 각각 S_1과 S_2를 사용한다. 그러므로 두 모평균의 차이 $\mu_1 - \mu_2$에 대한 가설검정은 다음과 같다.

두 모평균 차이 $\mu_1 - \mu_2$에 대한 검정: 표본의 크기가 클 때

(1) 검정통계량의 결정

귀무가설($H_0 : \mu_1 - \mu_2 = \delta_0$)의 기각여부를 검정하는 데 사용하는 검정통계량으로 n_1과 n_2가 30 이상인 표본을 임의로 추출했을 때, 분산을 아는 경우와 모르는 경우에 다음의 검정통계량을 사용한다.

분산을 아는 경우: $Z = \dfrac{(\bar{X} - \bar{Y}) - \delta_0}{\sqrt{\frac{\sigma_1^2}{n_1} + \frac{\sigma_2^2}{n_2}}}$, 분산을 모르는 경우: $Z = \dfrac{(\bar{X} - \bar{Y}) - \delta_0}{\sqrt{\frac{S_1^2}{n_1} + \frac{S_2^2}{n_2}}}$

(2) 다음의 대립가설에 대하여 유의수준이 α일 때 기각역은 다음과 같다.

$H_0 : \mu_1 - \mu_2 = \delta_0$와 $H_1 : \mu_1 - \mu_2 > \delta_0$일 때 $R: Z > z_\alpha$ (오른쪽검정)
$H_0 : \mu_1 - \mu_2 = \delta_0$와 $H_1 : \mu_1 - \mu_2 < \delta_0$일 때 $R: Z < -z_\alpha$ (왼쪽검정)
$H_0 : \mu_1 - \mu_2 = \delta_0$와 $H_1 : \mu_1 - \mu_2 \neq \delta_0$일 때 $R: |Z| > z_{\alpha/2}$ (양측검정)

예제 10.2

[예제 10.1]에서 두 회사의 전구수명에 대한 모평균의 차이가 있는지를 유의수준 1%로 검정하여라.

풀이 (1) 가설설정

두 회사의 전구수명에 대한 모평균의 차이가 있는가를 보기 위한 가설검정이므로 차이가 나는 경우에는 $\delta_0 \neq 0$이기 때문에 대립가설로 H_1: $\mu_1 - \mu_2 \neq 0$을 적고, 귀무가설로서 H_0 :$\mu_1 - \mu_2 = 0$으로 적는다. 즉,

$$H_0: \mu_1 - \mu_2 = 0 \qquad vs. \qquad H_1: \mu_1 - \mu_2 \neq 0$$

(2) 검정통계량 결정

두 모평균의 차이 $\mu_1 - \mu_2$에 대한 가설검정으로 두 표본의 크기가 모두 30 이상이고, 모표준편차 σ_1과 σ_2를 모르기 때문에 다음 검정통계량을 사용한다.

$$Z = \frac{(\overline{X} - \overline{Y}) - \delta_0}{\sqrt{\frac{S_1^2}{n_1} + \frac{S_2^2}{n_2}}}$$

(3) 유의수준 결정

문제로부터 유의수준 1%가 주어졌으므로 $\alpha = 0.01$을 사용한다.

(4) 판정기준 결정

두 회사 전구의 평균수명의 차이가 양의 값이든 음의 값이든, 차이가 크면 클수록 대립가설 H_1: $\mu_1 - \mu_2 \neq 0$을 지지하는 증거가 되므로, 표준정규분포의 평균값인 0을 중심으로 왼쪽과 오른쪽에 기각역이 나타난다. 그러므로 표준정규분포에서 왼쪽과 오른쪽꼬리부분의 확률이 각각 0.005가 되는 z값인 $z_{0.005} = 2.575$가 임계값이 된다. 따라서 수평축에서 검정통계량 Z의 계산된 값이 2.575보다 크거나 -2.575보다 작은 구간이 H_0의 기각역이 되고, -2.575에서 2.575 사이의 구간은 H_0의 채택역이 된다. 귀무가설의 기각여부를 결정하는 판정기준은 다

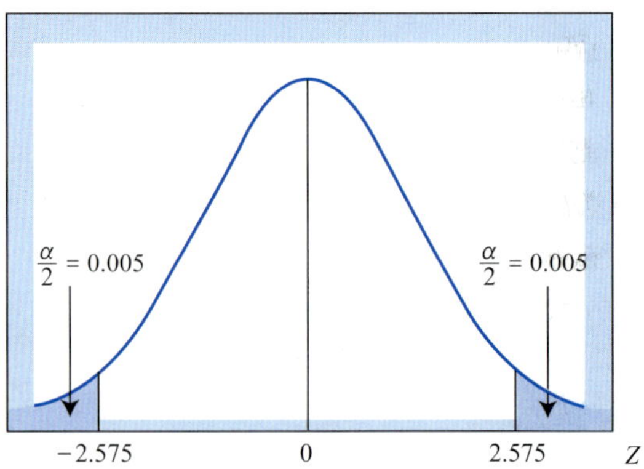

그림 10.1 $H_0 : \mu_1 - \mu_2 = 0$와 $H_1: \mu_1 - \mu_2 \neq 0$에서 $\alpha = 0.01$일 때의 기각역

음과 같다.

$|z| > 2.575$이면 유의수준 1%에서 귀무가설 H_0를 기각

$|z| \le 2.575$이면 유의수준 1%에서 귀무가설 H_0를 채택

(5) 검정통계량값 계산과 귀무가설 기각여부 판정

검정통계량에 값을 대입하고 계산한 결과 계산된 검정통계량값은 다음과 같다.

$$z = \frac{(\bar{x} - \bar{y}) - \delta_0}{\sqrt{\frac{s_1^2}{n_1} + \frac{s_2^2}{n_2}}} = \frac{(453 - 401) - 0}{\sqrt{\frac{80^2}{50} + \frac{60^2}{100}}} \approx 4.06$$

z값이 4.06으로서 임계값 2.575보다 크므로, 유의수준 1%에서 귀무가설을 기각한다.

(6) 연구자의 주장에 대한 결론

그러므로 연구자는 '이 표본자료를 근거로 했을 때, 두 회사의 전구수명에 대한 모평균은 다르다'라고 결론내린다. ■

10.2 두 개의 독립표본: 표본의 크기가 작고 모분산이 동일한 경우

지금까지 두 모평균의 차이에 관한 추론을 할 때 각 모집단에서 독립적으로 추출된 표본의 크기가 모두 30 이상인 경우에 대하여 살펴보았다. 이제 모집단으로부터 추출된 표본들 가운데 적어도 하나의 표본의 크기가 30 미만이고 다음의 조건이 만족되는 경우에 대하여 두 모평균의 차이에 대한 추론을 다루고자 한다.

> **두 모평균 차이 $\mu_1 - \mu_2$에 대한 추론의 가정: 표본의 크기가 작고 모분산이 동일한 경우**
> (1) 두 모집단의 분포가 각각 $N(\mu_1, \sigma_1^2)$과 $N(\mu_2, \sigma_2^2)$인 정규분포를 따른다.
> (2) 각각의 모집단으로부터 추출된 표본의 크기 가운데 적어도 하나의 표본의 크기가 30보다 작고, 서로 독립이다.
> (3) 두 모집단의 모표준편차 σ_1과 σ_2는 모르지만, 서로 같다($\sigma_1 = \sigma_2 = \sigma$).

앞에서 언급한 것처럼 두 모평균의 차이 $\mu_1 - \mu_2$에 관한 점추정량으로 $\bar{X} - \bar{Y}$를 사용하고, 두 모분산이 서로 같으므로 ($\sigma_1^2 = \sigma_2^2 = \sigma^2$) 점추정량은 다음의 정규분포를 한다.

$$\bar{X} - \bar{Y} \sim N\left(\mu_1 - \mu_2,\ \sigma^2\left(\frac{1}{n_1} + \frac{1}{n_2}\right)\right)$$

그리고 $\bar{X} - \bar{Y}$를 표준화하면 다음과 같다.

$$Z = \frac{(\bar{X} - \bar{Y}) - (\mu_1 - \mu_2)}{\sigma\sqrt{\frac{1}{n_1} + \frac{1}{n_2}}} \sim N(0, 1)$$

여기서 만약 모분산인 σ^2을 아는 경우에는 표준정규분포를 이용하여 추론을 할 수 있으나, σ^2을 모르므로 σ^2을 추정하기 위하여 **합동분산**(pooled variance)을 사용한다. 합동분산이란 각 표본에서 표본평균에 대한 편차들의 제곱의 합을 구한 후, 이들의 합을 각 표본의 자유도의 합으로 나눈 값이다. 즉, 첫 번째 모집단으로부터 추출된 표본을 $X_1, X_2, \cdots, X_{n_1}$이라고 하고, 두 번째 모집단으로부터 추출된 표본을 $Y_1, Y_2, \cdots, Y_{n_2}$이라고 하면 합동분산 S_p^2은 다음과 같다.

$$S_p^2 = \frac{\sum_{i=1}^{n_1}(X_i - \overline{X})^2 + \sum_{i=1}^{n_2}(Y_i - \overline{Y})^2}{n_1 + n_2 - 2}$$

> **합동분산**
>
> 두 모표준편차 σ_1과 σ_2는 같으나 모르는 경우에 공통의 모분산인 σ^2의 추정량으로 다음의 합동분산을 사용한다.
>
> $$S_p^2 = \frac{\sum_{i=1}^{n_1}(X_i - \overline{X})^2 + \sum_{i=1}^{n_2}(Y_i - \overline{Y})^2}{n_1 + n_2 - 2} = \frac{(n_1 - 1)S_1^2 + (n_2 - 1)S_2^2}{n_1 + n_2 - 2}$$

따라서 σ^2을 모르는 경우 추정량으로서 합동분산인 S_p^2을 사용하면 다음 통계량은 자유도가 $n_1 + n_2 - 2$를 갖는 t-분포를 하게 된다.

$$\frac{(\overline{X} - \overline{Y}) - (\mu_1 - \mu_2)}{S_p\sqrt{\frac{1}{n_1} + \frac{1}{n_2}}} \sim t(n_1 + n_2 - 2)$$

그러므로 이러한 통계적 성질을 이용하여 두 모평균의 차이 $\mu_1 - \mu_2$에 대한 구간추정을 할 수 있다.

> **두 모평균 차이 $\mu_1 - \mu_2$에 대한 신뢰구간: 표본의 크기가 작고 모분산이 동일한 경우**
>
> 두 모집단은 정규분포를 따르고, 각 모집단으로부터 추출된 표본의 크기 가운데 적어도 하나의 표본의 크기가 30보다 작고, 두 모분산을 모르지만 서로 같은 경우에 두 모평균의 차이 $\mu_1 - \mu_2$의 $100(1-\alpha)$ 신뢰구간은 다음과 같다.
>
> $$(\overline{X} - \overline{Y}) \pm \left(t_{\alpha/2}(n_1 + n_2 - 2) \times S_p\sqrt{\frac{1}{n_1} + \frac{1}{n_2}}\right)$$

예제 10.3

A, B 두 회사에서는 210 mL 용량의 비타민 C가 첨가된 음료수를 판매하고 있다. 한 소비자 단체에서는 두 회사 음료수의 평균용량의 차이가 있는지를 알아보려고 한다. 이를 위하여 A회사

의 음료수 13병을 임의로 추출하여 용량을 측정한 결과, 평균이 213(mL), 표준편차가 4(mL)였고, B회사의 음료수 18병을 임의로 추출하여 용량을 측정한 결과, 평균이 209(mL), 표준편차가 8(mL)였다. 두 회사 음료수의 용량은 정규분포를 따르며, 모분산이 같다고 가정한다. 두 회사 음료수의 평균용량의 차이에 대한 95% 신뢰구간을 구하여라.

풀이 표본으로부터 다음의 결과들이 측정되었다.

A회사: $n_1 = 13,\ \bar{x} = 213,\ s_1 = 4$
B회사: $n_2 = 18,\ \bar{y} = 209,\ s_2 = 8$

두 회사의 음료수의 용량은 정규분포를 따르고, n_1과 n_2가 모두 30 미만이며, 모분산은 같다고 가정하였으므로, 두 모분산 σ^2의 추정량으로 합동분산 S_p^2을 계산하면 다음과 같다.

$$s_p^2 = \frac{(n_1-1)s_1^2+(n_2-1)s_2^2}{n_1+n_2-2} = \frac{(13-1)4^2+(18-1)8^2}{13+18-2} \approx 44.14$$

그리고 부록의 t-분포표로부터 $t_{0.025}(29) = 2.045$가 된다. 그러므로 A, B 두 회사 음료수의 평균용량을 각각 μ_1과 μ_2라고 할 때, $\mu_1 - \mu_2$의 95% 신뢰구간은 다음과 같이 계산된다.

$$\begin{aligned}
&(\bar{x}-\bar{y}) \pm \left(t_{\alpha/2}(n_1+n_2-2) \times s_p\sqrt{\frac{1}{n_1}+\frac{1}{n_2}}\right) \\
&= (213-209) \pm \left(2.045 \times \sqrt{44.14} \times \sqrt{\frac{1}{13}+\frac{1}{18}}\right) \\
&\approx 4 \pm 4.95 \\
&= (-0.95,\ 8.95)
\end{aligned}$$

그러므로 신뢰도 95%를 가질 때 A회사와 B회사의 음료수의 평균용량의 차이는 $(-0.95,\ 8.95)$로 추정된다. 이 신뢰구간의 상한과 하한에 양의 값과 음의 값을 포함하고 있으므로, 실제로 두 회사의 음료수의 평균용량은 차이가 없다고 볼 수 있다. ■

앞에서 언급한 통계량을 이용하여 두 모평균의 차이에 대한 귀무가설 H_0: $\mu_1 - \mu_2 = \delta_0$의 검정을 다음과 같이 한다.

두 모평균 차이 $\mu_1 - \mu_2$에 대한 검정: 표본의 크기가 작고 모분산이 동일한 경우

(1) 검정통계량의 결정

귀무가설($H_0 : \mu_1 - \mu_2 = \delta_0$)의 기각여부를 검정하는데, 두 모집단은 정규분포를 하고, 각 모집단으로부터 추출된 표본의 크기 가운데 적어도 하나의 표본의 크기가 30보다 작고, 두 모분산을 모르지만 서로 같은 경우에 다음의 검정통계량을 사용한다.

$$t = \frac{(\bar{X}-\bar{Y})-\delta_0}{S_p\sqrt{\frac{1}{n_1}+\frac{1}{n_2}}}$$

(2) 다음의 대립가설에 대하여 유의수준이 α일 때, 기각역은 다음과 같다.

$H_0 : \mu_1 - \mu_2 = \delta_0$와 $H_1 : \mu_1 - \mu_2 > \delta_0$일 때 R: $t > t_\alpha\,(n_1+n_2-2)$ (오른쪽검정)

$H_0 : \mu_1 - \mu_2 = \delta_0$와 $H_1: \mu_1 - \mu_2 < \delta_0$일 때 $R: t < -t_{\alpha}\ (n_1 + n_2 - 2)$ (왼쪽검정)
$H_0 : \mu_1 - \mu_2 = \delta_0$와 $H_1: \mu_1 - \mu_2 \neq \delta_0$일 때 $R: | t | > t_{\alpha/2}\ (n_1 + n_2 - 2)$ (양측검정)

예제 10.4

한 대학교의 체육학과와 일반학과의 신입생들의 키의 차이를 비교하기 위하여 체육학과 신입생 21명을 임의로 추출하여 키를 측정한 결과 평균이 179(cm), 표준편차가 8(cm)였고, 일반학과 신입생 21명을 임의로 추출하여 키를 측정한 결과 평균이 174(cm), 표준편차가 4(cm)였다. 체육학과와 일반학과 신입생의 키는 정규분포를 따르며, 모분산은 서로 같다고 가정한다. 유의수준 10%에서 두 학과 간의 평균키의 차이가 있는지를 검정하여라.

풀이 (1) 가설설정

학과 간의 평균키의 차이가 있는지를 보기 위한 가설검정이므로, 차이가 있으면 $\delta_0 \neq 0$이므로 다음과 같은 귀무가설과 대립가설을 설정한다.

$$H_0: \mu_1 - \mu_2 = 0 \qquad vs. \qquad H_1: \mu_1 - \mu_2 \neq 0$$

(2) 검정통계량 선택

두 모평균의 차이 $\mu_1 - \mu_2$에 대한 가설검정으로 두 표본의 크기가 모두 30 미만이고, 모표준편차 σ_1과 σ_2는 모르지만 같다고 가정하였으므로 합동분산 S_p^2을 이용하여 다음과 같은 검정통계량을 사용한다.

$$t = \frac{(\overline{X} - \overline{Y}) - \delta_0}{S_p\sqrt{\dfrac{1}{n_1} + \dfrac{1}{n_2}}}$$

(3) 유의수준의 결정

문제로부터 유의수준은 10%이므로 $\alpha = 0.1$을 사용한다.

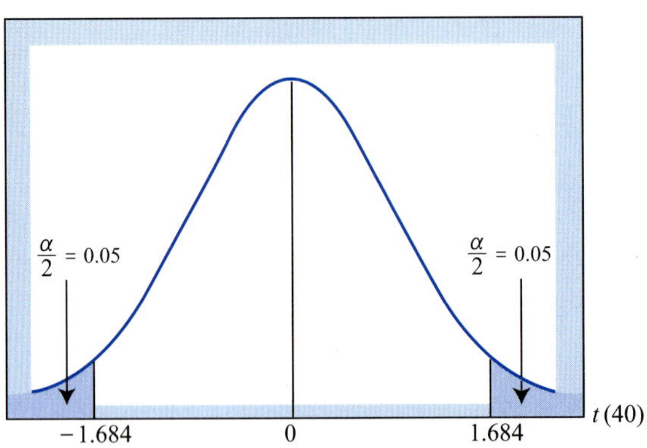

그림 10.2 $H_0 : \mu_1 - \mu_2 = 0$와 $H_1: \mu_1 - \mu_2 \neq 0$에서 $\alpha = 0.1$일 때의 기각역

(4) 판정기준 결정

학과 간의 평균키의 차이가 크면 클수록 대립가설 H_1: $\mu_1 - \mu_2 \neq 0$을 지지하는 증거가 되므로, 자유도가 $n_1 + n_2 - 2 = 21 + 21 - 2 = 40$인 t-분포의 평균값 0을 중심으로 왼쪽과 오른쪽에 기각역이 나타난다. 그러므로 $t(40)$ 분포에서 왼쪽과 오른쪽 꼬리부분의 확률이 각각 0.05가 되는 값인 $t_{0.05}(40) = 1.684$와 $-t_{0.05}(40) = -1.684$가 임계값이 된다. 따라서 검정통계량 t의 계산된 값이 1.684보다 크거나 −1.684보다 작은 구간은 H_0의 기각역이 되고, t값이 −1.684에서 1.684 사이의 구간은 H_0의 채택역이 된다. 귀무가설의 기각여부를 결정하는 판정기준은 다음과 같다.

$|t| > 1.684$이면 유의수준 1%에서 귀무가설 H_0를 기각
$|t| \leq 1.684$이면 유의수준 1%에서 귀무가설 H_0를 채택

(5) 검정통계량값 계산과 귀무가설 기각여부 판정

합동분산 S_p^2와 검정통계량의 값을 계산한 결과는 다음과 같다.

$$s_p^2 = \frac{(n_1 - 1)s_1^2 + (n_2 - 1)s_2^2}{n_1 + n_2 - 2} = \frac{(21-1)8^2 + (21-1)4^2}{21+21-2} = 40$$

$$t = \frac{(\bar{x} - \bar{y}) - \delta_0}{s_p\sqrt{\frac{1}{n_1} + \frac{1}{n_2}}} = \frac{(179 - 174) - 0}{\sqrt{40}\sqrt{\frac{1}{21} + \frac{1}{21}}} \approx 2.56$$

t값이 2.56으로 1.684보다 크므로, 유의수준 10%에서 귀무가설을 기각한다.

(6) 연구자의 주장에 대한 결론

그러므로 이 표본자료를 근거로 하였을 때 '학과 간의 평균키에서 차이가 있다'라고 결론내린다. ■

10.3 두 개의 독립표본: 표본의 크기가 작고 모분산이 다른 경우

10.2절에서는 $\mu_1 - \mu_2$의 추론할 때, 다음의 세 가지 조건을 가정하였다.

(1) 두 모집단의 분포가 각각 $N(\mu_1, \sigma_1^2)$과 $N(\mu_2, \sigma_2^2)$인 정규분포를 따른다.
(2) 각각의 모집단으로부터 추출된 표본의 크기 가운데 적어도 하나의 표본의 크기는 30보다 작고, 서로 독립이다.
(3) 두 모집단의 모표준편차 σ_1과 σ_2는 모르지만, 서로 같다($\sigma_1 = \sigma_2 = \sigma$).

여기에서 (3)번의 가정이 성립되지 않는 경우, 즉 두 모집단의 표준편차 σ_1과 σ_2이 알려져 있지 않으면서 서로 다른 경우에는, 다음과 같이 자유도가 df인 t-분포를 하는 통계량을 이용하여 모평균의 차이 $\mu_1 - \mu_2$에 대한 추정과 검정을 한다.

$$\frac{(\overline{X}-\overline{Y})-(\mu_1-\mu_2)}{\sqrt{\dfrac{S_1^2}{n_1}+\dfrac{S_2^2}{n_2}}} \sim t(df)$$

여기서 df는 다음과 같다.

$$df=\frac{(S_1^2/n_1+S_2^2/n_2)^2}{\dfrac{(S_1^2/n_1)^2}{n_1-1}+\dfrac{(S_2^2/n_2)^2}{n_2-1}}$$

그리고 위의 식으로 자유도 df를 계산한 결과, 정수로 떨어지지 않는 경우에는 소수값들을 떼어 낸 정수값만을 사용하여 자유도를 결정한다. 그러므로 두 모평균의 차이인 $\mu_1-\mu_2$에 대한 구간추정은 다음의 공식을 이용하여 구할 수 있다.

두 모평균 차이 $\mu_1-\mu_2$에 대한 신뢰구간: 표본의 크기가 작고 모분산이 다른 경우

두 모집단이 정규분포를 따르며, 적어도 하나의 표본의 크기는 30보다 작고, 서로 독립이며, 모분산이 다른 경우에 두 모평균의 차이 $\mu_1-\mu_2$의 $100(1-\alpha)$ 신뢰구간은 다음과 같다.

$$(\overline{X}-\overline{Y}) \pm t_{\alpha/2}(df)\sqrt{\frac{S_1^2}{n_1}+\frac{S_2^2}{n_2}}$$

예제 10.5

[예제 10.3]에서 두 회사 음료수의 용량은 정규분포를 따르며, 두 모분산이 서로 다르다고 가정해 보자. 두 회사 음료수의 평균용량의 차이에 대한 95% 신뢰구간을 구하여라.

풀이 표본으로부터 다음의 결과들이 측정되었으므로

A회사: $n_1=13,\ \bar{x}=213,\ s_1=4$
B회사: $n_2=18,\ \bar{y}=209,\ s_2=8$

신뢰구간의 계산에 이용할 자유도 df를 계산하면 다음과 같다.

$$df=\frac{(s_1^2/n_1+s_2^2/n_2)^2}{\dfrac{(s_1^2/n_1)^2}{n_1-1}+\dfrac{(s_2^2/n_2)^2}{n_2-1}}=\frac{(4^2/13+8^2/18)^2}{\dfrac{(4^2/13)^2}{12}+\dfrac{(8^2/18)^2}{17}}\approx 26.34$$

그러므로 부록의 t-분포표로부터 $t_{0.025}(26)=2.056$이 된다. 그러므로 $\mu_1-\mu_2$의 95% 신뢰구간은 공식에 위의 값들을 대입하여 계산하면 다음과 같다.

$$\begin{aligned}(\bar{x}-\bar{y}) \pm t_{\alpha/2}(df)\sqrt{\frac{s_1^2}{n_1}+\frac{s_2^2}{n_2}} &= (213-209) \pm \left(2.056 \times \sqrt{\frac{4^2}{13}+\frac{8^2}{18}}\right)\\ &\approx 4 \pm 4.49\\ &= (-0.49,\ 8.49)\end{aligned}$$

그러므로 신뢰도 95%를 가질 때 A회사와 B회사의 음료수의 평균용량의 차이는 대략 (−0.49, 8.49)로 추정된다. [예제 10.3]과 비교할 때, 신뢰구간은 약간 좁아졌으나 두 모분산이 서로 다르다고 가정한 경우에도, 신뢰구간의 상한과 하한에 양의 값과 음의 값을 포함하고 있으므로, 실제로 두 회사의 음료수의 평균용량은 차이가 없다고 볼 수 있다. ■

두 모집단의 모표준편차 σ_1과 σ_2를 모르고 서로 다른 경우에 두 모평균의 차이인 $\mu_1-\mu_2$에 관한 가설검정은 앞에서 언급한 통계량을 이용하여 다음과 같이 한다.

두 모평균 차이 $\mu_1-\mu_2$에 대한 검정: 표본의 크기가 작고 모분산이 다른 경우

(1) 검정통계량의 결정

두 모집단이 정규분포를 하며, 적어도 하나의 표본의 크기는 30보다 작고, 서로 독립이며, 모분산이 다른 경우에 귀무가설(H_0: $\mu_1-\mu_2=\delta_0$)의 기각여부를 검정하기 위하여 다음의 검정통계량을 사용한다.

$$t=\frac{(\overline{X}-\overline{Y})-\delta_0}{\sqrt{\dfrac{S_1^2}{n_1}+\dfrac{S_2^2}{n_2}}}$$

(2) 다음의 대립가설에 대하여 유의수준이 α일 때, 기각역은 다음과 같다.

H_0: $\mu_1-\mu_2=\delta_0$와 H_1: $\mu_1-\mu_2>\delta_0$일 때 R: $t>t_\alpha\,(df)$ (오른쪽검정)

H_0: $\mu_1-\mu_2=\delta_0$와 H_1: $\mu_1-\mu_2<\delta_0$일 때 R: $t<-t_\alpha\,(df)$ (왼쪽검정)

H_0: $\mu_1-\mu_2=\delta_0$와 H_1: $\mu_1-\mu_2\neq\delta_0$일 때 R: $|t|>t_{\alpha/2}\,(df)$ (양측검정)

예제 10.6

[예제 10.4]에서 체육학과와 일반학과 신입생의 키는 정규분포를 따르며, 모분산은 서로 다르다고 가정해 보자. 유의수준 10%에서 학과 간의 평균키의 차이가 있는지를 검정하여라.

풀이 표본의 자료로부터 구해진 측정결과를 다시 정리하면 다음과 같다.

체육학과: $n_1=21,\ \bar{x}=179,\ s_1=8$

일반학과: $n_2=21,\ \bar{y}=174,\ s_2=4$

(1) 가설설정

[예제 10.4]의 풀이와 같이 다음의 가설들을 설정한다.

$$H_0:\ \mu_1-\mu_2=0 \quad vs. \quad H_1:\ \mu_1-\mu_2\neq 0$$

(2) 검정통계량 결정

두 모평균의 차이 $\mu_1-\mu_2$에 대한 가설검정으로 두 표본의 크기가 모두 30 미만이고, 모표준편차 σ_1과 σ_2를 모르며 서로 다르다고 가정하였으므로, 다음의 검정통계량을 사용한다.

$$t=\frac{(\overline{X}-\overline{Y})-\delta_0}{\sqrt{\dfrac{S_1^2}{n_1}+\dfrac{S_2^2}{n_2}}}$$

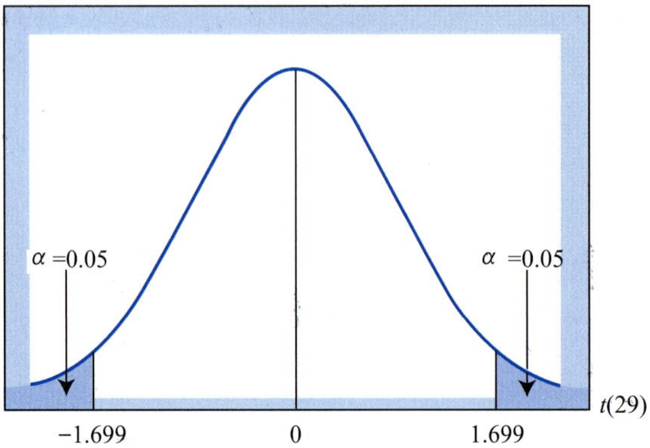

그림 10.3 $H_0 : \mu_1 - \mu_2 = 0$와 $H_1 : \mu_1 - \mu_2 \neq 0$에서 $\alpha = 0.1$일 때의 기각역

(3) 유의수준 결정

문제로부터 유의수준 10%이므로 $\alpha = 0.1$을 사용한다.

(4) 판정기준 결정

우선 자유도 df를 계산하면 다음과 같다.

$$df = \frac{(s_1^2/n_1 + s_2^2/n_2)^2}{\dfrac{(s_1^2/n_1)^2}{n_1 - 1} + \dfrac{(s_2^2/n_2)^2}{n_2 - 1}} = \frac{(8^2/21 + 4^2/21)^2}{\dfrac{(8^2/21)^2}{20} + \dfrac{(4^2/21)^2}{20}} \approx 29.41$$

그러므로 기각역은 자유도가 $df = 29$인 t-분포의 평균값인 0을 중심으로 왼쪽과 오른쪽에 나타난다. 그러므로 $t(29)$-분포에서 왼쪽과 오른쪽 꼬리부분의 확률이 각각 0.05가 되는 t값인 $t_{0.05}(29) = 1.699$가 임계값이 된다. 따라서 검정통계량 t의 계산된 값이 1.699보다 크거나 -1.699보다 작은 구간이 H_0의 기각역이 되고, t값이 -1.699에서 1.699 사이의 구간은 H_0의 채택역이 된다. 귀무가설의 기각여부를 결정하는 판정기준은 다음과 같다.

$|t| > 1.699$이면 유의수준 10%에서 귀무가설 H_0를 기각

$|t| \leq 1.699$이면 유의수준 10%에서 귀무가설 H_0를 채택

(5) 검정통계량값 계산과 귀무가설 기각여부 판정

검정통계량에 값을 대입하고, 계산한 결과가 다음과 같다.

$$t = \frac{(\bar{x} - \bar{y}) - \delta_0}{\sqrt{\dfrac{s_1^2}{n_1} + \dfrac{s_2^2}{n_2}}} = \frac{(179 - 174) - 0}{\sqrt{\dfrac{8^2}{21} + \dfrac{4^2}{21}}} \approx 2.56$$

t값이 2.56으로 1.699보다 크므로, 유의수준 10%에서 귀무가설을 기각한다.

(6) 연구자의 주장에 대한 결론

그러므로 이 표본자료를 근거로 하였을 때, '학과 간의 평균키에서 차이가 있다'라고 결론내린다. ■

10.4 대응표본

지금까지 두 모평균 차이 $\mu_1 - \mu_2$에 관한 추론을 할 때, 각 모집단으로부터 추출된 서로 독립인 표본들의 자료를 근거로 하여 추정과 검정을 하였다. 이 절에서는 추출된 표본이 독립이 아닐 때, 두 모집단의 차이에 대한 모평균에 관한 추론을 살펴보고자 한다.

예를 들어, 한 다이어트약의 효과를 알아보기 위하여 20명의 성인 남녀를 임의로 추출하여 약을 복용하기 전 체중을 기록하고, 약의 복용규정에 따라 20명이 일정기간 복용한 후 체중을 기록하였다고 하자. 이 경우 다이어트약 복용 전 측정한 20명의 체중이 하나의 표본의 자료가 되고, 일정기간 복용 후 측정한 20명의 체중이 또 다른 하나의 표본자료가 된다. 이와 같이 구한 두 개의 표본자료들은 사실상 같은 20명을 대상으로 한 다이어트약 복용 전과 복용 후에 측정된 값들이다. 이러한 표본을 **대응표본**(paired sample, matched sample)이라고 한다.

> **대응표본**
> 대응표본이란 임의로 추출된 하나의 표본 안에 있는 각각의 관측값에 대하여 두 번째 표본 안에 그 대응되는 관측값들이 있고, 이러한 관측값들이 같은 모집단으로부터 추출된 경우 이 두 표본을 말한다.

이러한 대응표본에 있는 자료의 구조는 다음과 같다.

> **대응표본에 속한 관측값들의 구조**
> 첫 번째 표본 안에 있는 n개의 관측값 X_i와 두 번째 표본 안에 있는 n개의 관측값 Y_i가 서로 대응될 때, 대응표본의 자료의 구조는 다음과 같다.

쌍	첫 번째 표본	두 번째 표본	두 관측값의 차이
1	X_1	Y_1	$D_1 = X_1 - Y_1$
2	X_2	Y_2	$D_2 = X_2 - Y_2$
⋮	⋮	⋮	⋮
i	X_i	Y_i	$D_i = X_i - Y_i$
⋮	⋮	⋮	⋮
n	X_n	Y_n	$D_n = X_n - Y_n$

이와 같은 대응표본의 경우에 표본의 크기는 n이 된다. 그리고 위에서 구한 관측값의 차이 D_i를 이용하여 표본의 평균과 분산을 계산하면 다음과 같다.

표본의 평균: $\overline{D} = \frac{1}{n}\sum_{i=1}^{n} D_i$

표본의 분산: $S_D^2 = \frac{1}{n-1}\sum_{i=1}^{n}(D_i - \overline{D})^2 = \frac{1}{n-1}\left(\sum_{i=1}^{n} D_i^2 - n\overline{D}^2\right)$

그리고 대응표본에 있는 i번째 관측값 D_i의 평균과 분산을 각각 다음과 같이 표기하자.

$$E(X_i - Y_i) = E(D_i) = \mu_D$$
$$Var(X_i - Y_i) = Var(D_i) = \sigma_D^2$$

그러면 표본의 크기 n이 30 이상이면 중심극한정리에 의하여 관측값의 차이의 평균 $\overline{D}$는 근사적으로 평균이 μ_D이고 분산이 σ_D^2인 정규분포를 따르는 성질을 이용하여 추론할 수 있다. 그러나 일반적으로 대응표본인 경우, 표본의 크기가 30보다 작고 모표준 편차 σ_D가 알려져 있지 않으므로 σ_D의 추정량으로 다음의 $S_{\overline{D}}$를 사용한다.

$$S_{\overline{D}} = \frac{S_D}{\sqrt{n}}$$

두 모집단의 차이에 대한 모평균 μ_D의 신뢰구간: 표본의 크기가 작고 대응표본의 경우

대응표본의 크기가 30보다 작고, 대응표본에 있는 i번째 관측값 d_i의 분산 σ_D^2를 모르고, D_i가 근사적으로 정규분포를 따르는 경우에, μ_D의 $100(1-\alpha)$ 신뢰구간은 다음과 같다.

$$\overline{D} \pm [t_{\alpha/2}(n-1) \times S_{\overline{D}}]$$

여기서 $D_i = X_i - Y_i$,

$$\overline{D} = \frac{1}{n}\sum_{i=1}^{n} D_i,$$

$$S_D = \sqrt{\frac{1}{n-1}\left(\sum_{i=1}^{n} D_i^2 - n\overline{D}^2\right)},$$

$$S_{\overline{D}} = \frac{S_D}{\sqrt{n}}.$$

예제 10.7

새로 시판되는 한 다이어트약의 효과를 알아보기 위하여 성인 남녀 7명의 체중을 다이어트약 복용 전에 측정하고, 그 다이어트약의 복용방법에 따라 1개월 간 복용한 다음, 다시 그들의 체중을 측정하였다. 체중측정 결과는 [표 10.1]에 나타내었다. 다이어트약의 효과가 있는지, 체중의 변화에 대한 95% 신뢰구간을 구하여라.

표 10.1 다이어트약의 복용 전후의 몸무게

복용 전	59	72	85	69	78	82	55
복용 후	54	65	84	63	72	83	51

풀이 같은 남녀 7명에 대한 다이어트약 복용 전과 후의 체중을 측정하였으므로 대응표본을 이용한 모집단의 차이에 대한 모평균의 신뢰구간을 계산하기 위하여 복용 전과 후의 차이인 $D_i = X_i - Y_i$의 평균과 분산을 구하자.

표 10.2 각 관측값의 차이에 대한 통계량의 계산 (단위: kg)

복용 전(x_i)	59	72	85	69	78	82	55
복용 후(y_i)	54	65	84	63	72	83	51
전과 후의 차이(d_i)	5	7	1	6	6	−1	4
차이의 제곱(d_i^2)	25	49	1	36	36	1	16

먼저 복용 전과 후의 차이인 d_i에 대한 자료를 정리하면 다음과 같다.

$$n = 7,\ \sum_{i=1}^{n} d_i = 28,\ \sum_{i=1}^{n} d_i^2 = 164$$

따라서 표본의 관측값의 차이인 d_i의 평균과 분산은 각각 다음과 같다.

$$\text{표본의 평균: } \bar{d} = \frac{1}{n}\sum_{i=1}^{n} d_i = \frac{28}{7} = 4$$

$$\text{표본의 분산: } s_d^2 = \frac{1}{n-1}\left(\sum_{i=1}^{n} d_i^2 - n\bar{d}^2\right) = \frac{1}{6}\left(164 - 7(4)^2\right) \approx 8.67$$

그리고 부록의 t-분포표로부터 $t_{0.025}(6) = 2.447$이 된다. 그러므로 체중의 변화 μ_d의 95% 신뢰구간은 다음과 같다.

$$\bar{d} \pm [t_{\alpha/2}(n-1) \times s_{\bar{d}}] = 4 \pm \left(2.447 \times \frac{\sqrt{8.67}}{\sqrt{7}}\right) \approx (1.28,\ 6.72)$$

그러므로 신뢰도 95%를 가질 때, 다이어트약 복용 전과 후의 차이에 대한 평균체중은 [1.28(kg), 6.72(kg)]으로 추정된다. 전과 후의 차이에 대한 모평균 μ_d에 대한 95% 신뢰구간에서 상한과 하한에 모두 양의 값을 가지므로 복용 전보다 체중이 줄어들었다는 증거가 되고, 다이어트약의 효과가 있다고 볼 수 있다. ■

두 모집단의 차이에 대한 모평균 μ_D의 검정: 표본의 크기가 작고 대응표본의 경우

(1) 검정통계량의 결정

귀무가설(H_0: $\mu_D = \delta_0$)의 기각여부를 검정하는 데 대응표본의 크기가 30보다 작고, 대응표본에 있는 i번째 관측값 D_i의 분산 σ_D^2를 모르고, D_i가 근사적으로 정규분포를 따르는 경우, 다음의 검정통계량을 사용한다.

$$t = \frac{\overline{D} - \delta_0}{S_{\overline{D}}}$$

(2) 다음의 대립가설에 대하여 유의수준이 α일 때, 기각역은 다음과 같다.

H_0: $\mu_d = \delta_0$와 H_1: $\mu_d > \delta_0$일 때 R: $t > t_\alpha(n-1)$ (오른쪽검정)

H_0: $\mu_d = \delta_0$와 H_1: $\mu_d < \delta_0$일 때 R: $t < -t_\alpha(n-1)$ (왼쪽검정)

H_0: $\mu_d = \delta_0$와 H_1: $\mu_d \neq \delta_0$일 때 R: $|t| > t_{\alpha/2}(n-1)$ (양측검정)

예제 10.8

[예제 10.7]에서 다이어트약의 효과가 있는지, 유의수준 5%에서 가설을 검정하여라.

풀이 (1) 가설설정

다이어트약의 효과가 있다면 약 복용 전의 체중 X_i에서 복용 후의 체중 Y_i를 뺀 값 $D_i = X_i - Y_i$가 0보다 훨씬 크게 나타나므로, 대립가설로 H_1: $\mu_D > 0$을 적고, 귀무가설로 H_0: $\mu_D = 0$으로 적는다. 즉,

$$H_0: \mu_D = 0 \qquad vs. \qquad H_1: \mu_D > 0$$

(2) 검정통계량 결정

H_0: $\mu_D = 0$의 기각여부를 검정하는 데 대응표본의 크기가 30보다 작고, 대응표본에 있는 i번째 관측값 D_i의 분산 σ_D^2를 모르는 경우에 해당된다. 그리고 D_i가 근사적으로 정규분포를 따르는 경우로 가정하여, 다음의 검정통계량을 사용한다.

$$t = \frac{\overline{D} - \delta_0}{S_{\overline{D}}}$$

(3) 유의수준 결정

문제로부터 유의수준이 5%이므로, $\alpha = 0.05$를 사용한다.

(4) 판정기준 결정

다이어트약의 효과가 크면 클수록 대립가설 H_1: $\mu_D > 0$을 지지하는 증거가 되므로, 자유도가 $df = 6$인 t-분포의 평균값인 0을 중심으로 오른쪽에 기각역이 나타난다. 그러므로 $t(6)$-분포에서 오른쪽꼬리부분의 확률이 0.05가 되는 t값인 $t_{0.05}(6) = 1.943$이 임계값이 된다. 따라서 검정통계량 T의 계산된 값이 1.943보다 큰 구간이 H_0의 기각역이 되고, t값이 1.943보다 작거나 같은 구간은 H_0의 채택역이 된다.

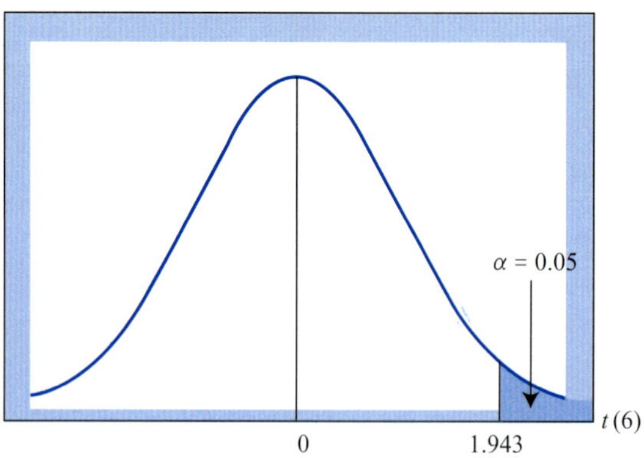

그림 10.4 H_0 : $\mu_D = 0$와 H_1 : $\mu_D > 0$에서 $\alpha = 0.05$일 때의 기각역

귀무가설의 기각여부를 결정하는 판정기준은 다음과 같다.

$t > 1.943$이면 유의수준 5%에서 귀무가설 H_0를 기각
$t \leq 1.943$이면 유의수준 5%에서 귀무가설 H_0를 채택

(5) 검정통계량값 계산과 귀무가설 기각여부 판정
검정통계량에 값을 대입하고, 계산한 결과가 다음과 같다.

$$t = \frac{\bar{d} - \delta_0}{s_{\bar{d}}} = \frac{4-0}{\sqrt{8.67}/\sqrt{7}} \approx 3.594$$

t값이 대략 3.594로서 1.943보다 크므로, 유의수준 5%에서 귀무가설을 기각한다.

(6) 연구자의 주장에 대한 결론
그러므로 이 표본자료를 근거로 했을 때, '다이어트약의 효과가 있다'라고 결론내린다. ■

10.5 두 모집단의 모비율 차이에 대한 추론: 표본의 크기가 큰 경우

두 모집단을 비교할 때 자료가 범주형 자료인 경우에는 두 모집단의 모평균 대신 모비율의 차이를 비교하게 된다. 예를 들어, 특정 질병에 대한 두 종류의 약품에 대한 치료율의 효과를 비교하는 경우에는 각각의 치료율을 p_1과 p_2로 놓았을 때, 치료율의 차이인 $p_1 - p_2$에 관심을 갖게 된다. 이 절에서는 이러한 두 모비율의 차이에 대한 추정과 검정에 대하여 살펴본다.

각각의 모집단으로부터 크기가 n_1과 n_2인 임의표본을 추출했을 때 각 표본에 있는 관심의 대상인 속성을 갖는 관측값의 개수를 각각 X개와 Y개라고 한다면, 각 모집단의 모비율 p_1과 p_2의 점추정량은 다음과 같다.

첫 번째 모집단의 점추정량: $\hat{p}_1 = \dfrac{X}{n_1}$
두 번째 모집단의 점추정량: $\hat{p}_2 = \dfrac{Y}{n_2}$

그리고 표본의 크기 n_1과 n_2가 큰 경우에 이 점추정량들은 근사적으로 다음과 같이 정규분포를 따른다.

$$\hat{p}_1 \xrightarrow{D} N\left(p_1, \frac{p_1(1-p_1)}{n_1}\right), \quad \hat{p}_2 \xrightarrow{D} N\left(p_2, \frac{p_2(1-p_2)}{n_2}\right)$$

그리고 이 점추정량들은 서로 독립이므로, 이들의 선형결합인 $\hat{p}_1 - \hat{p}_2$ 또한 근사적으로 정규분포를 따르고, 표준화하면 다음의 표준정규분포를 따른다.

$$Z = \frac{(\hat{p}_1 - \hat{p}_2) - (p_1 - p_2)}{\sqrt{\frac{\hat{p}_1(1-\hat{p}_1)}{n_1} + \frac{\hat{p}_2(1-\hat{p}_2)}{n_2}}} \to N(0, 1)$$

이 통계적 성질을 이용하여 모비율의 차이인 $p_1 - p_2$의 신뢰구간을 다음과 같이 구한다.

두 모비율 차이 $p_1 - p_2$에 대한 신뢰구간: 표본의 크기가 큰 경우

표본의 크기가 n_1과 n_2로서, 크기가 크고, 서로 독립인 표본을 두 모집단으로부터 구한 경우에, $p_1 - p_2$의 $100(1-\alpha)$ 신뢰구간은 다음과 같다.

$$(\hat{p}_1 - \hat{p}_2) \pm z_{\alpha/2}\sqrt{\frac{\hat{p}_1(1-\hat{p}_1)}{n_1} + \frac{\hat{p}_2(1-\hat{p}_2)}{n_2}}$$

예제 10.9

한 시험에 대한 교육효과를 비교하기 위하여 900명의 학생들 가운데 임의로 고른 500명의 학생에게는 방법 A로 교육하였고, 나머지 400명에게는 방법 B로 교육한 후 시험을 치게 하고, 합격률을 조사한 결과 [표 10.3]과 같다. 두 교육방법 A와 B에 대한 합격률의 차이 $p_1 - p_2$의 95% 신뢰구간을 구하여라.

표 10.3 강의방법에 따른 시험 합격률의 차이

	강의방법 A	강의방법 B
합격자수	100	68
불합격자수	400	332
합계	500	400

풀이 교육방법 A와 B의 합격률을 각각 p_1과 p_2라고 할 때, 표본의 자료로부터 두 모비율의 점추정량을 구하면

강의방법 A 합격률에 대한 점추정량: $\hat{p}_1 = \frac{X}{n_1} = \frac{100}{500} = 0.2$

강의방법 B 합격률에 대한 점추정량: $\hat{p}_2 = \frac{Y}{n_2} = \frac{68}{400} = 0.17$

이 된다. 그러므로 $\hat{p}_1$과 $\hat{p}_2$을 신뢰구간의 공식에 대입하여 계산하면 다음과 같다.

$$\begin{aligned}
&(\hat{p}_1 - \hat{p}_2) \pm z_{\alpha/2}\sqrt{\frac{\hat{p}_1(1-\hat{p}_1)}{n_1} + \frac{\hat{p}_2(1-\hat{p}_2)}{n_2}} \\
&= (0.2 - 0.17) \pm 1.96\sqrt{\frac{0.2(1-0.2)}{500} + \frac{0.17(1-0.17)}{400}} \\
&\approx 0.03 \pm 0.051 \\
&= (-0.021, 0.081)
\end{aligned}$$

따라서 신뢰수준이 95%일 때, 두 교육방법 A와 B의 합격률의 차이는 대략 [−2.1(%), 8.1(%)]로 추정된다. 두 교육방법에 의한 합격률의 차이 $p_1 - p_2$에 대한 95% 신뢰구간에 0이 포함되므

로, 두 교육방법에는 합격률의 차이가 없다는 것을 알 수 있다. ■

이제 표본의 크기가 크고 서로 독립인 표본들이 주어질 때, 모비율의 차이 $p_1 - p_2$에 관한 검정방법을 살펴보자. 귀무가설 $H_0 : p_1 - p_2 = 0$은 $H_0 : p_1 = p_2$로 적을 수 있고, p_1과 p_2는 모르기 때문에 공통의 모비율의 추정량으로서, 다음의 $\hat{p}$을 사용한다.

$$\hat{p} = \frac{X+Y}{n_1+n_2}$$

그러므로 다음과 같이 모비율의 차이에 대한 검정을 실시한다.

두 모비율 차이 $p_1 - p_2$에 대한 검정: 표본의 크기가 큰 경우

(1) 검정통계량의 결정

귀무가설(H_0: $p_1 - p_2 = 0$)의 기각여부를 검정하는 데 각 표본의 크기가 큰 경우 다음의 검정통계량을 사용한다.

$$Z = \frac{(\hat{p}_1 - \hat{p}_2) - (p_1 - p_2)}{\sqrt{\hat{p}(1-\hat{p})\left(\frac{1}{n_1} + \frac{1}{n_2}\right)}}$$

여기서

$\hat{p} = \frac{X+Y}{n_1+n_2}$: 공통모비율의 추정량

(2) 다음의 대립가설에 대하여 유의수준이 α일 때, 기각역은 다음과 같다.

H_0: $p_1 - p_2 = 0$과 H_1: $p_1 - p_2 > 0$일 때	R: $Z > z_\alpha$	(오른쪽검정)
H_0: $p_1 - p_2 = 0$과 H_1: $p_1 - p_2 < 0$일 때	R: $Z < -z_\alpha$	(왼쪽검정)
H_0: $p_1 - p_2 = 0$과 H_1: $p_1 - p_2 \neq 0$일 때	R: $\|Z\| > z_{\alpha/2}$	(양측검정)

예제 10.10

[예제 10.9]에서 강의방법 A의 합격률이 강의방법 B의 합격률보다 높다고 할 수 있는지를 유의수준 5%에서 검정하여라.

풀이 (1) 가설설정

강의방법 A의 시험합격률이 더 높은가를 알아보려고 하므로, 대립가설로 H_1: $p_1 - p_2 > 0$을 적고, 귀무가설로 H_0: $p_1 - p_2 = 0$을 적는다.

$$H_0: p_1 - p_2 = 0 \quad vs. \quad H_1: p_1 - p_2 > 0$$

(2) 검정통계량 결정

귀무가설(H_0: $p_1 - p_2 = 0$)의 기각여부를 검정하는 데 각 표본의 크기가 크기 때문에, 다음의 검정통계량을 사용한다.

$$Z = \frac{(\hat{p}_1 - \hat{p}_2) - (p_1 - p_2)}{\sqrt{\hat{p}(1-\hat{p})\left(\frac{1}{n_1} + \frac{1}{n_2}\right)}}$$

(3) 유의수준 결정

문제로부터 유의수준 5%가 주어졌으므로, $\alpha = 0.05$를 사용한다.

(4) 판정기준 결정

강의방법 A의 합격률이 더 높을수록 대립가설 H_1: $p_1 - p_2 > 0$을 지지하는 증거가 되므로, 표준정규분포의 평균값인 0을 중심으로 오른쪽에 기각역이 나타난다. 그러므로 $z_{0.05} = 1.645$가 임계값이 된다. 따라서 검정통계량 Z의 계산된 값이 1.645보다 큰 지역이 H_0의 기각역이 되고, z값이 1.645와 같거나 작은 지역은 H_0의 채택역이 된다.

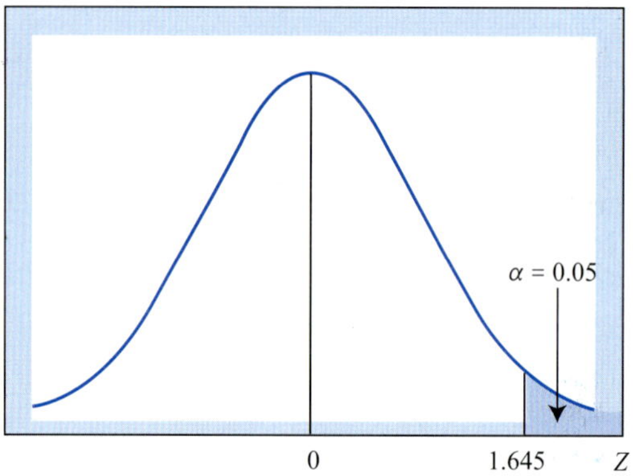

그림 10.5 H_0: $p_1 - p_2 = 0$과 H_1: $p_1 - p_2 > 0$에서 $\alpha = 0.05$일 때의 기각역

귀무가설의 기각여부를 결정하는 판정기준은 다음과 같다.

$z > 1.645$이면 유의수준 5%에서 귀무가설 H_0를 기각

$z \leq 1.645$이면 유의수준 5%에서 귀무가설 H_0를 채택

(5) 검정통계량값 계산과 귀무가설 기각여부 판정

공통모비율의 추정값은 다음과 같다.

$$\hat{p} = \frac{x + y}{n_1 + n_2} = \frac{100 + 68}{500 + 400} \approx 0.187$$

또한 각 모비율의 추정량은 다음과 같다.

$$\hat{p}_1 = \frac{x}{n_1} = \frac{100}{500} = 0.2, \qquad \hat{p}_2 = \frac{y}{n_2} = \frac{68}{400} = 0.17$$

검정통계량에 값을 대입하면 다음의 값을 얻게 된다.

$$Z = \frac{(\hat{p}_1 - \hat{p}_2) - (p_1 - p_2)}{\sqrt{\hat{p}(1 - \hat{p})\left(\frac{1}{n_1} + \frac{1}{n_2}\right)}} = \frac{(0.2 - 0.17) - (0)}{\sqrt{0.187(1 - 0.187)\left(\frac{1}{500} + \frac{1}{400}\right)}} \approx 1.147$$

z값이 1.147로서 1.645보다 작으므로 유의수준 5%에서 귀무가설을 채택한다.

(6) 연구자의 주장에 대한 결론

그러므로 이 표본자료를 근거로 했을 때, '강의방법 A의 시험합격률이 강의방법 B의 시험합격률보다 높다고 볼 수 없다'라고 결론내린다. ■

10.6 R 실습

1. 라텍스 페인트의 품질을 조사하기 위하여 A, B 두 종류의 원심분리기를 이용하여 분자의 크기를 다음과 같이 측정하였다. A, B 두 종류의 원심분리기가 분자의 크기를 측정하는 데 차이가 있다고 할 수 있는지를 유의수준 1%에서 검정하여라.

A: 4714, 4601, 4696, 4896, 4905, 4870, 4987, 5144, 3962, 4006, 4561, 4626, 4924
B: 4295, 4271, 4326, 4530, 4618, 4779, 4752, 4744, 3764, 3797, 4401, 4339, 4700

풀이

적절한 가설은 다음과 같다.

$$H_0 : \mu_1 = \mu_2 \qquad vs. \qquad H_1 : \mu_1 \neq \mu_2$$

표본의 크기가 두 종류 모두 13개로 소표본이고, 표본표준편차가 큰 차이가 없으므로(통상 표본표준편차가 2배 이상 차이가 나지 않으면 모분산이 서로 차이가 없다고 할 수 있다.) 등분산을 가정한 t-검정을 행한다. t-검정 결과 p-값이 0.053으로 0.01보다 크므로 귀무가설을 기각할 수 없다. 즉 A, B 두 종류의 원심분리기가 분자의 크기를 측정하는 데 차이가 있다고 할 수 없다. 신뢰구간을 통해서도 이 사실을 확인할 수 있다. 99% 신뢰구간이 (−3.45, 553.60)이어서 0을 포함하므로, 귀무가설을 기각할 수 없다.

```
> # 모평균에 대한 검정(소표본의 경우)
> x=c(4714, 4601, 4696, 4896, 4905, 4870, 4987, 5144, 3962, 4006, 4561, 4626, 4924)
> mean(x)
[1] 4684
> sd(x)
[1] 353.1742
> y=c(4295, 4271, 4326, 4530, 4618, 4779, 4752, 4744, 3764, 3797, 4401, 4339, 4700)
> mean(y)
[1] 4408.923
> sd(y)
[1] 334.6938
> t.test(x,y,var.equal=T)

        Two Sample t-test
data:  x and y
t = 2.0384, df = 24, p-value = 0.05268
alternative hypothesis: true difference in means is not equal to 0
```

```
95 percent confidence interval:
  -3.447586 553.601433
sample estimates:
mean of x mean of y
  4684.000 4408.923
```

2. 어떤 체력단련코스가 효과가 있는지를 알기 위하여 동일인에 대하여 체력단련코스를 시행하기 전과 체력단련코스를 시행한 후 각각 1분 동안의 윗몸일으키기 횟수를 아래와 같이 측정하였다. 이 체력단련코스가 효과가 있다고 할 수 있는지를 유의수준 5%에서 검정하여라.

	1	2	3	4	5	6	7	8	9	10
시행 전	29	22	25	29	26	24	31	46	34	26
시행 후	30	26	25	35	33	36	32	54	50	43

풀이

시행 후의 횟수와 시행 전의 횟수의 차이를 $D_i(i=1, 2, \cdots, 10)$라 하자. 가설은 다음과 같다.

$$H_0: \mu_d=0 \qquad vs. \qquad H_1: \mu_d>0$$

$D_i(i=1, 2, \cdots, 10)$에 대하여 정규분포를 이루는지를 확인하기 위하여 정규확률그림을 그려보면 다음과 같다. 이것은 정규분포를 이룬다고 할 수 있다.

```
> # 모평균에 대한 검정(대응비교)
> x=c(29, 22, 25, 29, 26, 24, 31, 46, 34, 26)
> y=c(30, 26, 25, 35, 33, 36, 32, 54, 50, 43)
> d=x-y
> qqnorm(d,ylab="D")
> qqline(d)
```

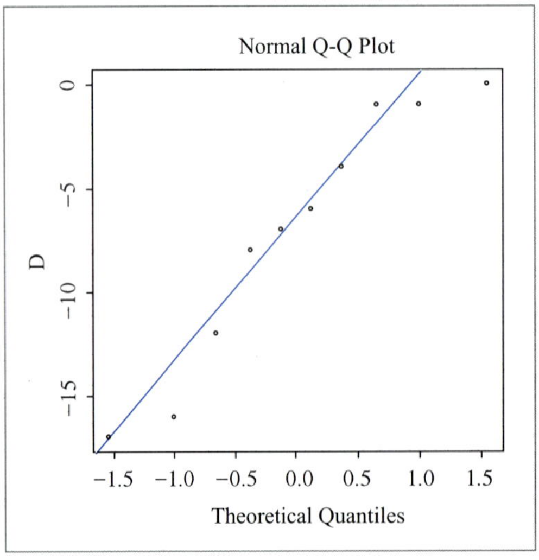

그러므로 t-검정을 다음과 같이 시행할 수 있다. t-검정 결과 p-값이 0.0024이므로, 귀무가설을 기각한다. 즉, 이 체력단련코스가 효과가 있다고 할 수 있다.

```
> t.test(y,x,paired=T,alt="greater")

            Paired t-test
data:  y and  x
t = 3.7175, df = 9, p-value = 0.002395
alternative hypothesis: true difference in means is greater than 0
95 percent confidence interval:
  3.649666       Inf
sample estimates:
mean of the differences
                    7.2
```

3. 어느 지역의 국회의원 선거 전 지역주민 1,000명을 대상으로 여론조사를 행하였다. A 후보를 선택한 사람이 400명, B 후보를 선택한 사람이 450명이었다. 지지율에 있어서 A 후보가 B 후보보다 작다고 할 수 있는지를 유의수준 5%에서 검정하여라.

풀이

가설은 다음과 같다.

$$H_0 : p_1 = p_2 \qquad vs. \qquad H_1 : p_1 < p_2$$

아래와 같은 검정결과 p-값이 0.01333이므로, 귀무가설을 기각할 수 있다. 즉, 지지율에 있어서 A 후보가 B 후보보다 작다고 할 수 있다.

```
> prop.test(c(400,450),c(1000,1000),alt="less")

        2-sample test for equality of proportions with continuity correction


data:  c(400, 450) out of c(1000, 1000)
X-squared = 4.9125, df = 1, p-value = 0.01333
alternative hypothesis: less
95 percent confidence interval:
  -1.00000000 -0.01268262
sample estimates:
prop 1 prop 2
  0.40   0.45
```

10.7 연습문제

10.1 경쟁기업인 A회사와 B회사는 각각 나사를 생산하고 있다. 어떤 조사자가 생산된 A회사의 나사와 B회사의 나사 중 독립적으로 각각 100개씩을 임의로 추출하여 조사하였더니 각 나사의 표본평균지름이 $\bar{x}=0.41$, $\bar{y}=0.45$임을 알았다. 이 결과로, 조사자는 두 기업에서 생산된 나사의 모평균지름들이 차이가 있다고 주장한다. 이 주장을 조사자의 입장에서 유의수준 $\alpha=0.05$로 검정하여라. 여기서 생산된 두 기업의 나사 지름의 각 분포는 $N(\mu_1, \sigma_1^2)$과 $N(\mu_2, \sigma_2^2)$을 따르며, $\sigma_1^2=0.01^2$과 $\sigma_2^2=0.02^2$임이 알려져 있다고 가정하라.

10.2 화장품 회사에서는 남성과 여성의 자사제품에 선호도 여부를 알아보기 위해 남녀 각각 100명을 선정하여 선호도에 대해 표본조사하였다. 남성의 선호도는 100명 중 57명이 자사제품에 선호한다고 하였으며, 여성은 100명 중 65명이 자사제품을 선호한다고 하였다. 유의수준 $\alpha=0.05$로 검정하여라.

10.3 신약을 개발한 제약회사가 신약의 효과를 알아보기 위해 100마리의 쥐를 무작위로 실험군과 대조군으로 50마리씩 나누었으며, 실험군에는 신약을 대조군에는 위약을 투입하여 효과의 차이를 알아보았다. 실험군 쥐의 평균생존기간은 13일, 표준편차는 2.3일로 나타났으며, 대조군 쥐의 평균생존기간은 12일, 표준편차는 1.5일로 나타났다. 신약의 효과가 있는지 유의수준 $\alpha=0.05$에서 검정을 실시하여라. 두 집단은 모두 정규분포를 따른다고 가정하라.

10.4 목초의 종류에 따른 우유생산량의 차이를 알아보기 위해 25마리의 젖소를 대상으로 4주 동안 무작위로 추출된 12마리의 젖소에게는 인공적으로 건조시킨 목초를 주고, 13마리의 젖소에게는 들판에서 말린 목초를 주었다. 각 젖소의 일일 평균우유생산량이 다음과 같이 주어졌다고 할 때, 일일 평균우유생산량의 차이에 대한 95% 신뢰구간을 구하여라.

들판에서 말린 목초	44	45	56	46	47	38	58	53	49	35	46	30	41
인공적으로 말린 목초	35	47	55	29	40	39	32	41	42	57	51	39	

10.5 교육과학기술부는 A지역 고등학생들과 B지역 고등학생들의 수학실력에 차이가 있는지를 검정하고자 한다. 이를 위해 교육과학기술부에서는 A지역 고등학생들과 B지역 고등학생들 중에서 독립적으로 각각 13명과 11명을 무작위로 추출하여 똑같은 수학시험을 실시하였으며, 그 결과가 다음과 같다.

A지역	82, 81, 80, 89, 86, 83, 80, 74, 86, 86, 89, 83, 78
B지역	76, 81, 91, 82, 76, 80, 77, 87, 77, 83, 92

위 결과로 두 지역 고등학생의 모평균수학점수들에 차이가 있는지를 유의수준 $\alpha=0.05$로 검정하여라. 여기서 두 지역의 수학점수분포는 $N(\mu_1, \sigma_1^2)$과 $N(\mu_2, \sigma_2^2)$을 따르며, $\sigma_1^2=\sigma_2^2$이라고 가정하라.

10.6 문제 10.5에서 알려져 있지 않은 두 모분산들이 $\sigma_1^2 \neq \sigma_2^2$이라는 것 이외의 다른 조건이 같을 경우, 두 지역 고등학생의 모평균수학점수들에 차이가 있는지를 유의수준 $\alpha=0.05$로 검정하여라.

10.7 낙동강을 사이에 두고 동서로 나뉘어 있는 두 지역의 집값을 비교하고자, 최근에 매매가 이루어진 집을 대상으로 동쪽에서 13가구, 서쪽에서 11가구의 집값을 조사하였더니 다음과 같았다. 유의수준 5%에서 두 지역의 집값에 차이가 있다고 할 수 있는지 검정하여라.

동쪽 : $n_1=13$, $\bar{x}=2.4$억 원, $s_1=0.72$억 원

서쪽 : $n_2=11$, $\bar{y}=2.15$억 원, $s_2=0.35$억 원

10.8 도시지역과 농촌지역에서 각각 100명의 여성을 뽑아 28세가 되기 전에 결혼여부를 질문하였다. 그 결과 도시지역에서는 62명이, 농촌지역에서는 29명이 28세가 되기 전에 결혼을 했다고 응답하였다. 두 지역에서 28세 이전에 결혼한 비율이 같은지를 유의수준 5%에서 검정하여라.

10.9 정규분포를 따르는 두 모집단으로부터 각각 12개의 관측값으로 구성된 임의표본들 을 추출하였고, 그 결과 다음과 같은 통계량들을 구했다. 모분산은 서로 다르다고 가정해 보자.

$\bar{x}_1=75$	$s_1=18$
$\bar{x}_2=72$	$s_2=16$

(1) 위의 자료에 근거하여 유의수준 5%에서 모평균이 다르다고 할 수 있는지 검정하여라.

(2) 표본표준편차가 각각 10배 증가한다면 모평균들이 다르다고 할 수 있겠는가?

(3) 표본표준편차가 1/2 줄어든다면 모평균들에 대한 검정결과는 어떻게 변하는가?

(4) 표본표준편차와 검정결과는 어떤 관계에 있는가?

10.10 문제 10.9의 자료가 표본크기가 10배 증가한 120인 경우의 결과라면 모평균들에 대한 검정결과는 어떻게 될까? 이를 통하여 표본크기가 검정결과에 미치는 영향을 설명하여라.

10.11 표본의 크기와 각 표본의 표준편차가 다음과 같다.

$$n_1=15,\ n_2=15,\ s_1^2=25,\ s_2^2=15$$

(1) 분산이 동일한 경우와 그렇지 않은 경우에 대하여 자유도를 구하여라.

(2) 등분산인 경우의 검정통계량과 신뢰구간의 자유도를 이분산인 경우와 비교하여라.

10.12 부모의 교육 정도가 어린이의 언어능력에 어떠한 영향을 미치는지 알아보기 위하여 부모가 고등교육을 받은 1학년생 (집단 1) 13명과, 부모가 고등 교육을 받지 못한 1학년생 (집단 2) 12명을 뽑아서 이들의 언어능력을 측정하여 점수로 산출한 결과가 다음과 같다.

집단 1	27	39	25	33	21	35	30	26	25	31	35	30	28
집단 2	24	28	23	25	24	22	29	26	29	28	19	29	11

두 집단의 언어능력 점수분포는 각각 정규분포를 따르며, 두 집단의 언어능력 점수에 대한 분산은 같다고 가정한다.

(1) 집단 1의 모평균을 μ_1, 집단 2의 모평균을 μ_2라고 할 때, $\mu_1 - \mu_2$에 관한 점추정량을 구하여라.

(2) $\mu_1 - \mu_2$에 관한 99% 신뢰구간을 구하여라.

(3) 부모가 고등교육을 받은 어린이들의 언어능력 평균점수가 그렇지 못한 어린이들의 언어능력 평균점수보다 높다고 할 만한 근거가 있는지 유의수준 $\alpha = 0.01$에서 검정하여라.

10.13 다음은 A, B 두 담배회사에서 생산되는 동일한 급의 담배에 함유된 니코틴 함량을 조사한 자료이다. (단위: mg)

A 회사	24	24	26	25	27	29	27	25	27	23
B 회사	22	18	26	16	25	28	19	24	14	

두 회사에서 생산되는 담배의 니코틴 함유량은 각각 정규분포를 따르며, 두 회사의 니코틴 함유량의 분산은 다르다고 가정한다.

(1) A회사 모평균을 μ_1, B회사 모평균을 μ_2라고 할 때, $\mu_1 - \mu_2$에 관한 점추정량을 구하여라.

(2) $\mu_1 - \mu_2$에 관한 95% 신뢰구간을 구하여라.

(3) 두 회사 제품의 평균 니코틴 함량에 차이가 있다고 할 만한 근거가 있는지 유의수준 $\alpha = 0.05$에서 검정하여라. 또한 유의수준 $\alpha = 0.01$에서는 어떠한 결론을 내릴 수 있는가?

10.14 정규분포를 따르는 두 모집단으로부터 임의로 표본을 취한 결과, 다음의 자료를 구하였다.

표본 1	$n_1=30, \bar{x}=2.5, s_1=9.1$
표본 2	$n_2=30, \bar{y}=-1.2, s_2=7.2$

이 자료들은 μ_1과 μ_2가 서로 다르다는 충분한 통계적 증거를 제시하는지 유의수준 5%로 가설을 검정하여라.

10.15 모분산이 각각 $\sigma_1^2=100$과 $\sigma_2^2=144$를 하는 정규모집단으로부터 임의로 취한 표본의 자료를 조사한 결과는 다음과 같았다.

표본 1	$n_1=15, \bar{x}=135$
표본 2	$n_2=10, \bar{y}=160$

가설 $H_0 : \mu_1 = \mu_2$와 $H_1 : \mu_1 < \mu_2$을 $\alpha=0.01$로 검정하여라.

10.16 전통적인 교육방법과 멀티미디어 교육방법의 교육효과를 비교하기 위하여 임의로 추출한 학부생들을 대상으로 수리능력을 측정하였다.

전통적인 교육방법	39,	42,	45,	30,	49,	47,	37,	33,	46,	41
멀티미디어 교육방법	43,	45,	49,	36,	33,	45,	48,	41,	47,	40

두 방법으로 교육을 받은 학생들의 수리능력점수는 정규분포를 따른다. 그러나 그들의 분산은 서로 다르다고 가정하자. 멀티미디어 교육방법이 수리능력점수를 향상시킨다고 말할 수 있는지 유의수준 10%에서 가설을 검정하여라.

10.17 다음은 야간에 테니스를 칠 경우 공의 색깔에 따라 실수의 횟수가 어떻게 되는지를 보여 주는 실험결과이다. 실험 중인 두 종류의 테니스공 색깔에 따라 실수의 횟수에 다르다고 할 수 있는가? 유의수준 10%에서 검정하여라.

노란색 공	5	2	6	7	2	5	3	8	4	9
빨간색 공	7	6	8	5	9	11	8	3	6	10

10.18 어떤 제약회사에서 새로운 두통약을 개발하여 기존의 두통약의 효과와 비교하기 위한 실험을 실시하였다. 만성 두통환자 7명을 뽑아서 이들에게 두통이 발생할 때 한 번은 기존의 두통약을, 다른 한 번은 새로운 두통약을 복용하도록 하고, 두통이 사라질 때까지 걸리는 시간을 측정하였다. (단위 : 분)

환자	1	2	3	4	5	6	7
기존의 두통약	18	24	24	14	19	20	17
새로운 두통약	12	18	25	9	14	16	11

(1) 두통이 사라질 때까지 걸리는 시간 차이 평균에 관한 95% 신뢰구간을 구하여라. 유의수준 5%에서 검정하여라

(2) 위의 얻어진 자료에 기초했을 때, 과연 새로 개발된 두통약이 기존의 두통약에 비해 효과적이라고 할 만한 근거가 있는지 유의수준 $\alpha = 0.05$에서 검정하여라. 또한 유의수준 $\alpha = 0.01$에서는 어떠한 결론을 내릴 수 있는가?

10.19 어떤 아파트 단지의 부녀회에서는 매주 정기적인 환경교육을 실시를 의무화할 것인지 결정해야 한다. 이 교육의 목적은 음식물쓰레기를 줄이고, 더불어 아파트관리비에서 차지하는 환경부담금의 비중을 줄이기 위한 것이다. 이를 위해 부녀회에서는 교육 실시 이전과 이후의 12개월 동안 대응표본을 사용하여 음식물 쓰레기의 양을 기록하였다. 다음은 교육실시 이전과 실시 후의 음식물쓰레기의 양에 대한 기록이다.

월	1	2	3	4	5	6	7	8	9	10	11	12
프로그램 이전	68	44	30	58	35	33	52	69	23	69	48	30
프로그램 이후	59	42	20	62	25	30	56	62	25	75	40	26

(1) 이 자료에 근거할 때 환경교육이 음식물쓰레기를 줄이는 데 효과가 있다고 할 수 있겠는가? 유의수준 5%에서 검정하여라.

(2) 교육프로그램에 의해 줄어든 평균음식물쓰레기량에 대한 95% 신뢰구간을 구하여라.

10.20 음악을 들려 주는 것이 곡물의 수확량 생산에 더 효과적인지 알아 보기 위해 전국적으로 12지역에서 실험을 하였다. 토지는 동일지역에서 이등분하여 한 쪽에는 음악을 들려 주고 다른 쪽에는 음악을 들려 주지 않았다. 같은 종류의 곡물이 심어졌고, 수확량이 다음과 같이 측정되었다.

토지	1	2	3	4	5	6	7	8	9	10	11	12
음악 없음	56	45	68	72	61	69	57	55	60	72	75	66
음악 있음	60	49	66	73	59	67	61	60	58	75	72	68

(1) 음악을 들려 주는 것이 더 효과적이라고 할 수 있겠는가? 유의수준 5%에서 검정하여라.

(2) 평균수확량 차이에 대한 95% 신뢰구간을 구하여라.

10.21 심장마비를 경험한 환자들에게는 운동이 수명연장에 도움이 된다는 연구보고가 있다. 심장마비를 경험한 801명의 환자들로 구성된 임의표본으로부터 395명은 운동훈련을 받았고, 나머지 406명은 운동훈련을 받지 않았다. 운동을 한 그룹 중 88명은 사망한 반면, 운동을 하지 않은 그룹은 105명이 사망하였다고 한다. 이 자료에 근거하여, 운동훈

련이 사망률을 감소시킨다고 주장할 수 있겠는가? 유의수준 5%에서 검정하여라.

10.22 어느 도시에서 대기오염을 줄이기 위하여 차량 5부제를 실시하고, 이러한 차량 5부제가 실제로 이 도시의 대기오염을 줄이는 데 기여했는가를 조사하기 위하여 이 도시 내의 7개 지역에서 5부제 실시 직전과 실시 직후 같은 요일의 아황산가스 오염도를 측정한 결과가 다음과 같다.

지역	1	2	3	4	5	6	7
실시 전	0.06	0.10	0.11	0.10	0.06	0.11	0.06
실시 후	0.04	0.12	0.08	0.06	0.05	0.09	0.03

(1) 실시 전후 오염도 차이 평균에 관한 95% 신뢰구간을 구하여라.

(2) 위의 얻어진 자료에 기초했을 때, 과연 차량 5부제를 실시하는 것이 대기오염을 줄이는 데 확실히 기여한다고 할 수 있는지 유의수준 $\alpha=0.05$에서 검정하여라. 또한 유의수준 $\alpha=0.01$에서는 어떠한 결론을 내릴 수 있는가?

10.23 귀무가설 $H_0 : p_1=p_2$와 대립가설 H_1: $p_1\neq p_2$를 검정하기 위하여 각각의 모집단으로부터 다음의 확률표본을 독립적으로 구하였다.

$$\text{표본 1: } n_1=100,\ x=55$$
$$\text{표본 2: } n_2=120,\ x=80$$

유의수준 $\alpha=0.05$로 가설을 검정하여라.

10.24 어떠한 질병에 관한 새로운 치료제가 개발되었다. 이 치료제가 기존의 치료제보다 뛰어난가를 알아보기 위하여 이러한 질병을 지닌 150명의 환자에게는 기존의 치료제를 투여하고, 또 다른 100명의 환자에게는 새로운 치료제를 투여한 후 일정기간 치료하고, 다음과 같은 자료를 얻었다.

	치료됨	치료되지 않음	합계
기존의 치료제	126	24	150
새로운 치료제	88	12	100

(1) 두 치료제의 치료율 차이에 관한 95% 신뢰구간을 구하여라.

(2) 위의 자료에 기초했을 때, 새로운 치료제가 기존의 치료제보다 더 치료 효과가 뛰어나다고 할 수 있는지 유의수준 $\alpha=0.05$에서 검정하여라. 또한 유의수준 $\alpha=0.01$에서는 어떠한 결론을 내릴 수 있는가?

10.25 두 확률표본을 추출하여 점추정값들을 계산한 결과, $n_1=40$일 때 $\hat{p}_1=0.24$, $n_2=50$일

때 $\hat{p}_2=0.30$이었다. 유의수준 1%에서 두 모비율 $p_2>p_1$을 주장할 수 있는지 검정하여라.

10.26 정부에서는 여성들을 위한 새로운 정책을 제시하면서 국민들의 여론에 대해서 알아보기로 하였다. 우리나라에 거주하는 남성 300명, 여성 300명을 대상으로 여론조사를 실시한 결과 여성정책에 찬성한 수는 남성 120명, 여성 150명으로 나타났다.

(1) 남성과 여성의 여성 정책 찬성률 차이 p_1-p_2에 대한 95% 신뢰구간을 구하여라.

(2) 정책에 대한 남성과 여성의 찬성률이 통계적으로 유의한 차이가 있는지 유의수준 5% 하에서 가설검정을 수행하여라.

$$H_0: p_1-p_2=0 \qquad \text{vs.} \qquad H_1: p_1-p_2\neq 0$$

(3) (2)의 가설검정에 대한 p-value를 계산하여라.

11장 분산분석

앞 장에서는 두 모집단의 모평균 간 차이에 대한 가설검정을 살펴보았다. 이 장에서는 이러한 개념을 확장하여 두 모집단 이상의 평균 간 차이가 있는지를 알아보고자 한다. 예를 들어 어느 고등학교 국어 과목에 대한 세 가지 교수법에 대해 차이가 있는지를 알고자 할 때는, 세 가지 교수법의 국어점수들에 대한 모평균의 차이에 대해 통계적으로 유의한 차이가 있는지를 비교할 수 있겠다. 따라서 이 장에서는 두 모집단 이상 또는 세 개의 모집단의 모평균 차이에 대하여 살펴본다.

이러한 모평균 차이의 검정은 F-분포를 이용한 **분산분석**(analysis of variance)에 의해 수행될 수 있다. 분산분석은 영국의 통계학자 R.A. Fisher (1890~1962)에 의해 개발된 통계적 방법이며, 분산분석을 위해 사용되는 ***F*-분포**는 Fisher의 이름을 기리기 위하여 명명된 분포 이름이다. 이러한 검정 문제를 풀기 위해서는 사전에 실험을 잘 계획하고 실험을 실시한 후에 얻은 자료를 바탕으로 하여 문제를 분석하게 된다. 이 장에서는 먼저 F-분포의 개념을 학습한 후 분산분석을 살펴보기로 한다.

11.1 *F*-분포

F-분포는 t-분포와 마찬가지로 자유도에 의해서 모양이 결정되는 연속확률분포로써, 다음의 성질을 갖는다.

> **F-분포**
> F-분포는 오른쪽으로 끝(tail)이 긴 비대칭분포이며 그것의 값은 비음(non-negative)이다. 특히 F-분포는 두 개의 자유도, 즉 분자의 자유도 k_1과 분모의 자유도 k_2에 의해 분포의 모양이 결정되며, 자유도는 $df=(k_1, k_2)$으로 표현된다. 여기서 $k_1=1$인 F-분포는 자유도 k_2를 갖는 t-분포가 된다.

[그림 11.1]은 세 가지 형태의 F-분포의 개형이다. 이 그림에서 자유도의 수가 커짐에 따라 곡선의 봉우리가 오른쪽으로 이동하면서 치우침(skewness)이 감소한다는 사실을 알 수 있다.

부록 B의 F-분포표에 의하면, F의 값을 구하기 위해 분자의 자유도(k_1), 분모의 자유도(k_2), F-분포 곡선의 오른쪽 끝의 확률(α)인 세 가지 요소를 아는 것이 필요하다. 자유도

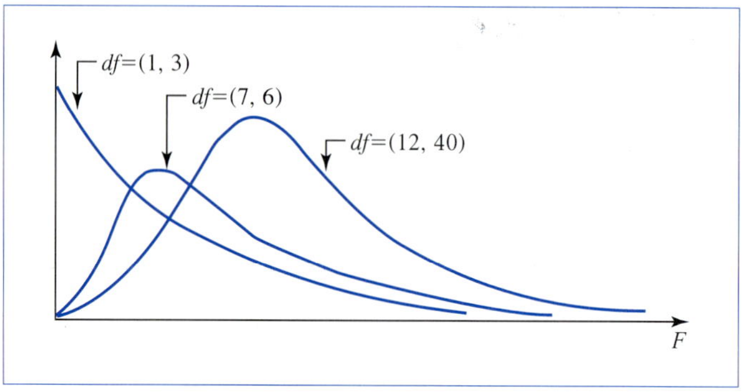

그림 11.1 F-분포의 개형

(k_1, k_2)를 갖는 F-분포에서 오른쪽 끝의 확률이 α인 값을 $F_\alpha(k_1, k_2)$로 표기한다. 부록의 표의 숫자는 주어진 α에 대한 $F_\alpha(k_1, k_2)$의 값을 나타낸다. 여기서 α는 보통 0.01, 0.025, 0.05, 0.10을 사용한다. 이러한 F-값은 가설검정에 사용되는 F의 임계값(critical value)에 해당된다.

예제 11.1

분자의 자유도 8과 분모의 자유도 14를 가지는 F-분포에서 오른쪽 끝의 확률이 0.05가 되는 F의 값, 즉 $F_{0.05}(8,14)$의 값을 구하여라.

풀이 부록으로부터, 8번째 열과 14번째 행이 교차하는 4개의 값들 중에서 2번째에 해당하는 $\alpha = 0.05$에 대응하는 값 2.70이 요구되는 F의 값으로서, $F_{0.05}(8,14) = 2.70$이다. 이러한 F-값은 [그림 11.2]에 또한 표시되어 있다.

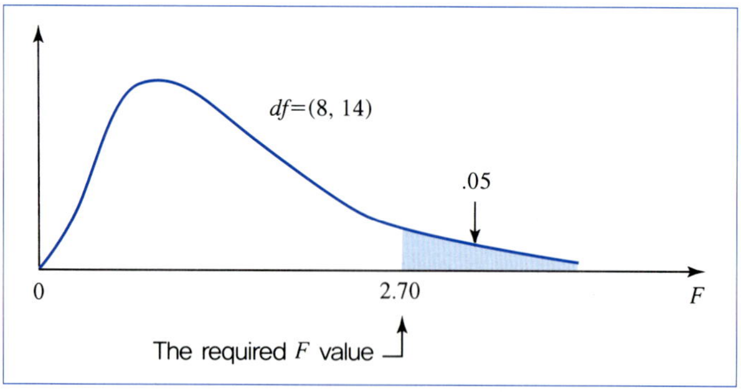

그림 11.2 자유도 (8,14)와 오른쪽 끝의 확률이 0.05인 F의 임계값 ■

11.2 일원 분산분석 절차

여기서는 분산분석에 대한 검정절차를 다루고자 한다. 앞에서 언급한 세 교수법의 비교에 대한 예를 고려하자. μ_1, μ_2, μ_3를 각각 교수법 1, 교수법 2, 교수법 3에 의해 국어를 배운 모든 학생들의 국어 평균점수라고 하자. 세 교수법의 비교를 위해 필요한 가설은 다음과 같이 설정할 수 있다.

귀무가설 $H_0 : \mu_1 = \mu_2 = \mu_3$ (세 개의 모평균들이 모두 같다)
대립가설 H_1: 세 개의 모평균들 모두 같지는 않다(적어도 하나의 모평균은 다르다)

위의 하나의 가설 대신 다음의 세 가지 가설

$$1)\ H_0\!: \mu_1 = \mu_2, \quad 2)\ H_0\!: \mu_1 = \mu_3, \quad 3)\ H_0\!: \mu_2 = \mu_3$$

에 대해 세 개의 독립적인 t-검정(10.2절)을 하면 어떻게 될까? 결론적으로 이 경우에 t-검정이 대용이 될 수 없다. 그 이유는 $\binom{3}{2} = 3$개의 t-검정을 시행해야 하고, 각 검정이 독립이 아니므로 전체의 유의수준을 제어하기가 어렵기 때문이다. 더욱이 모평균의 개수가 커질수록 t-검정의 시행할 횟수는 $\binom{k}{2} = \frac{k(k-1)}{2}$으로서 매우 커진다. 이와 같이 세 모평균의 동일성의 가설을 한 번에 검정하는 방법을 분산분석법(analysis of variance)이라고 하며, 흔히 줄여서 **ANOVA**라고 표기한다. 참고로, $k=2$인 경우 분산분석의 F-검정과 10.2절의 t-검정은 완전히 동일한 것이지만, 이 경우 F-검정보다는 t-검정의 사용이 효율적이다. 따라서 분산분석은 세 개 이상의 모평균의 차이에 관한 검정에 사용하는 경우가 일반적이다.

> **ANOVA**
> ANOVA란 세 모집단 이상의 평균이 같은지에 관한 귀무가설을 검정하는 절차를 말한다.

관측값(또는 반응값)에 영향을 미치는 관심 있는 요인(factor)이나 변수(variable)의 수가 하나인 경우의 분산분석을 **일원 분산분석**(one-way ANOVA)이라고 하며, 그 수가 2개인 경우를 고려하는 분산분석을 **이원 분산분석**(two-way ANOVA)이라고 한다. 교수법의 예의 경우 학생들의 국어점수에 영향을 미칠 수 있는 교수법의 효과에 관심이 있는 요인은 하나이지만, 교수법의 효과뿐만 아니라 교사의 효과도 관심 있는 경우 두 가지 요인이 고려될 수 있다. 이 장에서는 하나의 요인만을 고려하는 일원 분산분석을 다루고자 한다.

일원 분산분석의 적용을 위해 필요한 세 가지 가정은 다음과 같다.

> **일원 분산분석의 가정**
> (1) 정규성(Normality): 모집단의 분포는 정규분포를 따른다.
> (2) 등분산성(Equal variance): 모집단은 동일한 모분산을 갖는다.
> (3) 독립성(Independence): 모집단으로부터 무작위 표본들은 서로 독립이다.

이를 교수법의 예로 각각 설명하면, (1) 각 교수법에 의해 배운 모든 학생들의 국어점수는(거의) 정규분포를 따른다는 가정이며, (2) 세 교수법의 모평균들은 서로 다를 수 있지만 모분산들은 모두 동일하다는 가정이며, (3) ANOVA 검정을 하기 위한 표본들은 서로 다른 모집단으로부터 독립적으로 무작위 추출된다는 가정이다.

ANOVA 검정은 모집단의 분산 2의 두 추정량, 즉 표본간 분산과 표본내 분산을 계산함으로써 적용된다. 흔히 표본간 분산을 **표본간 평균제곱**(mean squares between samples; MSB) 이라고 하고, 표본내 분산을 **표본내 평균제곱**(mean squares within samples; MSW) 이라고 한다. F-분포를 이용한 ANOVA 검정절차도 앞장의 t-검정과 마찬가지로 6단계를 거친다. 이에 대한 상세한 설명은 다음 절부터 다루기로 하겠다.

11.2.1 F-검정통계량 계산

F-검정통계량의 값은 두 표본분산인 MSB와 MSW의 비로 계산된다.

> 일원 ANOVA 검정의 F-검정통계량
>
> ANOVA 검정에 대한 F-검정통계량의 값은 아래와 같이 계산된다.
>
> $$F = \frac{MSB}{MSW}$$

예제 11.2

15명의 3학년 고등학생들을 표본으로 선정한 후 이들을 세 가지 교수법에 무작위로 배정(randomization) 시켰다. 일정기간 후 똑같은 국어시험을 치러서 얻은 점수는 다음과 같다.

교수법 1	교수법 2	교수법 3
48	55	84
73	85	68
51	70	95
65	69	74
87	90	67

위에서 제시한 세 가지 가정이 성립한다고 가정하고, F-검정통계량의 값을 구하여라.

풀이 먼저 필요한 변수 및 통계량의 정의는 다음과 같다.

x : 학생의 점수

k : 서로 다른 교수법의 수[보통 처리(treatment) 의 수라고 함]

n_i : i번째 교수법의 표본크기

T_i : i번째 교수법의 점수들의 합

n : 모든 교수법의 전체 표본크기$= n_1 + n_2 + \cdots$

$\sum x$: 모든 교수법의 점수들의 합$=T_1+T_2+\cdots$
$\sum x^2$: 모든 교수법의 점수들의 제곱합 (sum of squares)

*MSB*와 *MSW*의 계산을 위해 먼저 **표본간 제곱합** (between-samples sum of squares; SSB) 과 **표본내 제곱합** (within-samples sum of squares; SSW) 을 구해야 한다. 이 두 가지 제곱합을 합친 것을 총제곱합(total sum of squares; SST) 이라고 하며, 아래와 같이 표현된다.

$$SST=SSB+SSW$$

여기서 $SSB=\left(\frac{T_1^2}{n_1}+\frac{T_2^2}{n_2}+\cdots\right)-\frac{(\sum x)^2}{n}$이고, $SSW=\sum x^2-\left(\frac{T_1^2}{n_1}+\frac{T_2^2}{n_2}+\cdots\right)$이다.
그러면 *MSB*와 *MSW*는 각각 대응하는 자유도로 나누어 줌으로써 다음과 같이 표현된다.

$$MSB=\frac{SSB}{k-1} \text{이고} \quad MSW=\frac{SSW}{n-k} \text{이다.}$$

여기서 $k-1$과 $n-k$는 각각 F-분포의 분자와 분모의 자유도이다. 따라서 F-검정통계량은 다음과 같이 표현된다.

$$F=\frac{SSB/(k-1)}{SSW/(n-k)}=\frac{MSB}{MSW}$$

이러한 통계량들을 구하여 표로 정리한 것을 **분산분석표** (ANOVA table) 라고 한다. 분산분석표의 일반적 형태는 [표 11.1]과 같다.

표 11.1 분산분석표

요인	제곱합	자유도	평균제곱합	F-검정통계량
표본간	SSB	$k-1$	MSB	$F=\frac{MSB}{MSW}$
표본내	SSW	$n-k$	MSW	
계	SST	$n-1$		

[표 11.1]의 계산은 다음의 표에서 구한 T_i와 n_i를 이용하여 구할 수 있다.

교수법 1	교수법 2	교수법 3
48	55	84
73	85	68
51	70	95
65	69	74
87	90	67
$T_1=324$	$T_2=369$	$T_3=388$
$n_1=5$	$n_2=5$	$n_3=5$

먼저 $\sum x$, n 그리고 $\sum x^2$를 계산하면 다음과 같다.

$$\sum x = T_1 + T_2 + T_3 = 324 + 369 + 388 = 1,081$$
$$n = n_1 + n_2 + n_3 = 5 + 5 + 5 = 15$$
$$\sum x^2 = 48^2 + 73^2 + \cdots + 74^2 + 67^2 = 80,709.$$

그러면 *SSB*, *SSW*, *MSB*, *MSW*는 다음과 같이 계산된다.

$$SSB = \left(\frac{324^2}{5} + \frac{369^2}{5} + \frac{388^2}{5}\right) - \frac{(1081)^2}{15} = 432.133$$

$$SSW = 80,709 - \left(\frac{324^2}{5} + \frac{369^2}{5} + \frac{388^2}{5}\right) = 2372.800$$

$$SST = 432.133 + 2372.800 = 2804.933$$

$$MSB = \frac{SSB}{k-1} = \frac{432.133}{3-1} = 216.067$$

$$MSW = \frac{SSW}{n-k} = \frac{2372.800}{15-3} = 197.733$$

따라서

$$F = \frac{216.067}{197.733} = 1.09$$

가 된다. 이를 분산분석표로 나타내면 [표 11.2]와 같다.

표 11.2 분산분석표: 예제 11.2

요인	제곱합	자유도	평균제곱합	F-검정통계량
표본간	2	432.133	216.067	$F = \frac{MSB}{MSW} = 1.09$
표본내	12	2372.800	197.733	
계	14	2804.933		

■

11.2.2 일원 ANOVA 검정

다음의 예제를 통해 ANOVA 검정절차를 보이기로 한다.

예제 11.3

[예제 11.2]의 교수법의 예제를 다시 고려하자. 세 교수법의 모평균들이 서로 동일한지 여부를 유의수준 1%에서 검정하여라.

풀이 가설검정의 절차에 따라 아래와 같이 단계별로 가설검정을 실시해 보자.

(1) 가설설정

μ_1, μ_2, μ_3를 각각 교수법 1, 교수법 2, 교수법 3에 의해 국어를 배운 모든 학생들의 평균점수라고 하면, 가설은 다음과 같다.

$$H_0: \mu_1 = \mu_2 = \mu_3 \quad vs. \quad H_1: \text{세 개의 모평균들은 모두 같지는 않다}$$

(2) 검정통계량의 결정

세 개의 정규 모집단하에서 세 모평균들을 비교하기 때문에, F-검정통계량을 사용한다.

$$F = \frac{MSB}{MSW}$$

(3) 유의수준 결정

문제로부터 유의수준 1%가 주어져 있으므로 $\alpha = 0.01$을 사용한다.

(4) 판정기준 설정

F-검정통계량의 값이 $\alpha = 0.01$에서 F의 임계값 $F_{0.01}(k-1,\ n-k)$보다 크면 귀무가설을 기각할 수 있다. $k-1 = 3-1 = 2$이고 $n-k = 15-3 = 12$이므로 자유도 (2,12)에서 유의수준 $\alpha = 0.01$에서의 F의 임계값 $F_{0.01}(2,12) = 6.93$이며, 이것은 [그림 11.3]에도 잘 제시되어 있다.

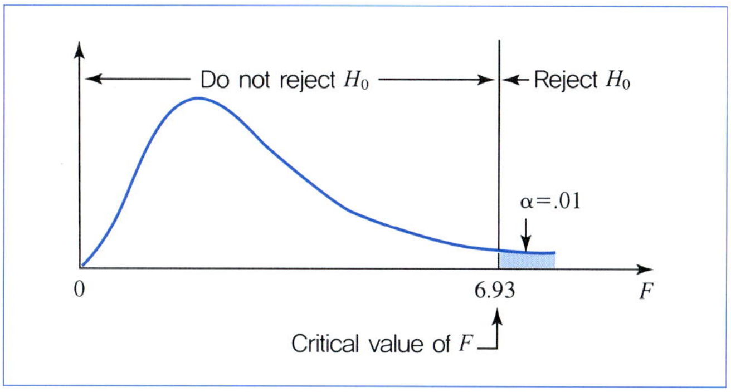

그림 11.3 자유도 $df = (2,12)$와 오른쪽 끝의 확률이 $\alpha = 0.01$인 F의 임계값

(5) 검정통계량의 값 계산 및 귀무가설(H_0)의 기각여부 판정

[예제 11.2]에서 F-검정통계량의 값은 $F = \frac{MSB}{MSW} = 1.09$로서, F의 임계값 6.93보다 매우 작으므로 귀무가설 H_0를 유의수준 1%하에서 기각할 수 없다.

(6) 연구자의 주장에 대한 결론

세 가지 교수법의 모평균들은 차이가 있다고 할 수 없다. 다시 말하면 세 교수법에 의한 국어점수에 유의한 차이가 있다는 근거가 없다. ■

지금까지는 모든 처리에 표본의 수가 같은 경우를 다루었다. 하지만 ANOVA F-검정은 표본의 수가 다른 경우에도 바로 확장이 되며, 이러한 경우는 R 실습과 연습문제에서 다루기로 한다.

11.3 R 실습

1. 자유도 $df=(7,6)$을 갖는 F-분포를 그려라.

풀이

F-분포의 확률밀도함수(density)는 "$df(x,df1,df2)$"이므로 자유도 $df=(7,6)$을 갖는 F-분포의 그림 작성을 위한 R 코드는 아래와 같으며, 그 분포형태는 [그림 11.4]에 나타나 있다.

```
> # F-분포
x<-seq(0,5,0.01)
y<-df(x,7,6)
plot(x,y,type="l",ylab="f(x)", main="F-distribution with df=(7,6)")
```

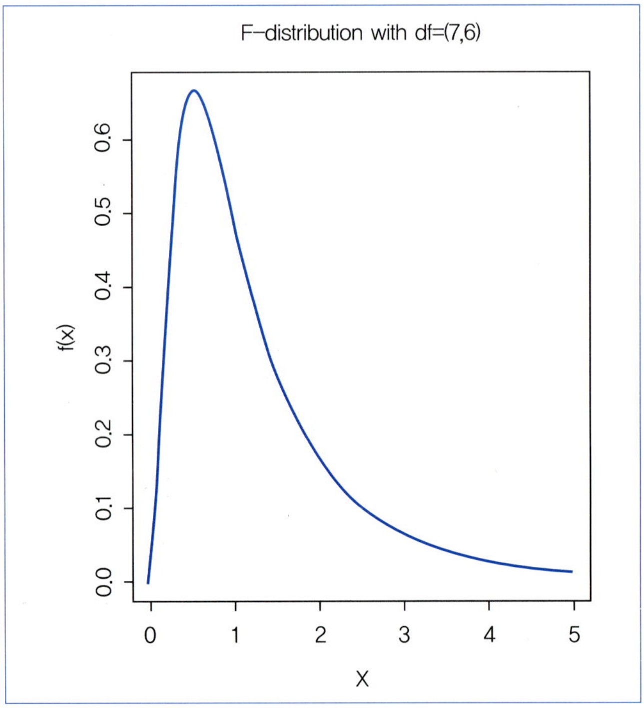

그림 11.4 자유도 $df=(7,6)$를 갖는 F-분포의 확률밀도함수

2. 어느 제약회사는 편두통 완화에 대한 세 가지 두통약의 효과를 비교하기 위해, 27명의 지원자에 대해 세 약 중 한 가지 약을 복용하도록 무작위로 배정하였다. 편두통 발생 시 지원자들로 하여금 약을 복용하도록 하여 일정기간 후 고통의 정도(반응값)를 기록하여 아래의 자료를 얻었다(1~10점, 점수가 클수록 고통이 심함).

약 A	약 B	약 C
4	6	6
5	8	7
4	4	6
3	5	6
2	4	7
4	6	5
3	5	6
4	8	5
4	6	5

(1) 세 약의 반응값에 대한 산점도 작성하여라. 세 약의 반응값에 차이가 있는가?
(2) 세 약의 반응값에 대한 평균과 표준편차를 각각 구하여라.
(3) 분산분석표를 구하여 세 약의 효과에 차이가 있는지를 유의수준 5%에서 검정하여라.
(4) 약 C의 마지막 반응값 "5"가 결측(missing) 되었다고 가정하고, (3)의 물음에 답하여라.

풀이

```
> # 자료의 입력
> score<-c(4,5,4,3,2,4,3,4,4,6,8,4,5,4,6,5,8,6,6,7,6,6,7,5,6,5,5)
> drug<-c(rep("A",9),rep("B",9),rep("C",9))
> 편두통=data.frame(score,drug)
> #산점도
>stripchart(score~drug, xlab="drug",ylab="score",vertical=T,pch=1,data=편두통)
```

(1) 자료입력 및 산점도는 다음과 같다.

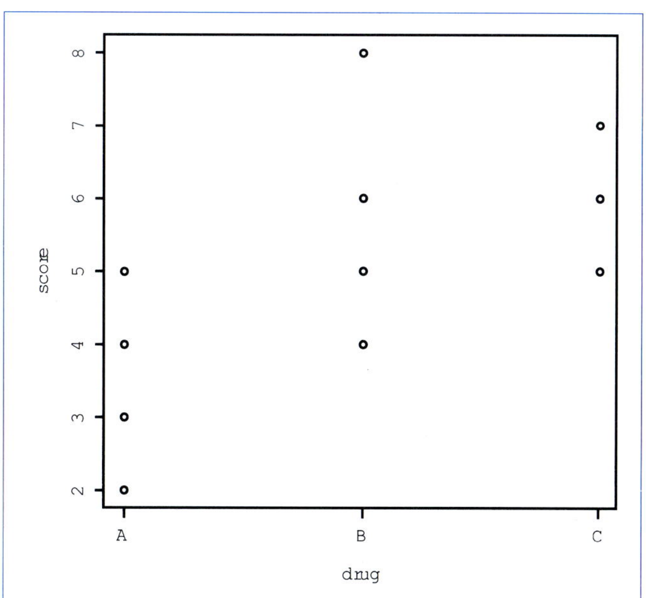

그림 11.5 산점도: 편두통 자료

[그림 11.5]에 의하면 전반적으로 두통약 B, C는 두통약 A보다 고통의 점수가 높게 나와서 세 약들 간 반응값에 차이가 있어 보인다.

(2) 각 처리별 평균과 표준편차는 아래와 같다. (1)의 산점도에서 보이는 바와 같이 약 A는 약 B, C보다 평균값이 낮게 나타난다. 특히 약 B는 표준편차가 다른 두 약보다 매우 크게 나타난다. 따라서 세 약들 간 고통점수에 차이가 있어 보인다.

```
> meansd=function(score) c(mean=mean(score),sd=sd(score))
> by(score,drug,FUN=meansd)
drug: A
     mean          sd
3.6666667  0.8660254
------------------------------------------------------------
drug: B
    mean        sd
5.777778  1.481366
------------------------------------------------------------
drug: C
    mean        sd
5.888889  0.781736
```

(3) 세 약 간의 차이를 검정하기 위한 분산분석표는 다음과 같으며, 대응하는 F-분포의 p-값이 $Pr(>F)=0.000256$로서 유의수준 0.05보다 매우 작으므로 세 군 간 약의 효과에 유의한 차이가 있음을 알 수 있다.

```
> # 분산분석표
> oneway<-aov(score~drug,data=편두통)
> summary(oneway)
           Df   Sum    Sq Mean   Sq F value        Pr(>F)
drug        2   28.22   14.111      11.91      0.000256 ***
Residuals  24   28.44    1.185
---
Signif. codes: 0 '***' 0.001 '**' 0.01 '*' 0.05 '.' 0.1 ' ' 1
```

(4) 약 C는 8개의 자료를 가지므로 각 처리당 표본수가 다른 경우가 된다. 하지만 이 경우에도 분산분석법이 바로 적용되기 때문에, 약 C의 마지막 자료만 제외하고 위의 R 코드를 아래와 같이 바로 사용할 수 있다. 결과적으로 유의성은 $Pr(>F)=0.000251$로서 (3)의 결과와 매우 유사함을 알 수 있다.

```
> # 자료의 입력
> score<-c(4,5,4,3,2,4,3,4,4,6,8,4,5,4,6,5,8,6,6,7,6,6,7,5,6,5)
> drug<-c(rep("A",9),rep("B",9),rep("C",8))
> 편두통=data.frame(score,drug)
> # 분산분석표
> oneway<-aov(score~drug,data=편두통)
> summary(oneway)
```

```
          Df   Sum Sq   Mean   Sq F value        Pr(>F)
drug       2    29.10  14.549       12.14   0.000251 ***
Residuals 23    27.56   1.198
---
Signif. codes: 0 '***' 0.001 '**' 0.01 '*' 0.05 '.' 0.1 ' ' 1
```

3. [예제 11.2]의 자료에 대하여 다음 물음에 답하여라.

(1) 세 교수법 간 차이가 있는지 산점도를 작성하고 이를 설명하여라.

(2) 분산분석표를 구하여 이를 유의수준 1%에서 검정하여라.

풀이

(1) 자료입력 및 산점도는 다음과 같다. [그림 11.6]에 의하면 교수법 3이 교수법 1과 2보다 국어점수가 약간 높게 나오는 것으로 보인다.

```
> # 자료의 입력
> 국어점수<-c(48,73,51,65,87,55,85,70,69,90,84,68,95,74,67)
> 교수법<-c(rep("1",5),rep("2",5),rep("3",5))
> 국어교수법=data.frame(국어점수,교수법)
> #산점도
> stripchart(국어점수~교수법, xlab="교수법",ylab="국어점수",vertical=T,pch=1,
+ data=국어교수법)
```

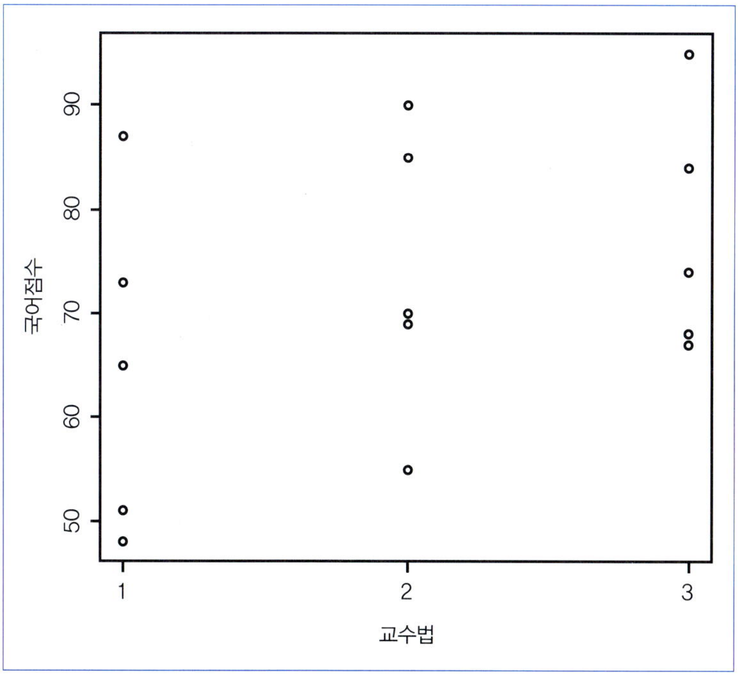

그림 11.6 산점도: 교수법 자료

(2) 아래의 분산분석표에 의하면 F-분포의 P-값=0.366>0.01이므로 유의수준 1%에서 세 교수법 간 국어점수에 유의한 차이가 있다고 할 수 없다.

```
> # 분산분석표
> oneway<-aov(국어점수~교수법,data=국어교수법)
> summary(oneway)
           Df    Sum  Sq Mean  Sq F value  Pr(>F)
교수법      2   432.1   216.1      1.093   0.366
Residuals  12  2372.8   197.7
```

11.4 연습문제

11.1 F-분포의 특성을 기술하여라.

11.2 t-분포와 F-분포와의 관계를 설명하여라.

11.3 다음의 F의 임계값을 구하여라.

(1) $df=(6,12)$와 오른쪽 끝의 확률=0.05

(2) $df=(4,18)$와 오른쪽 끝의 확률=0.01

(3) $df=(15,6)$와 오른쪽 끝의 확률=0.01

11.4 일원 분산분석의 절차를 적용하기 위해 필요한 가정을 서술하여라.

11.5 귀무가설 $H_0 : \mu_1=\mu_2=\mu_3$에 대해, 한 번에 F-검정하는 경우와 세 가지 귀무가설(H_0: $\mu_1=\mu_2$, H_0: $\mu_1=\mu_3$, H_0: $\mu_2=\mu_3$)을 독립적으로 t-검정하는 경우의 차이점에 대해 비교 설명하여라.

11.6 다음은 서로 독립이고 동일한 분산을 가지는 정규분포인 두 모집단에서 추출한 두 표본 자료이다.

표본 I	표본 II
33	28
27	35
31	33
20	40
27	38
34	31

(1) 위 표본들의 평균과 표준편차를 계산하여라.

(2) 10.2절에서 배운 절차를 사용하여 유의수준 1%하에서 표본들의 모평균이 같은지 검정하여라.

(3) 일원 분산분석절차를 사용하여 유의수준 1%하에서 표본들의 모평균이 같은지 검정하여라.

(4) 위의 (2)와 (3)의 결과가 같은가? 답에 대한 이유를 설명하여라.

11.7 서로 독립이고 동일한 분산을 가지는 정규분포에서 추출된 세 가지 표본의 분산분석표이다.

요인	자유도	제곱합	평균제곱	검정통계량의 값
표본간	2		19.2813	
표본내		89.3677		$F = \frac{\quad}{\quad} =$
계	13			

(1) 위 분산분석표의 빈칸을 채워 완성하여라.

(2) 세 개의 모집단의 평균이 모두 동일하다는 귀무가설과 모두는 동일하지 않다는 대립가설을 $\alpha = 0.05$를 사용하여 가설검정 하였을 때 어떠한 결론을 내릴 수 있는가?

11.8 서로 독립이고 동일한 분산을 가지는 정규분포에서 추출된 네 가지 표본의 분산분석표이다.

요인	자유도	제곱합	평균제곱	검정통계량의 값
표본간				
표본내	15		9.2154	$F = \frac{\quad}{\quad} = 4.07$
계	18			

(1) 위 분산분석표의 빈칸을 채워 완성하여라.

(2) 네 개의 모집단의 평균이 모두 동일하다는 귀무가설과 모두는 동일하지 않다는 대립가설을 $\alpha = 0.01$를 사용하여 가설검정 하였을 때 어떠한 결론을 내릴 수 있는가?

11.9 영양사는 세 가지 다른 식단(diet)의 평균체중감소량이 같은지를 알고 싶다. 21명의 비만인 사람을 무작위로 추출하여 세 개의 집단으로 나눈 후 세 가지 식단을 각각 제공하였다. 다음 표는 두 달 동안 세 가지 식단을 적용한 사람들의 체중감소량을 기록한 표이다.

식단 Ⅰ	식단 Ⅱ	식단 Ⅲ
18	15	8
9	16	17
17	9	11
7	16	8
26	24	15
12	20	6
8	19	14

(1) 세 가지 다른 식단에 의해 평균체중감소량이 같은지 검정하려고 한다. 귀무가설과 대립가설을 서술하여라.
(2) $\alpha = 0.01$에서 F 분포의 기각역을 구하여라.
(3) SSB, SSW, SST를 각각 계산하여라.
(4) 분자와 분모의 자유도가 얼마인가?
(5) 집단 간의 분산과 집단 내의 분산을 각각 계산하여라.
(6) $\alpha = 0.01$에서 F 분포의 임계값은 얼마인가?
(7) F 검정통계량의 값은 얼마인가?
(8) 분산분석표를 작성하여라.
(9) 유의수준 1%에서 (1)에서 서술된 귀무가설을 기각할 수 있는가?

11.10 소비자원이 네 개의 보험회사들의 자동차 보험에 청구하는 보험료가 다른지에 대해 조사하려고 한다. 이 네 개의 회사는 운전기록, 자동차, 보험정책이 유사하며 이 회사들의 보험에 가입한 자동차 운전자들을 무작위로 추출하였다. 다음은 각각의 네 보험회사에 가입한 운전자들의 월 보험료이다.

보험회사 A	보험회사 B	보험회사 C	보험회사 D
85	69	70	66
83	75	80	60
68	100	97	52
		90	58
		73	

유의수준 1%에서 네 개의 보험회사에 가입한 모든 운전자들의 평균 월 보험료가 같다는 귀무가설을 검정하여라.

11.11 다음은 졸업 후에 첫 직장을 가지는 데 걸리는 시간을 전공에 따라 나열하였다. 경영학과에서 8명, 컴퓨터공학과에서 7명, 기계공학과에서 6명을 무작위로 추출하였다.

경영학	컴퓨터공학	기계공학
46	46	36
62	13	51
35	24	63
80	28	46
48	44	78
27	47	34
76	20	
44		

유의수준 5%에서 세 개의 전공에 따라 평균적으로 걸리는 시간이 같다고 할 수 있는가?

11.12 세 개의 두통약이 두통을 완화시키는 데 걸리는 평균시간이 같은지 알고 싶다. 첫 번째 두통약에서 6명, 두 번째 두통약에서 5명, 세 번째 두통약에서 4명을 무작위 배정하였다. 다음은 각각의 환자들이 약을 복용한 후 두통이 완화되기까지의 시간을 기록하였다.

약 I	약 II	약 III
27	16	34
39	21	39
43	19	54
63	25	58
45	28	
49		

유의수준 5%에서 세 가지 두통약의 평균 두통완화시간이 같다고 할 수 있는가?

11.13 네 가지 브랜드 전구들의 평균수명시간이 같은지 알고 싶다. 이를 검정하기 위해 각각의 브랜드에서 전구들을 무작위로 추출하였다. 다음은 네 가지 브랜드 전구들의 수명시간이다.

브랜드 I	브랜드 II	브랜드 III	브랜드 IV
25	19	23	25
24	18	25	24
19	18	25	21
26	24	26	29
22	20	23	28
23	22	21	24
25	19	27	28

유의수준 5%에서 네 가지 브랜드 전구들의 평균수명시간이 같다는 귀무가설을 검정하여라.

11.14 다음은 세 도시의 금년도 폭행범죄수를 무작위로 추출하여 나열한 것이다. 세 개의 대도시의 크기는 같다.

도시A	도시B	도시C
4	3	9
9	4	12
12	1	10
3	13	3
9	7	9
7		15
14		

유의수준 5%에서 세 도시의 하루마다 발생하는 평균폭행범죄수가 모두 같다는 귀무가설을 검정하여라.

11.15 소비자원은 거의 같은 가격에 팔리고 있는 네 개 브랜드의 자동차 배터리들의 평균수명시간이 같은지 확인하려고 한다. 이를 검정하기 위해 각 브랜드에서 무작위로 배터리를 추출하였다. 다음은 배터리 수명시간들을 나열한 표이다(단위: 1,000).

브랜드 A	브랜드 B	브랜드 C	브랜드 D
84	54	59	58
78	51	71	51
51	47	81	49
56	59	77	43
66		67	

(1) 1% 유의수준에서, 네 개의 브랜드의 각 평균수명시간이 같다는 귀무가설을 기각할 수 있는가?

(2) 이 문제에서 제1종 오류는 무엇이며 제1종 오류를 범할 확률은 얼마인가?

11.16 한 여행잡지는 중서부지역의 대학에서 무작위로 학생들을 추출하여 2005년 봄방학 동안 텍사스(Texas), 플로리다(Florida) 또는 캘리포니아(California)를 다녀왔는지 물었다. 이 조사에서 이 도시를 제외한 다른 곳을 방문하거나 방문한 도시가 없는 학생들은 제외하였다. 다음은 각 도시를 목적지로 한 학생들의 여행 시 소비한 금액을 나타낸 표이다(단위: $).

텍사스	플로리다	캘리포니아
860	785	679
904	808	810
1045	810	844
882	912	787
910	855	705
946	680	908

(1) 1% 유의수준에서, 봄방학 동안 학생들이 소비한 금액의 평균에 대해 세 도시가 같다고 결론내릴 수 있는가?

(2) 이 문제에서 제1종 오류는 무엇이며, 제1종 오류를 범할 확률은 얼마인가?

11.17 한 농부는 닭을 위한 세 브랜드의 체중증가 식이요법에 대해 평균체중증가량이 같은지 검정하려고 한다. 닭 15마리를 무작위로 추출한 후 각 브랜드의 식이요법에 배치하였다. 다음은 1개월 동안 닭의 체중증가량을 나타낸 표이다(단위: 파운드).

브랜드 A	브랜드 B	브랜드C
.7	.5	1.1
1.2	1.1	.9
1.7	.6	.7
.9	.4	1.5
.6	.7	.9

(1) 5% 유의수준에서, 세 가지 식이요법에 의해 얻어진 체중증가량이 평균적으로 같다고 결론지을 수 있는가?

(2) (1)에서 귀무가설을 기각하지 못한다면, 이 경우 제2종 오류를 설명하여라. 또 추가적인 정보 없이 제2종 오류를 범할 확률을 계산할 수 없다는 것을 서술하여라.

11.18 다음은 통계학, 철학, 경제학, 경영학의 전공서적을 무작위로 추출하여 이들의 가격을 나타낸 표이다.

통계학	철학	경제학	경영학
100	98	78	81
81	101	99	115
93	92	80	94
78	86	105	103
112		91	87

(1) 2.5% 유의수준에서, 네 가지 전공서적들의 평균가격이 모두 같다는 귀무가설을 검정하여라.

(2) (1)에서 귀무가설을 기각하지 못한다면, 이 경우 제2종 오류를 설명하라. 또 추가적인 정보 없이 제2종 오류를 범할 확률을 계산할 수 없다는 것을 서술하여라.

11.19 한 리조트는 여름 시즌 동안 학생들을 고용하려는 레스토랑을 세 개 보유하고 있다. 상공회의소는 각 레스토랑에서 5명의 직원을 무작위로 선정하여 최근 금요일 밤까지 받은 팁을 기록하였다. 여름시즌 동안 금요일 저녁이 전형적인 여름시즌의 밤이라 가정하자.

레스토랑 A	레스토랑 B	레스토랑 C
$ 98	$ 68	$ 95
114	85	102
105	92	98
85	78	80
120	90	91

(1) 이 레스토랑들의 평균 팁이 같다고 할 수 있는가? 유의수준 1%에서 검정하여라.

(2) 유의수준 5%에서 (1)을 검정하여라.

11.20 월요일, 수요일, 금요일 아침수업이 있는 학생이 9시 이전에 주차공간을 찾는 데 걸리는 시간이 평균적으로 같은지 알고 싶다. 무작위로 5주를 선정하여 5주 동안 월요일, 수요일, 금요일에 주차공간을 찾는 데 걸리는 시간을 기록하였다(단위: 분). 1% 유의수준에서, 월요일, 수요일, 금요일에 주차공간을 찾는 데 걸리는 시간이 평균적으로 같다는 귀무가설을 검정하여라.

월요일	수요일	금요일
7	8	4
12	12	2
15	5	10
14	14	7
11	12	6

11.21 류마티스 관절염 (Rheumatoid arthritis) 을 치료하는 두 종류의 약효를 비교하는 예비임상연구 (pilot study) 에서 증상이 비슷한 12명의 환자를 약제 A1, 약제 A2, 대조약 (Placebo) A3의 세 그룹에 랜덤하게 할당한 다음 일주일 동안 치료한 후 세 군의 아침경직 (morning stiffness) 의 지속시간 (단위: 시간) 을 관측한 결과는 아래와 같다.

치료군1 (A1)	치료군2 (A2)	대조군 (A3)
3.7	4.8	5.2
2.4	5.9	6.8
5.1	4.0	5.6
1.8	4.7	6.1

(1) 세 군의 지속시간에 대한 산점도를 작성하고 이를 설명하여라.

(2) 분산분석표를 구하여 세 군의 효과에 차이가 있는지를 유의수준 5%에서 검정하여라.

(3) 두 군 (A1, A2) 의 효과에 차이가 있는지를 알아보기 위해 t-검정과 F-검정을 사용하려고 한다. 유의수준 5%에서 두 검정 결과를 비교설명 하여라.

12장 회귀분석

지금까지는 하나 또는 두 개의 변수들에 대한 평균이나 비율에 관한 통계적 추론방법을 살펴보았다. 그러나 현실에서는 두 개 이상의 변수에 대하여 관측값을 얻게 되고, 그 변수들이 서로 관련이 있는지, 있다면 얼마나 밀접한 관련이 있는지, 나아가 관심 있는 변수의 값을 다른 변수의 값으로 예측할 수 있는지 등을 알아 볼 필요가 발생한다. 회귀분석은 이와 같이 서로 관련이 있는 변수들 간에 통계적 모형을 설정하고, 자료를 통하여 그 모형이 적합한지를 검정하며, 모형이 적합할 경우 추정된 모형을 통하여 변수들의 값을 예측하기 위한 통계적 방법을 의미한다. 이 장에서 다루는 모든 변수들은 양적 자료들이며, 질적 자료들의 경우는 회귀분석 관련 전공서적을 참조하기 바란다.

12.1 단순선형회귀모형

실생활에서 두 개의 변수가 주어지면 변수들 간에 어떤 관련성이 있는지 살펴보고, 또한 변수로부터 다른 변수를 예측하고자 하는 경우가 종종 발생한다. 예를 들어 몸무게와 키의 관계, 혈압과 소금 섭취량의 관계, 코스피지수와 은행이자율의 관계, 대기오염도와 자동차 증가량의 관계, 자동차 바퀴의 마모도와 자동차 주행거리의 관계 등의 변수관계가 여기에 해당된다. 회귀분석에서는 일반적으로 변수들 중 예측하려는 변수를 **종속변수**(dependent variable, response variable)라고 하며 y로 표기하고, 종속변수를 설명하려는 변수를 **독립변수**(independent variable, predictor variable)라고 하며 x로 표기한다. 또한 두 변수들 사이의 관계를 식으로 나타낸 모형을 **회귀모형**(regression model)이라 하고, 특히 독립변수가 한 개일 때 **단순회귀모형**(simple regression model), 독립변수가 두 개 이상일 때 **다중회귀모형** 또는 **중회귀모형**(multiple regression model)이라고 한다. 특히 두 변수의 관계가 직선인 경우를 **단순선형회귀모형**(simple linear regression model)이라고 한다.

단순선형회귀모형

단순선형회귀모형이란 종속변수와 독립변수가 다음과 같이 직선의 관계로 표현되는 통계적 모형을 의미한다.

$$y = \beta_0 + \beta_1 x + \varepsilon$$

여기서 y : 종속변수
x : 독립변수
β_0 : 모수로서 절편(intercept)
β_1 : 모수로서 기울기(slope)
ε : 오차항(random error term)

단순회귀모형의 예로서, 서로 관련된 두 변수인 몸무게와 키의 경우 종속변수를 몸무게로 하고 독립변수를 키로 가정한다면, 키가 큰 사람은 몸무게가 많고 키가 작은 사람은 몸무게가 적은 것이 일반적인 현상이다. 그러나 키가 170 cm인 사람들의 몸무게가 모두 다 정확히 65 kg이 되는 것은 아니다. 사람에 따라서 65 kg과 같을 수도, 적을 수도, 그리고 많을 수도 있다. 즉, 사람에 따라 주어진 키에 대하여 몸무게는 개인차가 있으므로 양과 음의 값을 가질 수 있는 오차항 ε을 사용한다면, 몸무게는 다음과 같이 단순회귀모형으로 표현할 수 있다.

$$\text{몸무게} = \beta_0 + \beta_1 \times \text{키} + \varepsilon$$

여기서 오차항이 없는 경우를 고려해 보자. 즉, 만약 모든 사람들의 몸무게가 한 사람도 예외 없이 주어진 키에 어떤 모수의 값 β_1을 곱한 후 절편 β_0를 더하여 정확히 계산된다면, 다음과 같이 표현할 수 있다.

$$\text{몸무게} = \beta_0 + \beta_1 \times \text{키}$$

이러한 모형을 **결정적 모형** (deterministic model) 이라고 한다. 그러나 현실적으로 사람들의 몸무게에는 개인차가 있으므로 확률구조를 갖는 오차항이 포함된 단순회귀모형으로 표현하는 것이 올바르다. 이와 같이 오차항이 포함된 회귀모형을 **확률적 모형** (probabilistic model) 이라고 하고, 오차항이 포함된 단순회귀모형을 그래프로 나타내면 [그림 12.1]과 같다.

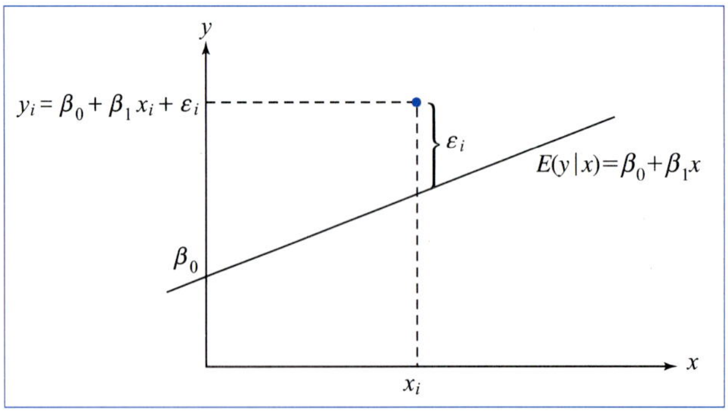

그림 12.1 랜덤오차항 ε을 포함하고 있는 단순회귀모형

예제 12.1

다음은 통계학을 수강하는 10명의 학생들에 대한 키와 몸무게를 나타낸 자료이다. 이 자료를 그래프로 나타내고, 몸무게와 키의 관련성을 설명하여라.

키(cm)	165	173	179	152	158	168	173	182	163	170
몸무게(kg)	58	75	82	55	53	69	77	80	58	73

풀이 위의 10명의 학생들의 키와 몸무게를 그래프로 나타내기 위하여 키를 x축에, 몸무게를 y축에 표시하여 그리면 [그림 12.2]와 같다. 이와 같이 키와 몸무게를 표시한 그래프를 **산점도** (scatter plot) 또는 **산포도**라고 한다. 그리고 대체로 키가 증가할수록 몸무게도 증가하고, 키가 감소할수록 몸무게도 감소하는 것으로 보아, 키와 몸무게는 선형적인 양의 관련성을 갖는 것을 알 수 있다.

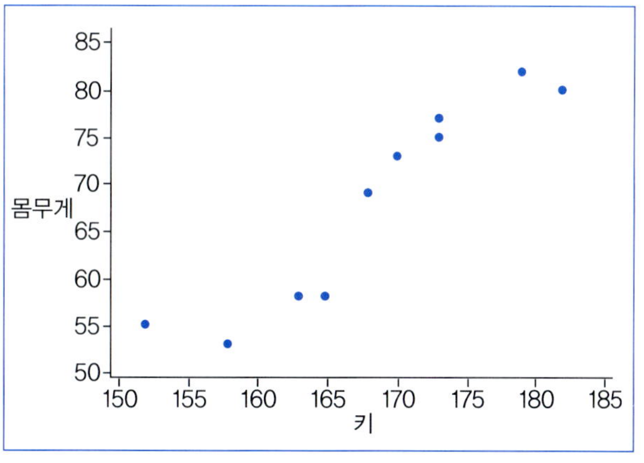

그림 12.2 **키와 몸무게의 산점도** ■

회귀모형에서 독립변수의 값이 주어졌을 때 종속변수의 값을 예측하고 모수(parameter)나 모수들의 함수에 관한 통계적 추론을 하며, 오차항의 가정이 있는 경우 오차항에 대한 가정들을 점검하고 분석하는 모든 과정을 **회귀분석** (regression analysis)이라고 한다. 단순회귀모형에 있는 독립변수 x와 종속변수 y의 관련성을 알기 위해서는 β_0와 β_1의 값을 찾아야 하지만, β_0와 β_1은 모집단에 있는 모수로서 알려지지 않은 값이다. 이 값들을 추정하기 위한 한 방법으로 오차항 ε에 대한 다음의 가정이 필요하다.

> 오차항 ε에 대한 가정
>
> 회귀모형에 포함된 랜덤오차항 ε들은 평균이 0이고 분산이 σ^2인 정규분포를 하고, 랜덤오차항 ε_i와 ε_j는 서로 독립이다. 즉, $\varepsilon_i \overset{i.i.d}{\sim} N(0, \sigma^2)$, $i=1, 2, ..., n$, 여기서 n은 데이터의 개수.

위의 가정을 이용하여 독립변수의 구체적인 값 x_i가 주어졌을 때 종속변수 y_i의 평균, 분산, 분포를 살펴보자. 회귀모형 $y=\beta_0+\beta_1 x+\varepsilon$에서 x의 값이 주어졌을 때 y의 평균과 분

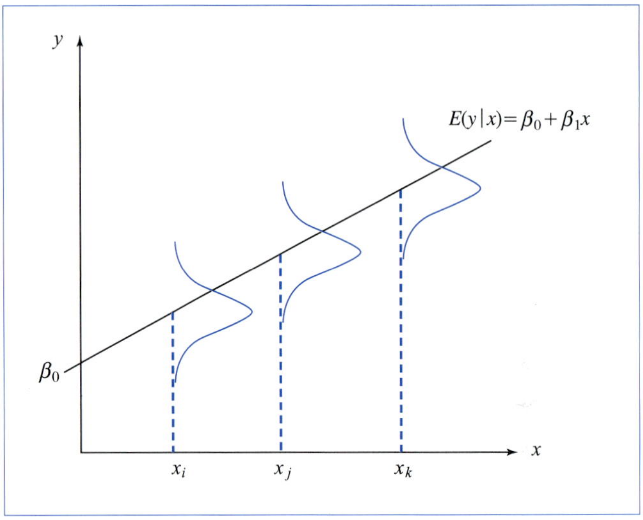

그림 12.3 x_i, x_j, x_k가 주어졌을 때 종속변수 y의 분포

산을 구하면 다음과 같다.

$$E(y \mid x_i) = E(\beta_0 + \beta_1 x_i + \varepsilon) = \beta_0 + \beta_1 x_i$$
$$Var(y \mid x_i) = Var(\beta_0 + \beta_1 x_i + \varepsilon) = Var(\varepsilon) = \sigma^2$$

여기서 $E(y|x) = \mu_{y|x} = \beta_0 + \beta_1 x$를 **회귀직선**이라고 한다. 또한 x가 주어졌을 때 종속변수 y의 분포는 $y|x \sim N(\beta_0 + \beta_1 x,\ \sigma^2)$인 정규분포를 따른다. [그림 12.3]은 독립변수의 x의 값이 각각 x_i, x_j, x_k로 주어질 때, 종속변수 y의 분포를 나타낸 것이다. 즉, y축의 방향에서 분포를 바라보면 평균이 각각 $\beta_0 + \beta_1 x_i$, $\beta_0 + \beta_1 x_j$, $\beta_0 + \beta_1 x_k$이고, 분산이 모두 σ^2인 정규확률분포로 나타난다.

12.2 최소제곱추정량

임의추출한 표본의 독립변수 x와 종속변수 y의 산점도가 [그림 12.2]와 같이 선형적인 관련성을 갖는다고 가정해 보자. 두 변수 간의 관계로 단순선형회귀모형 $y = \beta_0 + \beta_1 x + \varepsilon$을 설정하였다면, 이제 x와 y의 선형관계를 가장 잘 나타내는 회귀직선을 찾아야 한다. 회귀모형의 모수 β_0와 β_1은 알려지지 않은 값이므로 그 추정량을 각각 $\hat{\beta}_0$과 $\hat{\beta}_1$으로 나타낸다면, 이를 이용하여 회귀직선 $E(y|x) = \beta_0 + \beta_1 x$는 $\hat{\beta}_0 + \hat{\beta}_1 x$로 추정할 수 있다. 이와 같이 자료로부터 추정된 회귀직선, 즉 $\hat{\mu}_{y|x} = \hat{\beta}_0 + \hat{\beta}_1 x = \hat{y}$을 **추정회귀직선**(estimated regression line) 또는 **적합회귀직선**(fitted regression line) 등이라고 한다. [그림 12.4]는 서로 선형으로 관련된 두 변수 x와 y의 임의의 표본자료로부터 구해진 적합회귀직선을 보여 준다.

[그림 12.4]와 같이 두 변수 x와 y를 가장 잘 적합시키는 회귀직선식 $\hat{y} = \hat{\beta}_0 + \hat{\beta}_1 x$를 찾기

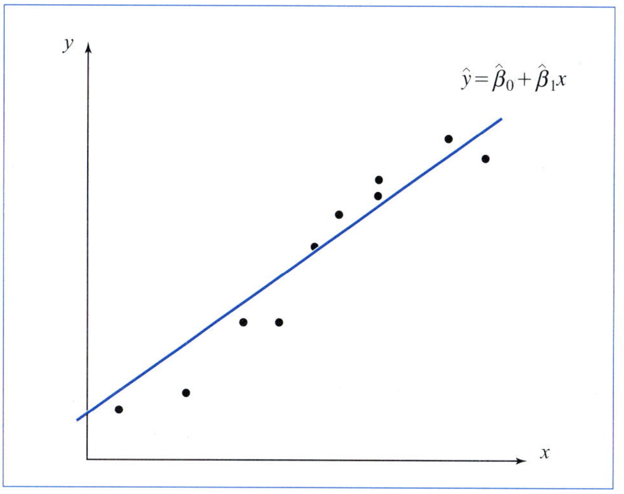

그림 12.4 x와 y의 표본자료와 적합회귀직선 $\hat{y} = \hat{\beta}_0 + \hat{\beta}_1 x$

위해서는 여러 가지 방법이 있으나, 이 책에서는 오차의 제곱합 $\sum_{i=1}^{n} \varepsilon_i^2$을 최소화시키는 **최소제곱법** (least squares method) 을 이용한다.

오차항은 회귀모형 $y_i = \beta_0 + \beta_1 x_i + \varepsilon_i$로부터 다음 식과 같다.

$$\varepsilon_i = y_i - \beta_0 - \beta_1 x_i$$

따라서 n개의 자료에 대한 오차항들의 제곱합은 다음 식과 같다.

$$\sum_{i=1}^{n} \varepsilon_i^2 = \sum_{i=1}^{n} (y_i - \beta_0 - \beta_1 x_i)^2$$

오차제곱합을 최소화시키는 모수 β_0와 β_1의 추정량인 $\hat{\beta}_0$과 $\hat{\beta}_1$을 찾기 위해서는 위의 식을 β_0와 β_1에 관해서 각각 편미분한 다음 0으로 놓고, β_0와 β_1에 관하여 이원 일차연립방정식을 풀면 추정량 $\hat{\beta}_0$과 $\hat{\beta}_1$을 구할 수 있다. 이 추정량을 오차의 제곱합을 최소화시키는 값이라는 의미에서 **최소제곱추정량** (least squares estimator) 이라고 하며, 다음과 같다.

단순회귀모형에서 최소제곱추정량 $\hat{\beta}_0$과 $\hat{\beta}_1$

최소제곱추정량 $\hat{\beta}_0$과 $\hat{\beta}_1$은 오차항의 제곱합 $\sum_{i=1}^{n} \varepsilon_i^2 = \sum_{i=1}^{n} (y_i - \beta_0 - \beta_1 x_i)^2$을 최소화시키는 값으로서, 다음과 같다.

$$\hat{\beta}_1 = \frac{S_{xy}}{S_{xx}}, \quad \hat{\beta}_0 = \bar{y} - \hat{\beta}_1 \bar{x}$$

여기서

$$S_{xy} = \sum_{i=1}^{n} (x_i - \bar{x})(y_i - \bar{y}) = \sum_{i=1}^{n} x_i y_i - \frac{1}{n} \sum_{i=1}^{n} x_i \sum_{i=1}^{n} y_i,$$

$$S_{xx} = \sum_{i=1}^{n} (x_i - \bar{x})^2 = \sum_{i=1}^{n} x_i^2 - \frac{1}{n} \left(\sum_{i=1}^{n} x_i \right)^2, \quad \bar{x} = \frac{1}{n} \sum_{i=1}^{n} x_i, \quad \bar{y} = \frac{1}{n} \sum_{i=1}^{n} y_i.$$

따라서 서로 관련된 n쌍의 두 변수 x와 y가 주어졌을 때, 최소제곱법에 의해 추정된 회귀직선식은 다음과 같다.

$$\widehat{E(y \mid x)} = \hat{\mu}_{y \mid x} = \hat{y} = \hat{\beta}_0 + \hat{\beta}_1 x$$

예제 12.2

[예제 12.1]의 10명의 학생들에 대한 키와 몸무게를 나타낸 자료로부터 최소제곱법을 이용하여 키를 독립변수, 몸무게를 종속변수로 가정하였을 때 추정회귀직선을 구하여라.

키(cm)	165	173	179	152	158	168	173	182	163	170
몸무게(kg)	58	75	82	55	53	69	77	80	58	73

풀이 주어진 자료로부터 키를 독립변수 x, 몸무게를 종속변수 y로 정하고, 제곱합 $\sum_{i=1}^{n} x_i^2$과 교차곱의 합 $\sum_{i=1}^{n} x_i y_i$, 평균 $\bar{x}$, $\bar{y}$들을 구하기 위하여 다음과 같은 표를 작성한다.

관측값(i)	키(x)	몸무게(y)	xy	x^2
1	165	58	9570	27225
2	173	75	12975	29929
3	179	82	14678	32041
4	152	55	8360	23104
5	158	53	8374	24964
6	168	69	11592	28224
7	173	77	13321	29929
8	182	80	14560	33124
9	163	58	9454	26569
10	170	73	12410	28900
합 계	1683	680	115294	284009

위 자료로부터 x와 y의 편차들의 곱의 합 S_{xy}와 x의 편차의 제곱합 S_{xx}는 다음과 같다.

$$S_{xy} = \sum_{i=1}^{n} x_i y_i - \frac{1}{n}\sum_{i=1}^{n} x_i \sum_{i=1}^{n} y_i = 115294 - \frac{1683 \times 680}{10} = 850$$

$$S_{xx} = \sum_{i=1}^{n} x_i^2 - \frac{1}{n}\left(\sum_{i=1}^{n} x_i\right)^2 = 284009 - \frac{1683^2}{10} = 760.1$$

그러므로 기울기 β_1의 최소제곱추정량 $\hat{\beta}_1$은 다음과 같다.

$$\hat{\beta}_1 = \frac{S_{xy}}{S_{xx}} = \frac{850}{760.1} = 1.12$$

절편 β_0의 최소제곱추정량 $\hat{\beta}_0$은 변수 x와 y의 평균과 $\hat{\beta}_1$을 이용하여 다음과 같이 구한다.

$$\bar{x} = \frac{1}{n}\sum_{i=1}^{n} x_i = 168.3, \quad \bar{y} = \frac{1}{n}\sum_{i=1}^{n} y_i = 68$$
$$\hat{\beta}_0 = \bar{y} - \hat{\beta}_1\bar{x} = 68 - (1.12)(168.3) = -120.50$$

따라서 최소제곱법을 이용하여 추정된 회귀직선식은 $\hat{y} = -120.50 + 1.12x$가 된다. ■

위에서 구한 회귀직선식 기울기 β_1의 최소제곱추정량 $\hat{\beta}_1$의 값 1.12의 의미를 살펴보자. $\hat{\beta}_1$은 회귀직선식의 기울기로서, 학생들의 키가 1 cm 증가함에 따라 학생들의 평균몸무게가 1.12 kg씩 증가함을 의미한다. 최소제곱추정량 $\hat{\beta}_0$의 값 −120.50은 회귀직선식의 절편에 해당된다. 단순한 수학적 의미에서 절편의 의미를 설명하면 학생들의 키가 0 cm일 때 평균몸무게가 −120.50 kg임을 의미한다. 그러나 키가 0 cm라는 것은 의미가 없을 뿐만 아니라, 표본의 자료를 살펴보면 실제 학생들의 키는 152 cm에서 182 cm 사이의 학생들만 있으므로, 이 범위를 벗어난 키의 값에 대하여 최소제곱추정량 $\hat{\beta}_0$의 의미를 해석하는 것은 잘못된 것이다.

[예제 12.2]에서 구한 추정회귀직선식 $\hat{y} = -120.50 + 1.12x$와 산점도를 [그림 12.5]에 서로 겹쳐서 표시하였다. 그림에서 •은 실제 관측값의 자료 (x_i, y_i)를 나타내며, *는 회귀직선식에 키의 값 x_i를 대입한 후 계산된 추정값(또는 적합값) $\hat{y}_i$를 이용하여 $(x_i, \hat{y}_i)$을 나타낸 것이다. 이 그림에서 표본의 자료로부터 계산된 회귀직선식이 10명의 표본의 자료에 비교적 잘 적합되는 것을 볼 수 있다.

12.3 잔차제곱합

[그림 12.5]에 표시된 바와 같이 표본에 있는 자료들의 종속변수 관측값 y와 추정된 회귀직

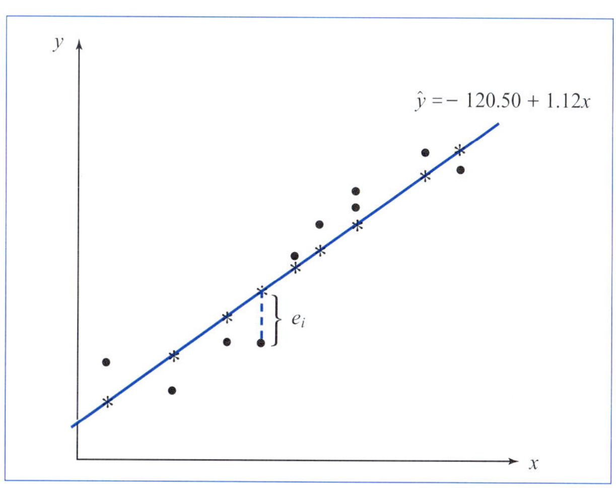

그림 12.5 산점도와 추정된 회귀직선식 $\hat{y} = -120.50 + 1.12x$

선으로부터 계산된 적합값 $\hat{y}$과의 차이, 즉 $y-\hat{y}$을 **잔차**(residual)라 하고, e로 표기한다. 오차와 잔차의 차이를 설명하면 모집단의 자료들에 대한 관측값 y_i와 모집단의 회귀직선의 값 $\beta_0+\beta_1 x_i$와의 차이 ε_i가 오차(error)이며, 모집단에서 분석을 위하여 임의로 추출한 표본자료에 대하여 관측값 y_i와 추정회귀직선의 값 $\hat{y}_i$의 차이 e_i는 잔차이다.

잔차 e_i와 잔차제곱합 SSE

잔차는 표본자료에 대하여 관측값 y_i에서 적합값 $\hat{y}_i$을 뺀 값으로, 다음과 같다.

$$e_i = y_i - \hat{y}_i$$

잔차들의 제곱합을 잔차제곱합(residual sum of squares) 또는 오차에 기인한 제곱합(sum of squares due to error)이라 하고, 보통 SSE로 표기한다.

$$SSE = \sum_{i=1}^{n}(y_i - \hat{y}_i)^2$$

위의 잔차제곱합을 풀어서 정리하면 다음과 같이 적을 수 있다.

$$SSE = \sum_{i=1}^{n}(y_i - \hat{y}_i)^2 = \sum_{i=1}^{n}(y_i - \hat{\beta}_0 - \hat{\beta}_i x_i)^2 = S_{yy} - \frac{S_{xy}^2}{S_{xx}}$$

여기서 S_{yy}는 y의 편차제곱합으로, 다음과 같이 계산할 수 있다.

$$S_{yy} = \sum_{i=1}^{n}(y_i - \bar{y})^2 = \sum_{i=1}^{n} y_i^2 - \frac{1}{n}\left(\sum_{i=1}^{n} y_i\right)^2$$

단순회귀모형 $y_i=\beta_0+\beta_1 x_i+\varepsilon_i$에서 오차항 ε_i는 $N(0, \sigma^2)$의 정규분포를 따른다고 가정하였다. 여기서 오차항의 분산 σ^2은 모수이기 때문에, 추정량으로 잔차제곱합 SSE를 $n-2$로 나눈 값인 **평균제곱오차**(mean squared error)를 사용한다.

$$\hat{\sigma}^2 = MSE = \frac{SSE}{n-2} = \frac{1}{n-2}\sum_{i=1}^{n} e_i^2 = \frac{1}{n-2}\sum_{i=1}^{n}(y_i - \hat{y}_i)^2$$

또한 오차항의 표준편차인 σ의 추정량은 $\sqrt{MSE}$를 사용한다. 즉, 관측값과 추정값의 차이인 잔차가 작을수록 잔차제곱합은 작아지고, 잔차가 클수록 잔차제곱합은 커지므로 잔차제곱합은 회귀직선식이 관측값을 얼마나 잘 적합시키는지 판단할 수 있는 하나의 기준으로 사용될 수 있다. 그러므로 주어진 표본에 대하여 다양한 회귀모형을 가정하였을 때 좋은 모형을 선택하는 한 방법으로 평균제곱오차(MSE)들을 비교하여 MSE가 작은 회귀모형을 최적모형으로 선택한다.

예를 들어 [그림 12.6]은 두 변수 간의 관계를 $y=\beta_0+\beta_1 x+\varepsilon$으로 가정하여 최소제곱법으로 추정한 회귀직선이고, [그림 12.7]은 두 변수 간의 관계에 이차항을 추가한 모형, 즉 $y=\beta_0+\beta_1 x+\beta_2 x^2+\varepsilon$을 가정하여 최소제곱법에 의해 추정한 회귀곡선이다. 두 그림의 산포도와 회귀모형을 비교할 때, 이차항이 추가된 회귀모형을 추정한 경우가 훨씬 자료에 잘 적합되고, MSE도 작다. 따라서 이 경우에는 [그림 12.6]보다 [그림 12.7]이 더 적절하다고 볼 수 있다.

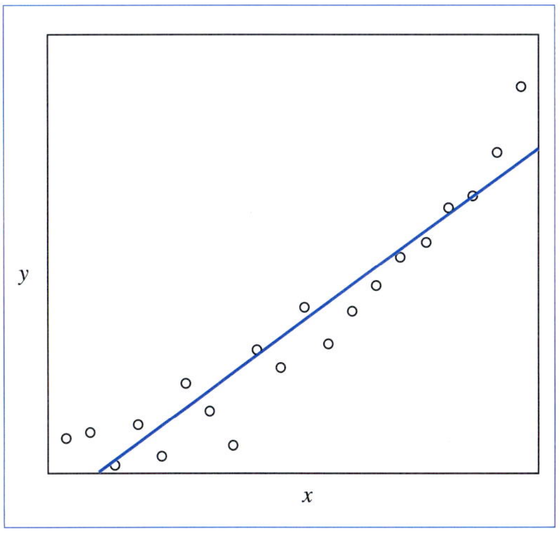

그림 12.6 회귀모형이 직선일 때

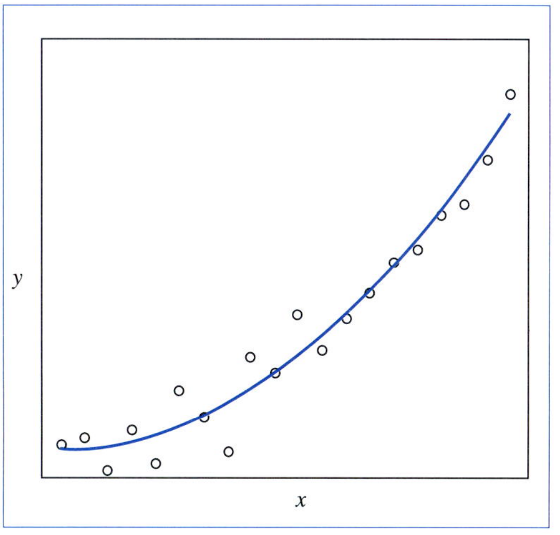

그림 12.7 회귀모형이 이차식일 때

예제 12.3

[예제 12.1]의 10명의 학생들에 대한 키와 몸무게를 나타낸 자료로부터 잔차제곱합과 오차의 분산 σ^2의 추정값을 구하여라.

풀이 주어진 자료로부터 y의 편차의 제곱합 S_{yy}를 계산한다.

$$S_{yy} = \sum_{i=1}^{n} y_i^2 - \frac{1}{n}\left(\sum_{i=1}^{n} y_i\right)^2 = 47330 - \frac{680^2}{10} = 1090$$

잔차제곱합 SSE는 다음과 같다.

$$SSE = S_{yy} - \frac{S_{xy}^2}{S_{xx}} = 1090 - \frac{850^2}{760.1} = 139.47$$

오차의 분산 σ^2의 추정값은 오차평균제곱 MSE를 이용하면 다음과 같다.

$$\hat{\sigma}^2 = MSE = \frac{SSE}{n-2} = \frac{139.47}{8} = 17.43$$

참고로 오차의 표준편차 σ의 추정값은 $\hat{\sigma} = \sqrt{MSE} = 4.17$이 된다. ■

12.4 회귀계수의 추정과 검정

앞 절에서는 서로 관련이 있는 두 변수에 대하여 가정한 회귀모형이 주어진 자료에 얼마나 잘 적합되는지를 보기 위해서 표본자료로부터 구한 평균제곱오차(*MSE*)의 크기를 비교하여 회귀모형의 적절성을 살펴보았다. 이 절에서는 두 변수 간의 관계가 직선의 관계가 있어 보일 때, 회귀모형 $y=\beta_0+\beta_1 x+\varepsilon$에서 기울기 β_1이 0인지에 대한 가설검정을 통하여 두 변수의 선형적 관계(linear relationship)가 의미 있는지를 검정하는 방법에 대하여 살펴본다. 만약 β_1이 0이 아닌 경우에는 [그림 12.8]과 같이 예측변수의 값이 증가하면 반응변수의 값이 선형적으로 증가하는 것을 볼 수 있다. 그러나 만약 β_1이 0인 경우에는 회귀모형은 $y=\beta_0+\varepsilon$이 되어서 [그림 12.9]와 같이 반응변수 y는 예측변수 x의 크기와 아무 상관없이 항상 일정한 값 β_0를 중심으로 랜덤하게 흩어져 있는 모습을 보인다.

그러므로 표본의 자료에 근거하여 최소제곱추정량 $\hat{\beta}_1$을 추정한 후, 모수 β_1에 대한 신뢰구간이나 가설검정을 실행하기 위해서는 추정량 $\hat{\beta}_1$의 분포를 알아야 한다. 추정량 $\hat{\beta}_1$은 정규분포를 따르는 관측값 y들의 선형결합으로 표현되므로 정규분포를 따르게 되며, 평균이 β_1이고, 분산이 σ^2/S_{xx}이라고 알려져 있다. 만일 오차의 분산인 σ^2이 알려져 있지 않을 때에는 추정량으로 평균제곱오차(*MSE*)를 대입하여 사용한다. 또한 최소제곱추정량 $\hat{\beta}_1$을 다음과 같이 (추정량 – 모수) / (추정된 추정량의 표준오차)의 형태로 표준화하면 *SSE*의 자유도를 따르는 t-분포를 따른다고 알려져 있다.

$$t=\frac{\hat{\beta}_1-\beta_1}{\sqrt{MSE/S_{xx}}}\sim t(n-2)$$

여기서 구한 회귀계수의 최소제곱추정량 $\hat{\beta}_1$의 분포를 이용하여 β_1에 대한 신뢰구간과 검정의 절차를 요약하면 다음과 같다.

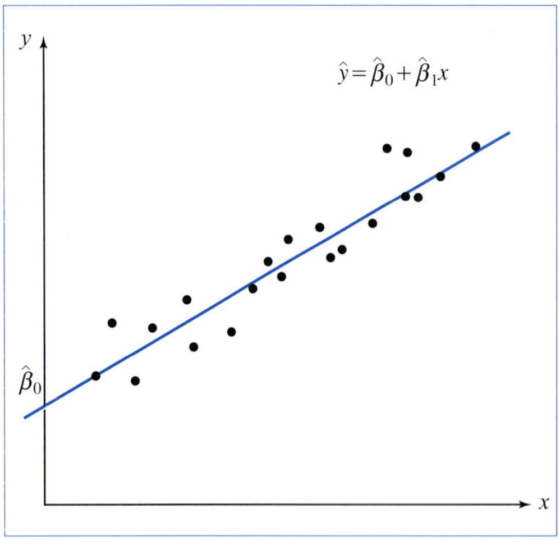

그림 12.8 $\beta_1\neq 0$일 때

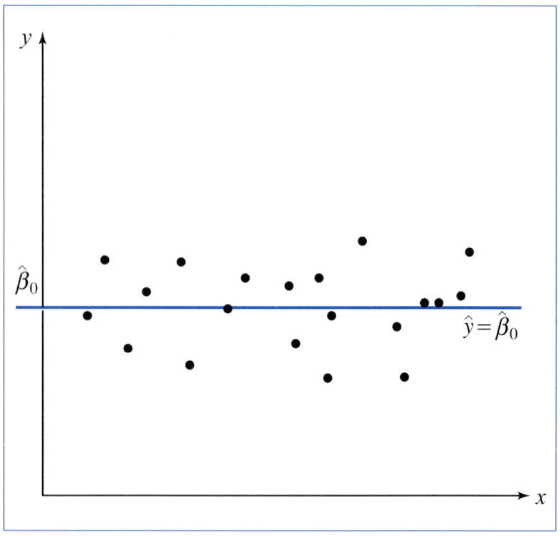

그림 12.9 $\beta_1=0$일 때

모수 β_1에 대한 추론

(1) 신뢰구간

$$\beta_1\text{의 } 100(1-\alpha)\% \text{ 신뢰구간: } \hat{\beta}_1 \pm t_{\alpha/2}(n-2) \times \sqrt{\frac{MSE}{S_{xx}}}$$

(2) 가설검정

① 두 변수 x와 y 사이에 선형적 관련성($\beta_1 \neq 0$)이 있는지 검정하고자 할 때

가설 H_0: $\beta_1 = 0$ vs. H_1: $\beta_1 \neq 0$

기각역 R: $|t| > t_{\alpha/2}(n-2)$

② 두 변수 x와 y가 서로 양의 관련성 ($\beta_1 > 0$)이 있는지 검정하고자 할 때

가설 H_0: $\beta_1 = 0$ vs. H_1: $\beta_1 > 0$

기각역 R: $t > t_{\alpha}(n-2)$

③ 두 변수 x와 y가 서로 음의 관련성 ($\beta_1 < 0$)이 있는지 검정하고자 할 때

가설 H_0: $\beta_1 = 0$ vs. H_1: $\beta_1 < 0$

기각역 R: $t < -t_{\alpha}(n-2)$

여기서 $t = \dfrac{\hat{\beta}_1 - \beta_1}{\sqrt{MSE/S_{xx}}}$이며, β_1값은 귀무가설 H_0에서의 β_1값인 0임.

예제 12.4

[예제 12.1]의 10명의 학생들에 대한 키와 몸무게를 나타낸 자료로부터, 키와 몸무게는 유의수준 1%에서 선형적 관련성이 있다고 말할 수 있는가?

풀이 키와 몸무게의 선형적 관련성의 여부 ($\beta_1 \neq 0$) 를 검정하는 문제이므로, 양측검정이 된다.

(1) 가설설정

$$H_0: \beta_1 = 0 \quad vs \quad H_1: \beta_1 \neq 0$$

(2) 검정통계량 결정

모수 β_1에 대한 검정통계량으로 다음의 t를 사용한다.

$$t = \frac{\hat{\beta}_1 - \beta_1}{\sqrt{MSE/S_{xx}}}$$

(3) 유의수준 결정

문제로부터 유의수준은 1%이므로, $\alpha = 0.01$을 사용한다.

(4) 판정기준 결정

양측검정이므로 [그림 12.10]과 같이 자유도가 8인 t-분포의 상위 0.5%의 확률을 주는 t값을 찾아 기각역을 설정한다. 즉, $|t| > t_{0.005}(8) = 3.355$이면 H_0: $\beta_1 = 0$을 기각한다.

(5) 검정통계량값 계산과 귀무가설 기각여부 판정

$$t = \frac{\hat{\beta}_1 - \beta_1}{\sqrt{\dfrac{MSE}{S_{xx}}}} = \frac{1.12 - 0}{\sqrt{\dfrac{17.43}{760.1}}} \approx 7.396$$

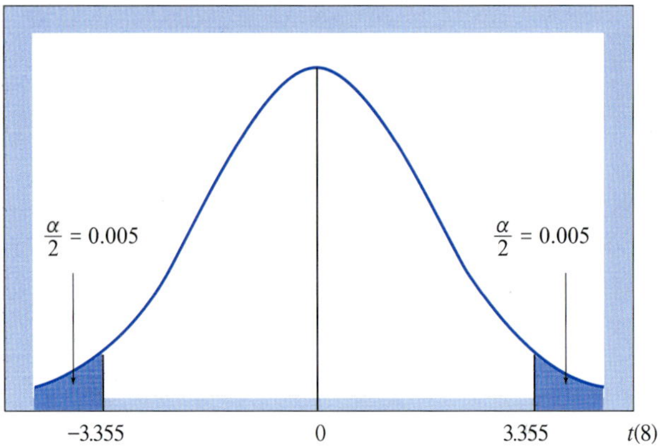

그림 12.10 H_0: $\beta_1 = 0$ vs. H_1: $\beta_1 \neq 0$에서 $\alpha = 0.01$일 때의 기각역

계산된 검정통계량값이 기각역에 포함되므로, 즉 $|t| = 7.396 > t_{0.005}(8) = 3.355$이므로, 유의수준 1%에서 귀무가설 H_0: $\beta_1 = 0$을 기각한다.

(6) 연구자의 주장에 대한 결론

주어진 유의수준에서 $\beta_1 \neq 0$이므로 '키와 몸무게 사이에는 유의한 선형적 관련성이 있다'라고 결론내린다. ■

12.5 평균반응의 구간추정

두 변수 x와 y의 선형적 관련성이 의미있다고 검정된 경우, 독립변수의 어떤 특정한 값 x_0에 대응되는 종속변수 y의 기댓값을 예측할 필요가 생긴다. 이때 x_0에 대응되는 반응변수의 평균값인 $\beta_0 + \beta_1 x_0$에 대한 예측은 $\hat{\beta}_0 + \hat{\beta}_1 x_0$에 근거하여 이루어진다.

앞의 예제와 같이 키가 170 cm인 경우, 평균적으로 몸무게가 얼마나 되는지 예측해야 할 필요가 발생한다. 키가 170 cm일 때의 몸무게의 평균값 $E(y|x = 170)$의 추정값은 다음과 같이 [예제 12.2]에서 구한 회귀직선식 $\hat{y} = -120.50 + 1.12x$의 x에 170을 대입하여 구할 수 있다.

$$\hat{E}(y \mid x = 170) = -120.50 + 1.12(170) = 69.9\,(\text{kg})$$

그러나 이 점추정값은 학생 개개인의 몸무게에 대한 개인의 차이, 즉 몸무게의 평균값의 분포를 고려하여 실제 몸무게가 있을 만한 구간의 값을 제시하지는 못한다. 그러므로 설명변수의 특정값 x_0에 대한 y의 평균반응값에 대한 신뢰구간을 구하기 위해서는 다음과 같은 평균반응추정량 $\hat{\beta}_0 + \hat{\beta}_1 x_0$의 분포를 이용한다.

$$t = \frac{(\hat{\beta}_0 + \hat{\beta}_1 x_0) - (\beta_0 + \beta_1 x_0)}{\sqrt{MSE\left(\frac{1}{n} + \frac{(x_0 - \bar{x})^2}{S_{xx}}\right)}} \sim t(n-2)$$

이 분포를 이용하여 독립변수의 특정값에서의 평균반응에 대한 $100(1-\alpha)\%$ 신뢰구간은 다음과 같다.

독립변수의 특정값 x_0가 주어졌을 때 y의 기댓값 $E(y|x=x_0)$의 신뢰구간

x_0가 주어졌을 때 $E(y|x=x_0)$에 대한 $100(1-\alpha)\%$ 신뢰구간은 다음과 같다.

$$(\hat{\beta}_0+\hat{\beta}_1 x_0) \pm t_{\alpha/2}(n-2)\sqrt{MSE\left(\frac{1}{n}+\frac{(x_0-\bar{x})^2}{S_{xx}}\right)}$$

예제 12.5

[예제 12.1]의 10명의 학생들에 대한 키와 몸무게를 나타낸 자료로부터 키가 175 cm일 때 평균 몸무게의 95% 신뢰구간을 구하여라.

풀이 $x_0=175$이므로 평균몸무게의 추정값을 계산하면 다음과 같다.

$$\hat{y}=-120.50+1.12(175)=75.5(\text{kg})$$

$t_{0.025}(8)=2.306$이고, [예제 12.3]으로부터 $MSE=17.43$, [예제 12.2]에서 $S_{xx}=760.1$, $\bar{x}=168.3$이 계산되었으므로, 이들을 이용하여 $E(y\,|\,x=175)$에 대한 95% 신뢰구간을 구하면 다음과 같다.

$$\begin{aligned}&\hat{y}\pm t_{\alpha/2}(n-2)\sqrt{MSE\left(\frac{1}{n}+\frac{(x_0-\bar{x})^2}{S_{xx}}\right)}\\&=75.5\pm 2.306\sqrt{17.43\left(\frac{1}{10}+\frac{(175-168.3)^2}{760.1}\right)}\\&=75.5\pm 3.84\end{aligned}$$

따라서 키가 175 cm일 때 평균몸무게의 95% 신뢰구간은 [71.66(kg), 79.34(kg)]이 된다. ■

12.6 중회귀모형

지금까지 두 변수 x와 y가 선형적으로 관련되었을 때의 회귀분석에 대하여 살펴보았다. 그러나 현실에서는 종속변수 y에 영향을 미치는 독립변수가 두 개 이상인 경우가 많이 발생한다. 예를 들어, 몸무게에 영향을 미치는 변수로 키 외에도 체지방을 생각할 수 있으며, 주식관련지수 또한 은행의 이자율 외에도 외국인 및 기관투자가들의 주식매도량 등이 영향을 미칠 수 있다. 대기오염 역시 자동차의 증가량 외에 공장에서 배출하는 오염물질의 양에 영향을 받을 수 있다. 자동차 바퀴의 마모 또한 자동차 주행거리와 주행하는 도로의 상태, 운전자의 운전 습관 등이 영향을 미칠 수 있다. 이 절에서는 종속변수에 영향을 미치는 독립변수들이 여러 개 있는 경우 이들을 각각 $x_1, x_2, \cdots, x_k$라고 나타내고, y와 $x_1, x_2, \cdots,$

x_k 사이의 관계가 다음과 같이 선형모형으로 표현되는 경우의 회귀분석에 대하여 간단하게 소개한다.

> **중회귀모형**
>
> 중회귀모형이란 종속변수 y에 영향을 미치는 둘 이상의 독립변수가 있을 때, 이들을 다음과 같은 식으로 표현되는 통계적 모형을 의미한다.
>
> $$y=\beta_0+\beta_1x_1+\beta_2x_2+\cdots+\beta_kx_k+\varepsilon$$
>
> 여기서 y: 종속변수
> x_j: j번째 독립변수($j=1, 2, \cdots, k$)
> β_0: 절편(intercept)
> β_j: j번째 독립변수와 관련된 기울기(slope)
> ε: 오차항으로서 $\varepsilon_i \overset{i.i.d}{\sim} N(0, \sigma^2)$

중회귀모형에서 회귀계수 β_i가 갖는 의미는 설명변수 x_i를 제외한 다른 모든 설명변수들을 통제한 상태에서 설명변수 x_i가 한 단위 변할 때 반응변수 y의 평균값의 변화량을 나타낸다. 이러한 의미를 강조하기 위하여 중회귀모형에서는 회귀계수를 **편회귀계수**(partial regression coefficient)라고도 한다. 종속변수 y와 관련된 독립변수가 x_1과 x_2 두 개이고 서로 선형적으로 관련된 경우, 중회귀모형은 3차원상에서 n개의 (x_{1i}, x_{2i}, y_i)점들을 적합시키는 곡면의 문제로 볼 수 있다. 이 경우 설명변수들이 주어졌을 때 반응변수의 평균값은 [그림 12.11]과 같이 **반응표면**(response surface)으로 나타난다.

단순회귀모형 때와 마찬가지로 중회귀모형 $y=\beta_0+\beta_1x_1+\beta_2x_2+\cdots+\beta_kx_k+\varepsilon$의 회귀계수들을 추정하기 위해서는 관측값 y_i에서 적합시키려는 반응표면까지의 거리인 오차의 제

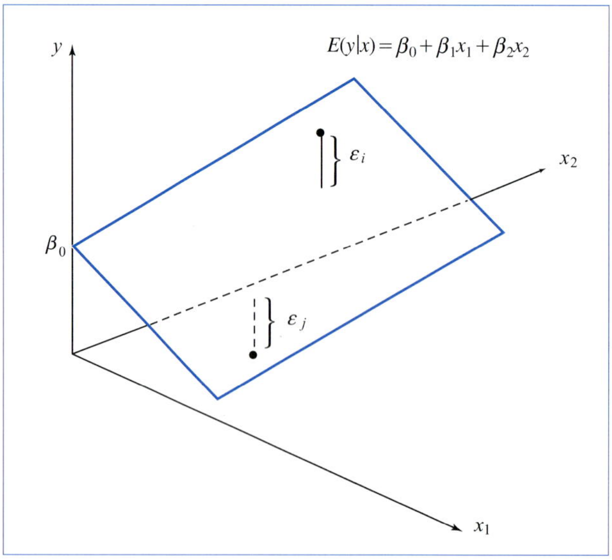

그림 12.11 독립변수가 x_1과 x_2로 두 개일 때의 중회귀모형

곱합을 최소화하여 추정할 수 있다. 이렇게 구한 회귀계수의 최소제곱추정량에 근거하여 회 귀계수들에 대한 추정과 검정을 하게 된다.

표본의 n개의 자료들에 대한 오차항의 제곱합을 다음과 같이 정의한다.

$$\sum_{i=1}^{n}\varepsilon_i^2=\sum_{i=1}^{n}(y_i-\beta_0-\beta_1x_{1i}-\beta_2x_{2i}-\cdots-\beta_kx_{ki})^2$$

오차제곱합을 최소화시키는 추정량 $\hat{\beta}_i$들을 찾기 위해 오차제곱합을 각 β_i에 대하여 편미분한 다음 0으로 놓고, 이들 연립방정식을 β_i에 관하여 풀면 최소제곱추정량을 구할 수 있다. 실제 자료를 분석할 경우 통계 패키지를 이용하면 회귀계수의 추정값이 간단하게 구해진다. 이렇게 구한 회귀계수들의 추정값을 사용하면 다음과 같이 적합된 회귀모형을 얻을 수 있다.

$$\hat{y}=\hat{\beta}_0+\hat{\beta}_1x_1+\hat{\beta}_2x_2+\cdots+\hat{\beta}_kx_k$$

예제 12.6

다음은 매년 여름휴가 성수기 부산지역의 특급호텔들의 객실 예약률의 평균값 (y) 과, 같은 기간의 평균 온도 (x_1) 와 비가 온 날의 수 (x_2) 를 나타낸 자료이다. 주어진 자료를 이용하여 적합회귀모형을 찾고, 그 의미를 설명하여라.

관측값 i	1	2	3	4	5	6	7	8	9	10
예약률% y	93	99	85	100	94	100	89	95	84	97
평균온도(섭씨) x_1	30	32	28	34	31	36	28	33	28	32
비가 온 날의 수 x_2	5	4	10	3	5	6	9	7	9	3

풀이 적합회귀모형 $\hat{y}=\hat{\beta}_0+\hat{\beta}_1x_1+\hat{\beta}_2x_2$을 구하기 위해서 통계 패키지 R에서 위의 자료에 대하여 명령어 lm(y~x1+x2)을 입력하면 다음과 같은 결과를 얻게 된다.

$$\hat{y}=59.0+1.31x_1-1.04x_2$$

여기서 $\hat{\beta}_0=59.0$은 $x_1=x_2=0$일 때 $\hat{y}$의 절편값이다. 즉, 여름휴가 성수기 동안의 평균 온도 (x_1) 가 0도이고, 비가 온 날의 수 (x_2) 가 0일 때 부산지역 특급호텔들의 객실 예약률의 평균값이 59%임을 의미한다. 그러나 이 자료의 특성상 평균온도가 0도이고, 비가 온 날이 없는 경우는 나타나지 않으므로, 위와 같은 해석은 의미 없는 것이다. 따라서 y의 절편값에 대한 무조건적인 해석은 주의해야 한다.

그리고 $\hat{\beta}_1=1.31$은 비가 온 날의 수 (x_2) 가 통제되었을 때 휴가기간 동안 평균 온도 (x_1) 가 1도 증가함에 따라 휴가기간 동안 객실의 예약률 (y) 은 평균적으로 1.31% 증가함을 의미한다.

같은 방법으로 $\hat{\beta}_2=-1.04$는 휴가기간의 평균 온도 (x_1) 가 통제되었을 때 비가 온 날의 수 (x_2) 가 하루씩 늘어남에 따라 객실의 평균 예약률은 1.04%씩 감소함을 의미한다. ■

중회귀모형 $y=\beta_0+\beta_1x_1+\beta_2x_2+\cdots+\beta_kx_k+\varepsilon$에 대한 회귀방정식을 추정한 후 종속변

수 y에 대한 독립변수 x_i의 회귀계수 β_i가 과연 통계적으로 의미가 있는지 검정을 해보아야 한다. 여기서는 6.4절에서 살펴본 바와 같이 β_i에 관한 검정에 관하여 알아본다.

모수 β_i에 대한 가설검정

(1) 가설의 설정

① 두 변수 x_i와 y가 서로 관련성($\beta_i \neq 0$)이 있는지 검정하고자 할 때
H_0: $\beta_i = 0$와 H_1: $\beta_i \neq 0$일 때 $R: |t| > t_{\alpha/2}(n-k-1)$

② 두 변수 x_i와 y가 서로 양의 관련성($\beta_i > 0$)이 있는지 검정하고자 할 때
H_0: $\beta_i = 0$와 H_1: $\beta_i > 0$일 때 $R: t > t_{\alpha}(n-k-1)$

③ 두 변수 x_i와 y가 서로 음의 관련성($\beta_i < 0$)이 있는지 검정하고자 할 때
H_0: $\beta_i = 0$와 H_1: $\beta_i < 0$일 때 $R: t < -t_{\alpha}(n-k-1)$
여기서 k는 독립변수의 개수를 의미한다.

(2) 검정통계량의 결정

$$t = \frac{\hat{\beta}_i - \beta_i}{S.E.(\hat{\beta}_i)}$$

이때 $S.E.(\hat{\beta}_i)$는 최소제곱추정량 $\hat{\beta}_i$의 표준오차로서, 복잡한 식 대신 통계 소프트웨어를 통해 얻어진 값을 이용한다. 검정통계량 t에서 β_i의 값은 귀무가설 H_0하에서의 β_i값이다.

예제 12.7

[예제 12.5]의 자료를 이용하여 다음을 검정하여라.

(1) 휴가기간의 평균온도(x_1)가 호텔들의 객실 예약률(y)의 평균값에 유의한 예측변수가 되는지 유의수준 5%로 검정하여라.

(2) 비가 온 날의 수(x_2)가 호텔들의 객실 예약률(y)의 평균값에 유의한 예측변수가 되는지 유의수준 5%로 검정하여라.

풀이 (1) 평균온도와 예약률의 선형적 관련성을 검정하는 문제이므로, β_1에 대한 가설검정을 실행한다.

① 가설설정

$$H_0: \beta_1 = 0 \qquad vs \qquad H_1: \beta_1 \neq 0$$

② 검정통계량 결정

모수 β_1에 대한 검정통계량으로 다음과 같이 정의되는 확률변수 t를 사용한다.

$$t = \frac{\hat{\beta}_i - \beta_i}{S.E.(\hat{\beta}_i)}$$

③ 유의수준 결정

문제로부터 유의수준은 5%이므로, $\alpha = 0.05$를 사용한다.

④ 판정기준 결정

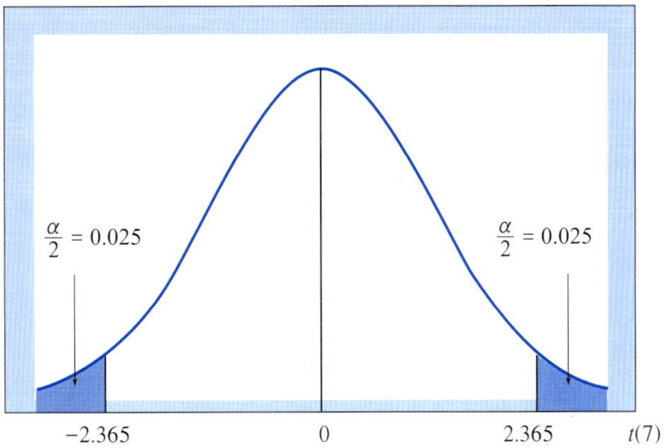

그림 12.12 H_0: $\beta_1=0$와 H_1: $\beta_1 \neq 0$에서 $\alpha=0.05$일 때의 기각역

양측검정이므로 자유도가 $n-k-1=10-2-1=7$인 t-분포의 상위 2.5%의 확률을 주는 t값을 찾아 기각역을 설정한다. 즉, $|t|>t_{0.025}(7)=2.365$이면 H_0: $\beta_1=0$을 기각한다.

⑤ 검정통계량값 계산과 귀무가설 기각여부 판정

컴퓨터로 계산된 최소제곱추정량 $\hat{\beta}_1$의 표준오차 $S.E.(\hat{\beta}_1)$를 대입하고 계산한다.

$$t=\frac{\hat{\beta}_1-\beta_1}{S.E.(\hat{\beta}_1)}=\frac{1.31-0}{0.2618}=5.00$$

계산된 검정통계량값이 기각역에 포함되므로, $|t| \approx 5.00>t_{0.025}(7)=2.365$이므로, 유의수준 5%에서 귀무가설 H_0: $\beta_1=0$을 기각한다.

⑥ 연구자의 주장에 대한 결론

유의수준 5%에서 대립가설 $\beta_1 \neq 0$이 채택되었으므로, 휴가기간 동안의 평균 온도(x_1)와 호텔들의 객실 예약률(y)의 평균값 사이에 통계적으로 의미 있는 선형적 관련성이 있다고 결론내린다.

(2) 비가 온 날의 수(x_2)와 예약률(y)의 선형적 관련성을 검정하는 문제이므로, β_2에 대한 가설검정을 실행한다. (1)번과 같은 방법으로 가설을 설정하고 검정통계량을 계산한다.

$$t=\frac{\hat{\beta}_2-\beta_2}{S.E.(\hat{\beta}_2)}=\frac{-1.04-0}{0.2805}\approx -3.71$$

$|t| \approx 3.71>t_{0.025}(7)=2.365$이므로 유의수준 5%에서 귀무가설 H_0: $\beta_1=0$을 기각한다. 따라서 '두 변수 휴가기간의 비가 온 날의 수(x_2)와 호텔들의 객실의 예약률의 평균값(y) 사이에 유의한 선형적 관련성이 있다'라고 결론내린다. ■

12.7 모형의 적합성 점검

중회귀모형을 적합시킨 결과 각각의 독립변수들이 유의하게 나타났다면 중회귀모형의 오차항에 대한 가정들이 만족되는지 점검할 필요가 있다. 오차항 ε_i는 다음과 같이 정의된다.

$$\varepsilon_i = y_i - \beta_0 - \beta_1 x_{1i} - \beta_2 x_{2i} - \cdots - \beta_k x_{ki}$$

오차항은 서로 독립이며, 평균이 0이고, 분산이 σ^2인 정규분포를 따른다고 가정하였다. 모집단의 오차항 ε_i에 대한 가정을 검정하기 위해서는 다음과 같이 정의되는 잔차 e_i들을 이용한다.

$$\begin{aligned} e_i &= y_i - \hat{y}_i \\ &= y_i - \hat{\beta}_0 - \hat{\beta}_1 x_{1i} - \hat{\beta}_2 x_{2i} - \cdots - \hat{\beta}_k x_{ki} \end{aligned}$$

적합회귀식에서 계산된 적합값 $\hat{y}$을 수평축, 잔차 e_i를 수직축에 그린 그림을 **잔차도**(residual plot)라 하고, 이 잔차도는 추정된 회귀모형의 적합성을 살펴보는 데 매우 중요한 정보를 제공한다.

[그림 12.13]은 잔차들이 여러 가지 적합값 $\hat{y}$들에 대하여 랜덤하게 흩어져 있고 대략적

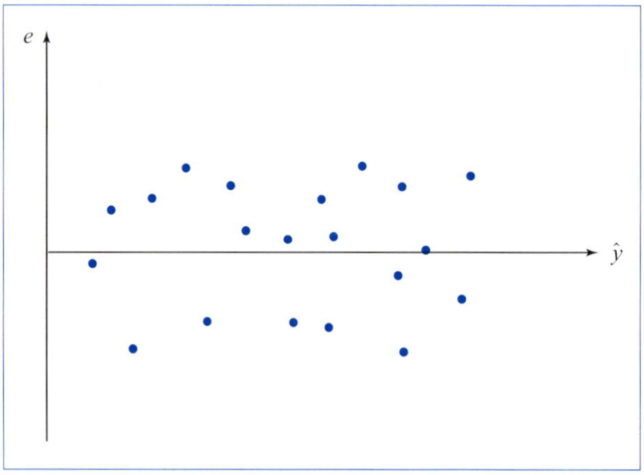

그림 12.13 잔차들이 랜덤하게 흩어진 경우의 잔차도

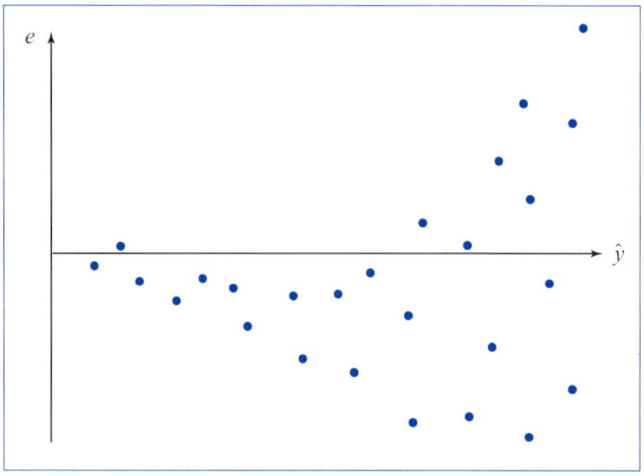

그림 12.14 잔차의 분산이 증가하며 비선형의 형태를 취하는 잔차도

으로 일정한 폭을 가지므로, 회귀모형의 가정을 잘 만족하는 그림이라고 볼 수 있다. 그러나 [그림 12.14]는 적합값 $\hat{y}$들이 커짐에 따라 잔차들의 분산도와 같이 증가할 뿐만 아니라, 독립변수들과 종속변수의 관계도 선형이라기보다는 비선형의 관계가 있음을 나타내고 있다.

예제 12.8

[예제 12.6]의 자료로부터 구한 적합회귀식을 이용하여 각 관측값에 대한 적합값(또는 추정값) $\hat{y}$과 잔차 e를 구하고, 잔차도를 작성하여라.

풀이 [예제 12.6]으로부터 구한 회귀적합식 $\hat{y}=59.0+1.31x_1-1.04x_2$를 구하였다. 주어진 자료를 x_1과 x_2에 대입하면 적합값 $\hat{y}$이 계산되고, 잔차 e는 관측값에서 적합값을 뺀 $e=y-\hat{y}$로 계산하여 구하면 다음 표와 같다.

관측값 i	평균온도(x_1)	비가 온 날의 수(x_2)	예약률%(y)	적합값 $\hat{y}$	잔차 e
1	30	5	93	93.172	−0.172
2	32	4	99	96.843	2.157
3	28	10	85	85.326	−0.326
4	34	3	100	100.514	−0.514
5	31	5	94	94.486	−0.486
6	36	6	100	100.009	−0.009
7	28	9	89	86.370	2.630
8	33	7	95	95.025	−0.025
9	28	9	84	86.370	−2.370
10	32	3	97	97.887	−0.887

위의 표에서 계산된 적합값 $\hat{y}$을 수평축, 잔차 e를 수직축으로 놓고 10개의 값을 표시하면 [그림 12.15]와 같은 잔차도가 나타난다. 잔차도로부터 비선형이나 잔차의 분산이 증가하는 것과 같은 특징은 발견되지 않고, 잔차들이 비교적 랜덤하게 흩어져 있다고 볼 수 있다.

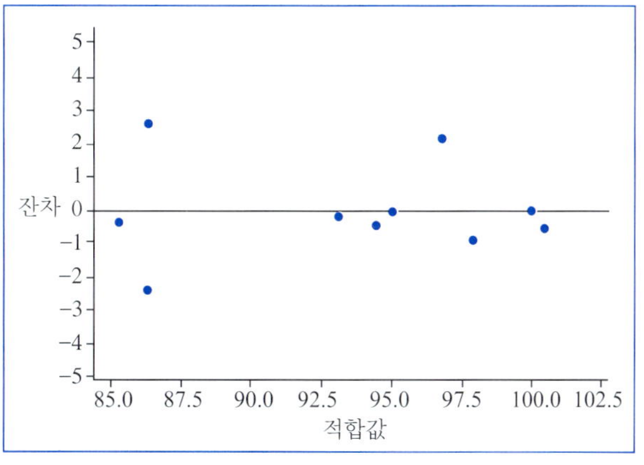

그림 12.15 잔차도 ■

12.8 상관계수와 결정계수

앞 절에서 종속변수와 독립변수의 선형적 관련성의 유무를 알아보기 위하여 β_i에 관한 추론을 하였다. 특히, 단순회귀모형에서 두 변수들 사이의 선형적관계의 강도는 상관계수를 이용하여 확인할 수 있다.

모집단 상관계수를 ρ라고 할 때, 상관계수의 범위는 $-1 \le \rho \le 1$이다. 상관계수와 회귀직선과의 관계에서 만약 상관계수가 $\rho = 1$이면 [그림 12.16] (a)와 같이 회귀직선에서 기울기 β_1은 양이 되고, 모든 관측값들은 회귀직선 위에 존재한다. 상관계수가 $\rho = -1$이면 [그림 12.16] (b)와 같이 회귀직선의 기울기 β_1은 음이 되고, 모든 관측값들은 회귀직선 위에 존재한다. 만약 상관계수가 $\rho = 0$이면 [그림 12.16] (c)와 같이 두 변수 사이에 선형적 관련성은 존재하지 않으므로 회귀직선은 수평축과 나란한 직선이 되고, 관측값들은 그 주위로 랜덤하게 흩어진 모양을 갖거나, 또는 선형이 아닌 다른 관계가 존재한다.

모집단의 상관계수를 추정하기 위하여 다음과 같이 정의되는 표본상관계수 r을 사용하며, 상관계수 r은 회귀직선의 기울기와 다음의 관계가 성립한다. 이 식으로부터 단순회귀모형에서 표본상관계수 r과 기울기의 최소제곱추정량 $\hat{\beta}_1$은 같은 부호를 갖는 것을 알 수 있다.

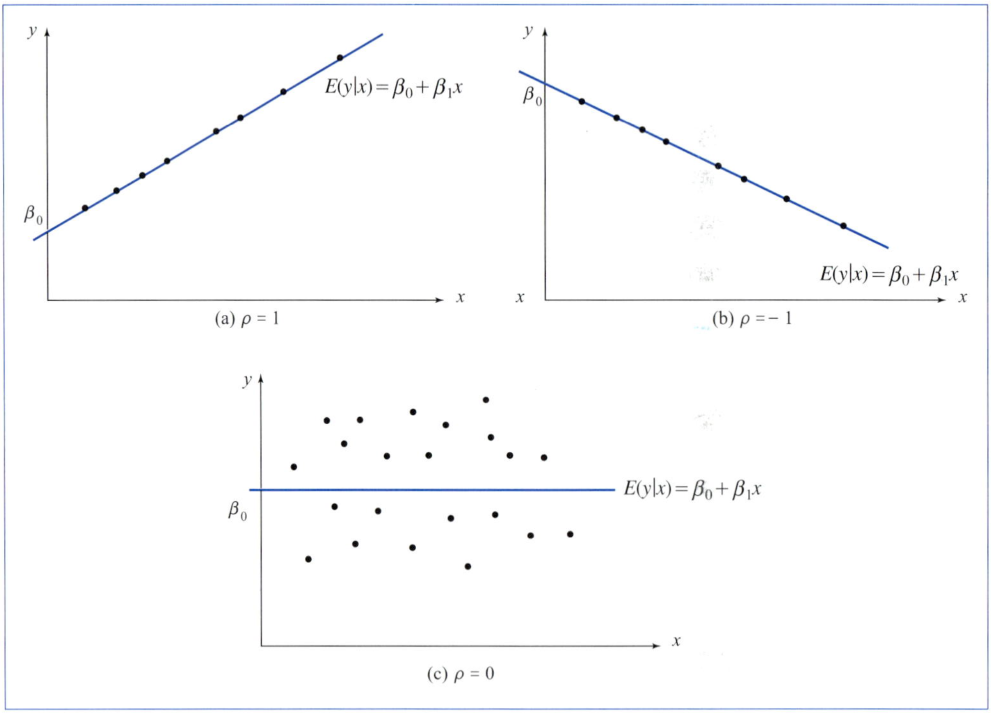

그림 12.16 두 변수들의 상관관계와 회귀직선

표본상관계수 r과 회귀직선의 기울기 β_1과의 관계

$$r = \frac{S_{xy}}{\sqrt{S_{xx}S_{yy}}} = \frac{\sqrt{S_{xx}}}{\sqrt{S_{yy}}}\frac{S_{xy}}{S_{xx}} = \frac{\sqrt{S_{xx}}}{\sqrt{S_{yy}}}\hat{\beta}_1$$

예제 12.9

표본상관계수 공식을 이용하여 [예제 12.1]의 자료에 대한 키와 몸무게의 상관계수를 구하여라.

풀이 [예제 12.2]에서 계산된 값들을 이용하여 표본상관계수 r을 다음과 같이 구할 수 있다.

$$r = \frac{S_{xy}}{\sqrt{S_{xx}S_{yy}}} = \frac{850}{\sqrt{760.1 \times 1090}} = 0.934$$

또한 $\hat{\beta}_1$과 [예제 12.3]에서 계산된 y의 편차의 제곱합 S_{yy}를 이용하여 상관계수를 다음과 같이 구할 수 있다.

$$\hat{\beta}_1 = \frac{S_{xy}}{S_{xx}} = \frac{850}{760.1} = 1.118$$

$$r = \frac{\sqrt{S_{xx}}}{\sqrt{S_{yy}}}\hat{\beta}_1 = \frac{\sqrt{760.1}}{\sqrt{1090}} \times 1.118 = 0.934$$

$\hat{\beta}_1$의 부호와 표본상관계수 r의 부호는 모두 양으로서, 일치함을 알 수 있다. 그리고 상관계수 0.934는 1에 가까운 값으로 두 변수가 양의 관련성을 가지며, 선형적으로 매우 높은 관련성이 있음을 의미한다.

여기서 한 가지 유의할 점은 단순히 상관계수만을 가지고 두 변수의 인과관계를 설명해서는 안 된다는 것이다. 다시 말해 상관계수는 단순히 두 변수의 선형적 관련성만을 설명할 뿐이지, 그 독립변수 때문에 종속변수가 받는 영향의 정도를 나타내지는 않는다. 즉, 수집된 자료에 따라서 두 변수들 간에 인과관계가 성립할 수도 있고, 성립하지 않을 수도 있으므로, 상관관계를 통해서 독립변수와 종속변수 사이에 원인과 결과를 설명할 수는 없다. ■

단순회귀모형에서 표본상관계수를 제곱한 것을 **결정계수**(coefficient of determination) 라고 한다. 결정계수는 다음과 같이 정의되며, 종속변수의 변동량 가운데서 독립변수에 의하여 설명되는 양을 비율로 나타낸 값이다.

결정계수

결정계수는 종속변수 y의 총변동량 가운데서 회귀직선식에 의하여 설명되는 양을 다음과 같이 비율로 나타낸 값이다.

$$R^2 = \frac{S_{xy}^2}{S_{xx}S_{yy}} = \frac{\sum_{i=1}^{n}(\hat{y}_i - \bar{y})^2}{\sum_{i=1}^{n}(y_i - \bar{y})^2}$$

> 여기서 $\sum_{i=1}^{n}(\hat{y}_i-\overline{y})^2$을 회귀제곱합이라 하고, $\sum_{i=1}^{n}(y_i-\overline{y})^2$을 총제곱합이라고 한다. 특히, 단순회귀모형에서 결정계수 R^2은 표본상관계수 r의 제곱과 같은 값을 가지며, $0 \le R^2 \le 1$의 범위를 취한다.

따라서 [그림 12.16] (c)의 경우 $R^2=0$의 값을 갖게 되고, [그림 12.16]의 (a)와 (b)의 경우에는 $R^2=1$이 된다. 이와 같이 $R^2=1$인 경우 종속변수 y의 값은 독립변수 x에 의하여 정확히 예측할 수 있다.

예제 12.10

[예제 12.1]의 키와 몸무게의 자료로부터 결정계수를 구하여라.

풀이 [예제 12.9]로부터 표본상관계수는 약 0.934이므로, 결정계수 R^2은 다음과 같다.

$$R^2=(0.934)^2=0.872$$

즉, 몸무게의 총 변동량은 키에 의하여 약 87.2%가 설명된다. 그러나 나머지 12.8%는 키가 아닌 다른 독립변수들에 의해 설명되거나 오차가 차지하는 부분이다. ■

예제 12.11

[예제 12.6]의 객실의 예약률(y)의 평균값과 같은 기간의 평균 온도(x_1)와 비가 온 날의 수(x_2)를 나타낸 자료에 대한 결정계수를 구하여라.

풀이 주어진 자료에 대하여 컴퓨터로 계산된 회귀제곱합은 $\sum_{i=1}^{n}(\hat{y}_i-\overline{y})^2 \approx 293.79$이고, 총제곱합은 $\sum_{i=1}^{n}(y_i-\overline{y})^2 \approx 312.40$이다. 따라서 결정계수는 다음과 같다.

$$R^2=\frac{S_{xy}^2}{S_{xx}S_{yy}}=\frac{\sum_{i=1}^{n}(\hat{y}_i-\overline{y})^2}{\sum_{i=1}^{n}(y_i-\overline{y})^2}=\frac{293.79}{312.40}=0.940$$

즉, 여름휴가 황금기간의 부산지역의 특급호텔들의 객실 예약률의 변동량은 평균 온도(x_1)와 비가 온 날의 수(x_2)에 의하여 약 94.0%가 설명된다. ■

12.9 R 실습

1. 어떤 추진엔진에서 발생한 다음의 공기속도와 기화계수의 관측값에 대하여

공기속도(cm/sec) x	**기화계수**(mm^2/sec) y
20	0.18
60	0.37
100	0.35
140	0.78
180	0.56
220	0.75
260	1.18
300	1.36
340	1.17
380	1.65

(1) 회귀계수들을 구하여 회귀계수들에 대한 95% 신뢰구간을 구하고, 회귀직선의 기울기가 0인지에 대한 검정을 유의수준 5%에서 행하여라.

(2) 공기속도가 190(cm/sec)일 때의 기화계수값을 추정하고, 평균기화계수 $E(y|x=190)$에 대한 95% 신뢰구간을 구하여라. 또한 공기속도가 190(cm/sec)일 때 미래의 기화계수 관측값에 대한 95% 신뢰구간을 구하고, 앞에서 구한 평균기화계수에 대한 95% 신뢰구간과 비교하여라.

(3) 잔차를 이용하여 모형의 적합성에 대한 점검을 행하여라.

풀이

(1) 우선 다음과 같이 자료를 입력한다.

```
> # 1. 공기속도와 기화계수에 대한 회귀분석
> # 자료 입력하기
> 공기속도=c(20, 60, 100, 140, 180, 220, 260, 300, 340, 380)
> 공기속도
 [1] 20 60 100 140 180 220 260 300 340 380
> 기화계수=c(0.18, 0.37, 0.35, 0.78, 0.56, 0.75, 1.18, 1.36, 1.17, 1.65)
> 기화계수
 [1] 0.18 0.37 0.35 0.78 0.56 0.75 1.18 1.36 1.17 1.65
```

이 자료에 대하여 산점도를 그려보자. 공기속도와 기화계수 사이에 직선관계가 있음을 확인할 수 있다.

```
> # 산점도
> plot(공기속도, 기화계수, main="산점도")
```

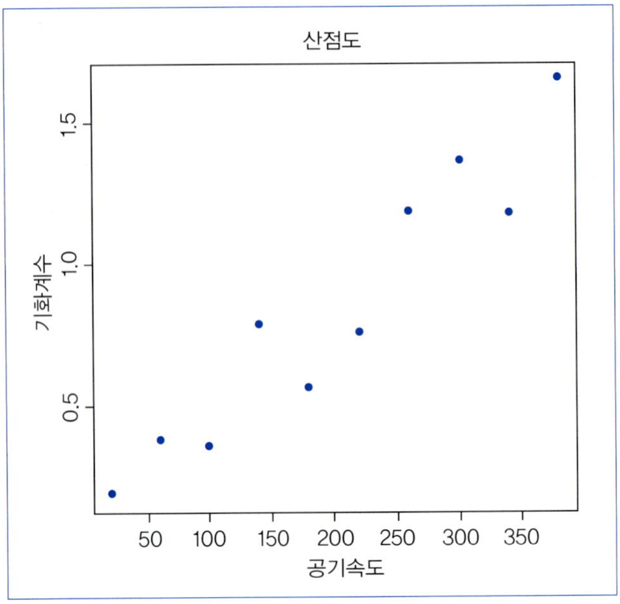

회귀분석을 행하면 다음과 같다. 절편과 기울기에 대한 최소제곱추정량이 각각 0.069와 0.00383임을 확인할 수 있다. 'Std.Error'는 회귀추정량의 표준편차[이를 표준오차(standard error)라 한다.]를 나타낸다. 공기속도에 대한 표준오차는 0.0004378이 되고, 기울기에 대한 검정 H_0: $\beta_1 = 0$ vs H_1: $\beta_1 \neq 0$을 행한 결과 t값이 8.746이다. p-값이 2.29×10^{-5}이어서 유의수준 0.05보다 작으므로 귀무가설을 기각할 수 있다. 추정된 회귀직선에서 기울기가 0이라 할 수 없으므로 추정된 회귀직선은 의미가 있다 하겠다. 반면, 절편에 대한 검정을 보면 p-값이 0.512이어서 유의수준 0.05보다 크므로 절편이 0이라 할 수 있고, 결정계수 $R^2 = r^2 = 0.9053$이 되어 직선관계가 아주 강함을 알 수 있다. 잔차에 대한 다섯숫자요약 (최솟값, 제1사분위수, 중앙값, 제3사분위수, 최댓값) = (−0.20103, −0.14671, 0.05261, 0.12318, 0.17473)이 되고, 잔차의 절댓값이 큰 경우가 없음을 알 수 있다.

```
> # 최소제곱법
> 최소제곱법=lm(기화계수~공기속도)
> summary(최소제곱법)

Call:
lm(formula=기화계수 ~ 공기속도)

Residuals:
      Min        1Q   Median       3Q      Max
-0.20103  -0.14671  0.05261  0.12318  0.17473

Coefficients:
              Estimate   Std. Error  t value     Pr(>|t|)
(Intercept) 0.0692424  0.1009737   0.686      0.512
공기속도    0.0038288  0.0004378   8.746   2.29e-05 ***
---
```

```
Signif. codes: 0 '***' 0.001 '**' 0.01 '*' 0.05 '.' 0.1 ' ' 1

Residual standard error: 0.1591 on 8 degrees of freedom
Multiple R-Squared: 0.9053,    Adjusted R-squared: 0.8935
F-statistic: 76.49 on 1 and 8 DF,  p-value: 2.286e-05
```

앞에서 그렸던 산점도에 추정된 회귀직선식을 첨가하면 다음과 같다.

```
> # 산점도와 추정된 회귀직선
> plot(공기속도, 기화계수, main="산점도와 추정된 회귀직선")
> abline(coef(최소제곱법), col="red")
```

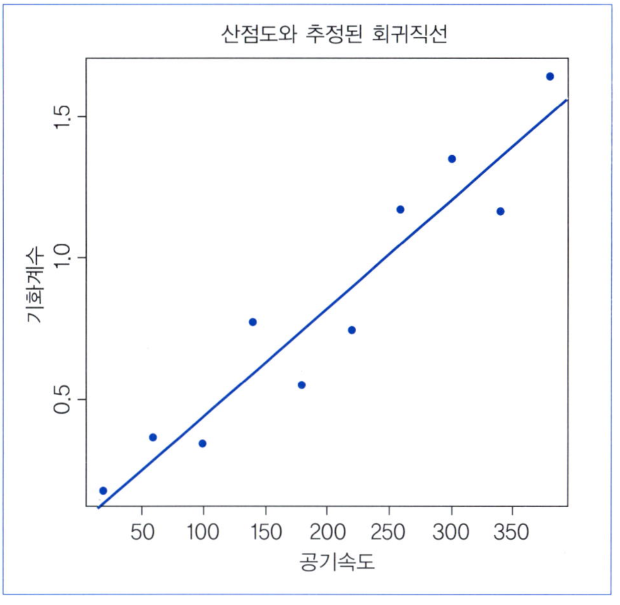

회귀계수에 대한 신뢰구간을 구하면 다음과 같다. 절편에 대한 95% 신뢰구간은 $-0.164 \le \beta_0 \le 0.302$이고, 기울기에 대한 95% 신뢰구간은 $0.0025 \le \beta_1 \le 0.0048$이다. 절편에 대한 95% 신뢰구간이 0을 포함하고 있으므로 절편이 0이라고 할 수 있다.

```
> # 회귀계수에 대한 신뢰구간
> confint(최소제곱법)
                   2.5 %        97.5 %
(Intercept)  -0.163603363  0.302088211
공기속도       0.002819273  0.004838302
```

(2) 공기속도가 190(cm/sec)일 때 평균기화계수의 추정값과 평균기화계수에 대한 95% 신뢰구간을 구하면 다음과 같다. 평균기화계수의 추정값은 0.80이고, 평균기화계수에 대한 95% 신뢰구간은 (0.68, 0.91)이다.

```
> # 평균기화계수에 대한 신뢰구간
> x0=c(1, 190)
> (y0=sum(x0*coef(최소제곱법)))
 [1] 0.7967121
> x0=data.frame(공기속도=190)
> predict(최소제곱법, x0, interval="confidence")
             fit          lwr        upr
[1,]  0.7967121  0.6802892  0.913135
> # 미래의 기화계수 관측값에 대한 신뢰구간
> predict(최소제곱법,x0,interval="prediction")
             fit          lwr        upr
1    0.7967121    0.411903  1.181521
```

공기속도가 190(cm/sec)일 때 미래의 기화계수 관측값에 대한 95% 신뢰구간을 구하면 다음과 같다. 미래의 기화계수 관측값에 대한 95% 신뢰구간은 (0.41, 1.18)이다. 앞에서 구한 평균기화계수에 대한 95% 신뢰구간보다 폭이 더 넓음을 알 수 있다.

공기속도가 $20 \le x \le 380$을 만족하는 값일 때, 이 값에 대한 평균기화계수에 대한 95% 신뢰구간을 우리는 평균기화계수에 대한 95% **신뢰대(신뢰띠,** confidence band) 라고 한다. 이 신뢰대는 x의 값이 $\bar{x}$에서 폭이 가장 작고 $\bar{x}$에서 멀어질수록 폭이 점점 커지는 나팔관 형태가 된다. 또한 우리는 미래의 기화계수 관측값에 대한 95% 신뢰구간을 구할 수 있는데, 이를 미래의 기화계수 관측값에 대한 95% **예측대(예측띠,** prediction band) 라고 한다.

```
> # 평균기화계수에 대한 신뢰대와 미래의 기화계수 관찰값에 대한 예측대
> grid=seq(20, 380, 1)
> p.confidence=predict(최소제곱법, data.frame(공기속도=grid), interval="confidence")
> p.prediction=predict(최소제곱법, data.frame(공기속도=grid), interval="prediction")
> matplot(grid, p.confidence, lty=c(1,2,2), type="l", xlab="공기속도", ylab="기화계수",
+ ylim=c(-0.3, 2.0), main="신뢰대")
> par(new=T)
> matplot(grid, p.prediction, lty=c(1,1,1), type="l", xlab="공기속도", ylab="기화계수",
+ ylim=c(-0.3, 2.0))
```

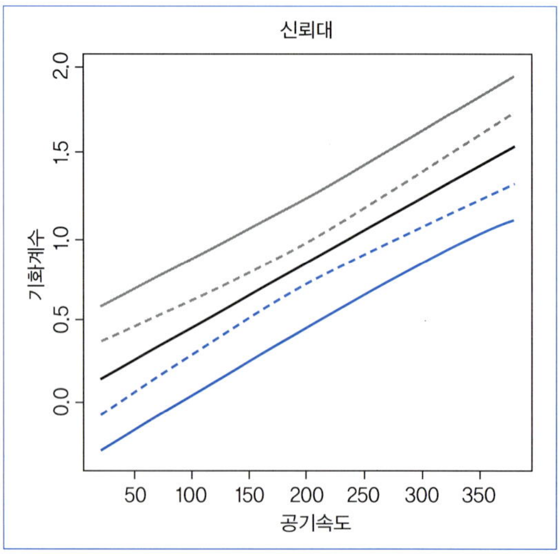

(3) 잔차를 먼저 구해 보면 다음과 같다.

```
# 잔차
>residuals(최소제곱법)
         1          2           3          4           5           6
0.03418182 0.07103030 -0.10212121 0.17472727 -0.19842424 -0.16157576
         7          8           9         10
0.11527273 0.14212121 -0.20103030 0.12581818
```

x축을 적합값 $\hat{y}$로 하고 y축을 잔차로 하는 잔차도(residual plot)와, x축을 설명변수 x로 하고 y축을 잔차로 하는 잔차도를 그려 보자.

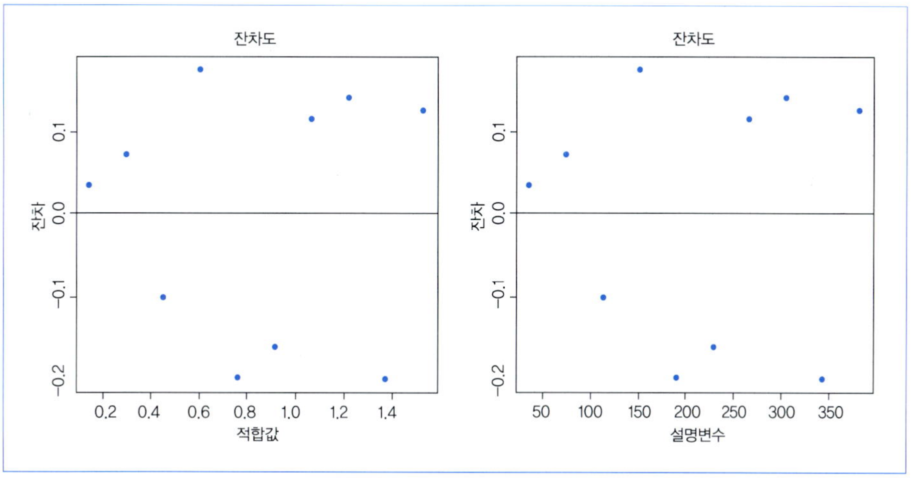

잔차에 대한 정규확률그림과 히스토그램을 그려 보면 다음과 같다. 히스토그램으로는 오차의 정규성을 밝히기가 어렵지만, 정규확률그림에서 잔차들이 직선에서 크게 벗어나지 않으며 정규성검정인 Shapiro-Wilk 검정을 시행해 보면 p-값이 0.078로서 유의수준 0.05보다 크므로 오차가 정규성을 만족한다고 할 수 있다.

```
> # 정규확률그림
> qqnorm(residuals(최소제곱법), ylab="잔차", main="정규확률그림")
> qqline(residuals(최소제곱법))
> # 잔차의 히스토그램
> hist(residuals(최소제곱법), main="히스토그램")
> # 정규성검정
> shapiro.test(residuals(최소제곱법))

        Shapiro-Wilk normality test

data:  residuals(최소제곱법)
W = 0.8608, p-value = 0.07796
```

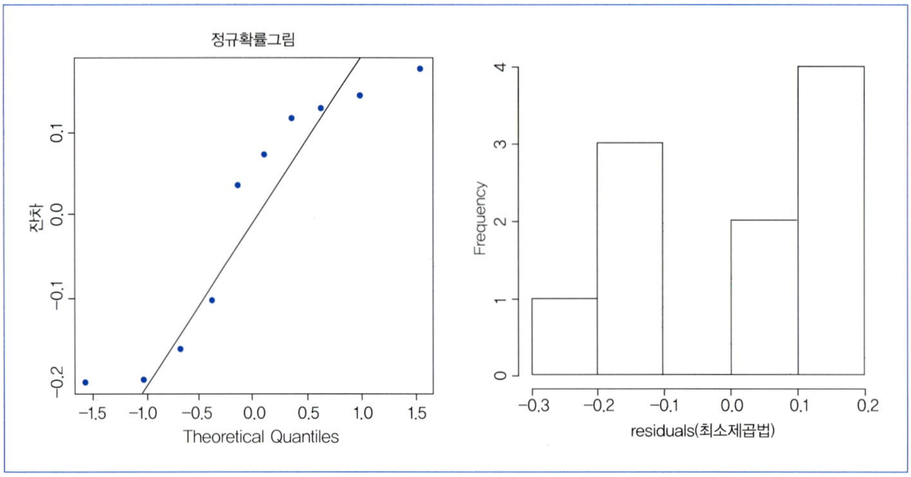

2.

y	41	49	69	65	40	50	58	57	31	36	44	57	19	31	33	43
x_1	1	2	3	4	1	2	3	4	1	2	3	4	1	2	3	4
x_2	5	5	5	5	10	10	10	10	15	15	15	15	20	20	20	20

(1) 산점도행렬 (scatterplot matrix) 을 그려라.

(2) 추정회귀식을 구하여라.

(3) x_1, x_2, y 사이의 상관계수를 구하여라.

풀이

(1) 산점도행렬을 아래와 같이 구해 보자. 산점도행렬이란 가능한 모든 쌍의 산점도를 행렬의 행과 열에 배열하는 그림이다. y와 x_1 사이에 양의 직선관계가, y와 x_2 사이에 음의 직선관계가 있음을 알 수 있다.

```
> # 2. 중회귀모형
> # 자료 입력하기
> y=c(41, 49, 69, 65, 40, 50, 58, 57, 31, 36, 44, 57, 19, 31, 33, 43)
> x1=c(1, 2, 3, 4, 1, 2, 3, 4, 1, 2, 3, 4, 1, 2, 3, 4)
> x2=c(5, 5, 5, 5, 10, 10, 10, 10, 15, 15, 15, 15, 20, 20, 20, 20)
> xy=cbind(x1, x2, y)
> xy
     x1 x2  y
[1,]  1  5 41
[2,]  2  5 49
[3,]  3  5 69
[4,]  4  5 65
[5,]  1 10 40
[6,]  2 10 50
[7,]  3 10 58
[8,]  4 10 57
[9,]  1 15 31
```

```
[10,] 2 15 36
[11,] 3 15 44
[12,] 4 15 57
[13,] 1 20 19
[14,] 2 20 31
[15,] 3 20 33
[16,] 4 20 43
> # 산점도행렬(Scatterplot matrix)
> pairs(xy, main="산점도행렬")
```

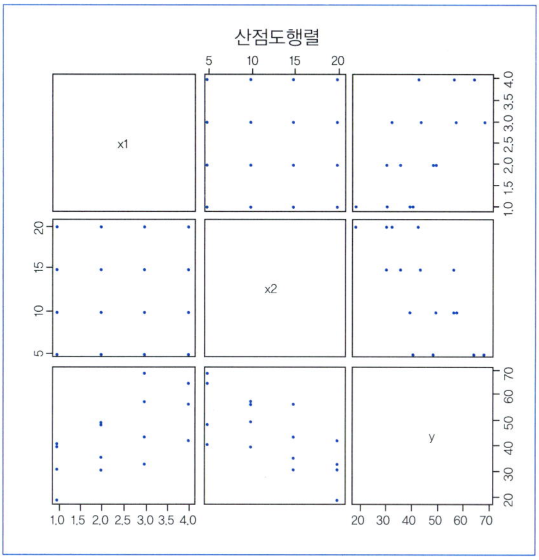

참고로 삼차원 산점도를 그리면 다음과 같다. 삼차원 산점도를 그리려면 lattice라는 패키지를 불러야 한다.

```
> # 3차원 산점도
> library(lattice)
> cloud(xy[,3]~xy[,1]*xy[,2], xlab="x1", ylab="x2", zlab="y")
```

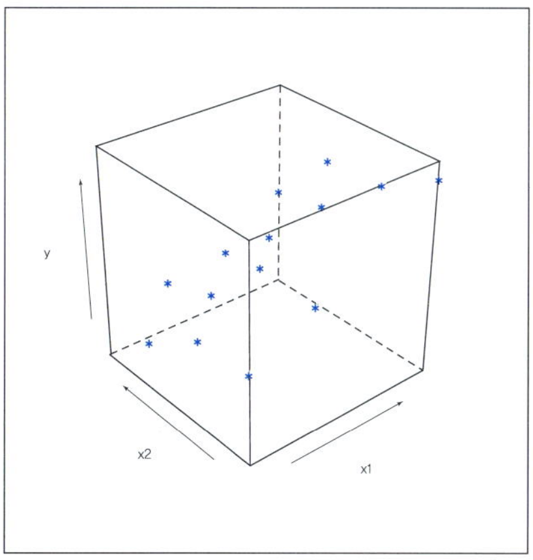

(2) 중회귀모형식을 추정하면 대략 다음과 같이 $\hat{y}=46.44+7.78x_1-1.66x_2$이 된다. 검정을 행하여 보면 모든 회귀계수가 유의함을 알 수 있다(유의수준: 5%). 결정계수가 0.917로, 다음과 같이 구한 중회귀모형식이 유의함을 알 수 있다.

```
> # 최소제곱법
> ls=lm(y~x1+x2)
> summary(ls)

Call:
lm(formula = y ~ x1 + x2)

Residuals:
    Min      1Q  Median     3Q    Max
-4.937  -3.744  -1.050  2.825  7.512

Coefficients:
             Estimate  Std. Error  t value    Pr(>|t|)
(Intercept)  46.4375    3.5172   13.203  6.59e-09 ***
x1            7.7750    0.9485    8.197  1.71e-06 ***
x2           -1.6550    0.1897   -8.724  8.55e-07 ***
---
Signif. codes: 0 '***' 0.001 '**' 0.01 '*' 0.05 '.' 0.1 ' ' 1

Residual standard error: 4.242 on 13 degrees of freedom
Multiple R-Squared: 0.9168,   Adjusted R-squared: 0.904
F-statistic: 71.65 on 2 and 13 DF, p-value: 9.546e-08
```

(3) x_1, x_2 , y 사이의 상관계수를 다음과 같이 구할 수 있다. 산점도행렬에서 언급한 것처럼 y와 x_1 사이에 양의 상관관계($r=0.656$)가, y와 x_2 사이에 음의 상관관계($r=-0.698$)가 있음을 알 수 있다.

```
> # 상관계수행렬
> cor(xy)
          x1         x2           y
x1  1.0000000   0.000000   0.6556529
x2  0.0000000   1.000000  -0.6978170
y   0.6556529  -0.697817   1.0000000
```

3.

x	11.1	10.3	12.0	15.1	13.7	18.5	17.3	14.2	14.8	15.3
y	10.9	14.2	13.8	21.5	13.2	21.1	16.4	19.3	17.4	19.0

(1) 산점도를 그려라.

(2) 상관계수를 구하여라.

풀이

(1) 산점도를 아래와 같이 구할 수 있다.

```
> # 3. 상관계수
> # 산점도
> x=c(11.1, 10.3, 12.0, 15.1, 13.7, 18.5, 17.3, 14.2, 14.8, 15.3)
> x
 [1] 11.1 10.3 12.0 15.1 13.7 18.5 17.3 14.2 14.8 15.3
> y=c(10.9, 14.2, 13.8, 21.5, 13.2, 21.1, 16.4, 19.3, 17.4, 19.0)
> y
 [1] 10.9 14.2 13.8 21.5 13.2 21.1 16.4 19.3 17.4 19.0
> plot(x, y, main="산점도")
```

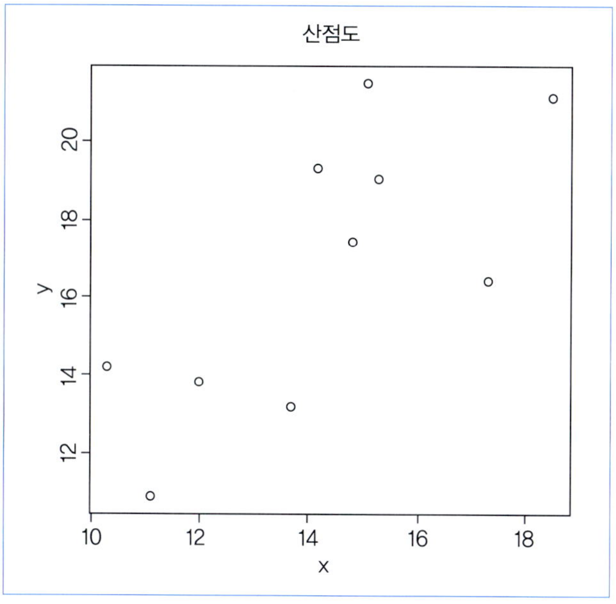

(2) 상관계수를 구해 보면 $r \approx 0.732$가 된다.

```
> # 상관계수
> cor(x, y)
[1] 0.731715
```

12.10 연습문제

12.1 회귀모형을 추정할 때 오차항에 대하여 정규분포를 가정하는 것이 반드시 필요하다고 생각되는가?

12.2 회귀직선과 반응표면의 차이는 무엇인가?

12.3 최소제곱법에서 정의하는 관측값과 회귀직선과의 거리가 일반적인 한 점에서 직선까지의 거리와 다른 점은 무엇인가?

12.4 모든 회귀직선에 대하여 잔차의 합이 항상 0이 되는가?

12.5 어떤 컴퓨터회사에서는 여러 작업자들에 대하여 부품의 조립시간과 작업의 효율성을 연구하기 위하여 다음 표와 같은 자료를 구하였다. 다음 자료에 대한 산점도를 그리고, 자료들이 임의의 직선에 잘 적합되는가를 확인하기 위하여 임의의 직선을 스케치하여라.

조립시간(분) x	작업의 효율성(%) y
23	57
44	63
40	81
21	47
33	63
38	71
18	53
46	78
25	59
30	69

12.6 문제 12.5번의 자료에 대하여 최소제곱법으로 회귀직선식을 구하여라. 그리고 조립시간이 30분일 때 작업의 효율성 값을 추정하여라.

12.7 다음 표는 어느 금속재료에 대하여 강도를 변화시키며 당겼을 때 늘어난 길이를 나타낸 것이다.

인장강도(kg) x	10	20	30	40	50	60
늘어난 길이(cm) y	24	36	46	69	78	89

(1) x와 y의 산점도를 그리고, 선형관계를 설명하여라.

(2) 회귀직선식을 구하고, 그것을 이용하여 인장강도 x가 20 kg일 때, 늘어난 길이를 예측하여라.

12.8 문제 12.7번의 자료를 이용하여 다음 물음에 답하여라.

(1) 10 kg씩 인장강도를 증가시킬 때, 평균적으로 늘어나는 길이의 95% 신뢰구간을 구하여라.

(2) 인장강도와 늘어난 길이 사이에 유의한 관련성이 있는지 유의수준 5%로 검정하여라.

12.9 다음의 표는 숙련도가 서로 다른 여러 작업자들이 공장에서 제품을 검사하는 동안에 발견한 불량품의 수를 나타낸 것이다.

근무한 시간 x	발견한 불량품의 개수 y
2	9
6	20
8	25
1	11
4	10
9	23

(1) 최소제곱법으로 회귀적합식을 찾아라.

(2) 5시간 근무한 직원이 발견하는 불량품의 개수를 추정하여라.

12.10 문제 12.9번의 자료에 대하여 다음 물음에 답하여라.

(1) 근무한 시간과 발견한 불량품의 개수 사이에는 양의 관련성이 있는지 유의수준 5%로 검정하여라.

(2) 단위시간에 따라 발견하는 평균불량품의 개수는 1개씩 증가하는지 유의수준 5%로 검정하여라.

(3) 결정계수를 구하고, 설명하여라.

(4) 오차의 추정값을 계산하여라.

12.11 다음은 어느 회사에서 근무하는 5명의 직원들에 대한 나이와 대학시절 외국연수와 연봉에 관한 자료이다.

나이 x_1	외국연수(개월) x_2	연봉(단위: 백만 원) y
37	3	80.5
40	1	67.5
38	3	79.0
42	12	90.2
38	3	78.3

(1) 주어진 자료에 대한 추정회귀함수를 찾아라.

(2) 나이가 40세이고 외국연수를 6개월 경험한 직원의 연봉의 추정값을 계산하여라.

12.12 문제 12.11번의 자료에 대하여 다음 물음에 답하여라.

(1) 결정계수를 구하여라.

(2) 나이와 연봉은 유의한 선형적 관련성이 있는지 유의수준 5%에서 검정하여라.

(3) 외국연수와 연봉은 유의한 선형적 관련성이 있는지 유의수준 5%에서 검정하여라.

12.13 다음 표는 서로 다른 재료의 딱딱한 정도 y와 탄소의 함유량 x_1과 녹는 온도 x_2를 측정한 결과이다.

딱딱한 정도 y	탄소함량(%) x_1	녹는 온도(℃) x_2
66	2	200
68	2	260
66	2	280
70	3	300
71	3	310
77	3	320
75	4	330
79	4	390
79	4	380
80	5	370
81	5	380
83	5	390

(1) 최소제곱법으로 추정회귀식을 구하여라.

(2) 탄소함량이 3%, 녹는 온도가 300℃일 때 경도의 예측값을 구하여라.

12.14 문제 12.13번의 자료에 대하여 다음 물음에 답하여라.

(1) 결정계수를 구하여라.

(2) 탄소의 함량이 유의한 독립변수가 되는지 유의수준 10%에서 검정하여라.

(3) 녹는 온도는 유의한 독립변수인지 유의수준 10%에서 검정하여라.

12.15 광고와 매출의 관계를 분석하기 위해 한 가구점의 소유자는 표본으로 선택된 12개월 동안 월간 광고비(단위: 백만 원)와 매출액(단위: 10억 원)에 대한 자료를 다음과 같이 기록하였다.

광고비	23	46	60	54	28	33
매출액	9.6	11.3	12.8	9.8	8.9	12.5
광고비	25	31	36	88	90	99
매출액	12.0	11.4	12.6	13.7	14.4	15.9

(1) 산포도를 그려라.

(2) 두 변수 사이의 상관계수를 구하여라.

12.16 문제 12.15번의 광고비와 매출액 자료에 대하여 다음에 답하여라.

(1) 두 변수 사이에 선형의 관계를 가정한다면 적절한 모형은 무엇인가?

(2) 최소제곱법에 의해 모형을 추정하여라.

(3) 각 회귀계수들의 의미를 해석하여라.

12.17 문제 12.15번의 광고비와 매출액의 자료에 대하여 다음 물음에 답하여라.

(1) 광고비가 전혀 지출되지 않았다면 매출액은 얼마라고 추정되는가?

(2) (1)의 결과가 의미가 있다고 생각하는가?

12.18 문제 12.15번의 광고비와 매출액의 자료에 대하여 다음 물음에 답하여라.

(1) 광고비가 9천만 원 지출되었다면 예상 매출액은 얼마나 되겠는가?

(2) 자료에서의 실제값과 예측값의 차이는 얼마인가?

(3) 위의 자료에서 각 광고비에 해당하는 매출액의 추정값과 실제 매출액의 차이들을 모두 더하면 얼마가 되겠는가?

12.19 문제 12.15번의 광고비와 매출액 자료에 대하여 다음 물음에 답하여라.

(1) 위 광고비와 매출액 자료에서 매출액의 총변동량 중 광고비의 변동량에 의해서 설명되는 부분은 어느 정도인가?

(2) (1)의 값은 두 변수의 상관계수와 어떤 관계에 있는가?

12.20 문제 12.16 (1)의 선형회귀모형에서 오차항의 분포가 평균이 0이고 분산이 σ^2인 정규분포를 따른다고 가정하고, 다음에 답하여라.

(1) 오차항의 분산의 추정값을 구하여라.

(2) 광고비와 매출액 사이에 선형적 관련성이 존재한다고 할 수 있겠는지 유의수준 5%에서 검정하여라.

(3) 광고비가 7천만 원일 때, 평균매출액에 대한 95% 신뢰구간을 구하여라.

12.21 단순회귀모형 $y=\beta_0+\beta_1x+\varepsilon$에서 다음 물음에 답하여라.

(1) 랜덤오차항 ε에 대한 가정을 열거하여라.

(2) 랜덤오차항 ε을 회귀모형에 포함시키는 이유에 대하여 열거하여라.

12.22 작업인원(X)과 생산량(Y)과의 관계를 알아보기 위하여 10개의 자료를 임의로 추출한 결과가 다음과 같다.

X	3	2	4	8	4	5	6	3	7	8
Y	7	5	10	16	8	10.8	10	7	14.8	13

(1) 산점도를 그리고 상관계수를 구하고, 상관관계를 설명하여라.

(2) 추정된 회귀직선식을 구하여라.

(3) 추정된 회귀직선식에서 $\hat{\beta}_1$의 의미를 설명하여라.

(4) 작업인원이 6명일 때, 추정되는 생산단위는 얼마인가?

(5) 작업인원이 6명일 때, 평균생산량의 95% 신뢰구간을 구하여라.

12.23 단순회귀모형의 정규방정식이 다음과 같음을 증명하여라.

$$\sum_{j=1}^{n}(y_j - \hat{\beta}_0 - \hat{\beta}_1 x_j) = 0$$

$$\sum_{j=1}^{n}(y_j - \hat{\beta}_0 - \hat{\beta}_1 x_j)x_j = 0$$

12.24 최우추정법에 의해 기울기와 절편을 갖는 단순선형회귀모형의 회귀계수들과 오차분산, 즉 β_0, β_1, σ^2의 추정량을 구하여라.

12.25 다음은 홍보비용(X)과 예금유치액(Y)의 현황이다.

X	40	50	30	60	70	60	30	60	20	80
Y	87	108	69	135	148	132	73	128	50	170

(1) 분산분석표를 이용하여 다음 가설을 검정하여라.

$$H_0: \beta_1 = 0 \qquad \text{vs} \qquad H_1: \beta_1 \neq 0$$

(2) 결정계수를 구하고 추정식을 해석하여라.

(3) 단순회귀모형에서 결정계수가 설명변수와 종속변수의 피어슨 상관계수의 제곱과 같음을 증명하여라.

(4) 수정결정계수를 구하여라.

12.26 두 변수 Y와 X가 $Y = kX$와 같은 선형관계가 있다고 한다. 이를 실제자료로 확인하기 위해 자료를 수집한 결과 다음과 같은 자료를 얻었다.

x	2	4	6	8	10
y	1.2	3.4	5.0	7.1	8.5

(1) 주어진 자료를 단순회귀모형 $y = \beta_0 + \beta_1 x + \varepsilon$에 적합하여라.

(2) 기울기 β_1에 대하여 95% 신뢰구간을 구하여라.

(3) 두 변수 사이의 알려진 사실에 의하면 회귀식은 $(x, y) = (0, 0)$을 지나야 한다. $\beta_0 = 0$ 인지를 유의수준 5%로 검정하여라.

12.27 다음의 자료를 다중회귀모형 $y = \beta_0 + \beta_1 x_1 + \beta_2 x_2 + \varepsilon$에 적합시키고자 한다.

y	4	5	5	7	10
x_1	1	2	4	5	8
x_2	2	2	3	5	6

(1) 추정된 회귀직선식을 구하여라.

(2) 결정계수를 구하고 그 의미를 해석하여라.

(3) 유의수준 5%로 가설 H_0: $\beta_1 = \beta_2 = 0$ vs. H_1: not H_0을 검정하여라.

12.28 다음의 자료를 다중회귀모형 $y = \beta_0 + \beta_1 x_1 + \beta_2 x_2 + \beta_3 x_3 + \varepsilon$에 적합시키고자 한다.

y	1	2	0	2	1	3	6
x_1	1	2	3	4	5	6	7
x_2	3	2	1	0	1	2	3
x_3	0	1	2	3	2	2	1

(1) 회귀모형을 추정하여라.

(2) 결정계수를 구하고, 그 의미를 설명하여라.

12.29 $\hat{Y} = X\hat{\beta} = X(X'X)^{-1}X'Y = HY$라 할 때, $H = H'$이고 $H^2 = H$임을 보여라.

12.30 기울기만 있는 단순회귀모형 $y_i = \beta_1 x_i + \varepsilon_i (i = 1, ..., n)$에 대해 다음 물음에 답하여라.

(1) 최소제곱 추정량 $\hat{\beta}_1$을 구하여라.

(2) 추정된 회귀직선식을 구하여라.

(3) 오차항의 정규성 가정 (즉 $\varepsilon_i \sim iidN(0, \sigma^2)$)하에서 가설 H_0: $\beta_1 = 0$ vs H_1: $\beta_1 \neq 0$을 검정하는 방법을 설명하여라.

12.31 회귀분석과 분산분석의 차이점을 설명하여라.

13장 범주형 자료의 분석

앞 장에서는 양적 자료인 두 변수 또는 두 개 이상의 변수들이 선형적 관련성이 있을 때 그 변수들에 대한 통계적 모형을 설정하고, 변수들의 값을 예측하고, 분석하는 것을 다루었다. 13장에서는 어떤 현상이나 실험으로부터 구한 자료들이 우리가 가정한 통계적 분포에 잘 맞는지를 살펴보는 적합도 검정에 대해서 살펴본다. 이를 위해 우선 범주형 자료의 통계적 분석에서 기초가 되는 확률분포로서 다항분포를 소개하고, 그 성질과 검정에 관해 살펴보기로 한다. 그리고 모집단 내의 요소들이 두 종류 이상으로 분류되는 경우에 여러 개의 모집단으로부터 임의로 추출한 자료들을 분할표로 정리해 보고 주어진 분할표에 대하여 독립성과 동질성의 검정을 시행해 본다.

13.1 다항분포

13.1.1 다항분포의 정의

확률실험을 1회 실행했을 때 나올 수 있는 결과가 두 가지만 있는 실험 (예를 들면, 성공 또는 실패, 여학생 혹은 남학생 등) 을 **베르누이 시행** (Bernoulli trial) 이라고 하고, 이러한 베르누이 시행을 n번 독립적으로 반복 수행했을 때 나올 수 있는 성공의 횟수가 이항확률변수가 된다는 것을 5.6절에서 다루었다. 한편, 확률실험을 1회 실행했을 때 나올 수 있는 결과가 $k(\geq 3)$가 되는 확률실험을 **다항시행** (multinomial trial) 이라고 한다. 이제 이러한 다항시행을 n번 독립적으로 반복수행할 때, 각 결과들이 나타나는 횟수에 대한 확률분포에 대해서 생각해 보자.

> **다항분포**
> 한 번의 다항시행에서 i번째 사건이 일어날 확률을 $p_i(i=1, 2, \cdots, k)$라 하고, 이러한 다항시행을 n번 독립적으로 반복 수행했을 때, $N_i(i=1, 2, \cdots, k)$를 i번째 사건이 일어난 횟수라고 하면, 이들 N_1, N_2, $\cdots$, N_k들의 결합확률밀도함수는 다음과 같다.
>
> $$P(N_1=n_1,\ N_2=n_2,\ \cdots,\ N_k=n_k)=\frac{n!}{n_1!n_2!\cdots n_k!}\,p^{n_1}p^{n_2}\cdots p^{n_k}$$
>
> 단, $p_1+p_2+\cdots+p_k=1$, $n_1+n_2+\cdots+n_k=n$으로 주어진다. 이때 $(N_1, N_2, \cdots, N_k)$는 시행횟수가 n이고

속성확률들(cell probabilities)이 $(p_1, p_2, \cdots, p_k)$인 다항분포(multinomial distribution)를 따른다고 하며, 기호로서 흔히 다음과 같이 나타낸다.

$$(N_1, N_2, \cdots, N_k) \sim m(n, p_1, p_2, \cdots, p_k)$$

위의 다항분포에서 N_i의 주변확률분포에 대해서 살펴보자. 만약 1회의 다항시행에서 i번째 결과가 일어난 것을 '성공'이라 하고, 그 이외의 결과가 일어난 것을 '실패'라고 한다면, 이것은 1회의 시행에서 성공의 확률이 p_i인 베르누이 시행이라고 볼 수 있다.

따라서 이 시행을 n번 독립적으로 반복수행할 때 i번째 결과가 일어난 성공의 횟수는 N_i이고, N_i의 분포는 이항분포 $B(n, p_i)$를 따름을 알 수 있다. 즉, $(N_1, N_2, \cdots, N_k)$가 다항분포 $m(n, p_1, p_2, \cdots, p_k)$를 따를 때, N_i의 주변확률분포는 이항분포 $B(n, p_i)$가 된다. 따라서 N_i의 평균과 분산은 다음과 같이 된다.

$$E(N_i) = np_i, \qquad Var(N_i) = np_i(1-p_i)$$

한편 N_i와 N_j의 **주변결합확률분포**(marginal joint probability distribution)는 **삼항분포**(trinomial distribution)가 되고, (N_i, N_j)의 주변결합확률밀도함수는 다음과 같이 주어진다.

$$P(N_i = n_i, N_j = n_j) = \frac{n!}{n_i!n_j!(n-n_i-n_j)!} p_i^{n_i} p_j^{n_j} (1-p_i-p_j)^{n-n_i-n_j}$$

또한, N_i와 N_j의 공분산은 다음과 같다.

$$Cov(N_i, N_j) = -np_i p_j \quad (i \neq j)$$

다항시행과 다항분포에 관한 성질을 요약하면 다음과 같다.

다항시행과 다항분포

① 1회의 다항시행에서 일어날 수 있는 결과는 k개의 서로 배반인 결과들, 예를 들어 $w_1, w_2, \cdots, w_k$이다.

② 1회의 다항시행에서 i번째 결과 w_i가 일어날 확률을 $p_i = P(\{w_i\})$라 하고, 이 다항시행을 n번 독립적으로 반복 시행했을 때 결과 w_i가 일어날 횟수를 N_i라 하면 $(N_1, N_2, \cdots, N_k)$는 다항분포를 따르고, 결합확률밀도함수는 다음과 같다.

$$P(N_1 = n_1, N_2 = n_2, \cdots, N_k = n_k) = \frac{n!}{n_1!n_2!\cdots n_k!} p_1^{n_1} p_2^{n_2} \cdots p_k^{n_k}$$

단, $p_1 + p_2 + \cdots + p_k = 1$, $n_1 + n_2 + \cdots + n_k = n$가 성립된다.

③ $(N_1, N_2, \cdots, N_k)$가 다항분포 $m(n, p_1, p_2, \cdots, p_k)$일 때 $E(N_i) = np_i$, $Var(N_i) = np_i(1-p_i)$, $Cov(N_i, N_j) = -np_i p_j (i \neq j)$가 성립한다.

예제 13.1

어느 대학교 통계학과의 통계학 개론 II를 수강한 학생들 중에는 15%는 A학점을, 25%는 B학점을, 35%는 C학점을, 20%는 D학점을, 5%는 F학점을 각각 받았다고 한다. 이들 학생 중에서 10명을 임의로 선택했을 때

(1) A, B, C, D, F 학점을 받은 학생이 각각 2명일 확률은 얼마인가?

(2) 10명 중에서 A학점을 받은 학생이 2명, B학점을 받은 학생이 3명일 확률은 얼마인가?

(3) 10명 중에서 A학점을 받은 학생이 아무도 없을 확률은 얼마인가?

풀이 (1) N_1 = A학점을 받은 학생의 수, N_2 = B학점을 받은 학생의 수, N_3 = C학점을 받은 학생의 수, N_4 = D학점을 받은 학생의 수, N_5 = F학점을 받은 학생의 수라고 하자. 그러면 $(N_1, N_2, N_3, N_4, N_5) \sim m(10; 0.15, 0.25, 0.35, 0.20, 0.05)$를 따른다.

$$P(N_1 = 2, N_2 = 2, N_3 = 2, N_4 = 2, N_5 = 2) = \frac{10!}{2!2!2!2!2!}(0.15)^2(0.25)^2(0.35)^2(0.20)^2(0.05)^2 = 0.00195$$

(2) $P(N_1 = 2, N_2 = 3) = \frac{10!}{2!3!5!}(0.15)^2(0.25)^3(0.60)^5 = 0.0689$

(3) $P(N_1 = 0) = \frac{10!}{0!10!}(0.15)^0(0.85)^{10} = 0.1969$ ■

13.1.2 다항분포의 검정

다항분포의 검정에서 주요 논점은 실험의 결과로 가능한 각 범주들의 확률인 속성확률에 관한 검정, 즉 이들 속성확률이 어떤 특정한 값과 같은지의 여부를 표본자료를 통해서 검정하는 것이다.

이제 k개의 범주를 갖는 다항분포에서 i번째 범주의 속성확률을 p_i라고 할 때, p_i에 관한 귀무가설과 대립가설이 다음과 같이 주어졌다고 하자.

$$H_0 : p_i = p_{i0},\ i = 1, 2, \cdots, k$$
H_1:적어도 하나의 i에 대해서 $p_i \neq p_{i0}$이다.

위의 귀무가설을 검정하기 위해 직관적으로 타당한 방법은 다음과 같다.

1회의 시행에서 k개의 범주를 갖고, 속성확률이 $p_i (i = 1, 2, \cdots, k)$인 다항시행을 n번 독립적으로 반복 수행한 후에 i번째 범주에 속하는 관측도수 $n_i (i = 1, 2, \cdots, k)$와 귀무가설 $H_0 : p_i = p_{i0} (i = 1, 2, \cdots, k)$하에서 N_i의 기댓값, 즉, 기대도수 $E(N_i) = np_{i0}$를 비교하는 것이다. 이때 관측도수와 기대도수들 사이에 별 차이가 없다면 귀무가설은 옳은 것으로 간주한다.

다항분포의 성질

$(N_1, N_2, \cdots, N_k)$가 다항분포 $m(n, p_1, p_2, \cdots, p_k)$를 따르고, 속성확률 p_i에 관한 다음 귀무가설과 대립가설을 가정하자.

$$H_0 : p_i = p_{i0},\ i = 1, 2, \cdots, k$$
H_1 : 적어도 하나의 i에 대해서 $p_i \neq p_{i0}$이다.

이를 검정하기 위한 통계량은 다음과 같다.

$$\chi^2 = \sum_{i=1}^{k} \frac{(n_i - np_{i0})^2}{np_{i0}}$$

이 검정통계량은 시행횟수 n이 클 경우에 귀무가설 H_0하에서 근사적으로 자유도가 $k-1$인 카이제곱분포를 따른다.

위의 다항분포의 성질에서 검정통계량 χ^2의 자유도가 $k-1$이 되는 이유는 k개의 속성확률 $p_i(i=1, 2, \cdots, k)$에 대해서 $p_1+p_2+\cdots+p_k=1$이 성립하므로 p_i의 값으로 $k-1$개는 자유롭게 주어지지만, 나머지 1개는 이들 $k-1$개의 값으로부터 자동적으로 정해지기 때문이다. 그리고 관측도수 n_i와 귀무가설하의 기대도수 np_{i0}의 차이가 크면 χ^2통계량값이 커지므로 통계량 χ^2의 분포에 근거한 검정의 기각역은 다음과 같이 주어진다.

$$\chi^2 > \chi^2_{\alpha, k-1}\text{이면 유의수준 } \alpha\text{에서 } H_0\text{를 기각한다.}$$

여기서 $\chi^2_{\alpha,k-1}$는 자유도 $k-1$인 카이제곱분포의 상위 100α 백분위수로, 부록의 표를 참고하면 된다.

주의 위의 검정통계량 χ^2을 바탕으로 다항분포의 속성확률에 관한 검정을 실시할 경우에 각 범주에 속하는 기대도수 $E(N_i)$의 값이 너무 작으면 검정의 정확성(precision)이 떨어지는 경향이 있으므로, 일반적으로 $E(N_i)$의 값이 5 이상 되는 것이 바람직하다. 이를 **5(five) 법칙**이라고 한다. 만약 $E(N_i)$값이 5 미만인 경우가 나오면 시행횟수 n을 크게 하거나 또는 인접한 범주들을 묶어서 하나의 범주로 만들어 $E(N_i)$값이 5 이상 되게 한 후에 카이제곱검정을 적용하는 것이 바람직하다.

다항분포의 검정에 관한 이상의 내용을 정리하면 다음과 같이 정리할 수 있다.

다항분포의 검정의 절차

모집단의 분포	$(N_1, N_2, \cdots, N_k) \sim m(n, p_1, p_2, \cdots, p_k)$
귀무가설 H_0	$p_i = p_{i0}(i = 1, 2, \cdots, k)$
대립가설 H_1	적어도 하나의 i에 대해서 $p_i \neq p_{i0}$이다.
검정통계량	$\chi^2 = \sum_{i=1}^{k} \frac{(n_i - np_{i0})^2}{np_{i0}}$ n_i: i번째 속하는 관측도수 np_{i0}: H_0하에서 i번째 범주에 속하는 기대도수
기각역	유의수준 α에서의 기각역 $C: \chi^2 \geq \chi^2_{\alpha, k-1}$

13.2 적합도 검정

어떤 통계적 실험이나 자연현상으로부터 관찰되는 실제적인 도수들이 우리가 가정한 확률분포에 얼마나 일치하는지 그 적합성을 확인하는 과정을 **적합도 검정**(goodness-of-fit test)이라고 한다. 적합도 검정을 위해서는 가정한 확률분포를 귀무가설로 두고, 이 귀무가설이 참이라는 가정하에 실험이나 현실로부터 구해진 관측값들의 도수와 귀무가설의 확률분포로부터 계산되는 기댓값들의 차이를 합산하여 관측값들이 특정한 확률분포에 얼마나 잘 적합되는가를 확인할 수 있다.

> 적합도 검정(goodness-of-fit test)
> 적합도 검정이란 통계적 실험 또는 자연현상으로부터 구해진 관측값들이 우리가 가정한 통계적 이론의 특정한 분포와의 적합성을 확인하는 검정을 의미한다.

예를 들어, 전국 대학교 대항 축구경기의 리그전에서 모두 80경기가 진행되었다고 하자. 그리고 각 경기당 골 득점수를 합산한 결과를 정리하였더니 득점이 없었던 경기가 5경기, 1골을 득점한 경기가 12경기, 2골을 득점한 경기가 17경기, 3골을 득점한 경기가 18경기, 4골을 득점한 경기가 12경기, 5골을 득점한 경기가 10경기, 6골을 득점한 경기가 5경기, 7골을 득점한 경기가 1경기 있었다고 하자.

우리는 리그전에서 진행된 80경기의 자료를 근거로 경기당 합산한 골 득점수가 $\lambda=3$(경기당 평균 3골)인 포아송분포를 따르는지 알고자 한다. 이를 위해서 우선 [표 13.1]에 경기

표 13.1 경기당 골 득점수가 $\lambda=3$인 포아송분포를 할 때 관측값과 기댓값

<table>
<tr><th>경기당
골 득점수</th><th colspan="2">골 득점수에 해당되는
경기수의 관측값</th><th>골 득점수가 $\lambda=3$
(경기당 평균 3골)일 때
포아송분포의 확률</th><th colspan="2">골 득점수가 $\lambda=3$인
포아송분포를 할 때
경기수의 기댓값</th></tr>
<tr><td>0</td><td rowspan="2">17</td><td>5</td><td>0.050</td><td rowspan="2">15.92</td><td>4.00</td></tr>
<tr><td>1</td><td>12</td><td>0.149</td><td>11.92</td></tr>
<tr><td>2</td><td></td><td>17</td><td>0.224</td><td></td><td>17.90</td></tr>
<tr><td>3</td><td></td><td>18</td><td>0.224</td><td></td><td>17.92</td></tr>
<tr><td>4</td><td></td><td>12</td><td>0.168</td><td></td><td>13.44</td></tr>
<tr><td>5</td><td></td><td>12</td><td>0.101</td><td></td><td>8.08</td></tr>
<tr><td>6</td><td rowspan="5">6</td><td>5</td><td>0.050</td><td rowspan="5">6.72</td><td>4.00</td></tr>
<tr><td>7</td><td>1</td><td>0.022</td><td>1.76</td></tr>
<tr><td>8</td><td>0</td><td>0.008</td><td>0.64</td></tr>
<tr><td>9</td><td>0</td><td>0.001</td><td>0.24</td></tr>
<tr><td>10</td><td>0</td><td>0.001</td><td>0.08</td></tr>
<tr><td></td><td></td><td>80</td><td>1.000</td><td></td><td>80.0</td></tr>
</table>

당 골 득점수, 골 득점수에 해당되는 경기수의 관측값, 골 득점수가 $\lambda=3$일 때 포아송분포의 확률, 골 득점수가 $\lambda=3$인 포아송분포를 할 때 경기 수의 기댓값을 정리하였다. 이 표의 마지막 열인 기댓값은 총 진행된 경기의 수 80에 세 번째 열인 포아송분포의 확률을 곱하여 계산한다. 예를 들면, 경기당 골 득점수가 0인 경기수의 기댓값은 $80 \times 0.05 = 4.00$이므로 골 득점수가 $\lambda=3$인 포아송분포를 따를 때 득점이 0인 경기는 80경기 중 4경기일 것으로 기대된다. 우리는 카이제곱검정을 통해 포아송분포($\lambda=3$)를 따른다고 가정했을 때 나오는 기댓값과 실제 관측값의 차이를 통해 가정한 확률분포의 적합성을 검정할 수 있다.

그리고 표의 상단과 하단으로부터 각 경기수의 기댓값이 5 이상이 되도록 관측값과 기댓값들을 합하여 새로운 하나의 범주를 만든다. 이와 같이 하는 이유는 적합도 검정을 위하여 이제 사용하려는 검정통계량이 실제로는 이산형분포이지만 표본의 크기가 클 때 연속형분포인 카이제곱분포에 잘 근사되므로 각 셀의 기댓값을 최소 5 이상이 되도록 하는 것이 바람직하기 때문이다.

관측된 자료들이 과연 $\lambda=3$인 포아송분포에 따르는지를 검정하기 위해서는 다음의 카이제곱 검정통계량을 사용한다.

$$\chi^2 = \sum_{i=1}^{k} \frac{(O_i - E_i)^2}{E_i} \quad (O_i : i\text{번째 셀의 관측값}, E_i : i\text{ 번째 셀의 기댓값})$$

적합도 검정을 위한 카이제곱 검정통계량

이 카이제곱 검정통계량은 자유도 $df=k-1$인 카이제곱분포 χ^2_{df}를 따른다. 여기서 k란 범주형 변수의 셀의 개수로서 [표 13.1]에서는 기댓값이 5 이상이 되도록 합한 후 셀의 개수인 6을 의미한다.

만약 경기당 골 득점수가 $\lambda=3$인 포아송분포를 따르지 않는다면 검정통계량에서 계산되는 각 셀의 관측값 O_i와 기댓값 E_i는 차이가 크게 되고, 이들의 차이를 제곱하여 모든 셀에 대하여 합한 값은 더욱 큰 값이 되어, 주어진 유의수준 α에서 자유도 df인 카이제곱분포의 임계값을 훨씬 넘어서게 되므로, $\lambda=3$인 포아송분포를 따르지 않는다는 근거가 될 것이다.

참고로 카이제곱분포 χ^2_{df}의 자유도 df는 1에서 무한대까지 양의 정수값을 취하고, 자유도에 따라 카이제곱분포의 모양은 달라진다. 자유도가 작을 때는 오른쪽으로 꼬리가 있는 모양이고, 자유도가 증가함에 따라 좌우대칭 모양에 가까워진다. [그림 13.1]은 자유도가 다른 카이제곱분포의 모양을 나타낸다. 유의수준 α와 자유도 df에 따른 카이제곱분포의 분위수는 부록의 표를 참고한다.

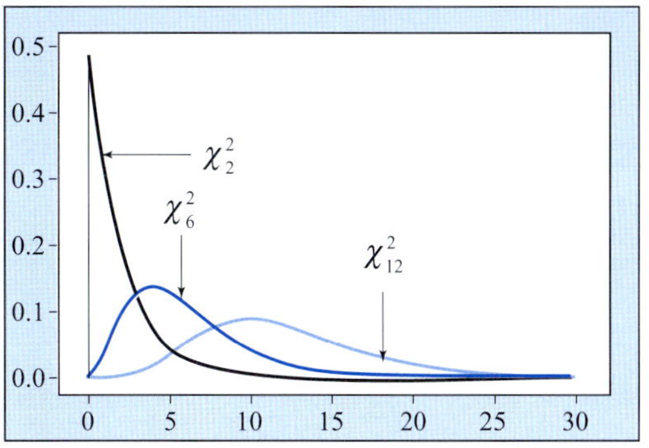

그림 13.1 자유도가 각각 2, 6, 12일 때 카이제곱분포

예제 13.2

[표 13.1]의 리그전에서 진행된 80경기의 자료를 근거로 경기당 합산한 골 득점수가 $\lambda=3$(경기당 평균 3골)인 포아송분포를 따르는지 유의수준 5%로 적합도 검정을 하여라.

풀이 ① H_0: 경기당 합산한 골 득점수는 $\lambda=3$인 포아송분포를 따른다.
H_1: 경기당 합산한 골 득점수는 $\lambda=3$인 포아송분포를 따르지 않는다.

② 유의수준이 5%이므로, $\alpha=0.05$이다.

③ 적합도 검정을 위한 카이제곱 검정통계량: $\chi^2=\sum_{i=1}^{k}\frac{(O_i-E_i)^2}{E_i}$

④ 판정방법:
총 셀이 6개이므로 자유도는 $df=6-1=5$이고, 유의수준 $\alpha=0.05$에서 임계값은 $\chi_5^2(0.05)=11.071$이므로, 카이제곱 검정통계량이 $\chi^2\geq\chi_5(0.05)=11.071$이면 H_0를 기각한다.

⑤ 카이제곱 검정통계량 χ^2의 계산: 각 셀에 대한 관측값 및 기댓값은 다음과 같이 계산되고, 이를 이용하여 검정통계량 χ^2을 구한다.

경기당 골 득점수	0~1	2	3	4	5	6~
관측값	17	17	18	12	10	6
기댓값	15.92	17.92	17.92	13.44	8.08	6.72

$$\begin{aligned}\chi^2 &= \frac{(17-15.92)^2}{15.92}+\frac{(17-17.92)^2}{17.92}+\frac{(18-17.92)^2}{17.92}\\ &\quad+\frac{(12-13.44)^2}{13.44}+\frac{(10-8.08)^2}{8.08}+\frac{(6-6.72)^2}{6.72}\\ &=0.809\end{aligned}$$

⑥ 결론: $\chi^2=0.809<\chi_5^2(0.05)=11.071$이므로 H_0를 기각하지 못한다. 따라서 경기당 합산한 골 득점수는 $\lambda=3$인 포아송분포에 잘 적합된다. ■

13.3 분할표

변수들이 범주형으로 주어진 경우를 살펴보자. 모집단으로부터 하나의 확률표본을 추출하여 c개의 집단으로 분류하고, 또 다른 모집단으로부터 하나의 확률표본을 추출하여 c개의 집단으로 분류하고, 같은 방법으로 r개의 모집단으로부터 추출된 확률표본을 c개의 집단으로 분류하는 경우에 이를 2차원의 표로 나타낼 수 있다. 이렇게 정리된 표를 **분할표**(contingency table), **교차표** 또는 **$r \times c$ 분할표** 등으로 부른다.

예를 들면, 40대 이상의 사람들로부터 확률표본을 추출한 후 여당의 대통령 후보자에 대한 지지성향을 세 가지로 분류하고 20대, 30대의 사람들로부터도 확률표본을 추출하여 그 후보자에 대한 지지성향을 세 가지로 분류하였다면 [표 13.2]와 같은 2×3 분할표를 형성할 수 있다.

표 13.2 연령별 대통령 후보자의 지지성향

	찬성	반대	무관심
40대 이상			
20대와 30대			

분할표를 만드는 또 다른 방법으로는 하나의 모집단에서 하나의 확률표본을 취한 다음, 그 표본을 둘 이상의 범주로 분류하여 분할표를 만들 수 있다. 예를 들어 모집단이 직장인일 때, 모집단으로부터 1000명으로 구성된 하나의 확률표본을 추출한 다음, 그 표본에 속한 각각의 개인을 첫 번째 범주형 자료인 성별과 두 번째 범주형 자료인 낙태에 대한 세 가지 의견으로 분류한다면 [표 13.3]과 같은 2×3 분할표를 구성할 수 있다.

표 13.3 성별에 따른 낙태의 의견

	찬성	반대	무관심
남성			
여성			

위의 두 분할표는 똑같은 2×3 표이지만, 구성에서 근본적인 차이가 있다. [표 13.2]의 2×3 분할표의 각 행은 각 모집단으로부터 추출한 확률표본들이므로 각 행의 합이 고정된 반면, [표 13.3]의 2×3 분할표는 한 모집단으로부터 추출한 1000명의 확률표본에 근거하여 구성된 표이므로 분할표의 총 합계가 고정된다.

그리고 분할표가 구성된 방법에 따라 검정하려는 귀무가설에도 차이가 있다. [표 13.2]와 같은 $r \times c$ 분할표의 경우에 i번째 모집단의 확률표본에서 j번째 범주의 관찰값이 나타날 확률 p_{ij}가 모든 r개의 모집단의 표본에 대해서 c개의 모든 범주의 확률이 같은지를 검정할 수 있다. 이때 귀무가설은 각 모집단의 확률표본에 대하여 모든 범주의 확률이 동일하다. 즉, 다음과 같이 '모든 열은 각 열끼리 확률값이 같다.'가 된다.

$$H_0: p_{1j} = p_{2j} = \cdots = p_{ij} = \cdots = p_{rj}, \quad j = 1, 2, \cdots, c$$

여기서 p_{ij}는 관찰값들이 i번째 행의 j번째 열로 분류될 확률로, 각 행 i에 대해서 p_{ij}의 합은 1이 된다. 즉, $\sum_{j=1}^{c} p_{ij} = 1$이다. 또한 대립가설은 '모든 열 중에서 적어도 한 열은 확률값이 모두 같지는 않다'이다. 즉, 다음과 같다.

$$H_1: not\ (p_{1j} = p_{2j} = \cdots = p_{ij} = \cdots = p_{rj}, \quad j = 1, 2, \cdots, c)$$

한편, [표 13.3]과 같은 $r \times c$ 분할표의 경우 귀무가설은'두 종류의 범주형 변수에 대한 각 확률변수들이 서로 독립이다.'가 된다. 따라서 귀무가설하에서 확률 p_{ij}는 i번째 행으로 분류될 확률과, j번째 열로 분류될 확률의 곱이 된다. 즉,

$$H_0: p_{ij} = p_{i\cdot} \times p_{\cdot j}, \quad i = 1, 2, \cdots, r; j = 1, 2, \cdots, c$$

여기서 $p_{i\cdot}$는 관찰값이 i번째 행으로 분류될 주변확률이고, $p_{\cdot j}$는 관찰값이 j번째 열로 분류될 주변확률을 의미한다. 따라서 대립가설은 '두 확률변수들은 독립이 아니다.'가 된다. 즉,

$$H_1 : p_{ij} \neq p_{i\cdot} \times p_{\cdot j} \text{ (적어도 한 열과 행에 대해서)}$$

위에서 언급한 것처럼 $r \times c$ 분할표를 어떻게 구성하느냐에 따라 귀무가설과 대립가설이 서로 다르게 설정되지만, 가설을 검정하기 위한 $r \times c$ 분할표의 검정절차는 서로 동일하다. 우선 분할표의 i번째 행과 j번째 열에 있는 셀의 기댓값 E_{ij}는 다음 공식으로 계산한다.

$$E_{ij} = \frac{(i\text{번째 행의 합}) \times (j\text{번째 열의 합})}{\text{분할표의 총 합계}}$$

기댓값을 계산한 후 가설을 검정하기 위한 카이제곱 검정통계량 χ^2은 다음 공식으로 계산한다.

$$\chi^2 = \sum_{i=1}^{r}\sum_{j=1}^{c} \frac{(O_{ij} - E_{ij})^2}{E_{ij}}$$

여기서 O_{ij}와 E_{ij}는 각각 i번째 행과 j번째 열에 있는 셀의 관측값과 기댓값을 각각 의미하고, 이 카이제곱 검정통계량은 귀무가설 H_0하에서 자유도가 $df = (r-1)(c-1)$인 카이제곱분포인 χ^2_{df}를 따른다. 따라서 카이제곱 검정통계량의 계산된 값이 주어진 유의수준 α에 대한 임계값 $\chi^2_{df}(\alpha)$를 초과할 때, 귀무가설을 기각하게 된다.

예제 13.3

다음 분할표는 한 대기업에서 신입사원의 입사 시 평가된 성적과 일정기간 근무 후 직무수행 성과와의 관련성을 알아보기 위하여 신입사원 500명의 성적을 정리한 결과이다. 신입사원들의 입사 시 평가성적과 직무수행은 서로 독립인지 유의수준 5%로 검정하여라.

표 13.4 신입사원의 평가성적과 직무수행 성과

		직무수행 성과			합 계
		우월	평균	미흡	
입사 시 평가성적	탁월	90	70	30	190
	우수	50	70	40	160
	보통	20	50	80	150
합 계		160	190	150	500

풀이 ① $H_0 : p_{ij} = p_{i\bullet} \times p_{\bullet j},\ i=1, 2, 3;\ j=1, 2, 3$

즉, 신입사원의 입사 시 평가성적과 직무수행의 성과는 서로 독립이다.

$$H_1 : p_{ij} \neq p_{i\bullet} \times p_{\bullet j} \text{ (적어도 한 열과 행에 대해서)}$$

즉, 신입사원의 입사 시 평가성적과 직무수행의 성과는 서로 독립이 아니다.

② 유의수준이 5%이므로, $\alpha = 0.05$이다.

③ 독립성 검정을 위한 카이제곱 검정통계량: $\chi^2 = \sum_{i=1}^{3}\sum_{j=1}^{3} \frac{(O_{ij} - E_{ij})^2}{E_{ij}}$

④ 판정방법: 3×3 분할표이므로 자유도는 $df = (3-1)(3-1) = 4$이고, 유의수준 $\alpha = 0.05$에서 임계값은 $\chi^2_4(0.05) = 9.488$이므로, 자료로부터 계산된 카이제곱 검정통계량의 값이 9.488보다 크면 H_0를 기각하고, 그렇지 않으면 H_0를 채택한다.

⑤ 카이제곱 검정통계량 χ^2의 계산: 위의 분할표의 각 셀에 대하여 기댓값 E_{ij}를 계산한 후, 카이제곱 검정통계량을 계산하면 다음과 같다.

$$E_{ij} = \frac{O_i . O_{\bullet j}}{N}$$

$$E_{11} = \frac{190 \times 160}{500} = 60.8, \quad E_{12} = \frac{190 \times 190}{500} = 72.2, \quad E_{13} = \frac{190 \times 150}{500} = 57.0$$

$$E_{21} = \frac{160 \times 160}{500} = 51.2, \quad E_{22} = \frac{160 \times 190}{500} = 60.8, \quad E_{23} = \frac{160 \times 150}{500} = 48.0$$

$$E_{31} = \frac{150 \times 160}{500} = 48.0, \quad E_{32} = \frac{150 \times 190}{500} = 57.0, \quad E_{33} = \frac{150 \times 150}{500} = 45.0$$

$$\chi^2 = \frac{(90-60.8)^2}{60.8} + \frac{(70-72.2)^2}{72.2} + \frac{(30-57.0)^2}{57.0} + \frac{(50-51.2)^2}{51.2} + \frac{(70-60.8)^2}{60.8}$$
$$+ \frac{(40-48.0)^2}{48.0} + \frac{(20-48.0)^2}{48.0} + \frac{(50-57.0)^2}{57.0} + \frac{(80-45.0)^2}{45.0} \approx 74.048$$

⑥ 결론: 검정통계량 χ^2의 계산값이 74.048로서 임계값 9.488보다 크므로 H_0를 기각한다. 그러므로 '신입사원의 입사 시 평가성적과 직무수행의 성과는 서로 독립이 아니다'라고 결론내

린다. [표 13.4]에서 보는 바와 같이 입사 시 평가성적이 탁월한 사람일수록 직무수행의 성과가 우월한 쪽으로 많이 나타나는 반면, 입사 시 평가성적이 보통인 사람들은 직무수행 평가가 미흡한 쪽으로 많이 나타난다. 이는 입사 시 평가 성적과 직무수행 성과는 서로 관련이 있다는 것을 알 수 있다. ■

예제 13.4

[표 13.4]의 자료에 대한 [예제 13.3]의 검정결과로부터 두 변수들이 서로 관련이 있는 것으로 나타났다. 이제 [표 13.4]의 3×3 분할표의 각 셀이 카이제곱 검정통계량에 얼마나 많이 기여를 하는지 계산하여라.

풀이 [표 13.5]의 3×3 분할표의 각 셀에 관측값과 기댓값을 정리하면 다음 표와 같다.

표 13.5 신입사원의 평가성적과 직무수행 성과

		직무수행 성과			합 계
		우월	평균	미흡	
입사 시 평가성적	탁월	90(60.8)	70(72.2)	30(57.0)	190
	우수	50(51.2)	70(60.8)	40(48.0)	160
	보통	20(48.0)	50(57.0)	80(45.0)	150
합 계		160	190	150	500

또한 [표 13.5]의 각 셀에 대한 관측값과 기댓값을 이용하여 카이제곱 검정통계량의 값을 계산하면 다음과 같다.

$$\begin{aligned}\chi^2 &= \frac{(90-60.8)^2}{60.8} + \frac{(70-72.2)^2}{72.2} + \frac{(30-57.0)^2}{57.0} + \frac{(50-51.2)^2}{51.2} + \frac{(70-60.8)^2}{60.8} \\ &\quad + \frac{(40-48.0)^2}{48.0} + \frac{(20-48.0)^2}{48.0} + \frac{(50-57.0)^2}{57.0} + \frac{(80-45.0)^2}{45.0} \\ &= 14.024 + 0.067 + 12.789 + 0.028 + 1.392 + 1.333 + 16.333 + 0.860 + 27.222 \\ &= 74.048\end{aligned}$$

위의 식에서 각 셀로부터 계산된 값 중 27.222, 16.333, 14.024, 12.789 등이 다른 값들과 비교했을 때 매우 큰 값들로, 카이제곱 검정통계량의 값 74.049에 상당한 기여를 하였다. 즉, 신입사원의 입사 시 평가성적이 보통인 사람들이 직무수행 성과에서 미흡한 결과를 보인 경우 관측값과 기댓값의 차이가 커서 카이제곱 검정통계량에 기여한 값이 27.222로 가장 크다. 입사 시 평가성적이 보통인 사람들이 직무수행 성과에서 우월한 결과를 보인 경우도 카이제곱 검정통계량에 16.333을 기여하였고, 그리고 입사 시 평가성적이 탁월한 사람들이 직무수행 성과에서 우월한 결과를 보인 경우도 관측값과 기댓값의 큰 차이로 인해 카이제곱 검정통계량에 14.024를 기여하였다. 또한 입사 시 평가성적이 탁월한 사람들이 직무수행 성과에서 미흡한 결과를 보인 경우도 카이제곱 검정통계량에 12.789를 기여하였다. 다시 말하면, 신입사원의 입사 시 평가성적이 좋을수록 직무수행의 성과가 긍정적인 방향으로 많이 나타나는 반면, 평가성적이 저조할수록 직무수행의 성과가 부정적으로 많이 나타나서, 두 변수 사이에 관련성이 있음을 알 수 있다. ■

13.4 독립성과 동질성의 검정

앞에서 언급한 것처럼 $r \times c$ 분할표가 주어질 때 한 모집단으로부터 추출한 확률표본의 요소들에 대하여 두 가지 속성들의 관련성 여부를 알아 보려는 경우에는 독립성 검정을 통하여 확인할 수 있다. 예를 들어, 결혼을 앞둔 부부들을 대상으로 소득과 출산하려는 자녀의 수와의 관련성을 알아 보려는 경우, 독립성 검정을 이용할 수 있다. 또 다른 예로서, 일반 성인들을 대상으로 성별과 선호하는 텔레비전 프로그램 종류의 관련성을 조사하는 경우에도 독립성 검정을 통하여 확인할 수 있다.

예제 13.5

300명의 일반 성인들을 임의로 추출하여 자녀들의 조기 유학에 대한 의견을 조사하여 다음의 결과를 구하였다. 응답자의 성별과 조기 유학에 대한 의견이 서로 독립인지 아닌지를 유의수준 1%로 검정하여라.

	찬성	반대	무관심	합계
남성	70	80	10	160
여성	75	60	5	140
합계	145	140	15	300

풀이 주어진 2×3 분할표로부터 기댓값을 계산하여 관측값과 함께 아래의 표에 작성하였다.

	찬성	반대	무관심	합계
남성	70(77.33)	80(74.67)	10(8.00)	160
여성	75(67.67)	60(65.33)	5(7.00)	140
합계	145	140	15	300

① H_0: $p_{ij} = p_{i\cdot} \times p_{\cdot j}$, $\quad i = 1, 2; j = 1, 2, 3$

즉, 응답자의 성별과 조기 유학에 대한 의견은 서로 독립이다.

H_1: $p_{ij} \neq p_{i\cdot} \times p_{\cdot j}$ (적어도 한 열과 행에 대해서)

즉, 응답자의 성별과 조기 유학에 대한 의견은 서로 독립이 아니다.

② 유의수준이 1%이므로, $\alpha = 0.01$이다.

③ 독립성 검정을 위한 카이제곱 검정통계량: $\chi^2 = \sum_{i=1}^{2}\sum_{j=1}^{3} \frac{(O_{ij} - E_{ij})^2}{E_{ij}}$

④ 판정방법: 2×3 분할표이므로 자유도는 $df = (2-1)(3-1) = 2$이고, 유의수준 $\alpha = 0.01$에서 임계값은 $\chi^2_2(0.01) = 9.210$이므로, 카이제곱 검정통계량의 값 χ^2이 임계값 9.210보다 크면 H_0를 기각하고, 그렇지 않으면 H_0를 채택한다.

⑤ 카이제곱 검정통계량 χ^2의 계산:

$$\begin{aligned}\chi^2 &= \frac{(70-77.33)^2}{77.33}+\frac{(80-74.67)^2}{74.67}+\frac{(10-8.00)^2}{8.00}\\ &\quad+\frac{(75-67.67)^2}{67.67}+\frac{(60-65.33)^2}{65.33}+\frac{(5-7.00)^2}{7.00}\\ &= 3.375\end{aligned}$$

⑥ 결론: 검정통계량 χ^2의 계산된 값이 3.375로, 임계값 9.210보다 작으므로 H_0를 기각하지 못한다. 그러므로 '성별과 조기 유학에 대한 의견은 서로 독립이 아니다'라고 결론내린다. 위의 분할표에서 보는 바와 같이 응답자의 성별에 따라 조기유학에 대한 응답의 관측값들이 현저하게 찬성, 반대, 무응답 쪽으로 치우치는 결과를 보이지 않고 있다. ■

만약 $r \times c$ 분할표가 여러 모집단으로부터 추출한 확률표본으로 구성되었다면 어떤 한 표본으로부터 분류한 몇 가지 속성들이 다른 여러 표본에 대해서 분류한 속성들에 대해서도 서로 동질적인지 알아야 될 경우가 있다. 즉, 한 모집단에서 분류한 속성들이 다른 여러 모집단에서 분류한 속성들에 대해서도 같은 비율로 일정한가를 검정하는 방법은 동질성 검정을 통하여 확인할 수 있다. 예를 들면, 한 대학에 재학 중인 학부생들의 학년별 영어수준이 서로 같은지, 다른지를 확인하려는 경우, 또는 각 지역별로 신생아의 비율과 65세 이상의 노령인구의 비율이 서로 같은지를 확인하려는 경우 동질성 검정을 통하여 확인할 수 있다.

[표 13.6]은 대도시와 농어촌 지역에서 각각 2500명을 임의로 추출한 후, 신생아와 경로자, 그 외 일반인의 수를 분류한 분할표이다. 여기서는 행의 합이 고정되어 있으므로, 대도시와 농어촌 지역 각각을 모집단으로 하여 세 가지 분류에 대한 동질성을 검정할 수 있다. 이와 마찬가지로 열의 합이 고정되어 있는 $r \times c$ 분할표에 대해서도 동질성 검정을 할 수 있다.

표 13.6 지역별 신생아와 경로자의 분포

	신생아	경로자	그 외	합계
대도시	250	320	1930	2500
농어촌	200	410	1890	2500
합계	450	730	3820	5000

예제 13.6

[표 13.6]의 분할표를 이용하여 대도시와 농어촌 지역의 신생아, 경로자, 그 외 일반인의 분포가 서로 동일한지 유의수준 1%로 검정하여라.

풀이 [표 13.6]의 관측값으로부터 기댓값을 계산하여 다음 표를 작성하였다.

표 13.7 지역별 신생아와 경로자의 관측값과 기댓값

	신생아	경로자	그 외	합계
대도시	250(225)	320(365)	1930(1910)	2500
농어촌	200(225)	410(365)	1890(1910)	2500
합계	450	730	3820	5000

① $H_0 : p_{1j} = p_{2j}, j = 1, 2, 3$

즉, 대도시 지역과 농어촌 지역의 신생아, 경로자, 그 외 일반인의 비율은 서로 동일하다.

H_1: $p_{1j} = p_{2j}$는 적어도 한 열에 대하여 성립하지 않는다(또는 H_1: $p_{1j} \neq p_{2j}$).

즉, 대도시 지역과 농어촌 지역의 신생아, 경로자, 그 외 일반인의 비율은 서로 동일하지 않다.

② 유의수준이 1%이므로, $\alpha = 0.01$이다.

③ 동일성 검정을 위한 카이제곱 검정통계량: $\chi^2 = \sum_{i=1}^{2} \sum_{j=1}^{3} \frac{(O_{ij} - E_{ij})^2}{E_{ij}}$

④ 판정방법: 2×3 분할표이므로 자유도는 $df = (2-1)(3-1) = 2$이고, 유의수준 $\alpha = 0.01$에서 임계값은 $\chi^2_2(0.01) = 9.210$이므로, 카이제곱 검정통계량의 값 χ^2이 9.210보다 크면 H_0를 기각하고, 그렇지 않으면 H_0를 채택한다.

⑤ 카이제곱 검정통계량 χ^2의 계산:

$$\begin{aligned}\chi^2 &= \frac{(250-225)^2}{225} + \frac{(320-365)^2}{365} + \frac{(1930-1910)^2}{191} \\ &\quad + \frac{(200-225)^2}{225} + \frac{(410-365)^2}{365} + \frac{(1890-1910)^2}{1910} \\ &= 17.070\end{aligned}$$

⑥ 결론: 검정통계량 χ^2의 계산값이 17.07로 임계값 9.210보다 크므로 H_0를 기각한다.

그러므로 '대도시 지역과 농어촌 지역의 신생아, 경로자, 그 외 일반인의 비율은 서로 동일하지 않다'라고 결론 내린다. 위의 분할표를 보면 대도시 지역에는 신생아와 그 외 일반인의 수가 농어촌 지역보다 더 많은 반면, 농어촌 지역에는 경로자 인구가 대도시보다 더 많은 것을 확인할 수 있다.

13.5 R 실습

1. 실패율 (failure rate) 이 일정한 전기부품의 검사 결과가 다음과 같다. 검사 결과로 보아 실패횟수가 포아송분포를 따른다고 할 수 있는지 유의수준 5%에서 검정하여라.

실패횟수	0	1	2	3	4	5	6	합 계
도수	26	30	26	18	9	5	6	120

풀이

가설은 다음과 같다.

H_0: 포아송분포를 따른다.

H_1: 포아송분포를 따르지 않는다.

실패횟수가 포아송분포를 따르는지를 알기 위해서는 모수 λ를 알아야 하는데, 이 모수를 추정하여야 한다. 추정값은 도수분포표상의 평균을 구하여 이용한다. 평균을 다음과 같이 구한 후, 기대도수를 계산한다.

```
> # 적합도 검정 1
> x=c(0,1,2,3,4,5,6)
> f=c(26,30,26,18,9,5,6)
> m=sum(x*f)/sum(f)
> m
[1] 1.941667
```

실패횟수가 6인 경우의 기대도수가 5보다 작으므로 실패횟수가 5인 경우와 합쳐 두 개의 범주를 하나의 범주인 '실패횟수가 5 이상'인 범주로 만든다. 그러면 총 6개의 범주가 만들어진다.

```
> # 적합도 검정
> x=c(0,1,2,3,4,5,6)
> f=c(26,30,26,18,9,5,6)
> m=sum(x*f)/sum(f)
> m
[1] 1.941667
> dpois(x,m)
[1] 0.14346464 0.27856051 0.27043583 0.17503208 0.08496349 0.03299415
0.01067728
> E=sum(f)*dpois(x,m)
> E
[1] 17.215757 33.427262 32.452300 21.003850 10.195619 3.959299 1.281273
> E[6]=E[6]+E[7]
> E=E[-c(7)]
> E
[1] 17.215757 33.427262 32.452300 21.003850 10.195619 5.240572
> f
[1] 26 30 26 18 9 5 6
> f[6]=f[6]+f[7]
> f=f[-c(7)]
> O=f
> x[6]=c("5 이상")
> x=x[-c(7)]
> tab=cbind(x,O,E)
> tab
     x        O      E
[1,] "0"      "26"  "17.2157571207267"
[2,] "1"      "30"  "33.4272617427444"
[3,] "2"      "26"  "32.4522999419143"
[4,] "3"      "18"  "21.0038496846279"
[5,] "4"       "9"  "10.1956187010798"
[6,] "5 이상" "11"  "5.24057161332423"
```

적합도 검정을 위한 통계량 χ^2값을 구하면 13.016이 계산되고, 이를 이용하면 p-값이 0.0112가 되어(이때 χ^2분포에서의 자유도는 λ를 추정하였으므로 $6-2=4$가 된다.) 귀무가설을 기각한다. 즉, 포아송분포를 따른다고 할 수 없다. 만일 유의수준을 1%로 하였다면 귀무가설을 기각할 수 없게 된다. 즉, 포아송분포를 따른다고 할 수 있다.

```
> chi=sum((O-E)^2/E)
> chi
[1] 13.01583
> df=length(O)-1-1
> df
[1] 4
> 1-pchisq(chi,df)
[1] 0.01119869
```

2. 멘델의 법칙에 따르면 완두콩은 둥글고 노란 콩, 주름지고 노란 콩, 둥글고 녹색인 콩, 주름지고 녹색인 콩의 비율이 9 : 3 : 3 :1이 된다. 멘델의 실험에 의하면 556개의 완두콩 중 둥글고 노란 콩, 주름지고 노란 콩, 둥글고 녹색인 콩, 주름지고 녹색인 콩의 개수가 각각 315, 101, 108, 32이었다. 이 멘델의 실험결과로 보아, 멘델의 법칙이 성립된다고 볼 수 있는지 유의수준 5%에서 검정하여라.

풀이

가설은 다음과 같다.

H_0: 멘델의 법칙(9 : 3 : 3 : 1)을 따른다.
H_1: 멘델의 법칙을 따르지 않는다.

카이제곱분포를 이용하여 자유도가 3인 카이제곱검정(R 명령어: chisq.test)을 행하면 p-값이 0.9254이므로 귀무가설을 기각할 수 없다. 즉, 멘델의 법칙을 따른다고 볼 수 있다.

```
> # 적합도 검정 2
> freq=c(315,101,108,32)
> prob=c(9,3,3,1)/16
> chisq.test(freq,p=prob)

        Chi-squared test for given probabilities

data:    freq
X-squared = 0.47,  df = 3,  p-value = 0.9254
```

3. 다음은 어느 병원에서 진료를 받은 환자의 나이와 진찰받은 부위를 구분하여 작성한 분할표이다. 나이와 진찰받은 부위가 서로 관계가 있는지 유의수준 5%에서 검정하여라(단위: 명).

진찰부위	나이			
	18–29	30–44	45–64	65세 이상
눈	440	567	349	59
코	924	1311	794	102
목	253	311	157	19

풀이

가설은 다음과 같다.

H_0: 나이와 진찰받은 부위가 관계가 없다.
H_1: 나이와 진찰받은 부위가 관계가 있다.

카이제곱분포를 이용하여 자유도가 6인 카이제곱검정(R 명령어: chisq.test)을 행하면 p-값이 0.0219이므로, 귀무가설을 기각할 수 있다. 즉, 나이와 진찰받은 부위가 서로 관계가 있다고 볼 수 있다. 그러나 만일 유의수준이 1%였다면 귀무가설을 기각할 수 없다. 즉, 나이와 진찰받은 부위가 서로 관계가 없다고 볼 수 있다.

```
> # 독립성 검정
> 눈=c(440,567,349,59)
> 코=c(924,1311,794,102)
> 목=c(258,311,157,19)
> chisq.test(data.frame(눈,코,목))

            Pearson's Chi-squared test

data:   data.frame(눈, 코, 목)
X-squared = 14.7961, df = 6, p-value = 0.02190
```

4. 세 가지 토양의 종류(진흙, 모래, 로움)에 따른 새로운 잡종 식물의 성장상태를 알기 위하여 진흙 65군데, 모래 60군데, 로움 60군데를 대상으로 실험을 행하여 다음과 같은 분할표를 작성하였다. 토양의 종류에 따라 식물의 성장상태가 다르다고 할 수 있는지를 유의수준 5%에서 검정하여라. 참고로 로움(loam)이란 모래, 진흙, 톱밥, 짚 따위의 혼합물을 말한다.

성장상태	토양의 종류		
	진흙	모래	로움
빈약	16	8	14
보통	31	16	21
양호	18	36	25
합계	65	60	60

풀이

가설은 다음과 같다.

H_0: 토양의 종류에 따라 식물의 성장상태가 같다.
H_1: 토양의 종류에 따라 식물의 성장상태가 다르다.

카이제곱분포를 이용하여 자유도가 4인 카이제곱검정 (R 명령어: chisq.test) 을 행하면 p-값이 0.0082이므로, 귀무가설을 기각할 수 있다. 즉, 토양의 종류에 따라 식물의 성장상태가 다르다고 볼 수 있다.

```
> # 동질성 검정
> 진흙=c(16,31,18)
> 모래=c(8,16,36)
> 로움=c(14,21,25)
> chisq.test(cbind(진흙,모래,로움))

            Pearson's Chi-squared test

data: cbind(진흙, 모래, 로움)
X-squared = 13.7462, df = 4, p-value = 0.008151
```

13.6 연습문제

13.1 서로 다른 기업에서 만드는 5가지 종류의 전구 A, B, C, D, E의 수명을 비교하기 위해서 이들 다섯 종류의 전구들 중에서 각각 300개씩을 임의로 추출하여 그들의 수명을 조사하였더니, 이들 A, B, C, D, E의 전구들 중에서 각각 15개, 32개, 25개, 21개, 12개의 전구들이 50시간 이내에서 고장났다고 한다. 이 실험결과를 근거로, 이들 다섯 종류의 전구 수명은 서로 같다고 볼 수 있는지 유의수준 5%에서 검정하여라.

13.2 어느 교양 수업에 들어오는 학생들을 대상으로 책을 많이 읽는 것과 학업성적이 관련이 있는지에 대한 검정을 하려고 한다. 여기서 성적은 총학점을 가지고 상, 중, 하로 나누었고, 책의 권수는 평균 한 달 동안 읽은 권수로 하였다. 유의수준 5%에서 검정하여라 (단위: 명).

성적 \ 권수	8권 이상	4~7권	0~3권	합계
상	5	3	2	10
중	2	22	16	40
하	1	11	18	30
합계	8	24	48	80

13.3 교육수준과 선호하는 정당이 관련이 있는지 유의수준 5%에서 직접 계산하여 검정하여라(단위: 명).

정당 \ 교육수준	초졸	중졸	고졸	대졸 이상	계
A정당	18	15	95	72	200
B정당	16	22	70	92	200

13.4 특별한 약을 출시하기 전에 약을 복용하고 다이어트를 한 150명과, 약을 복용하지 않고 다이어트를 한 150명을 상대로 임상실험을 해 보았다. 그 결과 약을 복용 안한 사람 중 다이어트에 실패한 사람은 85명, 약을 복용했는데 다이어트에 실패한 사람은 28명이라고 한다. 약을 복용함에 따른 다이어트의 성공 여부에 차이가 있는지 유의수준 5%에서 검정하여라.

13.5 어느 회사에서는 신입사원들의 업무수행능력과 그들의 토익점수 사이에 어떤 연관성이 있는지를 알아보기 위해서 임의로 100명의 신입사원들을 추출하여 조사한 결과, 다음과 같은 분할표를 얻었다.

업무수행능력 \ 대학성적	900점 이상	850~899	800~849	800점 이하
우 수	19	15	6	2
보 통	10	17	7	3
저 조	3	5	9	4

신입사원들의 업무수행능력과 그들의 토익점수 사이에 연관성이 있다고 볼 수 있는지 유의수준 5%에서 검정하여라(단위: 명).

13.6 사람의 연령에 따라 1년 동안의 화재의 신고횟수에 차이가 있는지를 알아보기 위해서 각 연령별로 200명의 사람을 임의로 추출하여 조사한 결과, 다음 표를 얻었다. 연령에 따라 화재의 신고횟수 사이에 연관성이 있다고 볼 수 있는지 유의수준 5%에서 검정하여라(단위: 명).

연령 \ 사고횟수	0	1	2	3 이상	합계
19세 이하	104	54	32	10	200
20~29세	122	48	24	6	200
30~39세	144	38	14	4	200
40~49세	166	22	10	2	200
50세 이상	156	30	12	2	200

13.7 다음은 어느 대학의 단과대인 자연과학대학 1학년에 속해 있는 주야간 소속 학생들 중에 일부를 임의로 뽑아서 그들의 각 전공에 대한 선호도를 나타낸 표이다.

소속 \ 선호전공	통계학	응용수학	미생물학	화학	간호학
주간	45	38	13	24	40
야간	17	31	41	30	15

이 자료로부터 소속과 선호하는 전공이 서로 독립인지 유의수준 5%에서 검정하여라(단위: 명).

13.8 사형제도 폐지에 대한 대규모 여론조사 결과가 다음과 같다.

절대적으로 지지한다	지지한다	관심 없다	반대한다	절대적으로 반대한다
15%	30%	20%	25%	10%

같은 조사를 임의로 선택한 100명의 법집행관들에게 질문한 결과가 다음과 같다.

절대적으로 지지한다	지지한다	관심 없다	반대한다	절대적으로 반대한다
13	20	17	28	22

이 두 자료로부터 법집행관의 사형제도 폐지에 대한 견해가 일반인과 차이가 있다고 할 수 있는지 유의수준 5%에서 검정하여라(단위: 명).

13.9 다음의 표는 한 병원에서 1년 동안 사망한 사람들의 수를 분기별로 분류한 자료이다.

분기	1사분기	2사분기	3사분기	4사분기
사망자 수	60	32	28	40

1사분기에 사망한 사람의 수가 나머지 기간에 사망한 사람의 수보다 2배 많다는 가설에 대해 유의수준 10%에서 검정하여라(단위: 명).

13.10 다음은 직업별로 남녀 사원을 모집한 채용결과를 보여 주는 표이다. 〈표 1〉은 금융업의 결과이고, 〈표 2〉는 대기업의 결과이고, 〈표 3〉은 전체의 결과이다.

표 1 금융업의 결과

	합격	불합격	계
남	40	60	100
여	110	190	300
계	150	250	400

표 2 대기업의 결과

	합격	불합격	계
남	215	85	300
여	60	40	100
계	275	125	400

표 3 전체의 결과

	합격	불합격	계
남	255	145	400
여	170	230	400
계	425	375	800

(1) 〈표 1〉과 〈표 2〉에서 각각 성별과 합격여부가 독립인지 χ^2 독립성 검정을 시행하여라(단위: 명).

(2) 〈표 3〉에서 성별과 합격여부에 대한 χ^2 독립성 검정을 시행하여라(단위: 명).

(3) (1), (2)의 결과로부터 통계분석에 대한 주의점에 대해 설명하여라(단위: 명).

13.11 어느 휴대폰회사의 품질담당자는 조립이 완성된 휴대폰을 4개씩 샘플링($n=4$)하여 최종 검사하는 과정에서 수리가 필요한 휴대폰의 개수를 조사하여 기록하고, 그 휴대폰들은 제조라인으로 되돌려 보내고 있다. 임의로 150회 추출하여 정리한 결과는 다음 표와 같다. 최종 검사과정에서 완성된 휴대폰의 10%는 수리가 필요하다는 주장의 가설을 검정하기 위해서 이항분포표를 사용하여 기댓값을 계산하고, 유의수준 1%로 카이제곱 검정을 행하여라.

수리가 필요한 휴대폰의 수	도수
0	97
1	31
2	14
3	8
4	0

13.12 문제 13.11에서 관찰된 분포의 평균값은 0.553이 되는지 확인하여라. 모든 휴대폰의 15%가 수리가 필요하다고 주장한다면 이항분포표를 사용하여 위의 표에 대한 기댓값을 계산하고, $n=4$, $p=0.15$인 이항분포가 이 상황에 적합한 모형인가를 유의수준 1%로 검정하여라.

13.13 [표 13.1]의 자료로부터 경기당 합산한 골 득점수가 경기당 평균 4골($\lambda=4$) 인 포아송분포를 따르는지 유의수준 5%로 적합도 검정을 하여라.

13.14 어느 주유소에 10분당 도착하는 차의 숫자를 임의로 조사한 결과, 그 분포는 다음 표와 같다. 이 분포에 대한 평균을 소수 둘째자리로 구하여라. 그 평균값을 포아송분포의 λ 값으로 놓고 유의수준 5%로 적합도 검정을 하여라.

10분당 도착하는 차의 수	도수
0	7
1	35
2	27
3	12
4	5
5	3
6	0
7	1
8	0

13.15 다음은 어느 은행의 한 지점에 방문하는 고객의 수를 랜덤하게 조사한 결과이다. 이 지점을 방문하는 고객의 수가 분당 $\lambda=2$인 포아송분포를 따르는지 유의수준 5%로 적합도 검정을 하여라(단위: 명).

1분당 방문하는 고객의 수	도수
0	16
1	28
2	22
3	13
4	10
5	4
6	3
7	1
8	1
9	1
10	0

13.16 한 회사에서 생산한 최신 휴대폰에 대한 가격과 제품의 만족도를 300명의 소비자에 대하여 설문조사한 결과는 다음과 같다. 그 휴대폰의 가격과 제품의 만족도가 서로 관련이 있는지 유의수준 5%로 검정하여라(단위: 명).

가격	제품 만족도		
	만족한다	그저 그렇다	불만스럽다
비싸다	75	51	24
보통이다	33	34	23
저렴하다	22	25	13

13.17 다음은 65세 이상 교수들의 강의를 수강한 학생들의 강의평가 결과이다. 학부강의와 대학원 강의에서 교수들의 강의평가가 서로 동질적인지를 유의수준 5%로 검정하고, 그 결과를 설명하여라(단위: 명).

	매우 불만	불만	보통	만족	매우 만족
학부 강의	45	53	51	34	17
대학원 강의	9	12	22	31	26

13.18 어느 자동차회사는 두 업체로부터 같은 부품을 납품받고 있다. 그 자동차회사는 이 두 업체 부품의 불량품과 양품의 비율이 일정한지 알기 위하여 납품받은 부품으로부터 일정한 개수를 임의로 추출하여 조사한 결과 다음과 같았다. 두 업체의 불량률과 양품의 비율이 같은지를 유의수준 1%로 검정하여라.

	업체 1	업체 2
양품	383	193
불량품	17	7

13.19 어느 가전제품 회사에서는 결혼 시즌을 맞이하여 신혼부부들을 대상으로 전국적으로 특별판매 할인을 실시하였다. 그리고 6개월 후 대도시에서 200쌍, 중소도시에서 300쌍에게 현재 사용하고 있는 가전제품에 대한 소비자 만족도를 조사한 결과, 다음과 같았다. 대도시와 중소도시에서 만족도가 서로 동일한지 유의수준 1%로 검정하여라(단위: 명).

	불만	보통	만족
대도시	79	76	45
중소도시	81	134	85

13.20 청소년들을 대상으로 성별과 선호하는 정보매체가 관련이 있는지 알아보기 위하여 400명의 청소년들을 임의로 추출하여 선호하는 매체를 하나만 선택하도록 조사한 결과 다음과 같다. 성별과 선호하는 정보매체는 서로 관련이 있는지를 유의수준 1%로 검정하여라(단위: 명). 그리고 카이제곱 검정통계량에 영향을 많이 미치는 셀들을 찾아라.

	텔레비전	휴대폰	인터넷	기타
남학생	12	97	85	8
여학생	28	83	65	22

14장 비모수적 추론

지금까지 살펴본 대부분의 통계적 이론이나 절차들은 확률변수들이 어떤 통계적 분포(이항분포, 포아송분포, 정규분포, t-분포 등)를 따른다는 가정하에서 전개되었다. 그러나 만약 확률변수들이 어떤 확률분포를 하는지 모르는 상태에서 추론이 필요한 경우에 주어진 확률변수들을 순서화된 자료로 변환하여 검정할 수 있는데, 이 장에서는 부호검정, 순위합검정, 우연성검정, 콜모고로프-스미르노프 검정 등에 대하여 살펴보기로한다.

14.1 부호검정

표본으로부터 주어진 확률변수들이 정규분포나 t-분포를 따르는 경우 모평균 μ가 어떤 값보다 큰지 또는 작은지를 검정할 때 검정통계량을 이용하여 가설을 검정할 수 있었다. 이와 같이 확률변수들이 모수를 갖는 확률분포를 할 때 적절한 검정통계량으로 검정하는 것을 **모수적**(parametric) **검정**이라고 한다. 그러나 만약 확률변수들이 어떤 확률분포를 따르는지 알 수 없는 경우, 이러한 표준적인 방법을 사용하여 검정할 수 없다.

이와 같이 표본의 확률변수들이 어떤 분포를 하는지 모르는 경우 확률변수들을 순서화된 자료(ranked data, ordinal data)로 바꾼 다음, 모수인 모평균의 구체적인 값을 검정하는 대신에, 자료들의 중심 위치가 어떤 값보다 큰지, 작은지 또는 차이가 있는지 검정할 수 있다. 두 모집단의 경우에는 두 모평균의 값의 차이를 검정하는 대신에, 두 모집단의 중심 위치가 다른지를 검정할 수 있다. 이와 같이 확률분포에 대한 가정 없이 검정 또는 추정하는 절차를 **비모수적 추론**(nonparametric inference)이라고 한다. 비모수적 추론의 장점은 표준적인 방법들에 대한 가정들이 성립하지 않을 때에도 비교적 정확한 추론을 할 수 있고, 확률변수들이 비대칭의 구조를 갖거나 정규분포와 같은 확률분포의 가정을 만족하지 않는 경우에도 영향을 받지 않고 검정을 시행할 수 있다.

이 절에서 소개하는 **부호검정**(sign test)은 일표본 t-검정이나 대응표본 t-검정의 대안으로 위치모수에 대한 비모수적 검정 중에서 가장 오래되고 간단한 검정 방법이다. 부호검정은 확률변수들이 연속적인 값을 가지며 대칭의 형태를 갖는 모집단으로부터 추출된 표본에 대해서 적용된다. 만약 모집단이 대칭인 분포를 한다면 평균과 중앙값은 일치하게 되고, 평균보다 작은 관측값을 얻을 확률과 평균보다 큰 관측값을 얻을 확률은 각각 1/2이 된다. 그리고 부호검정을 위해서 모평균의 중앙값을 θ라고 가정하고, 귀무가설에서 θ와 같은지 검정하고자 하는 중앙값을 θ_0라고 한다면 귀무가설은 H_0: $\theta=\theta_0$이다. 또한 가설검정을 위하여 표본의 관측값들 가운데서 θ_0보다 작은 관측값을 − 부호로 바꾸고, θ_0보다 큰 관측값을 + 부호로 바꾼다. 만약 표본에 θ_0와 같은 관측값이 있는 경우에는 그 관측값을 표본에서 제외시키고 표본크기를 그 개수만큼 줄인다. 따라서 귀무가설 H_0: $\theta=\theta_0$가 옳다면 +와 −로 바뀐 관측값들은 $p=1/2$인 이항분포를 따르게 되므로, 이항확률분포를 이용하여 귀무가설의 채택여부를 결정할 수 있다.

예제 14.1

다음은 한 고속도로 주변에 위치한 아파트 단지 안의 16곳에서 측정한 소음(단위: *decibel*)에 대한 확률표본이다. 주어진 자료들에 대하여 귀무가설 $\theta=100$과 대립가설 $\theta>100$을 유의수준 1%로 검정하여라.

109	103	101	105	102	96	106	119
104	96	132	121	107	100	113	115

풀이 위의 자료 가운데 한 개의 관측값이 θ_0인 100과 같으므로 그 값을 가설검정에서 제외시키고, $n=15$인 표본에 대하여 부호검정을 실시한다.

① 귀무가설 H_0: $\theta=100$ ($p=1/2$) vs. 대립가설 H_1: $\theta>100(p>1/2)$

② 유의수준이 1%이므로, $\alpha=0.01$이다.

③ 판정기준: 판정기준은 +와 −의 부호의 개수에 따라 결정된다. x를 + 부호의 숫자라고 할 때, x개 이상의 + 부호를 구할 확률이 0.01 미만이면 귀무가설을 기각시킨다.

④ 검정통계량의 계산: 100보다 큰 측정값을 +로, 작은 측정값을 −로 대체하면, 표본의 15개의 관측값들은 다음의 부호로 바뀌게 된다.

$$+\ +\ +\ +\ +\ -\ +\ +\ +\ -\ +\ +\ +\ +\ +$$

즉, $x=13$이 되므로 $n=15$와 $p=0.5$인 이항분포로부터 $x\geq 13$인 확률은 $1-0.9963=0.0037$이 된다.

⑤ 결론: 계산된 값 0.0037이 유의수준 0.01보다 작으므로, 귀무가설은 기각된다. 그러므로 '고속도로 주변의 대단위 아파트 단지 안의 16곳에서 측정한 소음이 100(*decibel*)보다 크다'라고 결론내린다. ■

[예제 14.1]에서는 일표본 t-검정의 대안으로서 비모수적 방법인 부호검정을 사용하였다. 다음 예제에서는 대응표본 t-검정을 대신한 비모수적 방법인 부호검정에 대하여 살펴본다. 우선 대응표본은 관측값들이 쌍으로 구성되어 있으므로, 첫 번째 관측값과 두 번째 관측값을 비교하여 부호를 결정한다. 즉, 첫 번째 관측값이 두 번째 관측값보다 크면 + 부호, 첫 번째 관측값이 두 번째 관측값보다 작으면 − 부호로 교체하고, 두 값이 서로 같으면 표본

에서 제외시킨다. 부호로 교체한 다음의 검정 절차는 앞과 같은 방법으로 한다.

예제 14.2

한 대학교에서는 교육역량강화사업의 일환으로 학부생들에게 방학기간을 이용하여 외국어 집중교육을 실시한 후, 집중교육 전과 후에 실시한 외국어 시험성적 가운데 10명의 자료를 랜덤으로 추출하였다. 유의수준 5%를 사용하여 외국어 집중교육의 효과에 대한 가설을 검정하여라.

집중교육 후의 성적	85	93	76	98	83	67	92	80	96	87
집중교육 전의 성적	76	80	64	92	85	61	87	79	84	81

풀이 ① 귀무가설 H_0: $\theta_D=0$ $(p=1/2)$ vs. 대립가설 H_1: $\theta_D>0$ $(p>1/2)$

여기서 θ_D는 집중교육 후의 성적에서 집중교육 전의 성적을 뺀 값에 대한 중앙값을 의미한다($\theta_D=0$은 집중교육 후 성적이 오른 사람 수와 떨어진 사람 수가 같기 때문에 교육의 효과가 없음을 의미한다).

② 유의수준이 5%이므로, $\alpha=0.05$이다.

③ 판정기준: x를 + 부호의 숫자라고 할 때, x개 이상의 + 부호를 구할 확률이 0.05 미만일 때 귀무가설을 기각시킨다.

④ 검정통계량의 계산: 쌍으로 구성된 각 관측값들에 대하여 첫 번째 관측값이 두 번째 관측값보다 크면 + 부호, 첫 번째 관측값이 두 번째 관측값보다 작으면 −부호로 교체하면 다음과 같다.

$$+ \quad + \quad + \quad + \quad - \quad + \quad + \quad + \quad + \quad +$$

즉, $x=9$가 되므로 $n=10$과 $p=0.5$인 이항분포로부터 $x \geq 9$의 확률은 $1-0.9893=0.0107$이 된다.

⑤ 결론: 계산된 값 0.0107이 0.05보다 작으므로 '귀무가설을 기각하고, 외국어 집중교육의 효과가 있다'라고 결론내린다. ■

14.2 순위합검정

이 절에서는 두 개 이상의 모집단의 중심위치가 서로 같은지 또는 차이가 있는지를 검정하기 위한 비모수적 방법으로 **윌콕슨 순위합** (Wilcoxon rank sum) **검정**을 설명하고 이후 **크루스칼-왈리스** (Kruskal-Wallis) **검정**을 살펴본다.

서로 독립인 두 모집단의 모평균이 서로 차이가 있는가를 검정할 때, 모집단이 정규분포를 하는 경우에는 모수적인 방법으로써 이표본 t-검정을 사용할 수 있다. 그러나 두 모집단의 분포를 모르는 경우 두 모집단의 중심 위치가 서로 같은지를 알아보기 위한 비모수적인 방법으로 윌콕슨 순위합 검정을 사용한다. 이 방법은 **맨-휘트니** (Mann and Whitney) **검정**

또는 ***U*-검정**이라고도 한다.

다음은 두 진통제의 약효를 실험하기 위하여 한 대형병원에서 임상환자 29명을 대상으로 환자 자신이 어느 진통제를 복용하였는지 알 수 없도록 진통제를 투여한 후 통증이 사라지기 시작할 때까지의 시간을 분 단위로 측정한 결과이다.

진통제 *I*	60, 17, 35, 49, 18, 43, 12, 20, 47, 90, 51, 45, 62, 32, 40
진통제 *II*	80, 54, 70, 26, 39, 65, 68, 53, 73, 48, 67, 75, 78, 58

위의 임상실험에서 한 진통제의 약효가 다른 진통제의 약효보다 더 큰지 아니면 동일한지를 검정해야 한다고 가정해 보자. 그리고 x_1을 어느 한 분포를 따르는 확률변수라 하고, x_2를 두 번째 분포를 따르는 확률변수라고 하자. 만약 다음의 부등식에서 임의의 a에 대하여 등호가 성립하고, 모든 a에 대하여 $P(a<x_1) \le P(a<x_2)$이 성립하면 우리는 "두 번째 모집단(분포)이 첫 번째 모집단(분포)보다 확률적으로 크다."라고 말한다. 그러므로 이러한 두 모집단의 확률적인 순서의 관계를 보기 위해서는 위의 임상실험에 대하여 단측검정을 시행할 수 있다.

U-검정을 하기 위하여 두 표본의 자료들을 모두 섞어서 크기 순서대로 정리한 다음, 진통제 *I*에 속하는지 진통제 *II*에 속하는지, 각 관측값 아래에 다음과 같이 표시하였다.

12	17	18	20	26	32	35	39	40	43	45	47	48	49	51
I	*I*	*I*	*I*	*II*	*I*	*I*	*II*	*I*	*I*	*I*	*I*	*II*	*I*	*I*
53	54	58	60	62	65	67	68	70	73	75	78	80	90	
II	*II*	*II*	*I*	*I*	*II*	*II*	*II*	*II*	*II*	*II*	*II*	*II*	*I*	

위와 같이 크기 순서로 정리된 각각의 관측값에 작은 값부터 1, 2, 3, …, 29의 순위를 할당하면 진통제 *I*에 속하는 값들의 순위들은 1, 2, 3, 4, 6, 7, 9, 10, 11, 12, 14, 15, 19, 20, 29가 되고 진통제 *II*에 속하는 값들의 순위들은 5, 8, 13, 16, 17, 18, 21, 22, 23, 24, 25, 26, 27, 28이 된다. 위의 임상실험의 자료에는 서로 같은 관측값이 없지만, 만약 서로 같은 값이 있는 경우에는 할당된 순위들의 평균값을 같은 관측값에 할당한다 (예를 들어 세 번째와 네 번째의 관측값이 서로 같다면 세 번째와 네 번째의 관측값에 각각 $(3+4)/2=3.5$를 할당한다. 그리고 만약에 아홉 번째와 열 번째와 열한 번째의 관측값들이 모두 같다면 각각의 관측값에 $(9+10+11)/3=10$을 할당한다).

이제 위의 관측값에 할당된 순위를 이용하여 두 표본이 서로 동일한 모집단으로부터 추출된 것인지를 검정한다. 만약 표본들이 서로 같은 모집단으로부터 추출되었다면 두 표본의 관측값에 할당된 순위들의 평균값이나 합이 서로 유사해야 한다. 따라서 앞의 두 표본의 관측값에 할당된 순위들의 합을 계산하면 첫 번째 표본의 순위합은 $W_1=162$이고, 두 번째 표본의 순위합은 $W_2=273$이 된다. 이와 같이 두 표본의 순위의 합이 차이가 나는 경우에는 두 값의 차이가 귀무가설을 기각할 만큼 충분히 큰가를 살펴보기 위하여 두 표본의 크기 n_1과 n_2 및 순위합 W_1과 W_2를 사용하여 통계량 U_1과 U_2를 다음과 같이 정의한다.

$$U_1 = W_1 - \frac{n_1(n_1+1)}{2}$$
$$U_2 = W_2 - \frac{n_2(n_2+1)}{2}$$

두 표본들이 동일한 모집단으로부터 추출되었다는 귀무가설하에서 U_1은 다음의 평균과 분산을 갖는 확률분포를 한다.

$$\mu_{U_1} = \frac{n_1 n_2}{2}$$
$$\sigma^2_{U_1} = \frac{n_1 n_2(n_1+n_2+1)}{12}$$

n_1과 n_2가 모두 8보다 클 때는 U_1의 확률분포가 정규분포에 근사되므로, 두 표본이 동일한 모집단으로부터 추출되었다는 귀무가설의 검정은 다음의 검정통계량 Z_U값을 이용할 수 있다.

$$Z_U = \frac{U_1 - \mu_{U_1}}{\sigma_{U_1}}$$

그러므로 두 개의 표본이 동일한 모집단으로부터 추출되었다는 귀무가설과 모집단 2가 모집단 1보다 확률적으로 더 크다는 대립가설을 검정할 경우 검정통계량의 계산값이 $z_U < -z_\alpha$이면 귀무가설을 기각한다. 반대로 모집단 1이 모집단 2보다 확률적으로 더 크다는 대립가설은 $z_U > z_\alpha$이면 귀무가설을 기각한다. 윌콕슨 순위합검정에서 한 가지 유의해야 할 점은 두 모집단의 분포가 정규분포를 하지 않더라도, 두 분포의 흩어짐과 모양은 서로 동일하다는 가정하에서 두 모집단의 중심의 위치가 서로 같은지, 차이가 있는지를 검정하는 것이다.

예제 14.3

두 진통제의 약효를 실험하기 위한 위의 임상자료를 이용하여 '두 진통제의 약효가 같다'는 귀무가설과 '두 진통제의 약효가 같지 않다'라는 대립가설을 유의수준 1%로 U-검정을 시행하여라.

풀이 ① 귀무가설 H_0 : 두 표본이 추출된 모집단은 서로 동일하다 (두 진통제의 약효가 동일하다).
대립가설 H_1: 두 표본이 추출된 모집단은 서로 같지 않다 (두 진통제의 약효가 동일하지 않다).

② 유의수준이 1%이므로, $\alpha = 0.01$이다(양측 검정이므로 $\alpha/2 = 0.005$).

③ 판정기준: $|Z_U| > z_{(0.005=\alpha/2)} = 2.575$이면 귀무가설을 기각한다.

④ 검정통계량의 계산: $n_1 = 15$, $n_2 = 14$이므로, 첫 번째 표본의 순위합 W_1은 다음과 같다.

$$W_1 = 1+2+3+4+6+7+9+10+11+12+14+15+19+20+29 = 162$$

그러므로 공식을 이용하여 U_1의 평균과 분산을 계산한다.

$$U_1 = 162 - \frac{15\times 16}{2} = 42$$

$$\mu_{U_1} = \frac{15\times 14}{2} = 105$$

$$\sigma^2_{U_1} = \frac{15\times 14\times 30}{12} = 525$$

따라서 z_U 값은 다음과 같다.

$$z_U = \frac{42-105}{\sqrt{525}} = -2.75$$

⑤ 결론: $z_U = -2.75$은 -2.575보다 작으므로 귀무가설은 기각된다. 그러므로 '두 진통제의 약효가 같지 않다'라고 결론내린다. ■

분산분석의 가장 간단한 일원배치법에서 한 처리(treatment)에 대하여 여러 수준(level)이 있을 때, 각 수준 사이에 차이가 있는가를 알려고 할 때는 분산분석표의 F-검정을 사용한다. 그러나 일원배치 분산분석의 F-검정을 위한 가정들이 만족되지 않는 경우에는 대안으로서 비모수적 방법인 **크루스칼–왈리스**(Kruskal-Wallis) **검정**을 사용하는데, 이 검정 방법은 H-검정이라고도 한다. 여기서 H-검정은 k개의 표본들이 동일한 모집단으로부터 나왔다는 귀무가설과 동일한 모집단으로부터 나오지 않았다는 대립가설을 검정하는 것으로, U-검정을 일반화한 것이다.

크루스칼-왈리스 검정을 위해서 우선 U-검정처럼 표본의 모든 관측값들을 모아서 순서대로 정리한 후, 관측값들에 대한 순위를 결정한다. 만약 i번째 표본의 n_i개의 관측값에 할당된 순위들의 합을 R_i라고 하고 각 표본의 크기의 합을 $n=n_1+n_2+\cdots+n_k$라고 한다면, H-검정통계량은 다음과 같다.

$$H = \frac{12}{n(n+1)}\sum_{i=1}^{k}\frac{R_i^2}{n_i} - 3(n+1)$$

모든 i에 대하여 $n_i \geq 5$일 때, 귀무가설하에서 H-검정통계량의 표본분포는 $k-1$의 자유도를 갖는 카이제곱분포로 근사된다. 그러나 n_i와 k의 작은 값들에 대한 H-검정통계량의 임계값들은 크루스칼-왈리스 통계량(H) 분포표를 사용한다(비모수통계학 책 참조).

예제 14.4

다음은 체질이 유사한 성인 남녀들이 일정기간 서로 다른 세 가지 방법으로 다이어트를 한 결과, 감량된 체중(단위: lb)을 기록한 자료이다. 유의수준 5%를 사용하여 세 가지 다이어트 방법이 차이가 있는지 크루스칼-왈리스 검정을 행하여라.

방법 A	20	8	16.5	19.5	19	16	
방법 B	12	4	11	15	12.5	14	7
방법 C	5	7	18	4.5	10		

풀이 ① 귀무가설 H_0: 세 다이어트 방법은 차이가 없다(세 표본들이 추출된 모집단은 동일하다).
대립가설 H_1: 세 다이어트 방법은 서로 같지 않다(세 표본들이 추출된 모집단은 서로 같지 않다).

② 유의수준이 5%이므로, $\alpha = 0.05$이다.

③ 판정기준: $n_1 = 6$, $n_2 = 7$, $n_3 = 5$로서 모든 $n_i \geq 5$이므로 H-검정통계량이 자유도 2를 갖는 카이제곱분포의 제95백분위수 $\chi^2_{0.05}$의 값인 5.991보다 크면 귀무가설을 기각한다.

④ 검정통계량의 계산: 세 표본의 관측값들을 모두 고려하여 순위를 부여하면 다음과 같다.

방법 A	18	6	14	17	16	13	
방법 B	9	1	8	12	10	11	4.5
방법 C	3	4.5	15	2	7		

따라서 각 표본에 대한 순위의 합을 계산하면 $R_1 = 84$, $R_2 = 55.5$, $R_3 = 31.5$가 되고, 이 값들을 대입하여 H-검정통계량을 계산하면 다음과 같다.

$$H = \frac{12}{18 \times 19}\left(\frac{84^2}{6} + \frac{55.5^2}{7} + \frac{31.5^2}{5}\right) - 3 \times 19 = 6.67$$

⑤ 결론: $H = 6.67$은 5.991보다 크므로 귀무가설은 기각되고 '세 다이어트 방법은 서로 같지 않다'라고 결론내린다. ■

14.3 우연성검정

정육면체 주사위를 던지는 실험이나 성공과 실패가 나타나는 통계적 실험에서 지금까지 랜덤(임의)이라는 용어를 많이 사용하였다. 관측값들이 과연 랜덤하게 나타나는지, 아닌지를 확인하기 위해서는 표본에 나타나는 관측값들의 순서를 이용하여 랜덤성의 여부를 알아볼 수 있다. 한 동전을 던져서 앞면이 나타나면 H, 뒷면이 나타나면 T라 하고, 동전을 반복적으로 던졌을 때 같은 문자들이 연속하여 나타난 경우 일련의 연속적인 문자를 **런**(run)이라고 하자. 그러면 이러한 런의 개수를 이용하여 동전을 던지는 실험에서 관측값들이 과연 랜덤하게 나타나는지를 검정할 수 있다. 예를 들어, 동전을 20번 던져서 다음의 결과를 얻었을 때, 밑줄로 런을 표시하면 모두 13개의 런이 나타난다.

$$\underline{H}\quad \underline{TTT}\quad \underline{H}\quad \underline{TT}\quad \underline{H}\quad \underline{T}\quad \underline{HH}\quad \underline{T}\quad \underline{H}\quad \underline{TT}\quad \underline{H}\quad \underline{T}\quad \underline{HHH}$$

만약 동전을 20번 던질 때 위와 같은 결과가 나타나지 않고 동전의 앞면이 10번 연속해서 나타난 다음, 뒷면이 10번 연속해서 나타나서 2개의 런만 있는 경우에는 동전의 앞면 또는 뒷면이 나타나는 확률이 매번 던질 때마다 항상 일정한지 의심할 수 있다. 또는 동전을 20번 던졌을 때 앞면과 뒷면이 매번 번갈아서 나타나는 경우에도 동전을 던지는 실험이 과연 독립인가를 의심할 수 있다. 그러므로 앞의 두 가지 상황은 동전을 던져서 나타나는 결과에 '우연성이 부족하다'라고 의심한다. 특히 여기서 중요한 것은 동전을 던진 결과 나타난 앞면과 뒷면의 개수가 아니라 관측값들의 순서인 앞면과 뒷면이 나타나는 순서에 초점을 맞춘다.

어떤 통계적 실험의 연속적인 결과에서 두 가지 결과만 나타날 때 한 종류가 n_1개가 있고, 다른 종류가 n_2개가 일어나고, n_1과 n_2가 10보다 큰 경우에 런의 개수의 합 U의 표본분포는 평균과 표준편차가 각각 다음과 같은 정규분포로 근사된다.

$$\mu_U = \frac{2n_1 n_2}{n_1 + n_2} + 1,$$
$$\sigma_U = \sqrt{\frac{2n_1 n_2(2n_1 n_2 - n_1 - n_2)}{(n_1 + n_2)^2(n_1 + n_2 - 1)}}$$

따라서 표본에 있는 부호들의 배열이 랜덤인지, 아닌지를 검정하는 경우에는 다음의 검정통계량을 이용한다.

$$Z = \frac{U - \mu_U}{\sigma_U}$$

예제 14.5

한 공장의 야간 조립라인에서 미숙련공들이 생산하는 제품들에 문제가 있는가를 살펴보기 위하여 최근 생산된 27개의 제품을 순서대로 꼼꼼히 검사하여 검사에 합격한 경우에는 S, 불합격한 경우에는 F로 표시하여, 다음의 결과를 구하였다. 유의수준 1%로 우연성을 검정하여라.

$$\underline{SSSSS}\ \ \underline{FFFF}\ \ \underline{SSSSSSSSSS}\ \ \underline{FF}\ \ \underline{SS}\ \ \underline{FFFF}$$

풀이 ① 귀무가설 H_0 : 생산제품의 합격, 불합격 순서는 랜덤이다.

대립가설 H_1: 생산제품의 합격, 불합격 순서는 랜덤이 아니다.

② 유의수준이 1%이므로, $\alpha = 0.01$이다(양측 검정이므로 $\alpha/2 = 0.005$).

③ 판정기준: $|Z_U| > Z_{(0.005=\alpha/2)} = 2.575$이면 귀무가설을 기각한다.

④ 검정통계량의 계산: $n_1 = 10$, $n_2 = 17$이고 배열에서 모든 런의 수 $u = 6$이므로, U의 평균과 표준편차는 각각 다음과 같다.

$$\mu_U = \frac{2 \times 10 \times 17}{10 + 17} + 1 = 13.59$$

$$\sigma_U = \sqrt{\frac{2 \times 10 \times 17(2 \times 10 \times 17 - 10 - 17)}{(10 + 17)^2(10 + 17 - 1)}} = 2.37$$

따라서 Z값은 다음과 같다.

$$z = \frac{6 - 13.59}{2.37} = -3.20$$

⑤ 결론: 검정통계량의 계산값 $|z| = 3.20 > z_{0.005} = 2.575$이므로 귀무가설을 기각한다. 따라서 '생산된 제품의 순서는 랜덤이 아니다'라고 결론내린다. 실제로 관측된 런의 총 개수는 평균인 약 14개보다 훨씬 작을 뿐만 아니라, 불량품들이 그룹으로 나타나고 있다. 그러므로 생산하는 제품들의 공정과정을 잘 아는 숙련공이 야간 조립라인에서 미숙련공의 작업을 조사할 필요가 있다. ■

우연성검정은 관측값들의 순서를 이용하여 랜덤성의 여부를 알아볼 수 있을 뿐만 아니라 관측값들이 중앙값보다 크고 작은지를 조사하여 표본에 있는 관측값들의 우연성을 검정하는 데 사용할 수 있다. 예를 들어, 표본의 관측값들 가운데 중앙값보다 큰 값을 L, 중앙값보다 작은 값을 S로 나타낸다면 L과 S로 표시된 관측값들의 연속적인 결과를 사용하여 우연성을 검정할 수 있다. 특히 제조현장에서는 생산제품들에 대한 품질관리를 할 때 생산공정에서 연속적으로 발생하는 수치값들로 구성되는 작은 표본들의 평균값들을 **관리도** (control chart) 에 표시하여 우연성검정을 시행한다. 이와 같이 관리도의 런검정으로 생산 제품에 경향성이 나타나는 경우에는 공정관련 변수나 제조기계의 정밀성을 조절하여 편향된 수치값을 갖는 생산제품들로 인한 손실을 예방할 수 있다.

예제 14.6

250 mL 음료수 캔에 적정량의 음료수를 채우는 기계에 변화가 일어나는가를 알아보기 위하여 최근 연속적으로 생산한 40개 캔의 용량을 측정하였다. 유의수준 1%를 사용하여 생산기계에 너무 자주 변화가 일어난다는 대립가설과 우연성의 귀무가설을 검정하여라.

261	258	249	251	247	256	250	247	255	243
252	250	253	247	251	243	258	251	245	250
248	252	254	250	247	253	251	246	249	252
247	250	253	247	249	253	246	251	249	253

풀이 ① 귀무가설 H_0: 표본의 값들의 배열은 랜덤이다.

대립가설 H_1: 표본의 값들은 너무 자주 변화하는 양상을 보인다.

② 유의수준이 1%이므로, $\alpha = 0.01$이다.

③ 판정기준: 검정통계량 $|Z| > z_{0.01} = 2.33$이면 귀무가설을 기각한다.

④ 검정통계량의 계산: 40개의 관측값에 대한 중앙값은 250이다. 그러므로 250보다 큰 값과 작은 값들을 각각 L과 S로 나타내고, 250과 같은 값은 $-$로 나타내어 관측값들을 다시 배열하면 다음과 같다.

L	*L*	*S*	*L*	*S*	*L*	–	*S*	*L*	*S*
L	–	*L*	*S*	*L*	*S*	*L*	*L*	*S*	–
S	*L*	*L*	–	*S*	*L*	*L*	*S*	*S*	*L*
S	–	*L*	*S*	*S*	*L*	*S*	*L*	*S*	*L*

그러므로 *L*과 *S*의 개수는 각각 $n_1 = 19$, $n_2 = 16$이고, 이 배열에서 런의 개수는 $u = 27$이 된다. 그리고 *U*의 평균과 표준편차는 각각 공식에 의해 다음과 같다.

$$\mu_U = \frac{2 \times 19 \times 16}{19 + 16} + 1 = 18.37$$

$$\sigma_U = \sqrt{\frac{2 \times 19 \times 16\,(2 \times 19 \times 16 - 19 - 16)}{(19 + 16)^2\,(19 + 16 - 1)}} = 2.89$$

따라서 *z*값은 다음과 같이 계산된다.

$$z = \frac{27 - 18.37}{2.89} = 2.99$$

⑤ 판정기준: $z = 2.99$은 2.33보다 크므로 '표본의 값들의 배열이 랜덤이다.'라는 귀무가설을 기각한다. *L*과 *S*의 배열에서 런의 개수 $u = 27$은 우연에 의해서 변화된 값들이라고 예상하기에는 매우 크므로, '생산기계에 너무 자주 변화가 일어난다'고 할 수 있다. ■

14.4 콜모고로프–스미르노프 검정

콜모고로프–스미르노프 (Kolmogorov-Smirnov) **일표본 검정**은 표본의 관측값들로부터 구한 경험적인 누적분포가 통계이론의 연속확률분포의 누적분포와 서로 같은지를 확인하는 비모수적 검정으로 콜모고로프 적합도 검정이라고 한다. 콜모고로프-스미르노프 일표본 검정은 표본의 크기가 작을 때 카이제곱 검정통계량을 사용하는 적합도 검정 (goodness of fit test) 보다 더 효율적이다. 그러나 카이제곱검정은 이산분포에 대해서도 사용할 수 있지만 콜모고로프-스미르노프 검정은 연속분포에서만 사용이 가능하다.

콜모고로프 적합도 검정의 검정절차는 다음과 같다.

① 분포함수가 $F(x)$인 어떤 모집단으로부터 크기가 n인 확률표본이 $X_1, \cdots, X_n$일 때 확률표본 $X_1, \cdots, X_n$의 경험누적분포함수 $F_n(x)$를 다음과 같이 정의한다.

$$F_n(x) = \frac{\#\{X_i \le x\}}{n}$$

여기서 $\#\{X_i \le x\}$는 표본의 관측값 중 x 이하의 값을 갖는 관측값의 개수를 의미한다.

② 모집단의 분포함수 $F(x)$가 어떤 특정 분포함수 $F_0(x)$와 같은지를 검정하기 위해 다음의 귀무가설과 대립가설을 고려한다.

H_0: 모든 x에 대하여 $F(x)=F_0(x)$

H_1: 적어도 한 점에 대하여 $F(x)\neq F_0(x)$

물론 대립가설은 상황에 따라 $F(x)<F_0(x)$ 혹은 $F(x)>F_0(x)$이 될 수 있다.

③ 경험적 누적분포와 귀무가설하의 누적분포를 이용하여 다음과 같은 콜모고로프 검정통계량을 계산한다.

$$D=\sup_x |F_n(x)-F_0(x)|$$

④ 주어진 유의수준 α에 대하여 기각역 $D>d(\alpha/2, n)$을 설정한다.
여기서 $d(\alpha, n)$은 H_0하에서 콜모고로프 검정통계량 분포에서 $P\{D>d(\alpha, n)\}=\alpha$를 만족하는 100α 백분위수로서 부록의 표를 이용하여 구한다.

⑤ 결정: 검정통계량 D의 계산된 값 d가 $d>d(\alpha/2, n)$을 만족하면 H_0를 기각한다.

콜모고로프-스미르노프 이표본 검정(Kolmogorov-Smirnov two sample test)은 두 모집단이 서로 동일한 분포를 따르는지를 알아보기 위한 검정으로 **스미르노프 검정**(Smirnov test)이라고도 한다. 스미르노프 검정은 두 모집단의 확률표본으로부터 계산된 경험적 누적분포함수들의 차이의 최댓값을 이용하여 두 개의 서로 독립인 표본들이 동일한 연속분포에서 나왔는지를 검정하는 데 사용된다.

예제 14.7

은행의 한 지점에서 업무를 시작한 9시부터 9시 30분까지 도착한 10명의 고객들의 도착시각을 측정하였다. 다음은 첫 고객부터 10번째 고객까지 도착시각을 의미한다. 고객의 도착시각이 균일분포를 하는지 유의수준 5%로 콜모고로프-스미르노프 일표본 검정을 행하여라.

9시 2분,	9시 4분,	9시 5분,	9시 6분,	9시 15분,
9시 20분,	9시 23분,	9시 27분,	9시 28분,	9시 29분

풀이 ① 귀무가설 H_0: 은행 고객들의 도착시각은 다음과 같은 누적분포를 갖는 균일분포를 한다.

$$F(x)=\begin{cases}0 & ;\ x\le 0\\ \dfrac{x}{30} & ;\ 0<x<30\\ 1 & ;\ x\ge 30\end{cases}$$

여기서 x는 고객들의 도착하는 시각(분)을 의미한다.

대립가설 H_1: 은행 고객들의 도착시간은 균일분포를 하지 않는다.

② 유의수준이 5%이므로, $\alpha=0.05$이다.

③ 판정기준: D가 경험적 누적분포와 귀무가설에서 가정된 누적분포 사이의 최대거리라고 할 때, 부록의 콜모고로프 통계량 분포표로부터 $D>d(0.025,\ 10)=0.409$이면 귀무가설을 기각한다.

④ 검정통계량의 계산: [그림 14.1]로부터 경험적 누적분포와 균일누적분포 사이에 가장 차이가 많이 나는 값은 $x=6$일 때 $D=0.40-\frac{6}{30}=0.2$이다.

⑤ 결론: $D=0.2$는 부록의 임계값인 $d=0.409$을 초과하지 않으므로, 귀무가설은 기각되지 않는다. 즉, '은행 고객의 도착시각은 균일하게 분포한다'라고 결론내린다.

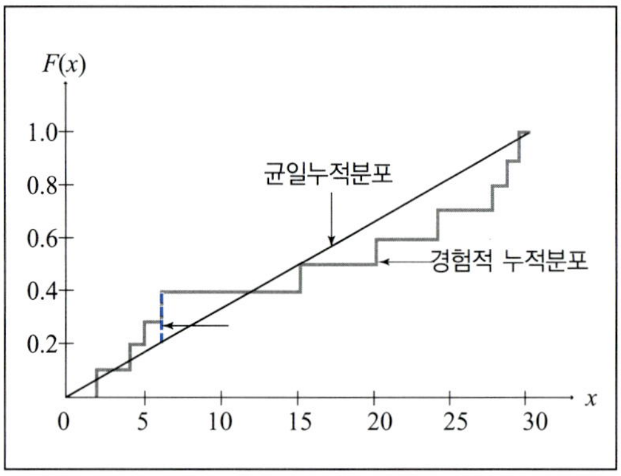

그림 14.1 고객도착시각의 경험적 누적분포와 균일누적분포 ■

14.5 R 실습

1. 다음의 자료들은 어떤 종류의 가솔린을 분석한 15개의 옥탄값에 대한 확률표본이다.

99.0	102.3	99.8	100.5	99.7	96.2	99.1	102.5
103.3	97.4	100.4	98.9	98.3	98.0	101.6	

귀무가설 $\theta=98.0$과, 대립가설 $\theta>98.0$을 유의수준 1%로 부호검정을 행하여라.

풀이

부호검정을 하기 위해서는 "BSDA" 패키지를 먼저 인스톨해야 한다. 부호검정 결과 p-값이 0.00647이므로, '옥탄의 중앙값은 98.0보다 크다'라고 할 수 있다.

```
> library(BSDA)
>
x=c(99.0,102.3,99.8,100.5,99.7,96.2,99.1,102.5,103.3,97.4,100.4,98.9,98.3,98.0,101.6)
> sign.test(x,md=98.0,alternative="greater")
$rval
          One-sample Sign-Test
data: x
s = 12, p-value = 0.00647
alternative hypothesis: true median is greater than 98
95 percent confidence interval:
 98.76699      Inf
```

```
sample estimates:
median of x
     99.7

$Confidence.Intervals
                     Conf.Level   L.E.pt  U.E.pt
Lower Achieved CI       0.9408   98.900     Inf
Interpolated CI         0.9500   98.767     Inf
Upper Achieved CI       0.9824   98.300     Inf

Warning message:
In return(rval, Confidence.Intervals) :
  복수의 결과를 돌려주는 return는 폐지되었습니다
```

2. 침전물로부터 생기는 암석의 연구에서 두 종류의 모래를 채취하여 mm 단위로 모래의 지름을 측정하여 다음의 결과를 구하였다.

모래 I	0.63	0.17	0.35	0.49	0.18	0.43	0.12	0.20	0.47	1.36
	0.51	0.45	0.84	0.32	0.40					
모래 II	1.13	0.54	0.96	0.26	0.39	0.88	0.92	0.53	1.01	0.48
	0.89	1.07	1.11	0.58						

한 모집단이 다른 모집단보다 더 큰 모래알갱이들을 생성하는지, 아니면 두 모집단들이 서로 동일한지를 결정하기 위하여 유의수준 5%에서 윌콕슨 검정을 행하여라.

풀이

윌콕슨 검정을 하기 위해서는 "exactRankTests" 패키지를 먼저 인스톨해야 한다. 윌콕슨 검정 결과 p-값이 0.0047이므로, 모래알갱이가 나타나는 두 표본의 모집단은 서로 같지 않다고 할 수 있다.

```
> 모래1=c(0.63, 0.17, 0.35, 0.49, 0.18, 0.43, 0.12, 0.20,
+          0.47, 1.36, 0.51, 0.45, 0.84, 0.32, 0.40)
> 모래1
[1] 0.63 0.17 0.35 0.49 0.18 0.43 0.12 0.20 0.47 1.36 0.51 0.45 0.84 0.32 0.40
> 모래2=c(1.13, 0.54, 0.96, 0.26, 0.39, 0.88, 0.92, 0.53,
+          1.01, 0.48, 0.89, 1.07, 1.11, 0.58)
> 모래2
[1] 1.13 0.54 0.96 0.26 0.39 0.88 0.92 0.53 1.01 0.48 0.89 1.07 1.11 0.58
> library(exactRankTests)
Package 'exactRankTests' is no longer under development.
Please consider using package 'coin' instead.
> wilcox.exact(모래1,모래2)

        Exact Wilcoxon rank sum test
```

```
data: 모래1 and 모래2
W = 42, p-value = 0.0047
alternative hypothesis: true mu is not equal to 0
```

3. 세 가지 처리 방법에 따라 철사에 발생하는 부식된 부분의 최대 깊이를 *pits*(1/1000인치) 단위로 측정하여 그 방법들을 비교하려고 한다.

방법 A	77	54	67	74	71	66	
방법 B	60	41	59	65	62	64	52
방법 C	49	52	69	47	56		

유의수준 5%를 사용하여 위의 세 가지 처리 방법에 따라 철사에 발생하는 부식된 부분의 최대 깊이가 다른지 크루스칼-왈리스 검정을 행하여라.

풀이

크루스칼-왈리스 검정 결과 p-값이 0.03556이므로, 부식을 방지하기 위한 세 개의 처리 방법의 효과가 서로 같지 않다고 결론을 내린다. 그러나 유의수준 1%에서는 부식을 방지하기 위한 세 개의 처리 방법의 효과가 서로 같지 않다고 결론내릴 수 없다.

```
> 방법A=c(77, 54, 67, 74, 71, 66)
> 방법B=c(60, 41, 59, 65, 62, 64, 52)
> 방법C=c(49, 52, 69, 47, 56)
> kruskal.test(list(방법A,방법B,방법C))

        Kruskal-Wallis rank sum test

data: list(방법A, 방법B, 방법C)
Kruskal-Wallis chi-squared = 6.6731, df = 2, p-value = 0.03556
```

4. 다음은 한 기계에서 생산되어 나오는 제품들을 순서에 따라 정리하였다. 여기서 불량품은 d로, 양품을 n으로 나타내었다.

$$\underline{nnnnn}\ \ \underline{dddd}\ \ \underline{nn\ nnn\ \ nn\ nnn}\ \ \underline{dd}\ \ \underline{nn}\ \ \underline{dd\ d\ d}$$

유의수준 1%로 우연성을 검정하여라.

풀이

우연성검정(런검정)을 하기 위해서는 "tseries" 패키지를 먼저 인스톨해야 한다. 우연성 검정 결과 p-값이 0.001354이므로, '생산제품의 양품, 불량품 순서는 랜덤이 아니다'라고 할 수 있다.

```
> require(tseries)
```

```
> r=c("n","n","n","n","n","d","d","d","d","n","n","n","n","n","n","n","n","n","n"
+ ,"d","d","n","n","d","d","d","d")
> runs.test(factor(r))

        Runs Test

data: factor(r)
Standard Normal = -3.2043, p-value = 0.001354
alternative hypothesis: two.sided
```

5. 표준정규난수 100개를 뽑아 변수 x라 하고, 표준일양난수 100개를 뽑아 변수 y라 하자.

(1) x와 y가 동일한 연속분포로부터 나왔다고 볼 수 있는지를 유의수준 5%에서 콜모고로프-스미르노프 검정을 행하여 알아보아라.

(2) x가 정규분포를 이루는지를 유의수준 5%에서 콜모고로프-스미르노프 검정을 행하여 알아보아라.

(3) y가 일양분포를 이루는지를 유의수준 5%에서 콜모고로프-스미르노프 검정을 행하여 알아보아라.

풀이

(1) 콜모고로프-스미르노프 검정 결과 p-값이 $1.264e-12$이므로, x와 y가 동일한 연속분포로부터 나왔다고 볼 수 없다.

```
> x=rnorm(100)
> y=runif(100)
> ks.test(x,y)

        Two-sample Kolmogorov-Smirnov test

data: x and y
D = 0.53, p-value = 1.264e-12
alternative hypothesis: two-sided
```

(2) 콜모고로프-스미르노프 검정 결과 p-값이 0.7966이므로, x가 정규분포를 이룬다고 볼 수 있다.

```
> ks.test(x,"pnorm")

        One-sample Kolmogorov-Smirnov test

data: x
D = 0.0647, p-value = 0.7966
alternative hypothesis: two-sided
```

또는

```
> ks.test(x,"pnorm",0,1)

            One-sample Kolmogorov-Smirnov test
data: x
D = 0.0647, p-value = 0.7966
alternative hypothesis: two-sided
```

(3) 콜모고로프-스미르노프 검정 결과 p-값이 0.7161이므로, y가 일양분포를 이룬다고 볼 수 있다.

```
> ks.test(y,"punif")

            One-sample Kolmogorov-Smirnov test

data: y
D = 0.0697, p-value = 0.7161
alternative hypothesis: two-sided
```

또는

```
> ks.test(y,"punif",0,1)

            One-sample Kolmogorov-Smirnov test

data: y
D = 0.0697, p-value = 0.7161
alternative hypothesis: two-sided
```

14.6 연습문제

14.1 $1+2+\cdots+n$을 계산하여라.

14.2 자료가 9, 9, 2, 5, 5, 5일 때, 각 관측값의 순위를 계산하여라.

14.3 대표본 정규근사를 이용하여 다음 물음에 답하여라.

(1) $n=50$일 때, H_0: $\theta=\theta_0$, H_1: $\theta \neq \theta_0$에 대하여 유의수준 $\alpha=0.05$에서 부호통계량에 의한 검정의 기각역을 구하여라.

(2) $m=30$, $n=20$일 때, H_0: $\Delta=0$, H_1: $\Delta \neq 0$에 대하여 유의수준 $\alpha=0.05$에서 맨-휘트니 U-통계량에 의한 검정의 기각역을 구하여라.

14.4 두 종류의 음료수 A, B에 대해서 맛을 비교해 본 결과 22명 중 14명이 B를 선호하는 것으로 나타났다. 부호검정을 이용하여 사람들이 음료수 B를 더 좋아하는지 유의수준

$\alpha=0.05$에서 검정하여라.

14.5 어느 조미료 제조업자는 새로 나온 조미료의 나트륨 함량이 20 mg이라고 한다. 새로 나온 조미료 중에서 20개를 임의로 추출하여 나트륨 함량을 측정한 결과 다음과 같은 자료가 얻어졌다.

21.2	20.5	19.8	18.9	20.3	21.0	20.1	19.0	19.6	20.7
19.4	21.3	20.9	19.7	19.0	20.6	21.4	20.2	19.1	20.8

위의 자료를 근거로 새로 나온 조미료의 나트륨 함량이 평균 20 mg 미만이라고 볼 수 있는가?

(1) 유의수준 $\alpha=0.05$에서 부호검정을 실시하여라.

14.6 6군데의 공장에서 요구되는 인력 수를 2명의 전문가에게 추정해 줄 것을 의뢰하였다. 그 추정의 결과가 다음과 같이 주어졌다면, 그 두 전문가의 의견에 차이가 있다고 할 수 있는지 윌콕슨의 순위합 검정을 이용하여 유의수준 $a=0.10$으로 검정하여라(단위 : 명).

전문가 1	15	20	43	27	19	30
전문가 2	25	22	40	23	15	35

14.7 순위합 검정통계량의 분포표를 이용하여 다음 물음에 답하여라.

(1) $m=12$, $n=3$일 때, $P[W\geq 40]$을 구하여라.

(2) $m=10$, $n=5$일 때, $P[W\leq c]\leq 0.05$를 만족시키는 가장 큰 수 c를 찾아라.

14.8 어느 한 교실의 학생들을 대상으로 학습능력에 대한 연구를 하는 과정에서 학생들의 학습능력을 훈련시키는 두 가지 방법 A, B에 대한 차이를 검정하려고 한다. 같은 반의 학생들을 임의로 두 그룹으로 나누어 15명에게는 A방법으로, 13명에게는 B방법으로 그들의 학습능력을 훈련시켰다. 그 후 적절한 시험을 통해 그들의 학습능력을 시험한 결과 다음과 같은 점수들을 얻었다.

방법 A	95	92	84	72	89	65	96	83	92	90	87	71	74	94
방법 B	90	87	92	85	70	58	74	80	86	73	81	76		

높은 점수가 좋은 학습능력을 나타낸다고 했을 때, 방법 A가 방법 B보다 좋다고 할 수 있는지 유의수준 $\alpha=0.10$로 윌콕슨 순위합검정을 실시하여라.

14.9 다음은 쌍둥이의 적극성에 관한 심리검사 자료이다.

쌍번호	1	2	3	4	5	6	7	8	9	10	11	12	13	14	15
먼저 태어난 쌍둥이(X)	65	68	70	63	64	73	78	64	73	80	67	82	79	85	71
나중 태어난 쌍둥이(Y)	63	69	68	60	65	72	70	66	70	78	63	78	70	76	93

먼저 태어난 쌍둥이와 나중에 태어난 쌍둥이 사이에 적극성 차이가 있는지 유의수준 $\alpha=0.05$에서 부호검정을 실시하여라.

14.10 다음은 어떤 식료품 상점의 주인이 자기 상점에서 고객이 구입한 물품의 개수를 계산대에서 조사하였다. 12명의 고객이 구입한 물품의 개수를 조사한 결과는 다음과 같다.

고객	1	2	3	4	5	6	7	8	9	10	11	12
물품의 개수	22	9	4	5	1	16	15	26	47	8	31	7

평균구입 개수가 10보다 적다고 할 수 있는지 $\alpha=0.05$에서 부호검정을 실시하여라.

14.11 A와 B 두 식이요법 간에 차이가 있는지 비교하기 위해, 10명의 환자를 6명과 4명의 두 그룹으로 나누어 각각에 두 식이요법을 일정기간 동안 적용시킨 후, 체중 감소량(단위: kg) 을 조사한 결과이다.

A	5.7	7.3	7.6	6.0	6.5	5.9
B	4.9	7.4	5.3	4.6		

$a=0.05$에서 순위합검정을 시행하여 A, B 두 식이요법 간에 차이가 있는지 알아보아라.

14.12 두 암기방법 (A, B) 에 대해 기억시간에 차이가 있는지를 조사하려고 한다. 17명의 학생을 대상으로 8명에게는 방법 A, 9명에게는 방법 B를 적용한 후 암기력에 대한 시험을 실시한 결과이다.

방법 A	90	86	72	65	44	52	46	38	
방법 B	80	70	62	53	87	44	42	35	40

$a=0.05$에서 순위합검정을 시행하여 A, B 두 암기방법에 차이가 있는지 알아보아라.

14.13 다음은 통계학과 1학년 남학생들 가운데 18명을 임의로 선발하여 100 m 빨리달리기를 실시하고 기록 (단위: 초) 을 측정하였다. 유의수준 5%를 사용하여 귀무가설 $\theta=12.0$과 대립가설 $\theta\neq12.0$에 대한 부호검정을 시행하여라.

12.5	11.9	13.2	14.0	12.2	11.8	12.8	13.1	12.8
11.6	13.4	12.5	12.6	13.6	12.3	12.7	12.5	13.3

14.14 한 사학재단의 교직원 가운데 9명의 랜덤표본을 추출하여 지난 1년 간 연극, 뮤지컬, 오

페라 등의 문화행사를 관람한 횟수를 조사하였다. 귀무가설 $\theta = 10$과 대립가설 $\theta > 10$의 부호검정을 유의수준 5%로 시행하여라.

20	1	4	15	10	14	26	8	12

14.15 다음은 학부생 30명의 지난 한 달간 휴대폰 사용요금(단위: 만 원)을 조사한 결과이다. 귀무가설 $\theta = 5.50$과, 대립가설 $\theta < 5.50$의 부호검정을 유의수준 1%로 시행하여라.

2.58	2.51	4.04	6.43	4.32	4.19	4.79	6.20	3.87	4.54
5.12	5.15	5.50	5.92	4.56	3.56	6.90	5.47	2.11	3.32
6.75	5.84	8.80	7.40	4.72	3.62	2.46	3.75	2.65	7.86

14.16 확률표본에 속한 12명의 고등학생들의 시력(왼쪽 시력과 오른쪽 시력)을 측정하였다. 부호검정으로 학생들의 양쪽 시력의 차이가 있는지, 없는지를 유의수준 5%로 검정하여라.

1.0과 1.0,	1.0과 1.2,	1.5와 1.2,	0.8과 1.0,	0.1과 0.3,	0.1과 0.5
0.2와 1.0,	0.1과 0.1,	1.0과 1.0,	1.2와 1.2,	0.1과 0.1,	1.5와 1.5

14.17 다음은 최근 한 직장의 정규직 신입사원으로 입사한 10명의 남자와 8명의 여자에게 대학 졸업 후 신입사원으로 채용되기까지 걸린 기간(단위: 개월)을 조사한 자료이다. 다음의 두 표본은 같은 모집단으로부터 추출되었다는 귀무가설과, 두 모집단은 서로 같지 않다라는 대립가설에 대한 U-검정을 유의수준 5%로 검정하여라.

남자	12, 10, 2, 6, 24, 0, 20, 8, 5, 15
여자	18, 12, 10, 22, 15, 21, 24, 30

14.18 다음은 두 부서에 근무하는 직원들에게 직장까지의 출근거리(단위: km)를 조사한 결과이다. 두 부서에 근무하는 직원들의 출근거리가 거의 대등한지 유의수준 5%로 U-검정을 시행하여라.

부서 1	5, 12, 23, 6, 8, 15, 2, 17, 20, 8
부서 2	11, 42, 16, 3, 18, 5, 24, 16, 25, 14

14.19 다음은 세 출판사에서 발행한 6권의 신간서적에서 나타난 권당 오자 및 탈자의 개수이다. 세 출판사의 신간서적이 같은 모집단으로 추출되었다는 귀무가설을 검정하기 위하여 유의수준 5%로 H-검정을 시행하여라.

A	4, 8, 2, 1, 10, 12
B	8, 5, 3, 7, 9, 6
C	7, 9, 8, 2, 14, 15

14.20 다음은 한 대형마켓의 주차장 입구에서 진입하는 차량의 운전자가 여성운전자 (F) 인지 남성운전자 (M) 인지 30대의 차량을 조사한 결과이다. 여성운전자와 남성운전자의 순서가 랜덤인지를 유의수준 5%로 검정하여라.

F F M F F F M M F F M F M F F M F M F F M F F F F M F F F F

14.21 다음은 어제 한 산부인과에서 출산된 25명의 신생아의 성별 (남자아이: B, 여자아이: G로 표시) 에 대한 기록이다. 남녀의 출생순서가 랜덤인지 5%로 우연성을 검정하여라.

B B G B G B B G B G B G B G G B G B G B G B G B G

14.22 다음은 초등학교 한 반 30명의 IQ를 측정한 자료이다. 평균 $\mu = 110$, 표준편차 $\sigma = 5$를 갖는 정규분포로부터 추출된 값들인지, 아닌지를 유의수준 5%로 콜모고로프-스미르노프 검정을 시행하여라.

96	121	136	107	162	115	116	83	108	122	96	117	112
87	101	95	108	99	101	104	119	141	123	102	92	95

14.23 두 모집단으로부터 다음과 같은 관측값들이 추출된 경우 모집단 1의 위치가 모집단 2의 위치의 왼쪽에 있는지 검정하고자 한다.

표본 1	22	23	20
표본 2	18	27	26

(1) 귀무가설과 대립가설을 설정하여라.
(2) 각 관측값에 순위를 부여하여라.
(3) 각 표본들의 순위합을 계산하여라.
(4) 순위합을 이용하여 두 모집단의 위치를 결정하여라.

14.24 두 표본으로부터 순위합과 표본의 크기가 다음과 같이 주어졌을 때, 모집단의 위치의 차이에 대한 검정을 하기 위한 검정통계량 값을 계산하여라.

$$W_1 = 250, \quad W_2 = 215, \quad n_1 = 15, \quad n_2 = 14$$

14.25 문제 14.24에서 $W_1 = 275$가 되면 검정통계량은 어떻게 변하는가?

14.26 다음 통계량들을 사용하여 모집단 1의 위치가 모집단 2의 위치보다 왼쪽에 있는지 유의수준 1%에서 검정하여라.

$$W_1 = 1280,\ n_1 = 40,\ W_2 = 1205,\ n_2 = 30$$

14.27 다음은 서로 경쟁상대에 있는 두 자동차의 안락성을 시험하기 위해 소비자 25명의 각 자동차의 뒷좌석에 시승한 후 승차감을 5점 척도로 평가한 결과이다. 이 자료에 근거하

여 유의수준 5%에서 자동차A가 자동차B보다 승차감이 더 좋다고 할 수 있겠는가?

응답자	1	2	3	4	5	6	7	8	9	10	11	12	13	14	15
자동차A	4	2	5	3	2	5	1	4	4	2	3	4	2	3	2
자동차B	5	1	4	2	1	3	3	2	2	2	2	3	1	4	1

응답자	16	17	18	19	20	21	22	23	24	25
자동차A	4	3	4	5	3	4	3	3	5	2
자동차B	3	1	3	4	1	2	3	4	2	3

14.28 병원에서는 간호사들의 근무를 1일 3교대로 실시하고 있다. 10명의 병원 환자 보호자들로부터 각 근무조에 대하여 서비스 만족도를 실시하였다. 응답은 4=우수, 3=양호, 2=보통, 1=불량이며, 조사결과는 다음과 같다. 유의수준 5%에서 조별 서비스 품질이 서로 다르다고 할 수 있겠는가?

1조	4	4	3	4	3	3	3	3	2	3
2조	3	4	2	2	3	4	3	3	2	3
3조	3	1	3	2	1	3	4	2	4	1

부록 A R 사용법

자료를 분석하기 위해서는 통계 패키지가 필수적으로 필요하다. 대표적인 통계 패키지로는 SAS, SPSS, Minitab, S-Plus 등이 있다. Excel 내에서도 우리는 '도구(T) → 데이터 분석(D)' 메뉴를 통하여 기초통계학 수준의 자료분석을 행할 수 있다. 그러나 이러한 통계 패키지들은 모두 상업용이기 때문에 사용자가 돈을 지불하고 구입해야 한다. 그러나 R은 공개용(GPL, General Public License) 통계적 분석도구로서 무료로 사용가능하다. R은 통계언어인 S 언어를 기반으로 하여 1995년 Auckland 대학의 Robert Gentleman과 Ross Ihaka에 의하여 만들어진 통계용 언어이다. R은 대화식 처리방식(interactive mode)을 따르기 때문에 R console이라는 창에서 프롬프트(>) 다음에 R 명령문을 입력하고 ENTER 키를 치면 명령문이 시행되어 결과가 그 다음 줄에 바로 나타나게 된다.

I R의 설치방법

R의 설치는 다음과 같은 순서로 행한다.

1. 인터넷에 접속하여 http://www.r-project.org로 이동한다.
2. 다음과 같은 화면이 뜨면 화면 왼쪽의 Download의 CRAN을 클릭한다.

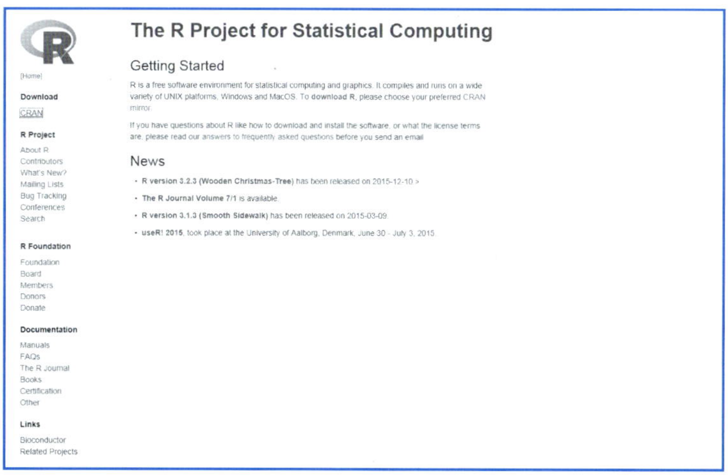

3. CRAN Mirrors에 각 나라별로 다운받을 수 있는 URL이 제시되어 있다. 이 중 어느 나라를 선택해도 무방하지만, 그중 Korea (http://cran.nexr.com/) 를 선택한다.
4. 다음과 같은 화면이 나오면 Frequently used pages 아래 첫 번째 상자 (Download and Install R) 안에서 Windows를 선택하여 클릭한다. R은 1년에 여러 번 버전이 갱신되는데 2015년 12월 28일 현재 R-3.2.3 (2015년 12월 10일 갱신) 이 가장 최근 버전이다.

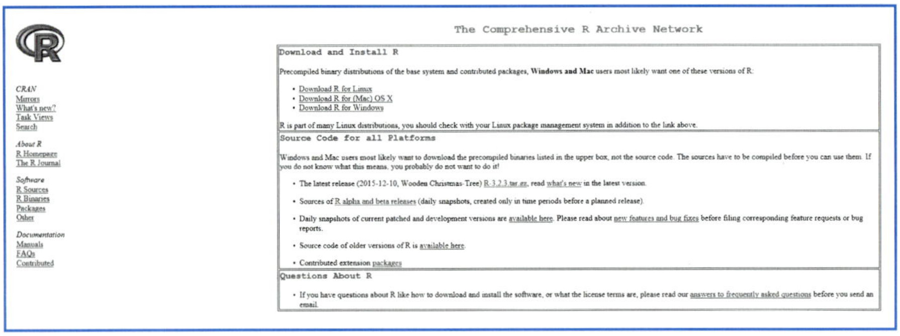

5. 다음과 같은 화면이 나오면 화면 오른쪽에서 base를 클릭한다.

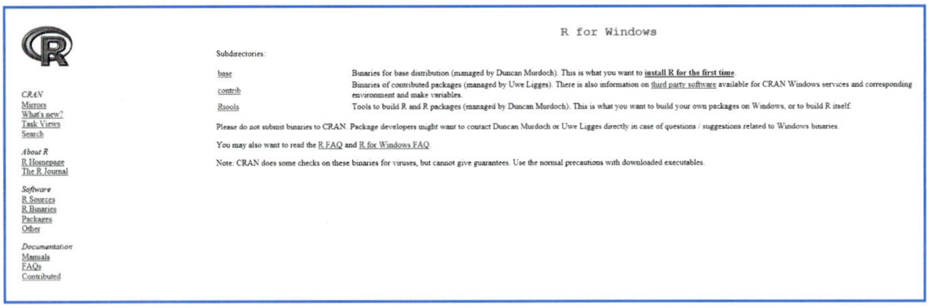

6. 다음과 같은 화면이 나오면 화면 오른쪽에서 R-3.2.3 버전의 실행파일 R-3.2.3 for Windows를 선택하여 클릭한다. 컴퓨터의 32/64 bit 여부는 R이 자동인지한다.

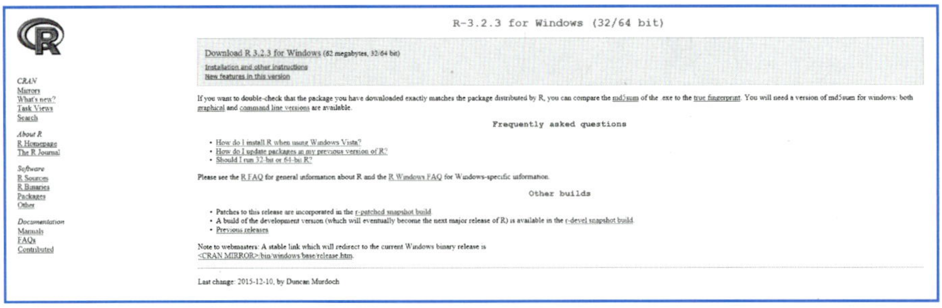

7. 다음과 같은 pop-up 화면이 나오면 '확인'을 클릭한다.

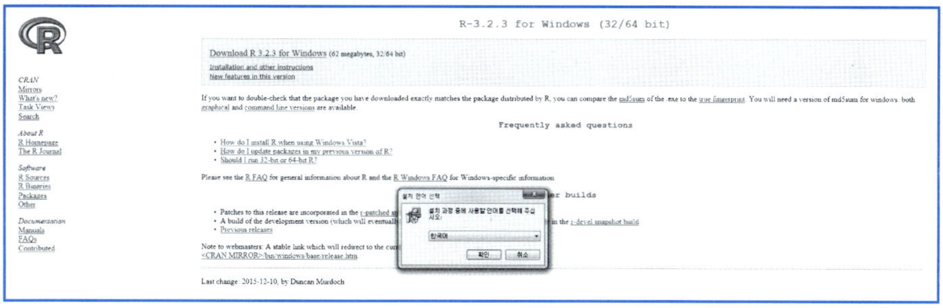

8. 다음과 같은 pop-up 화면이 나오면 '다음(N)'을 클릭한다. 저장할 경로를 바꾸는 등의 특별한 경우가 아니면 계속 '다음'을 클릭한다.

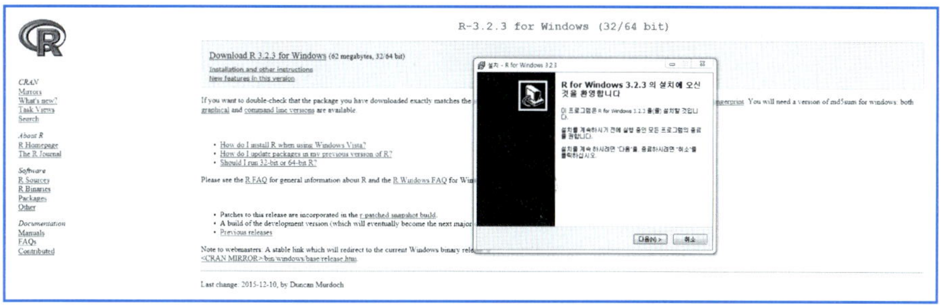

9. 마지막으로 '다음(N)'을 클릭하고 나면 R을 설치하게 된다. 파일의 압축을 푸는 데 몇 분이 소요되므로 압축이 풀릴 때까지 기다린다.
10. 다음과 같은 pop-up 화면이 나오면 '완료(F)'를 클릭한다.

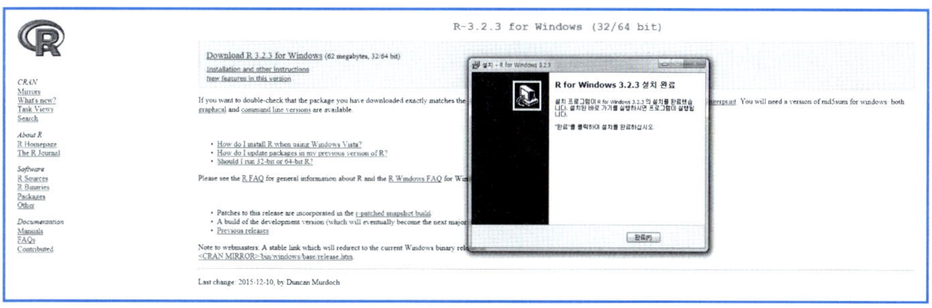

11. '완료(F)'를 클릭하고 나면 바탕화면에 다음과 같은 아이콘이 만들어져 있을 것이다. 드디어 설치가 완료된 것이다.

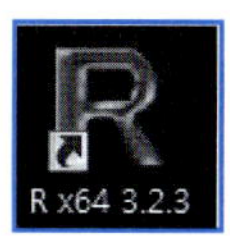

II R 시작하기와 종료하기

- **R 시작하기** R 아이콘에 커서를 올려놓고 마우스의 왼쪽 버튼을 두 번 클릭하여 Rconsole을 열면 다음과 같은 R console 초기화면에서 프롬프트(>)가 R 명령문이 입력되기를 기다리고 있다. R console 초기화면을 확대하고 싶으면 R console 초기화면 오른쪽 상단의 '화면최대화'를 클릭하여 화면을 최대화시킨다. R console 초기화면에서 R에 대한 설명부분을 없애려면 R console상단의 메뉴바에서 '편집>콘솔지우기'를 선택하면 된다.

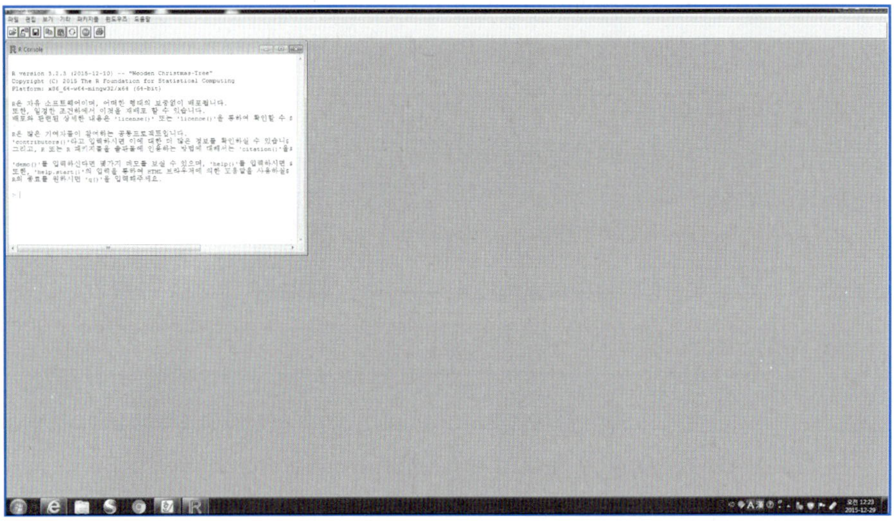

- 모르는 명령어(예로, MAD(Median Absolute Deviation)에 대하여 알고 싶으면 R의 console에서 >?mad 한 후 ENTER 키를 치거나 >help("mad") 한 후 ENTER 키를 치면 다음과 같이 MAD에 대한 설명과 사용 예가 있는 help화면(http://127.0.0.1:31585/library/stats/html/mad.html)이 나온다. 또 다른 방법으로는 R console 상단의 메뉴바에서 '도움>R의 함수들(텍스트)'를 누르면 pop-up menu가 나오는데 'mad'를 친 후 OK를 누르면 MAD에 대한 설명과 사용 예가 있는 pop-up menu가 나온다.
- **R 종료하기** R을 종료하려면 R console에서 >q()를 한 후 ENTER 키를 치거나 Rconsole의 오른쪽 상단에 있는 종료 표시를 누르거나 R console상단의 메뉴바에서 '파일>종료'를 누르면 된다. 그러면 pop-up menu가 나와 'workspace(imaga)를 보존하시겠습니까?'라는 질문이 나오는데, R console상에서 작업한 내용을 보존하고 싶으면 '예'를 누르면 되고 보존하고 싶지 않으면 '아니오'를 누르면 된다. 작업한 내용을 보존하면 다시 R을 불렀을 때 그전에 작업하던 내용을 그대로 사용할 수 있다. R에서는 사용자가 정의한 객체를 메모리에 임시 보관하는데, 이 메모리 영역을 작업공간(workspace)이라고 한다.

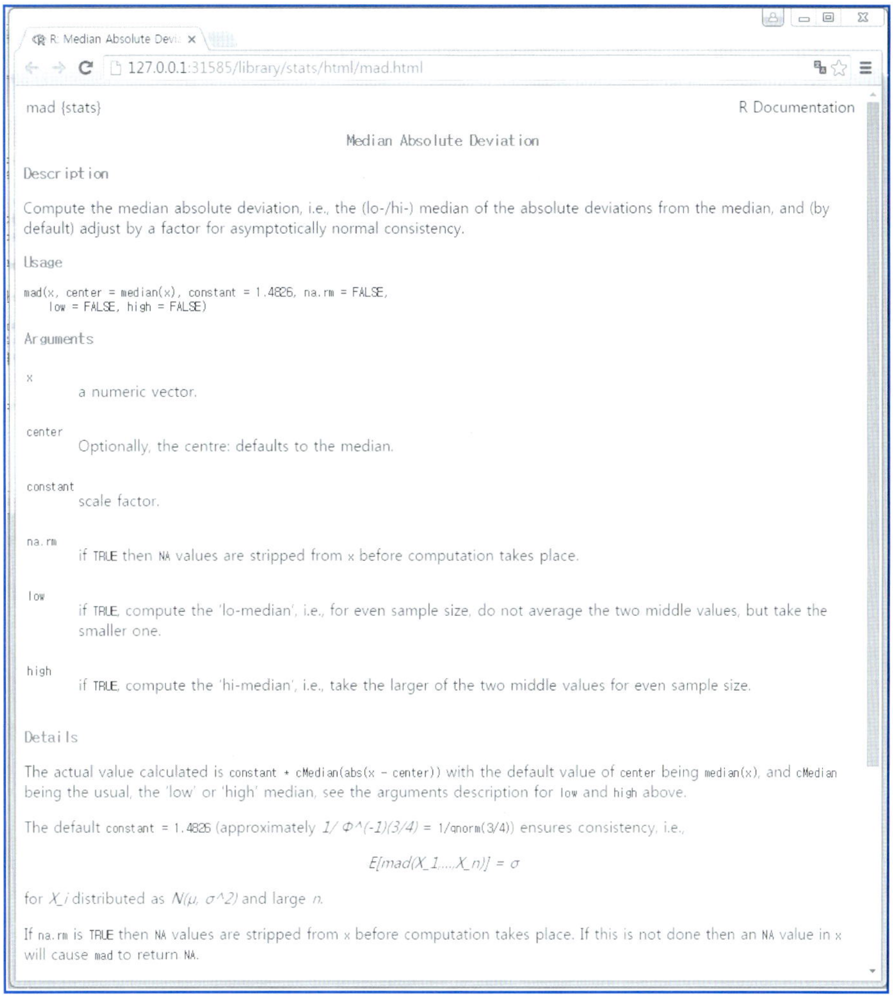

R: Median Absolute Devi...

127.0.0.1:31585/library/stats/html/mad.html

mad {stats} R Documentation

Median Absolute Deviation

Description

Compute the median absolute deviation, i.e., the (lo-/hi-) median of the absolute deviations from the median, and (by default) adjust by a factor for asymptotically normal consistency.

Usage

```
mad(x, center = median(x), constant = 1.4826, na.rm = FALSE,
    low = FALSE, high = FALSE)
```

Arguments

x
a numeric vector.

center
Optionally, the centre: defaults to the median.

constant
scale factor.

na.rm
if TRUE then NA values are stripped from x before computation takes place.

low
if TRUE, compute the 'lo-median', i.e., for even sample size, do not average the two middle values, but take the smaller one.

high
if TRUE, compute the 'hi-median', i.e., take the larger of the two middle values for even sample size.

Details

The actual value calculated is constant * cMedian(abs(x - center)) with the default value of center being median(x), and cMedian being the usual, the 'low' or 'high' median, see the arguments description for low and high above.

The default constant = 1.4826 (approximately *1/ Φ^(-1)(3/4)* = 1/qnorm(3/4)) ensures consistency, i.e.,

E[mad(X_1,...,X_n)] = σ

for *X_i* distributed as *N(μ, σ^2)* and large *n*.

If na.rm is TRUE then NA values are stripped from x before computation takes place. If this is not done then an NA value in x will cause mad to return NA.

Ⅲ 메뉴바와 단축키

III.1 메뉴바

- R console의 상단에 보면 다음과 같은 메뉴바가 있다. 메뉴바에는 '파일', '편집', '기타', '패키지', '윈도우즈', '도움' 6가지 메뉴가 있다. 각 메뉴에는 메뉴에 딸린 부메뉴가 있다. 메뉴에 커서를 가져다 놓고 마우스의 왼쪽 버튼을 누르면 부메뉴가 pop-up menu로 나타난다. 각 메뉴를 간략하게 설명하면 다음 표와 같다.

메뉴	부메뉴	기능	비고
파일	R코드의 소스	소스파일을 선택함, 외부파일에 입력된 명령문들이 차례로 실행	source 함수와 같은 기능
	새 스크립트	R editor가 열리고 프로그램을 작성하고 편집할 수 있음, 프로그램 작성 후 R file(확장자: *.R)로 저장(Save script as), S file(S 언어의 확장자: *.q, *.ssc, *.s)이나 다른 확장자로 된 외부파일로도 저장이 가능함	
	스크립트 열기	*.R로 저장된 파일 R file이 R editor에 열림(Open script), S file이나 다른 확장자로 된 외부파일도 열 수 있음, 프로그램을 편집할 수 있음	도구모음 중 '스크립트(script)를 열기'와 같은 기능
	파일들(을) 표시	외부파일을 열어볼 수 있음(R, S file, *.txt file, 모든 파일), 프로그램을 볼 수는 있으나 수정은 불가능함	
	작업공간 불러오기	저장되었던 과거의 작업공간(확장자: *.RData)을 불러옴	도구모음 중 '이미지 불러오기'와 같은 기능
	작업공간 저장하기	작업공간의 내용(R images)을 저장함(확장자: *.RData)	도구모음 중 '이미지의 보존'과 같은 기능
	작업기록 불러오기	저장되었던 이력(history, 명령문들의 과거목록)을 불러옴	
	작업기록 저장	이력(history, 명령문들의 과거목록)을 저장함	
	작업 디렉토리 변경	작업 디렉토리의 변경	
	인쇄하기	console에 있는 내용을 프린터로 출력함	도구모음 중 '인쇄'와 같은 기능
	파일에 저장	console에 있는 내용을 저장함(확장자: *.txt), 어떤 확장자도 가능함	
	종료	R을 종료함	q() 함수와 같은 기능
편집	복사하기	console에 있는 내용을 일부 복사함	도구모음 중 '복사'와 같은 기능
	붙여넣기	console에 있는 내용을 일부 복사한 것을 붙여 넣음	도구모음 중 '붙여넣기'와 같은 기능
	명령어만 붙여넣기	console에 있는 내용을 일부 복사한 것 중 명령어만 붙여 넣음	
	복사 후 붙여넣기	console에 있는 내용을 일부 복사하고 붙여 넣음	도구모음 중 '복사 그리고 붙여넣기'와 같은 기능
	모두 선택하기	console에 있는 내용을 전부 선택함	

메뉴	부메뉴	기능	비고
편집	콘솔 지우기	R의 초기화면에서 R에 대한 설명부분을 삭제함	
	데이터 편집기	자료를 편집하기 위하여 R editor를 염	
	GUI 설정	GUI 구성 에디터를 통하여 화면을 재구성함	
보기	툴바	툴바(화면상단)를 나타냄	
	상태바	상태바(화면 하단)를 나타냄	
기타	현재 수행중인 계산을 중단	현재의 계산을 계산 도중 중단시킴	도구모음 중 '현재의 계산을 중단'과 같은 기능
	모든 계산을 중단	모든 계산을 중단시킴	
	버퍼된 출력		
	단어 완성		
	파일명 완성		
	객체들을 나열	객체를 조회함	ls() 함수와 같은 기능
	모든 객체들을 삭제	모든 객체를 삭제함	rm(list=ls(all=TRUE)) 함수와 같은 기능
	검색 경로를 나열	현재 사용할 수 있는 객체들의 지원을 조회함	search() 함수와 같은 기능
패키지들	패키지 불러오기	패키지를 불러옴	
	CRAN 미러 설정	CRAN 미러 사이트를 설정함	chooseCRANmirror()
	저장소 선택	다운로드 사이트를 선택함	
	패키지를 설치	package를 설치함(install)	install.package() 함수와 같은 기능
	패키지 업데이트	package를 갱신함(update)	
	로컬에 있는 zip 파일들로부터 패키지(들) 설치	zip파일을 설치함(install)	
윈도우즈	계단식 패턴	R 창의 계단식 배열	
	창을 가로로 배열		
	창을 세로로 배열		
	아이콘 배열		
도움말	콘솔	스크롤링, 커서이동, 이력, 삭제, 복사, 붙여넣기 등에 대한 특수기능 키에 대한 설명	
	R에 대한 FAQ	R에 대한 질문(Frequently Asked Questions (and answers))	C:\Program Files\R\R-2.4.1\doc\manual\R-FAQ. html

메뉴	부메뉴	기능	비고
도움말	R에 대한 FAQ (windows 버전)	윈도우판 R에 대한 질문	
	PDF 매뉴얼	R의 소개, 자료 입/출력, R 언어의 정의 등의 메뉴얼	
	R의 함수들(텍스트)	함수에 대한 설명과 사용 예	help() 함수와 같은 기능
	Html 도움말	R에 대한 매뉴얼, 참고문헌, 기타 문헌	C:\Program Files\R\R-2.4.1\doc\html\index.html
	도움말 검색	pop-up menu(도움말 검색)	
	search.r-project.org	단어를 통한 R 사이트탐색	http://search.r-project.org
	객체 검색	부분이름이 들어가는 객체를 찾기	apropos 함수와 같은 기능
	R 프로젝트 홈페이지	http://www.r-project.org/	
	CRAN 홈페이지	http://www.r-project.org/	
	R에 대해서	버전에 대한 간단한 정보	

- R에서의 객체 (object) 에는 내장함수 객체, 데이터 객체, 사용자 정의 변수 객체, 사용자 정의 함수 객체가 있다. 즉, R에서는 객체라는 단위를 중심으로 작업이 수행된다.
- 패키지 (package) 란 특정 목적을 위하여 만들어진 데이터 객체나 함수 객체들의 집합을 가리킨다. 특정 패키지를 불러오면 그 패키지에 딸려 있는 데이터들도 같이 불려 나온다. 이 데이터들의 목록을 보려면 data() 함수를 사용하면 된다. 예로 >install.packages("UsingR")을 치거나 메뉴판 '패키지>package(s) 인스톨'을 선택한 후 나타나는 pop-up menu에서 'UsingR'을 선택하여 보자. >data() 한 후 ENTER 키를 누르면 'UsingR'에 딸린 데이터 목록을 보여 주는 pop-up 창 (R data sets) 이 나타난다. 그중 >aids를 치면 관측값이 570개이고 6개의 변수 (year, quarter, delay, dud, time, y) 를 갖는 AIDS 자료를 확인할 수 있다.

III.2 도구모음

아이콘	메뉴	같은 기능(메뉴 바)
	스크립트(script)를 열기	'파일>스크립트를... 열다'
	이미지의 불러오기	'파일>workspace의 로드'
	이미지의 보존	'파일>workspace의 저장'
	복사	'편집>복사'
	붙여넣기	'편집>붙여넣기'
	복사 그리고 붙여넣기	'편집>복사 그리고 붙여넣기'
	현재의 계산을 중단	'기타>현재의 계산을 중단'
	인쇄	'파일>인쇄'

III.3 단축키

단축키		기능
→	Ctrl+F	한 문자씩 앞으로 이동
←	Ctrl+B	한 문자씩 뒤로 이동
Home	Ctrl+A	맨 처음 라인으로 이동
End	Ctrl+E	맨 마지막 라인으로 이동
Del	Ctrl+D	현재 사용하고 있는 문자를 지움
Backspace		우선순위문자를 지움
Ctrl+Del	Ctrl+K	현재 사용하고 있는 문자 라인 끝까지 지움
Ctrl+U		현재 라인의 모든 문자를 지움
Ctrl+L		console 전부를 지움
↑	Ctrl+P	이력에서 바로 이전 명령을 불러냄
↓	Ctrl+N	이력의 현 위치에서 앞으로 이동

Ⅳ 자료의 입출력과 연산

IV.1 계산기로서의 R

- R은 대화식 처리방식 언어이기 때문에 계산기로서의 기능이 있다.
- 다음은 몇 가지 사칙연산의 예를 보인 것이다. #은 주석문(comment statement)으로 # 뒤에 나오는 명령어는 수행되지 않는다.

```
1+2
```

```
[1] 3
> # 거듭제곱
> 2^5; 2**5
[1] 32
[1] 32
> (3-1)^2/(-3)
[1] -1.333333
> (1/2+1/3)*6
[1] 5
```

- 각종 내장함수들(초월함수나 수학함수들)을 이용할 수 있다.

```
> # 원주율(파이)
> pi
[1] 3.141593
> # 삼각함수
> sin(pi/6)
[1] 0.5
> cos(pi/6)
[1] 0.8660254
> tan(pi/6)
[1] 0.5773503
> # 지수함수
> exp(1)          # 오일러의 수 e
[1] 2.718282
> # 대수(로그)함수
> log(exp(1))     # 자연대수
[1] 1
> log10(3)        # 상용대수
[1] 0.4771213
> # 제곱근
> sqrt(2)
[1] 1.414214
> # 절대값
> abs(-7)
[1] 7
> # 올림함수
> ceiling(3.3); ceiling(3.7)
[1] 4
[1] 4
> # 버림함수
> floor(3.3); floor(3.7)
[1] 3
[1] 3
> trunc(3.3); trunc(3.7)
[1] 3
[1] 3
```

```
> # 반올림함수
> round(3.3); round(3.7)
[1] 3
[1] 4
> # 부호함수
> sign(5); sign(-5)
[1]  1
[1] -1
```

- R에서 잘못된 명령어가 입력되면 오류(error)나 경고(warning message)가 나타난다. 오류인 경우는 결과가 나오지 않고 경고는 잘못된 결과가 나올 수 있다. 첫 번째 명령어에 대한 경고에서 NaN이란 'Not a Number'를 의미한다. 마지막 명령어는 ')'가 빠졌으므로 프롬프트 '>'가 연결프롬프트 '+'로 바뀌어 ')'의 입력을 기다린다. ')'를 입력하고 ENTER 키를 치면 정상적인 결과를 출력한다. 이 연결프롬프트 '+'는 명령문이 완성될 때까지 계속 나오므로 문제가 무엇인지 모를 경우 ESC 키를 눌러 명령문의 실행을 취소하면 된다.

```
> sqrt(-1)
[1] NaN
Warning message:
NANs가 작성되었습니다 in: sqrt(-1)
> Sin(pi/3)
에러:함수 "Sin"를 검색해낼수가 없었습니다
> sin pi/3
에러:syntax error in "sin pi"
> sine(pi/3)
에러:함수 "sine"를 검색해낼수가 없었습니다
> sin(pi/3
+ )
[1] 0.8660254
```

- R에서 객체(object)의 할당(assignment)은 할당연산자인 '=', ' ->' 또는 '<-'를 사용한다. x=3의 의미는 x가 3과 같다는 뜻이 아니라 숫자 3을 x라는 객체에 할당한다(담는다, 저장한다)는 뜻이다. 객체를 명명할 때 영어알파벳 소문자 a~z, 대문자 A~Z, 한글, 숫자 0~9, '.', '_'의 조합으로 구성되어야 하고 이름의 첫 글자에 숫자나 '_'이 나올 수 없다. 또한 예약어(reserved word)는 이름으로서 사용할 수 없다. 예로 c, pi, exp, if, for 등은 예약어이므로 객체의 이름으로 사용하면 예약어의 의미를 상실하므로 사용하면 안 된다. 객체 이름은 영어알파벳 대소문자를 구별하고 길이가 256자까지 가능하다.

```
> x=3
> y<-5
> x
```

```
[1] 3
> y
[1] 5
> 2*x+3*y->z
> z
[1] 21
> p.값=0.03
> p.값
[1] 0.03
> marble.number1=100
> marble.number1
[1] 100
> marble_number2=50
> marble_number2
[1] 50
> yellow.marble=10
> yellow.marble
[1] 10
> pi
[1] 3.141593
> # 예약어 pi(원주율)을 객체 이름으로 사용하여 숫자 7로 바꿈
> pi=7
> pi
[1] 7
> # pi라는 객체를 제거하라(remove)
> rm(pi)
> # 원래의 원주율로 돌아옴
> pi
[1] 3.141593
```

- ls 함수는 객체를 조회하는 함수이다. ls 함수에서 pattern 인수를 사용하면 인수값을 포함하는 이름의 객체를 조회한다. rm이나 remove는 특정 객체를 삭제하라는 명령어이고 rm(list=ls())는 작업공간 (workspace) 의 모든 객체를 삭제한다.

```
> # ls, objects: 객체를 조회하는 함수
> ls()
[1] "marble.number1" "marble_number2" "p.값" "x" "y" "yellow.marble" "z"
> objects()
[1] "marble.number1" "marble_number2" "p.값" "x" "y" "yellow.marble" "z"
> # pattern 인수를 사용하면 인수값을 포함하는 이름의 객체를 조회한다.
> ls(pat="marble")
[1] "marble.number1" "marble_number2" "yellow.marble"
> # rm, remove: 특정 객체를 제거하라
> rm(x)
> ls()
[1] "marble.number1" "marble_number2" "p.값" "y" "yellow.marble" "z"
```

```
> # 모든 객체를 제거하라
> rm(list=ls())
> ls()
character(0)
```

IV.2 자료객체의 입출력과 연산

- R에서 취급하는 자료를 R에서는 자료객체(data object)라고 한다. 자료객체에는 벡터(vector), 행렬(matrix), 배열(array), 리스트(list), 데이터프레임(data frame), 범주형 자료(factor), 시계열 자료(time series) 총 7종류가 있다. R에서 취급하는 자료객체의 기본은 벡터이다.
- R의 형(mode)이란 최소단위 값의 형태를 나타낸다. R의 형에는 수치형(numeric), 문자형(character), 논리형(logical), 복소수형(complex)의 4개가 있다.

```
> # R의 기본형
> # 수치형
> pi
[1] 3.141593
> mode(pi)
[1] "numeric"
> sqrt(2)
[1] 1.414214
> mode(sqrt(2))
[1] "numeric"
> # 문자형
> mode("홍길동")
[1] "character"
> # 논리형
> 1<2
[1] TRUE
> mode(1<2)
[1] "logical"
> mode(T); mode(TRUE)
[1] "logical"
[1] "logical"
> mode(F); mode(FALSE)
[1] "logical"
[1] "logical"
> # 복소수형
> 2+3i
[1] 2+3i
> mode(2+3i)
[1] "complex"
```

- 형을 검증하는 함수는 is.~이고 형을 변환하는 함수는 as.~이다. '~'에는 형이 들어간다.

```
> # 형의 검증
> is.numeric(pi)
[1] TRUE
> # 수치형 정수이냐?
> is.integer(pi)
[1] FALSE
> # 수치형 복소수이냐?
> is.complex(pi)
[1] FALSE
> # 수치형 실수이냐?
> is.double(pi)
[1] TRUE
> is.character("대조영")
[1] TRUE
> is.logical(T)
[1] TRUE
> # 형의 변환
> as.numeric("3.14")
[1] 3.14
> as.integer(pi)
[1] 3
> as.character(pi)
[1] "3.14159265358979"
> as.logical(1)
[1] TRUE
> as.complex(1)
[1] 1+0i
```

- R이 취급하는 특수한 형태의 값으로 NULL (정의되지 않은 값), NA (Not Available, 결측값), NaN (Not a Number, 수학적으로 정의되지 않는 값), Inf (양의 무한대), -Inf (음의 무한대)이 있다.

```
> # 특수한 형태의 값
> sqrt(-5)
[1] NaN
Warning message:
NANs가 작성되었습니다 in: sqrt(-5)
> 1/0
[1] Inf
> log(0)
[1] -Inf
```

Ⅳ.2.1 벡터

- 자료를 입력하는 방법은 각각의 자료(원소)를 하나로 묶어 하나의 벡터로 간주하고

c (combine) 함수를 이용하여 입력한다. : 연산자와 seq 함수는 순서값 (sequence) 을 생성하는 연산자와 함수이다. 차이점은 : 연산자는 공차가 1이거나 −1인 수열을 만들지만, seq 함수는 by를 이용하여 임의의 공차를 지정할 수 있다. rep 함수는 같은 값을 반복할 때 사용한다.

```
> p=c(1,2,3,4,5)
> p
[1] 1 2 3 4 5
> u=c("빨강", "파랑", "노랑")
> u
[1] "빨강""파랑""노랑"
> x=c(1,2,3,c(3,2,1),4,5,6)
> x
[1] 1 2 3 3 2 1 4 5 6
> y=seq(15)
> y
[1] 1 2 3 4 5 6 7 8 9 10 11 12 13 14 15
> z=c(1:15)
> z
[1] 1 2 3 4 5 6 7 8 9 10 11 12 13 14 15
> q=seq(-3,3,by=0.5)
> q
[1] -3.0 -2.5 -2.0 -1.5 -1.0 -0.5 0.0 0.5 1.0 1.5 2.0 2.5 3.0
> r=rep(1,10)
> r
[1] 1 1 1 1 1 1 1 1 1 1
> s=rep(seq(-5,5,by=2),2)
> s
[1] -5 -3 -1 1 3 5 -5 -3 -1 1 3 5
> x1=c(1,2,3,4,5)
> x1
[1] 1 2 3 4 5
> y1=rep(6,3)
> y1
[1] 6 6 6
> xy=c(x1,y1)
> xy
[1] 1 2 3 4 5 6 6 6
> -5:5
[1] -5 -4 -3 -2 -1 0 1 2 3 4 5
> 5:-5
[1] 5 4 3 2 1 0 -1 -2 -3 -4 -5
> 1.5:5
[1] 1.5 2.5 3.5 4.5
> 0:pi
[1] 0 1 2 3
> -pi:pi
[1] -3.1415927 -2.1415927 -1.1415927 -0.1415927 0.8584073 1.8584073 2.8584073
```

```
> seq(from=4, to=5, by=0.2)
[1] 4.0 4.2 4.4 4.6 4.8 5.0
> seq(from=4, to=5, length=6)
[1] 4.0 4.2 4.4 4.6 4.8 5.0
```

- 자료를 입력하는 또 다른 방법은 scan 함수를 이용하는 방법이다. scan 함수는 콘솔(console)이나 외부파일로부터 자료를 읽어 벡터나 리스트를 만드는 함수이다. 콘솔에서 직접 입력할 경우(R의 작업공간에서 직접 입력할 경우) ENTER 키를 두 번 누를 때까지 값을 읽어 벡터나 리스트를 생성한다.

```
> data.1=scan()
1:    1    2    3    4    5
6:    6    7    8    9    10
11:
Read 10 items
> data.1
[1]    1    2    3    4    5    6    7    8    9    10
> alphabet=scan(what="")
1: A B C
4: D E F
7:
Read 6 items
> alphabet
[1]  "A"   "B"   "C"   "D"   "E"   "F"
```

- 외부파일을 통하여 자료를 입력하는 방법은 scan 함수를 이용한다. 여자 대학생 16명의 몸무게 자료가 'c:/work/weight.txt'에 다음과 같은 형태로 저장되어 있다고 하자.

48 51 50 55 58 49 46 70 40 55 50 51 52 50 48 50

우리는 다음과 같이 scan 함수를 이용하여 자료를 입력할 수 있다.

```
> female.weight=scan(file="c:₩₩work₩₩weight.txt")
Read 16 items
> female.weight
[1] 48 51 50 55 58 49 46 70 40 55 50 51 52 50 48 50
```

다음과 같이 해도 같은 결과가 된다.

```
> female.weight=scan(file="c:/work/weight.txt")
Read 16 items
> female.weight
[1] 48 51 50 55 58 49 46 70 40 55 50 51 52 50 48 50
```

- 데이터의 입력이 완료된 후 데이터가 잘못 입력된 것을 알아 수정하고 싶을 때 data.entry()를 이용할 수 있다. 객체 x에 5개의 자료가 1, 2, 3, 4, 5로 입력되어야 하는데 x에 1, 2, 3, 4, 500이 입력되었다고 하자. 프롬프트 다음에 data.entry(x)를 친 후 ENTER 키를 누르면 다음과 같은 자료 에디터 (data editor) 가 나온다. 이 자료 에디터에서 커서를 5번째 줄 자료 500에 가져다 놓고 마우스 왼쪽 버튼을 눌러 선택한 후 500을 5로 수정한다. 그 후 자료 에디터를 닫은 후 x를 다시 불러 보면 다섯 번째 자료 500이 5로 바뀐 것을 확인할 수 있다.

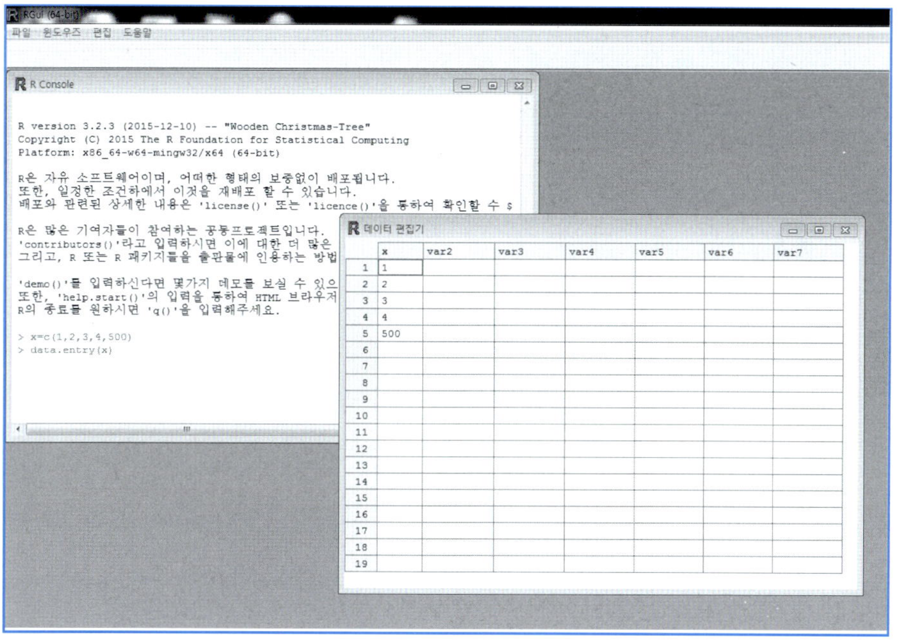

- 또 다른 방법으로는 R editor를 이용하는 방법이 있다. R의 console상단 메뉴바에서 '편집>데이터 편집기'를 선택하면 다음과 같은 화면이 나타난다.

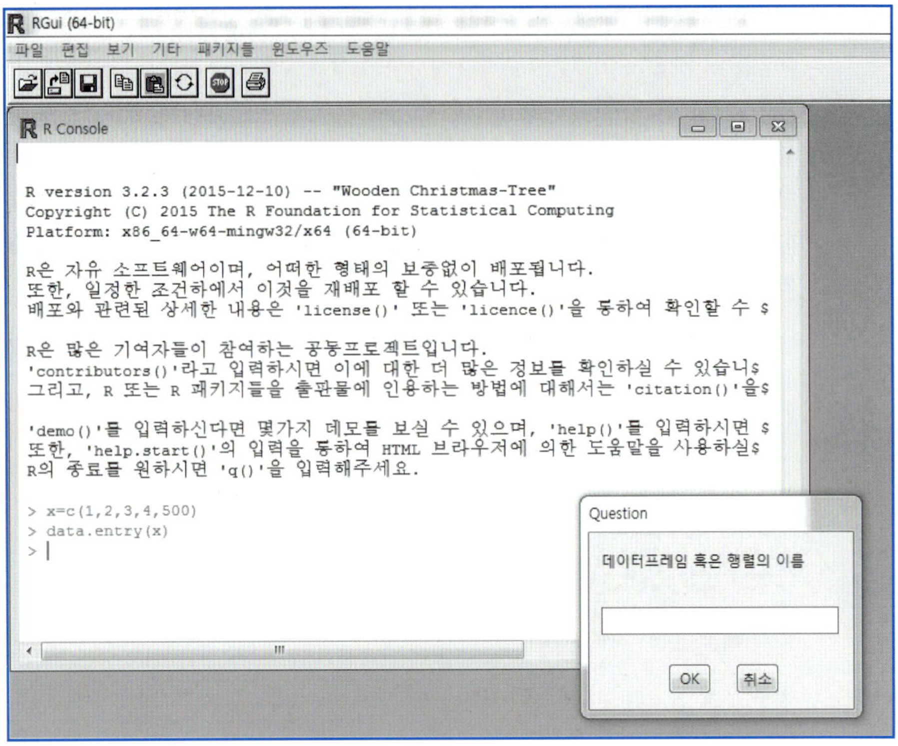

팝업 화면 'Question'에서 x를 친 후 OK를 누르면 다음과 같이 R editor가 나타난다.

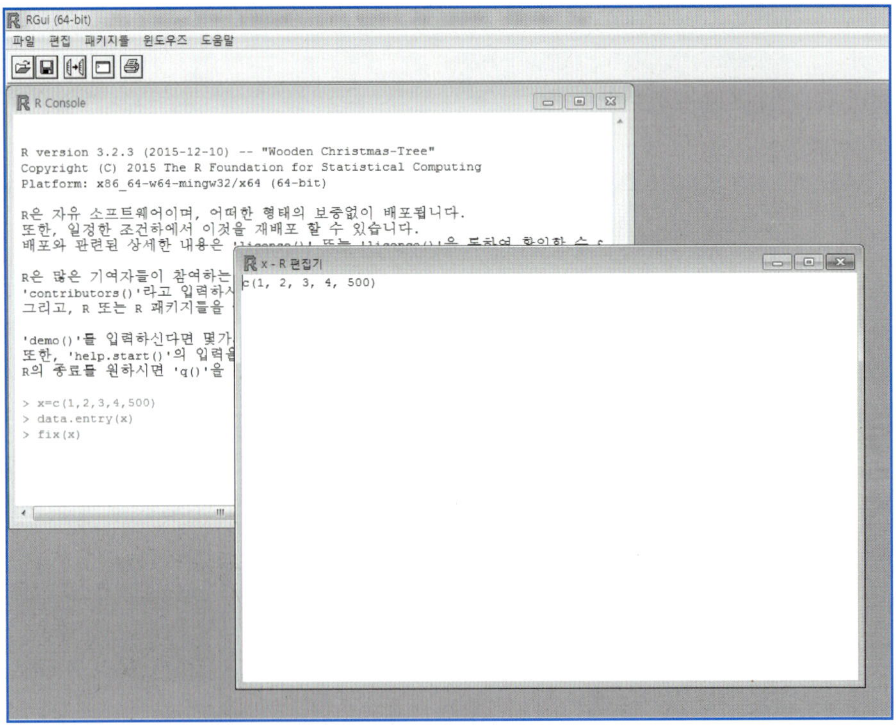

이 R editor에서 자료 500을 5로 수정한 후 R editor를 닫으면 다음과 같은 질문이 나온다. '예(Y)'를 누른 후 x를 다시 불러 보면 다섯 번째 자료 500이 5로 바뀐 것을 확인할 수 있다.

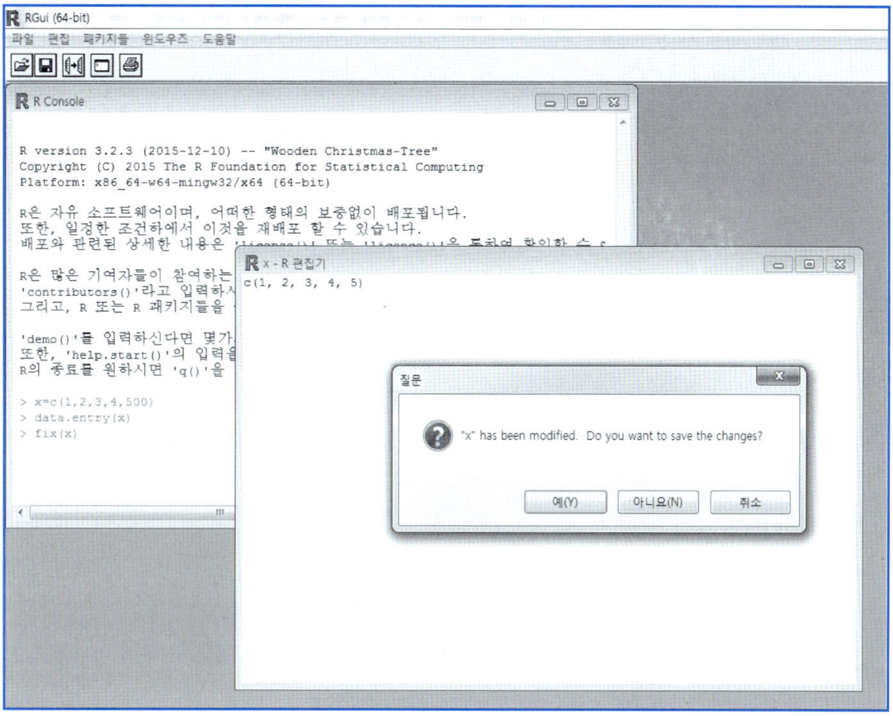

- fix 함수를 바로 이용해도 R editor를 사용할 수 있다. 콘솔 상에서 다음과 같은 fix 함수를 부른 후 ENTER 키를 누르면 R editor가 나타난다. 그 후 작업은 위의 과정과 같다.

```
> x=c(1,2,3,4,500)
> fix(x)
```

- 벡터의 원소를 추출하여 부분집합을 만드는 방법으로서 부분집합(subset) 연산자 '[]'를 사용한다. '[]' 안에 추출하려는 원소의 인덱스를 지정한다. x의 출력에서 [1]은 확률변수값 1.2131133이 첫 번째 자료라는 뜻이고 [7]은 확률변수값 −0.1145906이 7번째 자료라는 뜻이다.

```
> # 벡터의 색인
> # 표준정규분포 N(0,1)에서 10개의 확률변수를 생성하기
> x=rnorm(10)
> x
[1]   1.2131133  0.4716810 1.1596970  0.1451924 0.3771409 -0.1303135
[7] -0.1145906 -0.4612863 1.0329945 -0.2241868
> # 생성된 10개의 확률변수 중 첫 번째 원소만 제외하고 추출하기
```

```
> x[-1]
[1] 0.4716810 1.1596970 0.1451924 0.3771409 -0.1303135 -0.1145906 -0.4612863
[8] 1.0329945 -0.2241868
> # 생성된 10개의 확률변수 중 첫 번째와 다섯 번째 원소만 추출하기
> x[c(1,5)]
[1] 1.2131133 0.3771409
> # 생성된 10개의 확률변수 중 첫 번째와 다섯 번째 원소만 제외하고 추출하기
> x[-c(1,5)]
[1] 0.4716810 1.1596970 0.1451924 -0.1303135 -0.1145906 -0.4612863
1.0329945
[8] -0.2241868
> # 10개의 확률변수 중 양수만 골라내기
> pos.x=x>0
> pos.x
[1] TRUE TRUE TRUE TRUE TRUE FALSE FALSE FALSE TRUE FALSE
> x[pos.x]
[1] 1.2131133 0.4716810 1.1596970 0.1451924 0.3771409 1.0329945
> x[x>0]
[1] 1.2131133 0.4716810 1.1596970 0.1451924 0.3771409 1.0329945
> # 10개의 확률변수 중 음수만 골라내기
> x[x<0]
[1] -0.1303135 -0.1145906 -0.4612863 -0.2241868
> # # 10개의 확률변수 모두 절대값 취하기
> x[x<0]=-x[x<0]
> x
[1] 1.2131133 0.4716810 1.1596970 0.1451924 0.3771409 0.1303135 0.1145906
[8] 0.4612863 1.0329945 0.2241868
```

- 다음의 p는 원소를 3개 갖는 벡터이고 q는 원소의 개수가 2개인 벡터이므로 2*p+q+1을 계산하는 것이 불가능하나 R에서는 경고를 출력하면서 q의 원소를 3개로 맞추어 q=[5, 3, 5]로 만들고 r을 계산하므로 벡터를 연산할 때 조심해야 한다.

```
> # 기본 연산
> p=c(1,2,3)
> p
[1] 1 2 3
> q=c(5,3)
> q
[1] 5 3
> r=2*p+q+1
Warning message:
긴 오브젝트의 길이는
짧은 오브젝트의 길이의 배수가 되지않습니다 in: 2 * p + q
> r
[1] 8 8 12
```

Ⅳ.2.2 행렬과 배열

- 행렬은 동일한 형을 갖고 있고 행(row)과 열(column)로 구성되어 있는 2차원 자료객체이다. 행렬을 정의하는 속성(attributes)에는 형(mode), 길이(length), 차원(dim), 차원의 이름(dimnames)이 있다.
- 행렬

$$X=\begin{pmatrix}1 & 2 & 1\\ 3 & -1 & -3\\ 2 & 3 & 1\end{pmatrix}$$

을 입력하는 방법에는 여러 가지가 있다. 첫 번째 방법은 벡터를 행이나 열로 만든 후 묶는 방법이다. 행렬의 각 행을 입력하고 각 행들을 묶는(rbind) 방법과 행렬의 각 열을 입력하고 각 열들을 묶는(cbind) 방법이 있다.

```
> # 행렬의 생성
> # 행렬의 각 행을 입력하고 각 행들을 묶기(rbind)
> r1=c(1, 2, 1)
> r2=c(3, -1, -3)
> r3=c(2, 3, 1)
> X=rbind(r1, r2, r3)
> X
    [,1] [,2] [,3]
r1    1    2    1
r2    3   -1   -3
r3    2    3    1
> # 행렬의 생성
> # 행렬의 각 열을 입력하고 각 열들을 묶기(cbind)
> c1=c(1, 3, 2)
> c2=c(2, -1, 3)
> c3=c(1, -3, 1)
> X=cbind(c1, c2, c3)
> X
     c1 c2 c3
[1,]  1  2  1
[2,]  3 -1 -3
[3,]  2  3  1
```

- 행렬을 입력하는 두 번째 방법은 c 함수와 matrix 함수를 이용하는 방법이다. matrix 함수에서는 벡터를 행렬에 채울 때 열우선으로 채운다. 행우선으로 채우려면 byrow 인수를 TRUE로 지정하면 된다. nrow 인수는 행 차원(행의 개수), ncol 인수는 열 차원(열의 개수)이다.

```
> # 행렬의 생성
> X=matrix(c(1, 3, 2, 2, -1, 3, 1, -3, 1), nrow=3)
```

```
> X
     [,1]  [,2]  [,3]
[1,]   1     2     1
[2,]   3    -1    -3
[3,]   2     3     1
> X=matrix(c(1, 3, 2, 2, -1, 3, 1, -3, 1), ncol=3)
> X
     [,1]  [,2]  [,3]
[1,]   1     2     1
[2,]   3    -1    -3
[3,]   2     3     1
> X=matrix(c(1, 2, 1, 3, -1, -3, 2, 3, 1), nrow=3, byrow=T)
> X
     [,1]  [,2]  [,3]
[1,]   1     2     1
[2,]   3    -1    -3
[3,]   2     3     1
> X=matrix(c(1, 2, 1, 3, -1, -3, 2, 3, 1), ncol=3, byrow=T)
> X
     [,1]  [,2]  [,3]
[1,]   1     2     1
[2,]   3    -1    -3
[3,]   2     3     1
```

- 행렬을 입력하는 세 번째 방법은 dim 함수(행렬의 행과 열의 차원을 선언하는 함수)를 이용하는 방법이다.

```
# 행렬의 생성
> X=c(1, 3, 2, 2, -1, 3, 1, -3, 1)
> dim(X)=c(3,3)
> X
     [,1]  [,2]  [,3]
[1,]   1     2     1
[2,]   3    -1    -3
[3,]   2     3     1
```

- 행렬이 외부파일 'c:/work/mat1.txt'에 다음과 같이 저장되어 있을 때

$$
\begin{matrix} 1 & 2 & 1 \\ 3 & -1 & -3 \\ 2 & 3 & 1 \end{matrix}
$$

다음과 같이 scan 함수와 matrix 함수를 이용하여 외부파일에 있는 행렬을 읽을 수 있다. 여기서 주의해야 할 사항은 matrix 함수에서는 벡터를 행렬에 채울 때 열 우선으로 채우므로 행우선으로 채우려면 byrow 인수를 TRUE로 지정해야 한다는 것이다.

```
> X=matrix(scan(file="c:₩₩work/mat1.txt"), ncol=3, byrow=T)
Read 9 items
> X
     [,1] [,2] [,3]
[1,]    1    2    1
[2,]    3   -1   -3
[3,]    2    3    1
```

■ 작업공간에 있는 행렬을 외부파일에 저장하는 방법은 다음과 같이 write 함수를 이용하면 된다. 외부파일 'c:/work/mat2.txt'를 확인하여 보면 행렬 X가 저장되어 있음을 알 수 있다. 여기서 주의해야 할 사항은 행렬 X의 전치행렬 (t(X)) 을 저장하지 않고 행렬 X를 그대로 저장하면 행렬 X의 행과 열이 뒤바뀌어 저장된다는 것이다.

```
> write(t(X),"c:₩₩work/mat2.txt", ncolumns=3)
```

■ 행렬 중 특정 행을 추출하는 방법, 특정 열을 추출하는 방법, 특정원소를 추출하는 방법은 다음과 같다.

```
> # 행렬 중 첫 번째 행을 추출하기
> X[1,]
[1]  1  2  1
> # 행렬 중 첫 번째 열을 추출하기
> X[,1]
[1]  1  3  2
> # 행렬의 특정원소(2 번째 행과 3 번째 열에 있는 원소)를 추출하기
> X[2,3]
[1] -3
```

■ 각종 행렬을 다음과 같이 구해 볼 수 있다.

```
> # (행렬의 종류)
> A1=matrix(1:9,nrow=3)
> A1
     [,1] [,2] [,3]
[1,]    1    4    7
[2,]    2    5    8
[3,]    3    6    9
> A2=diag(c(1,2,3))
> A2
     [,1] [,2] [,3]
[1,]    1    0    0
[2,]    0    2    0
[3,]    0    0    3
> # 행벡터
```

```
> matrix(1:5,nrow=1)
     [,1] [,2] [,3] [,4] [,5]
[1,]    1    2    3    4    5
> # 열벡터
> matrix(1:5,ncol=1)
     [,1]
[1,]    1
[2,]    2
[3,]    3
[4,]    4
[5,]    5
> # 전치행렬
> t(A1)
     [,1] [,2] [,3]
[1,]    1    2    3
[2,]    4    5    6
[3,]    7    8    9
> # 대각행렬
> diag(1:5)
     [,1] [,2] [,3] [,4] [,5]
[1,]    1    0    0    0    0
[2,]    0    2    0    0    0
[3,]    0    0    3    0    0
[4,]    0    0    0    4    0
[5,]    0    0    0    0    5
> diag(rep(2,5))
     [,1] [,2] [,3] [,4] [,5]
[1,]    2    0    0    0    0
[2,]    0    2    0    0    0
[3,]    0    0    2    0    0
[4,]    0    0    0    2    0
[5,]    0    0    0    0    2
> a=c(1, 2, 3, 4, 5)
> diag(a)
     [,1] [,2] [,3] [,4] [,5]
[1,]    1    0    0    0    0
[2,]    0    2    0    0    0
[3,]    0    0    3    0    0
[4,]    0    0    0    4    0
[5,]    0    0    0    0    5
> diag(diag(a))
[1] 1 2 3 4 5
> # 단위행렬
> diag(5)
     [,1] [,2] [,3] [,4] [,5]
[1,]    1    0    0    0    0
[2,]    0    1    0    0    0
[3,]    0    0    1    0    0
```

```
[4,]    0    0    0    1    0
[5,]    0    0    0    0    1
> # 삼각행렬
> M=matrix(1:16,nrow=4, byrow=T)
> M
     [,1] [,2] [,3] [,4]
[1,]    1    2    3    4
[2,]    5    6    7    8
[3,]    9   10   11   12
[4,]   13   14   15   16
> upper.tri(M)
      [,1]  [,2]  [,3]  [,4]
[1,] FALSE  TRUE  TRUE  TRUE
[2,] FALSE FALSE  TRUE  TRUE
[3,] FALSE FALSE FALSE  TRUE
[4,] FALSE FALSE FALSE FALSE
> upper.tri(M, diag=T)
      [,1]  [,2]  [,3]  [,4]
[1,]  TRUE  TRUE  TRUE  TRUE
[2,] FALSE  TRUE  TRUE  TRUE
[3,] FALSE FALSE  TRUE  TRUE
[4,] FALSE FALSE FALSE  TRUE
> upper.tri(M)*M
     [,1] [,2] [,3] [,4]
[1,]    0    2    3    4
[2,]    0    0    7    8
[3,]    0    0    0   12
[4,]    0    0    0    0
> upper.tri(M, diag=T)*M
     [,1] [,2] [,3] [,4]
[1,]    1    2    3    4
[2,]    0    6    7    8
[3,]    0    0   11   12
[4,]    0    0    0   16
> lower.tri(M, diag=T)*M
     [,1] [,2] [,3] [,4]
[1,]    1    0    0    0
[2,]    5    6    0    0
[3,]    9   10   11    0
[4,]   13   14   15   16
> # 확장행렬(augmented matrix)
> rbind(A1, A2)
     [,1] [,2] [,3]
[1,]    1    4    7
[2,]    2    5    8
[3,]    3    6    9
[4,]    1    0    0
[5,]    0    2    0
```

```
[6,]    0    0    3
> rbind(A2, A1)
     [,1] [,2] [,3]
[1,]    1    0    0
[2,]    0    2    0
[3,]    0    0    3
[4,]    1    4    7
[5,]    2    5    8
[6,]    3    6    9
> cbind(A1, A2)
     [,1] [,2] [,3] [,4] [,5] [,6]
[1,]    1    4    7    1    0    0
[2,]    2    5    8    0    2    0
[3,]    3    6    9    0    0    3
> cbind(A2, A1)
     [,1] [,2] [,3] [,4] [,5] [,6]
[1,]    1    0    0    1    4    7
[2,]    0    2    0    2    5    8
[3,]    0    0    3    3    6    9
> # 역행렬을 구하기
> A1
     [,1] [,2] [,3]
[1,]    1    4    7
[2,]    2    5    8
[3,]    3    6    9
> # 역행렬이 존재하지 않음(singular matrix)
> solve(A1)
이하에 에러solve.default(A1) : Lapack routine dgesv: 선형 방정식계는 정확하게 특이합니다
> A1%*%solve(A1)
이하에 에러solve.default(A1) : Lapack routine dgesv: 선형 방정식계는 정확하게 특이합니다
> solve(A1)%*%A1
이하에 에러solve.default(A1) : Lapack routine dgesv: 선형 방정식계는 정확하게 특이합니다
> A2
     [,1] [,2] [,3]
[1,]    1    0    0
[2,]    0    2    0
[3,]    0    0    3
> # 역행렬
> solve(A2)
     [,1] [,2]      [,3]
[1,]    1  0.0 0.0000000
[2,]    0  0.5 0.0000000
[3,]    0  0.0 0.3333333
> # A2*inverse(A2)=I
> A2%*%solve(A2)
     [,1] [,2] [,3]
[1,]    1    0    0
[2,]    0    1    0
```

```
[3,]    0     0     1
> # inverse(A2)*A2=I
> solve(A2)%*%A2
     [,1]  [,2]  [,3]
[1,]    1     0     0
[2,]    0     1     0
[3,]    0     0     1
> A3=matrix(c(1,3,5,7,9,1,5,4,2),nrow=3,byrow=T)
> A3
     [,1]  [,2]  [,3]
[1,]    1     3     5
[2,]    7     9     1
[3,]    5     4     2
> # 역행렬
> solve(A3)
            [,1]        [,2]        [,3]
[1,] -0.14285714  -0.1428571   0.4285714
[2,]  0.09183673   0.2346939  -0.3469388
[3,]  0.17346939  -0.1122449   0.1224490
> # A3*inverse(A3)=I
> A3%*%solve(A3)
             [,1]          [,2]          [,3]
[1,] 1.000000e+00  0.000000e+00  1.110223e-16
[2,] 8.326673e-17  1.000000e+00  0.000000e+00
[3,] 0.000000e+00 -2.220446e-16  1.000000e+00
> # inverse(A3)*A3=I
> solve(A3)%*%A3
             [,1]          [,2]          [,3]
[1,] 1.000000e+00 -4.440892e-16  0.000000e+00
[2,] 1.110223e-16  1.000000e+00  1.110223e-16
[3,] 0.000000e+00  0.000000e+00  1.000000e+00
```

■ 각종 행렬의 연산을 다음과 같이 시행해 볼 수 있다.

```
> # (행렬의 연산)
> A1=matrix(1:9,nrow=3)
> A1
     [,1]  [,2]  [,3]
[1,]    1     4     7
[2,]    2     5     8
[3,]    3     6     9
> A2=diag(c(1,2,3))
> A2
     [,1]  [,2]  [,3]
[1,]    1     0     0
[2,]    0     2     0
[3,]    0     0     3
```

```
> # 행렬의 덧셈
> A1+A2
     [,1] [,2] [,3]
[1,]    2    4    7
[2,]    2    7    8
[3,]    3    6   12
> # 행렬의 뺄셈
> A1-A2
     [,1] [,2] [,3]
[1,]    0    4    7
[2,]    2    3    8
[3,]    3    6    6
> # 두 행렬의 대응되는 원소끼리 곱하기
> A1*A2
     [,1] [,2] [,3]
[1,]    1    0    0
[2,]    0   10    0
[3,]    0    0   27
> # 두 행렬의 대응되는 원소끼리 나누기
> A1/A2
     [,1] [,2] [,3]
[1,]    1  Inf  Inf
[2,]  Inf  2.5  Inf
[3,]  Inf  Inf    3
> A2/A1
     [,1] [,2]      [,3]
[1,]    1  0.0 0.0000000
[2,]    0  0.4 0.0000000
[3,]    0  0.0 0.3333333
> # 행렬의 곱셈
> A1%*%A2
     [,1] [,2] [,3]
[1,]    1    8   21
[2,]    2   10   24
[3,]    3   12   27
> A2%*%A1
     [,1] [,2] [,3]
[1,]    1    4    7
[2,]    4   10   16
[3,]    9   18   27
> A1
     [,1] [,2] [,3]
[1,]    1    4    7
[2,]    2    5    8
[3,]    3    6    9
> # 행렬의 각 원소에 사칙연산을 행하기
> A1+1
     [,1] [,2] [,3]
```

```
[1,]    2    5    8
[2,]    3    6    9
[3,]    4    7   10
> A1-1
     [,1] [,2] [,3]
[1,]    0    3    6
[2,]    1    4    7
[3,]    2    5    8
> A1*2
     [,1] [,2] [,3]
[1,]    2    8   14
[2,]    4   10   16
[3,]    6   12   18
> A1/2
     [,1] [,2] [,3]
[1,]  0.5  2.0  3.5
[2,]  1.0  2.5  4.0
[3,]  1.5  3.0  4.5
> # 행렬과 벡터와의 연산
> A4=matrix(1:12,nrow=4)
> A4
     [,1] [,2] [,3]
[1,]    1    5    9
[2,]    2    6   10
[3,]    3    7   11
[4,]    4    8   12
> A4+c(2, 3)
     [,1] [,2] [,3]
[1,]    3    7   11
[2,]    5    9   13
[3,]    5    9   13
[4,]    7   11   15
> A4/c(2, 3)
          [,1]     [,2]     [,3]
[1,] 0.5000000 2.500000 4.500000
[2,] 0.6666667 2.000000 3.333333
[3,] 1.5000000 3.500000 5.500000
[4,] 1.3333333 2.666667 4.000000
> A4+c(1, 2, 3)
     [,1] [,2] [,3]
[1,]    2    7   12
[2,]    4    9   11
[3,]    6    8   13
[4,]    5   10   15
```

■ 다음 연립방정식을 풀어보자.

$$x_1 + 2x_2 + x_3 = 3$$
$$3x_1 - x_2 - 3x_3 = -1$$
$$2x_1 + 3x_2 + x_3 = 4$$

```
> # 연립방정식을 풀기
> A=matrix(c(1, 3, 2, 2, -1, 3, 1, -3, 1), nrow=3)
> A
     [,1]  [,2]  [,3]
[1,]    1     2     1
[2,]    3    -1    -3
[3,]    2     3     1
> b=c(3,-1,4)
> # 연립방정식의 해
> solve(A,b)
[1] 3 -2 4
> solve(A)%*%b
     [,1]
[1,]    3
[2,]   -2
[3,]    4
```

■ 배열(array)은 동일한 형으로 구성된 2차원 이상의 자료객체이다. 그러므로 행렬은 2차원 배열이 된다.

■ 배열의 생성과 각종 연산은 행렬의 경우와 유사하다.

■ 배열을 생성시키는 방법은 입력된 벡터를 배열로 전환시키는 방법과 자료를 직접 입력하는 방법의 두 가지가 있다. 행의 수, 열의 수, 면의 수가 모두 3인 3*3*3 배열 A의 입력된 벡터를 배열로 전환시키는 방법으로 생성시켜 보고 행의 수, 열의 수, 면의 수가 모두 3인 3*3*3 배열 B의 자료를 직접 입력하는 방법으로 생성시켜 보자.

```
> x=1:27
> # 벡터를 이용하여 3*3*3 배열을 만들기
> A=array(x, c(3,3,3))
> A

, , 1

     [,1]  [,2]  [,3]
[1,]    1     4     7
[2,]    2     5     8
[3,]    3     6     9

, , 2

     [,1]  [,2]  [,3]
[1,]   10    13    16
```

```
[2,]  11   14    17
[3,]  12   15    18

, , 3

      [,1]  [,2]   [,3]
[1,]   19    22    25
[2,]   20    23    26
[3,]   21    24    27

> # 배열의 부분집합을 만들기
> A[1,,]
      [,1]  [,2]   [,3]
[1,]    1    10    19
[2,]    4    13    22
[3,]    7    16    25
> A[,1,]
      [,1]  [,2]   [,3]
[1,]    1    10    19
[2,]    2    11    20
[3,]    3    12    21
> A[,,1]
      [,1]  [,2]   [,3]
[1,]    1     4     7
[2,]    2     5     8
[3,]    3     6     9
> # 배열의 원소를 추출하기
> A[1,2,3]
[1] 22
> # 배열을 직접 입력하기
> B=array(scan(), c(3,3,3))
1:   1   4   7
4:   2   5   8
7:   3   6   9
10: 10  13  16
13: 11  14  17
16: 12  15  18
19: 19  22  25
22: 20  23  26
25: 21  24  27
28:
Read 27 items
> B

, , 1

      [,1]  [,2]   [,3]
[1,]    1     2     3
[2,]    4     5     6
```

```
[3,]    7     8     9

, , 2

      [,1]  [,2]  [,3]
[1,]   10    11    12
[2,]   13    14    15
[3,]   16    17    18

, , 3

      [,1]  [,2]  [,3]
[1,]   19    20    21
[2,]   22    23    24
[3,]   25    26    27
```

Ⅳ.2.3 데이터프레임과 리스트

- 벡터, 행렬, 배열은 자료가 동일한 형으로 구성된 자료객체인 반면 리스트와 데이터 프레임은 자료가 서로 다른 데이터 형으로 구성된 자료객체이다.
- 데이터프레임은 행렬과 같은 형태이나 자료가 서로 다른 형으로 구성되어 있다는 차이만 있다. 예로 다음과 같은 국내 주요 예측기관의 2007년 경제전망 자료를 보자(단위: %, 억달러).

예측기관	GDP	민간소비	설비투자	건설투자	수출	수입	소비자물가
산업은행	4.3	3.9	5.9	1.0	3,520	3,431	2.8
한국은행	4.4	4.0	6.0	1.6	3,555	3,380	2.6
삼성경제연구소	4.3	3.7	5.7	0.9	3,482	3,386	2.8
KDI	4.4	3.9	7.6	2.6	3,718	3,423	2.7

8개의 변수 중 7개의 변수는 모두 수치형이나 하나의 변수(예측기관)는 문자형 변수이다. 이러한 자료를 입력하려면 행렬이나 배열을 쓰지 못하고 데이터프레임을 사용해야 한다. 위의 경제전망 자료를 직접 입력하여 데이터프레임으로 만들면 다음과 같다.

```
> # 직접 데이터프레임을 만들기
> 예측기관=c("산업은행", "한국은행", "삼성경제연구소", "KDI")
> GDP=c(4.3, 4.4, 4.3, 4.4)
> 민간소비=c(3.9, 4.0, 3.7, 3.9)
> 설비투자=c(5.9, 6.0, 5.7, 7.6)
> 건설투자=c(1.0, 1.6, 0.9, 2.6)
> 수출=c(3520, 3555, 3482, 3718)
> 수입=c(3431, 3380, 3386, 3423)
> 소비자물가=c(2.8, 2.6, 2.8, 2.7)
> 경제전망=data.frame(예측기관, GDP, 민간소비, 설비투자, 건설투자, 수출, 수입, 소비자물가)
```

```
> 경제전망
          예측기관  GDP  민간소비  설비투자  건설투자  수출  수입  소비자물가
1         산업은행  4.3       3.9       5.9       1.0  3520  3431         2.8
2         한국은행  4.4       4.0       6.0       1.6  3555  3380         2.6
3 삼성경제연구소    4.3       3.7       5.7       0.9  3482  3386         2.8
4              KDI  4.4       3.9       7.6       2.6  3718  3423         2.7
> # 데이터프레임의 행, 열, 원소를 추출하기
> 경제전망[3,]
          예측기관  GDP  민간소비  설비투자  건설투자  수출  수입  소비자물가
3 삼성경제연구소    4.3       3.7       5.7       0.9  3482  3386         2.8
> 경제전망[,8]
[1] 2.8 2.6 2.8 2.7
> 경제전망[3, 8]
[1] 2.8
```

■ 만일 위의 경제전망 자료가 'c:/work/economy.txt'에 다음과 같은 형태로 저장되어 있다고 하자.

```
        예측기관  GDP  민간소비  설비투자  건설투자  수출  수입  소비자물가
        산업은행  4.3       3.9       5.9       1.0  3520  3431         2.8
        한국은행  4.4       4.0       6.0       1.6  3555  3380         2.6
  삼성경제연구소  4.3       3.7       5.7       0.9  3482  3386         2.8
             KDI  4.4       3.9       7.6       2.6  3718  3423         2.7
```

외부파일을 읽어 데이터프레임을 만드는 방법은 다음과 같다.

```
> # 외부파일을 읽어 데이터프레임을 만들기
> 경제전망=read.table("c:\\work\\economy.txt", header=T)
> # 데이터프레임의 행, 열, 원소를 추출하기
> 경제전망
          예측기관  GDP  민간소비  설비투자  건설투자  수출  수입  소비자물가
1         산업은행  4.3       3.9       5.9       1.0  3520  3431         2.8
2         한국은행  4.4       4.0       6.0       1.6  3555  3380         2.6
3 삼성경제연구소    4.3       3.7       5.7       0.9  3482  3386         2.8
4              KDI  4.4       3.9       7.6       2.6  3718  3423         2.7
> 경제전망[3,]
          예측기관  GDP  민간소비  설비투자  건설투자  수출  수입  소비자물가
3 삼성경제연구소    4.3       3.7       5.7       0.9  3482  3386         2.8
> 경제전망[,8]
[1] 2.8 2.6 2.8 2.7
> 경제전망[3, 8]
[1] 2.8
```

■ 리스트는 서로 다른 데이터 형의 자료객체이다. 리스트는 성분(component)으로 이루어져 있다. 리스트의 생성과 리스트 원소의 추출, 리스트의 속성, 리스트의 검증과 변환, 리스트 원소의 추가와 삭제 등을 다음과 같이 실행할 수 있다.

```
> # 리스트의 생성 및 리스트 원소의 추출
> mat.1=matrix(1:9,nrow=3)
> list.1=list(mat.1,c("a","b","c"),1:10)
> names(list.1)=c("matrix","character","vector")
> list.1
$matrix
     [,1] [,2] [,3]
[1,]    1    4    7
[2,]    2    5    8
[3,]    3    6    9

$character
[1] "a" "b" "c"

$vector
[1]  1  2  3  4  5  6  7  8  9 10
> list.1[[1]]

     [,1] [,2] [,3]
[1,]    1    4    7
[2,]    2    5    8
[3,]    3    6    9
> list.1[[2]]
[1] "a" "b" "c"
> list.1[[3]]
[1]  1  2  3  4  5  6  7  8  9 10
> list.1[1]
$matrix
     [,1] [,2] [,3]
[1,]    1    4    7
[2,]    2    5    8
[3,]    3    6    9

> list.1[2]
$character
[1] "a" "b" "c"

> list.1[3]
$vector
[1]  1  2  3  4  5  6  7 8  9 10

> list.1[[1]][2,3]
[1] 8
> student=list(s.name=c("Kim","Lee","Park"),s.height=c(160,180,185),s.age=c
(21,19,23))
> student
$s.name
[1] "Kim" "Lee" "Park"
```

```
$s.height
[1] 160 180 185

$s.age
[1] 21 19 23

> student[[1]]
[1] "Kim" "Lee" "Park"

> student[[2]]
[1] 160 180 185
> student[[3]]
[1] 21 19 23
> student[1]
$s.name
[1] "Kim" "Lee" "Park"

> student[2]
$s.height
[1] 160 180 185

> student[3]
$s.age
[1] 21 19 23

> # 리스트의 속성
> list.1
$matrix
     [,1] [,2] [,3]
[1,]    1    4    7
[2,]    2    5    8
[3,]    3    6    9

$character
[1] "a" "b" "c"

$vector
[1] 1 2 3 4 5 6 7 8 9 10

> mode(list.1)
[1] "list"
> length(list.1)
[1] 3
> names(list.1)
[1] "matrix" "character" "vector"
> student
$s.name
[1] "Kim" "Lee" "Park"
```

```
$s.height
[1] 160 180 185

$s.age
[1] 21 19 23

> mode(student)
[1] "list"
> length(student)
[1] 3
> names(student)
[1] "s.name" "s.height" "s.age"
> # 리스트의 검증 및 변환
> mat.1
     [,1]  [,2]   [,3]
[1,]    1     4      7
[2,]    2     5      8
[3,]    3     6      9
> is.list(mat.1)
[1] FALSE
> mat.2=as.list(mat.1)
> mat.1
     [,1]  [,2]   [,3]
[1,]    1     4      7
[2,]    2     5      8
[3,]    3     6      9
> mat.2
[[1]]
[1]   1

[[2]]
[1]   2

[[3]]
[1]   3

[[4]]
[1]   4

[[5]]
[1]   5

[[6]]
[1]   6

[[7]]
[1]   7
```

```
[[8]]
[1]    8

[[9]]
[1]    9

> is.list(mat.2)
[1] TRUE
> is.list(student)
[1] TRUE
> # 리스트 원소의 추가와 삭제
> list.1
$matrix
     [,1]  [,2]  [,3]
[1,]   1     4     7
[2,]   2     5     8
[3,]   3     6     9

$character
[1] "a" "b" "c"

$vector
[1] 1 2 3 4 5 6 7 8 9 10

> list.1[4]=list(c(T,F,F,T))
> list.1[[5]]=LETTERS[1:10]
> list.1[[3]][11]=11
> list.1
$matrix
     [,1]  [,2]  [,3]
[1,]   1     4     7
[2,]   2     5     8
[3,]   3     6     9

$character
[1] "a" "b" "c"

$vector
[1] 1 2 3 4 5 6 7 8 9 10 11

[[4]]
[1] TRUE FALSE FALSE TRUE

[[5]]
[1] "A" "B" "C" "D" "E" "F" "G" "H" "I" "J"
> list.1[[5]]=NULL
> list.1=list.1
> list.1
$matrix
```

```
     [,1]  [,2]  [,3]
[1,]    1     4     7
[2,]    2     5     8
[3,]    3     6     9

$character
[1] "a" "b" "c"

$vector
[1] 1 2 3 4 5 6 7 8 9 10 11

[[4]]
[1] TRUE FALSE FALSE TRUE

> list.1[[4]]=NULL
> list.1=list.1
> list.1
$matrix
     [,1]  [,2]  [,3]
[1,]    1     4     7
[2,]    2     5     8
[3,]    3     6     9

$character
[1] "a" "b" "c"

$vector
[1] 1 2 3 4 5 6 7 8 9 10 11
> list.1[[3]]=list.1[[3]][-11]
> list.1=list.1
> list.1
$matrix
     [,1]  [,2]  [,3]
[1,]    1     4     7
[2,]    2     5     8
[3,]    3     6     9

$character
[1] "a" "b" "c"

$vector
[1] 1 2 3 4 5 6 7 8 9 10

> student
$s.name
[1] "Kim" "Lee" "Park"

$s.height
[1] 160 180 185
```

```
$s.age
[1] 21 19 23

> student$s.name
[1] "Kim" "Lee" "Park"
> student$s.name[2]
[1] "Lee"
> student[[1]]
[1] "Kim" "Lee" "Park"
> student$s.sex=c("F", "M", "M")
> student
$s.name
[1] "Kim" "Lee" "Park"

$s.height
[1] 160 180 185

$s.age
[1] 21 19 23

$s.sex
[1] "F" "M" "M"

> student=c(student,list(s.weight=c(40,80,75)))
> student
$s.name
[1] "Kim" "Lee" "Park"

$s.height
[1] 160 180 185

$s.age
[1] 21 19 23

$s.sex
[1] "F" "M" "M"

$s.weight
[1] 40 80 75

> student$s.sex=NULL
> student["s.weight"]=NULL
> student[["s.weight"]]=NULL
> student=student
> student
$s.name
[1] "Kim" "Lee" "Park"
```

```
$s.height
[1]  160   180    185

$s.age
[1]   21     19      23
```

Ⅳ.2.4 범주형 자료

- 범주형 자료(factor)는 명목형(nominal) 범주 자료를 다루는 factor와 순서형(ordinal) 범주 자료를 다루는 ordered factor의 두 종류가 있다.

```
> # 명목형 범주 자료
> 성별=factor(c("남자","남자","여자"))
> 성별
[1] 남자  남자  여자
Levels: 남자 여자
> levels(성별)
[1] "남자"  "여자"
> length(성별)
[1] 3
> 성별[3]
[1] 여자
Levels: 남자  여자
> # 순서형 범주 자료
> 응답=ordered(c("높음","낮음","높음","중간"), levels=c("낮음","중간","높음"))
> 응답
[1] 높음  낮음  높음  중간
Levels: 낮음 < 중간 < 높음
> levels(응답)
[1] "낮음"  "중간"  "높음"
> length(응답)
[1] 4
> 응답[4]
[1] 중간
Levels: 낮음 < 중간 < 높음
```

예제 A.1

다음은 밀가루에 있는 동(copper) 성분 함량의 측정값(단위: ppm) 24개를 나타내는 자료이다.

2.20	2.20	2.40	2.40	2.50	2.70	2.80	2.90
3.03	3.03	3.10	3.37	3.40	3.40	3.40	3.50
3.60	3.70	3.70	3.70	3.70	3.77	5.28	28.95

이 자료에 대하여 입력을 행하고, 다양한 기술통계량(descriptive statistic)들을 구해 보자.

풀이 이 24개의 자료를 입력하는 방법은 24개의 자료를 하나의 벡터로 간주하여 c 함수를 이용하여 입력한다.

```
> # 데이터의 입력
> copper=c(2.20, 2.20, 2.40, 2.40, 2.50, 2.70, 2.80, 2.90, 3.03, 3.03, 3.10, 3.37,
+ 3.40, 3.40, 3.40, 3.50, 3.60, 3.70, 3.70, 3.70, 3.70, 3.77, 5.28, 28.95)
> copper
[1]   2.20  2.20  2.40  2.40  2.50  2.70  2.80  2.90  3.03  3.03  3.10   3.37
[13]  3.40  3.40  3.40  3.50  3.60  3.70  3.70  3.70  3.70  3.77  5.28  28.95
```

length 함수를 이용하여 데이터의 개수를 알 수 있고 sort 함수를 이용하여 데이터를 내림차순으로 정렬할 수 있다. table 함수를 이용하여 이 자료에 대한 빈도표를 작성할 수 있다.

```
> # 데이터의 개수
> length(copper)
[1] 24
> # copper의 정렬(sort)
> sort(copper, decreasing=T)
[1]   28.95  5.28  3.77  3.70  3.70  3.70  3.70  3.60  3.50  3.40  3.40  3.40
[13]   3.37  3.10  3.03  3.03  2.90  2.80  2.70  2.50  2.40  2.40  2.20  2.20
> # table
> table(copper)
copper
2.2   2.4   2.5   2.7   2.8   2.9  3.03   3.1  3.37   3.4   3.5   3.6   3.7
  2     2     1     1     1     1     2     1     1     3     1     1     4
3.77 5.28 28.95
   1    1     1
```

동 성분 함량 자료에 대한 합, 누적합(cumulative sum), 각종 대표값과 산포도들을 계산하면 다음과 같다.

```
> # (copper에 대한 수치적 측도)
> # 합
> sum(copper)
[1] 102.73
> # 누적합(cumulative sum)
> cumsum(copper)
 [1]    2.20    4.40    6.80     9.20   11.70   14.40   17.20   20.10   23.13   26.16
[11]   29.26   32.63   36.03    39.43   42.83   46.33   49.93   53.63   57.33   61.03
[21]   64.73   68.50   73.78   102.73
> # 산술평균
> mean(copper)
[1] 4.280417
> sum(copper)/length(copper)
[1] 4.280417
> # 중앙값
> median(copper)
```

```
[1] 3.385
> # 10% 절사평균
> mean(copper,trim=1/10)
[1] 3.205
> # 분산
> var(copper)
[1] 28.06240
> sum((copper-mean(copper))^2)/(length(copper)-1)
[1] 28.06240
> # 표준편차
> sd(copper)
[1] 5.297396
> sqrt(var(copper))
[1] 5.297396
> # 다섯숫자 요약(최소값, 제1사분위수, 중앙값, 제3사분위수, 최대값)
> fivenum(copper)
[1] 2.200  2.750  3.385  3.700  28.950
> # 다섯숫자 요약과 같음=(최소값, 제1사분위수, 중앙값, 제3사분위수, 최대값)
> quantile(copper)
     0%    25%    50%    75%   100%
  2.200  2.775  3.385  3.700 28.950
> # 수치적측도 요약(다섯숫자 요약+산술평균)
> summary(copper)
Min.     1st Qu.   Median   Mean    3rd Qu.    Max.
2.200     2.775     3.385   4.280    3.700    28.950
> # 사분위수간범위=제3사분위수 - 제1사분위수
> IQR(copper)
[1] 0.925
> # MAD(Median Absolute Deviation): 각 데이터에서 중앙값을 뺀 후 절대값을 취한
값들의 중앙값
> mad(copper)
[1] 0.526323
> median(abs(copper-median(copper)))*1.4826
[1] 0.526323
> # 최대값
> max(copper)
[1] 28.95
> # 최소값
> min(copper)
[1]   2.2
> # 범위
> range(copper) # R에서는 범위를 호출하면 최소값과 최대값을 출력함
[1]  2.20 28.95
> RANGE=max(copper)-min(copper)
> RANGE
[1] 26.75
```

V R 프로그래밍

우리는 R을 이용하여 프로그래밍을 할 수 있다. 프로그래밍을 위해서는 제어문(control flow)과 함수(function)를 사용해야 한다.

V.1 제어문

제어문에는 조건문과 반복문이 있다.

V.1.1 조건문

- if 문은 다음과 같은 형식을 갖는다.

```
if(cond) expr
```

조건(condition) cond가 만족되면 수식(expression) expr을 시행한다.

예제 A.2

x에 자료 −5, −4, −3, −2, −1, 0, 1, 2, 3, 4, 5를 할당한 후 절대값을 취하여 모두 양수로 만드는 프로그램은 다음과 같다.

```
> x=-5:5
> x
[1]  -5  -4  -3  -2  -1   0   1   2   3   4   5
> if(any(x<0)) abs.x=abs(x)
> abs.x
[1]   5   4   3   2   1   0   1   2   3   4   5
```

- if ~ else 문은 다음과 같은 형식을 갖는다.

```
if(condition) cond.expr else alt.expr
```

조건이 만족되면 수식 cond.expr을 시행하고 조건이 만족되지 않으면 수식 alt.expr을 시행한다. ■

예제 A.3

π와 e가 3보다 큰지, 작은지, 같은지를 판단하는 메시지를 출력한다.

```
> x=pi
> x
[1] 3.141593
> if(x>3) print("3보다 크다.") else print("3보다 작거나 같다.")
[1] "3보다 크다."
> x=exp(1)
```

```
> x
[1] 2.718282
> if(x>3) print("3보다 크다.") else print("3보다 작거나 같다.")
[1] "3보다 작거나 같다."
```

■ ifelse 문은 다음과 같은 형식을 갖는다.

```
ifelse(test, yes, no)
```

test라는 논리형 인수가 참(TRUE)이면 인수 yes를 반환하고, 거짓(FALSE)이면 인수 no를 반환한다. ■

예제 A.4

x에 자료 −3, −2, −1, 0, 1, 2, 3을 할당한 후 절댓값을 취하여 모두 양수로 만드는 프로그램은 다음과 같다.

```
> x=-3:3
> x
[1] -3 -2 -1 0 1 2 3
> abs.x=ifelse(x >= 0, x, -x)
> abs.x
[1] 3 2 1 0 1 2 3
```

■ switch 문은 다음과 같은 형식을 갖는다.

```
switch(expr, ...)
```

switch 함수는 n(n은 2이상)개의 조건에 대한 분기함수이다. 반면 ifelse 함수는 두 개의 조건에 대한 분기함수이다. ■

예제 A.5

switch 함수를 이용하여 자료 1, 2, 3, 4, 500에 대하여 산술평균, 중앙값, 분산, IQR(사분위수 간 범위), 범위, 요약(최소값, 제1 사분위수, 중앙값, 산술평균, 제3 사분위수, 최대값)을 구해 보자.

```
> x=c(1, 2, 3, 4, 500)
> # x의 평균
> switch(EXPR=1, mean(x), median(x), var(x), IQR(x), range(x), summary(x))
[1] 102
> # x의 중앙값
> switch(EXPR=2, mean(x), median(x), var(x), IQR(x), range(x), summary(x))
[1] 3
> # x의 분산
> switch(EXPR=3, mean(x), median(x), var(x), IQR(x), range(x), summary(x))
```

```
[1] 49502.5
> # x의 IQR
> switch(EXPR=4, mean(x), median(x), var(x), IQR(x), range(x), summary(x))
[1] 2
> # x의 범위
> switch(EXPR=5, mean(x), median(x), var(x), IQR(x), range(x), summary(x))
[1]  1  500
> # x의 요약
> switch(EXPR=6, mean(x), median(x), var(x), IQR(x), range(x), summary(x))
    Min. 1st Qu. Median  Mean 3rd  Qu.   Max.
      1       2       3    102    4    500
```

■

V.1.2 반복문

■ for 문은 다음과 같은 형식을 갖는다.

```
for(var in seq) expr
```

변수 var에 sequence seq의 값을 차례로 대입하여 수식 expr을 반복 수행하게 된다.

예제 A.6

1부터 10000까지 더하는 프로그램은 다음과 같다.

```
> sum=0
> for(i in 1:10000) sum=sum+i
> sum
[1] 50005000
```

■

예제 A.7

1부터 100 사이에 있는 홀수들을 모두 더하는 프로그램은 다음과 같다.

```
> sum=0
> for(i in seq(1, 100, by=2)) sum=sum+i
> sum
[1] 2500
```

■ while 문은 다음과 같은 형식을 갖는다.

```
while(cond) expr
```

조건 cond가 참이면 수식 expr을 수행한다. ■

예제 A.8

$1^2+2^2+\cdots+10^2$을 구하는 프로그램은 다음과 같다.

```
> x=1
> sum=0
> while(x <= 10)
+ {
+ sum=sum+x^2
+ x=x+1
+ }
> sum
[1] 385
```

이 계산은 다음과 같이 해도 같은 결과가 나온다.

```
> sum((1:10)^2)
[1] 385
```

■

V.2 함수

함수란 특정한 작업을 독립적으로 수행하는 프로그램 코드의 집합체로서 R 객체의 하나이다. 함수의 형식은 다음과 같다.

```
function_name=function(arg){body of function}
```

function은 예약어이며 인수 arg는 함수가 사용하는 인수들이고, 함수의 본체(body of function)는 함수가 호출되었을 때 수행하게 될 프로그램 코드들의 집합체이다. function_name은 함수이름이다. 함수를 정의한 후 인자들에 값을 집어넣은 후 함수이름을 부르면 함수 객체가 생성된다.

예제 A.9

$\sin(x)(0\le x\le\pi)$와 x축으로 만들어지는 면적을 수치적분으로 구해 보자. 이 면적은 정확히 2가 된다. 이 면적을 구하기 위하여 0 과 π 사이를 잘게 쪼개어 작은 직사각형들을 만들어 직사각형들의 면적을 구한 후 더하면 된다. 수치적분이 얼마나 정확하냐 하는 것은 얼마나 잘게 쪼개느냐에 달려 있다. 다음은 이 면적을 수치적분으로 구하는 함수와, 그 함수를 시행하는 프로그램이다.

```
> # sin(x)와 x축으로 이루어지는 면적을 구하기
> sine.integral=function(a, b, n)
+ {
+ sum=0
+ h=(b-a)/n
```

```
+ for(i in 1:(n-1)) sum=sum+h*sin(a+i*h)
+ return(sum)
+ }
> sine.integral(0, pi, 10)
[1] 1.983524
> sine.integral(0, pi, 100)
[1] 1.999836
> sine.integral(0, pi, 1000)
[1] 1.999998
> sine.integral(0, pi, 10000)
[1] 2
> sine.integral(0, pi, 100000)
[1] 2
```

■

VI R 프로그램의 입력과 저장

R은 대화식 처리방식을 따르기 때문에 R console이라는 창에서 프롬프트(>) 다음에 R명령문을 입력하고 ENTER 키를 치면 명령문이 시행되어 결과가 그 다음 줄에 바로 나타나게 된다. 그러나 프로그램을 작성하다 보면 사용자 정의 함수와 같은 프로그램은 프로그램의 길이가 긴 경우도 종종 있고 프로그램의 수정과 갱신을 빈번하게 해야 하는 경우가 많다. 이럴 때 대화식 처리방식을 따른 것은 무척 번거로운 작업이 된다.

이때 문서편집기나 메모장(저자는 주로 메모장을 사용한다. 메모장을 사용하면 확장자가 자동으로 *.txt로 붙는다.)에서 필요한 프로그램을 작성한 후 일괄처리 방식(batch mode)으로 수행할 수 있다. 메모장에서 필요한 프로그램을 작성한 후 수행하고자 하는 부분만 블록을 잡은 후 R console 창을 킨 다음에 '편집>붙여넣기'를 하여 수행하면 된다. 프로그램 전체를 수행하고자 할 때는 >source() 함수를 이용하면 된다. 예를 들어 화산 자료 분석에 관계된 어떤 프로그램이 외부파일로 'c:/work/volcano.txt'에 저장되어 있다면 다음과 같은 명령을 시행하면 된다.

```
>source("c:₩₩work₩₩volcano.txt")
```

또 다른 방법으로는 R 편집기를 사용하는 방법이 있다. '파일>새로운 스크립트'를 선택하면 R 편집기가 나타난다. 이 편집기에서 프로그램을 작성하고 '편집' 메뉴를 이용하여 R console상에서 프로그램을 수행하면 된다.

VII R 그래픽스

R에서의 그래픽 장치는 그래픽 윈도우, 프린터, 파일로 나누어진다. console상의 그래픽 관련 명령에 의하여 그래픽 윈도우라는 새로운 창에 그림이 그려진다. 필요에 따라 프린터로 출력하거나 그래픽 파일로 출력할 수 있다.

그래픽 윈도우에서 그래픽이 출력되는 영역을 plot region이라고 하고 plot region 밖의 여백을 plot margin이라고 하고 plot region과 plot margin을 합쳐 figure region이라고 한다. figure region 밖의 여백을 outer margin이라고 한다. outer margin은 4부분으로 나누어 밑에서 시작하여 시계방향으로 outer margin 1, 2, 3, 4라고 한다. 마찬가지로 plot margin도 4부분으로 나누어 밑에서 시작하여 시계방향으로 plot margin 1, 2, 3, 4라고 한다. 다음 그림은 R 그래프 영역을 표시한 그림이다.

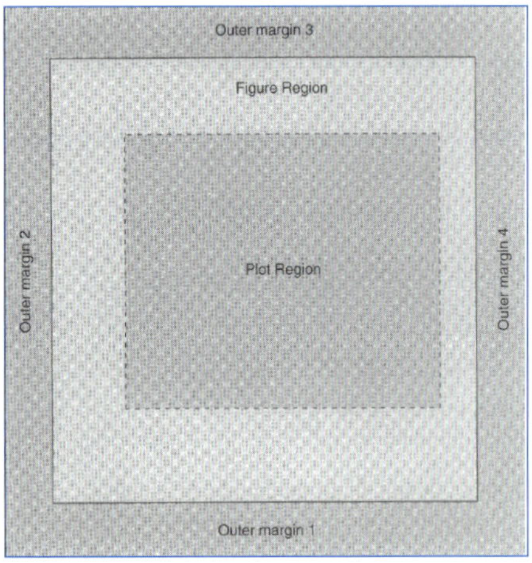

R에서 그래픽 윈도우를 열기 위해서는 win,graph 함수를 이용한다. R의 그래픽 함수는 저수준 그래픽 함수(low-level graphic function)와 고수준 그래픽 함수(high-level graphic function)로 나누어진다. 고수준 그래픽 함수는 그래프를 그리는 대표적 함수인 plot 함수나 히스토그램을 그리는 hist 함수 등을 지칭하고, 저수준 그래픽 함수는 그려진 그래프에 점, 선, 면, 문자 등을 부차적으로 그리는 함수를 가리킨다. 고수준 그래픽 함수를 사용하면 그래픽 윈도우가 저절로 열리므로 win,graph 함수를 이용할 필요가 없다. 또 다른 고수준 그래픽 함수를 사용하면 앞의 그래프는 사라지고 나중의 그래프로 대체된다. 그린 그래프들을 저장하고 싶으면 우선 그래픽 윈도우를 활성창으로 만든다. 그러면 메뉴판이 바뀌는데 바뀐 메뉴판 중 '파일>다른 이름으로 저장'을 선택한 후 원하는 곳에 원하는 이름으로 저장하면 된다. .emf, .ps, .pdf, .png, .bmp, .jp(e)g 중 하나를 선택하여 저장한다. 그리는 그래프들을 임시로 저장한 후 이력을 보고 싶으면 '이력>기록'을 누른 후 그리는 그래프마다

'이력>추가'를 하면 된다. PgUp 키를 누르면 앞의 그림이 나타나고 PgDn 키를 누르면 뒤의 그림이 나타난다. 이력을 지우려면 '이력>이력을 소거'를 선택하면 된다.

고수준 그래픽 함수는 다음 표와 같다. 이 외에 격자그래픽(trellis graphic, lattice graphic)이 있는데, 격자그래픽은 여러 개의 그래프를 하나의 페이지에 가로, 세로로 배열하는 등의 다양한 기능을 갖고 있다. 격자그래픽 함수들은 패키지 lattice에 있으므로 library(lattice)를 우선 불러온 후 사용한다.

함수명	기능
barplot	막대그래프
boxplot	상자그림
dotchart	점차트
hist	히스토그램
pie	원형그래프
stripchart	점도표
curve	곡선
matplot matpoints matlines	행렬데이터를 열(column)별로 그래프를 그림
qqnorm qqline qqplot	분위수-분위수그림(quantile-quantile plot)
sunflowerplot	해바라기그림
symbols	심볼그래프
assocplot	연관그림
fourfoldplot	fourfoldplot
mosaicplot	모자이크그래프
pairs	산점도 행렬
coplot	coplot
stars	별그래프
perp	3차원 투시도
contour	등고선도
image	3차원자료나 공간자료의 컬러이미지
filled.contour	컬러가 들어간 등고선도

R의 대표적인 고수준 그래픽 함수는 plot 함수이다. plot 함수에서 자주 쓰이는 인수(argument)는 다음과 같다.

인수		기능
type	"p"	점(points)
	"l"	선(lines)
	"b"	점과 선 (both points and lines)
	"c"	"b" option에서 점이 빠짐
	"o"	겹친 점과 선 (overplotted)
	"h"	수직선 (high density)
	"s"	수평선 우선의 계단모양 (steps)
	"S"	수직선 우선의 계단모양
	"n"	출력하지 않음 (no plotting)
main		그래프에 제목을 출력함
lty	1	solid
	2	dashed
	3	dotted
	4	dotdash
	5	longdash
	6	twodash
xlab, ylab		x축의 y축의 이름을 지정함
xlim, ylim		x축과 y축의 범위를 지정함
col		색상을 선택함
cex		문자나 점의 크기를 설정함
srt, crt		문자열 회전, 문자 회전
tck, tcl		좌표의 눈금선의 길이를 지정함

par 함수는 그래픽 인수를 설정하고 조회하는 함수이다. par 함수에서 자주 쓰이는 인수는 다음과 같다.

인수	기능
mfrow, mfcol	Figure Region을 분할하여 Plot Region을 만들고 배치의 순서를 설정함
fig	분할된 영역의 크기와 위치를 설정함
new	다음 번 고수주 그래픽 함수가 호출될 때 Figure Region의 내용을 초기화하는지의 여부를 설정함
bty	Plot Region의 좌표를 둘러싼 상자의 모양을 설정함
pty	Plot Region의 형태를 설정함
mar	Plot Margin을 설정함
oma	Outer Margin을 설정함
family, font	그래픽 장치에서 출력되는 문자의 폰트 종류와 폰트 체형을 설정함
fg, bg	그래픽 장치의 전경색과 배경색을 지정함

고수준 그래픽 함수에 부가적으로 쓰이는 저수준 그래픽 함수는 다음 표와 같다.

도형	함수	기능
점	points	점을 찍음
선	abline	직선을 그림
	lines	좌표의 점들을 이어서 선을 그림
	arrows	화살표를 그림
	segments	좌표점들을 분할하여 선을 그림
면	box	Plot Region이 아닌 영역에 상자를 그림
	rect	Plot Region의 좌표에 상자를 그림
	polygon	좌표점들을 이어서 폐다각형을 그림
문자	title	그래프에 타이틀을 출력함
	text	Plot Region의 좌표에 문자를 출력함
	mtext	Plot Margin이나 Outer Margin상에 문자를 출력함
범례	legend	범례를 그림
좌표축	axis	좌표축을 그릴 위치를 지정함
기타	grid	좌표 평면에 격자를 그림
	rug	데이터를 하나의 좌표축에 띠 모양의 선으로 그림
	density	데이터의 밀도함수추정량을 구하고 그림
	chull	convex hull(모든 점을 포함하는 볼록한 테두리) 좌표점들을 구함

삼각함수 sin(x)를 그려 보면 다음과 같다.

```
> # 삼각함수 sine 그림
> x=seq(-4,4,len=101)
> plot(x,sin(x),type="l",xaxt="n",xlab=expression(paste("Phase Angle ",phi))
+ ,ylab=expression(paste("sin ",phi)))
> axis(1,at=c(-pi,-pi/2,0,pi/2,pi),lab=expression(-pi,-pi/2,0,pi/2,pi))
```

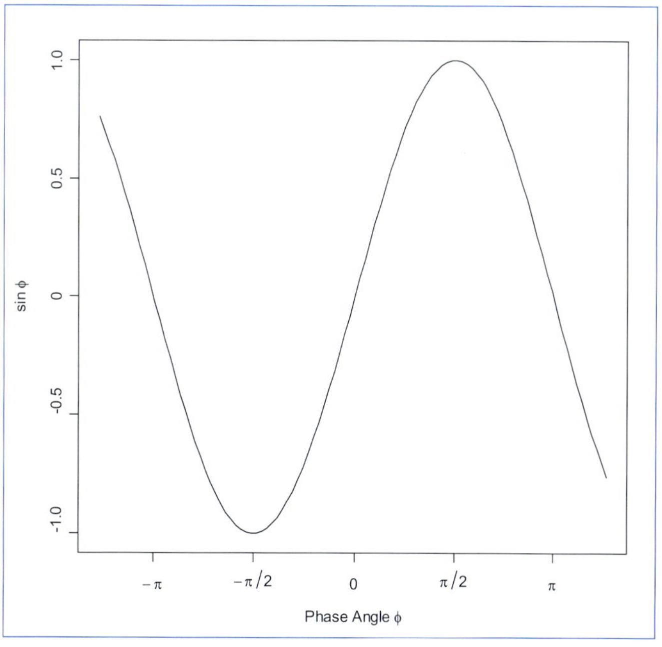

등고선도를 그려 보자.

```
> # 등고선 그리기
> x=seq(-2,2,0.1)
> y=seq(-2,2,0.1)
> func=function(x,y) 70.00-0.16*x-0.95*y-0.69*x^2-6.69*y^2-1.25*x*y
> image(x,y,outer(x,y,func))
> contour(x,y,outer(x,y,func),add=T)
```

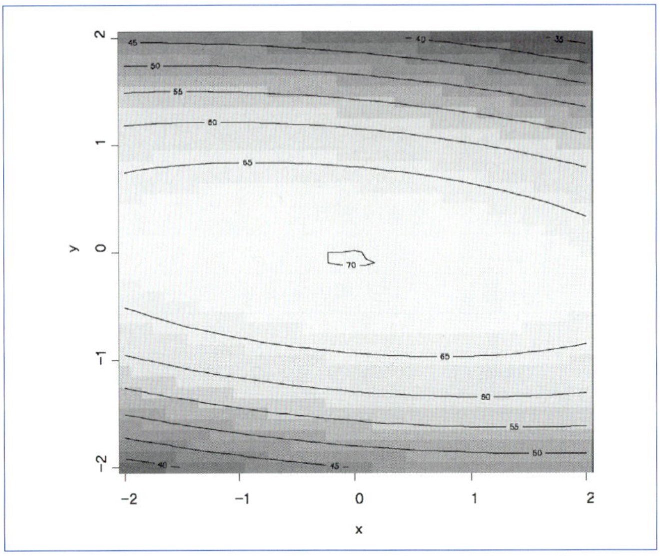

위의 $f(x,y)$에 대하여 3차원 투시도를 그려 보면 다음과 같다. theta와 phi는 3차원 대상을 바라보는 각도로서 theta는 방위각 (azimuthal) 이고 phi는 여위도 (colatitude) 이다.

```
> persp(x,y,outer(x,y,func),theta=30,phi=30,zlab="f(x,y)")
```

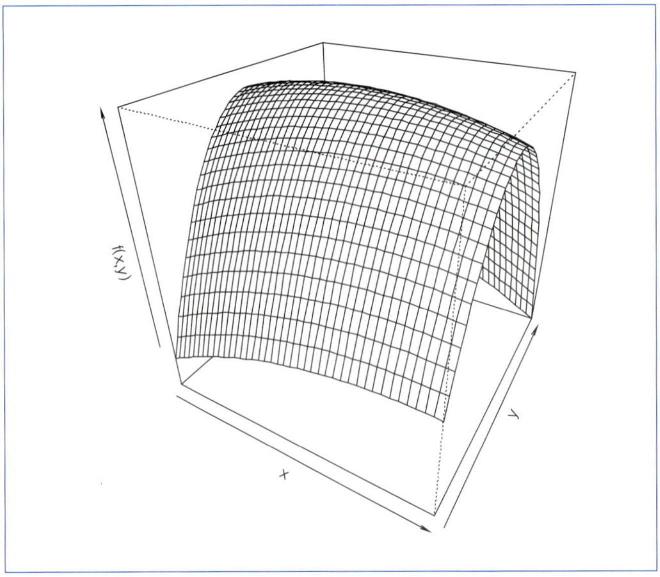

정규분포를 그려 보면 다음과 같다. 처음 두 개의 그림은 표준정규분포이고 나중 두 개의 그림은 표준정규분포와 평균이 0이고 표준편차가 2인 정규분포를 비교한 그림이다.

```
> # 정규분포
> par(mfrow=c(2,2))
> x=seq(-5,5,by=0.1)
> plot(x,dnorm(x),ylab="density",main="정규밀도함수")
> plot(x,dnorm(x),type="l",ylab="density",main="정규밀도함수")
> x1=seq(-5,5,length=300)
> plot(x1,dnorm(x1),type="l",ylim=c(0,0.5),xlab="x"
+ ,ylab="density",main="정규밀도함수")
> par(new=T)
> plot(x1,dnorm(x1,sd=2),type="l",ylim=c(0,0.5)
+ ,xlab="x",ylab="density",col="red")
> plot(x1,dnorm(x1),type="l",ylim=c(0,0.5),xlab="x"
+ ,ylab="density",main="정규밀도함수")
> lines(x,dnorm(x,sd=2),lty="dashed",col="red")
> text(0,0.45,"mean=0,std=1")
> text(0,0.25,"mean=0,std=2",col="red")
```

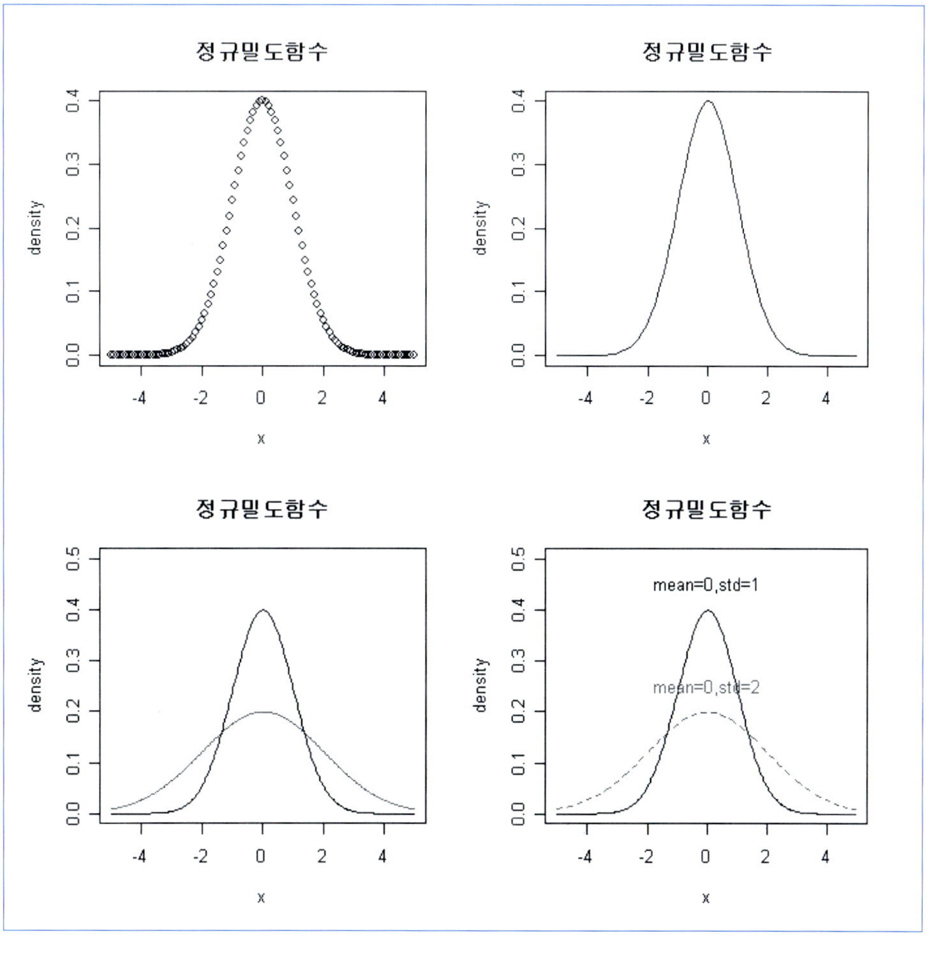

부록B 통계분포표

1 표준정규분포표

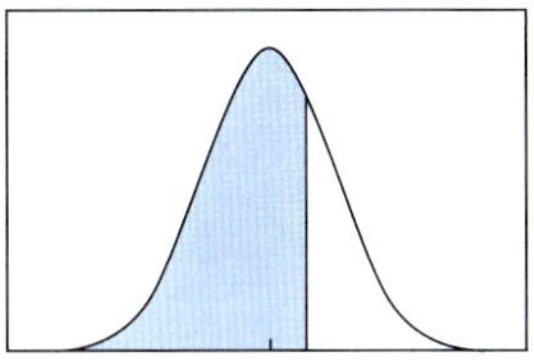

표의 숫자는 z와 같거나 작은 확률, 즉 $P(Z<z)$를 나타낸다.

z	.00	.01	.02	.03	.04	.05	.06	.07	.08	.09
-3.4	.0003	.0003	.0003	.0003	.0003	.0003	.0003	.0003	.0003	.0002
-3.3	.0005	.0005	.0005	.0004	.0004	.0004	.0004	.0004	.0004	.0003
-3.2	.0007	.0007	.0006	.0006	.0006	.0006	.0006	.0005	.0005	.0005
-3.1	.0010	.0009	.0009	.0009	.0008	.0008	.0008	.0008	.0007	.0007
-3.0	.0013	.0013	.0013	.0012	.0012	.0011	.0011	.0011	.0010	.0010
-2.9	.0019	.0018	.0018	.0017	.0016	.0016	.0015	.0015	.0014	.0014
-2.8	.0026	.0025	.0024	.0023	.0023	.0022	.0021	.0021	.0020	.0019
-2.7	.0035	.0034	.00033	.0032	.0031	.0030	.0029	.0028	.0027	.0026
-2.6	.0047	.0045	.0044	.0043	.0041	.0040	.0039	.0039	.0037	.0036
-2.5	.0062	.0060	.0059	.0057	.0055	.0054	.0052	.0051	.0049	.0048
-2.4	.0082	.0080	.0078	.0075	.0073	.0071	.0067	.0068	.0066	.0064
-2.3	.0107	.0104	.0102	.0099	.0096	.0094	.0091	.0087	.0087	.0084
-2.2	.0139	.0136	.0132	.0129	.0125	.0122	.0119	.0116	.0113	.0110
-2.1	.0179	.0174	.0170	.0166	.0162	.0158	.0154	.0150	.0146	.0143
-2.0	.0228	.0222	.0217	.0212	.0207	.0202	.0197	.0192	.0188	.0183
-1.9	.0287	.0281	.0274	.0268	.0262	.0256	.0250	.0244	.0239	.0233
-1.8	.0359	.0351	.0344	.0336	.0329	.0322	.0314	.0307	.0301	.0294
-1.7	.0446	.0436	.0427	.0418	.0409	.0401	.0392	.0384	.0375	.0367
-1.6	.0548	.0537	.0526	.0516	.0505	.0495	.0485	.0475	.0465	.0455
-1.5	.0668	.0655	.0643	.0630	.0618	.0606	.0594	.0582	.0571	.0559
-1.4	.0808	.0793	.0778	.0764	.0749	.0735	.0721	.0708	.0694	.0681
-1.3	.0968	.0951	.0934	.0918	.0901	.0885	.0869	.0853	.0838	.0823
-1.2	.1151	.1131	.1112	.1093	.1075	.1056	.1038	.1020	.1003	.0985
-1.1	.1357	.1335	.1314	.1292	.1271	.1251	.1230	.1210	.1190	.1170
-1.0	.1587	.1562	.1539	.1515	.1492	.1469	.1446	.1423	.1401	.1379
-0.9	.1841	.1814	.1788	.1762	.1736	.1711	.1685	.1660	.1635	.1611
-0.8	.2119	.2090	.2061	.2033	.2005	.1977	.1949	.1922	.1894	.1867
-0.7	.2420	.2389	.2358	.2327	.2297	.2266	.2236	.2206	.2177	.2148
-0.6	.2743	.2709	.2676	.2643	.2611	.2578	.2546	.2514	.2483	.2451
-0.5	.3085	.3050	.3015	.2981	.2946	.2912	.2877	.2843	.2810	.2776
-0.4	.3446	.3409	.3372	.3336	.3300	.3264	.3228	.3192	.3156	.3121
-0.3	.3821	.3783	.3745	.3707	.3669	.3632	.3594	.3557	.3520	.3483
-0.2	.4207	.4168	.4129	.4090	.4052	.4013	.3974	.3936	.3897	.3859
-0.1	.4602	.4562	.4522	.4483	.4443	.4404	.4364	.4325	.4286	.4247
-0.0	.5000	.4960	.4920	.4880	.4840	.4801	.4761	.4721	.4681	.4641

z	.00	.01	.02	.03	.04	.05	.06	.07	.08	.09
0.0	.5000	.5040	.5080	.5120	.5160	.5199	.5239	.5279	.5319	.5359
0.1	.5398	.5438	.5478	.5517	.5557	.5596	.5636	.5675	.5714	.5753
0.2	.5793	.5832	.5871	.5910	.5948	.5987	.6026	.6064	.6103	.6141
0.3	.6179	.6217	.6255	.6293	.6331	.6368	.6406	.6443	.6480	.6517
0.4	.6554	.6591	.6628	.6664	.6700	.6736	.6772	.6808	.6844	.6879
0.5	.6915	.6950	.6985	.7019	.7054	.7088	.7123	.7157	.7190	.7224
0.6	.7257	.7291	.7324	.7357	.7389	.7422	.7454	.7486	.7517	.7549
0.7	.7580	.7611	.7642	.7673	.7704	.7734	.7764	.7794	.7823	.7852
0.8	.7881	.7910	.7939	.7967	.7995	.8023	.8051	.8078	.8106	.8133
0.9	.8159	.8186	.8212	.8238	.8264	.8289	.8315	.8340	.8365	.8389
1.0	.8413	.8438	.8461	.8485	.8508	.8531	.8554	.8577	.8599	.8621
1.1	.8643	.8665	.8686	.8708	.8729	.8749	.8770	.8790	.8810	.8830
1.2	.8849	.8869	.8888	.8907	.8925	.8944	.8962	.8980	.8997	.9015
1.3	.9032	.9049	.9066	.9082	.9099	.9115	.9131	.9147	.9162	.9177
1.4	.9192	.9207	.9222	.9236	.9251	.9265	.9279	.9292	.9306	.9319
1.5	.9332	.9345	.9357	.9370	.9382	.9394	.9406	.9418	.9429	.9441
1.6	.9452	.9463	.9474	.9484	.9495	.9505	.9515	.9525	.9535	.9545
1.7	.9554	.9564	.9573	.9582	.9591	.9599	.9608	.9616	.9625	.9633
1.8	.9641	.9649	.9656	.9664	.9671	.9678	.9686	.9693	.9699	.9706
1.9	.9713	.9719	.9726	.9732	.9738	.9744	.9750	.9756	.9761	.9767
2.0	.9772	.9778	.9783	.9788	.9793	.9798	.9803	.9808	.9812	.9817
2.1	.9821	.9826	.9830	.9834	.9838	.9842	.9846	.9850	.9854	.9857
2.2	.9861	.9864	.9868	.9871	.9875	.9878	.9881	.9884	.9887	.9890
2.3	.9893	.9896	.9898	.9901	.9904	.9906	.9909	.9911	.9913	.9916
2.4	.9918	.9920	.9922	.9925	.9927	.9929	.9931	.9932	.9934	.9936
2.5	.9938	.9940	.9941	.9943	.9945	.9946	.9948	.9949	.9951	.9952
2.6	.9953	.9955	.9956	.9957	.9959	.9960	.9961	.9962	.9963	.9964
2.7	.9965	.9966	.9967	.9968	.9969	.9970	.9971	.9972	.9973	.9974
2.8	.9974	.9975	.9976	.9977	.9977	.9978	.9979	.9979	.9980	.9981
2.9	.9981	.9982	.9982	.9983	.9984	.9984	.9985	.9985	.9986	.9986
3.0	.9987	.9987	.9987	.9988	.9988	.9989	.9989	.9989	.9990	.9990
3.1	.9990	.9991	.9991	.9991	.9992	.9992	.9992	.9992	.9993	.9993
3.2	.9993	.9993	.9994	.9994	.9994	.9994	.9994	.9995	.9995	.9995
3.3	.9995	.9995	.9995	.9996	.9996	.9996	.9996	.9996	.9996	.9997
3.4	.9997	.9997	.9997	.9997	.9997	.9997	.9997	.9997	.9997	.9998

2 누적이항분포표

$$P\{X \le k\} = \sum_{x=0}^{k} {}_nC_x\, p^x (1-p)^{n-x}$$

n	k	p										
		0.05	0.1	0.2	0.3	0.4	0.5	0.6	0.7	0.8	0.9	0.95
1	0	0.950	0.900	0.800	0.700	0.600	0.500	0.400	0.300	0.200	0.100	0.050
	1	1.000	1.000	1.000	1.000	1.000	1.000	1.000	1.000	1.000	1.000	1.000
2	0	0.903	0.810	0.640	0.490	0.360	0.250	0.160	0.090	0.040	0.010	0.003
	1	0.998	0.990	0.960	0.910	0.840	0.750	0.640	0.510	0.360	0.190	0.098
	2	1.000	1.000	1.000	1.000	1.000	1.000	1.000	1.000	1.000	1.000	1.000
3	0	0.857	0.729	0.512	0.343	0.216	0.125	0.064	0.027	0.008	0.001	0.000
	1	0.993	0.972	0.896	0.784	0.648	0.500	0.352	0.216	0.104	0.028	0.007
	2	1.000	0.999	0.992	0.973	0.936	0.875	0.784	0.657	0.488	0.271	0.143
	3	1.000	1.000	1.000	1.000	1.000	1.000	1.000	1.000	1.000	1.000	1.000
4	0	0.815	0.656	0.410	0.240	0.130	0.063	0.026	0.008	0.002	0.000	0.000
	1	0.986	0.948	0.819	0.652	0.475	0.313	0.179	0.084	0.027	0.004	0.000
	2	1.000	0.996	0.973	0.916	0.821	0.688	0.525	0.348	0.181	0.052	0.014
	3	1.000	1.000	0.998	0.992	0.974	0.938	0.870	0.760	0.590	0.344	0.185
	4	1.000	1.000	1.000	1.000	1.000	1.000	1.000	1.000	1.000	1.000	1.000
5	0	0.774	0.590	0.328	0.168	0.078	0.031	0.010	0.002	0.000	0.000	0.000
	1	0.977	0.919	0.737	0.528	0.337	0.188	0.087	0.031	0.007	0.000	0.000
	2	0.999	0.991	0.942	0.837	0.683	0.500	0.317	0.163	0.058	0.009	0.001
	3	1.000	1.000	0.993	0.969	0.913	0.813	0.663	0.472	0.263	0.081	0.023
	4	1.000	1.000	1.000	0.998	0.990	0.969	0.922	0.832	0.672	0.410	0.226
	5	1.000	1.000	1.000	1.000	1.000	1.000	1.000	1.000	1.000	1.000	1.000
6	0	0.735	0.531	0.262	0.118	0.047	0.016	0.004	0.001	0.000	0.000	0.000
	1	0.967	0.886	0.655	0.420	0.233	0.109	0.041	0.011	0.002	0.000	0.000
	2	0.998	0.984	0.901	0.744	0.544	0.344	0.179	0.070	0.017	0.001	0.000
	3	1.000	0.999	0.983	0.930	0.821	0.656	0.456	0.256	0.099	0.016	0.002
	4	1.000	1.000	0.998	0.989	0.959	0.891	0.767	0.580	0.345	0.114	0.033
	5	1.000	1.000	1.000	0.999	0.996	0.984	0.953	0.882	0.738	0.469	0.265
	6	1.000	1.000	1.000	1.000	1.000	1.000	1.000	1.000	1.000	1.000	1.000
7	0	0.698	0.478	0.210	0.082	0.028	0.008	0.002	0.000	0.000	0.000	0.000
	1	0.956	0.850	0.577	0.329	0.159	0.063	0.019	0.004	0.000	0.000	0.000
	2	0.996	0.974	0.852	0.647	0.420	0.227	0.096	0.029	0.005	0.000	0.000
	3	1.000	0.997	0.967	0.874	0.710	0.500	0.290	0.126	0.033	0.003	0.000
	4	1.000	1.000	0.995	0.971	0.904	0.773	0.580	0.353	0.148	0.026	0.004
	5	1.000	1.000	1.000	0.996	0.981	0.938	0.841	0.671	0.423	0.150	0.044
	6	1.000	1.000	1.000	1.000	0.998	0.992	0.972	0.918	0.790	0.522	0.302
	7	1.000	1.000	1.000	1.000	1.000	1.000	1.000	1.000	1.000	1.000	1.000

n	k	p										
		0.05	0.1	0.2	0.3	0.4	0.5	0.6	0.7	0.8	0.9	0.95
8	0	0.663	0.430	0.168	0.058	0.017	0.004	0.001	0.000	0.000	0.000	0.000
	1	0.943	0.813	0.503	0.255	0.106	0.035	0.009	0.001	0.000	0.000	0.000
	2	0.994	0.962	0.797	0.552	0.315	0.145	0.050	0.011	0.001	0.000	0.000
	3	1.000	0.995	0.944	0.806	0.594	0.363	0.174	0.058	0.010	0.000	0.000
	4	1.000	1.000	0.990	0.942	0.826	0.637	0.406	0.194	0.056	0.005	0.000
	5	1.000	1.000	0.999	0.989	0.950	0.855	0.685	0.448	0.203	0.038	0.006
	6	1.000	1.000	1.000	0.999	0.991	0.965	0.894	0.745	0.497	0.187	0.057
	7	1.000	1.000	1.000	1.000	0.999	0.996	0.983	0.942	0.832	0.570	0.337
	8	1.000	1.000	1.000	1.000	1.000	1.000	1.000	1.000	1.000	1.000	1.000
9	0	0.630	0.387	0.134	0.040	0.010	0.002	0.000	0.000	0.000	0.000	0.000
	1	0.929	0.775	0.436	0.196	0.071	0.020	0.004	0.000	0.000	0.000	0.000
	2	0.992	0.947	0.738	0.463	0.232	0.090	0.025	0.004	0.000	0.000	0.000
	3	0.999	0.992	0.914	0.730	0.483	0.254	0.099	0.025	0.003	0.000	0.000
	4	1.000	0.999	0.980	0.901	0.733	0.500	0.267	0.099	0.020	0.001	0.000
	5	1.000	1.000	0.997	0.975	0.901	0.746	0.517	0.270	0.086	0.008	0.001
	6	1.000	1.000	1.000	0.996	0.975	0.910	0.768	0.537	0.262	0.053	0.008
	7	1.000	1.000	1.000	1.000	0.996	0.980	0.929	0.804	0.564	0.225	0.071
	8	1.000	1.000	1.000	1.000	1.000	0.998	0.990	0.960	0.866	0.613	0.370
	9	1.000	1.000	1.000	1.000	1.000	1.000	1.000	1.000	1.000	1.000	1.000
10	0	0.599	0.349	0.107	0.028	0.006	0.001	0.000	0.000	0.000	0.000	0.000
	1	0.914	0.736	0.376	0.149	0.046	0.011	0.002	0.000	0.000	0.000	0.000
	2	0.988	0.930	0.678	0.383	0.167	0.055	0.012	0.002	0.000	0.000	0.000
	3	0.999	0.987	0.879	0.650	0.382	0.172	0.055	0.011	0.001	0.000	0.000
	4	1.000	0.998	0.967	0.850	0.633	0.377	0.166	0.047	0.006	0.000	0.000
	5	1.000	1.000	0.994	0.953	0.834	0.623	0.367	0.150	0.033	0.002	0.000
	6	1.000	1.000	0.999	0.989	0.945	0.828	0.618	0.350	0.121	0.013	0.001
	7	1.000	1.000	1.000	0.998	0.988	0.945	0.833	0.617	0.322	0.070	0.012
	8	1.000	1.000	1.000	1.000	0.998	0.989	0.954	0.851	0.624	0.264	0.086
	9	1.000	1.000	1.000	1.000	1.000	0.999	0.994	0.972	0.893	0.651	0.401
	10	1.000	1.000	1.000	1.000	1.000	1.000	1.000	1.000	1.000	1.000	1.000
11	0	0.569	0.314	0.086	0.020	0.004	0.000	0.000	0.000	0.000	0.000	0.000
	1	0.898	0.697	0.322	0.113	0.030	0.006	0.001	0.000	0.000	0.000	0.000
	2	0.985	0.910	0.617	0.313	0.119	0.033	0.006	0.001	0.000	0.000	0.000
	3	0.998	0.981	0.839	0.570	0.296	0.113	0.029	0.004	0.000	0.000	0.000
	4	1.000	0.997	0.950	0.790	0.533	0.274	0.099	0.022	0.002	0.000	0.000
	5	1.000	1.000	0.988	0.922	0.753	0.500	0.247	0.078	0.012	0.000	0.000
	6	1.000	1.000	0.998	0.978	0.901	0.726	0.467	0.210	0.050	0.003	0.000
	7	1.000	1.000	1.000	0.996	0.971	0.887	0.704	0.430	0.161	0.019	0.002
	8	1.000	1.000	1.000	0.999	0.994	0.967	0.881	0.687	0.383	0.090	0.015
	9	1.000	1.000	1.000	1.000	0.999	0.994	0.970	0.887	0.678	0.303	0.102
	10	1.000	1.000	1.000	1.000	1.000	1.000	0.996	0.980	0.914	0.686	0.431
	11	1.000	1.000	1.000	1.000	1.000	1.000	1.000	1.000	1.000	1.000	1.000

n	k	p										
		0.05	0.1	0.2	0.3	0.4	0.5	0.6	0.7	0.8	0.9	0.95
12	0	0.540	0.282	0.069	0.014	0.002	0.000	0.000	0.000	0.000	0.000	0.000
	1	0.882	0.659	0.275	0.085	0.020	0.003	0.000	0.000	0.000	0.000	0.000
	2	0.980	0.889	0.558	0.253	0.083	0.019	0.003	0.000	0.000	0.000	0.000
	3	0.998	0.974	0.795	0.493	0.225	0.073	0.015	0.002	0.000	0.000	0.000
	4	1.000	0.996	0.927	0.724	0.438	0.194	0.057	0.009	0.001	0.000	0.000
	5	1.000	0.999	0.981	0.882	0.665	0.387	0.158	0.039	0.004	0.000	0.000
	6	1.000	1.000	0.996	0.961	0.842	0.613	0.335	0.118	0.019	0.001	0.000
	7	1.000	1.000	0.999	0.991	0.943	0.806	0.562	0.276	0.073	0.004	0.000
	8	1.000	1.000	1.000	0.998	0.985	0.927	0.775	0.507	0.205	0.026	0.002
	9	1.000	1.000	1.000	1.000	0.997	0.981	0.917	0.747	0.442	0.111	0.020
	10	1.000	1.000	1.000	1.000	1.000	0.997	0.980	0.915	0.725	0.341	0.118
	11	1.000	1.000	1.000	1.000	1.000	1.000	0.998	0.986	0.931	0.718	0.460
	12	1.000	1.000	1.000	1.000	1.000	1.000	1.000	1.000	1.000	1.000	1.000
13	0	0.513	0.254	0.055	0.010	0.001	0.000	0.000	0.000	0.000	0.000	0.000
	1	0.865	0.621	0.234	0.064	0.013	0.002	0.000	0.000	0.000	0.000	0.000
	2	0.975	0.866	0.502	0.202	0.058	0.011	0.001	0.000	0.000	0.000	0.000
	3	0.997	0.966	0.747	0.421	0.169	0.046	0.008	0.001	0.000	0.000	0.000
	4	1.000	0.994	0.901	0.654	0.353	0.133	0.032	0.004	0.000	0.000	0.000
	5	1.000	0.999	0.970	0.835	0.574	0.291	0.098	0.018	0.001	0.000	0.000
	6	1.000	1.000	0.993	0.938	0.771	0.500	0.229	0.062	0.007	0.000	0.000
	7	1.000	1.000	0.999	0.982	0.902	0.709	0.426	0.165	0.030	0.001	0.000
	8	1.000	1.000	1.000	0.996	0.968	0.867	0.647	0.346	0.099	0.006	0.000
	9	1.000	1.000	1.000	0.999	0.992	0.954	0.831	0.579	0.253	0.034	0.003
	10	1.000	1.000	1.000	1.000	0.999	0.989	0.942	0.798	0.498	0.134	0.025
	11	1.000	1.000	1.000	1.000	1.000	0.998	0.987	0.936	0.766	0.379	0.135
	12	1.000	1.000	1.000	1.000	1.000	1.000	0.999	0.990	0.945	0.746	0.487
	13	1.000	1.000	1.000	1.000	1.000	1.000	1.000	1.000	1.000	1.000	1.000
14	0	0.488	0.229	0.044	0.007	0.001	0.000	0.000	0.000	0.000	0.000	0.000
	1	0.847	0.585	0.198	0.047	0.008	0.001	0.000	0.000	0.000	0.000	0.000
	2	0.970	0.842	0.448	0.161	0.040	0.006	0.001	0.000	0.000	0.000	0.000
	3	0.996	0.956	0.698	0.355	0.124	0.029	0.004	0.000	0.000	0.000	0.000
	4	1.000	0.991	0.870	0.584	0.279	0.090	0.018	0.002	0.000	0.000	0.000
	5	1.000	0.999	0.956	0.781	0.486	0.212	0.058	0.008	0.000	0.000	0.000
	6	1.000	1.000	0.988	0.907	0.692	0.395	0.150	0.031	0.002	0.000	0.000
	7	1.000	1.000	0.998	0.969	0.850	0.605	0.308	0.093	0.012	0.000	0.000
	8	1.000	1.000	1.000	0.992	0.942	0.788	0.514	0.219	0.044	0.001	0.000
	9	1.000	1.000	1.000	0.998	0.982	0.910	0.721	0.416	0.130	0.009	0.000
	10	1.000	1.000	1.000	1.000	0.996	0.971	0.876	0.645	0.302	0.044	0.004
	11	1.000	1.000	1.000	1.000	0.999	0.994	0.960	0.839	0.552	0.158	0.030
	12	1.000	1.000	1.000	1.000	1.000	0.999	0.992	0.953	0.802	0.415	0.153
	13	1.000	1.000	1.000	1.000	1.000	1.000	0.999	0.993	0.956	0.771	0.512
	14	1.000	1.000	1.000	1.000	1.000	1.000	1.000	1.000	1.000	1.000	1.000

n	k	p										
		0.05	0.1	0.2	0.3	0.4	0.5	0.6	0.7	0.8	0.9	0.95
15	0	0.463	0.206	0.035	0.005	0.000	0.000	0.000	0.000	0.000	0.000	0.000
	1	0.829	0.549	0.167	0.035	0.005	0.000	0.000	0.000	0.000	0.000	0.000
	2	0.964	0.816	0.398	0.127	0.027	0.004	0.000	0.000	0.000	0.000	0.000
	3	0.995	0.944	0.648	0.297	0.091	0.018	0.002	0.000	0.000	0.000	0.000
	4	0.999	0.987	0.836	0.515	0.217	0.059	0.009	0.001	0.000	0.000	0.000
	5	1.000	0.998	0.939	0.722	0.403	0.151	0.034	0.004	0.000	0.000	0.000
	6	1.000	1.000	0.982	0.869	0.610	0.304	0.095	0.015	0.001	0.000	0.000
	7	1.000	1.000	0.996	0.950	0.787	0.500	0.213	0.050	0.004	0.000	0.000
	8	1.000	1.000	0.999	0.985	0.905	0.696	0.390	0.131	0.018	0.000	0.000
	9	1.000	1.000	1.000	0.996	0.966	0.849	0.597	0.278	0.061	0.002	0.000
	10	1.000	1.000	1.000	0.999	0.991	0.941	0.783	0.485	0.164	0.013	0.001
	11	1.000	1.000	1.000	1.000	0.998	0.982	0.909	0.703	0.352	0.056	0.005
	12	1.000	1.000	1.000	1.000	1.000	0.996	0.973	0.873	0.602	0.184	0.036
	13	1.000	1.000	1.000	1.000	1.000	1.000	0.995	0.965	0.833	0.451	0.171
	14	1.000	1.000	1.000	1.000	1.000	1.000	1.000	0.995	0.965	0.794	0.537
	15	1.000	1.000	1.000	1.000	1.000	1.000	1.000	1.000	1.000	1.000	1.000
16	0	0.440	0.185	0.028	0.003	0.000	0.000	0.000	0.000	0.000	0.000	0.000
	1	0.811	0.515	0.141	0.026	0.003	0.000	0.000	0.000	0.000	0.000	0.000
	2	0.957	0.789	0.352	0.099	0.018	0.002	0.000	0.000	0.000	0.000	0.000
	3	0.993	0.932	0.598	0.246	0.065	0.011	0.001	0.000	0.000	0.000	0.000
	4	0.999	0.983	0.798	0.450	0.167	0.038	0.005	0.000	0.000	0.000	0.000
	5	1.000	0.997	0.918	0.660	0.329	0.105	0.019	0.002	0.000	0.000	0.000
	6	1.000	0.999	0.973	0.825	0.527	0.227	0.058	0.007	0.000	0.000	0.000
	7	1.000	1.000	0.993	0.926	0.716	0.402	0.142	0.026	0.001	0.000	0.000
	8	1.000	1.000	0.999	0.974	0.858	0.598	0.284	0.074	0.007	0.000	0.000
	9	1.000	1.000	1.000	0.993	0.942	0.773	0.473	0.175	0.027	0.001	0.000
	10	1.000	1.000	1.000	0.998	0.981	0.895	0.671	0.340	0.082	0.003	0.000
	11	1.000	1.000	1.000	1.000	0.995	0.962	0.833	0.550	0.202	0.017	0.001
	12	1.000	1.000	1.000	1.000	0.999	0.989	0.935	0.754	0.402	0.068	0.007
	13	1.000	1.000	1.000	1.000	1.000	0.998	0.982	0.901	0.648	0.211	0.043
	14	1.000	1.000	1.000	1.000	1.000	1.000	0.997	0.974	0.859	0.485	0.189
	15	1.000	1.000	1.000	1.000	1.000	1.000	1.000	0.997	0.972	0.815	0.560
	16	1.000	1.000	1.000	1.000	1.000	1.000	1.000	1.000	1.000	1.000	1.000
17	0	0.418	0.167	0.023	0.002	0.000	0.000	0.000	0.000	0.000	0.000	0.000
	1	0.792	0.482	0.118	0.019	0.002	0.000	0.000	0.000	0.000	0.000	0.000
	2	0.950	0.762	0.310	0.077	0.012	0.001	0.000	0.000	0.000	0.000	0.000
	3	0.991	0.917	0.549	0.202	0.046	0.006	0.000	0.000	0.000	0.000	0.000
	4	0.999	0.978	0.758	0.389	0.126	0.025	0.003	0.000	0.000	0.000	0.000
	5	1.000	0.995	0.894	0.597	0.264	0.072	0.011	0.001	0.000	0.000	0.000
	6	1.000	0.999	0.962	0.775	0.448	0.166	0.035	0.003	0.000	0.000	0.000
	7	1.000	1.000	0.989	0.895	0.641	0.315	0.092	0.013	0.000	0.000	0.000
	8	1.000	1.000	0.997	0.960	0.801	0.500	0.199	0.040	0.003	0.000	0.000
	9	1.000	1.000	1.000	0.987	0.908	0.685	0.359	0.105	0.011	0.000	0.000
	10	1.000	1.000	1.000	0.997	0.965	0.834	0.552	0.225	0.038	0.001	0.000

n	k	p										
		0.05	0.1	0.2	0.3	0.4	0.5	0.6	0.7	0.8	0.9	0.95
	11	1.000	1.000	1.000	0.999	0.989	0.928	0.736	0.403	0.106	0.005	0.000
	12	1.000	1.000	1.000	1.000	0.997	0.975	0.874	0.611	0.242	0.022	0.001
	13	1.000	1.000	1.000	1.000	1.000	0.994	0.954	0.798	0.451	0.083	0.009
	14	1.000	1.000	1.000	1.000	1.000	0.999	0.988	0.923	0.690	0.238	0.050
	15	1.000	1.000	1.000	1.000	1.000	1.000	0.998	0.981	0.882	0.518	0.208
	16	1.000	1.000	1.000	1.000	1.000	1.000	1.000	0.998	0.977	0.833	0.582
	17	1.000	1.000	1.000	1.000	1.000	1.000	1.000	1.000	1.000	1.000	1.000
18	0	0.397	0.150	0.018	0.002	0.000	0.000	0.000	0.000	0.000	0.000	0.000
	1	0.774	0.450	0.099	0.014	0.001	0.000	0.000	0.000	0.000	0.000	0.000
	2	0.942	0.734	0.271	0.060	0.008	0.001	0.000	0.000	0.000	0.000	0.000
	3	0.989	0.902	0.501	0.165	0.033	0.004	0.000	0.000	0.000	0.000	0.000
	4	0.998	0.972	0.716	0.333	0.094	0.015	0.001	0.000	0.000	0.000	0.000
	5	1.000	0.994	0.867	0.534	0.209	0.048	0.006	0.000	0.000	0.000	0.000
	6	1.000	0.999	0.949	0.722	0.374	0.119	0.020	0.001	0.000	0.000	0.000
	7	1.000	1.000	0.984	0.859	0.563	0.240	0.058	0.006	0.000	0.000	0.000
	8	1.000	1.000	0.996	0.940	0.737	0.407	0.135	0.021	0.001	0.000	0.000
	9	1.000	1.000	0.999	0.979	0.865	0.593	0.263	0.060	0.004	0.000	0.000
	10	1.000	1.000	1.000	0.994	0.942	0.760	0.437	0.141	0.016	0.000	0.000
	11	1.000	1.000	1.000	0.999	0.980	0.881	0.626	0.278	0.051	0.001	0.000
	12	1.000	1.000	1.000	1.000	0.994	0.952	0.791	0.466	0.133	0.006	0.000
	13	1.000	1.000	1.000	1.000	0.999	0.985	0.906	0.667	0.284	0.028	0.002
	14	1.000	1.000	1.000	1.000	1.000	0.996	0.967	0.835	0.499	0.098	0.011
	15	1.000	1.000	1.000	1.000	1.000	0.999	0.992	0.940	0.729	0.266	0.058
	16	1.000	1.000	1.000	1.000	1.000	1.000	0.999	0.986	0.901	0.550	0.226
	17	1.000	1.000	1.000	1.000	1.000	1.000	1.000	0.998	0.982	0.850	0.603
	18	1.000	1.000	1.000	1.000	1.000	1.000	1.000	1.000	1.000	1.000	1.000
19	0	0.377	0.135	0.014	0.001	0.000	0.000	0.000	0.000	0.000	0.000	0.000
	1	0.755	0.420	0.083	0.010	0.001	0.000	0.000	0.000	0.000	0.000	0.000
	2	0.933	0.705	0.237	0.046	0.005	0.000	0.000	0.000	0.000	0.000	0.000
	3	0.987	0.885	0.455	0.133	0.023	0.002	0.000	0.000	0.000	0.000	0.000
	4	0.998	0.965	0.673	0.282	0.070	0.010	0.001	0.000	0.000	0.000	0.000
	5	1.000	0.991	0.837	0.474	0.163	0.032	0.003	0.000	0.000	0.000	0.000
	6	1.000	0.998	0.932	0.666	0.308	0.084	0.012	0.001	0.000	0.000	0.000
	7	1.000	1.000	0.977	0.818	0.488	0.180	0.035	0.003	0.000	0.000	0.000
	8	1.000	1.000	0.993	0.916	0.667	0.324	0.088	0.011	0.000	0.000	0.000
	9	1.000	1.000	0.998	0.967	0.814	0.500	0.186	0.033	0.002	0.000	0.000
	10	1.000	1.000	1.000	0.989	0.912	0.676	0.333	0.084	0.007	0.000	0.000
	11	1.000	1.000	1.000	0.997	0.965	0.820	0.512	0.182	0.023	0.000	0.000
	12	1.000	1.000	1.000	0.999	0.988	0.916	0.692	0.334	0.068	0.002	0.000
	13	1.000	1.000	1.000	1.000	0.997	0.968	0.837	0.526	0.163	0.009	0.000
	14	1.000	1.000	1.000	1.000	0.999	0.990	0.930	0.718	0.327	0.035	0.002
	15	1.000	1.000	1.000	1.000	1.000	0.998	0.977	0.867	0.545	0.115	0.013
	16	1.000	1.000	1.000	1.000	1.000	1.000	0.995	0.954	0.763	0.295	0.067
	17	1.000	1.000	1.000	1.000	1.000	1.000	0.999	0.990	0.917	0.580	0.245
	18	1.000	1.000	1.000	1.000	1.000	1.000	1.000	0.999	0.986	0.865	0.623
	19	1.000	1.000	1.000	1.000	1.000	1.000	1.000	1.000	1.000	1.000	1.000

n	k	p										
		0.05	0.1	0.2	0.3	0.4	0.5	0.6	0.7	0.8	0.9	0.95
20	0	0.358	0.122	0.012	0.001	0.000	0.000	0.000	0.000	0.000	0.000	0.000
	1	0.736	0.392	0.069	0.008	0.001	0.000	0.000	0.000	0.000	0.000	0.000
	2	0.925	0.677	0.206	0.035	0.004	0.000	0.000	0.000	0.000	0.000	0.000
	3	0.984	0.867	0.411	0.107	0.016	0.001	0.000	0.000	0.000	0.000	0.000
	4	0.997	0.957	0.630	0.238	0.051	0.006	0.000	0.000	0.000	0.000	0.000
	5	1.000	0.989	0.804	0.416	0.126	0.021	0.002	0.000	0.000	0.000	0.000
	6	1.000	0.998	0.913	0.608	0.250	0.058	0.006	0.000	0.000	0.000	0.000
	7	1.000	1.000	0.968	0.772	0.416	0.132	0.021	0.001	0.000	0.000	0.000
	8	1.000	1.000	0.990	0.887	0.596	0.252	0.057	0.005	0.000	0.000	0.000
	9	1.000	1.000	0.997	0.952	0.755	0.412	0.128	0.017	0.001	0.000	0.000
	10	1.000	1.000	0.999	0.983	0.872	0.588	0.245	0.048	0.003	0.000	0.000
	11	1.000	1.000	1.000	0.995	0.943	0.748	0.404	0.113	0.010	0.000	0.000
	12	1.000	1.000	1.000	0.999	0.979	0.868	0.584	0.228	0.032	0.000	0.000
	13	1.000	1.000	1.000	1.000	0.994	0.942	0.750	0.392	0.087	0.002	0.000
	14	1.000	1.000	1.000	1.000	0.998	0.979	0.874	0.584	0.196	0.011	0.000
	15	1.000	1.000	1.000	1.000	1.000	0.994	0.949	0.762	0.370	0.043	0.003
	16	1.000	1.000	1.000	1.000	1.000	0.999	0.984	0.893	0.589	0.133	0.016
	17	1.000	1.000	1.000	1.000	1.000	1.000	0.996	0.965	0.794	0.323	0.075
	18	1.000	1.000	1.000	1.000	1.000	1.000	0.999	0.992	0.931	0.608	0.264
	19	1.000	1.000	1.000	1.000	1.000	1.000	1.000	0.999	0.988	0.878	0.642
	20	1.000	1.000	1.000	1.000	1.000	1.000	1.000	1.000	1.000	1.000	1.000
25	0	0.277	0.072	0.004	0.000	0.000	0.000	0.000	0.000	0.000	0.000	0.000
	1	0.642	0.271	0.027	0.002	0.000	0.000	0.000	0.000	0.000	0.000	0.000
	2	0.873	0.537	0.098	0.009	0.000	0.000	0.000	0.000	0.000	0.000	0.000
	3	0.966	0.764	0.234	0.033	0.002	0.000	0.000	0.000	0.000	0.000	0.000
	4	0.993	0.902	0.421	0.090	0.009	0.000	0.000	0.000	0.000	0.000	0.000
	5	0.999	0.967	0.617	0.193	0.029	0.002	0.000	0.000	0.000	0.000	0.000
	6	1.000	0.991	0.780	0.341	0.074	0.007	0.000	0.000	0.000	0.000	0.000
	7	1.000	0.998	0.891	0.512	0.154	0.022	0.001	0.000	0.000	0.000	0.000
	8	1.000	1.000	0.953	0.677	0.274	0.054	0.004	0.000	0.000	0.000	0.000
	9	1.000	1.000	0.983	0.811	0.425	0.115	0.013	0.000	0.000	0.000	0.000
	10	1.000	1.000	0.994	0.902	0.586	0.212	0.034	0.002	0.000	0.000	0.000
	11	1.000	1.000	0.998	0.956	0.732	0.345	0.078	0.006	0.000	0.000	0.000
	12	1.000	1.000	1.000	0.983	0.846	0.500	0.154	0.017	0.000	0.000	0.000
	13	1.000	1.000	1.000	0.994	0.922	0.655	0.268	0.044	0.002	0.000	0.000
	14	1.000	1.000	1.000	0.998	0.966	0.788	0.414	0.098	0.006	0.000	0.000
	15	1.000	1.000	1.000	1.000	0.987	0.885	0.575	0.189	0.017	0.000	0.000
	16	1.000	1.000	1.000	1.000	0.996	0.946	0.726	0.323	0.047	0.000	0.000
	17	1.000	1.000	1.000	1.000	0.999	0.978	0.846	0.488	0.109	0.002	0.000
	18	1.000	1.000	1.000	1.000	1.000	0.993	0.926	0.659	0.220	0.009	0.000
	19	1.000	1.000	1.000	1.000	1.000	0.998	0.971	0.807	0.383	0.033	0.001
	20	1.000	1.000	1.000	1.000	1.000	1.000	0.991	0.910	0.579	0.098	0.007
	21	1.000	1.000	1.000	1.000	1.000	1.000	0.998	0.967	0.766	0.236	0.034
	22	1.000	1.000	1.000	1.000	1.000	1.000	1.000	0.991	0.902	0.463	0.127
	23	1.000	1.000	1.000	1.000	1.000	1.000	1.000	0.998	0.973	0.729	0.358
	24	1.000	1.000	1.000	1.000	1.000	1.000	1.000	1.000	0.996	0.928	0.723
	25	1.000	1.000	1.000	1.000	1.000	1.000	1.000	1.000	1.000	1.000	1.000

3 t–분포표

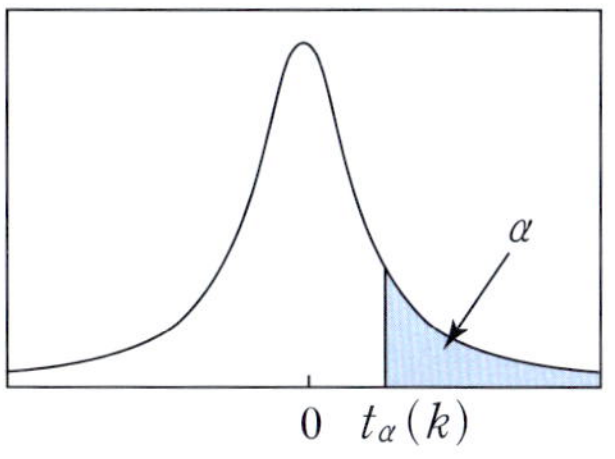

표의 숫자는 자유도 k와 주어진 α값에 대한 $t_{\alpha}(k)$의 값을 나타낸다.

k	α											
	.25	.20	.15	.10	.05	.025	.02	.01	.005	.0025	.001	.0005
1	1.000	1.376	1.963	3.078	6.314	12.71	15.89	31.82	63.66	127.3	318.3	636.6
2	0.816	1.061	1.386	1.886	2.920	4.303	4.849	6.965	9.925	14.09	22.33	31.60
3	0.765	0.978	1.250	1.638	2.353	3.182	3.482	4.541	5.841	7.453	10.21	12.92
4	0.741	0.941	1.190	1.533	2.132	2.776	2.999	3.747	4.604	5.598	7.173	8.610
5	0.727	0.920	1.156	1.476	2.015	2.571	2.757	3.365	4.032	4.773	5.894	6.869
6	0.718	0.906	1.134	1.440	1.943	2.447	2.612	3.143	3.707	4.317	5.208	5.959
7	0.711	0.896	1.119	1.415	1.895	2.365	2.517	2.998	3.499	4.029	4.785	5.408
8	0.706	0.889	1.108	1.397	1.860	2.306	2.449	2.896	3.355	3.833	4.501	5.041
9	0.703	0.883	1.100	1.383	1.833	2.262	2.398	2.821	3.250	3.690	4.297	4.781
10	0.700	0.879	1.093	1.372	1.812	2.228	2.359	2.764	3.169	3.581	4.144	4.587
11	0.697	0.876	1.088	1.363	1.796	2.201	2.328	2.718	3.106	3.497	4.025	4.437
12	0.695	0.873	1.083	1.356	1.782	2.179	2.303	2.681	3.055	3.428	3.930	4.318
13	0.694	0.870	1.079	1.350	1.771	2.160	2.282	2.650	3.012	3.372	3.852	4.221
14	0.692	0.868	1.076	1.345	1.761	2.145	2.264	2.624	2.977	3.326	3.787	4.140
15	0.691	0.866	1.074	1.341	1.753	2.131	2.249	2.602	2.947	3.286	3.733	4.073
16	0.690	0.865	1.071	1.337	1.746	2.120	2.235	2.583	2.921	3.252	3.686	4.015
17	0.689	0.863	1.069	1.333	1.740	2.110	2.224	2.567	2.898	3.222	3.646	3.965
18	0.688	0.862	1.067	1.330	1.734	2.101	2.214	2.552	2.878	3.197	3.610	3.922
19	0.688	0.861	1.066	1.328	1.729	2.093	2.205	2.539	2.861	3.174	3.579	3.883
20	0.687	0.860	1.064	1.325	1.725	2.086	2.197	2.528	2.845	3.153	3.552	3.850
21	0.686	0.859	1.063	1.323	1.721	2.080	2.189	2.518	2.831	3.135	3.527	3.819
22	0.686	0.858	1.061	1.321	1.717	2.074	2.183	2.508	2.819	3.119	3.505	3.792
23	0.685	0.858	1.060	1.319	1.714	2.069	2.177	2.500	2.807	3.104	3.485	3.768
24	0.685	0.857	1.059	1.318	1.711	2.064	2.172	2.492	2.797	3.091	3.467	3.745
25	0.684	0.856	1.058	1.316	1.708	2.060	2.167	2.485	2.787	3.078	3.450	3.725
26	0.684	0.856	1.058	1.315	1.706	2.056	2.162	2.479	2.779	3.067	3.435	3.707
27	0.684	0.855	1.057	1.314	1.703	2.052	2.158	2.473	2.771	3.057	3.421	3.689
28	0.683	0.855	1.056	1.313	1.701	2.048	2.154	2.467	2.763	3.047	3.408	3.674
29	0.683	0.854	1.055	1.311	1.699	2.045	2.150	2.462	2.756	3.038	3.396	3.660
30	0.683	0.854	1.055	1.310	1.697	2.042	2.147	2.457	2.750	3.030	3.385	3.646
40	0.681	0.851	1.050	1.303	1.684	2.021	2.123	2.423	2.704	2.971	3.307	3.551
50	0.679	0.849	1.047	1.299	1.676	2.009	2.109	2.403	2.678	2.937	3.261	3.496
60	0.679	0.848	1.045	1.296	1.671	2.000	2.099	2.390	2.660	2.915	3.232	3.460
70	0.678	0.847	1.044	1.294	1.667	1.994	2.093	2.381	2.648	2.899	3.211	3.435
80	0.678	0.846	1.043	1.292	1.664	1.990	2.088	2.374	2.639	2.887	3.195	3.416
90	0.677	0.846	1.042	1.291	1.662	1.987	2.084	2.368	2.632	2.878	3.183	3.402
100	0.677	0.845	1.042	1.290	1.660	1.984	2.081	2.364	2.626	2.871	3.174	3.390
1000	0.675	0.842	1.037	1.282	1.646	1.962	2.056	2.330	2.581	2.813	3.098	3.300
∞	0.674	0.842	1.036	1.282	1.645	1.960	2.054	2.326	2.576	2.807	3.090	3.290

4 χ^2-분포표

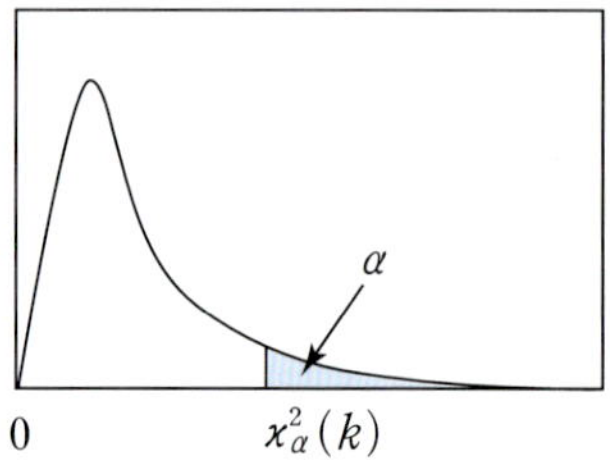

표의 숫자는 자유도 k와 주어진 α값에 대한 $\chi^2_\alpha(k)$의 값을 나타낸다.

k	α							
	.995	.99	.975	.95	.05	.025	.01	.005
1	.000039	.000157	.000982	.003932	3.84146	5.02390	6.63489	7.87944
2	.010025	.020100	.050636	.102586	5.99148	7.37778	9.21035	10.59653
3	.071724	.114832	.215795	.351846	7.81473	9.34840	11.34488	12.83807
4	.206990	.297110	.484419	.710721	9.48773	11.14326	13.27670	14.86017
5	.411740	.554300	.831211	1.14548	11.07048	12.83249	15.08632	16.74965
6	.675727	.872085	1.23734	1.63538	12.59158	14.44935	16.81187	18.54751
7	.989265	1.23903	1.68986	2.16735	14.06713	16.01277	18.47532	20.27774
8	1.34440	1.64651	2.17972	2.73263	15.50731	17.53454	20.09016	21.95486
9	1.73491	2.08789	2.70039	3.32512	16.91896	19.02278	21.66605	23.58927
10	2.15585	2.55820	3.24696	3.94030	18.30703	20.48320	23.20929	25.18805
11	2.60320	3.05350	3.81574	4.57481	19.67515	21.92002	24.72502	26.75686
12	3.07379	3.57055	4.40378	5.22603	21.02606	23.33666	26.21696	28.29966
13	3.56504	4.10690	5.00874	5.89186	22.36203	24.73558	27.68818	29.81932
14	4.07466	4.66042	5.62872	6.57063	23.68478	26.11893	29.14116	31.31943
15	4.60087	5.22936	6.26212	7.26093	24.99580	27.48836	30.57795	32.80149
16	5.14216	5.81220	6.90766	7.96164	26.29622	28.84532	31.99986	34.26705
17	5.69727	6.40774	7.56418	8.67175	27.58710	30.19098	33.40872	35.71838
18	6.26477	7.01490	8.23074	9.39045	28.86932	31.52641	34.80524	37.15639
19	6.84392	7.63270	8.90651	10.11701	30.14351	32.85234	36.19077	38.58212
20	7.43381	8.26037	9.59077	10.85080	31.41042	34.16958	37.56627	39.99686
21	8.03360	8.89717	10.28291	11.59132	32.67056	35.47886	38.93223	41.40094
22	8.64268	9.54249	10.98233	12.33801	33.92446	36.78068	40.28945	42.79566
23	9.26038	10.19569	11.68853	13.09051	35.17246	38.07561	41.63833	44.18139
24	9.88620	10.85635	12.40115	13.84842	36.41503	39.36406	42.97978	45.55836
25	10.51965	11.52395	13.11971	14.61140	37.65249	40.64650	44.31401	46.92797
26	11.16022	12.19818	13.84388	15.37916	38.88513	41.92314	45.64164	48.28978
27	11.80765	12.87847	14.57337	16.15139	40.11327	43.19452	46.96284	49.64504
28	12.46128	13.56467	15.30785	16.92788	41.33715	44.46079	48.27817	50.99356
29	13.12107	14.25641	16.04705	17.70838	42.55695	45.72228	49.58783	52.33550
30	13.78668	14.95346	16.79076	18.49267	43.77295	46.97922	50.89218	53.67187
40	20.70658	22.16420	24.43306	26.50930	55.75849	59.34168	63.69077	66.76605
50	27.99082	29.70673	32.35738	34.76424	67.50481	71.42019	76.15380	79.48984
60	35.53440	37.48480	40.48171	43.18797	79.08195	83.29771	88.37943	91.95181
70	43.27531	45.44170	48.75754	51.73926	90.53126	95.02315	100.42505	104.21477
80	51.17193	53.53998	57.15315	60.39146	101.87947	106.62854	112.32879	116.32093
90	59.19633	61.75402	65.64659	69.12602	113.14523	118.13591	124.11620	128.29868
100	67.32753	70.06500	74.22188	77.92944	124.34210	129.56125	135.80689	140.16971

5 F–분포표

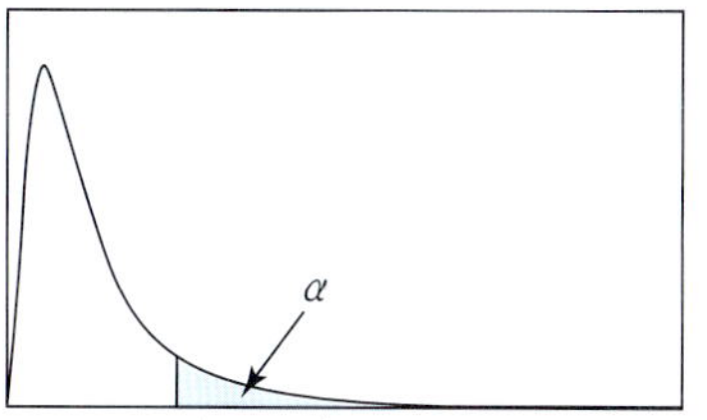

표의 숫자는 주어진 α값에 대한 $F_\alpha(k_1, k_2)$의 값을 나타낸다.

k_2	α	k_1								
		1	2	3	4	5	6	7	8	9
1	0.100	39.86	49.50	53.59	55.83	57.24	58.20	58.91	59.44	59.86
	0.050	161.45	199.50	215.71	224.58	230.16	233.99	236.77	238.88	240.54
	0.025	647.79	799.48	864.15	899.60	921.83	937.11	948.20	956.64	963.28
	0.010	4052	4999	5404	5624	5764	5859	5928	5981	6022
2	0.100	8.53	9.00	9.16	9.24	9.29	9.33	9.35	9.37	9.38
	0.050	18.51	19.00	19.16	19.25	19.30	19.33	19.35	19.37	19.38
	0.025	38.51	39.00	39.17	39.25	39.30	39.33	39.36	39.37	39.39
	0.010	98.50	99.00	99.16	99.25	99.30	99.33	99.36	99.38	99.39
3	0.100	5.54	5.46	5.39	5.34	5.31	5.28	5.27	5.25	5.24
	0.050	10.13	9.55	9.28	9.12	9.01	8.94	8.89	8.85	8.81
	0.025	17.44	16.04	15.44	15.10	14.88	14.73	14.62	14.54	14.47
	0.010	34.12	30.82	29.46	28.71	28.24	27.91	27.67	27.49	27.34
4	0.100	4.54	4.32	4.19	4.11	4.05	4.01	3.98	3.95	3.94
	0.050	7.71	6.94	6.59	6.39	6.26	6.16	6.09	6.04	6.00
	0.025	12.22	10.65	9.98	9.60	9.36	9.20	9.07	8.98	8.90
	0.010	21.20	18.00	16.69	15.98	15.52	15.21	14.98	14.80	14.66
5	0.100	4.06	3.78	3.62	3.52	3.45	3.40	3.37	3.34	3.32
	0.050	6.61	5.79	5.41	5.19	5.05	4.95	4.88	4.82	4.77
	0.025	10.01	8.43	7.76	7.39	7.15	6.98	6.85	6.76	6.68
	0.010	16.26	13.27	12.06	11.39	10.97	10.67	10.46	10.29	10.16

k_2	α	k_1								
		1	2	3	4	5	6	7	8	9
6	0.100	3.78	3.46	3.29	3.18	3.11	3.05	3.01	2.98	2.96
	0.050	5.99	5.14	4.76	4.53	4.39	4.28	4.21	4.15	4.10
	0.025	8.81	7.26	6.60	6.23	5.99	5.82	5.70	5.60	5.52
	0.010	13.75	10.92	9.78	9.15	8.75	8.47	8.26	8.10	7.98
7	0.100	3.59	3.26	3.07	2.96	2.88	2.83	2.78	2.75	2.72
	0.050	5.59	4.74	4.35	4.12	3.97	3.87	3.79	3.73	3.68
	0.025	8.07	6.54	5.89	5.52	5.29	5.12	4.99	4.90	4.82
	0.010	12.25	9.55	8.45	7.85	7.46	7.19	6.99	6.84	6.72
8	0.100	3.46	3.11	2.92	2.81	2.73	2.67	2.62	2.59	2.56
	0.050	5.32	4.46	4.07	3.84	3.69	3.58	3.50	3.44	3.39
	0.025	7.57	6.06	5.42	5.05	4.82	4.65	4.53	4.43	4.36
	0.010	11.26	8.65	7.59	7.01	6.63	6.37	6.18	6.03	5.91
9	0.100	3.36	3.01	2.81	2.69	2.61	2.55	2.51	2.47	2.44
	0.050	5.12	4.26	3.86	3.63	3.48	3.37	3.29	3.23	3.18
	0.025	7.21	5.71	5.08	4.72	4.48	4.32	4.20	4.10	4.03
	0.010	10.56	8.02	6.99	6.42	6.06	5.80	5.61	5.47	5.35
10	0.100	3.29	2.92	2.73	2.61	2.52	2.46	2.41	2.38	2.35
	0.050	4.96	4.10	3.71	3.48	3.33	3.22	3.14	3.07	3.02
	0.025	6.94	5.46	4.83	4.47	4.24	4.07	3.95	3.85	3.78
	0.010	10.04	7.56	6.55	5.99	5.64	5.39	5.20	5.06	4.94
11	0.100	3.23	2.86	2.66	2.54	2.45	2.39	2.34	2.30	2.27
	0.050	4.84	3.98	3.59	3.36	3.20	3.09	3.01	2.95	2.90
	0.025	6.72	5.26	4.63	4.28	4.04	3.88	3.76	3.66	3.59
	0.010	9.65	7.21	6.22	5.67	5.32	5.07	4.89	4.74	4.63
12	0.100	3.18	2.81	2.61	2.48	2.39	2.33	2.28	2.24	2.21
	0.050	4.75	3.89	3.49	3.26	3.11	3.00	2.91	2.85	2.80
	0.025	6.55	5.10	4.47	4.12	3.89	3.73	3.61	3.51	3.44
	0.010	9.33	6.93	5.95	5.41	5.06	4.82	4.64	4.50	4.39

k_2	α	k_1										
		10	12	15	20	25	30	40	50	60	120	1000
1	0.100	60.19	60.71	61.22	61.74	62.05	62.26	62.53	62.69	62.79	63.06	63.30
	0.050	241.88	243.90	245.95	248.02	249.26	250.10	251.14	251.77	252.20	253.25	254.19
	0.025	968.63	976.72	984.87	993.08	998.09	1001.4	1005.6	1008.1	1009.8	1014.0	1017.8
	0.010	6055.9	6106.7	6157.0	6208.7	6239.9	6260.4	6286.4	6302.3	6313.0	6339.5	6362.8
2	0.100	9.39	9.41	9.42	9.44	9.45	9.46	9.47	9.47	9.47	9.48	9.49
	0.050	19.40	19.41	19.43	19.45	19.46	19.46	19.47	19.48	19.48	19.49	19.49
	0.025	39.40	39.41	39.43	39.45	39.46	39.46	39.47	39.48	39.48	39.49	39.50
	0.010	99.40	99.42	99.43	99.45	99.46	99.47	99.48	99.48	99.48	99.49	99.50
3	0.100	5.23	5.22	5.20	5.18	5.17	5.17	5.16	5.15	5.15	5.14	5.13
	0.050	8.79	8.74	8.70	8.66	8.63	8.62	8.59	8.58	8.57	8.55	8.53
	0.025	14.42	14.34	14.25	14.17	14.12	14.08	14.04	14.01	13.99	13.95	13.91
	0.010	27.23	27.05	26.87	26.69	26.58	26.50	26.41	26.35	26.32	26.22	26.14
4	0.100	3.92	3.90	3.87	3.84	3.83	3.82	3.80	3.80	3.79	3.78	3.76
	0.050	5.96	5.91	5.86	5.80	5.77	5.75	5.72	5.70	5.69	5.66	5.63
	0.025	8.84	8.75	8.66	8.56	8.50	8.46	8.41	8.38	8.36	8.31	8.26
	0.010	14.55	14.37	14.20	14.02	13.91	13.84	13.75	13.69	13.65	13.56	13.47
5	0.100	3.30	3.27	3.24	3.21	3.19	3.17	3.16	3.15	3.14	3.12	3.11
	0.050	4.74	4.68	4.62	4.56	4.52	4.50	4.46	4.44	4.43	4.40	4.37
	0.025	6.62	6.52	6.43	6.33	6.27	6.23	6.18	6.14	6.12	6.07	6.02
	0.010	10.05	9.89	9.72	9.55	9.45	9.38	9.29	9.24	9.20	9.11	9.03
6	0.100	2.94	2.90	2.87	2.84	2.81	2.80	2.78	2.77	2.76	2.74	2.72
	0.050	4.06	4.00	3.94	3.87	3.83	3.81	3.77	3.75	3.74	3.70	3.67
	0.025	5.46	5.37	5.27	5.17	5.11	5.07	5.01	4.98	4.96	4.90	4.86
	0.010	7.87	7.72	7.56	7.40	7.30	7.23	7.14	7.09	7.06	6.97	6.89
7	0.100	2.70	2.67	2.63	2.59	2.57	2.56	2.54	2.52	2.51	2.49	2.47
	0.050	3.64	3.57	3.51	3.44	3.40	3.38	3.34	3.32	3.30	3.27	3.23
	0.025	4.76	4.67	4.57	4.47	4.40	4.36	4.31	4.28	4.25	4.20	4.15
	0.010	6.62	6.47	6.31	6.16	6.06	5.99	5.91	5.86	5.82	5.74	5.66
8	0.100	2.54	2.50	2.46	2.42	2.40	2.38	2.36	2.35	2.34	2.32	2.30
	0.050	3.35	3.28	3.22	3.15	3.11	3.08	3.04	3.02	3.01	2.97	2.93
	0.025	4.30	4.20	4.10	4.00	3.94	3.89	3.84	3.81	3.78	3.73	3.68
	0.010	5.81	5.67	5.52	5.36	5.26	5.20	5.12	5.07	5.03	4.95	4.87
9	0.100	2.42	2.38	2.34	2.30	2.27	2.25	2.23	2.22	2.21	2.18	2.16
	0.050	3.14	3.07	3.01	2.94	2.89	2.86	2.83	2.80	2.79	2.75	2.71
	0.025	3.96	3.87	3.77	3.67	3.60	3.56	3.51	3.47	3.45	3.39	3.34
	0.010	5.26	5.11	4.96	4.81	4.71	4.65	4.57	4.52	4.48	4.40	4.32
10	0.100	2.32	2.28	2.24	2.20	2.17	2.16	2.13	2.12	2.11	2.08	2.06
	0.050	2.98	2.91	2.85	2.77	2.73	2.70	2.66	2.64	2.62	2.58	2.54
	0.025	3.72	3.62	3.52	3.42	3.35	3.31	3.26	3.22	3.20	3.14	3.09
	0.010	4.85	4.71	4.56	4.41	4.31	4.25	4.17	4.12	4.08	4.00	3.92
11	0.100	2.25	2.21	2.17	2.12	2.10	2.08	2.05	2.04	2.03	2.00	1.98
	0.050	2.85	2.79	2.72	2.65	2.60	2.57	2.53	2.51	2.49	2.45	2.41
	0.025	3.53	3.43	3.33	3.23	3.16	3.12	3.06	3.03	3.00	2.94	2.89
	0.010	4.54	4.40	4.25	4.10	4.01	3.94	3.86	3.81	3.78	3.69	3.61
12	0.100	2.19	2.15	2.10	2.06	2.03	2.01	1.99	1.97	1.96	1.93	1.91
	0.050	2.75	2.69	2.62	2.54	2.50	2.47	2.43	2.40	2.38	2.34	2.30
	0.025	3.37	3.28	3.18	3.07	3.01	2.96	2.91	2.87	2.85	2.79	2.73
	0.010	4.30	4.16	4.01	3.86	3.76	3.70	3.62	3.57	3.54	3.45	3.37

k_2	α	k_1								
		1	2	3	4	5	6	7	8	9
13	0.100	3.14	2.76	2.56	2.43	2.35	2.28	2.23	2.20	2.16
	0.050	4.67	3.81	3.41	3.18	3.03	2.92	2.83	2.77	2.71
	0.025	6.41	4.97	4.35	4.00	3.77	3.60	3.48	3.39	3.31
	0.010	9.07	6.70	5.74	5.21	4.86	4.62	4.44	4.30	4.19
14	0.100	3.10	2.73	2.52	2.39	2.31	2.24	2.19	2.15	2.12
	0.050	4.60	3.74	3.34	3.11	2.96	2.85	2.76	2.70	2.65
	0.025	6.30	4.86	4.24	3.89	3.66	3.50	3.38	3.29	3.21
	0.010	8.86	6.51	5.56	5.04	4.69	4.46	4.28	4.14	4.03
15	0.100	3.07	2.70	2.49	2.36	2.27	2.21	2.16	2.12	2.09
	0.050	4.54	3.68	3.29	3.06	2.90	2.79	2.71	2.64	2.59
	0.025	6.20	4.77	4.15	3.80	3.58	3.41	3.29	3.20	3.12
	0.010	8.68	6.36	5.42	4.89	4.56	4.32	4.14	4.00	3.89
16	0.100	3.05	2.67	2.46	2.33	2.24	2.18	2.13	2.09	2.06
	0.050	4.49	3.63	3.24	3.01	2.85	2.74	2.66	2.59	2.54
	0.025	6.12	4.69	4.08	3.73	3.50	3.34	3.22	3.12	3.05
	0.010	8.53	6.23	5.29	4.77	4.44	4.20	4.03	3.89	3.78
17	0.100	3.03	2.64	2.44	2.31	2.22	2.15	2.10	2.06	2.03
	0.050	4.45	3.59	3.20	2.96	2.81	2.70	2.61	2.55	2.49
	0.025	6.04	4.62	4.01	3.66	3.44	3.28	3.16	3.06	2.98
	0.010	8.40	6.11	5.19	4.67	4.34	4.10	3.93	3.79	3.68
18	0.100	3.01	2.62	2.42	2.29	2.20	2.13	2.08	2.04	2.00
	0.050	4.41	3.55	3.16	2.93	2.77	2.66	2.58	2.51	2.46
	0.025	5.98	4.56	3.95	3.61	3.38	3.22	3.10	3.01	2.93
	0.010	8.29	6.01	5.09	4.58	4.25	4.01	3.84	3.71	3.60
19	0.100	2.99	2.61	2.40	2.27	2.18	2.11	2.06	2.02	1.98
	0.050	4.38	3.52	3.13	2.90	2.74	2.63	2.54	2.48	2.42
	0.025	5.92	4.51	3.90	3.56	3.33	3.17	3.05	2.96	2.88
	0.010	8.18	5.93	5.01	4.50	4.17	3.94	3.77	3.63	3.52
20	0.100	2.97	2.59	2.38	2.25	2.16	2.09	2.04	2.00	1.96
	0.050	4.35	3.49	3.10	2.87	2.71	2.60	2.51	2.45	2.39
	0.025	5.87	4.46	3.86	3.51	3.29	3.13	3.01	2.91	2.84
	0.010	8.10	5.85	4.94	4.43	4.10	3.87	3.70	3.56	3.46
21	0.100	2.96	2.57	2.36	2.23	2.14	2.08	2.02	1.98	1.95
	0.050	4.32	3.47	3.07	2.84	2.68	2.57	2.49	2.42	2.37
	0.025	5.83	4.42	3.82	3.48	3.25	3.09	2.97	2.87	2.80
	0.010	8.02	5.78	4.87	4.37	4.04	3.81	3.64	3.51	3.40
22	0.100	2.95	2.56	2.35	2.22	2.13	2.06	2.01	1.97	1.93
	0.050	4.30	3.44	3.05	2.82	2.66	2.55	2.46	2.40	2.34
	0.025	5.79	4.38	3.78	3.44	3.22	3.05	2.93	2.84	2.76
	0.010	7.95	5.72	4.82	4.31	3.99	3.76	3.59	3.45	3.35
23	0.100	2.94	2.55	2.34	2.21	2.11	2.05	1.99	1.95	1.92
	0.050	4.28	3.42	3.03	2.80	2.64	2.53	2.44	2.37	2.32
	0.025	5.75	4.35	3.75	3.41	3.18	3.02	2.90	2.81	2.73
	0.010	7.88	5.66	4.76	4.26	3.94	3.71	3.54	3.41	3.30
24	0.100	2.93	2.54	2.33	2.19	2.10	2.04	1.98	1.94	1.91
	0.050	4.26	3.40	3.01	2.78	2.62	2.51	2.42	2.36	2.30
	0.025	5.72	4.32	3.72	3.38	3.15	2.99	2.87	2.78	2.70
	0.010	7.82	5.61	4.72	4.22	3.90	3.67	3.50	3.36	3.26

k_2	α	k_1 10	12	15	20	25	30	40	50	60	120	1000
13	0.100	2.14	2.10	2.05	2.01	1.98	1.96	1.93	1.92	1.90	1.88	1.85
	0.050	2.67	2.60	2.53	2.46	2.41	2.38	2.34	2.31	2.30	2.25	2.21
	0.025	3.25	3.15	3.05	2.95	2.88	2.84	2.78	2.74	2.72	2.66	2.60
	0.010	4.10	3.96	3.82	3.66	3.57	3.51	3.43	3.38	3.34	3.25	3.18
14	0.100	2.10	2.05	2.01	1.96	1.93	1.91	1.89	1.87	1.86	1.83	1.80
	0.050	2.60	2.53	2.46	2.39	2.34	2.31	2.27	2.24	2.22	2.18	2.14
	0.025	3.15	3.05	2.95	2.84	2.78	2.73	2.67	2.64	2.61	2.55	2.50
	0.010	3.94	3.80	3.66	3.51	3.41	3.35	3.27	3.22	3.18	3.09	3.02
15	0.100	2.06	2.02	1.97	1.92	1.89	1.87	1.85	1.83	1.82	1.79	1.76
	0.050	2.54	2.48	2.40	2.33	2.28	2.25	2.20	2.18	2.16	2.11	2.07
	0.025	3.06	2.96	2.86	2.76	2.69	2.64	2.59	2.55	2.52	2.46	2.40
	0.010	3.80	3.67	3.52	3.37	3.28	3.21	3.13	3.08	3.05	2.96	2.88
16	0.100	2.03	1.99	1.94	1.89	1.86	1.84	1.81	1.79	1.78	1.75	1.72
	0.050	2.49	2.42	2.35	2.28	2.23	2.19	2.15	2.12	2.11	2.06	2.02
	0.025	2.99	2.89	2.79	2.68	2.61	2.57	2.51	2.47	2.45	2.38	2.32
	0.010	3.69	3.55	3.41	3.26	3.16	3.10	3.02	2.97	2.93	2.84	2.76
17	0.100	2.00	1.96	1.91	1.86	1.83	1.81	1.78	1.76	1.75	1.72	1.69
	0.050	2.45	2.38	2.31	2.23	2.18	2.15	2.10	2.08	2.06	2.01	1.97
	0.025	2.92	2.82	2.72	2.62	2.55	2.50	2.44	2.41	2.38	2.32	2.26
	0.010	3.59	3.46	3.31	3.16	3.07	3.00	2.92	2.87	2.83	2.75	2.66
18	0.100	1.98	1.93	1.89	1.84	1.80	1.78	1.75	1.74	1.72	1.69	1.66
	0.050	2.41	2.34	2.27	2.19	2.14	2.11	2.06	2.04	2.02	1.97	1.92
	0.025	2.87	2.77	2.67	2.56	2.49	2.44	2.38	2.35	2.32	2.26	2.20
	0.010	3.51	3.37	3.23	3.08	2.98	2.92	2.84	2.78	2.75	2.66	2.58
19	0.100	1.96	1.91	1.86	1.81	1.78	1.76	1.73	1.71	1.70	1.67	1.64
	0.050	2.38	2.31	2.23	2.16	2.11	2.07	2.03	2.00	1.98	1.93	1.88
	0.025	2.82	2.72	2.62	2.51	2.44	2.39	2.33	2.30	2.27	2.20	2.14
	0.010	3.43	3.30	3.15	3.00	2.91	2.84	2.76	2.71	2.67	2.58	2.50
20	0.100	1.94	1.89	1.84	1.79	1.76	1.74	1.71	1.69	1.68	1.64	1.61
	0.050	2.35	2.28	2.20	2.12	2.07	2.04	1.99	1.97	1.95	1.90	1.85
	0.025	2.77	2.68	2.57	2.46	2.40	2.35	2.29	2.25	2.22	2.16	2.09
	0.010	3.37	3.23	3.09	2.94	2.84	2.78	2.69	2.64	2.61	2.52	2.43
21	0.100	1.92	1.87	1.83	1.78	1.74	1.72	1.69	1.67	1.66	1.62	1.59
	0.050	2.32	2.25	2.18	2.10	2.05	2.01	1.96	1.94	1.92	1.87	1.82
	0.025	2.73	2.64	2.53	2.42	2.36	2.31	2.25	2.21	2.18	2.11	2.05
	0.010	3.31	3.17	3.03	2.88	2.79	2.72	2.64	2.58	2.55	2.46	2.37
22	0.100	1.90	1.86	1.81	1.76	1.73	1.70	1.67	1.65	1.64	1.60	1.57
	0.050	2.30	2.23	2.15	2.07	2.02	1.98	1.94	1.91	1.89	1.84	1.79
	0.025	2.70	2.60	2.50	2.39	2.32	2.27	2.21	2.17	2.14	2.08	2.01
	0.010	3.26	3.12	2.98	2.83	2.73	2.67	2.58	2.53	2.50	2.40	2.32
23	0.100	1.89	1.84	1.80	1.74	1.71	1.69	1.66	1.64	1.62	1.59	1.55
	0.050	2.27	2.20	2.13	2.05	2.00	1.96	1.91	1.88	1.86	1.81	1.76
	0.025	2.67	2.57	2.47	2.36	2.29	2.24	2.18	2.14	2.11	2.04	1.98
	0.010	3.21	3.07	2.93	2.78	2.69	2.62	2.54	2.48	2.45	2.35	2.27
24	0.100	1.88	1.83	1.78	1.73	1.70	1.67	1.64	1.62	1.61	1.57	1.54
	0.050	2.25	2.18	2.11	2.03	1.97	1.94	1.89	1.86	1.84	1.79	1.74
	0.025	2.64	2.54	2.44	2.33	2.26	2.21	2.15	2.11	2.08	2.01	1.94
	0.010	3.17	3.03	2.89	2.74	2.64	2.58	2.49	2.44	2.40	2.31	2.22

k_2	α	k_1								
		1	2	3	4	5	6	7	8	9
25	0.100	2.92	2.53	2.32	2.18	2.09	2.02	1.97	1.93	1.89
	0.050	4.24	3.39	2.99	2.76	2.60	2.49	2.40	2.34	2.28
	0.025	5.69	4.29	3.69	3.35	3.13	2.97	2.85	2.75	2.68
	0.010	7.77	5.57	4.68	4.18	3.85	3.63	3.46	3.32	3.22
26	0.100	2.91	2.52	2.31	2.17	2.08	2.01	1.96	1.92	1.88
	0.050	4.23	3.37	2.98	2.74	2.59	2.47	2.39	2.32	2.27
	0.025	5.66	4.27	3.67	3.33	3.10	2.94	2.82	2.73	2.65
	0.010	7.72	5.53	4.64	4.14	3.82	3.59	3.42	3.29	3.18
27	0.100	2.90	2.51	2.30	2.17	2.07	2.00	1.95	1.91	1.87
	0.050	4.21	3.35	2.96	2.73	2.57	2.46	2.37	2.31	2.25
	0.025	5.63	4.24	3.65	3.31	3.08	2.92	2.80	2.71	2.63
	0.010	7.68	5.49	4.60	4.11	3.78	3.56	3.39	3.26	3.15
28	0.100	2.89	2.50	2.29	2.16	2.06	2.00	1.94	1.90	1.87
	0.050	4.20	3.34	2.95	2.71	2.56	2.45	2.36	2.29	2.24
	0.025	5.61	4.22	3.63	3.29	3.06	2.90	2.78	2.69	2.61
	0.010	7.64	5.45	4.57	4.07	3.75	3.53	3.36	3.23	3.12
29	0.100	2.89	2.50	2.28	2.15	2.06	1.99	1.93	1.89	1.86
	0.050	4.18	3.33	2.93	2.70	2.55	2.43	2.35	2.28	2.22
	0.025	5.59	4.20	3.61	3.27	3.04	2.88	2.76	2.67	2.59
	0.010	7.60	5.42	4.54	4.04	3.73	3.50	3.33	3.20	3.09
30	0.100	2.88	2.49	2.28	2.14	2.05	1.98	1.93	1.88	1.85
	0.050	4.17	3.32	2.92	2.69	2.53	2.42	2.33	2.27	2.21
	0.025	5.57	4.18	3.59	3.25	3.03	2.87	2.75	2.65	2.57
	0.010	7.56	5.39	4.51	4.02	3.70	3.47	3.30	3.17	3.07
40	0.100	2.84	2.44	2.23	2.09	2.00	1.93	1.87	1.83	1.79
	0.050	4.08	3.23	2.84	2.61	2.45	2.34	2.25	2.18	2.12
	0.025	5.42	4.05	3.46	3.13	2.90	2.74	2.62	2.53	2.45
	0.010	7.31	5.18	4.31	3.83	3.51	3.29	3.12	2.99	2.89
50	0.100	2.81	2.41	2.20	2.06	1.97	1.90	1.84	1.80	1.76
	0.050	4.03	3.18	2.79	2.56	2.40	2.29	2.20	2.13	2.07
	0.025	5.34	3.97	3.39	3.05	2.83	2.67	2.55	2.46	2.38
	0.010	7.17	5.06	4.20	3.72	3.41	3.19	3.02	2.89	2.78
60	0.100	2.79	2.39	2.18	2.04	1.95	1.87	1.82	1.77	1.74
	0.050	4.00	3.15	2.76	2.53	2.37	2.25	2.17	2.10	2.04
	0.025	5.29	3.93	3.34	3.01	2.79	2.63	2.51	2.41	2.33
	0.010	7.08	4.98	4.13	3.65	3.34	3.12	2.95	2.82	2.72
100	0.100	2.76	2.36	2.14	2.00	1.91	1.83	1.78	1.73	1.69
	0.050	3.94	3.09	2.70	2.46	2.31	2.19	2.10	2.03	1.97
	0.025	5.18	3.83	3.25	2.92	2.70	2.54	2.42	2.32	2.24
	0.010	6.90	4.82	3.98	3.51	3.21	2.99	2.82	2.69	2.59
200	0.100	2.73	2.33	2.11	1.97	1.88	1.80	1.75	1.70	1.66
	0.050	3.89	3.04	2.65	2.42	2.26	2.14	2.06	1.98	1.93
	0.025	5.10	3.76	3.18	2.85	2.63	2.47	2.35	2.26	2.18
	0.010	6.76	4.71	3.88	3.41	3.11	2.89	2.73	2.60	2.50
1000	0.100	2.71	2.31	2.09	1.95	1.85	1.78	1.72	1.68	1.64
	0.050	3.85	3.00	2.61	2.38	2.22	2.11	2.02	1.95	1.89
	0.025	5.04	3.70	3.13	2.80	2.58	2.42	2.30	2.20	2.13
	0.010	6.66	4.63	3.80	3.34	3.04	2.82	2.66	2.53	2.43

k_2	α	k_1										
		10	12	15	20	25	30	40	50	60	120	1000
25	0.100	1.87	1.82	1.77	1.72	1.68	1.66	1.63	1.61	1.59	1.56	1.52
	0.050	2.24	2.16	2.09	2.01	1.96	1.92	1.87	1.84	1.82	1.77	1.72
	0.025	2.61	2.51	2.41	2.30	2.23	2.18	2.12	2.08	2.05	1.98	1.91
	0.010	3.13	2.99	2.85	2.70	2.60	2.54	2.45	2.40	2.36	2.27	2.18
26	0.100	1.86	1.81	1.76	1.71	1.67	1.65	1.61	1.59	1.58	1.54	1.51
	0.050	2.22	2.15	2.07	1.99	1.94	1.90	1.85	1.82	1.80	1.75	1.70
	0.025	2.59	2.49	2.39	2.28	2.21	2.16	2.09	2.05	2.03	1.95	1.89
	0.010	3.09	2.96	2.81	2.66	2.57	2.50	2.42	2.36	2.33	2.23	2.14
27	0.100	1.85	1.80	1.75	1.70	1.66	1.64	1.60	1.58	1.57	1.53	1.50
	0.050	2.20	2.13	2.06	1.97	1.92	1.88	1.84	1.81	1.79	1.73	1.68
	0.025	2.57	2.47	2.36	2.25	2.18	2.13	2.07	2.03	2.00	1.93	1.86
	0.010	3.06	2.93	2.78	2.63	2.54	2.47	2.38	2.33	2.29	2.20	2.11
28	0.100	1.84	1.79	1.74	1.69	1.65	1.63	1.59	1.57	1.56	1.52	1.48
	0.050	2.19	2.12	2.04	1.96	1.91	1.87	1.82	1.79	1.77	1.71	1.66
	0.025	2.55	2.45	2.34	2.23	2.16	2.11	2.05	2.01	1.98	1.91	1.84
	0.010	3.03	2.90	2.75	2.60	2.51	2.44	2.35	2.30	2.26	2.17	2.08
29	0.100	1.83	1.78	1.73	1.68	1.64	1.62	1.58	1.56	1.55	1.51	1.47
	0.050	2.18	2.10	2.03	1.94	1.89	1.85	1.81	1.77	1.75	1.70	1.65
	0.025	2.53	2.43	2.32	2.21	2.14	2.09	2.03	1.99	1.96	1.89	1.82
	0.010	3.00	2.87	2.73	2.57	2.48	2.41	2.33	2.27	2.23	2.14	2.05
30	0.100	1.82	1.77	1.72	1.67	1.63	1.61	1.57	1.55	1.54	1.50	1.46
	0.050	2.16	2.09	2.01	1.93	1.88	1.84	1.79	1.76	1.74	1.68	1.63
	0.025	2.51	2.41	2.31	2.20	2.12	2.07	2.01	1.97	1.94	1.87	1.80
	0.010	2.98	2.84	2.70	2.55	2.45	2.39	2.30	2.25	2.21	2.11	2.02
40	0.100	1.76	1.71	1.66	1.61	1.57	1.54	1.51	1.48	1.47	1.42	1.38
	0.050	2.08	2.00	1.92	1.84	1.78	1.74	1.69	1.66	1.64	1.58	1.52
	0.025	2.39	2.29	2.18	2.07	1.99	1.94	1.88	1.83	1.80	1.72	1.65
	0.010	2.80	2.66	2.52	2.37	2.27	2.20	2.11	2.06	2.02	1.92	1.82
50	0.100	1.73	1.68	1.63	1.57	1.53	1.50	1.46	1.44	1.42	1.38	1.33
	0.050	2.03	1.95	1.87	1.78	1.73	1.69	1.63	1.60	1.58	1.51	1.45
	0.025	2.32	2.22	2.11	1.99	1.92	1.87	1.80	1.75	1.72	1.64	1.56
	0.010	2.70	2.56	2.42	2.27	2.17	2.10	2.01	1.95	1.91	1.80	1.70
60	0.100	1.71	1.66	1.60	1.54	1.50	1.48	1.44	1.41	1.40	1.35	1.30
	0.050	1.99	1.92	1.84	1.75	1.69	1.65	1.59	1.56	1.53	1.47	1.40
	0.025	2.27	2.17	2.06	1.94	1.87	1.82	1.74	1.70	1.67	1.58	1.49
	0.010	2.63	2.50	2.35	2.20	2.10	2.03	1.94	1.88	1.84	1.73	1.62
100	0.100	1.66	1.61	1.56	1.49	1.45	1.42	1.38	1.35	1.34	1.28	1.22
	0.050	1.93	1.85	1.77	1.68	1.62	1.57	1.52	1.48	1.45	1.38	1.30
	0.025	2.18	2.08	1.97	1.85	1.77	1.71	1.64	1.59	1.56	1.46	1.36
	0.010	2.50	2.37	2.22	2.07	1.97	1.89	1.80	1.74	1.69	1.57	1.45
200	0.100	1.63	1.58	1.52	1.46	1.41	1.38	1.34	1.31	1.29	1.23	1.16
	0.050	1.88	1.80	1.72	1.62	1.56	1.52	1.46	1.41	1.39	1.30	1.21
	0.025	2.11	2.01	1.90	1.78	1.70	1.64	1.56	1.51	1.47	1.37	1.25
	0.010	2.41	2.27	2.13	1.97	1.87	1.79	1.69	1.63	1.58	1.45	1.30
1000	0.100	1.61	1.55	1.49	1.43	1.38	1.35	1.30	1.27	1.25	1.18	1.08
	0.050	1.84	1.76	1.68	1.58	1.52	1.47	1.41	1.36	1.33	1.24	1.11
	0.025	2.06	1.96	1.85	1.72	1.64	1.58	1.50	1.45	1.41	1.29	1.13
	0.010	2.34	2.20	2.06	1.90	1.79	1.72	1.61	1.54	1.50	1.35	1.16

6 누적포아송분포표

$$p\{X \le k\} = \sum_{x=0}^{k} \frac{e^{-\lambda}\lambda^{x}}{x!}$$

x	λ									
	0.1	0.2	0.3	0.4	0.5	0.6	0.7	0.8	0.9	1.0
0	0.9048	0.8187	0.7408	0.6703	0.6065	0.5488	0.4966	0.4493	0.4066	0.3679
1	0.9953	0.9825	0.9631	0.9384	0.9098	0.8781	0.8442	0.8088	0.7725	0.7358
2	0.9998	0.9989	0.9964	0.9921	0.9856	0.9769	0.9659	0.9526	0.9371	0.9197
3	1.0000	0.9999	0.9997	0.9992	0.9982	0.9966	0.9942	0.9909	0.9865	0.9810
4	1.0000	1.0000	1.0000	0.9999	0.9998	0.9996	0.9992	0.9986	0.9977	0.9963
5	1.0000	1.0000	1.0000	1.0000	1.0000	1.0000	0.9999	0.9998	0.9997	0.9994
6	1.0000	1.0000	1.0000	1.0000	1.0000	1.0000	1.0000	1.0000	1.0000	0.9999
7	1.0000	1.0000	1.0000	1.0000	1.0000	1.0000	1.0000	1.0000	1.0000	1.0000

x	λ									
	1.1	1.2	1.3	1.4	1.5	1.6	1.7	1.8	1.9	2.0
0	0.3329	0.3012	0.2725	0.2466	0.2231	0.2019	0.1827	0.1653	0.1496	0.1353
1	0.6990	0.6626	0.6268	0.5918	0.5578	0.5249	0.4932	0.4628	0.4337	0.4060
2	0.9004	0.8795	0.8571	0.8335	0.8088	0.7834	0.7572	0.7306	0.7037	0.6767
3	0.9743	0.9662	0.9569	0.9463	0.9344	0.9212	0.9068	0.8913	0.8747	0.8571
4	0.9946	0.9923	0.9893	0.9857	0.9814	0.9763	0.9704	0.9636	0.9559	0.9473
5	0.9990	0.9985	0.9978	0.9968	0.9955	0.9940	0.9920	0.9896	0.9868	0.9834
6	0.9999	0.9997	0.9996	0.9994	0.9991	0.9987	0.9981	0.9974	0.9966	0.9955
7	1.0000	1.0000	0.9999	0.9999	0.9998	0.9997	0.9996	0.9994	0.9992	0.9989
8	1.0000	1.0000	1.0000	1.0000	1.0000	1.0000	0.9999	0.9999	0.9998	0.9998
9	1.0000	1.0000	1.0000	1.0000	1.0000	1.0000	1.0000	1.0000	1.0000	1.0000

x	λ 2.1	2.2	2.3	2.4	2.5	2.6	2.7	2.8	2.9	3.0
0	.1225	.1108	.1003	.0907	.0821	.0743	.0672	.0608	.0550	.0498
1	.3796	.3546	.3309	.3084	.2873	.2674	.2487	.2311	.2146	.1991
2	.6496	.6227	.5960	.5697	.5438	.5184	.4936	.4695	.4460	.4323
3	.8386	.8194	.7993	.7787	.7576	.7360	.7141	.6919	.6696	.6472
4	.9379	.9275	.9162	.9041	.8912	.8774	.8629	.8477	.8318	.8153
5	.9796	.9751	.9700	.9643	.9580	.9510	.9433	.9349	.9258	.9161
6	.9941	.9925	.9906	.9884	.9858	.9828	.9794	.9756	.9713	.9665
7	.9985	.9980	.9974	.9967	.9958	.9947	.9934	.9919	.9901	.9881
8	.9997	.9995	.9994	.9991	.9989	.9985	.9981	.9976	.9969	.9962
9	.9999	.9999	.9999	.9998	.9997	.9996	.9995	.9993	.9991	.9989
10	1.0000	1.0000	1.0000	1.0000	.9999	.9999	.9999	.9998	.9998	9977
11	1.0000	1.0000	1.0000	1.0000	1.0000	1.0000	1.0000	1.0000	.9999	.9999
12	1.0000	1.0000	1.0000	1.0000	1.0000	1.0000	1.0000	1.0000	1.0000	1.0000

x	λ 3.1	3.2	3.3	3.4	3.5	3.6	3.7	3.8	3.9	4.0
0	.0450	.0408	.0369	.0334	.0302	.0273	.0247	.0224	.0202	.0183
1	.1847	.1712	.1586	.1468	.1359	.1257	.1162	.1074	.0992	.0916
2	.4012	.3799	.3594	.3397	.3208	.3027	.2854	.2689	.2531	.2381
3	.6248	.6025	.5803	.5584	.5366	.5152	.4942	.4735	.4532	.4335
4	.7982	.7806	.7626	.7442	.7254	.7064	.6872	.6678	.6484	.6288
5	.9057	.8946	.8829	.8705	.8576	.8441	.8301	.8156	.8006	.7851
6	.9612	.9554	.9490	.9421	.9347	.9267	.9182	.9091	.8995	.8893
7	.9858	.9832	.9802	.9769	.9733	.9692	.9648	.9599	.9546	.9489
8	.9953	.9943	.9931	.9917	.9901	.9883	.9863	.9840	.9815	.9786
9	.9986	.9982	.9978	.9973	.9967	.9960	.9952	.9942	.9931	.9919
10	.9996	.9995	.9994	.9992	.9990	.9987	.9984	.9981	.9977	.9972
11	.9999	.9999	.9998	.9998	.9997	.9996	.9995	.9994	.9993	.9991
12	1.0000	1.0000	1.0000	.9999	.9999	.9999	.9999	.9998	.9998	.9997
13	1.0000	1.0000	1.0000	1.0000	1.0000	1.0000	1.0000	1.0000	.9999	.9999
14	1.0000	1.0000	1.0000	1.0000	1.0000	1.0000	1.0000	1.0000	1.0000	1.0000

7 콜모고로프 통계량(D^+ 또는 D^-) 분포표: $d(\alpha, n)$

$P_0(D^+ > d(\alpha, n)) = \alpha$를 만족하는 $d(\alpha, n)$값

	α =0.10	0.05	0.025	0.01	0.005		α =0.10	0.05	0.025	0.01	0.005
n=1	.900	.950	.975	.990	.995	n=21	.226	.259	.287	.321	.344
2	.684	.776	.842	.900	.929	22	.221	.253	.281	.314	.337
3	.565	.636	.708	.785	.829	23	.216	.247	.275	.307	.330
4	.493	.565	.624	.689	.734	24	.212	.242	.269	.301	.323
5	.447	.509	.563	.627	.669	25	.208	.238	.264	.295	.317
6	.410	.468	.519	.577	.617	26	.204	.233	.259	.290	.311
7	.381	.436	.483	.538	.576	27	.200	.229	.254	.284	.305
8	.358	.410	.454	.507	.542	28	.197	.225	.250	.279	.300
9	.339	.387	.430	.480	.513	29	.193	.221	.246	.275	.295
10	.323	.369	.409	.457	.489	30	.190	.218	.242	.270	.290
11	.308	.352	.391	.437	.468	31	.187	.214	.238	.266	.285
12	.296	.338	.375	.419	.449	32	.184	.211	.234	.262	.281
13	.285	.325	.361	.404	.432	33	.182	.208	.231	.258	.277
14	.275	.314	.349	.390	.418	34	.179	.205	.227	.254	.273
15	.266	.304	.338	.377	.404	35	.177	.202	.224	.251	.269
16	.258	.295	.327	.366	.392	36	.174	.199	.221	.247	.265
17	.250	.286	.318	.355	.381	37	.172	.196	.218	.244	.262
18	.244	.279	.309	.346	.371	38	.170	.194	.215	.241	.258
19	.237	.271	.301	.337	.361	39	.168	.191	.213	.238	.255
20	.232	.265	.294	.329	.352	40	.165	.189	.210	.235	.252
						$n > 40$일 때 근삿값	$\frac{1.07}{\sqrt{n}}$	$\frac{1.22}{\sqrt{n}}$	$\frac{1.36}{\sqrt{n}}$	$\frac{1.52}{\sqrt{n}}$	$\frac{1.63}{\sqrt{n}}$

8 스미르노프 통계량(D_1^+ 또는 D_1^-) 분포표: $d_1(\alpha, m, n)$

(i) $m = n$일 때

	α=0.10	0.05	0.025	0.01	0.005		α=0.10	0.05	0.025	0.01	0.005
n=3	2/3	2/3				n=20	6/20	7/20	8/20	9/20	10/20
4	3/4	3/4	3/4			21	6/21	7/21	8/21	9/21	10/21
5	3/5	3/5	4/5	4/5	4/5	22	7/22	8/22	8/22	10/22	10/22
6	3/6	4/6	4/6	5/6	5/6	23	7/23	8/23	9/23	10/23	10/23
7	4/7	4/7	5/7	5/7	5/7	24	7/24	8/24	9/24	10/24	11/24
8	4/8	4/8	5/8	5/8	6/8	25	7/25	8/25	9/25	10/25	11/25
9	4/9	5/9	5/9	6/9	6/9	26	7/26	8/26	9/26	10/26	11/26
10	4/10	5/10	6/10	6/10	7/10	27	7/27	8/27	9/27	11/27	11/27
11	5/11	5/11	6/11	7/11	7/11	28	8/28	9/28	10/28	11/28	12/28
12	5/12	5/12	6/12	7/12	7/12	29	8/29	9/29	10/29	11/29	12/29
13	5/13	6/13	6/13	7/13	8/13	30	8/30	9/30	10/30	11/30	12/30
14	5/14	6/14	7/14	7/14	8/14	31	8/31	9/31	10/31	11/31	12/31
15	5/15	6/15	7/15	8/15	8/15	32	8/32	9/32	10/32	12/32	12/32
16	6/16	6/16	7/16	8/16	9/16	34	8/34	10/34	11/34	12/34	13/34
17	6/17	7/17	7/17	8/17	9/17	36	9/36	10/36	11/36	12/36	13/36
18	6/18	7/18	8/18	9/18	9/18	38	9/38	10/38	11/38	13/38	14/38
19	6/19	7/19	8/19	9/19	9/19	40	9/40	10/40	12/40	13/40	14/40
						$n > 40$일 때 근삿값	$\frac{1.52}{\sqrt{n}}$	$\frac{1.73}{\sqrt{n}}$	$\frac{1.92}{\sqrt{n}}$	$\frac{2.15}{\sqrt{n}}$	$\frac{2.30}{\sqrt{n}}$

(계속)

(ii) $m < n$일 때

		α =0.10	0.05	0.025	0.01	0.005
m=1	n=9	17/18				
	10	9/10				
m=2	n=3	5/6				
	4	3/4				
	5	4/5	4/5			
	6	5/6	5/6			
	7	5/7	6/7			
	8	3/4	7/8	7/8		
	9	7/9	8/9	8/9		
	10	7/10	4/5	9/10		
m=3	n=4	3/4	3/4			
	5	2/3	4/5	4/5		
	6	2/3	2/3	5/6		
	7	2/3	5/7	6/7	6/7	
	8	5/8	3/4	3/4	7/8	
	9	2/3	2/3	7/9	8/9	8/9
	10	3/5	7/10	4/5	9/10	9/10
	12	7/12	2/3	3/4	5/6	11/12
m=4	n=5	3/5	3/4	4/5	4/5	
	6	7/12	2/3	3/4	5/6	5/6
	7	17/28	5/7	3/4	6/7	6/7
	8	5/8	5/8	3/4	7/8	7/8
	9	5/9	2/3	3/4	7/9	8/9
	10	11/20	13/20	7/10	4/5	4/5
	12	7/12	2/3	2/3	3/4	5/6
	16	9/16	5/8	11/16	3/4	13/16
m=5	n=6	3/5	2/3	2/3	5/6	5/6
	7	4/7	23/35	5/7	29/35	6/7
	8	11/20	5/8	27/40	4/5	4/5
	9	5/9	3/5	31/45	7/9	4/5
	10	1/2	3/5	7/10	7/10	4/5
	15	8/15	3/5	2/3	11/15	11/15
	20	1/2	11/20	3/5	7/10	3/4
m=6	n=7	23/42	4/7	29/42	5/7	5/6
	8	1/2	7/12	2/3	3/4	3/4
	9	1/2	5/9	2/3	13/18	7/9
	10	1/2	17/30	19/30	7/10	11/15
	12	1/2	7/12	7/12	2/3	3/4
	18	4/9	5/9	11/18	2/3	13/18
	24	11/24	1/2	7/12	5/8	2/3

(계속)

		α =0.10	0.05	0.025	0.01	0.005
m=7	n=8	27/56	33/56	5/8	41/56	3/4
	9	31/63	5/9	40/63	5/7	47/63
	10	33/70	39/70	43/70	7/10	5/7
	14	3/7	1/2	4/7	9/14	5/7
	28	3/7	13/28	15/28	17/28	9/14
m=8	n=9	4/9	13/24	5/8	2/3	3/4
	10	19/40	21/40	23/40	27/40	7/10
	12	11/24	1/2	7/12	5/8	2/3
	16	7/16	1/2	9/16	5/8	5/8
	32	13/32	7/16	1/2	9/16	19/32
m=9	n=10	7/15	1/2	26/45	2/3	31/45
	12	4/9	1/2	5/9	11/18	2/3
	15	19/45	22/45	8/15	3/5	29/45
	18	7/18	4/9	1/2	5/9	11/18
	36	13/36	5/12	17/36	19/36	5/9
m=10	n=15	2/5	7/15	1/2	17/30	19/30
	20	2/5	9/20	1/2	11/20	3/5
	40	7/20	2/5	9/20	1/2	
m=12	n=15	23/60	9/20	1/2	11/20	7/12
	16	3/8	7/16	23/48	13/24	7/12
	18	13/36	5/12	17/36	19/36	5/9
	20	11/30	5/12	7/15	31/60	17/30
m=15	n=20	7/20	2/5	13/30	29/60	31/60
m=16	n=20	27/80	31/80	17/40	19/40	41/80
대표본 근사		$1.07\sqrt{\frac{m+n}{mn}}$	$1.22\sqrt{\frac{m+n}{mn}}$	$1.36\sqrt{\frac{m+n}{mn}}$	$1.52\sqrt{\frac{m+n}{mn}}$	$1.63\sqrt{\frac{m+n}{mn}}$

찾아보기

ㅅ

ㅇ

ㅈ

ㅊ

ㅋ

ㅌ

ㅍ

ㅎ

기타

저자 소개

노맹석
서울대학교 대학원 통계학과(이학박사)
현, 부경대학교 정보융합대학
빅데이터융합전공 교수

박동준
Arizona State University 응용통계학과(이학박사)
현, 부경대학교 정보융합대학
통계 · 데이터사이언스전공 교수

박인호
Texas A&M University 통계학과(이학박사)
현, 부경대학교 정보융합대학
통계 · 데이터사이언스전공 교수

이성백
Texas A&M University 통계학과(이학박사)
현, 부경대학교 정보융합대학
통계 · 데이터사이언스전공 교수

장대흥
서울대학교 대학원 통계학과(이학박사)
현, 부경대학교 정보융합대학
통계 · 데이터사이언스전공 교수

하일도
서울대학교 대학원 통계학과(이학박사)
현, 부경대학교 정보융합대학
통계 · 데이터사이언스전공 교수

기초통계학 제3판
-R을 이용한 통계분석-

저 자	노맹석 · 박동준 · 박인호 이성백 · 장대흥 · 하일도
발 행 인	김지영
발 행 처	자유아카데미
주 소	경기도 파주시 회동길 37-42 파주출판도시
전 화	031-955-1321
팩 스	031-955-1322
홈페이지	www.freeaca.com
전자우편	main@freeaca.com (대표) editor@freeaca.com (편집) crm@freeaca.com (영업)
등 록	제406-2003-017호, 1980. 7. 12
제3판1쇄	2019년 2월 25일 발행
제3판4쇄	2022년 3월 15일 발행
정 가	28,000원

저자와의 협의하에 인지생략

ISBN 979-11-5808-215-4 93310